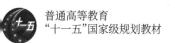
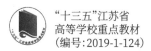
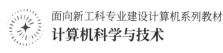

国家级一流本科课程配套教材

计算机组成原理
（第 3 版）

张功萱　邹建伟　王晓峰　周俊龙◎编著

清华大学出版社

北京

内 容 简 介

本书主要讨论计算机单机系统的组成原理及内部工作机制，包括计算机各大部件的工作原理、逻辑实现、设计方法及其互连构成计算机整机的技术。全书共6章，主要内容包括计算机概述、数据信息的表示与运算单元、存储层次与系统、指令系统与控制单元、I/O设备、总线与I/O系统组织。

本书结合了作者团队多年的教学实践经验，吸取了国内外有关著作和资料的精华，内容丰富、概念明确、思路清晰、重点突出、通俗易懂，并含有大量例题与习题。

本书可作为高等学校计算机及相关专业"计算机组成原理"课程的教材，也可作为研究生入学考试的复习用书。

本书封面贴有清华大学出版社防伪标签，无标签者不得销售。

版权所有，侵权必究。举报: 010-62782989, beiqinquan@tup.tsinghua.edu.cn。

图书在版编目(CIP)数据

计算机组成原理/张功萱等编著. —3版. —北京: 清华大学出版社，2023.3(2024.8重印)
面向新工科专业建设计算机系列教材
ISBN 978-7-302-62980-1

Ⅰ. ①计⋯ Ⅱ. ①张⋯ Ⅲ. ①计算机组成原理—高等学校—教材 Ⅳ. ①TP301

中国国家版本馆 CIP 数据核字(2023)第 039717 号

责任编辑: 闫红梅 李 燕
封面设计: 刘 键
责任校对: 韩天竹
责任印制: 沈 露

出版发行: 清华大学出版社
    网　　址: https://www.tup.com.cn, https://www.wqxuetang.com
    地　　址: 北京清华大学学研大厦A座　邮　编: 100084
    社 总 机: 010-83470000　　　　　　　邮　购: 010-62786544
    投稿与读者服务: 010-62776969, c-service@tup.tsinghua.edu.cn
    质量反馈: 010-62772015, zhiliang@tup.tsinghua.edu.cn
    课件下载: https://www.tup.com.cn, 010-83470236
印 装 者: 三河市铭诚印务有限公司
经　　销: 全国新华书店
开　　本: 185mm×260mm　　印　张: 26　　字　数: 633千字
版　　次: 2005年8月第1版　2023年5月第3版　印　次: 2024年8月第3次印刷
印　　数: 3001～4500
定　　价: 69.90元

产品编号: 085216-01

前言

"计算机组成原理"是计算机硬件课群中至关重要的一个环节,它是计算机专业的一门核心主干课程,在先导课程和后续课程之间起着承上启下的作用。本书自 2005 年出版以来,得到了许多高校同行的使用和好评,尤其是 2016 年修订版出版后,已印刷 11 批次,达 20 500 册,深受计算机专业的学生欢迎。最近 ACM 和 IEEE-CS 推出了 CC2020 计算机类专业课程体系规范,理念从"知识本位教育"转向"能力本位教育",强调了"胜任力"。规范总体要求将"知识维度的课程体系构建"和"面向技能的课程体系设计"深度结合,培养品学兼优的计算机专业人才。规范给出了基于胜任力模型的计算课程体系,明确指出数字设计、计算机组织和体系结构是计算机类专业"计算知识要素"的硬件课程。为了遵循 CC2020 规范的要求,适应计算机学科的发展和教学改革的需要,编写组结合近几十年的教学实践经验,融入 RISC-V 系统架构,重新组织和编写教材,调整了部分教学内容,使本书结构更加精练、系统,内容更具有实用性。

本书大纲及内容组织由教学团队集体讨论而成。全书共 6 章:第 1 章简单介绍了计算机硬件 5 大部件之间的关系、计算机性能评估方法及计算机的发展情况;第 2 章讲述了数据信息的表示与运算单元,叙述了数据表示与硬件关系及运算单元的设计原理;第 3 章是存储层次与系统,讲解了存储系统层次组成、各类存储器件的工作原理和存储器系统的扩充方法;第 4 章主要讲解了指令系统与控制单元,讨论了指令和操作数寻址方式,叙述了控制系统与 CPU 的设计原理及 RISC-V 的指令系统和处理器设计方法;第 5 章介绍了主要的 I/O 设备的工作原理,重点介绍了存储外设——磁盘的工作原理;第 6 章主要叙述了总线与 I/O 系统组织,讨论了总线的作用、外设与主机之间的互连和中断处理机制等内容。本书强调计算机的基本原理、基本知识和基本技能的训练,通过控制器原理的学习和模型机的例子介绍,以及 RISC-V 处理器的设计原理讨论,可以使读者建立起计算机整机工作的概念,了解现代计算机设计技术与性能评估方法,为从事计算机系统的分析、设计、开发与维护等工作打好基础。

本书吸取了国内外有关著作和资料的精华,内容丰富、概念明确、思路清晰、重点突出、通俗易懂,并注意到系统性、实用性和先进性。书中每章都含有大量例题与习题,既便于课堂教学,又利于读者自学贯通。

本书还附有配套的电子教案,有需要的读者可从清华大学出版社官方网站下载。

本书的第 1 章、第 4 章由张功萱编写,第 2 章、第 3 章由王晓峰编写,第 5 章由周俊龙编写,第 6 章由邹建伟编写。全书由张功萱、周俊龙统稿。清华大学出版社卢先和常务副总编、副社长,清华大学出版社计算机与信息分社魏江江分社长和编辑们为本书高质量地出版做了大量的工作,在此对他们辛勤的工作和热情的支持表示诚挚的感谢!

  编者虽然从事计算机组成原理等课程的教学工作多年,本书融会了编者许多教学的心得、体会及对知识的理解,但由于时间仓促及水平有限,书中难免出现疏漏之处,恳切欢迎广大同行和读者批评指正。

编 者

2023 年 1 月

目录

第1章　计算机概述 ··· 1

1.1　计算机的发展历史 ··· 1
　　1.1.1　更新换代的计算机硬件 ··· 1
　　1.1.2　日臻完善的计算机软件 ··· 3
　　1.1.3　计算机系统的8个思想 ··· 4
1.2　计算机系统的硬件组成 ··· 5
　　1.2.1　计算机的功能部件 ··· 5
　　1.2.2　冯·诺依曼计算机 ··· 7
　　1.2.3　RISC-V系统架构简介 ··· 8
1.3　计算机的软件系统 ··· 9
　　1.3.1　系统软件 ··· 9
　　1.3.2　应用软件 ··· 10
　　1.3.3　软件定义系统 ··· 11
1.4　计算机系统的组织结构 ··· 11
　　1.4.1　计算机系统的层次结构 ··· 11
　　1.4.2　计算机硬件系统的组织 ··· 13
1.5　计算机的工作特点和性能指标 ·· 15
　　1.5.1　计算机的工作特点 ··· 15
　　1.5.2　计算机的性能指标 ··· 16
1.6　CPU的性能与评价方法 ··· 17
　　1.6.1　CPU的性能及度量因素 ··· 18
　　1.6.2　CPU性能的评价方法 ··· 20
习题 ·· 23

第2章　数据信息的表示与运算单元 ··· 27

2.1　带符号数的表示 ·· 27
　　2.1.1　机器数与真值 ··· 27
　　2.1.2　4种码制表示 ·· 28
2.2　数的定点表示 ·· 36
　　2.2.1　定点小数 ··· 36

2.2.2　定点整数 ··· 37
2.3　定点运算单元的组织 ··· 37
　　　2.3.1　运算器的设计方法 ··· 37
　　　2.3.2　定点补码加减运算 ··· 38
　　　2.3.3　定点乘法运算 ··· 41
　　　2.3.4　定点除法运算 ··· 49
　　　2.3.5　定点运算器的组成 ··· 60
2.4　数的浮点表示 ·· 64
　　　2.4.1　浮点表示方法 ··· 64
　　　2.4.2　IEEE 754 浮点数标准 ·· 67
2.5　浮点运算单元的组织 ··· 69
　　　2.5.1　浮点加减运算 ··· 69
　　　2.5.2　浮点乘除运算 ··· 73
　　　2.5.3　浮点运算器的组成 ··· 75
2.6　非数值型数据的表示 ··· 77
　　　2.6.1　逻辑数——二进制串 ·· 77
　　　2.6.2　字符与字符串 ··· 77
　　　2.6.3　汉字信息的表示 ·· 80
2.7　数据的长度与存储方式 ·· 82
　　　2.7.1　数据的长度 ·· 82
　　　2.7.2　数据的存储方式 ·· 84
2.8　数据校验码 ··· 85
　　　2.8.1　码距与数据校验码 ··· 85
　　　2.8.2　奇偶校验码 ·· 86
　　　2.8.3　海明校验码 ·· 87
　　　2.8.4　循环冗余校验码 ·· 90
习题 ·· 94

第 3 章　存储层次与系统 ··· 103

3.1　存储系统概述 ·· 103
　　　3.1.1　存储器的分类 ··· 103
　　　3.1.2　存储器系统的层次结构 ··· 104
　　　3.1.3　主存储器的组成和基本操作 ··· 106
　　　3.1.4　存储器的主要技术指标 ··· 107
3.2　半导体随机存取存储器 ·· 108
　　　3.2.1　半导体随机存取存储器的分类 ·· 108
　　　3.2.2　半导体随机存取存储器的单元电路 ··· 109
　　　3.2.3　半导体随机存取存储器的芯片结构及实例 ·· 110
　　　3.2.4　半导体存储器的组成 ·· 116
3.3　非易失性存储器 ··· 121

		3.3.1 只读存储器	121
		3.3.2 闪速存储器	122
		3.3.3 新型的非易失性存储器	124
3.4	并行存储器		124
		3.4.1 双端口存储器	125
		3.4.2 并行主存系统	126
		3.4.3 相联存储器	127
3.5	高速缓冲存储器		128
		3.5.1 Cache 在存储体系中的地位和作用	128
		3.5.2 Cache 的结构及工作原理	129
		3.5.3 Cache 的替换算法与写策略	134
3.6	虚拟存储器		136
		3.6.1 页式虚拟存储器	136
		3.6.2 段式虚拟存储器	137
		3.6.3 段页式虚拟存储器	138
习题			139

第 4 章 指令系统与控制单元 … 143

4.1	机器指令格式与寻址方式		143
		4.1.1 两种机器指令设计风格	144
		4.1.2 机器指令格式设计方法	146
		4.1.3 指令与操作数的寻址方式	149
		4.1.4 指令的类型与功能	155
4.2	RISC-V 系统的指令设计		160
		4.2.1 RISC-V 指令的格式设计	160
		4.2.2 RISC-V 指令的寻址方式	164
		4.2.3 RISC-V 指令的类型与功能	166
4.3	控制单元初阶——控制器设计		170
		4.3.1 指令执行的基本步骤	170
		4.3.2 控制器的基本功能	172
		4.3.3 控制器的组成方式	172
		4.3.4 控制器的控制方式	175
		4.3.5 控制器的时序系统	176
4.4	控制单元进阶——CPU 的总体结构		177
		4.4.1 寄存器的设置与作用	177
		4.4.2 通路结构及指令流程分析	178
4.5	控制单元示例——模型机的结构		181
		4.5.1 模型机的数据通路结构	181
		4.5.2 模型机的指令系统格式	183
		4.5.3 模型机的三级时序系统	185

4.6 控制单元设计——硬联逻辑控制器 ·················· 186
    4.6.1 设计的基本步骤 ························· 186
    4.6.2 模型机的设计方法 ······················· 187
4.7 控制单元设计——微程序控制器 ···················· 200
    4.7.1 微程序控制器概述 ······················· 200
    4.7.2 微指令的编译方法 ······················· 202
    4.7.3 微程序的控制设计 ······················· 204
4.8 RISC-V 处理器结构 ······························· 211
    4.8.1 RISC-V 系统设计技术概述 ················· 211
    4.8.2 RISC-V 数据通路结构设计 ················· 212
    4.8.3 RISC-V 典型指令流程分析 ················· 221
4.9 控制单元高阶——流水线处理技术 ··················· 222
    4.9.1 流水线概述与分类 ······················· 222
    4.9.2 流水线的性能与障碍 ····················· 224
    4.9.3 RISC-V 系统流水线技术 ·················· 226

习题 ·· 233

第 5 章 I/O 设备 ······································ 246

5.1 I/O 设备概述 ···································· 246
5.2 输入设备 ······································· 247
    5.2.1 键盘 ································ 247
    5.2.2 鼠标 ································ 250
    5.2.3 触摸屏 ······························· 252
5.3 输出设备 ······································· 254
    5.3.1 显示器 ······························· 254
    5.3.2 打印机 ······························· 257
    5.3.3 多模态与 3D 打印 ······················ 265
5.4 I/O 存储器 ···································· 267
    5.4.1 磁表面存储器的基本原理 ················· 267
    5.4.2 磁记录方式 ··························· 267
    5.4.3 磁盘存储器 ··························· 269
    5.4.4 光盘存储器 ··························· 273
    5.4.5 7 种廉价磁盘冗余阵列 ··················· 278
5.5 新型存储访问构件 ······························· 283
    5.5.1 固态硬盘 ····························· 283
    5.5.2 保护访问模式 ·························· 283
    5.5.3 存算一体模式 ·························· 285
5.6 多媒体 I/O 设备 ································· 286
    5.6.1 音频设备 ····························· 286
    5.6.2 视频设备 ····························· 288

  5.6.3 图像设备 ·· 290
习题 ··· 291

第 6 章　总线与 I/O 系统组织 ··· 295

 6.1 总线的组成与结构 ·· 295
  6.1.1 总线的特点与分类 ·· 296
  6.1.2 总线的标准与性能 ·· 297
  6.1.3 总线的组成与结构 ·· 298
  6.1.4 总线的设计与实现 ·· 301
 6.2 PCI 和 PCI Express 总线 ·· 311
  6.2.1 PCI 和 PCI Express 的发展概况 ································ 312
  6.2.2 PCI Express 总线的架构 ·· 313
  6.2.3 PCI Express 总线协议 ··· 314
 6.3 现代计算机系统总线 ··· 319
  6.3.1 快速路径互连简介 ·· 319
  6.3.2 快速路径总线互连架构 ·· 321
  6.3.3 快速路径总线协议简介 ·· 321
  6.3.4 英特尔超级路径互连总线简介 ··································· 324
 6.4 通用串行总线 ··· 324
  6.4.1 USB 的架构 ··· 325
  6.4.2 USB 的事务和传输 ··· 328
 6.5 其他设备总线 ··· 330
  6.5.1 小型计算机系统接口 ·· 330
  6.5.2 SATA 接口 ·· 331
 6.6 I/O 系统组织概述 ··· 333
  6.6.1 I/O 系统需要解决的主要问题 ·································· 334
  6.6.2 I/O 系统的组成 ··· 334
  6.6.3 主机与外设间的连接与组织管理 ······························· 335
  6.6.4 I/O 数据传送的控制方式 ··· 336
  6.6.5 I/O 接口的功能与分类 ·· 336
 6.7 程序控制方式 ··· 340
  6.7.1 直接程序控制方式 ·· 341
  6.7.2 程序中断控制方式 ·· 342
  6.7.3 RISC-V 的中断处理方式 ·· 357
 6.8 直接存储器访问方式 ··· 360
  6.8.1 DMA 方式的特点与应用场合 ···································· 360
  6.8.2 DMA 的传送方式 ··· 361
  6.8.3 DMA 的硬件组织 ··· 363
  6.8.4 DMA 控制器的组成 ··· 363
  6.8.5 DMA 控制的数据传送过程 ······································ 364

6.9 I/O 通道方式 ………………………………………………………………… 366
习题 ………………………………………………………………………………… 372

附录 A　RISC-V 32 位指令系统 …………………………………………………… 382

附录 B　模型机微指令设计方案 …………………………………………………… 389

参考文献 ………………………………………………………………………………… 403

第 1 章 计算机概述

电子计算机按其信息的表示形式和处理方式可分为电子模拟计算机和电子数字计算机两类。电子模拟计算机是以连续变化的量(即模拟量)表示数据,通过电的物理变化过程实现运算。电子数字计算机是以离散量(即数字量)表示数据,应用算术运算法则实现运算。电子模拟计算机由于受元器件精度的影响,其运算精度较低,解题能力有限,信息存储困难,因而应用面很窄。电子数字计算机由于具有很强的逻辑判断功能和强大的存储能力,具有计算、模拟、分析问题、操作机器、处理事务等能力,因而得到了极其广泛的应用。它可以以近似于人的大脑的"思维"方式进行工作,所以又被称为"电脑"。

电子数字计算机的诞生是当代卓越的科学技术成就之一。它的发明与应用促进了人类的第三次革命——信息革命,标志着人类的文明史进入了一个新的历史阶段,是衡量世界各国现代科学技术发展水平的重要标志。本书主要讨论电子数字计算机的组成原理,为叙述简便,书中不再在计算机前面冠以"电子数字"的定语。

1.1 计算机的发展历史

从1946年2月15日第一台计算机 ENIAC(Electronic Numerical Integrator and Computer)诞生以来,计算机经历了70多年的迅猛发展。下面从硬件和软件两方面介绍计算机的发展历程。

1.1.1 更新换代的计算机硬件

翻开计算机的发展历史,人们感受最直接的是计算机器件的发展,因此习惯上将计算机的发展按"时代"划分为5个发展阶段。

1. 电子管时代(1946—1959年)

在第一代电子管阶段,计算机以电子管作为基本逻辑单元,主存储器采用的是声汞延迟线、磁鼓等材料,数据用定点表示。

ENIAC 当属鼻祖,它体积庞大(8 英尺(1 英尺=0.3048 米)高,3 英尺宽,100 英尺长),使用了18 000 个电子真空管、1500 个电子继电器、70 000 个电阻和 18 000 个电容,功耗为 150 千瓦,重达 30 吨,速度为每秒 5000 次加法运算。

在这一阶段,最具代表性的机器有冯·诺依曼的 IAS(1946年)、UNIVAC 公司的 UNIVAC-Ⅰ(1951年)、IBM 公司的 IBM701(1953年)和 IBM704(1956年)。我们国家在这一阶段推出的计算机有 103 机、104 机、119 机等机种。

2．晶体管时代（1959—1964 年）

第二代晶体管阶段的计算机主要以晶体管代替电子管作为基本逻辑元件，主存储器由磁芯构成，通过引入浮点运算硬件加强科学计算能力。

晶体管计算机具有体积小、功耗低、速度快和可靠性高等特点，推动了计算机的革命。最具代表性的机器有 IBM 公司的 IBM7090（1959 年）、IBM7094（1962 年）。我国在 1965 年推出了第一台晶体管计算机——DJS-5 机，此后成功研制了 DJS-121 机、DJS-108 机等 5 个机种。

3．中、小规模集成电路时代（1964—1975 年）

随着半导体工艺的发展，集成电路得以研制成功，自然成了计算机的主要逻辑元件，计算机进入了第三个发展阶段——中、小规模集成电路（MSI、SSI）时代，主存储器也进入了由半导体存储器替代磁芯存储器的发展阶段，采用多处理器并行结构的大型、巨型机和物美价廉的小型机得到快速发展。

本阶段典型的计算机有 IBM 公司的 IBM360 系列（1964 年）、CDC 公司的 CDC6600（1964 年）和 DEC 公司的 PDP-8（1964 年）。我国这个时期的代表性机器有 150 机（1973 年）、DJS-130 机（1974 年，并形成了 100 系列机）、220 机（1973—1981 年，200 系列机）和 182 机（1976 年，180 系列机）。

4．超、大规模集成电路时代（1975—1990 年）

随着集成电路的集成度进一步提高，超、大规模电路被广泛应用于计算机，进入了超、大规模集成电路（VLSI、LSI）时代，半导体存储器完全替代了磁芯存储器，发展了并行技术、多机系统和分布式计算技术，出现了 RISC 指令集。

此时巨型向量机、阵列机等高级计算机得到了发展，如美国的 Cray-Ⅰ、我国的 YH-Ⅰ等，同时低档的微处理器开始面世，并迅速推向社会各个领域和家庭。

1973 年，Intel 8080 的推出标志着 8 位微机占领市场时刻的到来，如 Z80 微机、Apple Ⅱ微机等，而 1978 年用 Intel 8086 微处理器构成的 16 位微机 IBM-PC/XT 的面世，真正使得台式个人计算机走进办公室和家庭。

低端微机发展的另一方面是单片机，广泛应用于工业控制、智能仪器仪表。

与此同时，计算机网络也由实验研究阶段转入商业市场，推动了计算机信息处理的发展和应用，从而带动并形成了计算机 IT 业。

5．超级规模集成电路时代（1990—现在）

从集成度来看，计算机使用的半导体芯片集成度接近极限，出现了极大、甚大规模集成电路（ULSI、ELSI）。这一阶段出现了采用大规模并行计算和高性能机群计算技术的超级计算机，如 IBM 公司的"深蓝"计算机是一台 RS/6000 SP2 超级并行计算机，有 256 块处理器芯片。我国的 YH-Ⅲ（大规模并行处理，128 个 CPU，1997 年）、YH-Ⅳ（机群技术）巨型机已达到国际水平，而在 1999 年，"神威-Ⅰ"超级并行处理计算机的成功研制使我国继美国和日本之后成为第三个具备研制高性能计算机能力的国家。

微处理器此时推出了 32 位、64 位的芯片，如 Pentium Ⅳ、Itanium Ⅱ等，微机性能更上一个台阶。微处理器芯片还可以作为巨型机的处理单元，构成大规模计算阵列。

1.1.2 日臻完善的计算机软件

软件是计算机系统的重要组成部分,它能够在计算机裸机的基础上更好地发掘计算机的性能。因此,计算机软件的发展与计算机硬件及技术的发展紧密相关。

1. 汇编语言阶段(20 世纪 50 年代)

这一阶段软件基本是空白,根本没有系统软件,只有专业人员才能操作计算机。人们通过机器语言来编写程序,没有程序控制流的概念。当在程序中插入一条新指令时,需要程序员手工移动数据和程序,操作烦琐而又困难。为了便于记忆和操作,出现了指令助记符描述指令——汇编语言,汇编语言程序是最早的软件设计抽象形式,代表了机器语言的第一层抽象。

2. 程序批处理阶段(20 世纪 60 年代)

在这一阶段,编译器开始出现,软件方面产生了 FORTRAN、COBOL、ALGOL 等高级语言,控制流概念获得直接应用,并开始对算法和数据结构进行研究,出现了数据类型、子程序、函数、模块等概念,将复杂的程序划分为相对独立的逻辑块,大大简化了程序设计过程。在软件调度与管理上,建立了子程序库和批处理的管理程序。

3. 分时多用户阶段(20 世纪 70 年代)

高级语言的便利使人们不断完善编译程序和解释程序的功能,极大地改进了程序设计手段和设计描述方法。人们开始认识到加强对计算机硬件资源管理和利用的必要性,提出了多道程序和并行处理等新技术,推出了 UNIX 操作系统(1974 年)。多个用户可以通过操作终端将程序输入功能较强的中央主机,操作系统分时调度运行程序。这一阶段随着 UNIX 系统的成功面世,产生了 C 语言的编程风格。

4. 分布式管理阶段(20 世纪 80 年代)

UNIX 操作系统问世后,人们开始研究分布式操作系统。而在 IBM 公司推出 PC/XT 后,出现了开放式的、模块化的单机操作系统——DOS 系统。在这一时期,人们将精力用于研究数据库管理系统,致力于一个单位的信息管理软件的开发,使办公自动化、无纸化成为可能。同时,我国开始了汉字信息处理的系统软件开发,完成了 CCDOS 汉字处理系统。在 20 世纪 80 年代中后期,开放式局域网络进入市场,为信息共享奠定了物质基础。基于网络的分布式系统软件的研究初现端倪。

5. 软件重用阶段(20 世纪 90 年代)

在这个阶段,面向对象技术得到了广泛的应用,形成了以面向对象为基础的一系列软件概念和模型,包括基于视窗的操作系统、软件界面的可视化构成控件、动态连接库、组件、OLE、ODBC、CORBA、JaveBean 等,为软件的划分、重用和组装设计提供了崭新的思想和技术。同时,随着 Internet 网络技术的成熟和完善,基于 Web 的分布式应用软件研究与开发成为主流,出现了软件工程的概念。

6. Web 服务阶段(21 世纪前 10 年)

目前,基于 Internet 网络技术的分布式计算软件仍然是软件业研究和开发的主要方向,如

Web 多层体系结构、协同计算模型等。大型企业数据库管理系统的应用为软件开发的主流。然而随着应用系统的增强和扩充，需要进一步挖掘 Internet 网络功能，因此人们开始了 Web 应用服务器系统软件的研究，形成了以 Web 应用服务器为中心的多层开发体系结构，出现了 J2EE 编程技术规范和 Spring 程序开发框架，推出了网格计算技术和 Web Services 协议架构。

7. 云计算阶段（现今全球热点）

进入 2010 年以后，云计算技术在全球 IT 领域蜂拥而起，成为当今信息领域的主要商业计算模式而应用于各个领域。云计算是一种全新的网络服务模式，是对并行计算、分布式计算和网格计算的发展或商业实现，将传统的以桌面为核心的任务处理转变为以网络为核心的任务处理，利用互联网实现自己想完成的一切处理任务，使网络成为传递服务、计算力和信息的综合媒介，真正实现按需计算、网络协作。云计算包括软件即服务（Software as a Service，SaaS）、平台即服务（Platform as a Service，PaaS）和基础设施即服务（Infrastructure as a Service，IaaS）三层架构。这期间，区块链（Blockchain）技术成为云计算的重要应用技术之一。

1.1.3　计算机系统的 8 个思想

自从美国数学家冯·诺依曼于 1946 年提出存储程序思想奠定计算机系统结构后，在过去的 70 多年，计算机系统结构设计人员提出了 8 个伟大思想，并且一直影响到现代计算机系统的设计。

1. 面向摩尔定律的设计

摩尔定律是指单芯片的集成度每 18～24 个月翻一番，是由 Gordon Moore 在 1965 年对集成电路集成度做出的预测，并一直按此规律进行。虽然近些年来不太适用，但此定律却说明了计算机计算性能的飞速进步。计算机设计者必须按照面向摩尔定律的设计（Design for Moore's Law），预测其设计完成时的工艺水平。

2. 使用抽象简化设计

计算机架构师和程序员必须发明能够提高产量的技术，否则设计时间也将会像资源规模一样按照摩尔定律增长。提高硬件和软件生产率的主要技术之一是使用抽象简化设计（Use Abstraction to Simplify Design）方法来表示不同设计层次，在高层次中看不到低层次的细节，只能看到一个简化的模型。

3. 加速大概率事件

加速大概率事件（Make the Common Case Fast）远比优化小概率事件更能提高性能。大概率事件通常比小概率事件简单，从而易于提高。大概率事件规则意味着设计者需要知道什么事件是经常发生的，这只有通过仔细的预判与评估才能得出。

4. 通过并行提高性能

从计算机诞生开始，计算机设计者就通过并行提高性能（Performance via Parallelism），增加计算机相关部件的并行执行操作，如 ALU 的先行进位技术、RAM 的交叉存储技术、CPU 的流水线技术、处理器多核技术等。

5．通过流水线提高性能

计算机系统结构的重要并行性就是通过流水线提高性能（Performance via Pipelining），如西部片中，一些坏人在制造火灾，在消防车出现之前会有一个"消防队列"来灭火——小镇的居民们排成一排，通过水桶接力快速将水桶从水源传至火场，而不是每个人都来回奔跑。可以把流水线想象成一系列水管，其中每一块代表一个流水功能段，将工作细化，专人做专事。

6．通过预测提高性能

遵循谚语"求人准许不如求人原谅"，下一个伟大的思想就是通过预测提高性能（Performance via Prediction）。在某些情况下，假定从预测错误恢复执行代价不高且预测的准确率相对较高，则通过猜测的方式提前开始某些操作，要比等到确切知道这些操作应该启动时才开始要快一些。

7．存储器层次

存储器的速度影响着计算机的性能，通常采用存储器层次（Hierarchy of Memories）来解决相互矛盾的需求。在存储器层次中，速度最快、容量最小并且每位价格最昂贵的存储器处于顶层，而速度最慢、容量最大且每位价格最便宜的存储器处于最底层。

8．通过冗余提高可靠性

计算机不仅需要速度快，还需要工作可靠。由于任何一个物理器件都可能失效，因此可以通过冗余提高可靠性（Dependability via Redundancy），即使用冗余部件替代失效部件，并可以帮助检测错误，提高计算机系统的可靠性，如磁盘的 RAID 技术、超标量流水线技术等。

1.2 计算机系统的硬件组成

1.2.1 计算机的功能部件

计算机的基本功能主要包括数据加工、数据保存、数据传送和操作控制等。数据加工是对数据进行算术运算和逻辑运算；数据保存是在计算机进行数据处理时，将计算机中的信息（指令和数据）保存起来，必要时需要永久性地保存，以便于再次运算或对结果分析；数据传送则反映在必须有传输通道将数据从一处传送到另一处，尤其是数据必须能够在"外界"和计算机之间传送，人们才能够将加工的数据发给计算机，并得到计算机完成的结果；当然，所有这些工作必须在严格的控制之下，有条理地进行，这样才能达到人们期望的结果。这些任务需要有相应的功能部件（硬件）承担完成。

计算机的硬件系统是指组成一台计算机的各种物理装置，它是由各种实实在在的器件组成的，是计算机进行工作的物质基础。计算机的硬件通常由输入设备、输出设备、运算器、存储器和控制器 5 大部件组成，如图 1-1 所示。

1．输入设备

输入设备的主要功能是将程序和数据以机器所能识别和接受的信息形式输入计算机内。

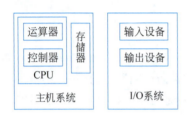

图 1-1 计算机的基本硬件

最常用、最基本的输入设备是键盘,此外还有鼠标、扫描仪、摄像机等。

2. 输出设备

输出设备的任务是将计算机处理的结果以人们所能接受的信息形式或其他系统所要求的信息形式输出。最常用、最基本的输出设备是显示器。

计算机的输入、输出设备(简称 I/O 设备)是计算机与外界联系的桥梁,是实现人机交互的主要设施。所以 I/O 设备是计算机中不可缺少的一个重要组成部分。

3. 存储器

存储器是计算机的存储部件,是信息存储的核心,用来存放程序和数据。

存储器分为主存储器(简称主存,又叫内存)和辅助存储器(简称外存)。CPU 能够直接访问的存储器是主存,而辅助存储器帮助主存记忆更多的信息,其信息必须调入主存后,才能为 CPU 所使用。

主存储器如同一个宾馆一样,分为很多个房间,每个房间称为一个存储单元。每个单元都有自己唯一的门牌号码,称为地址码。存储器通常按地址进行访问,若对某个单元进行读/写操作,则首先会给出被访存储单元的地址码。

主存的基本组成可简化为如图 1-2 所示的逻辑框图。图中存储体是存放二进制信息的主体。地址寄存器用于存放所要访问的存储单元的地址码,由它经地址译码找到被选的存储单元。数据寄存器是主存与其他部件的接口,用于暂存从存储器读出或向存储器中写入的信息。时序控制逻辑用于产生存储器操作所需的各种时序信号。

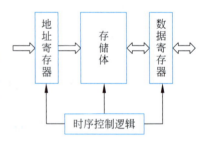

图 1-2 主存储器结构简图

4. 运算器

运算器是计算机的执行部件,用于对数据的加工处理,完成算术运算和逻辑运算。算术运算是指按照算术运算规则进行的运算,如加、减、乘、除等四则运算。逻辑运算则为非算术性运算,如与、或、非、异或、比较、移位等。

运算器的核心是算术逻辑部件(Arithmetic and Logical Unit,ALU)。运算器中设有若干寄存器,用于暂存操作数据和中间结果。这些寄存器常兼备多种用途,如用作累加器、变址寄存器、基址寄存器等,所以通常称为通用寄存器。运算器的简单框图如图 1-3 所示。

5. 控制器

如果我们把计算机比作一个乐团,那么我们前面讲的输入设备、输出设备、存储器、运算器就相当于不同乐器的演奏员,而控制器则相当于乐团的指挥,它是整个计算机的指挥中心。乐团的指挥是根据作曲家事先编好的"乐曲"进行指挥的,计算机控制器也是根据事先编好的"乐曲"进行指挥的,这个"乐曲"称为程序。程序就是解题步骤,并以指令序列存放在存储器中,控制器是根据程序实施控制的,这种工作方式被称为存储程序方式。

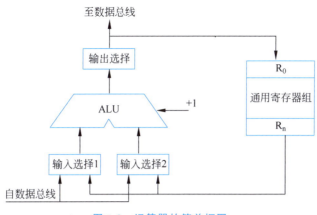

图 1-3 运算器的简单框图

1.2.2 冯·诺依曼计算机

存储程序的概念是由美国数学家冯·诺依曼于 1946 年 6 月在研究 EDVAC 计算机时首先提出来的,并奠定了现代计算机的结构基础。尽管计算机发展已有七十多年,计算机体系结构发生了许多重大变革,但存储程序的概念仍是普遍采用的结构原则,现代计算机仍属于冯·诺依曼结构机器。

1. 存储程序思想

冯·诺依曼思想的基本要点可归纳如下。

1) 计算机由输入设备、输出设备、运算器、存储器和控制器 5 大部件组成

在如图 1-1 所示的计算机硬件组成中,运算器和控制器统称为 CPU,而 CPU 与主存储器统称为计算机主机,其他的输入设备、输出设备、外存储器称为计算机的外部设备,简称为 I/O 设备。

2) 采用二进制形式表示数据和指令

指令是程序的基本单位,由操作码和地址码两部分组成,操作码指明操作的性质,地址码给出数据所在存储单元的地址编号。若干指令的有序集合组成完成某功能的程序。在冯·诺依曼结构计算机中,指令与数据均以二进制代码的形式同存于存储器中,两者在存储器中的地位相同,并可按地址寻访。

3) 采用存储程序方式

这是冯·诺依曼思想的核心。存储程序是指在用计算机解题之前,事先编制好程序,并连同所需的数据预先存入主存储器中。在解题过程(运行程序)中,由控制器按照存储器中的程序自动地、连续地从存储器中依次取出指令并执行,直到获得所要求的结果为止。

2. 早期的冯·诺依曼计算机

在微处理器问世之前,运算器和控制器是两个分离的功能部件,加上当时存储器以磁芯存储器为主,计算机存储的信息量较少,因此早期冯·诺依曼提出的计算机结构是以运算器为中心的,其他部件都通过运算器完成信息的传递。图 1-4 描述了早期的冯·诺依曼计算机的组织结构图。

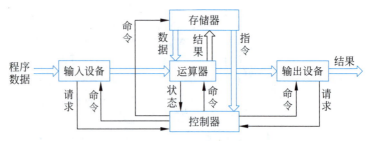

图 1-4　早期的冯·诺依曼计算机的组织结构图

3. 现代计算机的组织结构

随着微电子技术的进步,人们成功地研制出了微处理器,将运算器和控制器两个功能部件合二为一,集成到一个芯片里。同时,半导体存储器代替了磁芯存储器,存储容量成倍地扩大,加上需要计算机处理、加工的信息量与日俱增,以运算器为中心的结构已不能满足计算机发展的需求,甚至影响计算机的性能。必须改变这5大功能部件的组织结构,以适应发展需要,因此现代计算机的组织结构逐步转变为以存储器为中心,但其基本结构仍然遵循冯·诺依曼思想,如图1-5所示。

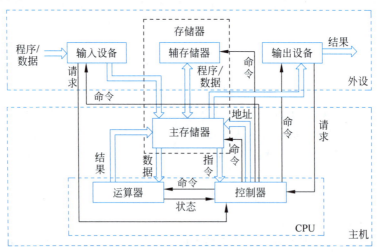

图 1-5　现代计算机的基本结构图

1.2.3　RISC-V 系统架构简介

RISC-V 是由加州大学伯克利分校提出的开放指令集,项目起初的主要驱动力在于当时在学术界和商业界都缺乏公认的 64 位指令集架构(Instruction Set Architecture, ISA)用于研究和教学,特别是用于包括多核等特性的现代处理器实现的研究和教学。RISC-V 同时认为,指令集作为软硬件接口的一种说明和描述规范,不应该受到限制,应该是开放和自由的。

1. RISC-V 指令集的设计目标

RISC-V 的设计目标是:设计一个完全开放(Completely Open)、现实(Realistic)和简单(Simple)的指令集,这个新的指令集叫作 RISC-V,V 包含两层意思,一是表明 Berkeley 从 RISC Ⅰ开始设计的第 5 代指令集架构,二是它代表了变化(Variation)和向量(Vector)。

Krste Asanovic 教授决定带领团队重新开发一个完全开放的、标准的、能够支持各种应用的新指令集,并得到了 RISC 的发明者之一——Dave Patterson 教授的大力支持。团队从 2010 年夏天开始,用了 4 年的时间,设计和开发了一套完整的新的指令集,同时也包含移植好的编译器、工具链、仿真器,并经过数次流片验证。

RISC-V 包含一个非常小的基础指令集和一系列可选的扩展指令集。最基础的指令集只包含 40 多条指令,通过扩展还支持 64 位和 128 位的运算及变长指令,其他已完成的扩展包括乘除运算、原子操作、浮点运算等,正在开发中的指令集还包括压缩指令、位运算、事务存储、矢量计算等。指令集的开发遵循了开源软件的开发方式,即由核心开发人员和开源社区共同完成。

2. RISC-V 处理器的简单结构

RISC-V 系统按照短小精悍的架构及模块化套件满足不同的用户需求。RISC-V 最基本也是唯一强制要求实现的指令集部分是由 I 字母表示的基本整数指令子集,指令数目仅有 40 多条。

图 1-6 是 RISC-V 处理器的简单逻辑结构图,有 32 个整数寄存器,能完成基本的整数指令运算(加、减、与、或、异或)和数据存取操作,指令和数据用两个不同的存储器存放,可以用静态存储器 SRAM 存放指令,便于快速读取指令,并设指令存储器的数据缓冲器为 IR(又称为数据锁存器)。使用该整数指令子集能够实现完整的软件编译器。

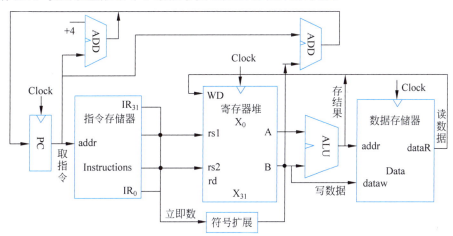

图 1-6 RISC-V 处理器的简单逻辑结构图

RISC-V 架构相比其他成熟的商业架构最大的不同在于它是一个模块化的架构,各不同的部分以模块化的方式组织在一起,从而通过一套统一的架构满足各种不同的应用。

1.3 计算机的软件系统

在计算机系统中,各种软件的有机组合构成了软件系统。基本的软件系统应包括系统软件与应用软件两类。

1.3.1 系统软件

系统软件是一组保证计算机系统高效、正确运行的基础软件,通常作为系统资源提供给用户使用,主要有以下几类。

1. 操作系统

操作系统是软件系统的核心,负责管理和控制计算机的硬件资源、软件资源和程序的运行,包括并发控制、内存管理、处理机的进程/线程调度、I/O 管理和磁盘调度、文件命名与管理等。它是用户与计算机之间的接口,提供了软件的开发环境和运行环境。

2. 语言处理程序

计算机硬件实体只能识别和处理二进制表示的机器语言,因此任何用其他语言编制的程序都必须"翻译"为机器语言程序后,才能由计算机硬件去执行和处理。完成这种"翻译"的程序就称为语言处理程序。通常有两种"翻译"方式:一种称为解释,通过解释程序对用程序设计语言编写的源程序边解释边执行;另一种称为编译,通过编译程序将源程序全部翻译为机器语言的目标程序后,再执行目标程序。第二种是更常用的方式。

3. 数据库管理系统

计算机在信息处理、情报检索及各种管理系统中需要大量地处理数据、检索和建立各种表格等,这些数据和表格按一定规律组织起来,就建立了数据库。同时,需要查询、显示、修改数据库的内容,输出打印各种表格等,就必须有一个数据库管理系统。

4. 分布式软件系统

分布式软件主要用于分布式计算环境,管理分布式计算资源,控制分布式程序的运行,提供分布式程序开发与设计工具等,包括分布式操作系统、分布式编译系统、分布式数据库系统、分布式算法及软件包等。

5. 网络软件系统

计算机网络的应用已是人们生活中的一部分,如收发电子邮件、网上购物、使用手机 App 等,网络软件系统就是用于支持这些网络活动和数据通信的系统软件。它包括网络操作系统、通信软件、网络协议软件、网络应用系统等。

6. 各种服务程序

一个完善的计算机系统往往配置有许多服务性的程序,主要是指为了帮助用户使用和维护计算机,提供服务性手段而编制的程序。这类程序可以包含很广泛的内容,如装入程序、编辑程序、调试程序、诊断程序等。这些程序要么被包含在操作系统之内,要么被操作系统调用。

1.3.2　应用软件

应用软件是指用户为解决某个应用领域中的各类问题而编制的程序,如各种科学计算类程序、工程设计类程序、数据统计与处理程序、情报检索程序、企业管理程序、生产过程控制程序等。由于计算机已应用到各种领域,因此应用程序是多种多样、极其丰富的。目前应用软件正向标准化、集成化方向发展,通用的应用程序可以根据其功能组成不同的应用软件包供用户选择使用。

1.3.3 软件定义系统

软件定义是指用软件去定义系统的功能,即用软件给硬件赋能,实现系统运行效率最大化。它的本质就是在硬件资源数字化、标准化的基础上,通过软件编程去实现虚拟化、灵活多样和定制化的功能,对外提供客户化的专用智能化、定制化的服务,实现应用软件与硬件的深度融合。

1. 软件定义的特点

软件定义有 3 大特点,即硬件资源虚拟化、系统软件平台化、应用软件多样化。硬件资源虚拟化是指将各种实体硬件资源抽象化,打破其物理形态的不可分割性,以便通过灵活重组、重用发挥其最大效能。系统软件平台化是指通过基础软件对硬件资源进行统一管控、按需配置,并通过标准化的编程接口解除上层应用软件和底层硬件资源之间的紧耦合关系,使其可以各自独立演化。应用软件多样化是指在成熟的平台化系统软件解决方案的基础上,应用软件不受硬件资源约束,得到可持续地迅猛发展,整个系统将实现更多功能,对外提供更为灵活高效和多样化的服务。

2. 软件定义系统的应用

软件定义系统将随着硬件性能的提升、算法效能的改进、应用数量的增多,逐步向智能系统演变。软件定义系统的应用主要包括软件定义网络、软件定义应用服务、软件定义城市等。

1.4 计算机系统的组织结构

1.4.1 计算机系统的层次结构

1. 硬件与软件的关系

一个计算机系统是由硬件、软件两大部分组成的,两者是紧密相关、缺一不可的整体。硬件是计算机系统的物质基础,没有强有力的硬件支持,就不可能编制出高质量、高效率的软件。同样,软件是计算机系统的灵魂,没有高质量的软件,硬件也不可能充分发挥出效率。然而,对某一具体功能来说,可以用硬件实现,也可以用软件实现,这就是硬件、软件在逻辑功能上的等效。其是指任何由硬件实现的操作,原理上均可用软件模拟来实现;同样,任何由软件实现的操作,都可硬化由硬件来实现。在设计计算机系统时,必须根据设计要求和现有技术与器件条件,首先确定哪些功能直接由硬件实现,哪些功能通过软件实现,这就是硬件和软件的功能分配。

2. 系统的多级层次结构

现代的计算机是一个硬件与软件组成的综合体,随着应用范围越来越广,必须有复杂的系统软件和硬件的支持。由于软件、硬件的设计者和使用者从不同的角度,以各种不同的语言来对待同一个计算机系统,若在软件和硬件之间、系统设计者和使用者之间不能很好地协调、配合,则会影响系统的性能与效率。

计算机系统的多级层次结构,就是针对上述情况,根据从各种角度所看到的机器之间的有机联系，分清彼此之间的界面，明确各自的功能，以便构成合理、高效的计算机系统。

目前，计算机系统层次结构的分层方式尚无统一的标准，图 1-7 是一种公认的层次结构。

第 0 级是硬件组成的实体，包括操作时序等。

第 1 级是微程序机器层，这是一个实在的硬件层，由机器硬件直接执行微指令。

第 2 级是传统机器语言层，也是一个实际机器层。这一层由微程序解释机器指令系统。

第 3 级是操作系统层(也称为混合层)，由操作系统程序实现。操作系统程序由机器指令和广义指令组成，广义指令为扩展机器功能而设置，是由操作系统定义和解释的软件指令。

第 4 级是汇编语言层，为用户提供一种符号形式语言，借此可编写汇编语言源程序。这一层由汇编程序支持和执行。

第 5 级是高级语言层，是面向用户的，为方便用户编写应用程序而设置。这一层由各种高级语言编译程序支持和执行。

第 6 级是应用语言层，它直接面向某个应用领域，为方便用户编写该应用领域的应用程序而设置。这一层由相应的应用软件包支持和执行。

在多级层次结构中，除了第 0 级、第 1 级和第 2 级是实机器以外，上面几层均为虚机器。所谓虚机器，是指用软件技术构成的机器，一定是建立在实机器的基础上，利用软件技术扩充实机器的功能。采用层次结构的观点来设计计算机，有利于保证产生一个良好的系统结构。

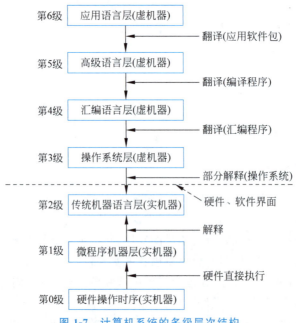

图 1-7 计算机系统的多级层次结构

3. 层次结构属性的含义

计算机系统属性是指用户为了使用计算机所应看到和遵循的系统特性，即硬件、软件等概念性结构和功能特性。在多级层次结构中，不同人员看到的计算机系统的属性及对计算机系统提出的要求是不一样的。对不同的对象而言，一个计算机系统就成为实现不同语言、具有不同属性的机器。

图 1-8 是三个不同程序员编写的数据交换程序，C 程序员要掌握 C 语言的数据结构和语法规则，汇编程序员要了解指令助记符、寄存器和寻址方式，机器程序员要知道指令格式(如

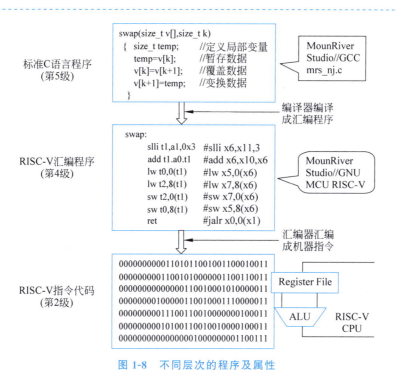

图 1-8 不同层次的程序及属性

RV32I)及其编码和 CPU 结构。因此,处于不同层次的程序员所关心或所看到的机器属性是不一样的。

1.4.2 计算机硬件系统的组织

众所周知,计算机由 5 大基本部件组成,那么把 5 大基本部件互连起来构成计算机的硬件系统,就是计算机硬件系统的组织问题。在计算机的 5 大部件之间,有大量的信息传送,如何实现信息的传送,取决于数据通路的逻辑结构。早期的计算机往往在各部件之间直接连接传送线路,数据通路复杂、零乱,控制不便,而且没有多少扩展余地。

现在的计算机则普遍采用总线结构。总线是一组可为多个功能部件共享的公共信息传送线路,共享总线的各个部件必须分时使用总线发送信息,以保证总线上的信息每时每刻都是唯一的。总线按其承担的任务,可以分为下面几种类型。

1. CPU 内部总线

这是一级数据线,是用来连接 CPU 内部各寄存器和算术逻辑部件的总线。在微型计算机系统中,CPU 内部总线也就是芯片内的总线。

2. 部件内总线

在计算机中,通常按功能模块制作成插件,在插件上也常采用总线结构连接有关芯片。这一级属于芯片间的总线。

3. 系统总线

这是连接系统内各大部件(如 CPU、主存、I/O 设备等)的总线,是连接整机系统的基础。系统总线包括地址线、数据线、控制/状态信号线。

4. 外总线

这是计算机系统之间或计算机系统与其他系统之间的通信总线。

按照总线信息传送方向区分,总线又可分为单向总线与双向总线两种。连接总线的某些部件只能有选择地将信息传向另一些部件,称为单向总线。连接总线的任何一个部件可以有选择地向总线上的任何一个部件发送信息,也可以有选择地接收总线上任何一个部件发送来的信息,这种双向传送信息的总线称为双向总线。采用总线结构可以大大减少传输线数,减轻发送部件的负载,并可简化硬件结构,灵活地修改与扩充系统。

图 1-9 是以总线为基础的微、小型机的典型单总线结构,通过一组系统总线(数据线、地址线、控制线)把 CPU、主存及各种 I/O 接口(系统总线与外设间连接的逻辑部件)连接起来,CPU 通过单总线访问主存储器,CPU 与 I/O 设备之间、I/O 设备与主存之间、各 I/O 设备之间都可以通过这组单总线交换信息。因此,可以将各 I/O 设备的寄存器与主存单元统一编址,统称为总线地址,CPU 通过通用的传送指令像访问主存单元一样访问 I/O 设备的寄存器,不仅控制简单,而且易于系统扩充,这是单总线结构的突出优点。但是由于同一时刻只能在一对设备之间或部件之间传送信息,降低了主存的地位,而且 CPU 的性能受到影响。为此,在 CPU 与主存之间增加了一组存储器总线,CPU 访存直接通过存储器总线实现,这就是在单总线基础上发展为面向主存的双总线结构,如图 1-10 所示。这种双总线结构保持了单总线结构的优点,提高了 CPU 的访存速度。

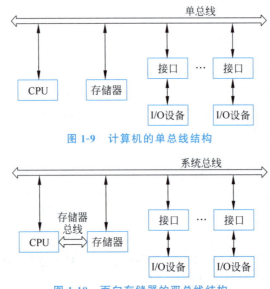

图 1-9 计算机的单总线结构

图 1-10 面向存储器的双总线结构

此外,在早期的一些小型机中有以 CPU 为中心的双总线结构,一组为存储器总线,是 CPU 与主存之间的信息传送通路,另一组为 I/O 总线,是 CPU 与 I/O 设备之间的信息交换通路,如图 1-11 所示。这种结构的优点是比较简单,但由于 I/O 设备与主存间的信息传送都必须通过 CPU 进行,使 CPU 要花费大量时间进行信息的输入输出处理,从而降低了 CPU 的工作效率。

上述总线结构主要用于微、小型计算机中。对于中、大型计算机系统的构成,主要着重于系统功能的扩充和效率的提高,若要增强系统功能,则必然要配置更多的硬件和软件资源。由

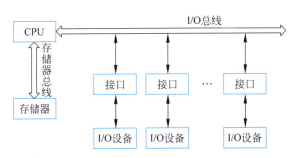

图 1-11 以 CPU 为中心的双总线结构

于 I/O 设备的增多使 I/O 处理成为一个十分突出的问题,且许多 I/O 设备具有机械动作,工作速度远比 CPU 的速度低,因此,如何解决速度匹配问题,使 CPU 与 I/O 操作尽可能并行地工作以提高 CPU 的工作效率,成为系统结构中的一个关键问题,为此提出了"通道"的概念。

通道是具有处理机功能的专门用来管理 I/O 操作的控制部件,如图 1-12 所示,这是一种典型结构,计算机系统采用主机、通道、I/O 设备控制器、I/O 设备 4 级连接方式。这种结构有较大的变化和扩展余地,对于较小的系统,可将设备控制器与 I/O 设备合并在一起,将通道与 CPU 合并在一起。对于更大的系统,可将通道发展为专门的 I/O 处理机,甚至功能更强的前端机。

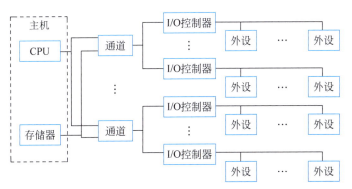

图 1-12 中、大型计算机系统的典型结构

1.5 计算机的工作特点和性能指标

1.5.1 计算机的工作特点

计算机主要有如下一些工作特点。

1. 能自动连续地工作

由于计算机采用存储程序工作方式,一旦输入了编制好的程序,计算机启动后就能按程序自动地执行下去,直到完成预定的任务为止。这是数字计算机的一个突出特点。

2. 运算速度快

计算机采用高速的电子器件组成硬件,能以极高的速度工作。现在普通的微机每秒可执行数十万甚至数百万次加减运算,而巨型机每秒可完成数亿、数十亿甚至万亿次基本运算。随着计算机体系结构的发展,以及更新的技术和更高速的器件的诞生,计算机将达到更高的速度。

3. 运算精度高

由于计算机采用二进制数字表示数据,因此它的精度主要取决于表示数据的二进制位数,位数越多,精度越高。所以,在计算机中不仅有单字长运算,为了获得更高的精度,还可以进行双倍字长、多倍字长的运算。

4. 具有很强的存储能力和逻辑判断能力

计算机的存储器具有存储大量信息的功能,这是数字计算机的又一主要特点。由于存储程序,因此能自动连续地工作,而且存储容量越大,可存储的信息越多,计算机功能就越强。

计算机不仅具有运算能力,还具有很强的逻辑判断能力,这是计算机高度自动化工作的基础。正因为它可以根据上一步运算结果的判断自动选择下一步工作,使计算机能够进行诸如资料分类、情报检索、逻辑推理等具有逻辑加工性质的工作,极大地扩大了计算机的应用范围。

5. 通用性强

由于计算机具有上面一些特点,使计算机的使用具有很强的灵活性和通用性,能应用于各个科学技术领域,并渗透到社会生活的各个方面。

1.5.2 计算机的性能指标

计算机是一个综合处理系统,全面衡量一台计算机的性能要考虑多项指标,而且面向不同领域的计算机其侧重点也有所不同。这里仅介绍一些基本的性能指标。

1. 基本字长

基本字长是指参与运算的数的基本位数,也是硬件组织的基本单位,它决定着寄存器、ALU、数据总线的位数,直接影响着硬件成本。例如,我们使用的微型计算机的字长有 16 位、32 位、64 位等。

字长标志着运算精度,当 i 位十进制数与 j 位二进制数比较时,存在下列等式:

$$10^i = 2^j$$

两边取对数得:

$$\frac{j}{i} = \frac{\ln 10}{\ln 2} = 3.3$$

要保证 i 位十进制数的精度,至少要采用 3.3 倍 j 位二进制数的位数,否则精度难以满足要求。因此,为了考虑不同应用需求,兼顾精度和硬件成本,多数计算机允许变字长运算,例如双字长运算。

2. 主存容量

主存储器所能存储的最大信息量称为主存容量,主存容量越大,存入的信息量越多。由于 CPU 执行的程序和处理的数据都存放在主存中,因此计算机的处理能力在很大程度上取决于主存容量的大小。一般,主存容量以字节数表示,如 4MB 表示可存储 4M(1M=1024K)字节。

在以字为单位的计算机中,常用字数乘以字长表示主存容量,如 512K×32 位。表 1-1 列出了存储容量的常用计量单位。

表 1-1 存储容量的常用计量单位

单 位	通 常 意 义	实 际 表 示
K(Kilo)	10^3	$2^{10}=1024$
M(Mega)	10^6	$2^{20}=1\ 048\ 576$
G(Giga)	10^9	$2^{30}=1\ 073\ 741\ 824$
T(Tera)	10^{12}	$2^{40}=1\ 099\ 511\ 627\ 776$
P(Peta)	10^{15}	$2^{50}=1\ 125\ 899\ 906\ 842\ 624$

3. 运算速度

由于计算机执行不同的操作所需的时间可能不同,因此对运算速度的描述常采用不同方法。第一种是以加法指令的执行时间为标准来计算,例如 DJS130 机一次加法时间为 2μs,所以运算速度为每秒 50 万次;第二种方法是根据不同指令在程序中出现的频度,乘以不同的系数,求得系统平均值,得到平均运算速度;第三种是具体指明每条指令的执行时间。

目前计算机文献中常使用每秒平均执行的指令条数(IPS)作为运算速度单位,如 MIPS (每秒百万条指令)或 MFLOPS(每秒百万个浮点运算)。

$$\text{MIPS} = \frac{\text{指令条数}}{\text{执行时间}} \times 10^{-6}$$

$$\text{MFLOPS} = \frac{\text{浮点运算次数}}{\text{执行时间}} \times 10^{-6}$$

$$\text{MFLOPS} \approx 3 \sim 4 \text{MIPS}$$

有的机器用主时钟频率反映运算速度的快慢,如以 Intel 80386 CPU 为核心的微机系统的时钟频率就有 25MHz、33MHz、50MHz 等多种,现在 Pentium 微型计算机的 CPU 主频已达到 2.8GHz、3.5GHz 等。但是,其他部件(如主存储器)的处理速度远不及主频的速度,存在很大的差距,这属于速度匹配问题。Cache 是解决 CPU 和 RAM 的速度匹配问题的主要方法。

4. 所配置的外部设备及其性能指标

外部设备的配置也是影响整个系统性能的重要因素,所以在系统技术说明中常给出允许配置情况与实际配置情况。

5. 系统软件的配置

作为一种硬件系统,允许配置的系统软件原则上是可以不断扩充的,但实际购买的系统已配置了哪些软件,包括操作系统、高级语言、应用软件等,则表明了它当前的功能。

此外,还有可靠性、可用性、可维护性、安全性、兼容性等。

1.6 CPU 的性能与评价方法

由于计算机硬件设计者采用大量先进技术改进机器,以及现代软件系统的规模和复杂性增加,对计算机性能评价的难度也随之增加,没有一个标准能反映计算机系统的全部性能,因此根据不同的应用需求产生了不同的性能指标,如整数运算性能、浮点运算性能、响应时间、I/O吞吐量、SPEC-Int、SPEC-Fp、TPC等评价方法。从计算机运行的角度来看,大多数用户最关心的是所运行的程序需要多长时间,即用CPU时间衡量计算机性能是公认的计算机性能衡量标准。

1.6.1 CPU的性能及度量因素

如果用时间度量计算机的性能,那么完成同样计算任务用时最少的计算机是最快的。由于计算机经常用于共享,因此一个处理器存在运行多个程序,但用户只关心自己的程序在计算机中耗时多少。为了把运行自己任务的时间与一般的运行时间区分开,我们使用CPU执行时间(CPU Execution Time,不包括等待I/O或运行其他程序的时间)来表示执行某一任务在CPU上花费的时间。

CPU执行时间又可分为用户CPU时间(User CPU Time,用户程序的时间)和系统CPU时间(System CPU Time,操作系统的额外开销),但要严格区分这两种时间有一定困难。为了区分基于响应时间的性能和基于CPU执行时间的性能,通常使用系统性能(System Performance)表示空载系统的响应时间,并用CPU性能(CPU Performance)表示用户CPU时间。本书重点介绍CPU性能。

1. CPU性能度量因素

可执行的用户程序是用机器语言描述的(机器指令集合),即计算机是通过执行指令来运行程序的,因此CPU性能度量的基本指标是CPU执行时间。要使性能最大化,就必须使处理任务的响应时间或执行时间最小化。对于某台计算机X,其性能可以用下列公式表示:

$$性能_X = \frac{1}{执行时间_X}$$

用户程序(机器指令集)的执行时间则可以用下列公式表示:

$$程序的CPU执行时间 = 程序的CPU时钟周期数 \times 时钟周期长度$$
$$= 程序的CPU时钟周期数 / 时钟频率$$

因此,硬件设计人员可以通过减少程序执行所需的CPU时钟周期数或加快机器的时钟频率来改进计算机性能。

用户程序是经过编译器生成的机器指令有序集,且必须加载到计算机中执行这些指令。因此,执行时间必然与程序中的指令数量有关,即程序的CPU时钟周期数可用下列公式计算:

$$CPU时钟周期数 = 程序的指令数 \times 指令平均时钟周期数$$

这里我们引入CPI(Clock Cycle Per Instruction)表示每条指令所需的时钟周期数的平均值。由于不同指令需要的时钟周期数不同,而CPI表示的是一个程序全部指令所用时钟周期数的平均值,因此可以通过式(1-1)计算:

$$CPI = \frac{执行整个程序所需的CPU时钟周期总数}{程序中的指令总数} = \frac{\sum_{i=1}^{n}(CPI_i \times I_i)}{I_N} = \sum_{i=1}^{n}\left(CPI_i \times \frac{I_i}{I_N}\right)$$

$$(1\text{-}1)$$

其中,I_i表示第i类指令在程序中的执行次数;CPI_i表示第i类指令所需的平均时钟周期数;

n 表示指令类型数；I_i/I_N 表示第 i 类指令在程序中所占的比例。

例 1-1 假定某 CPU 的主频为 500MHz，试根据表 1-2 求出该处理器每条指令的平均执行时间。

解：根据 CPI 计算公式得：

$$\text{CPI} = 0.2 \times 1 + 0.4 \times 2 + 0.05 \times 3 + 0.2 \times 5 + 0.1 \times 5 + 0.05 \times 10 = 3.15$$

表 1-2　某机指令类型、指令出现概率和需执行的周期数

指 令 类 型	指令出现概率/%	需执行的周期数
ADD、SUB、ROL	20	1
LOAD、STORE	40	2
MUL、DIV	5	3
FADD、FSUB	20	5
INT	10	5
IN、OUT	5	10

所以，每条指令的平均执行时间为：

$$T_{\text{avg}} = \text{CPI} \times T_C = \text{CPI}/F_C = 3.15/(0.5 \times 10^9) = 6.3\text{ns}$$

2. 经典 CPU 性能公式

在用户程序加载到内存，并由 CPU 执行后，我们可以用指令数（程序的指令总数）、CPI 和时钟周期长度来描述基本的性能公式（用户程序执行时间为 T_{CPU}），即经典的 CPU 性能公式如式(1-2)所示，这个公式将三个影响性能的关键度量因素进行了分离。

$$T_{\text{CPU}} = I_N \times \text{CPI} \times T_C \tag{1-2}$$

其中，I_N 表示程序长度，即要执行的程序中的指令的总数，I_N 取决于计算机的指令集结构和编译技术；CPI 表示执行每条指令所需的平均时钟周期数，CPI 取决于计算机的指令集结构、计算机组成和计算机实现技术；T_C 表示时钟周期的宽度，与计算机的时钟频率有关。

3. MIPS/MFLOPS 的度量

1.5.2 节列出了 MIPS/MFLOPS 的性能评价公式，其中，MFLOPS 主要用于评价高级计算机（超级计算机）的性能指标。在介绍 CPU 执行时间后，我们现在可以按照式(1-3)和式(1-4)进一步细化这些公式的度量与计算。

$$\text{MIPS} = \frac{\text{指令条数}}{\text{执行时间}} \times 10^{-6} = \frac{I_N}{I_N \times \text{CPI} \times T_C} \times 10^{-6} = \frac{F_C}{\text{CPI}} \times 10^{-6} \tag{1-3}$$

$$\text{MFLOPS} = \frac{\text{浮点运算次数}}{\text{执行时间}} \times 10^{-6} = \frac{F_C}{\text{CPI}_{\text{float}}} \times 10^{-6} \tag{1-4}$$

其中，MFLOPS 的 I_N、CPI 只与浮点数指令相关。

例 1-2 某计算机主频为 1GHz，在其上运行的目标代码包括 2×10^5 条指令，分为 4 类，各类指令所占比例和各自 CPI 如表 1-3 所示，求程序的执行时间和 MIPS。

解：$\text{CPI} = 1 \times 60\% + 2 \times 18\% + 4 \times 12\% + 8 \times 10\% = 2.24$

$T_{\text{CPU}} = I_N \times \text{CPI} \times T_C = 2 \times 10^5/F_C = 2 \times 10^5 \times 10^{-9} = 2 \times 10^{-4} = 0.2\text{ms}$

$\text{MIPS} = F_C/\text{CPI} \times 10^{-6} = 10^9 \times 10^{-6}/\text{CPI} = 10^3/2.24 = 446.4$（每秒百万条指令）

表 1-3　某机指令类型、CPI 和指令比例

指 令 类 型	CPI	指令比例/%
ALU、LOGIC	1	60
LOAD、STORE	2	18
BRANCH	4	12
Cache MISS	8	10

4. Amdahl 定理

在系统设计中,当改进系统中的某个部件后,所能获得的整个系统性能的提高程度与该部件的执行时间在总执行时间中所占的比例有关。这就是阿姆达尔(Amdahl)定理。

从 CPU 时间角度来看,改进后的时间快于改进前的时间,可以用加速比 S_n 来度量,即

$$S_n = T_{CPUbefore} / T_{CPUafter}$$

加速比的值涉及两个因素:一个是在改进前的系统里,可改进部分的执行时间与总执行时间的比例值 F_e(简称可改进比例,$F_e < 1$);另一个是采用改进部件改进后,性能提高的倍数 S_e(简称部件加速比,$S_e > 1$)。因此:

$$T_{CPUafter} = T_{CPUbefore}(1 - F_e) + T_{CPUbefore} \times \frac{F_e}{S_e} = T_{CPUbefore}\left(1 - F_e + \frac{F_e}{S_e}\right)$$

改进的时间由不可改进部分和可改进部分两个元素构成。

所以,可以由式(1-5)计算加速比 S_n 的值:

$$S_n = T_{CPUbefore} / T_{CPUafter} = 1 / \left(1 - F_e + \frac{F_e}{S_e}\right) \tag{1-5}$$

从 Amdahl 定理可以看出,加快某些经常性事件(或高概率功能部件)的处理速度能够极大地提高整个系统的性能。

例 1-3　某计算机系统采用浮点运算部件后,使浮点运算速度提高到原来的 25 倍,而系统运行某一程序的整体性能提高到原来的 4 倍,试计算该程序中浮点操作所占的比例。

解:由已知参数可知:

$$S_e = 25$$
$$S_n = 4$$

因此,按照 Amdahl 定理公式有:

$$4 = 1/(1 - F_e + F_e/25)$$
$$F_e \approx 78.1\%$$

1.6.2　CPU 性能的评价方法

1.6.1 节主要通过 CPU 执行时间来评价机器的性能,忽略了 I/O 结构、操作系统、编译程序的效率等对系统性能的影响,不能够准确评价计算机的实际工作能力。

从计算机系统结构角度来看,目前采用最多的计算机性能评价方法是基准程序测试法(Benchmark),该方法从加速经常性事件的执行角度,把用户程序中使用最频繁的那部分核心程序作为评价计算机性能的标准程序,在不同的机器上运行,将测试的执行时间作为各类计算机性能评价的依据。这一类计算机性能测试评价方法有多种多样的基准程序,主要有测试整数性能的基准程序、测试浮点性能的基准程序等。

1. 测试整数性能的基准程序

Dhrystone 是测量处理器运算能力的常见基准程序之一,用于处理器的整型运算性能的测量,是一个综合性的基准测试程序,程序是用 C 语言编写的。为了测试编译器和 CPU 处理整数指令和控制功能的有效性,人为地选择一些"典型指令综合起来形成的测试程序"。基准程序用了 100 条语句,由以下部分组成:各种赋值语句、各种数据类型的数据区、各种控制语句、过程调用和参数传送、整数运算和逻辑操作,得到的是 MIPS 度量值。

2. 测试浮点性能的基准程序

计算机科学工程应用领域的浮点计算工作量占很大比例,因此机器的浮点性能对系统的应用有很大的影响。有些机器只标出单个浮点操作性能,如浮点加法、浮点乘法时间。而大部分计算机系统采用 Linpack 基准程序测得浮点性能,评价的结果是计算机性能的 MFLOPS 度量值。

衡量计算机性能的一个重要指标就是计算峰值或者浮点计算峰值,即计算机每秒能完成的浮点计算最大次数,包括理论浮点峰值(Rpeak)和实测浮点峰值(Rmax)。理论浮点峰值是该计算机理论上能达到的每秒能完成的浮点计算最大次数,主要由计算机处理器(CPU)的主频决定。计算公式如下:

理论浮点峰值＝CPU 主频×CPU 每个时钟周期执行浮点运算的次数×CPU 数量

例如:大型计算机、巨型计算机等机器在说明书中经常给出的 MFLOPS 度量值是理论峰值浮点速度,它不是机器实际执行程序的速度,而是机器在理论上能完成的浮点处理速度。CPU 每个时钟周期执行浮点运算的次数是由处理器中浮点运算单元的个数及每个浮点运算单元在每个时钟周期能处理几条浮点运算来决定的,表 1-4 是常见 CPU 的每个时钟周期执行浮点运算的次数。

表 1-4 常见 CPU 的浮点运算次数

CPU	FLOPS/Cycle	CPU	FLOPS/Cycle	CPU	FLOPS/Cycle
IBM Power4	4	Ultra SPARC	2	Opteron	2
PA-RISC	4	SGI MIPS	2	Xeon	2
Alpha	2	Itanium	4	Pentium	1

3. Linpack 基准测试程序

Linpack(Linear System Package,线性系统软件包)主要开始于 1974 年 4 月,是美国 Argonne 国家实验室应用数学所主任 Jim Pool 提出的,他在一系列非正式的讨论会中评估,提出了建立一套专门解线性系统问题的数学软件的可能性。Linpack 是第一个内核级的测试程序,是当今国际上最流行的用于测试高性能计算机系统浮点性能的基准程序,该基准程序在高性能计算机中,进行用高斯消元法求解一元 N 次稠密线性代数方程组的测试,以评价被测试高性能计算机的浮点性能。Linpack 的结果以每秒浮点运算次数(FLOPS)表示。

国际 TOP 500 组织作为超级计算机排名的权威机构,每年采用 Linpack 基准程序对全球已安装的超级计算机进行性能测试,并在当年 6 月和 11 月,按实测浮点峰值发布全球超级计算机排行,列举出了全球排名前 500 台超级计算机的实测浮点峰值和理论浮点峰值。

例如我国的神威·太湖之光(Sunway TaihuLight)超级计算机于 2016 年 6 月在中国无锡

国家超级计算机中心安装,当年以 93 Petaflops(Rmax 值为 93 014.6 TFLOPS)的性能值位列 TOP 500 第一名。其处理器用的是具有自主知识产权的 Sunway 260 核 SW26010 处理器。

Linpack 基准程序最初是用 FORTRAN 语言编写的子程序软件包(现在已有 C 语言编写的软件包),称为基本线性代数子程序包,测试程序的主要运算是浮点加法和浮点乘法运算。被测试的超级计算机运行 Linpack 程序,记载测试程序的运行时间,最初采用 MFLOPS 表示被测计算机系统的 Linpack 性能,现在 TOP 500 组织使用 TFLOPS 表示超级计算机的运算能力。

Linpack 测试程序主要包括三类:Linpack 100、Linpack 1000 和 HPL(High Performance Linpack,高度并行计算基准测试)。Linpack 100 求解规模为 100 阶的稠密线性代数方程组,只允许采用编译优化选项进行优化,不得更改代码,甚至代码中的注释也不得修改。Linpack 1000 要求求解 1000 阶的线性代数方程组,达到指定的精度要求,可以在不改变计算量的前提下对算法和代码进行优化。HPL 是针对现代并行计算机提出的测试方式,对数组大小没有限制,求解问题的规模可以改变,也是 TOP 500 排名的重要依据。

HPL 采用高斯消元法求解线性方程组,若给出的规模为 N,测得系统计算时间 T,则按式(1-6)求出相应的峰值:

$$\text{实测峰值} = \frac{\text{浮点运算次数}}{\text{执行时间}} = \frac{\frac{2}{3} \times N^3 - 2 \times N^2}{T} \tag{1-6}$$

4. SPEC 基准测试程序

SPEC(Standard Performance Evaluation Corporation)是一个全球性的、权威的第三方应用性能基准测试组织,旨在确立、修改及认定一系列服务器应用性能评估的标准。由于它体现了软、硬件平台的性能和成本指标,被金融、电信、证券等关键行业用户作为选择 IT 系统的一项权威的选型基准测试指标。

1989 年 10 月,SPEC 发布了 V1.0 版本。这是一套复杂的面向处理器性能的基准程序集(称为 SPEC 89),主要用于测试与工程和科学应用有关的数值密集型的整数和浮点数方面的计算。源程序超过 15 万行,包含 10 个测试程序(4 个整数程序和 6 个浮点程序),使用的数据量比较大,分别测试应用的各个方面。SPEC 基准程序测试结果一般以 SPECmark(SPEC 分数)、SPECint(SPEC 整数)和 SPECfp(SPEC 浮点数)来表示。

SPEC 经过 5 代的不断更新和发展,目前最新的是 SPEC CPU 2006 基准测试程序,该基准测试程序包括 12 个整数基准程序集(SPECint 2006)和 17 个浮点基准程序集(SPECfp 2006)。表 1-5 是 SPEC 的 12 个整数基准程序集在频率为 2.66GHz 的 Intel Core i7 920 上的运行结果。

表 1-5 SPECint 2006 在 Intel Core i7 920 上的运行结果

描述	名称	指令数 ($\times 10^9$)	CPI	时钟周期长度 ($\times 10^{-9}$s)	执行时间/s	参考时间/s	SPEC 分值
字符串处理程序	perl	2252	0.60	0.376	508	9770	19.2
块排序压缩	bzip2	2390	0.70	0.376	629	9650	15.4
GNU C 编译器	gcc	794	1.20	0.376	358	8050	22.5
组合优化	mcf	221	2.66	0.376	221	9120	41.2
围棋游戏(人工智能)	go	1274	1.10	0.376	527	10490	19.9

续表

描述	名称	指令数($\times 10^9$)	CPI	时钟周期长度($\times 10^{-9}$s)	执行时间/s	参考时间/s	SPEC分值
基因序列搜索	hmmer	2616	0.60	0.376	590	9330	15.8
国际象棋游戏(人工智能)	sjeng	1948	0.80	0.376	586	12 100	20.7
量子计算机模拟	libquantum	659	0.44	0.376	109	20 720	190.0
视频压缩	h264avc	3793	0.50	0.376	713	22 130	31.0
离散事件模拟库	omnetpp	367	2.10	0.376	290	6250	21.5
游戏/寻径	astar	1250	1.00	0.376	470	7020	14.9
XML 解析	xalancbmk	1045	0.70	0.376	275	6900	25.1
几何平均值	—	—	—	—	—	—	25.7

为了简化测试结果,SPEC 决定使用单一的数字来归纳所有 12 个整数基准程序集。采用的办法是将被测计算机的执行时间标准化,即将参考处理器的执行时间除以被测计算机的执行时间,归一化描述的结果是得到一个测量值(称为 SPEC 分值)。SPEC 分值的大小反映了计算机性能的好坏,因为 SPEC 分值与被测计算机的执行时间成反比。

SPECint 2006(有的资料简写为 Cint 2006)或 SPECfp 2006(有的资料简写为 Cfp 2006)的综合测试结果是取 SPEC 分值的几何平均值。因为采用几何平均值时,使用 SPEC 分值比较两台计算机的性能,无论在哪一台计算机进行标准化都能得到同样的相对值。几何平均值的计算公式如式(1-7)所示,其中,执行时间比 i 是总计 n 个工作任务中第 i 个程序的执行设计按参考计算机进行标准化的结果。

$$\sqrt[n]{\prod_{i=1}^{n} 执行时间比_i} = \sqrt[n]{\prod_{i=1}^{n} R_i} \tag{1-7}$$

其中,$R_i = \dfrac{1}{T_i}$。

习题

1.1 问答题。
(1) 基本的软件系统包括哪些内容?
(2) 计算机硬件系统由哪些基本部件组成?它们的主要功能是什么?
(3) 冯·诺依曼计算机的基本思想是什么?什么叫存储程序方式?
(4) 早期的计算机组织结构有什么特点?现代计算机结构为什么以存储器为中心?
(5) 什么叫总线?总线的主要特点是什么?采用总线有哪些好处?
(6) 按其任务分,总线有哪几种类型?它们的主要作用是什么?
(7) 计算机的主要特点是什么?
(8) 计算机的性能评价有哪些方法?
(9) 衡量计算机性能有哪些基本的技术指标?以你所熟悉的计算机系统为例,说明它的型号、主频、字长、主存容量、所接的 I/O 设备的名称及主要规格。

1.2 单选题。
(1) 1942 年,美国推出了世界上第一台电子数字计算机,名为_____。

A. ENIAC　　　　　B. UNIVAC-Ⅰ　　　C. ILLIAC-Ⅳ　　　D. EDVAC

（2）在计算机系统中，硬件在功能实现上比软件强的是_____。

　　　A. 灵活性强　　　B. 实现容易　　　C. 速度快　　　D. 成本低

（3）完整的计算机系统包括两部分，它们是_____。

　　　A. 运算器与控制器　　　　　　　　B. 主机与外设

　　　C. 硬件与软件　　　　　　　　　　D. 硬件与操作系统

（4）在下列描述中，最能准确反映计算机主要功能的是_____。

　　　A. 计算机可以代替人的脑力劳动　　　B. 计算机是一种信息处理机

　　　C. 计算机可以存储大量的信息　　　　D. 计算机可以实现高速运算

（5）存储程序概念是由美国数学家冯·诺依曼在研究_____时首先提出来的。

　　　A. ENIAC　　　　　B. UNIVAC-Ⅰ　　　C. ILLIAC-Ⅳ　　　D. EDVAC

（6）现代计算机组织结构以_____为中心，其基本结构遵循冯·诺依曼思想。

　　　A. 寄存器　　　B. 存储器　　　C. 运算器　　　D. 控制器

（7）冯·诺依曼存储程序的思想是指_____。

　　　A. 只有数据存储在存储器　　　　　B. 数据和程序都存储在存储器

　　　C. 只有程序存储在存储器　　　　　D. 数据和程序都不存储在存储器

1.3　填空题。

（1）计算机 CPU 主要包括_____和_____两个部件。

（2）计算机的硬件包括_____、_____、_____、_____和_____ 5 部分。

（3）计算机的运算精度与机器的_____有关，为解决精度与硬件成本的矛盾，大多数计算机使用_____。

（4）从软、硬件交界面看，计算机层次结构包括_____和_____两部分。

（5）计算机硬件直接能执行的程序是_____程序，高级语言编写的源程序必须经过_____翻译，计算机才能执行。

（6）从计算机诞生起，科学计算一直是计算机最主要的_____。

（7）银河 I(YH-I)巨型计算机是我国研制的_____。

1.4　判断题。

（1）微处理器可以用来做微型计算机的 CPU。（　　）

（2）ENIAC 计算机的主要工作原理是存储程序和多道程序控制。（　　）

（3）决定计算机运算精度的主要技术指标是计算机的字长。（　　）

（4）计算机总线是用于传输控制信息、数据信息和地址信息的设施。（　　）

（5）计算机系统软件是计算机系统的核心软件。（　　）

（6）计算机运算速度是指每秒能执行操作系统的命令条数。（　　）

（7）计算机主机由 CPU、存储器和硬盘组成。（　　）

（8）计算机硬件和软件是相辅相成、缺一不可的。（　　）

（9）CPU 运行程序的时间是有程序指令数量和机器周期计算得到的。（　　）

（10）冯·诺依曼计算机体系结构的核心思想是存储程序。（　　）

1.5　设某段可执行的程序（机器指令程序）在 3 个不同的处理器中运行，现给出处理器的频率和相应的 CPI 等参数，如表 1-6 所示。

表 1-6　机器程序运行环境

处理器	工作频率（GHz）	CPI
PE1	3	1.5
PE2	2.5	1.0
PE3	4	2.2

回答下列问题：

(1) 按 IPS(每秒执行指令数)标准计算各处理器的性能。

(2) 若每个处理器运行程序的时间都是 10 秒，求出它们的时钟周期数和指令数。

(3) 若处理器的执行时间减少 30%，CPI 增加 20%，则各处理器的频率应该是多少？

1.6 假设同一个指令系统结构采用两个不同的处理器来实现，并且按照 CPI 参数值把指令分成 4 个类型。现在这两种不同的环境下运行一个有 1.0×10^6 条动态指令的程序，4 类指令的 CPI 和比例参数如表 1-7 所示。

表 1-7　4 类指令的 CPI 和比例参数

处理器参数		4 类指令的 CPI			
处理器	频率	A	B	C	D
PE1	2.5GHz	1	2	3	3
PE2	3GHz	2	3	1	2
指令所占比例		0.10	0.20	0.50	0.20

回答下列问题：

(1) 计算每个处理器下的整体 CPI 值。

(2) 计算两种情况下的时钟周期总数。

1.7 某个高级语言编写的程序被两个不同的编译器编译生成两种不同的指令序列 X 和 Y，在时钟频率为 2GHz 的机器上运行，目标指令序列中用到的指令类型有 A、B、C 和 D 四类。四类指令在机器上的 CPI 和两个指令序列所用的各类指令条数如表 1-8 所示。

表 1-8　两种编译后的指令序列表

指令类型	A	B	C	D
各类指令的 CPI	1	3	4	2
X 的指令条数	5	3	2	2
Y 的指令条数	4	5	2	3

回答下列问题：

(1) X 和 Y 各有多少条指令？

(2) X 和 Y 所含的时钟周期数各为多少？

(3) X 和 Y 的 CPU 执行时间各为多少？

1.8 在计算机设计中，将系统的某个功能部件处理速度加快 20 倍，但该部件的处理时间占整个系统总时间的 40%，整个系统改进后的性能提高多少？

1.9 某计算机系统设计时，可以对 3 个功能部件加以改进，且改进的加速比如表 1-9 所示。

表 1-9　多部件加速表

功能部件	加速比（倍数）
P1	30
P2	20
P3	10

回答下列问题：

(1) 如果 P1 和 P2 的可改进比例都是 30%，则满足系统加速比达到 10 时，P3 的可改进比例是多少？

(2) 当 P1、P2、P3 同时改进且可改进的比例分别是 30%、30% 和 20% 时，系统不可改进部分的执行时间占总执行时间的比例是多少？

提示：多个部件同时改进的 Amdahl 公式：$S_n = 1/\left(1 - \sum F_i + \sum \dfrac{F_i}{S_i}\right)$。

1.10 每秒执行百万条指令（MIPS）是评价计算机性能的一种方法，现有一段程序在模型机 Modelx 上运行，该程序经编译生成的目标代码由 4 类指令组成，这 4 类指令的比例和 CPI 如表 1-10 所示。现对该程序进行编译优化，生成的目标代码中，A 类指令减少了 50%，其他的指令数目不变。

表 1-10 该程序目标代码指令分布

指令类型	A	B	C	D
各类指令的 CPI	1	2	2	2
指令占比(%)	43	21	12	24

回答下列问题：

(1) 编译优化前后，整个程序的 CPI 各是多少？

(2) 如果模型机 Modelx 的频率是 50MHz，则优化前后的 MIPS 各是多少？

(3) 根据 MIPS 评价指标，能得出什么结论？

1.11 假设在某台计算机运行程序得到一组测试值：浮点操作指令使用频率 25%，浮点平均 CPI 为 4.0，其中包括浮点平方根指令的使用频率为 1%，CPI 为 20，其他指令的平均 CPI 为 1.33。假定有两种减少 CPI 的措施可供选择，一种是将浮点平方根指令的 CPI 降为 2，另一种是将所有浮点指令的平均 CPI 降为 3。比较这两种设计方案的效果并指明用哪一种方案好。

1.12 假设在计算机 PEX 的处理器中运行 SPEC CPU 2006 的一段基准测试程序，该程序的参考执行时间是 9650s。若在该处理器上执行的总指令数为 2.289×10^{12} 条，执行时间是 750s。回答下列问题：

(1) 如果时钟周期长度是 0.333ns，计算 PEX CPU 处理的 CPI 值和程序的 SPEC 分值。

(2) 如果基准程序的指令数增加 10%，CPI 保持不变或增加 5%，则 CPU 时间各增加多少？

(3) 在问题(2)的指令和 CPI 变化时，相应的 SPEC 分值有什么变化？

(4) 现开发一款 PEX 的改进机型 PEXM，指令系统增加了一些新的指令，其工作频率为 4GHz。此时，在 PEXM 机器上运行程序的指令数量减少了 15%，执行时间下降到了 700 秒，新的 SPEC 分值是 13.7，那么 PEXM CPU 处理的 CPI 值又是多少？

提示：可参考表 1-5 描述的 SPECint 2006 的相关信息。

第 2 章 数据信息的表示与运算单元

数据信息是计算机处理的对象,数据表示则是指由硬件识别处理并由指令直接调用的数据类型。学习数据在计算机中的表示方法及其运算和处理方法是了解计算机对数据信息的加工处理过程、掌握计算机硬件组成及整机工作原理的基础。

计算机表示的数据信息包括数值型数据和非数值型数据两大类。其中,数值型数据用于表示整数和实数之类数值型数据的信息,其表示方式涉及数的位权、基数、符号、小数点等问题;非数值型数据用于表示字符、声音、图形、图像、动画、影像之类的信息,其表示方式涉及代码的约定问题。计算机处理的要求不同,对数据采用的编码方式也不同。

本章的主要内容包括二进制数据表示中的原码、反码、补码、移码等数据编码方法和特点;定点数、浮点数、字符、汉字的二进制编码表示方法;各种数据信息的加工方法,重点是四则运算的算法及其硬件实现;检错纠错码的编码和使用方法。

2.1 带符号数的表示

2.1.1 机器数与真值

由于计算机只能直接识别和处理二进制形式的数据,因此无法按人们的书写习惯用正、负符号加绝对值来表示数值,而需要与数字一样用二进制代码 0 和 1 来表示正、负号。这样在计算机中表示带符号的数值数据时,数符和数据均采用 0 和 1 进行代码化。这种采用二进制表示形式的连同数符一起代码化的数据,在计算机中统称为机器数或机器码。而与机器数对应的用正、负符号加绝对值来表示的实际数值称为真值。

机器数可分为无符号数和带符号数两种。无符号数是指计算机字长的所有二进制位均表示数值。带符号数是指机器数分为符号和数值两部分,且均用二进制代码表示。

例 2-1 设某机器的字长为 8 位,无符号整数和带符号整数在机器中的表示形式如下:

分别写出机器数 10011001 作为无符号整数和带符号整数对应的真值。

解: 10011001 作为无符号整数时,对应的真值是 10011001=$(153)_{10}$。

10011001 作为带符号整数时,其最高位的数码 1 代表符号"−",所以与机器数 10011001 对应的真值是 −0011001=(−25)$_{10}$。

综上所述,可得机器数的特点为:

(1) 数的符号采用二进制代码化(0 代表"+",1 代表"−"),并放在数据最高位。

(2) 小数点本身是隐含的,不占用存储空间。

(3) 每个机器数所占的二进制位数受机器硬件规模的限制,与机器字长有关。超过机器字长的数值要舍去。

例如,要将数 $x=+0.101100111$ 在字长为 8 位的机器中表示为一个单字长的数,由于小数部分的有效数字的位数多于 8,因此在机器中无法完整地写入所有的数字,最低位的两个 1 在机器表示中将被舍去。

因为机器数的长度是由机器硬件规模规定的,所以机器数表示的数值是不连续的。例如,8 位二进制无符号数可以表示 256 个整数,即二进制编码 00000000~11111111 可以表示十进制的 0~255,若将 8 位二进制编码作为带符号整数,则 00000000~01111111 表示正整数 0~127,11111111~10000000 表示负整数 −127~0,共 256 个数,其中 00000000 表示 +0,10000000 表示 −0。

在计算机中,为了便于带符号数的运算和处理,对带符号数的机器数规定了各种表示方法,下面将介绍用于表示带符号数的原码、补码、反码和移码表示。

2.1.2　4 种码制表示

1. 原码表示

原码是一种简单、直观的机器数表示方法,其表示形式与真值的形式最为接近。原码规定机器数的最高位为符号位(0 表示"+",1 表示"−"),数值在符号位后面,以绝对值的形式给出。

1) 原码的定义

设 x 为 n 位数值的二进制数据,其原码定义如式(2-1)、式(2-2)所示。

纯小数原码的定义:(真值 $\pm 0.x_{n-1}\cdots x_1 x_0$)

$$[x]_{原}=\begin{cases} x & 0 \leqslant x < 1 \\ 1-x=1+|x| & -1 < x < 0 \end{cases} \quad (x\ 为纯小数) \qquad (2\text{-}1)$$

纯整数原码的定义:(真值 $\pm x_{n-1}\cdots x_1 x_0$)

$$[x]_{原}=\begin{cases} x & 0 \leqslant x < 2^n \\ 2^n-x=2^n+|x| & -2^n < x < 0 \end{cases} \quad (x\ 为纯整数) \qquad (2\text{-}2)$$

根据定义可知,数值部分的位数为 n 的二进制数据 x 的原码 $[x]_{原}$ 是一个 $n+1$ 位的机器数 $x_n x_{n-1}\cdots x_2 x_1 x_0$,其中 x_n 为符号位,$x_{n-1}\cdots x_2 x_1 x_0$ 为数值部分。

例 2-2　设某机器的字长为 8 位,已知 x 的真值,求 x 的原码 $[x]_{原}$。

① $x=+0.1010110$;② $x=-0.1010110$;③ $x=+1010110$;④ $x=-1010110$。

解:根据原码的定义,可得:

① $[x]_{原}=x=0.1010110$。

② $[x]_{原}=1-x=1+0.1010110=1.1010110$。

③ $[x]_原 = x = 01010110$(最高位的 0 为表示正数的符号)。

④ $[x]_原 = 2^7 - x = 2^7 + 1010110 = 10000000 + 1010110 = 11010110$。

由例 2-2 的结果可知:

(1) $[x]_原$ 的表示形式 $x_n x_{n-1} \cdots x_1 x_0$ 为符号位加上 x 的绝对值。当 $x \geqslant 0$ 时,符号位 $x_n = 0$;当 $x < 0$ 时,符号位 $x_n = 1$。

(2) 当 x 为纯小数时,$[x]_原$ 中的小数点默认在符号位 x_n 和数值的最高位 x_{n-1} 之间;当 $x \geqslant 0$ 时,$[x]_原 = x$;当 $x < 0$ 时,$[x]_原 = 1 + |x|$,即符号位加上 x 的小数部分的绝对值。当 x 为纯整数时,$[x]_原$ 中的小数点默认在数值最低位 x_0 之后;当 $x \geqslant 0$ 时,$[x]_原 = x$;当 $x < 0$ 时,$[x]_原 = 2^n + |x|$,其中 2^n 是符号位的权值,$2^n + |x|$ 相当于使符号为 1。

(3) 将 $[x]_原$ 的符号取反即可得到 $[-x]_原$。

根据式(2-1)、式(2-2)可知,在原码表示中,真值 0 有两种不同的表示形式,即 +0 和 −0。

纯小数 +0 和 −0 的原码表示: $[+0]_原 = 0.00\cdots0$ $\quad$ $[-0]_原 = 1.00\cdots0$

纯整数 +0 和 −0 的原码表示: $[+0]_原 = 00\cdots0$ $\quad\quad\quad$ $[-0]_原 = 10\cdots0$

由于原码是在二进制真值的基础上增加符号位的机器数,根据二进制数移位规则和原码的定义,给出原码的移位规则是:符号位不变,数值部分左移或右移,移出的空位填 0。

例 2-3 设某机器的字长为 8 位,已知 $[x]_原$,求 $[2x]_原$ 和 $\left[\dfrac{1}{2}x\right]_原$。

① $[x]_原 = 0.0101001$;② $[x]_原 = 10011010$。

解: ① $[2x]_原 = 0.1010010$,左移后,符号位保持不变,最高位移出,最低位填 0。

$\left[\dfrac{1}{2}x\right]_原 = 0.0010100$,右移后,符号位保持不变,最高位填 0,末尾的 1 移出。

② $[2x]_原 = 10110100$。

$\left[\dfrac{1}{2}x\right]_原 = 10001101$。

在原码的左移过程中,注意不要将高位的有效数值位移出,否则将会出现溢出错误。

2) 原码的特点

原码表示与数据的真值对应,其转换简单、方便,现代计算机系统中常用定点原码小数表示浮点数的尾数部分。不过在利用原码进行两数相加运算时,首先要判断两数的符号,若同号则做加法,若异号则做减法。在利用原码进行两数相减运算时,不仅要判断两数的符号,使得同号相减、异号相加,还要判断两数绝对值的大小,用绝对值大的数减去绝对值小的数,取绝对值大的数的符号为结果的符号。可见原码表示不便于实现加减运算。

2. 补码表示

由于原码表示中 0 的表示形式不唯一和原码加减运算的不方便,造成实现原码加减运算的硬件比较复杂。为了简化运算,让符号位也作为数值的一部分参加运算,并使所有的加减运算均以加法运算来代替实现,人们提出了补码表示方法。

1) 模的概念

补码表示的引入是基于模的概念。所谓"模",是指一个计数器的容量。例如钟表是以 12 为一个计数循环(12 为模)。设当前钟表的时针停在 9 点钟的位置,要将时针拨到 4 点钟,时钟校正时可以采用两种方法:一种是逆时针方向拨动指针后退 5 小时,即 9−5=4;另一种是顺时针方向拨动指针前进 7 小时,也能够使时针指向 4。这是因为钟表的时间只有 1,2,…,12 这 12 个刻度,超过 12 时又重复指向 1,2,…,相当于每超过 12,就把 12 丢掉。由于 9+7=16,把 12 减掉后得到 4,即钟表对准到 4 点钟。这样,9−5≡9+7(mod 12),称为在模 12 的条件下,9−5 等于 9+7。这里,7 称为 −5 对 12 的补数,即 7=$[-5]_{补}$=12+(−5)(mod 12)。这个例子说明,对某一个确定的模而言,当需要减去一个数 x 时,可以用加上 x 对应的负数 −x 的补数$[-x]_{补}$来代替。

对于任意 x,在模 M 条件下的补数$[x]_{补}$,可由式(2-3)给出:

$$[x]_{补} = M + x \pmod{M} \tag{2-3}$$

根据式(2-3)可知:

(1) 当 $x \geq 0$ 时,$M+x$ 大于 M,把 M 丢掉,得$[x]_{补}=x$,即正数的补数等于其本身。

(2) 当 $x<0$ 时,$[x]_{补}=M+x=M-|x|$,即负数的补数等于模与该数的绝对值之差。

例 2-4 设机器字长为 8 位,求模 $M=2$ 时,二进制数 x 的补数。

① $x=+0.1010101$;② $x=-0.1010101$。

解:① 因为 $x \geq 0$,把模 2 丢掉,所以 $[x]_{补}=2+x=0.1010101 \pmod{2}$。

② 因为 $x<0$,所以 $[x]_{补}=2+x=2-|x|=10.0000000-0.1010101=1.0101011 \pmod{2}$。

2) 补码的定义

在计算机中,由于硬件的运算部件与寄存器都有一定的字长限制,一次处理的二进制数据的长度有限,因此计算机的运算也是有模运算。例如一个 8 位的二进制计数器,计数范围为 00000000~11111111,当计数到 11111111 时,再加 1,计数值为 100000000,产生溢出,最高位的 1 被丢掉,使得计数器又从 00000000 开始计数,100000000 就是计数器的模。

对于计算机二进制编码表示的数据,通常将某数对模的补数称为补码。设 x 为 n 位数值的二进制数据,其补码定义如式(2-4)、式(2-5)所示。

纯小数补码的定义:(真值±0.$x_{n-1} \cdots x_1 x_0$)

$$[x]_{补} = \begin{cases} x & 0 \leq x < 1 \\ 2+x & -1 \leq x < 0 \end{cases} \pmod{2} \tag{2-4}$$

纯整数补码的定义:(真值±$x_{n-1} \cdots x_1 x_0$)

$$[x]_{补} = \begin{cases} x & 0 \leq x < 2^n \\ 2^{n+1}+x & -2^n \leq x < 0 \end{cases} \pmod{2^{n+1}} \tag{2-5}$$

可见,$[x]_{补}$是 $n+1$ 位的机器数 $x_n x_{n-1} \cdots x_1 x_0$,其中 x_n 为符号位,$x_{n-1} \cdots x_1 x_0$ 为数值部分,n 为 x 数值位的长度,纯小数补码表示的模为 $M=2$,纯整数补码表示的模为 $M=2^{n+1}$。

例 2-5 设机器字长为 8 位,已知 x,求 x 的补码$[x]_{补}$。

① $x=+0.1010110$;② $x=-0.1010110$;③ $x=+1010110$;④ $x=-1010110$。

解:根据补码的定义,可得:

① $[x]_{补}=x=0.1010110$。

② $[x]_{补}=2+x=10.000000+(-0.1010110)=1.0101010$。

③ $[x]_{补}=x=01010110$。

④ $[x]_{补}=2^8+x=100000000+(-1010110)=10101010$。

在$[x]_{补}$的表示 $x_n x_{n-1} \cdots x_1 x_0$ 中,x_n 表示真值 x 的符号:当 $x \geq 0$ 时,$x_n=0$;当 $x<0$ 时,$x_n=1$。

3) 特殊数的补码表示

(1) 真值 0 的补码表示。

根据补码的定义可知,真值 0 的补码表示是唯一的,即

$$[+0]_{补} = [-0]_{补} = 2 \pm 0.00\cdots0 = 0.00\cdots0 \quad (纯小数)$$

$$[+0]_{补} = [-0]_{补} = 2^{n+1} \pm 000\cdots0 = 000\cdots0 \quad (纯整数)$$

(2) -1 和 -2^n 的补码表示。

在纯小数补码表示中,$[-1]_{补} = 2+(-1) = 10.00\cdots0 + (-1.00\cdots0) = 1.00\cdots0$。

在纯小数的原码表示中,$[-1]_{原}$ 是不能表示的,而在补码表示中,纯小数的补码最小可以表示到 -1,这时在 $[-1]_{补}$ 中,符号位的 1 既表示符号"$-$",也表示数值 1。

在纯整数补码表示中,$[-2^n]_{补} = 2^{n+1}+(-2^n) = \underbrace{1000\cdots0}_{n+1 \text{个} 0}+(-\underbrace{100\cdots0}_{n \text{个} 0})=\underbrace{100\cdots0}_{n \text{个} 0}$。

同样,在纯整数的原码表示中,$[-2^n]_{原}$ 是不能表示的,而在补码表示中,在模为 2^{n+1} 的条件下,纯整数的补码最小可以表示到 -2^n。这时在 $[-2^n]_{补}$ 中,符号位的 1 既表示符号"$-$",也表示数值 2^n。

4) 补码的简便求法

给定一个二进制数 x,求其补码时,可直接由定义计算,也可用以下简便方法求得:

(1) 若 $x \geqslant 0$,则 $[x]_{补} = x$,并使符号位为 0。

(2) 若 $x < 0$,则将 x 的各位取反,然后在最低位上加 1,并使符号位为 1,即得到 $[x]_{补}$。

例 2-6 证明补码的简便求法。

证:设 x 为纯小数,根据式(2-4)的定义,有:

当 $x = +0.x_{n-1}\cdots x_1 x_0$ 时,$[x]_{补} = x = 0.x_{n-1}\cdots x_1 x_0$,这时符号位 $x_n = 0$,表示 $x \geqslant 0$。

当 $x = -0.x_{n-1}\cdots x_1 x_0$ 时,

$$[x]_{补} = 2 + x = 2 - 0.x_{n-1}\cdots x_1 x_0 = 1.11\cdots1 + 0.00\cdots1 - 0.x_{n-1}\cdots x_1 x_0$$

$$= 1.11\cdots1 - 0.x_{n-1}\cdots x_1 x_0 + 0.00\cdots1$$

$$= 1.\bar{x}_{n-1}\cdots \bar{x}_1 \bar{x}_0 + 0.00\cdots1$$

所以,当 $x < 0$ 时,将 x 的各位取反,再在最低位上加 1,即可求得 x 的补码 $[x]_{补}$。

纯整数的补码也可以采用同样的简便方法求得,读者可自行证明。

例 2-7 用简便方法求出例 2-5 中 x 的补码。

解:① $x = +0.1010110$,因为 $x \geqslant 0$,所以 $[x]_{补} = x = 0.1010110$。

② $x = -0.1010110$,因为 $x < 0$,所以将 x 的各位取反,得 1.0101001,再在最低位加 1,得 $[x]_{补} = 1.0101001 + 0.0000001 = 1.0101010$。

③ $x = +1010110$,因为 $x \geqslant 0$,所以 $[x]_{补} = x = 01010110$,符号位为 0。

④ $x = -1010110$,因为 $x < 0$,所以将 x 的各位取反,再在最低位加 1,并使符号位为 1,得 $[x]_{补} = 10101001 + 00000001 = 10101010$。

由此得出规律:当 $x < 0$ 时,从数值的最低位 x_0 开始向高位扫描,在遇到第一个 1 之后,保持该位 1 和比其低的各位不变,将比其高的各位变反,即可得到 x 的补码。

5) 补码的几何性质

根据补码的定义,可以得到补码的几何性质。下面以 $n = 3$ 的整数为例,说明补码的几何性质。$n = 3$ 时所有整数的补码如表 2-1 所示。

表 2-1　$n=3$ 时所有整数的补码

真　　值	补　　码	真　　值	补　　码
+000(+0)	0000	−001(−1)	1111
+001(+1)	0001	−010(−2)	1110
+010(+2)	0010	−011(−3)	1101
+011(+3)	0011	−100(−4)	1100
+100(+4)	0100	−101(−5)	1011
+101(+5)	0101	−110(−6)	1010
+110(+6)	0110	−111(−7)	1001
+111(+7)	0111	−1000(−8)	1000

将表 2-1 中数的真值与补码反映在数轴上就可以看到补码的几何性质,如图 2-1 所示。

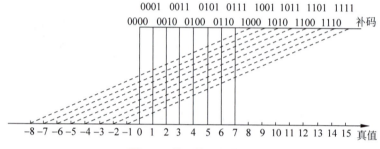

图 2-1　补码的几何性质

补码的几何性质说明了以下两点：

(1) 正数的补码表示就是其本身,负数的补码表示的实质是把负数映像到正值区域,因此加上一个负数或减去一个正数可以用加上另一个数(负数或减数对应的补码)来代替。

(2) 从补码表示的符号来看,补码中符号位的值代表了数的正确符号,0 表示正数,1 表示负数；而从映像值来看,符号位的值是映像值的一个数位,因此在补码运算中,符号位可以与数值位一起参加运算。

6) 补码的几个关系

(1) 补码与机器负数的关系：在模 M 的条件下,当需要减去一个数 x 时,可以用加上 x 对应的负数的补数 $[-x]_\text{补}$ 来代替。通常把 $[-x]_\text{补}$ 称为机器负数,把由 $[x]_\text{补}$ 求 $[-x]_\text{补}$ 的过程称为对 $[x]_\text{补}$ 求补或变补。在补码运算过程中,常需要在已知 $[x]_\text{补}$ 的条件下求 $[-x]_\text{补}$。对 $[x]_\text{补}$ 求补的规则是：将 $[x]_\text{补}$ 的各位(含符号位)取反,然后在最低位上加 1,即得到 $[-x]_\text{补}$。反之亦然。

(2) 补码的移位规则：根据二进制数的移位规则和补码的定义,得出表 2-2 所示的规则。

表 2-2　补码的移位规则

移 位 操 作	移 位 规 则
补码左移	连同符号位同时左移,低位移空位置补 0。若左移前后符号位不一致,则说明移位出错,移出了有效位
补码右移	符号位不变,数值部分右移,最高位移出的空位填补符号位的代码

例 2-8　已知 $[x]_\text{补}$,求 $[2x]_\text{补}$、$\left[\dfrac{1}{2}x\right]_\text{补}$。

① $[x]_\text{补}=0.0101001$；② $[x]_\text{补}=11011010$。

解：① $[2x]_{补}=0.1010010$，左移后，符号位不变，数值最高位移出，最低位填 0。

$\left[\dfrac{1}{2}x\right]_{补}=0.0010100$，右移后，符号位不变，数值最高位填与符号位同值，末尾的 1 移出。

② $[2x]_{补}=10110100$，左移后，符号位保持不变，数值最高位移出，最低位填 0。

$\left[\dfrac{1}{2}x\right]_{补}=11101101$，右移后，符号位不变，数值最高位填与符号位同值，末尾的 0 移出。

补码左移时不要将高位的有效数值位移出，否则会出现移位错误。例如，8 位纯整数补码 $[x]_{补}=01011010$ 左移时，如果将数值部分最高位的 1 移入符号位，则造成符号错误，将原本是正数的补码变成了负数的补码；如果丢掉最高位的 1，又会失去最高位的有效数值，造成出错。同理，如果要将 8 位纯整数补码 $[x]_{补}=10011010$ 进行左移，也会出现同样的错误。

3．反码表示

反码表示也是一种机器数，它实质上是一种特殊的补码，其特殊之处在于反码的模比补码的模小一个最低位上的 1。

1）反码的定义

根据补码的定义可以推出数值位长度为 n 的反码的定义，如式(2-6)、式(2-7)所示。
纯小数反码的定义：

$$[x]_{反}=\begin{cases} x & 0\leqslant x<1 \\ (2-2^{-n})+x & -1<x<0 \end{cases} \quad (\text{mod}(2-2^{-n})) \qquad (2\text{-}6)$$

纯整数反码的定义：

$$[x]_{反}=\begin{cases} x & 0\leqslant x<2^n \\ (2^{n+1}-1)+x & -2^n<x<0 \end{cases} \quad (\text{mod}(2^{n+1}-1)) \qquad (2\text{-}7)$$

根据反码的定义可得反码表示的求法：

(1) 若 $x\geqslant 0$，则使符号位为 0，数值部分与 x 相同，即可得到 $[x]_{反}$。

(2) 若 $x<0$，则使符号位为 1，x 的数值部分各位取反，即可得到 $[x]_{反}$。

2）反码的特点

(1) 在反码表示中，用符号位 x_0 表示数值的正负，形式与原码表示相同，即 0 正 1 负。

(2) 在反码表示中，数值 0 有两种表示方法：
纯小数+0 和 -0 的反码表示：$[+0]_{反}=0.00\cdots 0$ $[-0]_{反}=1.11\cdots 1$
纯整数+0 和 -0 的反码表示：$[+0]_{反}=000\cdots 0$ $[-0]_{反}=111\cdots 1$

(3) 反码的表示范围与原码的表示范围相同。

反码表示在计算机中往往作为数码变换的中间环节。

4．移码表示

从图 2-1 所示的补码的几何性质中可以看到，如果将补码的符号部分与数值部分统一看成数值，则负数的补码的值大于正数的补码的值，这样在比较补码所对应的真值的大小时，就不是很直观和方便，为此提出了移码表示。

1）移码的定义

移码的定义如式(2-8)、式(2-9)所示。

纯小数移码的定义：
$$[x]_{移} = 1 + x \quad -1 \leqslant x < 1 \tag{2-8}$$

纯整数移码的定义：
$$[x]_{移} = 2^n + x \quad -2^n \leqslant x < 2^n \tag{2-9}$$

根据式(2-8)、式(2-9)可知，移码表示是把真值 x 在数轴上正向平移 1(纯小数)或 2^n(纯整数)后得到的，所以移码也被称为增码或余码。

下面以 $n=3$ 时纯整数的移码为例，看一下移码的几何性质。当 $n=3$ 时，纯整数的移码为 $[x]_{移} = 2^3 + x$，如表 2-3 所示。

表 2-3　$n=3$ 时纯整数的移码

真　值	移　码	真　值	移　码
+000(+0)	1000	−001(−1)	0111
+001(+1)	1001	−010(−2)	0110
+010(+2)	1010	−011(−3)	0101
+011(+3)	1011	−100(−4)	0100
+100(+4)	1100	−101(−5)	0011
+101(+5)	1101	−110(−6)	0010
+110(+6)	1110	−111(−7)	0001
+111(+7)	1111	−1000(−8)	0000

图 2-2 显示了真值与移码的对应关系。可以看到，移码表示的实质是把真值映像到一个正数域，因此移码的大小可直观地反映真值的大小。这样采用移码表示时，不管真值的正负，均可以按无符号数比较大小。由于移码表示便于比较数值的大小，因此移码主要用于表示浮点数的阶码。因为在浮点数中阶码通常是整数，所以本书中重点讨论整数的移码表示。

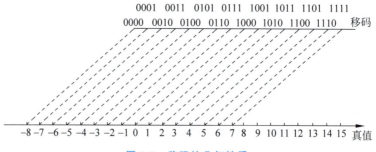

图 2-2　移码的几何性质

2) 移码与补码的关系

根据式(2-5)给出的纯整数的补码定义可知：

当 $0 \leqslant x < 2^n$ 时，$[x]_{补} = x$，因为 $[x]_{移} = 2^n + x$，所以 $[x]_{移} = 2^n + [x]_{补}$。

当 $-2^n \leqslant x < 0$ 时，$[x]_{补} = 2^{n+1} + x$，因为 $[x]_{移} = 2^n + x$，所以 $[x]_{移} = 2^n + [x]_{补} - 2^{n+1} = [x]_{补} - 2^n$。其中，$n$ 为数值部分的长度。

求一个数的移码，可以直接根据定义求得，也可以根据移码与补码的关系求得。

例 2-9　已知 x，求 $[x]_{补}$ 和 $[x]_{移}$。

① $x = +1011010$；② $x = -1011010$。

解：① 因为 $x \geqslant 0$，所以 $[x]_{补} = 01011010$，$[x]_{移} = 2^n + x = 2^7 + 1011010 = 11011010$。

② 因为 $x < 0$，所以 $[x]_{补} = 10100110$，$[x]_{移} = 2^n + x = 2^7 + (-1011010) = 00100110$。

可见,移码与补码数值部分相同,符号位相反。

3) 移码的特点

(1) 设$[x]_{移}=x_nx_{n-1}\cdots x_1x_0$,$x_n$表示真值$x$的正负。若$x_n=1$,则$x$为正;若$x_n=0$,则$x$为负。

(2) 真值0的移码表示只有一种形式:$[+0]_{移}=[-0]_{移}=100\cdots 0$。

(3) 移码与补码的表示范围相同。纯小数的移码可以表示到-1,$[-1]_{移}=0.0\cdots 0$。纯整数的移码可以表示到-2^n,n为数值部分的长度,$[-2^n]_{移}=00\cdots 0$。

(4) 真值大时,对应的移码也大;真值小时,对应的移码也小。

4) 移数值为K的移码

根据移码的几何性质,可以将移码的定义进行扩展,得到移数值为K的移码为:

$$移数值为K的移码=K+实际数值 \tag{2-10}$$

K为约定的移数值。

当移数值K为127时,可以得到移127码,即:移127码=127+实际数值。

在2.4.2节的IEEE 754标准中,将使用这种移数值为K的移码表示浮点数的阶码。

综上所述,各种码制之间的关系及转换方法如图2-3所示。若真值x为正,使符号位$x_0=0$,真值为负,$x_0=1$,数值部分不变,就得到x对应的原码。当真值x为正数时,原码=反码=补码。当真值x为负时,x对应的原码、补码、反码表示各不相同。保持原码符号位不变,数值位各位取反即得反码;反码末位加1即得补码。不论真值x是正数还是负数,将其对应的补码的符号位取反,数值位不变即可得到x对应的移码。

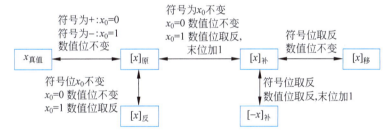

图 2-3 各种码制之间的关系及转换方法

例 2-10 设某计算机的字长为8位,采用纯整数表示。表2-4中给出了相同的机器数在不同表示形式中对应的十进制真值。

表 2-4 相同的机器数在不同表示形式中对应的十进制真值

机器数	表示方法				
	原码	补码	反码	移码	无符号数
01001001	+73	+73	+73	−55	73
10101101	−45	−83	−82	+45	173
11111111	−127	−1	−0	+127	255

以机器数01001001为例,则有:

(1) 原码表示时,其真值为+1001001,对应的十进制数为+73。

(2) 补码表示时,其真值为+1001001,对应的十进制数为+73。

(3) 反码表示时,其真值为+1001001,对应的十进制数为+73。

(4) 移码表示时,其真值为−0110111,对应的十进制数为−55。

(5) 无符号数时,所有二进制位均表示数值,因此其对应的十进制真值为73。

2.2 数的定点表示

实际中使用的数通常既有整数部分又有小数部分,在计算机中为了便于处理,通常不希望小数点占用存储空间,因此机器数的小数点往往默认隐含在数据的某一固定位置上。下面讨论一下计算机中小数点的位置的表示方法,即计算机中的数据格式。

在日常使用的十进制数中,同一个十进制数可以表示成不同的形式,例如:

$$(N)_{10} = 123.456 = 123456 \times 10^{-3} = 0.123456 \times 10^{+3}$$

同理,同一个二进制数也可以表示成不同的形式,例如:

$$(N)_2 = 1101.0011 = 11010011 \times 2^{-100} = 0.11010011 \times 2^{+100}$$

由此可见,任何一个 R 进制数 N 均可以写成式(2-11)所示的形式:

$$(N)_R = \pm S \times R^{\pm e} \tag{2-11}$$

其中,S 表示尾数,代表数 N 的有效数字;R 表示基值,由计算机系统的设计人员约定,不同的机器,R 的取值不同,计算机中常用的 R 的取值为 2、4、8、16;e 表示阶码,代表数 N 的小数点的实际位置。

根据小数点的位置是否固定,计算机采用两种不同的数据格式,即定点表示和浮点表示。

在式(2-11)中,如果规定 e 的取值固定不变,则称这种数据格式为定点表示,即约定所有数据的小数点位置均是相同且固定不变的。采用定点表示的数据称为定点数。计算机中通常使用的定点数有定点小数和定点整数两类。

2.2.1 定点小数

对于一个 x_n 为符号位的 $n+1$ 位机器数 $x_n.x_{n-1}\cdots x_1 x_0$,定点小数约定小数点在符号位和最高数值位之间,即在式(2-11)中约定 e 的值为 0,其格式为 $x_n.x_{n-1}\cdots x_1 x_0$,如图 2-4 所示。

图 2-4 定点小数格式

定点小数代表的是纯小数 $\pm 0.x_{n-1}\cdots x_1 x_0$,不同码制下定点小数表示的数值范围不同。

对于字长为 $n+1$ 的二进制机器数,定点小数的原码表示范围为 $0 \leqslant |x| \leqslant 1-2^{-n}$,表 2-5 给出了包括符号位在内字长为 $n+1$ 的定点小数原码的典型数据。注意:定点小数的反码表示范围与原码表示范围相同。

对于字长为 $n+1$ 的二进制机器数,定点小数的补码表示范围为 $-1 \leqslant x \leqslant 1-2^{-n}$,表 2-6 描述了包括符号位在内字长为 $n+1$ 的定点小数补码的典型数据。注意:定点小数的移码表示范围与补码表示范围相同。

表 2-5 定点小数原码的典型数据

典型数据	原码	真值
最小正数	0.00⋯001 (n位)	$+2^{-n}$
最大正数	0.11⋯111	$+(1-2^{-n})$
最小负数	1.11⋯111	$-(1-2^{-n})$
最大负数	1.00⋯001	-2^{-n}
$+0$	0.00⋯000	0
-0	1.00⋯000	0

表 2-6 定点小数补码的典型数据

典型数据	补码	真值
最小正数	0.00⋯001 (n位)	$+2^{-n}$
最大正数	0.11⋯111	$+(1-2^{-n})$
最小负数	1.00⋯000	-1
最大负数	1.11⋯111	-2^{-n}
0	0.00⋯000	0

2.2.2 定点整数

对于一个 x_n 为符号位的 $n+1$ 位机器数 $x_n x_{n-1} \cdots x_1 x_0$，定点整数就是约定小数点在最低数值位之后的定点数，即在式(2-11)中 e 的值为 n。数据格式为 $x_n x_{n-1} \cdots x_1 x_0$，如图 2-5 所示。

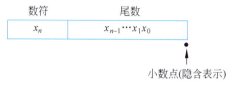

图 2-5 定点整数格式

设定点整数代表的是纯整数 $x_{n-1} \cdots x_1 x_0$，二进制机器数的字长为 $n+1$，则定点整数的原码和反码表示范围为 $0 \leqslant |x| \leqslant 2^n - 1$，定点整数的补码和移码表示范围为 $-2^n \leqslant x \leqslant 2^n - 1$。字长为 $n+1$ 的定点整数的原码和补码的典型数据分别如表 2-7 和表 2-8 所示。

表 2-7 定点整数原码的典型数据

典型数据	原 码	真 值
最小正数	0 00⋯001 (n位)	$+1$
最大正数	0 11⋯111	$+(2^n - 1)$
最小负数	1 11⋯111	$-(2^n - 1)$
最大负数	1 00⋯001	-1
$+0$	0 00⋯000	0
-0	1 00⋯000	0

表 2-8 定点整数补码的典型数据

典型数据	补 码	真 值
最小正数	0 00⋯001 (n位)	$+1$
最大正数	0 11⋯111	$+(2^n - 1)$
最小负数	1 00⋯000	-2^n
最大负数	1 11⋯111	-1
0	0 00⋯000	0

定点数在数轴上的分布是不连续的。相邻的两个定点数之间的最小间隔称为定点数的分辨率。字长为 $n+1$ 的定点小数的分辨率为 2^{-n}，字长为 $n+1$ 的定点整数的分辨率为 1。

硬件上只考虑定点小数或定点整数运算的计算机称为定点机。定点机的优点在于运算和硬件结构比较简单。但定点数所能表示的数据范围小，运算精度低，存储单元利用率低，很难兼顾应用的数值范围和精度要求，不适合科学计算，因此通常只用定点整数来表示整数，而对于实数，则采用数的浮点表示。本书将在 2.4 节讨论数的浮点表示。

2.3 定点运算单元的组织

2.3.1 运算器的设计方法

计算机具有强大的数值运算和信息处理能力，能够帮助人们完成各种复杂的工作。但作为计算机的核心部件——运算器，所具有的只是简单的算术运算、逻辑运算及移位、计数等功能。因此，计算机中对数据信息加工的基本思想是：将各种复杂的运算处理分解为基本的算术运算和逻辑运算。例如在算术运算中，可以通过补码运算将减法化为加法，利用加减运算与移位功能的配合实现乘除运算，通过阶码与尾数的运算组合实现浮点运算。

运算器的逻辑组织结构设计通常可以分为以下层次：

（1）根据机器的字长，将 N 个一位全加器通过加法进位链连接构成 N 位并行加法器。

（2）利用多路选择逻辑在加法器的输入端实现多种输入组合，将加法器扩展为多功能的算术/逻辑运算部件。

（3）根据乘除运算的算法，将加法器与移位器组合，构成定点乘法器与除法器。将计算定点整数的阶码运算器和计算定点小数的尾数运算器组合构成浮点运算器。

（4）在算术/逻辑运算部件的基础上，配合各类相关的寄存器，构成计算机中的运算器。

2.3.2 定点补码加减运算

加减运算是计算机的基本运算。定点数的加减运算可以用原码、补码、BCD 码等各种码制进行。由于补码运算可以把减法转换为加法，规则简单，易于实现，大大简化了加减运算的算法，因此现代计算机均采用补码进行加减运算。本小节讨论定点数的补码加减运算。

1. 补码加减运算的基础

1) 补码加法

补码加法的基本关系是：
$$[x]_{补} + [y]_{补} = [x+y]_{补} (\bmod M) \tag{2-12}$$

式(2-12)中，如果 x、y 是定点小数，则 $M=2$；如果 x、y 是定点整数，则 $M=2^{n+1}$，n 为定点整数数值部分的位数。它说明了补码加法的规则，即两数补码之和等于两数之和的补码。下面以定点小数为例，证明式(2-12)的正确性。

证明：设 x、y 的取值范围分别为 $-1 \leqslant x < 1$，$-1 \leqslant y < 1$，两数之和 $x+y$ 的值在正常范围之内，即 $-1 \leqslant x+y < 1$。

① 设 $x \geqslant 0, y \geqslant 0$。

由补码定义可得：$[x]_{补} = x, [y]_{补} = y$，则 $[x]_{补} + [y]_{补} = x+y$。

因为 $x+y \geqslant 0$，所以 $[x+y]_{补} = x+y = [x]_{补} + [y]_{补}$。

② 若 $x \geqslant 0, y < 0$，且 $|x| \geqslant |y|$。

由补码定义可得：$[x]_{补} = x, [y]_{补} = 2+y (\bmod 2)$，则 $[x]_{补} + [y]_{补} = 2+x+y$。

因为 $x+y \geqslant 0$，所以 $2+x+y \geqslant 2$，在 $(\bmod 2)$ 的条件下，舍去模 2，得 $[x]_{补} + [y]_{补} = x+y$。

又因为 $x+y \geqslant 0$，所以 $[x+y]_{补} = x+y = [x]_{补} + [y]_{补}$。

③ 若 $x \geqslant 0, y < 0$，且 $|x| < |y|$。

由补码定义可得：$[x]_{补} = x, [y]_{补} = 2+y (\bmod 2)$。

则 $[x]_{补} + [y]_{补} = 2+x+y$。

因为 $|x| < |y|$，所以 $x+y < 0$，$[x+y]_{补} = 2+x+y = [x]_{补} + [y]_{补} (\bmod 2)$。

④ 若 $x < 0, y < 0$。

由补码定义可得：$[x]_{补} = 2+x, [y]_{补} = 2+y$，则 $[x]_{补} + [y]_{补} = 2+2+x+y$。

根据定点小数数据表示范围要求，舍去 $[x]_{补} + [y]_{补}$ 中的模 2，得 $[x]_{补} + [y]_{补} = 2+x+y$。

因为 $x < 0, y < 0$，所以 $x+y < 0$，$[x+y]_{补} = 2+x+y = [x]_{补} + [y]_{补} (\bmod 2)$。

对于 $x < 0, y \geqslant 0$ 的情况，可以按②和③加以证明。

到此，证明了式(2-12)的正确性。

2) 补码减法

补码减法的基本关系是：
$$[x]_{补} - [y]_{补} = [x]_{补} + [-y]_{补} = [x-y]_{补} (\bmod M) \tag{2-13}$$

式(2-13)中，如果 x、y 是定点小数，则 $M=2$；如果 x、y 是定点整数，则 $M=2^{n+1}$，n 为定点整数数值部分的位数。由公式可知，$[x]_{补} + [-y]_{补} = [x+(-y)]_{补} = [x-y]_{补}$，因此要证明式(2-13)成立，只需证明 $[x]_{补} - [y]_{补} = [x]_{补} + [-y]_{补}$，即证明 $-[y]_{补} = [-y]_{补}$ 成立即可。

证明：因为$[x]_补+[y]_补=[x+y]_补$

所以 $[y]_补=[x+y]_补-[x]_补$

又因为$[x-y]_补=[x+(-y)]_补=[x]_补+[-y]_补$

所以$[-y]_补=[x-y]_补-[x]_补$

所以$[y]_补+[-y]_补=([x+y]_补-[x]_补)+([x-y]_补-[x]_补)$

$=[x+y]_补+[x-y]_补-[x]_补-[x]_补$

$=[x+y+x-y]_补-[x]_补-[x]_补$

$=[x]_补+[x]_补-[x]_补-[x]_补$

$=0$

由此证明了$-[y]_补=[-y]_补$，即证明了式(2-13)成立。

根据式(2-12)和式(2-13)，可以给出补码加减运算的基本规则：

(1) 参加运算的各个操作数均以补码表示，运算结果仍以补码表示。
(2) 按二进制数"逢二进一"的运算规则进行运算。
(3) 符号位与数值位按同样的规则一起参与运算，结果的符号位由运算得出。
(4) 进行补码加法时，将两补码数直接相加，得到两数之和的补码；进行补码减法时，将减数变补（即由$[y]_补$求$[-y]_补$），然后与被减数相加，得到两数之差的补码。
(5) 补码总是对确定的模而言的，若结果超模（即符号位运算产生进位），则将模自动丢掉。

例 2-11 $x=+0.1001, y=+0.0101$，求 $x\pm y$。

解：$[x]_补=0.1001, [y]_补=0.0101, [-y]_补=1.1011$。

$[x+y]_补=[x]_补+[y]_补=0.1001+0.0101=0.1110$。

$[x-y]_补=[x]_补+[-y]_补=0.1001+1.1011=0.0100$。

$x+y=0.1110, x-y=0.0100$。

```
    0.1001              0.1001
  + 0.0101            + 1.1011
    ------            ---------
    0.1110           [1] 0.0100
                        ↑丢模
```

例 2-12 $x=-0.0110, y=-0.0011$，求 $x\pm y$。

解：$[x]_补=1.1010, [y]_补=1.1101, [-y]_补=0.0011$。

$[x+y]_补=[x]_补+[y]_补=1.1010+1.1101=1.0111$。

$[x-y]_补=[x]_补+[-y]_补=1.1010+0.0011=1.1101$。

$x+y=-0.1001, x-y=-0.0011$。

```
     1.1010              1.1010
   + 1.1101            + 0.0011
    -------            --------
  [1] 1.0111              1.1101
     ↑丢模
```

例 2-13 $x=-0.1000, y=+0.0110$，求 $x\pm y$。

解：$[x]_补=1.1000, [y]_补=0.0110, [-y]_补=1.1010$。

$[x+y]_补=[x]_补+[y]_补=1.1000+0.0110=1.1110$。

$[x-y]_补=[x]_补+[-y]_补=1.1000+1.1010=1.0010$。

$x+y=-0.0010, x-y=-0.1110$。

```
     0.1000                1.1000
   + 0.0110              + 1.1010
    -------              ---------
     1.1110             [1] 1.0010
                           ↑丢模
```

例 2-14 $x=+0.1010, y=+0.1001$，求 $x+y$。

解：$[x]_补=0.1010, [y]_补=0.1001$。

$[x+y]_补=[x]_补+[y]_补=0.1010+0.1001$。

两个正数相加，得到的结果的符号却为负，显然结果出错。

```
    0.1010
  + 0.1001
   -------
    1.0011
```

例 2-15 $x=-0.1101, y=-0.1011$，求 $x+y$。

解：$[x]_补=1.0011, [y]_补=1.0101$。

```
     1.0011
   + 1.0101
    -------
  [1] 0.1000
     ↑丢模
```

$[x+y]_{补}=[x]_{补}+[y]_{补}=1.0011+1.0101$。

两个负数相加,得到的结果的符号却为正,显然结果出错。

从例 2-14 和例 2-15 的计算结果可以发现补码加减运算出现了错误。出错的原因是运算结果超出了机器所能表示的数据范围,数值位侵占了符号位,正确符号被挤走了。例如在字长为 5 位的定点小数中,最大正数的补码表示为 0.1111,例 2-14 中的 $0.1010+0.1001=1.0011$ 结果值超过了 0.1111,最高数值位产生的数值进位向前侵占了符号位,于是出现了错误。同样例 2-15 中出现的问题是运算结果超出了机器所能表示的最小负数。我们把这种情况称为溢出。如果两个正数相加的结果超出机器所能表示的最大正数,称为正溢出。如果两个负数相加的结果小于机器所能表示的最小负数,称为负溢出。出现溢出后,机器将无法正确表示运算结果,因此计算机在运算过程中必须正确判断溢出并及时加以处理。

2. 溢出判断与变形补码

设参加运算的操作数为 $[x]_{补}=x_f.x_1x_2\cdots x_n$,$[y]_{补}=y_f.y_1y_2\cdots y_n$。
$[x]_{补}+[y]_{补}$ 的和为 $[s]_{补}=s_f.s_1s_2\cdots s_n$,发生溢出时判断信号为 OVR=1。

常用的溢出判断方法有以下 3 种。

1) 根据两个操作数的符号与结果的符号判断溢出

因参加运算的数都是定点数,只有两数同号相加时才可能出现溢出。因此,可以利用参加运算的两个操作数的符号与结果的符号的异同来判断是否发生了溢出,判断的条件为:

$$\text{OVR}=\bar{x}_f\bar{y}_fs_f+x_fy_f\bar{s}_f=(x_f\oplus s_f)(y_f\oplus s_f) \quad (2\text{-}14)$$

即如果 x_f 和 y_f 均与 s_f 不同,则产生溢出,OVR=1。如例 2-14 中,$x_f=0,y_f=0,s_f=1$,由于 OVR=$(x_f\oplus s_f)(y_f\oplus s_f)=(0\oplus 1)(0\oplus 1)=1$,可以判定运算结果产生了溢出。又因为操作数 x、y 均为正数,所以产生的是正溢出。相应地,例 2-15 的运算结果产生的是负溢出。

2) 根据两数相加时产生的进位判断溢出

从例 2-11～例 2-13 得知,当补码运算结果正确且溢出时,两数相加在符号位上产生的进位和数值最高位产生的进位情况是一致的。而从例 2-14、例 2-15 则看到,当补码运算结果出现溢出时,两数相加在符号位上产生的进位和数值最高位产生的进位情况是不相同的。这样可利用两数相加产生的最高位(符号位)和次高位(数值最高位)进位进行溢出判断。

```
  0.1010
+ 0.1001
  1.0011
Cf=0  C1=1
```

设 C_f 为符号位上产生的进位,C_1 为最高数值位上产生的进位,则溢出的条件为:

$$\text{OVR}=C_f\oplus C_1 \quad (2\text{-}15)$$

例如在例 2-14 中,计算 $[x+y]_{补}=[x]_{补}+[y]_{补}=0.1010+0.1001$ 时,由于 $C_f=0,C_1=1$,使得 OVR=$C_f\oplus C_1=0\oplus 1=1$,因此可以判断运算结果出现了溢出。

3) 采用变形补码进行运算

如上所述,补码加减使用一个符号位,溢出时符号位被数值侵占,符号位发生混乱。因此,如果将符号扩展为两位,在运算时即使出现溢出,数值侵占了一个符号位,仍能保持最左边的符号是正确的。这种采用两个符号位表示的补码称为变形补码或双符号位补码。

定点小数的变形补码定义为:

$$[x]_{变形补}=\begin{cases}x & 0\leqslant x<1\\ 4+x & -1\leqslant x<0\end{cases} \pmod{4} \quad (2\text{-}16)$$

根据式(2-16)可知,定点小数的变形补码是以 4 为模的,所以也称其为模 4 补码。
定点整数的变形补码定义为:

$$[x]_{变形补} = \begin{cases} x & 0 \leqslant x < 2^n \\ 2^{n+2} + x & -2^n \leqslant x < 0 \end{cases} \pmod{2^{n+2}} \tag{2-17}$$

例 2-16 已知 x 的真值,求 x 对应的变形补码。

① $x=+0.1101$;② $x=-0.1011$;③ $x=+1101$;④ $x=-1011$。

解:① 因为 $x=+0.1101 \geqslant 0$,所以 $[x]_{变形补}=00.1101$。

② 因为 $x=-0.1011<0$,所以 $[x]_{变形补}=4+(-0.1011)=11.0101$。

③ 因为 $x=+1101 \geqslant 0$,所以 $[x]_{变形补}=001101$。

④ 因为 $x=-1011<0$,所以 $[x]_{变形补}=2^{4+2}+(-1011)=110101$。

与普通补码加减运算相同,变形补码加减运算时,两个符号位与数值部分一起参加运算。

例 2-17 利用变形补码求 $x+y$。

① $x=+0.1001, y=+0.0101$。

② $x=-0.0110, y=-0.0011$。

③ $x=+0.1010, y=+0.1001$。

④ $x=-0.1101, y=-0.1011$。

解:① $[x+y]_{变形补}=[x]_{变形补}+[y]_{变形补}=00.1001+00.0101=00.1110$。

② $[x+y]_{变形补}=[x]_{变形补}+[y]_{变形补}=11.1010+11.1101=11.0111$。

③ $[x+y]_{变形补}=[x]_{变形补}+[y]_{变形补}=00.1010+00.1001$。

根据加法算式,相加结果出现了正溢出,结果的变形补码中,两个符号位不相同。

④ $[x+y]_{变形补}=[x]_{变形补}+[y]_{变形补}=11.0011+11.0101$。

根据加法算式,相加结果出现了负溢出,结果的变形补码中,两个符号位不相同。

```
   00.1001        11.1010        00.1010        11.0011
+  00.0101     +  11.1101     +  00.1001     +  11.0101
   00.1110       1 11.0111       01.0011       1 10.1000
                 ↑丢模                          ↑丢模
```

设 s_{f1}、s_{f2} 分别为结果的符号位,s_{f1} 定义为第一符号位,s_{f2} 定义为第二符号位。根据例 2-17 的结果,可以得出采用变形补码进行运算时 s_{f1}、s_{f2} 的含义为:

$s_{f1}s_{f2}=00$,表示结果为正数,无溢出;$s_{f1}s_{f2}=11$,表示结果为负数,无溢出。

$s_{f1}s_{f2}=01$,表示结果为正溢出;$s_{f1}s_{f2}=10$,表示结果为负溢出。

因此,采用变形补码进行运算时,结果是否溢出的判断条件是:

$$\text{OVR} = \overline{S}_{f1} S_{f2} + S_{f1} \overline{S}_{f2} = S_{f1} \oplus S_{f2} \tag{2-18}$$

如在例 2-17 的第③题中,$\text{OVR}=s_{f1} \oplus s_{f2}=0 \oplus 1=1$,表示运算结果出现了溢出,而且,因为 $s_{f1}s_{f2}=01$,所以表示出现的是正溢出。无论运算结果是否产生溢出,第一符号位 s_{f1} 始终指示结果的正确的正负符号。

采用变形补码运算时,数据在寄存器或主存中只需保存一位符号位。在把操作数送入加法器进行运算时,必须将一位符号的值同时送到加法器的两个符号位的输入端。

2.3.3 定点乘法运算

乘除运算是经常遇到的基本算术运算。计算机中实现乘除运算通常采用以下 3 种方式。

(1) 利用乘除运算子程序。采用软件实现乘除运算,利用计算机的加/减运算指令、移位指令及控制类指令组成循环程序,通过运算器的加法器、移位器等基本部件的反复加/减操作得到运算结果。这种方式所需的硬件简单,但速度较慢,主要用于早期的小、微型机上。

(2) 在加法器的基础上增加左、右移位及计数器等器件构成乘除运算部件。采用硬件实现乘除运算,此时计算机设有乘除运算指令,用户执行乘除指令即可进行乘除运算。这种方式的运算速度比软件方式快,但要根据乘除算法构建乘除运算部件,所需的硬件线路较复杂。

(3) 设置专用的阵列乘除运算器。由于方式(2)在实现乘除运算时,是通过对操作数多次串行地进行运算、移位得到运算结果的,因此仍然需要较多的运算时间。随着大规模集成电路技术的发展及硬件成本的降低,出现了专用阵列乘除运算器,它将多个加减运算部件排成乘除运算阵列,依靠硬件资源的重复设置,同时进行多位乘除运算,加快了乘除运算的速度。

本书主要介绍乘除运算后两种方法的算法及硬件实现,首先讨论定点乘法的实现。

1. 原码乘法运算

原码乘法的算法基本是从二进制乘法的手算方法演化而来的。在定点机中,两个数的原码乘法运算的实现包括两个部分:乘积的符号处理和两数的绝对值相乘。

设:被乘数 $[x]_原 = x_f.x_1x_2 \cdots x_n$

乘数 $[y]_原 = y_f.y_1y_2 \cdots y_n$

乘积 $[z]_原 = [x]_原 \times [y]_原 = [x \times y]_原 = z_f.z_1z_2 \cdots z_n$

根据"同号相乘,乘积为正;异号相乘,乘积为负"的原则,可得乘积符号运算真值表如表 2-9 所示。根据真值表,可得乘积符号运算的逻辑表达式为 $z_f = x_f \oplus y_f$。由于乘积的符号单独进行处理,因此乘法运算中实际需要解决的问题是两个数的绝对值相乘或者说是两个正数相乘的算法与实现。我们先分析一下乘法的手算过程。

表 2-9 乘积符号运算真值表

x_f	y_f	z_f
0	0	0
0	1	1
1	0	1
1	1	0

例 2-18 设 $x = 0.x_1x_2x_3x_4 = 0.1101, y = 0.y_1y_2y_3y_4 = 0.1011$,求 $x \times y$。

解:根据二进制乘法规律,可得 $x \times y$ 的手算过程如下:

```
        0.1101
    ×   0.1011
    ─────────
         1101    因为 y_4=1,所以得部分积为 x
        1101     因为 y_3=1,所以得部分积为 x
       0000      因为 y_2=0,所以得部分积为 0
      1101       因为 y_1=1,所以得部分积为 x
    ─────────
    0.10001111   将所有部分积相加,得到最后的乘积
```

即 $x \times y = 0.10001111$。

乘法的手算过程是将乘数一位一位地与被乘数相乘,当乘数位 $y_i = 1$ 时,与被乘数 x 相

乘所得的部分乘积就是 x；当 $y_i=0$ 时，与 x 相乘所得的部分乘积就是 0。由于相乘的乘数的位权是逐次递增的，因此每次得到的部分积都需要在上次部分积的基础上左移一位。将各次相乘得到的部分积相加，即可得到最后的乘积。计算机可以用硬件模仿手算原码乘法，使用 8 位加法器对 4 个部分积进行相加。由此可知，两个 n 位数相乘共得到 n 个部分积，需要 n 个寄存器保存 n 个部分积，又由于乘积为 $2n$ 位，因此需用 $2n$ 位加法器进行相加运算。显然所需的硬件太多。在计算机中实现乘法时，必须对算法加以改进。

在原码一位乘法中，参加运算的被乘数和乘数均用原码表示，运算时符号位单独处理，被乘数与乘数的绝对值相乘，所得的积也采用原码表示。

设参加运算的被乘数为 $x=0.x_1x_2\cdots x_n$，乘数为 $y=0.y_1y_2\cdots y_n$，则有：

$$x\times y=x\times 0.y_1y_2\cdots y_n=x\times(2^{-1}y_1+2^{-2}y_2+\cdots+2^{-(n-1)}y_{n-1}+2^{-n}y_n)$$
$$=2^{-1}xy_1+2^{-2}xy_2+\cdots+2^{-(n-1)}xy_{n-1}+2^{-n}xy_n$$
$$=2^{-1}\{2^{-1}[2^{-1}\cdots(2^{-1}<0+xy_n>+xy_{n-1})+\cdots+xy_2]+xy_1\} \quad (2\text{-}19)$$

式(2-19)的运算过程可以用式(2-20)的递推公式表示：

$$z_0=0 \quad (\text{初始部分积 } z_0 \text{ 为 } 0)$$
$$z_1=2^{-1}(z_0+xy_n)$$
$$z_2=2^{-1}(z_1+xy_{n-1})$$
$$\vdots$$
$$z_i=2^{-1}(z_{i-1}+xy_{n-i+1})$$
$$\vdots$$
$$z_n=2^{-1}(z_{n-1}+xy_1)=x\times y \quad (2\text{-}20)$$

其中，$z_0,z_1,\cdots,z_n$ 称为部分积。从式(2-20)可以看出，可以把乘法转换为一系列加法与移位操作。考虑了符号的处理后，可得出原码一位乘法的算法如表 2-10 所示。其中右移相当于完成了 2^{-1} 的操作，原码右移是逻辑右移，即符号和数值最高位都是填写数字 0。

表 2-10 原码一位乘法的算法

算法步骤	算法操作与说明
① 积符号 z_f 处理	$z_f=x_f\oplus y_f$ 乘积符号单列，$\mid$被乘数$\mid$ 和 $\mid$乘数$\mid$ 参加运算，乘数最低位 y_n 作为判别位
② 部分积 z_i 累加	若 $y_n=1$，则 $z_i=z_{i-1}+x$，并连同乘数一起右移；若 $y_n=0$，则 $z_i=z_{i-1}+0$（或不加），然后连同乘数一起右移。重复此步骤，直到运算 n 次为止（n 为乘数数值部分的长度）
③ 运算结果处理	步骤②的结果是乘积绝对值，将积符号与该绝对值结合，即可得到最终结果

例 2-19 根据原码一位乘法的算法计算例 2-18（此时设 $y=-0.1011$）。

解：$[x]_\text{原}=0.1101,[y]_\text{原}=1.1011$，乘积 $[z]_\text{原}=[x\times y]_\text{原}$。

① 符号位单独处理得 $[z]_\text{原}$ 的符号 $z_f=0\oplus1=1$。

② 将被乘数和乘数的绝对值的数值部分相乘。

$$\mid x\mid=0.1101,\quad \mid y\mid=0.1011$$

数值部分为 4 位，共需运算 4 次。运算过程如下：

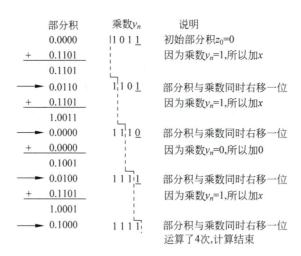

得 $|x \times y| = 0.10001111$，加上符号部分得 $[x \times y]_原 = 1.10001111$，即 $x \times y = -0.10001111$。

比较例 2-18 和例 2-19 可见，采用原码一位乘法算法所得的结果与手算的结果是一致的。

分析例 2-19 的运算过程，可知在用硬件实现原码一位乘法算法时，只需用一个寄存器保存部分积，并且只需一个 n 位加法器即可完成运算，因此该算法适用于乘法的硬件实现。实现原码一位乘法算法的硬件逻辑电路如图 2-6 所示。图中 A、B、C 为三个寄存器，在运算开始时，A 用于存放部分积，B 用于存放被乘数，C 用于存放乘数；乘法运算结束后，A 用于存放乘积高位部分，C 用于存放乘积低位部分。CR 为计数器，用于记录乘法运算的次数。C_j 为进位位。C_T 为乘法控制触发器，用于控制乘法运算的开始与结束：当 $C_T = 1$ 时，允许发出移位脉冲，控制进行乘法运算；当 $C_T = 0$ 时，不允许发出移位脉冲，停止进行乘法运算。

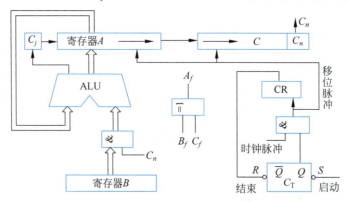

图 2-6　原码一位乘法硬件逻辑原理图

按图 2-6 的硬件线路实现原码一位乘法的流程如图 2-7 所示。执行乘法运算前，把被乘数的绝对值 $|x|$ 送入寄存器 B，乘数的绝对值 $|y|$ 送入寄存器 C，把存放部分积的寄存器 A、进位标志 C_j 及计数器 CR 都清 0。乘法运算开始时，将触发器 C_T 置 1，使乘法线路可以在时钟脉冲的作用下进行右移操作。寄存器 C 的最低位 C_n 用于控制被乘数是否与上次的部分积相加。相加后，在时钟脉冲的作用下将 C_j 位与寄存器 A、C 一起右移一位，即 C_j 移入 A 的最高位，A 的最低位移入 C 的最高位，作为本次运算控制用的 C_n 被移出；同时计数器 CR 加 1。循环 n 次相加、移位后，寄存器 A 中存放的是 $|x \times y|$ 的高 n 位乘积，C 中存放的是 $|x \times y|$ 的低 n 位乘积。此时计数器 CR 计满 n 次，向触发器 C_T 发出置 0 信号，结束乘法运算。将乘积

符号 $z_f = B_f \oplus C_f$ 与 $|x \times y|$ 结合,即得 $[x \times y]_原$。

在实际机器中,寄存器 C 通常为具有左移和右移功能的移位寄存器,但寄存器 A 一般不具有移位功能,因此由 ALU 计算出的部分积是采用斜送到寄存器 A 的方法实现移位的。图 2-8 是具有左、右斜送和直接传送的移位器的示意图。图中 F_{i-1}、F_i、F_{i+1} 分别是加法器的第 $i-1$、i、$i+1$ 位输出,$A \leftarrow \frac{1}{2}F$、$A \leftarrow 2F$、$A \leftarrow F$ 分别为将加法器的运算结果右移、左移、直接传送到 A 的控制信号。

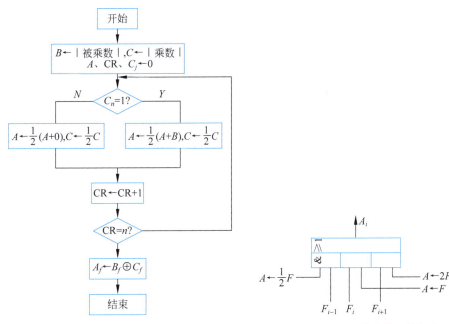

图 2-7 原码一位乘法算法流程　　图 2-8 实现移位功能的逻辑电路

原码乘法实现比较简单,然而实际机器都采用补码进行加减运算,数据存放也采用补码形式,因此如果在进行乘法前要将补码转换成原码,相乘之后又要将原码转换为补码,将会增添许多操作步骤,使运算复杂。为了减少原码和补码之间的转换,有不少机器直接采用了补码乘法。

2. 补码乘法运算

补码乘法有多种算法,计算机常用的有校正法和布斯乘法,其中布斯乘法是由布斯(A. D. Booth)夫妇提出的,算法实现方便。下面主要讨论的补码一位乘法就是布斯乘法。

以定点小数为例,设参加运算的被乘数 x 的补码为 $[x]_补 = x_0.x_1x_2\cdots x_n$,乘数 y 的补码为 $[y]_补 = y_0.y_1y_2\cdots y_n$,乘积为 $[z]_补 = [x \times y]_补$。

(1) 设被乘数 x 的符号任意,乘数 y 为正数,即:

$$[x]_补 = x_0.x_1x_2\cdots x_n$$
$$[y]_补 = 0.y_1y_2\cdots y_n$$

根据补码的定义(2-4)及模 2 运算的性质,有:

$$[x]_补 = 2 + x = 2^{n+1} + x \pmod 2$$
$$[y]_补 = y$$

则：$[x]_{补} \times [y]_{补} = 2^{n+1}y + x \times y = 2 \times (y_1y_2\cdots y_n) + x \times y \pmod{2}$ (2-21)

因为式(2-21)中的 $y_1y_2\cdots y_n$ 为大于 0 的正整数，根据模 2 性质有：
$$2 \times (y_1y_2\cdots y_n) = 2 \pmod{2}$$

所以得 $[x]_{补} \times [y]_{补} = 2 + x \times y = [x \times y]_{补} \pmod{2}$

因为 $y > 0$，$[y]_{补} = y$，$y_0 = 0$

所以 $[x \times y]_{补} = [x]_{补} \times [y]_{补} = [x]_{补} \times y = [x]_{补} \times (0.y_1y_2\cdots y_n)$

$$= [x]_{补} \times \left(\sum_{i=1}^{n} y_i 2^{-i}\right) \quad (2\text{-}22)$$

(2) 设被乘数 x 的符号任意，乘数 y 为负数，即
$$[x]_{补} = x_0.x_1x_2\cdots x_n$$
$$[y]_{补} = 1.y_1y_2\cdots y_n = 2 + y \pmod{2}$$

因为 $y = [y]_{补} - 2 = 0.y_1y_2\cdots y_n - 1$

所以 $x \times y = x \times (0.y_1y_2\cdots y_n) - x$，可得：
$$[x \times y]_{补} = [x \times (0.y_1y_2\cdots y_n)]_{补} - [x]_{补} \quad (2\text{-}23)$$

因为 $0.y_1y_2\cdots y_n > 0$，所以 $[x \times (0.y_1y_2\cdots y_n)]_{补} = [x]_{补} \times (0.y_1y_2\cdots y_n)$

可得：$\quad [x \times y]_{补} = [x]_{补} \times (0.y_1y_2\cdots y_n) - [x]_{补}$ (2-24)

(3) 设被乘数 x 和乘数 y 均为任意符号的数，将情况(1)、(2)综合，可得：
$[x \times y]_{补} = [x]_{补} \times (0.y_1y_2\cdots y_n) - [x]_{补} \times y_0 = [x]_{补} \times (0.y_1y_2\cdots y_n - y_0)$

$$= [x]_{补} \times \left(-y_0 + \sum_{i=1}^{n} y_i 2^{-i}\right)$$

$$= -y_0[x]_{补} + 2^{-1}y_1[x]_{补} + 2^{-2}y_2[x]_{补} + \cdots + 2^{-n}y_n[x]_{补}$$

$$= (y_1 - y_0)[x]_{补} + 2^{-1}(y_2 - y_1)[x]_{补} + 2^{-2}(y_3 - y_2)[x]_{补} +$$

$$\cdots + 2^{-(n-1)}(y_n - y_{n-1})[x]_{补} + 2^{-n}(y_{n+1} - y_n)[x]_{补} \quad (2\text{-}25)$$

仿照原码一位乘法的推导方法，令部分积的初始值 $[z_0]_{补} = 0$，可将式(2-25)写成部分积的递推形式：

$$[z_0]_{补} = 0 \quad (\text{初始部分积为 }0)$$
$$[z_1]_{补} = 2^{-1}\{[z_0]_{补} + (y_{n+1} - y_n)[x]_{补}\}$$
$$[z_2]_{补} = 2^{-1}\{[z_1]_{补} + (y_n - y_{n-1})[x]_{补}\}$$
$$\vdots$$
$$[z_i]_{补} = 2^{-1}\{[z_{i-1}]_{补} + (y_{n-i+2} - y_{n-i+1})[x]_{补}\}$$
$$\vdots$$
$$[z_n]_{补} = 2^{-1}\{[z_{n-1}]_{补} + (y_2 - y_1)[x]_{补}\}$$
$$[z_{n+1}]_{补} = \{[z_n]_{补} + (y_1 - y_0)[x]_{补}\} = [x \times y]_{补} \quad (2\text{-}26)$$

根据式(2-26)，可以归纳出补码一位乘法的运算规则如表 2-11 所示。

在补码一位乘法的运算过程中，应注意的是：补码部分积的初始值 $[z_0]_{补} = 0$；减 $[x]_{补}$ 的操作用加 $[-x]_{补}$ 实现；部分积右移相当于完成了 2^{-1} 的操作，但在右移时，必须按补码右移的规则进行，即实施算术右移。

表 2-11 补码一位乘法的运算规则

算法步骤	算法操作与说明
① 符号与数值参加运算	运算的被乘数和乘数均以补码表示，符号位 x_0、y_0 均参加运算，且部分积与被乘数均采用双符号位。乘数最低位后增设一个附加位 y_{n+1}，并置初始 $y_{n+1}=0$。乘数的 $y_n y_{n+1}$ 作为判别位
② 部分积 z_i 累加	若 $y_n y_{n+1}=00$ 或 11，则 $[z_i]_{补}=[z_{i-1}]_{补}+0$（或者不加），然后连同乘数一起右移一位。若 $y_n y_{n+1}=01$，则 $[z_i]_{补}=[z_{i-1}]_{补}+[x]_{补}$，并连同乘数一起右移一位。若 $y_n y_{n+1}=10$，则 $[z_i]_{补}=[z_{i-1}]_{补}-[x]_{补}$，并连同乘数一起右移一位
③ 运算结果的处理	重复步骤②，直到运算 $n+1$ 次为止（n 为乘数数值部分的长度），但最后一次（第 $n+1$ 次）只运算，不移位

例 2-20 设 $x=-0.1101$，$y=-0.1011$，用补码一位乘法计算 $x \times y$。

解：$[x]_{补}=11.0011$，$[y]_{补}=1.0101$，$[-x]_{补}=00.1101$

```
     部分积       乘数 y_n y_{n+1}    说明
     00.0000     1.0101 0          初始部分积 z_0=0，附加位 y_{n+1}=0
  +  00.1101                        因为 y_n y_{n+1}=10，所以+[-x]_补
     00.1101
  →  00.0110     1 1010 1          部分积与乘数同时右移一位
  +  11.0011                        因为 y_n y_{n+1}=01，所以+[x]_补
     11.1001
  →  11.1100     1 1 1010          部分积与乘数同时右移一位
  +  00.1101                        因为 y_n y_{n+1}=10，所以+[-x]_补
     00.1001
  →  00.0100     1 1 1 101         部分积与乘数同时右移一位
  +  11.0011                        因为 y_n y_{n+1}=01，所以+[x]_补
     11.0111
  →  11.1011     1 1 1 1 10        部分积与乘数同时右移一位
  +  00.1101                        因为 y_n y_{n+1}=10，所以+[-x]_补
     00.1000     1 1 1 1            最后一次只运算，不移位
```

得：$[x \times y]_{补}=0.10001111$，所以 $x \times y=0.10001111$。

从例 2-20 中可以看出，采用补码一位乘法的算法，乘积的符号是在运算过程中自然形成的，不需要加以特别处理，这是补码乘法与原码乘法的重要区别。实现补码一位乘法的硬件逻辑结构如图 2-9 所示。实现补码一位乘法的硬件逻辑结构与实现原码一位乘法的硬件逻辑结构很相似，只是部分控制线路不同。

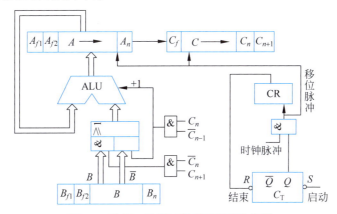

图 2-9 补码一位乘法的硬件逻辑结构图

图 2-9 中寄存器 A 用于存放乘积和部分积高位部分，初始时其内容为 0；A_{f1}、A_{f2} 是部分积的两个符号位，补码乘法中的符号位和数值位同时参加运算。寄存器 C 用于存放乘数和

部分积低位部分,初始时其内容为乘数;C_n 和 C_{n+1} 用于控制电路中是进行 $+[x]_补$ 操作还是 $+[-x]_补$ 操作。寄存器 B 用于存放被乘数,可以在 C_n 和 C_{n+1} 的控制下输出正向信号 B 和反向信号 $\overline{B}$:当执行 $+[x]_补$ 时,输出正向信号 B,进行 $A+B$ 操作;当执行 $+[-x]_补$ 时,输出反向信号 $\overline{B}$,进行 $A+\overline{B}+1$ 操作。C_T 是乘法控制触发器,当 $C_T=1$ 时,允许发出移位脉冲,控制进行乘法运算;当 $C_T=0$ 时,不允许发出移位脉冲,停止进行乘法运算。CR 是计数器,用于记录乘法次数。在运算初始时,CR 清零,每进行一次运算,CR+1;当计数到 CR=$n+1$ 时,结束运算。另外,由于线路中控制在 CR=n 时,就将 C_T 清零,因此在第 $n+1$ 次运算时,不再进行移位。补码一位乘法的算法流程如图 2-10 所示。

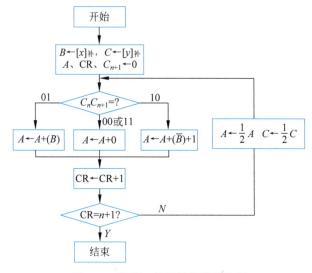

图 2-10 补码一位乘法的算法流程

注意,在补码一位乘法的流程图中,寄存器 A 和 C 的移位是在对 CR 进行判断之后进行的,说明在第 $n+1$ 次运算后不进行移位。

3. 快速乘法运算

摩尔定律提供了非常充足的资源,从而使硬件设计人员可以实现更快的乘法硬件。通过在乘法运算开始的时候检查 64 个乘数位,就可以判定是否要将被乘数加上。快速乘法可以通过为每个乘数位提供一个 64 位加法器来实现:一个输入是被乘数和一个乘数位相与的结果,另一个输入是上一个加法器的输出。一种简单的方法是将右侧加法器的输出端连接到左侧加法器的输入端,形成一个高 64 位的加法器栈。另一种方法是将这 64 个加法器组织成如图 2-11 所示的并行树。

图中共使用 63 个 64 位加法器,排成 6 行。第一行共 32 个加法器,每个加法器的两个输入分别是乘数的一位与被乘数相与的结果。第二行共 16 个加法器,每个加法器的两个输入分别是上一行左侧加法器的输出和右侧加法器的输出右移一位的结果(图中省略了移位硬件)。这样 64 位乘法只需要等待 $\log_2(64)$,即 6 次 64 位长加法的时间。若按照前面讲述的一位乘法"加法移位"的算法,完成 64 位乘法需要等待一个 64 位加法器完成 63 次加法的时间。另外,由于上述硬件设计很容易实现流水线技术,因此还能支持多个乘法。

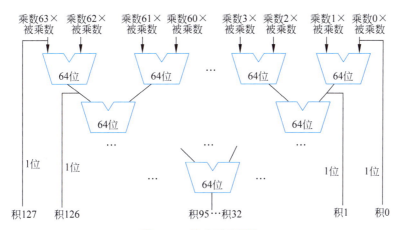

图 2-11 快速乘法硬件

4．RISC-V 中的乘法

在 32 位的 RISC-V 处理器中,为了产生正确带符号或无符号的 64 位积,安排了 4 条指令:乘(mul)、乘法取高位(mulh)、无符号乘法取高位(mulhu)和有符号/无符号乘法取高位(mulhsu)。要获得整数 32 位积,程序员应使用 mul 指令。要想得到 64 位积的高 32 位,如果两个操作数是有符号的,程序员应使用 mulh 指令;如果两个操作数都是无符号的,则使用 mulhu 指令;或者如果一个操作数有符号,而另一个操作数无符号,则使用 mulhsu 指令。

2.3.4 定点除法运算

除法运算的处理思想与乘法运算的处理思想相似,其常规算法也是将除法的计算过程转换成若干次"加减—移位"循环来实现。

定点除法运算可以分为原码除法和补码除法。由于定点运算的结果不应超过机器所能表示的数据范围,因此为了不使商产生溢出,在进行定点除法时应满足下列条件:

(1) 对定点小数除法要求 |被除数| < |除数|,且除数不为 0。

(2) 对定点整数除法要求 |被除数| ≥ |除数|,且除数不为 0。

1．原码除法运算

1) 人工手算的处理过程

首先分析一下定点小数除法运算的手算过程。

例 2-21 设 $x=-0.1011$,$y=0.1101$,求 x/y。

解: 在手算 x/y 时,商的符号根据除法对符号的处理规则"正正得正,正负得负"心算得到;商的数值部分采用被除数和除数的绝对值进行计算,手算过程如图 2-12 所示。运算结果得:商 $q=-0.1101$,余数 $r=-0.00000111$。

分析例 2-21 的运算过程,可得手算除法的规则:

(1) 商的各位是通过比较余数(初始时为被除数)与除数的大小得到的。若余数大于除数,则相应位上的商为 1,将余数减去除数,再把除数向右移一位与余数相比较;若余数小于除数,则相应位上的商为 0,把除数向右移一位再与余数相比较。

(2) 每次做减法时,总是余数不动,低位补 0,再与右移一位后的除数相减。

(3) 商的符号单独处理。

由于上述算法是通过不断比较余数和除数来决定上商的,所以也将其称为比较法。

	0.1101	
0.1101)	0.10110	
	0.01101	$-2^{-1}y$
	0.010010	
	0.001101	$-2^{-2}y$
	0.00010100	
	0.00001101	$-2^{-4}y$
	0.00000111	余数

图 2-12　小数除法的手算过程

2) 计算机的实现方法

计算机若参照比较法的算法实现除法,一般采用以下方法:

(1) 通过做减法来进行余数和除数的比较,即用余数(初始时为被除数)减去除数,若减得结果为正,则表示够减,上商为 1;若减得结果为负,则表示不够减,上商为 0。

(2) 采用恢复余数法或不恢复余数法解决余数减去除数后不够减的问题。

(3) 在余数不动,低位补 0,再与右移一位后的除数相减的操作中,用左移余数的方法代替右移除数的操作。这样操作,实际运算结果是一样的,但对线路结构更有利。不过这样操作所得到的余数不是真正的余数,必须将它乘上 2^{-n} 才是真正的余数。

(4) 为了便于控制,可以在运算过程中通过将每次得到的商直接写到寄存器的最低位并与前面运算所得到的部分商一起左移一位的方法实现商的定位。

3) 原码恢复余数法

在原码除法中,参加运算的被除数和除数均采用原码表示,所得的商和余数也采用原码表示。运算时,符号位单独处理,被除数和除数的绝对值相除。

定点小数的原码恢复余数法由以下步骤实现:

(1) 判断溢出,要求|被除数|<|除数|。若|被除数|>|除数|,则除法将发生溢出。

(2) 符号位单独处理,商的符号由被除数和除数符号的异或运算求得。

(3) 用被除数和除数的数值部分进行运算,被除数减去除数。

(4) 若所得余数为正,则表示够减,相应位上商为 1,余数左移一位(相当于除数右移)减去除数;若所得余数为负,则表示不够减,相应位上商为 0,余数加上除数(即恢复余数),再左移一位后减去除数。

(5) 重复步骤(4),直到求得所要求的商的各位为止。

分析恢复余数的运算过程可知:当余数为正时,需进行余数左移、相减,共两步操作;当余数为负时,需进行相加、左移、相减,共三步操作。由于操作步骤不一致,使得控制复杂,而且恢复余数的过程也降低了除法速度。因此,在实际应用中,很少采用恢复余数法。

4) 原码不恢复余数法

在恢复余数法的运算过程中:当余数 $r_i>0$ 时,执行的操作是左移一位→减除数,结果是 $2r_i-y$;当余数 $r_i<0$ 时,执行的操作是加除数(恢复余数)→左移→减除数,结果是 $2(r_i+y)-y$。变换后得 $2(r_i+y)-y=2r_i+2y-y=2r_i+y$。

根据上述分析,可以发现将"加除数(恢复余数)→左移→减除数"的操作用"余数左移→加除数"的操作来替代,所得结果是一样的。而且这样做,既节省了恢复余数的时间,又简化了除法控制逻辑(无论余数为正还是为负,余数的操作均为左移、加/减运算两步操作)。由此导出了原码不恢复余数法,其算法为:

(1) 判断溢出,比较被除数和除数。若在定点小数运算中,|被除数|>|除数|,则除法将发生溢出,不能进行除法运算。

(2) 符号位单独处理,商的符号由被除数和除数符号的异或运算求得。

(3) 用被除数和除数的数值部分进行运算,被除数减去除数。

(4) 若所得余数为正,则表示够减,相应位上商为1,将余数左移一位后,减去除数;若所得余数为负,则表示不够减,相应位上商为0,将余数左移一位后,加上除数。

(5) 重复步骤(4),直到求得所要求的商的各位为止。如果最后一次所得余数仍为负,则需再做一次加除数的操作,以得到正确的余数。

运算时对除数的加减是交替进行的,所以原码不恢复余数法也称为原码加减交替除法。

需注意的是:在原码除法的运算过程中,数值部分的计算是对被除数和除数的绝对值进行的,因为需要进行减法,所以采用补码加减法来实现运算并采用双符号位。

例 2-22 已知 $x=-0.1011, y=+0.1101$,用原码不恢复余数法求 x/y。

解:$[x]_原=1.1011, [y]_原=0.1101, |x|=00.1011, |y|=00.1101, [-|y|]_补=11.0011$,商符 $q_f=x_f\oplus y_f=1\oplus 0=1$。

```
              余数              上商         说明
            00.1011          0.0000       初始余数为被除数,初始商为0
         +  11.0011                        减y
            11.1110          0.0000       余数为负,上商为0
         ←  11.1100          0.0000       左移一位
         +  00.1101                        加y
            00.1001          0.0001       余数为正,上商为1
         ←  01.0010          0.0010       左移一位
         +  11.0011                        减y
            00.0101          0.0011       余数为正,上商为1
         ←  00.1010          0.0110       左移一位
         +  11.0011                        减y
            11.1101          0.0110       余数为负,上商为0
         ←  11.1010          0.1100       左移一位
         +  00.1101                        加y
            00.0111          0.1101       余数为正,上商为1
```

因为 $q_f=1$,所以商 $[q]_原=[x/y]_原=1.1101$,即 $x/y=-0.1101$,余数 $[r]_原=1.0111\times 2^{-4}$,$r=-0.00000111$。

例 2-23 已知 $[x]_原=0.10101, [y]_原=0.11110$,用原码不恢复余数法求 x/y。

解:$|x|=00.10101, |y|=00.11110, [-|y|]_补=11.00010$,商符 $q_f=x_f\oplus y_f=0\oplus 0=0$。

```
              余数              上商         说明
            00.10101         0.00000      初始余数为被除数,初始商为0
         +  11.00010                       减y
            11.10111         0.00000      余数为负,上商为0
         ←  11.01110         0.00000      左移一位
         +  00.11110                       加y
            00.01100         0.00001      余数为正,上商为1
         ←  00.11000         0.00010      左移一位
         +  11.00010                       减y
            11.11010         0.00010      余数为负,上商为0
         ←  11.10100         0.00100      左移一位
         +  00.11110                       加y
            00.10010         0.00101      余数为正,上商为1
         ←  01.00100         0.01010      左移一位
         +  11.00010                       减y
            00.00110         0.01010      余数为正,上商为1
         ←  00.01100         0.10110      左移一位
         +  11.00010                       减y
            11.01110         0.10110      余数为负,上商为1
         +  00.11110                       最后一步,因余数为负,加y恢复余数
            00.01100
```

因为 $q_f=0$,所以商 $[q]_原=[x/y]_原=0.10110$,即 $x/y=0.10110$,余数 $[r]_原=0.01100\times 2^{-5}$,$r=0.0000001100$。

以上讨论的定点小数的除法算法也适用于定点整数的除法运算。如前所述,为了不使商超出定点整数所能表示的数据范围,要求满足条件:|除数|≤|被除数|。因为只有这样才能得到整数商,满足定点整数的要求。因此,在做整数除法前,需要对被除数和除数进行判断。

另外,在乘法运算中,两个 n 位数相乘可得到 $2n$ 位的积,由于除法是乘法运算的逆运算,因此 $2n$ 位被除数除以 n 位除数,可以得到 n 位的商。在整数除法中,为了得到 n 位整数商,被除数位数的长度应该是除数位数长度的两倍,并且为了使商不超过 n 位,要求被除数的高 n 位比除数(n 位)小,否则商将超过 n 位,即运算结果溢出。如果被除数和除数的位数都为 n 位,则应在被除数前面加上 n 个 0,使被除数的长度扩展为 $2n$ 后再进行运算。在小数除法中,也可以使被除数位数的长度为除数位数长度的两倍。在字长为 n 的计算机中,称被除数采用双字长、除数采用单字长的除法为双精度除法。相应地,称被除数和除数均采用单字长的除法为单精度除法。

例 2-24 已知 $[x]_原=111011$,$[y]_原=000010$,用原码不恢复余数法求 x/y。

解:因为被除数 x 和除数 y 的数值位数都为 5 位,所以在 x 前面加上 5 个 0,使其长度扩展为 $2\times5=10$,得:$|x|=\underline{00}\ 0000011011$,$|y|=\underline{00}\ 00010$,$[-|y|]_补=\underline{11}\ 11110$,商符 $q_f=x_f\oplus y_f=1\oplus 0=1$。

```
           被除数高位    被除数低位  上商      说明
           0000000      11011  0         初始余数为被除数
     +     1111110                       减y
           1111110      11011  0         余数为负,上商为0
     ←     1111101      10110  0         左移一位
     +     0000010                       加y
           1111111      10110  0         余数为负,上商为0
     ←     1111111      01100  0         左移一位
     +     0000010                       加y
           0000001      01100  1         余数为正,上商为1
     ←     0000010      11001  0         左移一位
     +     1111110                       减y
           0000000      11001  1         余数为正,上商为1
     ←     0000001      10011  0         左移一位
     +     1111110                       减y
           1111111      10011  0         余数为负,上商为0
     ←     1111111      00110  0         左移一位
     +     0000010                       加y
           0000001      00110  1         余数为正,上商为1
```

因为 $q_f=1$,所以商 $[q]_原=[x/y]_原=101101$,即 $x/y=-1101$,余数 $[r]_原=100001$,$r=-1$。

例 2-25 设 $n=5$,$x=+567$,$y=+27$,用原码不恢复余数法求 x/y。

解:$x=(+567)_{10}=(+1000110111)_2$,$y=(+27)_{10}=(+11011)_2$,可见被除数 x 的长度为 $2\times5=10$,除数 y 的长度为 5,应采用双精度除法。

有:$|x|=\underline{00}\ 1000110111$,$|y|=\underline{00}\ 11011$,$[-|y|]_补=\underline{11}\ 00101$。

因为 $q_f=x_f\oplus y_f=0\oplus 0=0$,所以商 $[q]_原=[x/y]_原=010101$,即 $x/y=(+10101)_2=(+21)_{10}$,余数 $[r]_原=000000$,$r=0$。

由例 2-24、例 2-25 可见,在进行双精度除法时,双字长的被除数的低字节部分在开始运算之前需要占用商的位置,在运算过程中随着商的左移,不断地与除数进行计算。

```
被除数高位        被除数低位 上商      说明
  0010001       1 0 1 1 1  0       初始余数为被除数
+ 1100101                           减y
  1110110       1 0 1 1 1  0       余数为负,上商为0
← 1101101       0 1 1 0    0       左移一位
+ 0011011                           加y
  0001000       0 1 1 0    1       余数为正,上商为0
← 0010000       1 1 1 0 1  0       左移一位
+ 1100101                           减y
  1110101       1 1 1 0 1  0       余数为负,上商为0
← 1101011       1 1 0 1 0  0       左移一位
+ 0011011                           加y
  0000110       1 1 0 1 0  1       余数为正,上商为1
← 0001100       1 0 1 0 1  0       左移一位
+ 1100101                           减y
  1110010       1 0 1 0 1  0       余数为负,上商为0
← 1100101       0 1 0 1 0  0       左移一位
+ 0011011                           加y
  0000000       0 1 0 1 0  1       余数为负,上商为1
```

实现原码不恢复余数法的硬件逻辑结构如图 2-13 所示,三个寄存器 A、B 和 C 分别用于存放被除数、除数和商。对于单精度除法,在除法运算前,A 中存放的是被除数,B 中存放的是除数,而 C 的初始值为 0;除法运算结束后,A 中存放的是余数,B 中存放的仍是除数,而 C 中存放的是商。对于双精度除法,在除法运算前,A 中存放的是被除数的高位,B 中存放的是除数,C 中存放的是被除数的低位;除法运算结束后,A 中存放的是余数,B 中的内容不变,C 中存放的是商。表 2-12 列出了在各种除法情况下寄存器的分配情况。

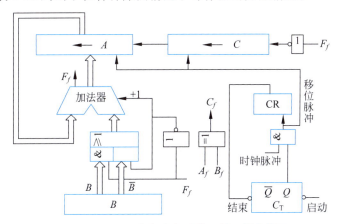

图 2-13　原码不恢复余数法的硬件逻辑结构图

表 2-12　原码不恢复余数除法寄存器的分配

操作数类型		A 寄存器		B 寄存器	C 寄存器	
		初态	终态		初态	终态
定点小数	单字长	被除数→(部分余数)→余数		除数	0→	商
	双字长	被除数高位→(部分余数)→余数		除数	被除数低位→商	
定点整数	单字长	0→(部分余数)→余数		除数	被除数→商	
	双字长	被除数高位→(部分余数)→余数		除数	被除数低位→商	

为了便于控制上商,图 2-13 将上商的位置固定在 C 的最低位,并要求在余数左移的同时,商数也随之向左移位,因此要求 C 寄存器具有左移功能。上商是由加法器的符号位 F_f 控制的。$F_f=0$,表示余数为正,经非门将 F_f 取反后,在 C 的最低位上商为 1,并控制下次做减法,

即控制进行 $A+\bar{B}+1$；$F_f=1$，表示余数为负，取反后上商为 0，并控制下次做加法，即控制进行 $A+B$ 操作。C_T 为除法控制触发器，用于控制除法运算的开始与结束：$C_T=1$，允许发出左移移位脉冲，控制进行除法运算；$C_T=0$，不允许发出移位脉冲，停止进行除法运算。一般 A 寄存器不具有移位功能，加法器计算出的余数可以通过图 2-8 的电路斜送到 A 寄存器中来实现余数的左移。

2. 补码不恢复余数除法运算

在补码除法运算中，参加运算的数均为补码数，与补码加法、减法、乘法一样，符号位参加运算，所得的商也是补码形式。并且与原码除法类似，补码除法同样要求除数 $y\neq 0$。如果进行定点小数除法，要求|被除数|<|除数|；如果进行定点整数除法，要求|被除数|≥|除数|。

补码除法也可分为恢复余数法和不恢复余数法。因为后者用得较多，所以本书中只讨论补码不恢复余数除法的算法。下面以定点小数的补码除法为例讨论补码不恢复余数除法。在进行补码除法时，需考虑以下问题。

1）比较规则

比较规则用于判别被除数（或余数）减除数时是否够减。由于上商是根据比较被除数（或余数）与除数的绝对值的大小确定的，因此被除数 $[x]_补$ 和除数 $[y]_补$ 的大小比较不能简单地用 $[x]_补$ 减去 $[y]_补$，它与操作数的符号有关。

例 2-26 被除数 $[x]_补$ 和除数 $[y]_补$ 的大小比较。

(1) 当 x 与 y 同号时，应做减法 $[x]_补-[y]_补$ 进行比较。

① $x>0, y>0$ 且 $|x|>|y|$，设 $x=0.1011, y=0.1001$，有：

余数 $r=[x]_补-[y]_补=0.1011+1.0111=0.0010$，$|x|-|y|$ 够减，余数与除数同号。

② $x>0, y>0$ 且 $|x|<|y|$，设 $x=0.1001, y=0.1101$，有：

余数 $r=[x]_补-[y]_补=0.1001+1.0011=1.1100$，$|x|-|y|$ 不够减，余数与除数异号。

③ $x<0, y<0$ 且 $|x|>|y|$，设 $x=-0.1011, y=-0.0011$，有：

余数 $r=[x]_补-[y]_补=1.0101+0.0011=1.1000$，$|x|-|y|$ 够减，余数与除数同号。

④ $x<0, y<0$ 且 $|x|<|y|$，设 $x=-0.0110, y=-0.1010$，有：

余数 $r=[x]_补-[y]_补=1.1010+0.1010=0.0100$，$|x|-|y|$ 不够减，余数与除数异号。

(2) 当 x 与 y 异号时，应做加法 $[x]_补+[y]_补$ 进行比较。

① $x>0, y<0$ 且 $|x|>|y|$，设 $x=0.1011, y=-0.1101$，有：

余数 $r=[x]_补+[y]_补=0.1011+1.1101=0.1000$，$|x|-|y|$ 够减，且余数与除数异号。

② $x>0, y<0$ 且 $|x|<|y|$，设 $x=0.0110, y=-0.1101$，有：

余数 $r=[x]_补+[y]_补=0.0110+1.0011=1.1001$，$|x|-|y|$ 不够减，余数与除数同号。

③ $x<0, y>0$ 且 $|x|>|y|$，设 $x=-0.1011, y=0.0011$，有：

余数 $r=[x]_补+[y]_补=1.0101+0.0011=1.1000$，$|x|-|y|$ 够减，且余数与除数异号。

④ $x<0, y>0$ 且 $|x|<|y|$，设 $x=-0.0001, y=0.1001$，有：

余数 $r=[x]_补+[y]_补=1.1111+0.1001=0.1000$，$|x|-|y|$ 不够减，余数与除数同号。

根据例 2-26 的分析，可以归纳出被除数与除数绝对值大小的比较规则：若被除数与除数同号，则应通过减法比较它们绝对值的大小，若所得余数与除数同号，则表示够减；若所得余数与除数异号，则表示不够减。若被除数与除数异号，则通过加法比较其绝对值的大小，若所得余数与除数同号,则表示不够减;若所得余数与除数异号,则表示够减。表 2-13 列出了被除数与除数的比较规则。

表 2-13 比较与上商规则

$[x]_补$ 与 $[y]_补$	比较操作	余数 $[r]_补$ 与除数 $[y]_补$	上商
同号	$[x]_补 - [y]_补$	同号,表示够减	1
		异号,表示不够减	0
异号	$[x]_补 + [y]_补$	同号,表示不够减	1
		异号,表示够减	0

2) 上商规则

参照原码除法的上商方法可推出补码除法的上商规则:如果被除数与除数同号,则商为正,上商方法与原码相同,余数与除数够减,上商为 1;不够减,上商为 0。如果被除数与除数异号,则商为负。由于负数的补码与原码存在"取反加 1"的关系,若不考虑末位加 1,则补码与原码的数值部分各位刚好相反,这时若余数与除数够减,对原码应上商 1,而补码则应上商 0;若不够减,则补码应上商 1。把这一规则与表 2-13 综合起来,得到补码除法的上商规则为:若每次加/减所得余数与除数同号,则上商为 1;若余数与除数异号,则上商为 0。

3) 商符的确定

因为补码除法中,被除数与除数的符号参加运算,所得的商也是补码,所以商的符号是在求商的过程中自动形成的。在运算过程中,第一次比较上商的结果,实际上就是商的正确符号。这是因为在除法过程中已判别溢出,所以第一次被除数加/减除数肯定是不够减的。这样,若被除数与除数同号,商应为正,被除数减除数因不够减,所得余数必与除数异号,按前面的上商规则上商为 0,刚好为正商的符号;若被除数与除数异号,商为负,被除数加除数因不够减,所得余数必与除数同号,则上商为 1,刚好为负商的符号。因此,商符的确定与其他数值位的上商规则完全相同。

根据商符的确定方法可知,商的符号也可以用于判断商是否溢出。例如当被除数 $[x]_补$ 与除数 $[y]_补$ 同号时,如果余数 $[r]_补$ 与 $[y]_补$ 同号,且上商为 1,则表示商溢出;当被除数 $[x]_补$ 与除数 $[y]_补$ 异号时,如果余数 $[r]_补$ 与 $[y]_补$ 异号,且上商为 0,则表示商溢出。

4) 求新余数

在补码不恢复余数除法中,求新余数的方法与原码不恢复余数除法类似。

若被除数与除数同号,则做减法,所得余数与除数同号,表示够减,因此将余数左移一位,减去除数,求得新余数;如果所得余数与除数异号,表示不够减,因此将余数左移一位,加上除数,求得新余数。

若被除数与除数异号,则做加法,所得余数与除数异号,表示够减,余数左移一位后仍加上除数,求得新余数;若所得余数与除数同号,表示不够减,按不恢复余数法,左移一位后应减去除数,求得新余数。

综上分析,得到求新余数的规则如表 2-14 所示。

表 2-14 求新余数的规则

$[r_i]_补$ 与 $[y]_补$	商	新余数 $[r_{i+1}]_补$
同号	1	做减法: $[r_{i+1}]_补 = 2[r_i]_补 + [-y]_补$
异号	0	做加法: $[r_{i+1}]_补 = 2[r_i]_补 + [y]_补$

5）商的校正

从前面的上商规则可以看出，补码除法实质上是按反码上商。如果商为正，则原码、补码、反码均相同，所以所得商是正确的；如果商为负，因负数反码与补码相差末位的 1，因此按反码上商得到的补码商存在一定的误差。常用的处理方法有两种：

（1）末位恒置 1 法。

即最末位商不是通过比较上商，而是固定置为 1。这种方法简单、容易，其最大误差为 2^{-n}（对定点小数而言），所以在精度要求不高的情况下，通常都采用此方法。

（2）校正法。

在精度要求较高的情况下，通常采用校正法。校正法的方法是：

① 若在所要求的位数内能除尽，则除数为正时，商不必校正；为负时，商加 2^{-n} 校正。

② 若在所要求的位数内不能除尽，则商为正时，不必校正；为负时，商加 2^{-n} 校正。

6）校正法的处理过程

（1）当在所要求的位数内不能除尽时，即 $[r_n]_{补} \neq 0$ 且任一步 $[r_i]_{补} \neq 0$ 时，若商为正，则商的反码与补码相同，不必修正；若商为负，则形成反码商后，应在末位（2^{-n} 位）加 1，即加 2^{-n}，才是商的补码。

（2）当在所要求的位数内能够除尽时，即 $[r_n]_{补}=0$ 或任一步 $[r_i]_{补}=0$，除尽那一步的上商，将根据除数的正、负不同而不同。设除数为 B，根据 $B>0$ 还是 $B<0$，分别加以说明。

① $B>0$ 时，若除尽那一步除法所得的余数 $[r_i]_{补}=0$，由于 r_i 的符号位为正，所以上商为 1，按补码除法规则，下一步除法的余数为：

$$[r_{i+1}]_{补}=2[r_i]_{补}+[-B]_{补}=[-B]_{补}$$

由于 $[r_{i+1}]_{补}$ 与除数异号，因此上商为 0，并且下一步除法的余数为：

$$[r_{i+2}]_{补}=2[r_{i+1}]_{补}+[B]_{补}=2[-B]_{补}+[B]_{补}=[-B]_{补}$$

由于 $[r_{i+2}]_{补}$ 仍与除数异号，因此上商仍然为 0。

以此类推，直到 $[r_n]_{补}$ 为止，以后各位上商均为 0。

可见，在所要求的位数内能够除尽时，若除数为正，则除尽那位上商为 1，以后各位上商为 0，商是正确的，不必修正。

② $B<0$ 时，若除尽那一步 $[r_i]_{补}=0$，由于 r_i 的符号位为正并与除数异号，因此除尽那一步上商为 0，按补码除法规则，下一步除法的余数为：

$$[r_{i+1}]_{补}=2[r_i]_{补}+[B]_{补}=[B]_{补}$$

由于 $[r_{i+1}]_{补}$ 与除数同号，因此上商为 1，并且下一步除法的余数为：

$$[r_{i+2}]_{补}=2[r_{i+1}]_{补}+[-B]_{补}=[B]_{补}$$

由于 $[r_{i+2}]_{补}$ 与除数同号，因此上商仍然为 1。

以此类推，直到 $[R_n]_{补}$ 为止，以后各位上商均为 1。

可见，在所要求的位数内能够除尽且除数为负时，不论商为正或负，除尽那位上商为 0，以后各位上商为 1，将商加上 2^{-n}，正好修正为正确的商。

7）除法的运算规则

综合上面的讨论，可得补码不恢复余数除法的运算规则：

（1）若被除数与除数同号，则被除数减去除数；若被除数与除数异号，则被除数加上除数。

（2）若所得余数与除数同号，则上商为 1，余数左移一位减去除数；若所得余数与除数异号,则上商为0,余数左移一位加上除数。

(3) 重复第(2)步,若采用末位恒置 1 法,则共做 n 次;若采用校正法,则共做 $n+1$ 次。

由于运算过程中,对除数的加减运算是交替进行的,因此补码不恢复余数除法也称补码加减交替法。

例 2-27 已知 $x=-0.1011, y=-0.1101$,用补码不恢复余数法求 x/y。

解:$[x]_{补}=11.0101,[y]_{补}=11.0011,[-y]_{补}=00.1101$。

```
        被除数(余数)         上商
         11.0101         0.0000
      +  00.1101                         x,y同号,[x]补-[y]补
         00.0010         0.0000|0        余数r与y异号,上商为0
      ← 00.0100         0.000|0 0        左移一位,加y
      +  11.0011
         11.0111         0.000|0 1       余数r与y同号,上商为1
      ← 10.1110         0.00|01 0        左移一位,减y
      +  00.1101
         11.1011         0.00|01 1       余数r与y同号,上商为1
      ← 11.0110         0.0|011 0        左移一位,减y
      +  00.1101
         00.0011         0.|011 0        余数r与y异号,上商为0
      ← 00.0110         0.110 1          左移一位,若采用末位恒置1法,到此结束
      +  11.0011                         若采用校正法,继续运算,加y
         11.1001         0.110 1         余数r与y同号,上商为1。商为正,不必校正
```

得:$[x/y]_{补}=0.1101, x/y=+0.1101, [r]_{补}=1.1001\times 2^{-4}, r=-0.0111\times 2^{-4}$。

例 2-28 已知 $x=0.10101, y=-0.11110$,用补码不恢复余数法求 $[x/y]_{补}$。

解:$[x]_{补}=00.10101,[y]_{补}=11.00010,[-y]_{补}=00.11110$。

```
        被除数(余数)           上商
         00.10101           0.00000
      +  11.00010                            x,y异号,[x]补+[y]补
         11.10111           0.0000|1         余数r与y同号,上商为1
      ← 11.01110           0.000|1 0        左移一位,减y
      +  00.11110
         00.01100           0.000|1 0        余数r与y同号,上商为0
      ← 00.11000           0.00|10 0        左移一位,加y
      +  11.00010
         11.11010           0.00|10 1        余数r与y同号,上商为1
      ← 11.10100           0.0|101 0        左移一位,减y
      +  00.11110
         00.10010           0.0|101 0        余数r与y同号,上商为0
      ← 01.00100           0.|1010 0        左移一位,加y
      +  11.00010
         00.00110           0.|1010 0        余数r与y同号,上商为0
      ← 00.01100           1.0100 1          左移一位,若采用末位恒置1法,到此结束
      +  11.00010                            若采用校正法,继续运算,加y
         11.01110           1.0101 1         余数r与y同号,上商为1
      + 00.11110          + 0.0000 1        商为负,加$2^{-n}$校正;同时要恢复余数,减y
         00.01100           1.0101 0
```

得:$[x/y]_{补}=1.01001$ (末位恒置 1 法) 或 $[x/y]_{补}=1.01010$ (校正法),余数 $[r]_{补}=0.01100\times 2^{-5}$。

除法运算一般不需保留余数,末位恒置 1 法就不需余数。若用校正法可以保留余数,但当最后一次运算余数仍不够减时,就应恢复正确余数,如例 2-28 中所示。

3. 布斯除法

在补码不恢复余数法的算法中,被除数与除数的计算和余数与除数的计算规则不同,不便于控制。如果把被除数当作初始余数看待,采用余数与除数的计算方法和上商规则,就可以把

补码不恢复余数除法规则的第(1)步与第(2)步统一起来,更加便于控制。采用这种思想的补码除法就是布斯除法。布斯除法的规则如下:

(1) 余数(初始为被除数)与除数同号,上商为1,余数左移一位,减去除数。余数(初始为被除数)与除数异号,上商为0,余数左移一位,加上除数。

(2) 重复上述步骤,直到求得所需位数为止。

(3) 将商符变反,若采用校正法,则对商校正。

例 2-29 已知 $x=-0.1011,y=+0.1101$,用布斯除法求 $[x/y]_{补}$。

解: $[x]_{补}=11.0101, [y]_{补}=00.1101, [-y]_{补}=11.0011$。

```
      被除数(余数)        上商
      11.0101         0.0 0 0  0        x,y异号,上商为0
      10.1010         0.0 0 0  0        左移一位,加y
    + 00.1101
      11.0111         0.0 0 0  0        余数r与y同号,上商为0
      10.1110         0.0 0 0  0        左移一位,加y
    + 00.1101
      11.1011         0.0 0 0  0        余数r与y同号,上商为0
      11.0110         0.0 0 0  0        左移一位,加y
    + 00.1101
      00.0011         0.0 0 0  1        余数r与y同号,上商为1
      00.0110         0.0 0 1 [1]       左移一位。若采用末位恒置1法,到此结束
    + 11.0011                            若采用校正法,继续运算,减y
      11.1001         0.0 0 1  0        余数r与y异号,上商为0
                      1.0 0 1  0        将商符变反
                    + 0.0 0 0  1        商为负,需加$2^{-n}$进行校正
                      1.0 0 0  1
```

得 $[x/y]_{补}=1.0011$。

图 2-14 是实现布斯除法的硬件逻辑结构图,3 个寄存器 A、B 和 C 分别用于存放被除数、除数和商,且寄存器的分配情况与原码不恢复余数法的情况类似。对于单精度除法,在除法运算前,A 中存放的是被除数,B 中存放的是除数,C 的初始值为 0;除法计算结束后,A 中存放的是余数,B 中存放的仍是除数,C 中存放的是商。对于双精度除法,在除法运算前,A 中存放的是被除数的高位,B 中存放的是除数,C 中存放的是被除数的低位;除法运算结束后,A 中存的是余数,B 中的内容不变,C 中存放的是商。图 2-14 中上商由被除数符号 A_f 和除数符号 B_f 控制。$A_f \oplus B_f = 0$,表示余数与除数同号,经非门取反后,在 C 的最低位上商为 1,并控制下次做减法,即控制进行 $A+\overline{B}+1$ 操作;$A_f \oplus B_f = 1$,表示余数为负,取反后上商为 0,并控制下次做加法,即控制进行 $A+B$ 操作。因为运算结束后需要将商符取反,所以最终的商符应由 C 的最高位反相得到。一般 A 寄存器不具有移位功能,加法器计算出的余数可以通过图 2-8 的电路斜送到寄存器 A 中来实现余数的左移。

补码除法也可用于**整数运算**,但在进行整数除法运算时,需要将单字长的被除数扩展为双字长,因此要按照补码规则对被除数按符号进行扩展。即被除数为正,高位应补充为全 0;被除数为负,高位应补充为全 1。例如,设机器字长为 8 位,$[x]_{补}=10100000$,如果需要将 $[x]_{补}$ 扩展为双字长,则按照补码的符号扩展规则,应将高位补充为全 1,即所得的双字长 $[x]_{补}=1111111110100000$。在安排寄存器初值时,必须注意符号扩展问题,即若单字长的被除数为正,则寄存器 A 的初值为全 0;若单字长的被除数为负,则寄存器 A 的初值为全 1。

4. 阵列除法器

与阵列乘法器类似,阵列除法器的思想是利用多个加减单元组成除法阵列,将除法各步的

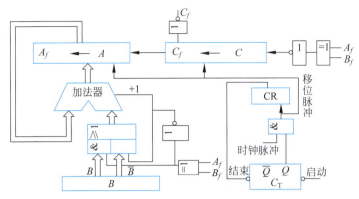

图 2-14 布斯除法的硬件逻辑结构图

加/减、移位操作在一个节拍内完成,从而提高除法运算速度。

1) 可控加减单元

构成阵列除法器的基本电路是可控加减单元(CAS),其逻辑结构如图 2-15 所示。CAS 单元有 4 个输入端和 4 个输出端。其中 P 用于控制加/减运算,A_i、B_i 为操作数,C_i 为相邻低位的进位或借位,S_i 为运算结果,C_{i-1} 为向相邻高位的进位或借位。当控制信号 $P=0$ 时,CAS 作为全加器单元;当 $P=1$ 时,输入 B_i 被变反,CAS 作为减法单元。CAS 单元电路的输入输出逻辑关系为:

$$S_i = A_i \oplus (B_i \oplus P) \oplus C_i$$
$$C_{i-1} = (A_i + C_i)(B_i \oplus P) + A_i C_i \tag{2-27}$$

在式(2-27)中,当 $P=0$ 时,S_i 和 C_{i-1} 变为:

$$S_i = A_i \oplus B_i \oplus C_i$$
$$C_{i-1} = A_i B_i + B_i C_i + A_i C_i \tag{2-28}$$

式(2-28)恰好是全加器的逻辑表达式,所以 $P=0$ 时,CAS 单元实现的是加法运算。

当 $P=1$ 时,S_i 和 C_{i-1} 变为:

$$S_i = A_i \oplus \bar{B}_i \oplus C_i$$
$$C_{i-1} = A_i \bar{B}_i + \bar{B}_i C_i + A_i C_i \tag{2-29}$$

根据补码加减运算规则可知,当 $P=1$ 时,图 2-15 的 CAS 单元实现的是减法运算。此时 C_i 为相邻低位的借位输入,C_{i-1} 为向相邻高位的借位输出。运算时,将控制信号 $P=1$ 接到最低位 CAS 单元的 C_i,即可实现补码减法要求的末位加 1 的功能。

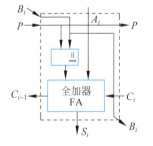

图 2-15 可控加减单元逻辑结构

2) 不恢复余数除法阵列除法器

设被除数 $x=0.x_1 x_2 x_3 x_4 x_5 x_6$(双字长),除数 $y=0.y_1 y_2 y_3$,且 $x<y,y>0$,x/y 的商为 $q=0.q_1 q_2 q_3$,余数 $r=0.000 r_3 r_4 r_5 r_6$,则利用 CAS 单元组成实现的不恢复余数除法阵列除法器逻辑结构如图 2-16 所示。

因为 $x<y$,所以图 2-16 所示的阵列除法器第一行(最上面一行)的 CAS 单元所执行的初始操作是减法,因此将第一行的控制线 P 固定置为 1,这时 P 直通最右端 CAS 单元上的反馈线用作初始的进位输入,即实现了最低位上加 1。因为第一次的余数 $r=x-y<0$,所以商 $q_0=0$。在阵列除法器中,减法是补码运算实现的。考虑在做 $x-y$ 的过程中,当 $x<y$ 时,$x-y$

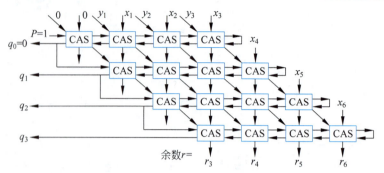

图 2-16　不恢复余数除法阵列除法器逻辑结构

将发生借位。由于是用 $+[-y]_\text{补}$ 实现减法的,而 $[x]_\text{补}+[-y]_\text{补}=x+2+y<2$,不会发生进位,实际是产生了借位。因此在阵列除法器中,每一行最左边的 CAS 单元的进位输出可以决定商的数值,同时将当前的商反馈到下一行,就可以确定下一行的操作是加法还是减法。

在图 2-16 中,只需另外增加一级异或门来求商的符号,即可用于原码的阵列除法。

5. RISC-V 中的除法

为了处理有符号整数和无符号整数除法,RISC-V 有两条除法指令和两条余数指令:除(div)、无符号除(divu)、余数(rem)和无符号余数(remu)。

2.3.5　定点运算器的组成

1. 算术逻辑运算部件

运算器的基本功能是进行算术逻辑运算,其最基本也是最核心的部件是加法器。在加法器的输入端加入多种输入控制功能,就能将加法器扩展为多功能的算术/逻辑运算部件。

1)补码加减运算的逻辑实现

设参加运算的操作数为 A、B,根据补码加减运算的规则,可知:

$$[A]_\text{补}+[B]_\text{补}=[A+B]_\text{补}$$

$$[A]_\text{补}-[B]_\text{补}=[A]_\text{补}+[-B]_\text{补}=[A]_\text{补}+[\overline{B}]_\text{补}+1=[A-B]_\text{补} \quad (2\text{-}30)$$

根据式(2-30),我们可以在加法器的输入端增加控制信号 M,控制实现加法和减法。

图 2-17 显示了采用串行进位的补码加减运算逻辑电路。

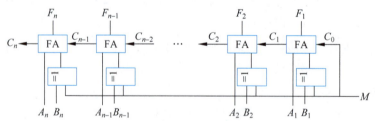

图 2-17　采用串行进位的补码加减运算逻辑电路

在图 2-17 中,当 $M=0$ 时,操作数 B 与 M 异或后得到的仍是 B 的原变量,因此加法器的运算结果为 $F=[A]_\text{补}+[B]_\text{补}=[A+B]_\text{补}$;当 $M=1$ 时,操作数 B 与 M 异或后得到的是 B 的反变量,由于 $M=1$ 又使 $C_0=1$,实现了最低位加 1 的功能,所以加法器的运算结果为 $F=[A]_\text{补}+[\overline{B}]_\text{补}+1=[A-B]_\text{补}$。

在实际的运算器中,参加运算的操作数和运算结果通常都存放在寄存器中,控制器通过对指令译码得到控制信号,控制将操作数输入加法器及将运算结果写回寄存器。图 2-18 显示了带有寄存器的实现 $A←(A)±(B)$ 的补码加减运算逻辑电路,寄存器 A、B 分别存放参加运算的两个补码操作数,运算结束后,结果写回寄存器 A 保存。运算控制信号逻辑如下:

$F←A=\text{ADD}+\text{SUB}$,$F←A$ 信号控制将寄存器 A 的正向信号输入加法器 F 的输入端。

$F←B=\text{ADD}$,$F←B$ 信号控制将操作数 B 的正向信号输入加法器 F 的输入端。

$F←\overline{B}=\text{SUB}$,$F←\overline{B}$ 信号控制将操作数 B 的反向信号输入加法器 F 的输入端。

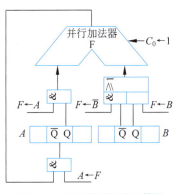

图 2-18 实现补码加减运算的逻辑电路

$C_0←1=\text{SUB}$,$C_0←1$ 信号控制使加法器 F 的最低位进位 $C_0=1$。

$A←F=\text{ADD}+\text{SUB}$,$A←F$ 信号控制使加法器 F 的运算结果写入寄存器 A。

其中 ADD 和 SUB 分别为控制器根据加法指令和减法指令译码后得到的控制电位信号。

2) 算术逻辑运算部件举例

除了加减运算外,运算器还需要完成其他算术逻辑运算,在加法器的输入端加以多种输入控制,就可以将加法器的功能进行扩展。算术逻辑部件(简称 ALU)就是一种以加法器为基础的多功能组合逻辑电路。其基本设计思想是:在加法器的输入端加入一个函数发生器,这个函数发生器可以在多个控制信号的控制下,为加法器提供不同的输入函数,从而构成一个具有较完善的算术逻辑运算功能的运算部件。下面以中规模集成电路芯片 SN74181 为例,说明 ALU 组件的工作原理。

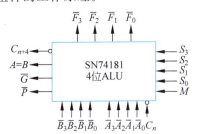

图 2-19 SN74181 的外部特性图

SN74181 是一个 4 位 ALU 组件,可以实现 16 种算术运算功能和 16 种逻辑运算功能,其具体功能由 $S_3S_2S_1S_0$ 和 M 信号控制实现,它有正逻辑和负逻辑两种芯片,图 2-19 给出了采用负逻辑方式工作的 SN74181 芯片的外部特性。其中 $A_{3\sim0}$、$B_{3\sim0}$ 为参加运算的两组 4 位操作数,C_n 为低位的进位,$F_{3\sim0}$ 为输出的运算结果,C_{n+4} 为向高位的进位,G 为小组本地进位,P 为小组传递函数,$A=B$ 用于输出两个操作数的相等情况,如果将多个 SN74181 的 $A=B$ 端按"与"逻辑连接,就可以检测两个字长超过 4 位的操作数的相等情况。在控制信号中,$S_3S_2S_1S_0$ 用于控制产生 16 种不同的逻辑函数,M 用于控制芯片执行算术/逻辑运算,$M=0$ 表示执行算术运算,$M=1$ 则表示执行逻辑运算。表 2-15 列出了采用负逻辑方式时 SN74181 完成的功能。表中,"加"是指算术加,"+"是指逻辑加,即"或"运算。进行算术加运算时,最低位的进位为 0。如果要实现减法,可以用表中的"A 减 B 减 1"功能。

表 2-15 SN74181 ALU 的功能表

工作方式选择	F 的输出功能(负逻辑)	
$S_3S_2S_1S_0$	逻辑运算($M=1$)	算术运算($M=0$,$C_n=0$)
0 0 0 0	$\overline{A}$	A 减 1
0 0 0 1	$\overline{AB}$	AB 减 1

续表

工作方式选择 $S_3S_2S_1S_0$	F 的输出功能(负逻辑)	
	逻辑运算($M=1$)	算术运算($M=0,C_n=0$)
0 0 1 0	$\overline{A}+B$	$A\overline{B}$ 减 1
0 0 1 1	逻辑 1	全 1
0 1 0 0	$\overline{A+B}$	A 加 $(A+\overline{B})$
0 1 0 1	$\overline{B}$	AB 加 $(A+\overline{B})$
0 1 1 0	$\overline{A\oplus B}$	A 减 B 减 1
0 1 1 1	$A+\overline{B}$	$A+\overline{B}$
1 0 0 0	$\overline{A}B$	A 加 $(A+B)$
1 0 0 1	$A\oplus B$	A 加 B
1 0 1 0	B	$A\overline{B}$ 加 $(A+B)$
1 0 1 1	$A+B$	$A+B$
1 1 0 0	逻辑 0	0
1 1 0 1	$A\overline{B}$	AB 加 A
1 1 1 0	AB	$A\overline{B}$ 加 A
1 1 1 1	A	A

注:1=高电平,0=低电平。

将多片 SN74181 组合,可以构成更多位数的 ALU。例如从低位到高位,依次将 4 片 SN74181 的 C_{n+4} 与高位芯片的 C_{-1} 相连,就可以构成 16 位的 ALU。如果要进一步提高进位速度,可以采用与 SN74181 配套的并行进位链芯片 SN74182,组成快速的并行加法器。图 2-20 给出了利用 4 片 SN74181 和 1 片 SN74182 构成的 16 位快速并行加法器的例子。

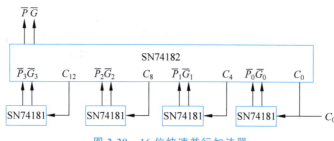

图 2-20 16 位快速并行加法器

2. 定点运算器的基本结构

如前所述,运算器的核心是算术逻辑部件(ALU),但是作为一个完整的数据加工处理部件,运算器中还需要有各类通用寄存器、累加器(AC)、多路选择器、状态/标志寄存器、移位器和数据总线等逻辑部件,辅助 ALU 完成规定的工作。

由算术逻辑部件、累加器、数据缓冲寄存器(MDR)可以组成最基本、最简单的运算器,如图 2-21 所示。图中运算器与存储器之间通过一条双向数据总线进行联系。从存储器中读取的数据,可经过 MDR、ALU 存放到 AC 中;AC 中的信息也可经过 MDR 存入主存中指定的单元。运算器可以将 AC 中的数据与主存某一单元的数据经 ALU 进行运算,并将结果暂存于 AC 中。

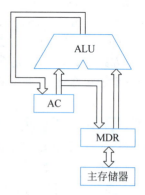

图 2-21 最简单的运算器

设计运算器的逻辑结构时,为了使各部件能够协调工作,主要需要考虑的是 ALU 和寄存器与数据总线之间传递操作数和运算结果的方式及数据传递的方便性与操作速度。

根据运算器中各部件之间传递操作数和运算结果的方式以及总线数目的不同,运算器可分为单总线结构、双总线结构和三总线结构,如图 2-22 所示。

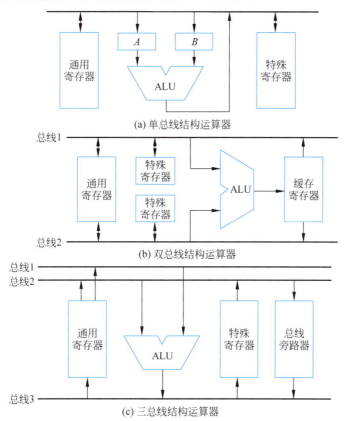

图 2-22 运算器的 3 种基本结构形式

1) 单总线结构运算器

图 2-22(a)为单总线结构运算器。单总线结构运算器的特点是所有部件都接在同一总线上。由于所有部件都通过同一总线传送数据,因此在同一时间内,只能有一个操作数放在单总线上,所以需要 A、B 两个缓冲器。当执行双操作数运算时,首先把一个操作数送入 A 缓冲器,然后把另一操作数送入 B 缓冲器,只有两个操作数同时出现在 ALU 的输入端时,ALU 才能正确执行相应运算。运算结束后,再通过单总线将运算结果存入目的寄存器。单总线结构的主要缺点就是操作速度慢。

2) 双总线结构运算器

图 2-22(b)为双总线结构运算器。双总线结构运算器的特点是操作部件连接在两组总线上,可以同时通过两组总线传输数据。在执行双操作数运算时,可以将两个操作数同时加到 ALU 的输入端进行运算,一步完成操作并得到结果。但由于在输出 ALU 的运算结果时,两条总线都被输入的操作数占用着,运算结果不能直接加到数据总线上,因此需要利用输出缓冲器来暂存运算结果,等到下一个步骤,再将缓冲器中的运算结果通过总线送入目的寄存器。显然双总线结构运算器的执行速度比单总线结构运算器的执行速度快。

3）三总线结构运算器

图 2-22(c)为三总线结构运算器。三总线结构运算器的特点是操作部件连接在三组总线上，可以同时通过三组总线传输数据。在执行双操作数运算时，由于能够利用三组总线分别接收两个操作数和 ALU 的运算结果，因此只需一步就可以完成一次运算。与前两种结构相比，三总线结构运算器的操作速度最快，不过其控制也更复杂。

在三总线结构运算器中，还可以设置一个总线旁路器。如果一个操作数不需要运算操作或修改，则可通过总线旁路器直接从总线 2 传送到总线 3，而不必经过 ALU。

2.4 数的浮点表示

所谓浮点表示，是指数据中的小数点位置是可以浮动的，即式(2-11)中 e 的值是可变的。由于 e 的值可变，因此在浮点数的数据格式中必须将 e 表示出来。

2.4.1 浮点表示方法

1. 浮点表示的数据格式

典型的浮点表示的数据格式包括阶码 E 和尾数 S 两部分。其中阶码 E 用于表示小数点的实际位置，对应式(2-11)中的 e；尾数用于表示数据的有效数字，对应式(2-11)中的 S；数据的正负用数符表示，阶码中的阶符用于表示指数的正负。

浮点表示中，阶码的基数均为 2，即阶码采用二进制表示；而尾数基数 R 是计算机系统设计时约定的（R 取值 2、4、8、16 等），且 R 是隐含常数，不用在数据格式中明显给出。下面的讨论中，为了方便，我们采用 $R=2$ 的数据格式，即尾数采用二进制表示。

常见的浮点数据格式有两种形式，如图 2-23(a)和图 2-23(b)所示。在实际机器中，通常采用图 2-23(b)所示的表示格式。其中，尾数一般采用定点小数，可用补码或原码的形式表示；阶码一般采用定点整数，可用补码或移码的形式表示。

图 2-23 浮点数据格式

2. 浮点数的规格化

当一个数采用浮点表示时，存在两个问题：一是如何尽可能多地保留有效数字；二是如何保证浮点表示的唯一。

例如，对于数 0.001001×2^5，因为 $0.001001 \times 2^5 = 0.100100 \times 2^3 = 0.00001001 \times 2^7$，所以它有多种表示，这样对于同样的数，在浮点表示下的代码就不唯一了。另外，如果规定尾数的位数为 6 位，则采用 0.00001001×2^7 就变成了 0.000010×2^7，丢掉了有效数字，减少了精度。因此，为了尽可能多地保留有效数字，应采用 0.100100×2^3 的表示形式。

在计算机中，浮点数通常都采用规格化表示方法。采用规格化表示的目的在于：

(1) 提高运算精度,应尽可能占满尾数的位数,以保留更多的有效数字。

(2) 保证浮点数表示的唯一性。

当浮点数的基数 R 为 2,即采用二进制数时,规格化尾数的定义为 $\frac{1}{2} \leqslant |S| < 1$。

若尾数采用原码表示,$[S]_原 = S_f.S_1S_2 \cdots S_n$,$S_f$ 为尾符(即数符),则把满足 $S_1 = 1$ 的数称为规格化数。即当尾数的最高位满足 $S_1 = 1$,$[S]_原 = 0.1 \times \times \cdots \times$ 或 $[S]_原 = 1.1 \times \times \cdots \times$ 时,表示该浮点数为规格化数,尾数的有效位数已被充分利用。

若尾数采用补码表示,为判别方便,规定满足条件 $-1 \leqslant |S| < -\frac{1}{2}$ 和 $\frac{1}{2} \leqslant |S| < 1$ 的尾数为规格化数。具体的判别方法是:设尾数 $[S]_补 = S_f.S_1S_2 \cdots S_n$,则满足 $S_f \oplus S_1 = 1$ 的数为规格化数。即当采用补码表示的尾数的形式为 $[S]_补 = 0.1 \times \times \cdots \times$ 或 $[S]_补 = 1.0 \times \times \cdots \times$ 时,该浮点数为规格化数。由此可见,尾数为 -1 时,为规格化数;但尾数为 $-\frac{1}{2}$ 时,因为 $[S]_补 = 1.100 \cdots 0$,$S_f \oplus S_1 = 0$,不满足规格化的条件,所以 $-\frac{1}{2}$ 是非规格化数。

计算机中的浮点数通常以规格化数形式存储和参加运算。如果运算结果出现了非规格化浮点数,则需对结果进行规格化处理。例如,对于数 0.001001×2^5,为了尽可能多地保留有效数字,可以将尾数左移两位,去掉两个前置 0,使小数点后的最高位为 1,相应地阶码减 2,即把 0.001001×2^5 进行规格化后,表示为 0.100100×2^3。

3. 浮点数的表示范围

浮点表示的数据格式一旦确定,则所能表示的数据范围也随之确定。求浮点数的表示范围,就是求浮点数所能表示的最小负数、最大负数、最小正数和最大正数等典型数据。

从图 2-24 所示浮点数的表示范围可见,0 以及处于最大负数到最小负数(负数区)之间、最小正数到最大正数(正数区)之间的数为浮点数所能正确表达的数;处于最大负数和最小正数(下溢区)的浮点数,其绝对值小于可表示的数值,计算机中通常作为 0 处理,称为机器零;大于最大正数或小于最小负数(即处于上溢区)的浮点数,其绝对值大于机器所能表示的数值,计算机将做溢出处理(大于最大正数为正溢出,小于最小负数为负溢出)。设浮点表示的数据格式如图 2-25 所示,其中基数 $R = 2$,数符和阶符各占 1 位,阶码为 m 位,尾数为 n 位。

图 2-24 浮点数的表示范围

数符	阶符	阶码	尾数
1位	1位	m位	n位

图 2-25 浮点表示的数据格式举例

(1) 阶码与尾数均采用原码表示时,典型数据的机器数形式和对应的真值如表 2-16 所示。

(2) 阶码与尾数均采用补码表示时,典型数据的机器数形式和对应的真值如表 2-17 所示。

(3) 阶码采用移码、尾数采用补码表示时,典型数据的机器数形式和对应的真值如表 2-18 所示。

表 2-16 阶码与尾数均采用原码表示

典型数据	机器数形式	真值
非规格化最小正数	0 1 11…1(m位) 00…01(n位)	$+2^{-n} \times 2^{-(2^m-1)}$
规格化最小正数	0 1 11…1 10…00	$+2^{-1} \times 2^{-(2^m-1)}$
最大正数	0 0 11…1 11…11	$+(1-2^{-n}) \times 2^{+(2^m-1)}$
非规格化最大负数	1 1 11…1 00…01	$-2^{-n} \times 2^{-(2^m-1)}$
规格化最大负数	1 1 11…1 10…00	$-2^{-1} \times 2^{-(2^m-1)}$
最小负数	1 0 11…1 11…11	$-(1-2^{-n}) \times 2^{+(2^m-1)}$

表 2-17 阶码与尾数均采用补码表示

典型数据	机器数形式	真值
非规格化最小正数	0 1 00…0(m位) 00…01(n位)	$+2^{-n} \times 2^{-2^m}$
规格化最小正数	0 1 00…0 10…00	$+2^{-1} \times 2^{-2^m}$
最大正数	0 0 11…1 11…11	$+(1-2^{-n}) \times 2^{+(2^m-1)}$
非规格化最大负数	1 1 00…0 11…11	$-2^{-n} \times 2^{-2^m}$
规格化最大负数	1 1 00…0 01…11	$-(2^{-1}+2^{-n}) \times 2^{-2^m}$
最小负数	1 0 11…1 00…00	$-1 \times 2^{+(2^m-1)}$

表 2-18 阶码采用移码、尾数采用补码表示

典型数据	机器数形式	真值
非规格化最小正数	0 0 00…0(m位) 00…01(n位)	$+2^{-n} \times 2^{-2^m}$
规格化最小正数	0 0 00…0 10…00	$+2^{-1} \times 2^{-2^m}$
最大正数	0 1 11…1 11…11	$+(1-2^{-n}) \times 2^{+(2^m-1)}$
非规格化最大负数	1 0 00…0 11…11	$-2^{-n} \times 2^{-2^m}$
规格化最大负数	1 0 00…0 01…11	$-(2^{-1}+2^{-n}) \times 2^{-2^m}$
最小负数	1 1 11…1 00…00	$-1 \times 2^{+(2^m-1)}$

计算机在对浮点数进行处理的过程中,值得注意的是"机器零"的问题。所谓机器零,是指如果一个浮点数的尾数为全 0,则不论其阶码为何值,或者如果一个浮点数的阶码小于它所能表示的最小值,则不论其尾数为何值,计算机在处理时都把这种浮点数当作零看待。特别是当浮点数的阶码采用移码表示、尾数采用补码表示时,如果阶码为它所能表示的最小数-2^m(m为阶码的位数)且尾数为 0,其阶码的表现形式为全 0,尾数的表现形式也为全 0,这时机器零的表现形式为 000…00。这种全 0 表示有利于简化机器中的判 0 电路。

浮点表示的数据格式中,尾数的位数决定了数据表示的精度,增加尾数的位数可增加有效数字的位数,即提高数据表示的精度;阶码的位数决定了数据表示范围,增加阶码的位数可扩大数据表示的范围。在字长一定的条件下,必须合理地分配阶码和尾数的位数以满足应用的需要。为了得到较高的精度和较大的数据表示范围,在很多机器中都设置单精度(一个字长表示)浮点数和双精度(两个字长表示)浮点数等不同的浮点数格式。

例 2-30 VAX-11 系列机的浮点数格式。

① 单精度浮点数——F 浮点。

② 双精度浮点数——G 浮点。

数符	阶 码	尾 数
←1位→	←11位→	←52位→

2.4.2 IEEE 754 浮点数标准

1. 四种基本浮点格式

由于不同机器所选用的基数、尾数位长度和阶码位长度的不同,因此对浮点数的表示有较大差别,不利于软件在不同计算机之间的移植。为此,美国 IEEE(电气及电子工程师协会)提出了一个从系统结构角度支持浮点数的表示方法,称为 IEEE 标准 754(IEEE,1985),当今流行的计算机几乎都采用了这一标准。

IEEE 754 标准在表示浮点数时,每个浮点数均由 3 部分组成:符号位 S、指数 E 和尾数 M,如图 2-26 所示。

图 2-26　IEEE 754 标准

IEEE 754 标准的浮点数可采用以下 4 种基本格式:

(1) 单精度格式(32 位):$E=8$ 位,$M=23$ 位。
(2) 扩展单精度格式:$E \geqslant 11$ 位,$M=31$ 位。
(3) 双精度格式(64 位):$E=11$ 位,$M=52$ 位。
(4) 扩展双精度格式:$E \geqslant 15$ 位,$M \geqslant 63$ 位。

2. IEEE 754 标准 32 位单精度浮点数

IEEE 754 浮点数据编码标准中,32 位单精度浮点数表示格式如图 2-27 所示。

图 2-27　IEEE 754 标准 32 位单精度浮点数表示格式

各部分的规定如下:

S:数符,0 表示+,1 表示-。

E:指数,即阶码部分。共 8 位,采用移 127 码,移码值为 127。

移 127 码是一种特殊的移码,反映了移码的值与实际数据的指数的值满足关系:阶码=127+实际指数值。规定阶码的取值范围为 1~254,阶码值 255 和 0 用于表示特殊数值。

M:尾数共 23 位,用规格化表示。由于尾数采用规格化表示,因此 IEEE 754 标准约定在小数点左部有一位隐含位为 1,从而使尾数的实际有效位为 24 位,即尾数的有效值为 $1.M$。

IEEE 754 标准 32 位单精度浮点数 N 的解释如下:

若 $E=0$，且 $M=0$，则 N 为 0。

若 $E=0$，且 $M\neq 0$，则 $N=(-1)^S\times 2^{-126}\times(0.M)$，为非规格化数。

若 $1\leqslant E\leqslant 254$，则 $N=(-1)^S\times 2^{E-127}\times(1.M)$，为规格化数。

若 $E=255$，且 $M\neq 0$，则 $N=$NaN(非数值)。

若 $E=255$，且 $M=0$，则 $N=(-1)^S\times\infty$(无穷大)。

IEEE 754 标准使 0 有了精确表示，同时也明确地表示了无穷大。当 $a/0(a\neq 0)$ 时，得到的结果为 $\pm\infty$；当 $0/0$ 时，得到的结果为 NaN。对于绝对值较小的数，为了避免下溢而损失精度，允许采用比最小规格化数还要小的非规格化数来表示，所能表示的最小非规格化数达到 2^{-149}。应该注意的是，非规格化数和正、负零的尾数 M 前的隐含值不是 1 而是 0。

例 2-31 将 5/32 及 -4120 表示成 IEEE 754 单精度浮点数格式，并用十六进制书写。

解：① $(5/32)_{10}=(0.00101)_2=1.01\times 2^{-3}$，按照 IEEE 754 单精度浮点数的规定：

因为 $5/32>0$，所以符号位 $S=0$。

因为尾数值为 $1.M$，现 $1.M=1.01$，所以去掉隐含的 1，得尾数部分的机器数：

$$M=01000\cdots 00$$

因为阶码值为指数值加 127，所以阶码值为：

$$E=127+(-3)=124=(01111100)_2$$

得到 $(5/32)_{10}$ 的 IEEE 754 单精度浮点数机器数表示形式为：

0 01111100 01000000000000000000000

写成十六进制形式：3E200000H。

② $(-4120)_{10}=(-1000000011000)_2=-1.000000011\times 2^{12}$。

$S=1,M=000000011\cdots 00,E=127+12=139=(10001011)_2$，$(-4120)_{10}$ 的 IEEE 754 单精度浮点数机器数表示形式为：

1 10001011 00000001100000000000000

写成十六进制形式：C580C000H。

例 2-32 将十六进制的 IEEE 单精度浮点数代码 42E48000 转换成十进制数。

解：将十六进制数 42E48000 写成二进制机器数形式得：

$$(42E48000)_{16}=(01000010111001001000000000000000)_2$$

按 IEEE 754 标准可写成：

0 10000101 11001001000000000000000

其中，符号位 $S=0$，阶码部分值 $E=133$，尾数部分 $M=(0.11001001000000000000000)_2=(0.78515625)_{10}$。

根据 IEEE 754 标准的表示公式，得：

$$N=(-1)^0\times(1+0.78515625)\times 2^{133-127}=1.78515625\times 2^6=114.25$$

3. IEEE 754 标准 64 位双精度浮点数

64 位双精度浮点数表示格式如图 2-28 所示。

图 2-28 IEEE 754 标准 64 位双精度浮点数表示格式

64位双精度浮点数所表示的数值 N 为 $N=(-1)^S\times 1.M\times 2^{E-1023}$。

有关 IEEE 754 标准浮点数的其他数据格式不再赘述,有兴趣的读者可以查阅相关资料。

2.5 浮点运算单元的组织

由于浮点数比定点数表示范围大、有效精度高,更适合科学与工程计算的要求,因此计算机中除了能够实现定点加减乘除四则运算外,通常还要求能够实现浮点四则运算。浮点数据包括尾数和阶码两部分,因此在浮点运算中,阶码与尾数需分别进行运算。这样,浮点运算实质上可以归结为定点运算。为了能保留更多的有效数字和使浮点数的表示唯一,计算机中一般都采用规格化的浮点运算,即要求参加运算的数都是规格化的浮点数,运算结果也应进行规格化处理。

2.5.1 浮点加减运算

设有两个规格化浮点数 x 与 y,分别为 $x=S_x\times 2^{e_x}$ 与 $y=S_y\times 2^{e_y}$。其中 S_x、S_y 分别为数 x、y 的尾数,e_x、e_y 分别为数 x、y 的阶码。实现两个浮点数的加减运算,一般需要对阶、尾数求和/差、结果规格化、尾数舍入 4 个步骤。

1. 对阶

浮点数的小数点实际位置是由阶码表示的,若两个规格化的浮点数的阶码不相等,则两数小数点的实际位置就不同,因而也就不能对它们的尾数直接进行加减运算。要进行两个浮点数的加减运算,首先必须把两数的小数点对齐。在浮点运算中,使两个浮点数的阶码取得一致的过程称为对阶。

对阶的标志是使两个浮点数阶码相等。对阶的方法首先是求出两数阶码之差,即

$$\Delta e=e_x-e_y \tag{2-31}$$

若 $\Delta e=0$,则表示两数阶码相等,小数点已经对齐。

若 $\Delta e>0$,则表示 $e_x>e_y$;若 $\Delta e<0$,则表示 $e_x<e_y$。

当阶差 $\Delta e\neq 0$ 时,需进行对阶移位,即通过尾数移位改变阶码,使两数阶码相等。

根据浮点表示的规则,在保证数值不变的条件下,浮点数的尾数每向右移一位,阶码加 1,尾数每向左移一位,阶码减 1。因此,对阶既可以通过将阶码小的数的尾数向右移位,阶码增量,直到等于阶码大的数的阶码为止;也可以通过将阶码大的数的尾数向左移位,阶码减量,直到等于阶码小的数的阶码为止。但是由于在规格化的浮点运算中,参加运算的浮点数均为规格化尾数,尾数左移将引起数值最高有效位的丢失,从而造成很大的误差;而尾数右移丢失的是数值的最低有效位,造成误差小。所以对阶的基本方法是:小阶向大阶看齐,即将阶码小的数的尾数向右移位,每右移一位,阶码加 1,直到两数的阶码相等为止。右移位数等于两数阶码之差 $|\Delta e|$。

2. 尾数求和/差

对阶完毕,两数阶码相等,即可进行尾数的加/减运算。若求和,则将两数尾数直接相加;若求差,则将对阶后的减数的尾数变补与被减数的尾数相加。因为浮点数的尾数为定点小数,所以尾数的加/减运算规则与定点加/减运算规则相同。根据加/减运算阶码不变的原则,

和/差的阶码与对阶后的阶码即两数中的大阶相等。

例 2-33　设某机浮点数格式为：

数符	阶码	尾数
1位	5位	6位

阶码和尾数均采用补码表示。

已知 $x=+0.110101\times 2^{+0011}$，$y=-0.111010\times 2^{+0010}$，求 $x\pm y$。

解：把 x、y 转换成机器数形式，得：

$$x = 0\ 00011\ 110101, \quad y = 1\ 00010\ 000110$$

首先进行对阶，求阶差：$[\Delta e]_{补} = 00011 + 11110 = 00001$。

因为 Δe 为正，所以 $e_x > e_y$。

由于 $|\Delta e| = 1$，根据小阶对大阶的原则，把 y 的尾数右移一位（按补码移位规则），阶码加 1，得到 y 的阶码为 00011，与 x 的阶码相等。

对阶后，$y = 1\ 00011\ 100011$。

① 做 $x+y$ 时，将 x、y 的尾数相加。

得：$[S_{x+y}]_{补} = 0.011000$。

取 x，y 的大阶作为和的阶码，得 $[x+y]_{补}$ 的机器数形式为 $[x+y]_{补} = 0\ 00011\ 011000$。

② 做 $x-y$ 时，将尾数相减，即将 $[-y]_{补}$ 的尾数与 x 的尾数相加。

在计算 $[S_{x-y}]_{补}$ 的过程中，进入符号位和符号位输出的进位不一致，计算结果发生了溢出。

$$[S_x]_{补} = 0\ 110101$$
$$+\ [S_y]_{补} = 1\ 100011$$
$$\overline{\qquad\qquad\qquad\qquad}$$
$$[S_{x+y}]_{补} = 0\ 011000$$

$$[S_x]_{补} = 0\ 110101$$
$$+\ [-S_y]_{补} = 0\ 011101$$
$$\overline{\qquad\qquad\qquad\qquad}$$
$$[S_{x-y}]_{补} = 1\ 010010$$

3. 结果规格化

在规格化浮点运算中，若运算结果不是规格化数，则必须进行规格化处理。根据浮点规格化数的定义可知，对于基值为 2 的浮点数，若尾数 S 采用原码表示，则满足 $1/2 \leqslant |S| < 1$ 的数为规格化数；在补码表示中，满足 $-1 \leqslant S < -1/2$ 和 $1/2 \leqslant S < 1$ 的数为规格化数。如果运算结果不满足上述条件，则称为破坏规格化。

当尾数运算结束后，需要进行尾数的规格化判断，通常运算结果破坏规格化有两种情况：一种是尾数的运算结果发生溢出，称为向左破坏规格化；另一种是尾数的运算结果未发生溢出，但不满足规格化条件，称为向右破坏规格化。

设浮点数的尾数采用原码表示，$[S]_原 = s_f.s_1s_2\cdots s_n$。如果尾数发生溢出，则为向左破坏规格化；如果尾数未发生溢出，但 $s_1 = 0$，则为向右破坏规格化。

设尾数用补码表示，$[S]_补 = s_f.s_1s_2\cdots s_n$。如果尾数发生溢出，则称为向左破坏规格化；如果尾数未溢出，但 $s_f \oplus s_1 = 0$，即 s_f 与 s_1 相同，则为向右破坏规格化。

为了便于判断溢出，尾数可采用变形补码表示。设尾数为 $[S]_补 = s_{f1}s_{f2}.s_1s_2\cdots s_n$。如果 $s_{f1} \oplus s_{f2} = 1$，则表示尾数发生溢出，即结果向左破坏规格化；如果 $\overline{s_{f1}\ s_{f2}}\ s_1 \oplus s_{f1}s_{f2}s_1 = 1$，即 s_{f1}、s_{f2} 与 s_1 相同，表示尾数未溢出，但符号位与最高数值位相同，结果向右破坏规格化。

当运算结果出现向左破坏规格化时，必须进行向右规格化（也称右规）。右规时，需将尾数向右移位(按照原码或补码的右移规则进行移位),每移一位,阶码加 1,一直移位到满足规格化要求为止。当运算结果出现向右破坏规格化时,必须进行向左规格化(也称左规)。左规时,将尾数向左移位,每移一位,阶码减 1,一直移位到满足规格化要求为止。

在例 2-33 中,计算 $x+y$ 时,尾数的运算结果 $[S_{x+y}]_{补}=0.011000$,由于参加运算的 x、y 异号,根据运算结果可知尾数没有发生溢出,但因为 $s_f \oplus s_1=0$,所以运算结果出现了向右破坏规格化,需要进行向左规格化。将尾数向左移一位,阶码减 1,得尾数 $[S_{x+y}]_{补}=0.110000$,阶码 $e_{x+y}=00011-1=00010$,因此规格化后,$[x+y]_{补}=0\ 00010\ 110000$,得:

$$x+y=+0.110000 \times 2^{+0010}=+0.110000 \times 2^{+2}$$

在 $x-y$ 的运算过程中,尾数的运算结果发生了溢出。在定点运算中,结果溢出将不能继续运算。但在浮点运算中,运算结果出现了溢出,即表示发生了运算结果向左破坏规格化,可以通过对运算结果进行向右规格化而获得正确结果。右规时,将尾数向右移一位,阶码加 1,得尾数 $[S_{x-y}]_{补}=0.101001$,阶码 $e_{x-y}=00011+1=00100$,因此规格化后,$[x-y]_{补}=0\ 00100\ 101001$,得:$x-y=+0.101001 \times 2^{+0100}=+0.101001 \times 2^{+4}$。

4. 尾数舍入

在浮点运算过程中,当对阶操作中小阶对应的尾数需右移和运算结果需右规时,都将尾数的低位移出。为减少因尾数右移而造成的误差,提高运算精度,需要进行舍入处理。

计算机中对采用的舍入方法有两个要求:一是单次舍入引起的误差不超过所允许的范围,一般要求不大于保留的尾数最低位的位权,即 2^{-n};二是误差应有正有负,使得多次舍入不会产生积累误差。常用的舍入方法有以下几种:

1) 截断法(恒舍法)

截断法是将右移移出的值直接舍去。该方法简单,精度较低。

2) 0 舍 1 入法

0 舍 1 入法是:若右移时被丢掉数位的最高位为 0,则舍去;若右移时被丢掉数位的最高位为 1,则将 1 加到保留的尾数的最低位。

0 舍 1 入法类似于十进制数的"四舍五入"。其主要优点是单次舍入引起的误差小,精度较高;其缺点是加 1 时需多做一次运算,而且可能造成尾数溢出,需要再次右规。

3) 末位恒置 1 法

末位恒置 1 法也称冯·诺依曼舍入法。其方法是:尾数右移时,无论被丢掉的数位的最高位为 0 还是为 1,都将保留的尾数的最低位恒置为 1。

末位恒置 1 法的优点是舍入处理不用做加法运算,该方法简单、速度快且不会有再次右规的可能,并且没有积累误差,是常用的舍入方法。其缺点是单次舍入引起的误差较大。

4) 查表舍入法(ROM 舍入法)

查表舍入法根据尾数的低 k 位的代码值及被丢掉数位的最高位值,按一定舍入规则编制成舍入表,并将该表存到只读存储器中。当需要进行舍入操作时,以尾数低 k 位及被丢掉数位的最高位作为 ROM 地址,查找舍入表,得到舍入后尾数的低 k 位值,如图 2-29 所示。

舍入表编制原则是:若尾数低 k 位值不为全 1,则按 0 舍 1 入法编制;若尾数低 k 位值为全 1,则按截断法编制。

查表舍入法既具有 0 舍 1 入法的优点,又可以避免 0 舍 1 入法中的进位传送。

5) 设保护位法

设保护位(guard bit)法是:在尾数后面设若干保护位,运算时保护位与尾数一起参加运

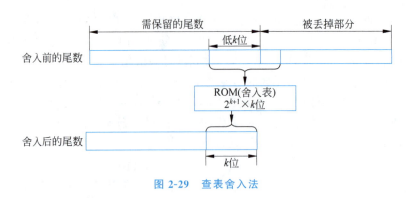

图 2-29 查表舍入法

算和移位,运算结果根据保护位的值决定舍入。

尾 数	保护位

例如 DG-MV 系列机中,双精度浮点数的尾数为 56 位,设置了 8 位保护位,运算时,尾数加保护位共 64 位数据参加运算。运算结果的舍入规则为:

若保护位的值为 00H～7FH(0××××××××),则采用截断法。

若保护位的值为 80H(10000000),则尾数最低位加到尾数最低位上。

若保护位的值为 81H～FFH(1×××××××),则尾数最低位上加 1。

这种方法可使误差小于尾数最低位的 1/2。

例 2-34 设 $[x]_原 = 1.101010011$,$[y]_补 = 1.101010010$,要求保留 8 位数据(包括 1 位符号位)。请用恒舍法、0 舍 1 入法、末位恒置 1 法进行舍入。

解: 由于原码是"符号代码化",因此对数值部分的舍入,只要根据舍去部分的最高位是否为 1 来决定即可。

① 对于 $[x]_原 = 1.101010011$

按恒舍法舍入后得: $[x]_原 = 1.1010100$

按 0 舍 1 入法舍入后得: $[x]_原 = 1.1010101$

按末位恒置 1 法舍入后得: $[x]_原 = 1.1010101$

② 对于 $[y]_补 = 1.101010010$

按恒舍法舍入后得: $[y]_补 = 1.1010100$

按 0 舍 1 入法舍入后得: $[y]_补 = 1.1010100$

按末位恒置 1 法舍入后得: $[y]_补 = 1.1010100$

按 0 舍 1 入法对补码进行舍入时,需注意的是:当 $y<0$ 时,若舍去部分的最高位为 1,其余位为全 0,则只将舍去部分全部舍去即可。因为对于 $[y]_补 = 1.101010010$,其对应的真值 $y = -0.010101110$,按 0 舍 1 入法对 y 舍入后得 $y = -0.0101100$。将舍入后的 y 取补,得 $[y]_补 = 1.1010100$。可见,只要将要舍去的 10 全部舍去即可,不需要进行 0 舍 1 入。

5. 浮点运算的溢出处理

与定点运算相同,浮点运算结束时,也需要进行溢出判断。

如果浮点运算结果的阶码大于所能表示的最大正阶,则表示运算结果超出了浮点数所能表示的绝对值最大的数,进入了上溢区;如果浮点运算结果的阶码小于所能表示的最小负阶,则表示运算结果小于浮点数所能表示的绝对值最小的数,进入了下溢区。由于下溢时,浮点数的数值趋近于零,因此通常不做溢出处理,而是将其作为机器零处理。而当运算结果出现上溢时,表示浮点数真正溢出,通常需要将计算机中的溢出标志置1,转入溢出中断处理。可见浮点数的溢出通常是指浮点数上溢,并且浮点数是否溢出是由阶码是否大于浮点数所能表示的最大正阶来判断的。

例如,设浮点数的阶码采用补码表示,双符号位,这时浮点数的溢出与否可由阶码的符号进行判断:

若阶码$[j]_\text{补} = \underbrace{01}_{\text{符号}} \times \times \cdots \times$,则表示出现上溢,需做溢出处理。

若阶码$[j]_\text{补} = 10 \times \times \cdots \times$,则表示出现下溢,按机器零处理。

浮点加减运算的流程图如图2-30所示。

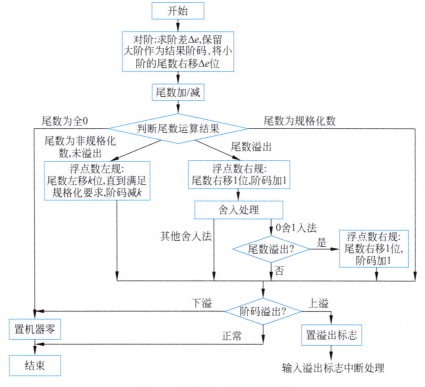

图2-30 浮点加减运算流程图

2.5.2 浮点乘除运算

浮点乘除运算实质上是尾数和阶码分别按定点运算规则运算。

设有浮点数$x = S_x \times 2^{e_x}$,$y = S_y \times 2^{e_y}$,则:

浮点乘法为:

$$x \times y = (S_x \times S_y) \times 2^{e_x + e_y} \tag{2-32}$$

浮点除法为:

$$x / y = (S_x / S_y) \times 2^{e_x - e_y} \tag{2-33}$$

1. 阶码运算及溢出判断

如果参加运算的浮点数的阶码采用补码表示,则乘积的阶码为被乘数与乘数阶码之和,即 $[e_x+e_y]_{\text{补}}=[e_x]_{\text{补}}+[e_y]_{\text{补}}$,商的阶码为被除数与除数阶码之差,即 $[e_x-e_y]_{\text{补}}=[e_x]_{\text{补}}-[e_y]_{\text{补}}$。可根据补码运算的规则进行阶码运算,并按照补码的溢出条件判断阶码是否产生了溢出。

2. 尾数运算

1) 浮点乘法尾数运算

由式(2-32)可知,在浮点乘法运算中,乘积的尾数是相乘的两个浮点数的尾数之积,并按定点小数的乘法规则进行运算。浮点乘法尾数运算的运算步骤一般为:

(1) 检测被乘数和乘数的尾数是否为 0,若有一个为 0,则乘积必然为 0,不需再进行计算。只有当两数皆不为 0 时,方可进行运算。

(2) 被乘数和乘数的尾数相乘。根据尾数采用的是原码表示还是补码表示,可采用任意一种相应的定点小数乘法完成运算。

(3) 运算结果规格化。如果尾数乘积的绝对值小于 1/2,则需对运算结果进行左规。如果在左规调整阶码时,出现阶码下溢,则应将运算结果做机器零处理。在规格化浮点乘法中,参加运算的尾数均为规格化尾数,因此尾数乘积的绝对值必然大于或等于 1/4,所以乘法运算结果最多只会进行一次左规。如果尾数采用补码表示,由于 −1 是规格化数,而当两尾数均为 −1 时,由于 $(-1)\times(-1)=1$,因此需要对运算结果进行一次右规,如果在右规调整阶码时,出现阶码上溢,则表示浮点数上溢,应转入溢出中断处理。注意,如果尾数采用原码表示,则乘法运算结果不会出现右规。

(4) 舍入处理。两个 n 位(除符号位外)尾数相乘,乘积为 $2n$ 位。如果只需要取乘积的高 n 位,则需要对乘法运算结果进行舍入处理。

2) 浮点除法尾数运算

由式(2-33)可知,在浮点除法运算中,商的尾数是被除数尾数除以除数尾数之商,尾数按定点小数除法规则运算。如果运算结果不满足规格化要求或出现溢出情况,则需进行相应的处理。浮点除法尾数运算的运算步骤一般为:

(1) 检测被除数和除数的尾数是否为 0,若被除数为 0,则商必然为 0,不需再进行计算;若除数为 0,则商为无穷大,转入除数 0 中断处理。只有当两数皆不为 0 时,方可进行运算。

(2) 被除数和除数的尾数相除。根据尾数采用的是原码表示还是补码表示,可采用任意一种相应的定点小数除法完成运算。由于在定点小数除法中,要求|被除数|<|除数|,因此当被除数和除数的尾数 $|S_x|\geqslant|S_y|$ 时,需对被除数进行调整。由于在规格化浮点运算中,被除数和除数的尾数均为规格化数,因此只需将 S_x 右移一位,阶码加 1,即可满足 $|S_x|<|S_y|$,正常进行定点小数除法运算,且此时获得的商必为规格化定点小数。另一种方法是,先进行尾数的除法运算,此时运算结果必然溢出,然后按向左破坏规格化对结果进行右规处理。

(3) 运算结果规格化。如果商的绝对值小于 1/2,则需对运算结果进行左规。如果在左规调整阶码时,出现阶码下溢,则应将运算结果做机器零处理。如果尾数采用补码表示,当被除数的尾数 $S_x=1/2$,$[S_x]_{\text{补}}=(0.100\cdots0)_2$,除数的尾数 $S_y=-1$,$[S_y]_{\text{补}}=(1.00\cdots0)_2$ 时,由于 $S_x/S_y=-1/2$,$[S_x/S_y]_{\text{补}}=(1.100\cdots0)_2$ 不是规格化数,因此必须对运算结果进行一次左规。而若尾数采用的是原码表示,则当$[S_x/S_y]_原=(1.100\cdots0)_2$时不需要进行左规。

例 2-35 设浮点数的阶码尾数均用补码表示。已知两个浮点数:
$x=-0.1001\times2^5$, $y=+0.1011\times2^{-3}$,求$x\times y$。

解:设阶码(包括符号位)为4位,尾数(包括符号位)为5位,因此可得:
x的尾数$[S_x]_补=1.0111$, x的阶码$[e_x]_补=0\;101$。
y的尾数$[S_y]_补=0.1011$, y的阶码$[e_y]_补=1\;101$。

① 阶码求和

采用双符号位进行补码加法运算,得:
$$[e_x+e_y]_补=[e_x]_补+[e_y]_补=00101+11101=00010$$
结果的阶码的双符号位都为0,表示阶码无溢出。

② 尾数相乘

进行双符号定点补码乘法,得:
$$[S_x\times S_y]_补=[S_x]_补\times[S_y]_补=11.0111\times00.1011=11.10011101$$
因为尾数的符号与最高数值位相同,所以尾数需要进行向左规格化。

尾数左移1位,阶码减1,得:
$[S_x\times S_y]_补=11.00111010$, $[e_x+e_y]_补+[-1]_补=00010+11111=00001$
若尾数取8位数值位,则$x\times y$的尾数的补码为$[S_x\times S_y]_补=1.00111010$, $x\times y$的阶码为$[e_x+e_y]_补=0001$。

所以$x\times y=-0.11000110\times2^{+001}=-0.11000110\times2^{+1}$。

例 2-36 设浮点数的阶码尾数均用补码表示。已知两个浮点数:$x=-0.1011\times2^4$, $y=+0.1101\times2^{-3}$,求x/y。

解:设阶码(包括符号位)为4位,尾数(包括符号位)为5位,因此可得:
x的尾数$[S_x]_补=1.0101$, x的阶码$[e_x]_补=0\;100$。
y的尾数$[S_y]_补=0.1101$, y的阶码$[e_y]_补=1\;101$。

① 阶码求差

采用双符号位进行补码减法运算,得:
$$[e_x-e_y]_补=[e_x]_补+[-e_y]_补=00100+00011=00111$$
结果的阶码的两个符号位相同,表示阶码无溢出。

② 尾数相除

尾数可采用定点补码除法,得:
$$[x/y]_补=[S_x]_补\div[S_y]_补=1.0101\div0.1101=1.0011$$
因为尾数的符号与最高数值位相异,所以尾数不需要进行规格化。

若取4位数值位,则x/y的尾数补码为$[S_x/S_y]_补=1.0011$, x/y的阶码为$[e_x-e_y]_补=0111$。
所以$x/y=-0.1101\times2^{+111}=-0.1101\times\times2^{+7}$。

2.5.3 浮点运算器的组成

定点数中的小数点的位置固定,所以可以直接运算,所需运算设备比较简单。而浮点数由于小数点位置是浮动的,在进行加减运算时,需要将参加运算的数据的小数点位置对齐,即需要进行对阶后,才能正确执行运算。而且为了尽可能多地保留运算结果中的有效数字,还需要进行规格化。可见浮点运算既需要进行尾数运算又需要进行阶码运算,算法复杂,因此所需设备量大,线路复杂,运算速度也比定点数运算慢。

图 2-31 显示了一个简单浮点运算器的逻辑图。浮点运算中的阶码运算与尾数运算需要分别进行,图 2-31 所示的浮点运算部件中包括尾数部件和阶码部件两部分。

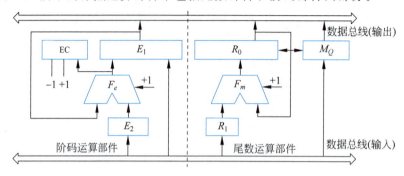

图 2-31 简单浮点运算器的逻辑示意图

1. 尾数运算部件

尾数运算部件用于进行尾数的加减乘除运算,由寄存器 R_0、R_1、M_Q 及并行加法器 F_m 组成。其中 R_0、R_1 用于暂存操作数,R_0 还用于存放运算结果;M_Q 是乘商寄存器,用于进行乘除运算。R_0、M_Q 具有联合左移、右移的功能,移位的实现方法与定点乘、除法器中同类寄存器的移位实现方法相类似。R_1 具有右移功能,可以用于实现对阶移位。

表 2-19 给出了不同运算的尾数部件中各寄存器的分配情况。借助于时序部件(图 2-31 中未画出)的控制,采用移位-加/减的算法,尾数部件可以实现加、减、乘、除四则运算。

表 2-19 浮点运算器尾数部件的寄存器分配

运 算 种 类	寄 存 器 分 配			实现的操作
	R_0	R_1	M_Q	
加	被加数	加数	不用	$(R_0)+(R_1)\rightarrow R_0$
减	被减数	减数	不用	$(R_0)-(R_1)\rightarrow R_0$
乘	乘积(高位)	被乘数	乘数/乘积(低位)	$(R_1)\times(M_Q)\rightarrow R_0,M_Q$
除	被除数/余数	除数	商	$(R_0)\div(R_1)\rightarrow M_Q(商),R_0(余数)$

2. 阶码运算部件

阶码运算部件用于进行阶码的加减运算。由寄存器 E_1、E_2,阶差计数器 EC,以及并行加法器 F_e 组成。其中 E_1、E_2 用于存放与 R_0、R_1 中尾数相对应的阶码。

浮点运算部件的工作原理如下:

1) 进行加减运算时

(1) 由阶码运算部件求出阶差 $\Delta E=E_1-E_2$,并存入阶差计数器 EC 中,EC 可根据符号判断哪个阶码小,控制将对应的尾数(R_0 或 R_1)进行右移。

若 ΔE 为+,则判断 E_2 小,控制 R_1 右移,且每右移一位,EC-1。

若 ΔE 为-,则判断 E_1 小,控制 R_0 右移,且每右移一位,EC+1。

一直控制移位到 EC=0,完成对阶工作。

(2) 尾数部件进行加/减运算,结果存入 R_0。

(3) 判别运算结果,进行规格化。

在规格化处理过程中,每将 R_0 左移(右移)一位,应将 E_1 与 E_2 中的较大者减1(加1),规格化结束后,将其作为结果的阶码。

2) 进行乘除运算时

尾数运算部件和阶码运算部件独立工作,阶码仅进行加/减运算。运算结束后,对结果进行规格化处理。

2.6 非数值型数据的表示

所谓非数值型数据,是指逻辑数、字符、字符串、文字及某些专用符号等的二进制代码。随着计算机应用领域的扩大,计算机除了用于进行数值计算外,还需要引入文字、字母及一些专用符号,以便表示文字语言、逻辑语言等非数值信息。但由于计算机硬件能够直接识别和处理的只是 0、1 这样的二进制信息,因此必须研究在计算机中如何用二进制代码来表示和处理这类非数值型数据。由于非数值型数据所使用的二进制代码并不表示数值,因此也将非数值型数据称为符号数据。

2.6.1 逻辑数——二进制串

计算机中的逻辑数用于代表命题的真与假、是与非等逻辑关系,通常用一个二进制串来表示,其特点如下。

(1) 逻辑数的 0 与 1 不代表值大小,仅代表命题的真与假、是与非等逻辑关系。

(2) 逻辑数没有符号问题。逻辑数中各位之间相互独立,没有位权和进位问题。

(3) 逻辑数只能参加逻辑运算,并且逻辑运算是按位进行的。

例如 10+11=11,其中"+"表示或运算。

2.6.2 字符与字符串

字符是非数值型数据的基础,字符与字符串是计算机使用最多的非数值型数据。人们使用计算机时,需要用字符与字符串编写程序、表示文字及各类信息,以便与计算机交流。为了使计算机硬件能够识别和处理字符,必须对字符按一定规则用二进制进行编码。

1. 字符编码

目前国际上广泛使用的字符编码是由美国国家标准委员会(American National Standards Institute,ANSI)制定的美国国家信息交换标准字符码(American Standards Code for Information Interchange,ASCII)。ASCII 码采用 7 位二进制编码,共可表示 128 个字符,包括 10 个数字字符(0~9)、52 个英文字母(大、小写各 26 个)、34 个常用符号及 32 个控制字符(如 NUL、CR、LF 等)。表 2-20 显示了 ASCII 编码,7 位二进制编码用 $b_6b_5b_4b_3b_2b_1b_0$ 表示,其中 $b_6b_5b_4$ 为高 3 位,$b_3b_2b_1b_0$ 为低 4 位。

表 2-20 ASCII 字符编码表

$b_3b_2b_1b_0$	$b_6b_5b_4$							
	000	001	010	011	100	101	110	111
0000	NUL	DEL	SP	0	@	P	`	p
0001	SOH	DC_1	!	1	A	Q	a	q

续表

$b_3b_2b_1b_0$	$b_6b_5b_4$							
	000	001	010	011	100	101	110	111
0010	STX	DC_2	"	2	B	R	b	r
0011	ETX	DC_3	#	3	C	S	c	s
0100	EQT	DC_4	$	4	D	T	d	t
0101	ENQ	NAK	%	5	E	U	e	u
0110	ACK	SYN	&	6	F	V	f	v
0111	BEL	ETB	'	7	G	W	g	w
1000	BS	CAN	(	8	H	X	h	x
1001	HT	EM	)	9	I	Y	i	y
1010	LF	SUB	*	:	J	Z	j	z
1011	VT	ESC	+	;	K	[	k	{
1100	FF	FS	,	<	L	\	l	|
1101	CR	GS	-	=	M	]	m	}
1110	SO	RS	.	>	N	^	n	~
1111	SI	US	/	?	O	_	o	DEL

表 2-20 中许多 ASCII 控制字符原本是设计用于数据传输控制的,如 SOH、STX、ETX、EOT 等,但现在通过电话线和网络传输信息的格式与这些控制规定并不相同,所以 ASCII 控制传输字符用得很少。

在计算机中,用 $b_7b_6b_5b_4b_3b_2b_1b_0$ 表示一字节中的 8 个二进制位(一字节)。7 位的 ASCII 编码一般存放在一字节的低 7 位中,这时字节中的最高位 b_7 通常有以下用法。

(1) 常置 0。

(2) 用作奇偶校验位,用来检测错误。

(3) 用于扩展编码。例如在我国,将 b_7 用于区分汉字和字符。例如规定 b_7 为 0,表示 ASCII 码,b_7 为 1,表示汉字编码。

除 ASCII 码外,还有采用 8 位二进制数表示一个字符的扩展 ASCII 码和 EBCDIC 码 (Estended Binary Coded Decimal Interchange Code)。其中 EBCDIC 码是 IBM 公司常用的字符编码。在实际应用中,可以采用软件实现不同编码之间的转换。表 2-21 为 ASCII 字符编码中部分命令字符的含义。

表 2-21 ASCII 字符编码中部分命令字符的含义

命 令	含 义	命 令	含 义	命 令	含 义	命 令	含 义
NUL	空	DLE	数据连接断开	ACK	应答	SYN	同步空闲
SOH	信息头开始	DC_1	设备控制 1	BEL	响铃	ETB	传输块结束
STX	文本起始	DC_2	设备控制 2	BS	退格	CAN	取消
ETX	文本结束	DC_3	设备控制 3	HT	水平制表符	EM	媒体结束
EOT	传输结束	DC_4	设备控制 4	LF	换行	SUB	取代
ENQ	询问	NAK	反向应答	VT	垂直制表符	ESC	中断
FF	换页	FS	文件分隔符	SI	移入	US	单元分隔符
CR	回车	GS	组分隔符	DEL	作废	SP	空格
SO	移出	RS	记录分隔符				

2. 字符串数据

字符串数据是指连续的一串字符。通常一个字符串需要占用主存中多个连续的字节进行存放。设每个字符占用一字节,则一个由 L 个字符组成的字符串在按字节编址的内存中的存放情况如图 2-32 所示。

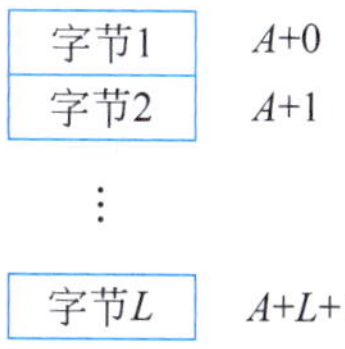

字节1	$A+0$
字节2	$A+1$
⋮	
字节L	$A+L+1$

图 2-32 字符串的存储

3. 十进制数串的表示

如前所述,计算机中采用二进制进行信息的存储和处理,但人们日常使用和熟悉的是十进制,因此需要研究十进制数在计算机中的表示方法。

在计算机中,十进制数的表示有两方面的要求:

(1) 用于十进制形式的输入输出。输入时,用人们熟悉的十进制形式把数据输入计算机,再由专用的转换软件或硬件将十进制数转换为二进制数的形式,以便机器进行运算和处理;输出时,将处理的二进制结果转换为十进制数形式,再进行输出,以便获得人们熟悉的十进制表示形式。对于这类应用,可以将十进制数看作字符串,采用 ASCII 码等字符编码进行十进制数的表示。例如表示十进制数 10,可用 ASCII 码表示为 3130H=(00110001 00110000)$_2$。

(2) 用于直接进行十进制运算。随着计算机应用的发展,计算机在某些应用领域,如在商用领域中,其运算往往很简单,但数据的输入输出量很大。如果每个数据都需进行二进制与十进制的转换,将大大降低计算机的处理效率。为了满足这类需求,需要对十进制数的二进制编码进行一些特殊的规定,使计算机内部具有直接进行十进制运算的能力。设计满足这类要求的编码需解决的问题就是如何对十进制数进行二进制编码,且使编码具有可计算性,即 BCD (Binary Coded Decimal) 码的问题。常见的 BCD 码如表 2-22 所示。

表 2-22 常见的 BCD 码

十进制数	8421 码	2421 码	余 3 码
0	0000	0000	0011
1	0001	0001	0100
2	0010	0010	0101
3	0011	0011	0110
4	0100	0100	0111
5	0101	1011	1000
6	0110	1100	1001
7	0111	1101	1010
8	1000	1110	1011
9	1001	1111	1100

BCD 码与所表示的十进制数的数值大小有一定的关系。例如 8421 码各位二进制数的权值是 $8=2^3$、$4=2^2$、$2=2^1$、$1=2^0$,因此编码 1001 对应的十进制数是 9。2421 码各位二进制数的权值是 $2=2^1$、$4=2^2$、$2=2^1$、$1=2^0$,因此编码 1101 对应的十进制数是 7。将余 3 码编码对应的二进制数值减 3,即可得到对应的十进制数。例如余 3 码编码 1001 对应的二进制数值是 9,因此 1001 代表的十进制数字是 6。

应注意的是,BCD 码均是对一位十进制数进行的编码,如要表示多位十进制数,则应将每一位十进制数对应的 BCD 码组合起来。例如十进制数 156 对应的 8421BCD 码为 0001 0101 0110。

2.6.3 汉字信息的表示

汉字结构与西文字符不同。汉字不仅具有独立的字形,而且数量庞大,所以使用计算机处理汉字要比处理西文字符更加复杂。在计算机中使用汉字时,需要涉及汉字的输入、存储、处理、输出等各方面的问题,因此有关汉字信息的编码表示有很多种类。

输入汉字时,需要通过键盘上的西文字符按照一定的汉字输入码进行输入,并且为了不与西文字符编码冲突,需按相应的规则将汉字输入码变换成汉字机内码,才能在计算机内部对汉字进行存储和处理。输出汉字时,如果是送往终端设备或其他汉字系统,则需要把汉字机内码变换成标准汉字交换码,再进行传送;如果需要显示或打印,则要根据汉字机内码按一定规则到汉字字形库中取出汉字字形码送往显示器或打印机。在汉字处理过程中,涉及的汉字编码如图 2-33 所示。

图 2-33 汉字系统的汉字编码

1. 汉字输入码

汉字可以通过键盘、手写、语音、扫描等多种方法输入,但采用最多的仍然是汉字的键盘输入法。汉字输入码就是键盘输入操作者使用的代码,其编码方式多种多样,归纳起来分为数字码(如区位码、电报码)、拼音码(如全拼输入法、智能 ABC 输入法)、笔形码(如五笔字型输入法、郑码输入法)、混合码(如音形码)等,它们有自己的汉字输入码编码方案。例如,"计算机"三个字的五笔字型编码为 ytsm,而智能 ABC 编码为 jsj。计算机安装的输入法软件可以根据与操作者所选择的汉字输入法相应的编码规则,将键盘输入的西文字符组合转换成汉字机内码。

2. 汉字交换码

汉字交换码是用于不同汉字系统间交换汉字信息的汉字编码。由于汉字数量极多,因此必须规定统一的交换码标准。1980 年,我国国家标准总局颁布的第一个汉字编码字符集标准——GB 2312—1980《信息交换用汉字编码字符集基本集》(简称为国标码)是我国大陆地区及新加坡等海外华语区通用的汉字交换码,它奠定了中文信息处理的基础。GB 2312—1980 收录了 6763 个汉字(包括 3755 个一级汉字、3008 个二级汉字),以及 682 个英、俄、日文字母等各种图形符号,共 7445 个字符。国标码规定每个汉字或图形符号用两个连续的字节表示,每个字节只使用最低 7 位,两个字节的最高位均为 0。例如"计"的汉字编码为 $(3C46)_{16}$。

3. 汉字机内码

汉字机内码是计算机内部存储和处理汉字信息使用的编码,简称为汉字内码。如上所述,"计"的汉字国标码编码为 $(3C46)_{16}$,它会与码值为 $(3C)_{16}$ 和 $(46)_{16}$ 的两个 ASCII 字符"<"和"F"相混淆。但我国计算机系统的汉字内码以国标码为基础,并置每个字节的最高位为 1(表示汉字)。计算机内部表示汉字时把国标码两个字节最高位改为 1,即最高位都是 1 的两个相

邻字节代表一个汉字,某字节的最高位为 0 则代表一个 ASCII 码字符。

4. 汉字字形码

汉字字形码用于记录汉字的外形,主要用于汉字的显示和打印。汉字字形有两种记录方法:一种是点阵法,另一种是矢量法。点阵法对应的字形编码称为点阵码;矢量法对应的字形编码称为矢量码。

点阵码采用点阵表示汉字字形,即把汉字按字形排列成点阵,再进行编码。常用的汉字点阵规模有 16×16、24×24、32×32 或更高,16×16 点阵是最基础的汉字点阵。图 2-34 给出了"次"字的 16×16 点阵和编码,需要占用 32 字节。相应的一个 24×24 点阵的汉字需要占用 72 字节。由此可知,汉字字形点阵的信息量很大,需要占用非常大的存储空间。例如,若采用 16×16 点阵表示 GB 2312—1980 中两级 6763 个汉字,约需要 256KB 的存储空间。

矢量码使用一组数学矢量来记录汉字的外形轮廓,矢量码记录的字体称为矢量字体或轮廓字

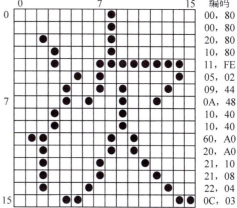

图 2-34 "次"的汉字字形点阵与编码

体。这种字体能很容易地放大缩小而不会出现锯齿状边缘,屏幕上看到的字形和打印输出的效果完全一致。在目前使用的系统中,已普遍使用轮廓字体(称为 True Type 字体)。例如,中文 Windows 中提供了宋体、黑体、楷体、仿宋体等 True Type 字体的汉字字库文件。

汉字字形码所需要的存储空间很大,不用于机内存储,因而采用字库存储。所有的不同字体、字号的汉字字形码构成了汉字字库。输出汉字时,将汉字机内码转换为相应的汉字字库地址,检索字库,输出字形码。目前汉字字库通常是以多个字库文件的形式存储在硬盘上的。

随着计算机技术和因特网技术的发展,汉字信息处理的应用范围不断扩大,各种领域对字符集提出了多文种、大字量、多用途的要求,GB 2312—1980 中的 6763 个汉字明显不够用。为满足各方面应用的需要,国家开始对原来的基本汉字集进行扩充。

1993 年,国家制定了 GB 13000.1—1993。该标准采用了全新的多语种编码体系,收录了中、日、韩三国的 20 902 个汉字,称为 CJK(Chinese-Japanese-Korean)汉字集。

1995 年,全国信息技术标准化技术委员会制定和发布了《汉字扩展规范 GBK 1.0》。这是一个技术规范指导性文件,共收录了 21 886 个简体、繁体汉字和其他符号,并在 Windows 95/98/NT/2000 系统中广泛应用。

2000 年 3 月 17 日,信息产业部和原国家质量技术监督局联合发布了 GB 18030—2000《信息技术信息交换用汉字编码字符集基本集的扩充》。GB 18030 采用单字节、双字节和四字节三种方式对字符进行编码。双字节部分收录内容主要包括 GB 13000.1 中的全部 CJK 汉字 20 902 个、表意文字描述符 13 个、增补的汉字和部首/构件 80 个、双字节编码的欧元符号和标点符号等;四字节部分收录了上述双字节字符之外的,包括 CJK 统一汉字扩充在内的 GB 13000.1 中的全部字符。GB 18030 编码空间约为 160 万码位,目前已编码的字符约 2.6 万。随着我国汉字整理和编码研究工作的不断深入,以及国际标准 ISO 10646 的不断发展,GB 18030 收录的字符将在新版本中增加。

在国际上,由于每种语言都制定了自己的字符集,导致最后存在的各种字符集实在太多,

在国际交流中需要经常转换字符集,非常不便。为了满足不同国家不同语系的字符编码要求,一些计算机公司结成了一个联盟,创立了一个称为 Unicode 的编码体系,目前 Unicode 体系已成为一种国际标准,即 ISO 10646。Unicode 体系目前普遍采用的是 UCS-2,即用两个字节来编码一个字符,每个字符和符号被赋予一个永久、唯一的 16 位值,即码点。体系中共有 65 536 个码点,可以表示 65 536 个字符。由于每个字符长度固定为 16 位,使得软件的编制简单了许多。目前 Unicode 将世界上绝大多数语言的常用字符都收录其中,方便了信息交流。例如,在分配给汉语、日语和朝鲜语的码点中,包括 1024 个发音符号、20 992 个汉语和日语统一的象形符号(即汉字)和 11 156 个朝鲜语音节符号。另外,Unicode 还分配了 6400 个码点供用户进行本地化时使用。Unicode 也有 UCS-4 规范,用 4 字节来编码字符。

2.7 数据的长度与存储方式

计算机中任何信息都必须以二进制编码形式表示。一串二进制 0、1 序列既可以表示数值,也可以表示字符、字符串、汉字或其他信息。不同类型数据的二进制长度各不相同。计算机在存储数据时,需要按照规定的顺序组织存储。

2.7.1 数据的长度

1. 位、字节、字和字长

在计算机系统中,一位二进制数据 0 或 1 称为一"位"或"比特"(bit,简写为 b)。位是存储、传输和处理信息的最小单位。由于计算机系统中西文字符通常采用 8 位二进制表示,因此将 8bit 称为一字节(byte,简写为 B),字节是计算机系统中最常用的二进制计量单位。除了位和字节外,计算机中还经常使用"字"(word)作为单位。所谓字,是指计算机系统中可以在同一时间内被同时处理的一组二进制数。字在计算机中通常作为一个整体被存取、传输和处理。

字中包含的二进制位数称为字长。字长反映了 CPU 内部数据通道的宽度,也反映了 CPU 中通用寄存器的宽度。不同的计算机系统中,字的长度不是一定的,有的机器一个字的字长是 1 或 2 字节,如早期的 Intel 系列 8 位和 16 位处理器;有的机器一个字的字长是 4 或 8 字节,如现在常用的 32 位和 64 位微处理器。字长也反映了一台计算机的计算精度,同时为适应不同用户的要求,协调运算精度和硬件造价间的关系,大多数计算机均支持变字长运算,即机内可实现半字长、全字长(或单字长)和双倍字长运算。一般来说,在其他指标相同的情况下,字长越长,计算机处理数据的速度越快。

2. C 语言中的基本数据类型的长度和格式

在使用高级语言编程时,如果深入了解其中各种数据类型与机器数长度及格式的对应关系,就能够更好地运用高级语言来解决问题和避免错误。下面以 C 语言中最基本的整型、实型和字符型数据为例,了解一下高级语言中的数据类型。

C 语言的基本数据类型包含数值型和字符型(char)两类。数值型数据进一步分为整型数(int)和实型数(float,也称浮点型数)。整型数又分为无符号整数(unsigned)和带符号整数(signed),各种数据根据长度不同分为短数据(short)、长数据(long)和正常数据。例如整型数(int)、短整型数(short int)、长整型数(long int)、无符号整型数(unsigned int)、浮点数(float)、双精度浮点数(double float)、长双精度浮点数(long double float)等。

C 语言中的字符型数据是按字符所对应的 ASCII 码值来存储的,因此 char 型数据的长度通常为 1 字节。char 型数据可以用于表示单个字符,也可以用于表示 8 位整数。

C 语言中的整型数用于表示整数。其中无符号整数与 2.1.1 节中介绍的无符号整数一样,其数据对应的机器数字长的所有二进制位均表示数值。C 语言中的带符号整数采用补码表示,用机器数最高位的 0、1 表示数值的正负。因此,当 C 语言中整型数据的长度为 n 时,无符号整数的数据范围是 $0 \sim 2^n - 1$,带符号整数的数据范围是 $-2^{n-1} \sim +(2^{n-1} - 1)$。

C 语言中的实型数主要用于表示浮点数。在机器内部,实型数均采用 IEEE 754 浮点数标准格式。通常 C 语言中的 float 和 double float 类型数据采用的是 IEEE 754 标准中的单精度和双精度浮点数格式,long double float 类型数据的机器数格式采用的是 IEEE 754 标准中的扩展双精度浮点数格式。

在实际工作中,我们常说系统工作在某平台上,这个平台是指计算机系统所使用的 CPU、操作系统和编译器。作为高级语言,C 语言中各种数据类型在不同的平台上分配的字节数不一定相同。通常关于 C 语言中的数据长度有如下规定。

(1) char 类型一般是 8 位,但某些嵌入式编译器使用的 char 类型可能是 16 位。

(2) short 类型和 long 类型的长度不相同。

(3) int 类型通常与具体机器的物理字长一致。

(4) 虽然每种编译器可以根据硬件的不同自由确定各种数据类型的长度,但 short 和 int 类型最少是 16 位,long 类型最少是 32 位,short 类型必须比 int 和 long 类型要短。

表 2-23 列出了在不同环境下 C 语言中常用数据类型的字节数。实际应用时,如果要详细了解各种数据类型的长度,可以用 sizeof() 函数进行测试。

表 2-23 C 语言中常用数据类型的字节数

数据类型	字节数	
	32 位编译器	64 位编译器
char	1	1
char *(指针变量)	4	8
short int	2	2
int	4	4
long int	4	8
float	4	4
double float	8	8
long	4	8
long double float	8	8

需要说明的是,在实际应用中,如果需要在不同类型的数据之间进行运算和转换,必须注意各种数据的格式和长度规定及转换规则,以防止出现一些意想不到的错误。以下是一些需要注意的情况(假设在 32 位的编译环境中)。

(1) 在整数运算中,如果同时有无符号整数和带符号整数参加运算,则 C 编译器会隐含地将带符号整数强制地转换为无符号整数,从而造成运算出错。

(2) 从 int 转换为 float 时,不会发生溢出,但因为 32 位单精度浮点数的尾数有效长度短于 int 的数值部分的长度,所以可能出现数据被舍入的情况。

(3) 从 int 或 float 转换为 double float 时,因为 double float 尾数度更长,所以可以保留更

多的精确值。

（4）从 double float 转换为 float 时,因为 float 范围小于 double float,所以可能发生溢出及损失精度。

2.7.2 数据的存储方式

在计算机中存储数据时,二进制的 0/1 串从低位到高位可以有不同的存放顺序,既可以从左到右排列,也可以从右到左排列。为了避免歧义,需要规定数据的最高位和最低位,以便于后续处理。通常用最高有效位(Most Significant Bit,MSB)和最低有效位(Least Significant Bit,LSB)分别表示数据的最高位和最低位。例如带符号整数的 MSB 就是符号位,LSB 为数值部分的最低位。这样,只要明确了数据 MSB 和 LSB 的位置,就能明确数据的符号和数值。例如 16 位带符号整数"+15",在机器中可表示为 0000000000001111,最左边是符号位,即 MSB=0,最右边是数值最低有效位,即 LSB=1。

现代计算机存储器通常是按字节编址的,即每一个地址对应的存储单元用于存放一个字节。当一个数据由多个字节组成时,就需要用多个字节单元加以存储。例如一个 ASCII 字符占用 1 个字节单元,一个 32 位的 IEEE 754 单精度浮点数需要占用 4 字节。这时可以用最高有效字节（Most Significant Byte,MSB)和最低有效字节(Least Significant Byte,LSB)来标识数据的高位字节和低位字节的位置,数据的其他字节都在 MSB 和 LSB 之间。但是计算机在访问多字节数据时,对每个数据只会给出一个地址,然后按规定顺序访问数据的各个字节。例如,在按字节编址的计算机中,访问某一 32 位的 IEEE 754 单精度浮点数时,给出了该数据所在的内存地址 1000H,那么就必须规定这个地址对应的是该数据 4 字节中的哪个字节单元及应该按什么顺序访问这 4 字节,这就是字节的排列顺序问题。

在所有的计算机中,多字节数据都存储在连续的字节单元中,根据数据中各字节在字节单元中的排列顺序不同,有大端和小端两种排列方式。大端方式是指数据的最高有效字节(MSB)存放在低地址单元中,最低有效字节(LSB)存放在高地址单元中。而小端方式则指数据的最高有效字节(MSB)存放在高地址单元中,最低有效字节(LSB)存放在低地址单元中。

例 2-37 设某 32 位数据 12345678H,连续存放在以 4000H 开头的 4 个字节单元中,该数据在内存中按大端方式和小端方式的形式存放,如图 2-35 所示。

内存地址	大端方式存放内容	小端方式存放内容
4000H	12H	78H
4001H	34H	56H
4002H	56H	34H
4003H	78H	12H

图 2-35 数据在内存中的存放形式

当计算机以 4000H 为地址访问数据 12345678H 时,若机器采用的是大端方式,则数据地址 4000H 对应的是 MSB；若机器采用的是小端方式,则数据地址 4000H 对应的是 LSB。

每个计算机系统在处理和保存数据时都需要确定其字节的排列顺序,如 IBM370/360、MIPS、SPARC 等系统采用的是大端方式,而 Intel 80x86、DEC VAX 等系统采用的是小端方式,有的系统存在两种方式。因此,在字节排列顺序不同的系统之间进行数据通信时,都必须按照规定进行顺序转换。

大端方式和小端方式各有优缺点。通常认为采用大端方式进行数据存放比较符合人类的正常思维,而采用小端方式进行数据存放利于计算机处理。

2.8 数据校验码

数据在计算机系统内形成、存取和传送的过程中,可能会因为某种原因而产生错误,如将 0 误传为 1 等。为减少和避免这类错误,一方面需要从电路、电源、布线等硬件方面采取措施,提高计算机硬件本身的抗干扰能力和可靠性,另一方面可以在数据编码上采取检错、纠错的措施,即采用某种编码方法,使得机器能够发现、定位乃至纠正错误。

具有检测某些错误或带有自动纠正错误能力的数据编码称为数据校验码。数据校验码的实现原理是在正常编码中加入一些冗余位,即在正常编码组中加入一些冗余码(又称校验码),当合法数据编码出现某些错误时,就成为非法编码,因此就可以通过检测编码是否合法来达到自动发现、定位乃至改正错误的目的。在数据校验码的设计中,需要根据编码的码距合理地安排冗余码的数量和编码规则。

2.8.1 码距与数据校验码

通常把一组编码中任何两个编码间代码不同的位数称为这两个编码的距离(称海明距离),而码距是指在一组编码中任何两个编码之间最小的距离。例如编码 0011 与 0001,仅有一位不同,海明距离为 1。又如采用四位二进制编码表示 16 种状态(0000 到 1111 编码都用时),则这组编码的码距为 1。在这组编码中,任何一个状态的四位码中的一位或几位出错,都会变成另一个合法编码,所以这组编码没有查错和纠错能力。但是,如果采用四位二进制表示 8 个状态,例如只将其中的 8 种编码 0000、0011、0101、0110、1001、1010、1100、1111 用作合法编码,而将另外 8 种编码作为非法编码,此时这组编码的码距为 2,即从一个合法编码改为另一个合法编码需要修改 2 位。如果在数据传输过程中,任何一个合法编码有一位发生了错误,就会出现非法编码。例如编码 0000 的任意一位发生错误形成的编码都不是合法编码,因此系统只要检查编码的合法性,就可以发现错误。

校验码通常是在正常编码的基础上按特别规定增加一些附加的校验位形成的,即通过增大编码的码距达到检查和纠错的目的。通常合理地增加校验位、增大码距,就能提高校验码发现错误的能力。如上所述,要检查 1 位错误,编码的码距需要 $1+1=2$。而要检查 e 位错,编码的码距需要 $e+1$,因为对于这样的编码,一个码字 e 位出错就无法将一个合法编码变为另一个合法编码。类似地,如果出错的位置能够确定,将出错位的内容取反,就能够自动纠正错误。而要纠正 t 位错,编码的码距需要 $2t+1$。这是因为当码距达到 $2t+1$ 时,即使合法编码中有 t 位出错,它与原合法编码的编码距离还是比与其他任何合法码字的编码距离要小,这样就可以唯一地确定它的合法编码,即可以自动纠正错误。

例如,对于只有 4 个合法编码 0000000000、0000011111、1111100000、1111111111 的编码组。可以看出这个编码组的码距为 5,意味它能纠两位错。如果在数据传输过程中,接收方接收到一个编码 0000000111,就能够知道原来的正确编码应该是 0000011111(必须假定不出现两位以上的错误)。

由此可见校验位越多,码距越大,编码的检错和纠错能力越强。记码距为 d,码距与校验码的检错和纠错能力的关系是:

$d \geqslant e+1$,可检验 e 个错。

$d \geqslant 2t+1$，可纠正 t 个错。

$d \geqslant e+t+1$，且 $e > t$，可检 e 个错并能纠正 t 个错。

由于数据校验码所使用的二进制位数比正常数据编码要多，因此在使用过程中，将增加数据存储的容量或数据传送的数量。因此，在确定与使用数据校验码的时候，必须考虑在不过多增加硬件开销的情况下，尽可能发现或改正更多的错误。常用的数据校验码有奇偶校验码、海明校验码和循环冗余校验码。

2.8.2 奇偶校验码

奇偶校验码是一种最简单、最常用的校验码。奇偶校验码广泛用于主存的读写校验或 ASCII 码字符传送过程中的检查。

1. 奇偶校验码的编码方法

组成奇偶校验码的基本方法是：在 n 位有效信息位上增加一个二进制位作为校验位 P，构成 $n+1$ 位的奇偶校验码。校验位 P 的位置可以在有效信息位的最高位之前，也可以在有效信息位的最低位之后。奇偶校验码可分为奇校验和偶校验。

奇校验（Odd）：使 $n+1$ 位的奇偶校验码中 1 的个数为奇数。

偶校验（Even）：使 $n+1$ 位的奇偶校验码中 1 的个数为偶数。

例如，设 $A_7 A_6 A_5 A_4 A_3 A_2 A_1 A_0$ 为 8 位有效信息，A_7 为最高信息位，加一位校验位 P 构成的 9 位奇偶校验码为 $A_7 A_6 A_5 A_4 A_3 A_2 A_1 A_0 P$ 或 $P A_7 A_6 A_5 A_4 A_3 A_2 A_1 A_0$。

若采用偶校验，则校验位 P 可由式(2-34)确定：

$$P_{even} = A_7 \oplus A_6 \oplus A_5 \oplus A_4 \oplus A_3 \oplus A_2 \oplus A_1 \oplus A_0 \tag{2-34}$$

若采用奇校验，则校验位 P 可由式(2-35)确定：

$$P_{odd} = \overline{P_{even}} \tag{2-35}$$

例 2-38 设校验位 P 位于有效信息的最低位之后，分别写出有效信息 11011001、10111011、11111111 的奇校验码和偶校验码。

解：各有效信息对应的奇校验码和偶校验码如表 2-24 所示。

表 2-24 各有效信息对应的奇校验码和偶校验码

$A_7 A_6 A_5 A_4 A_3 A_2 A_1 A_0$	P_{odd}	P_{even}	奇校验码	偶校验码
11011001	0	1	110110010	110110011
10111011	1	0	101110111	101110110
11111111	1	0	111111111	111111110

2. 奇偶校验码的校验

采用奇偶校验的编码在传输过程中需要进行奇偶校验，以判断信息传输是否出错。如果接收方接收到奇校验码中 1 的个数为偶数，或接收到偶校验码中 1 的个数为奇数，则表示接收到的编码中有一位出错。

以上面的 9 位奇偶校验码为例：

出现偶校验错的标志是 $E = A_7 \oplus A_6 \oplus A_5 \oplus A_4 \oplus A_3 \oplus A_2 \oplus A_1 \oplus A_0 \oplus P_{even}$。

出现奇校验错的标志是 $E = \overline{A_7 \oplus A_6 \oplus A_5 \oplus A_4 \oplus A_3 \oplus A_2 \oplus A_1 \oplus A_0 \oplus P_{odd}}$。

进行奇偶校验时，$E = 0$，表示无错；$E = 1$，表示校验出错。

3. 奇偶校验码的校错能力

奇偶校验码只能发现一个或奇数个错误,不能发现偶数个错误,即使发现奇数个错误也无法确定出错位置,因而无法自动纠错。由于现代计算机可靠性高,出错概率低,且只有一位出错的概率比多位出错的概率高得多,因此用奇偶校验检测一位出错,能够满足一般可靠性的要求。在 CPU 与主存的信息传送过程中,奇偶校验码被广泛应用。

2.8.3 海明校验码

如前所述,合理地增加校验位、增大码距能够提高校验码发现错误的能力。因此,如果在奇偶校验的基础上增加校验位的位数,构成多组奇偶校验,就能够发现更多位的错误并可自动纠正错误。这就是海明校验码的实质所在。

1. 海明校验码中校验位的位数

海明校验码是 Richard Hamming 于 1950 年提出来的。它的实现原理是:在数据编码中加入几个校验位,并把数据的每一个二进制位分配在几个奇偶校验组中。当某一位出错后,就会引起有关的几个校验组的值发生变化,这样不但可以发现出错,还能指出是哪一位出错,为自动纠错提供了依据。那么海明校验码究竟应该设置多少个校验位呢?

设有效信息位的位数为 n,校验位的位数为 k,则组成的海明校验码共长 $n+k$ 位。校验时,需进行 k 组奇偶校验,将每组的奇偶校验结果组合,可以组成一个 k 位的二进制数,共能够表示 2^k 种状态。在这些状态中,必有一个状态表示所有奇偶校验都是正确的,用于判定所有信息均正确无误,剩下的 (2^k-1) 种状态可以用来判定出错代码的位置。因为海明校验码共长 $n+k$ 位,所以校验位的位数 k 与有效信息位的位数 n 应满足关系:

$$2^k - 1 \geqslant n + k \qquad (2\text{-}36)$$

如果出错代码的位置能够确定,将出错位的内容取反,就能够自动纠正错误,因此,满足关系式(2-36)的海明校验码能够检测出一位错误并且能自动纠正一位错误。

由式(2-36)可计算出具有检测一位错误并且纠正一位错误能力的海明校验码中 n 与 k 的具体对应关系,如表 2-25 所示。

表 2-25 海明校验码中有效信息位的位数与校验位位数的关系

k(最小)	n
2	1
3	2~4
4	5~11
5	12~26
6	27~57
7	58~120

2. 海明校验码的编码方法

一个具有 n 位有效信息的海明校验码可以按下面的步骤进行编码:

(1) 将 n 位有效信息和 k 位校验位构成 $n+k$ 位的海明校验码。设校验码各位编码的位号按从左向右(或从右向左)的顺序从 1 到 $n+k$ 排列,则规定校验位所在的位号分别为 2^i, $i=0,1,2,\cdots,k-1$,有效信息位按原编码的排列次序安排在其他位号中。

以 7 位 ASCII 码的海明校验码为例,设 ASCII 码的有效信息位的排列为 $A_6A_5A_4A_3A_2A_1A_0$。根据表 2-25,可知应选择校验位位数 $k=4$,这样构成的海明校验码共有 $7+4=11$ 位。根据规定,4 个校验位分别位于位号为 2^i 的位置上,即位号为 2^0、2^1、2^2、2^3 的位置上,相应地命名为 P_1、P_2、P_4、P_8,其中下标为校验位所在的位号,有效信息位 $A_6A_5A_4A_3A_2A_1A_0$ 依次排列在其余位上。编码排列位置如图 2-36 所示。

位号:	1	2	3	4	5	6	7	8	9	10	11
编码:	P_1	P_2	A_6	P_4	A_5	A_4	A_3	P_8	A_2	A_1	A_0

图 2-36　海明校验码中的编码排列位置

(2) 将 k 个校验位分成 k 组奇偶校验,每个有效信息位都被 2 个或 2 个以上的校验位校验。决定各有效信息位应被哪些校验位校验的规则是:被校验的位号等于校验它的校验位位号之和。

以上述 7 位 ASCII 码的海明校验码为例,有效信息 A_6 的位号为 3,3=1+2,所以 A_6 应被校验位 P_1、P_2 校验;有效信息 A_3 的位号为 7,7=1+2+4,所以 A_3 应被校验位 P_1、P_2、P_4 校验。以此类推,可知每个信息位分别被哪些校验位校验,如图 2-37 所示。

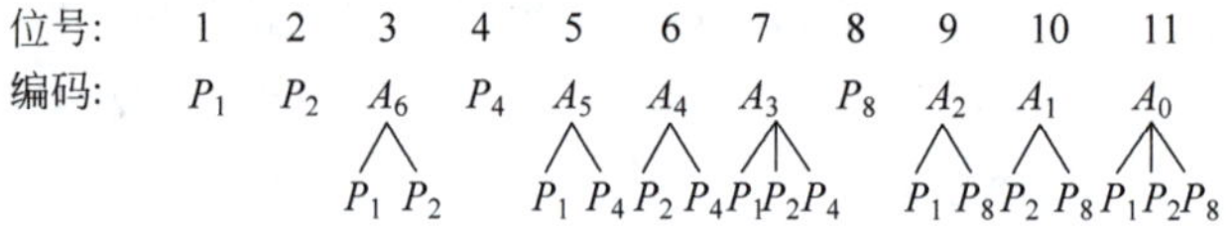

位号:	1	2	3	4	5	6	7	8	9	10	11
编码:	P_1	P_2	A_6	P_4	A_5	A_4	A_3	P_8	A_2	A_1	A_0
			P_1P_2		P_1P_4	P_2P_4	$P_1P_2P_4$		P_1P_8	P_2P_8	$P_1P_2P_8$

图 2-37　海明校验码校验位与有效信息位的对应关系

由图 2-37 可得到形成 k 个校验位 P 的有效信息的分组情况,即校验组的分组情况如下。

P_1:A_6、A_5、A_3、A_2、A_0　　(第一组)

P_2:A_6、A_4、A_3、A_1、A_0　　(第二组)

P_4:A_5、A_4、A_3　　(第三组)

P_8:A_2、A_1、A_0　　(第四组)

(3) 根据校验组的分组情况,按奇偶校验原理,由已知的有效信息按奇校验或偶校验规则求出各个校验位,形成海明校验码。

以 7 位 ASCII 码的海明校验码为例,按偶校验求出各个校验位的方法是:

$$P_{1\text{even}} = A_6 \oplus A_5 \oplus A_3 \oplus A_2 \oplus A_0$$

$$P_{2\text{even}} = A_6 \oplus A_4 \oplus A_3 \oplus A_1 \oplus A_0$$

$$P_{4\text{even}} = A_5 \oplus A_4 \oplus A_3$$

$$P_{8\text{even}} = A_2 \oplus A_1 \oplus A_0$$

按奇校验求出各个校验位的方法是:

$$P_{1\text{odd}} = \overline{P}_{1\text{even}}$$

$$P_{2\text{odd}} = \overline{P}_{2\text{even}}$$

$$P_{4\text{odd}} = \overline{P}_{4\text{even}}$$

$$P_{8\text{odd}} = \overline{P}_{8\text{even}}$$

例 2-39 编制 ASCII 字符 M 的海明校验码。

解：M 的 ASCII 码为 $A_6A_5A_4A_3A_2A_1A_0=1001101$

$P_{1\text{even}}=A_6 \oplus A_5 \oplus A_3 \oplus A_2 \oplus A_0 = 1 \oplus 0 \oplus 1 \oplus 1 \oplus 1 = 0 \qquad P_{1\text{odd}}=1$

$P_{2\text{even}}=A_6 \oplus A_4 \oplus A_3 \oplus A_1 \oplus A_0 = 1 \oplus 0 \oplus 1 \oplus 0 \oplus 1 = 1 \qquad P_{2\text{odd}}=0$

$P_{4\text{even}}=A_5 \oplus A_4 \oplus A_3 = 0 \oplus 0 \oplus 1 = 1 \qquad\qquad\qquad\qquad P_{4\text{odd}}=0$

$P_{8\text{even}}=A_2 \oplus A_1 \oplus A_0 = 1 \oplus 0 \oplus 1 = 0 \qquad\qquad\qquad\qquad P_{8\text{odd}}=1$

将校验位按其位号与有效信息位一起排列，即可得到 ASCII 码字符 M 的海明校验码：

          01110010101（偶校验）　或　10100011101（奇校验）

海明校验码产生后，将有效信息位和校验位一起进行保存和传输。

3. 海明校验码的校验

在信息传输过程中，接收方接收到海明校验码后，需对 k 个校验位分别进行 k 组奇偶校验，判断信息传输是否出错。分组校验后，校验结果形成 k 位的指误字 $E_kE_{k-1}\cdots E_2E_1$，若第 i 组校验结果正确，则指误字中相应位 E_i 为 0；若第 i 组校验结果错误，则指误字中相应位 E_i 为 1。因此，若指误字 $E_kE_{k-1}\cdots E_2E_1$ 为全 0，则表示接收方接收到的信息无错；若指误字 $E_kE_{k-1}\cdots E_2E_1$ 不为全 0，则表示接收方接收到的信息中有错，并且指误字 $E_kE_{k-1}\cdots E_2E_1$ 代码所对应的十进制值就是出错位的位号。将该位取反，错误码即得到自动纠正。

以上述 7 位 ASCII 码的海明校验码为例，校验时，需按形成 4 个校验位 P_1、P_2、P_4、P_8 的分组情况，分 4 组进行奇偶校验，得到指误字 $E_4E_3E_2E_1$：

$E_1=P_1 \oplus A_6 \oplus A_5 \oplus A_3 \oplus A_2 \oplus A_0$

$E_2=P_2 \oplus A_6 \oplus A_4 \oplus A_3 \oplus A_1 \oplus A_0$

$E_3=P_4 \oplus A_5 \oplus A_4 \oplus A_3$

$E_4=P_8 \oplus A_2 \oplus A_1 \oplus A_0$

若 $E_4E_3E_2E_1=0000$，则无错；若 $E_4E_3E_2E_1 \neq 0000$，则 $E_4E_3E_2E_1$ 代码所对应的十进制值可以指明所接收到的 11 位海明校验码中出错位的位号。当然，指误字能够正确指示出错位所在位置的前提是代码中只能有一个错误。如果代码中存在多个错误，就可能查不出来。所以海明校验码只有在代码中只存在一个错误的前提下，才能实现检一纠一错。

例 2-40 已知采用偶校验的 M 的海明校验码为 01110010101。设接收到的代码是 01110010101 和 01110000101，分别写出校验后得到的指误字并判别出错位置。

解：① 若接收到的代码是 01110010101，则校验后得到的指误字为：

$E_1=P_1 \oplus A_6 \oplus A_5 \oplus A_3 \oplus A_2 \oplus A_0 = 0 \oplus 1 \oplus 0 \oplus 1 \oplus 1 \oplus 1 = 0$

$E_2=P_2 \oplus A_6 \oplus A_4 \oplus A_3 \oplus A_1 \oplus A_0 = 1 \oplus 1 \oplus 0 \oplus 1 \oplus 0 \oplus 1 = 0$

$E_3=P_4 \oplus A_5 \oplus A_4 \oplus A_3 = 1 \oplus 0 \oplus 0 \oplus 1 = 0$

$E_4=P_8 \oplus A_2 \oplus A_1 \oplus A_0 = 0 \oplus 1 \oplus 0 \oplus 1 = 0$

因为 $E_4E_3E_2E_1=0000$，说明接收到的海明校验码无错。

② 若接收到的代码是 01110000101，则校验后得到的指误字为：

$E_1=P_1 \oplus A_6 \oplus A_5 \oplus A_3 \oplus A_2 \oplus A_0 = 0 \oplus 1 \oplus 0 \oplus 0 \oplus 1 \oplus 1 = 1$

$E_2=P_2 \oplus A_6 \oplus A_4 \oplus A_3 \oplus A_1 \oplus A_0 = 1 \oplus 1 \oplus 0 \oplus 0 \oplus 0 \oplus 1 = 1$

$$E_3 = P_4 \oplus A_5 \oplus A_4 \oplus A_3 = 1 \oplus 0 \oplus 0 \oplus 0 = 1$$
$$E_4 = P_8 \oplus A_2 \oplus A_1 \oplus A_0 = 0 \oplus 1 \oplus 0 \oplus 1 = 0$$

得到的指误字为 $E_4 E_3 E_2 E_1 = 0111$，表示接收到的海明校验码中第 7 位上的数码出现了错误。将第 7 位上的数码 A_3 取反，即可得到正确结果。

在例 2-40 中，如果信息传送时第 3 位、第 6 位同时出错，即接收到的校验码为 01010110101，则校验时得到的指误字为 $E_4 E_3 E_2 E_1 = 0101$，指出的是第 5 位代码出错，这与实际情况不符，若按第 5 位代码出错的情况去纠错，结果将是越纠越错。这是因为这种海明校验码只能检出和纠正一位错误。

4. 扩展的海明校验码

如前所述，海明校验码的指误字能够指示出错的前提是代码中只存在一个错误。若代码中存在多个错误，则可能查不出来错误。回想 2.8.2 节介绍的奇偶校验码，可以设想如果给检一纠一错的海明校验码增加一位奇偶校验位，对其所有代码进行奇偶校验，就可以再检查出一位错误，实现检测出两位错误，或者纠正一位错误的目标。这种增加了一位奇偶校验位的检一纠一错的海明校验码具有检测出两位错误，或者纠正一位错误的能力，称为扩展的海明校验码或检二纠一错海明校验码。注意，这里的检二纠一错是指"检测出两位错误，或者纠正一位错误"，而不是"检测出两位错误并且纠正其中之一位的错误"。

扩展的海明校验码的编码方式是：在检一纠一错的海明校验码的基础上，增加一个校验位 P_0，构成长度为 $n+k+1$ 的编码。P_0 的取值是使长度为 $n+k+1$ 的编码中的 1 的个数为偶数（偶校验）或奇数（奇校验）。

例 2-41 已知采用偶校验的 M 的海明校验码为 01110010101，写出采用偶校验的 M 的检二纠一错海明校验码。

解：因为 M 的海明校验码 $P_1 P_2 A_6 P_4 A_5 A_4 A_3 P_8 A_2 A_1 A_0 = 01110010101$，增加一个偶校验位 P_0：

$$P_0 = P_1 \oplus P_2 \oplus A_6 \oplus P_4 \oplus A_5 \oplus A_4 \oplus A_3 \oplus P_8 \oplus A_2 \oplus A_1 \oplus A_0$$
$$= 0 \oplus 1 \oplus 1 \oplus 1 \oplus 0 \oplus 0 \oplus 1 \oplus 0 \oplus 1 \oplus 0 \oplus 1 = 0$$

所以 M 的检二纠一错海明校验码 $P_0 P_1 P_2 A_6 P_4 A_5 A_4 A_3 P_8 A_2 A_1 A_0 = 001110010101$。

检二纠一错海明校验码的校验方法是：

(1) 首先由 P_0 对整个 $n+k+1$ 位海明校验码进行校验，校验结果为 E_0。若校验正确，则 $E_0 = 0$；若校验错误，则 $E_0 = 1$。然后按检一纠一错海明校验码对各组进行校验，得到指误字 $E_k E_{k-1} \cdots E_2 E_1$。

(2) 根据校验结果 E_0 和 $E_k E_{k-1} \cdots E_2 E_1$ 进行判断。

$E_0 = 0, E_k E_{k-1} \cdots E_2 E_1 = 00 \cdots 0$　表示无错。

$E_0 = 1, E_k E_{k-1} \cdots E_2 E_1 \neq 00 \cdots 0$　表示有一位出错，可根据 $E_k E_{k-1} \cdots E_2 E_1$ 的值确定出错位号，将出错位取反，即可纠正错误。

$E_0 = 0, E_k E_{k-1} \cdots E_2 E_1 \neq 00 \cdots 0$　表示有两位出错，但无法确定出错位置，也无法纠错。

$E_0 = 1, E_k E_{k-1} \cdots E_2 E_1 = 00 \cdots 0$　表示 P_0 出错，将 P_0 取反，即可纠正错误。

2.8.4　循环冗余校验码

目前在磁介质存储器与主机之间的信息传输、计算机之间的通信及网络通信等采用串行传送方式的领域中,广泛采用循环冗余校验(Cyclic Redundancy Check,CRC)码。循环冗余校验码是在 n 位有效信息位后拼接 k 位校验位构成的,它通过除法运算来建立有效信息和校验位之间的约定关系,是一种具有很强检错纠错能力的校验码。

1. CRC 码的编码思想

CRC 码采用多项式编码方法,就是将待编码的 n 位有效信息看作一个 n 阶的二进制多项式 $M(x)$。例如一个 8 位二进制数 10110101 可以表示为:

$$M(x) = 1x^7 + 0x^6 + 1x^5 + 1x^4 + 0x^3 + 1x^2 + 0x^1 + 1x^0 = x^7 + x^5 + x^4 + x^2 + 1$$

再用另一个约定的多项式 $G(x)$ 去除 $M(x)$,可得到式(2-37)所示的关系:

$$\frac{M(x)}{G(x)} = Q(x) + \frac{R(x)}{G(x)} \tag{2-37}$$

其中 $Q(x)$ 为除得的商数,$R(x)$ 为除得的余数。

由式(2-37)可得:

$$M(x) - R(x) = Q(x) \times G(x) \tag{2-38}$$

在传送过程中,发送方可以把 $M(x) - R(x)$ 作为编好的校验码进行传送,接收方接收到编码后,仍用原约定的多项式 $G(x)$ 去除,如果能够整除,即余数为 0,则表示该校验码传送正确;如果不能够整除,即余数不为 0,则表示该校验码传送有误。

2. 模 2 运算

根据式(2-38)可知,$M(x) - R(x)$ 是减法操作,可能需要涉及借位运算,难以用简单的拼装方法实现编码。为了回避借位,CRC 码采用了模 2 运算。所以说 CRC 码是一种基于模 2 运算建立编码规律的校验码。

模 2 运算是指以按位模 2 加为基础的二进制四则运算。模 2 运算不考虑进位和借位。

1) 模 2 加减

模 2 加减就是用异或规则实现按位加,不进位。其运算规则是:

$$0 \pm 0 = 0 \quad 0 \pm 1 = 1 \pm 0 = 1 \quad 1 \pm 1 = 0$$

例 2-42 按模 2 加减规则,计算 1100+0110、1010-0111 和 1010+1010。

解:根据模 2 加减规则可得:

$$1100 + 0110 = 1010 \quad 1010 - 0111 = 1101 \quad 1010 + 1010 = 0000$$

具体算式如下:

```
  1100        1010        1010
+ 0110      - 0111      + 1010
------      ------      ------
  1010        1101        0000
```

2) 模 2 乘

模 2 乘就是在做乘法时按模 2 加的规则求部分积之和,计算时不进位。

例 2-43 按模 2 乘规则,计算 1010×1011 和 1101×1001。

解:根据模 2 乘规则可得:

$$1010 \times 1011 = 1001110 \quad 1101 \times 1001 = 1100101$$

具体算式如下:

```
        1010                           1101
    ×   1011                       ×   1001
        1010                           1101
       1010                           0000
      0000                           0000
     1010                           1101
    1001110  … 乘积                  1100101  … 乘积
```

3) 模 2 除

模 2 除就是在做除法时按模 2 减求部分余数,计算时不借位。若部分余数(首次为被除数)最高位为 1,则上商为 1;若部分余数最高位为 0,则上商为 0。每求一位商后,使部分余数减少一位,即去掉部分余数的最高位,再继续求下一位商。当部分余数的位数小于除数位数时,该余数就是最后的余数。

例 2-44 按模 2 除规则,计算 1000000÷1001 和 1011001÷1101。

解:根据模 2 除规则可得:

$$1000000 \div 1001 = 1001 \quad 余数为 \ 001$$
$$1011001 \div 1101 = 1100 \quad 余数为 \ 101$$

具体算式如下:

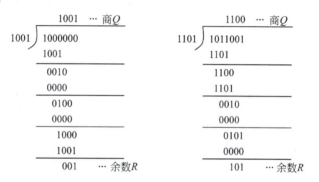

3. CRC 码的编码方法

(1) 把待编的 n 位有效信息表示为多项式 $M(x)$:

$$M(x) = C_{n-1}x^{n-1} + C_{n-2}x^{n-2} + \cdots + C_1x^1 + C_0$$

其中 $C_i = 0$ 或 1,对应 n 位有效信息中第 i 位的信息。

选择一个 $k+1$ 位的生成多项式 $G(x)$ 作为约定除数:

$$G(x) = G_k x^k + G_{k-1} x^{k-1} + \cdots + G_1 x^1 + G_0$$

其中,$G_i = 0$ 或 1,对应 $k+1$ 位的生成多项式中第 i 位的信息。

(2) 将 $M(x)$ 左移 k 位,得到 $n+k$ 位的 $M(x) \cdot x^k$。然后按模 2 除法,$M(x) \cdot x^k$ 除以 $G(x)$,得到 k 位余数 $R(x)$,即

$$\frac{M(x) \cdot x^k}{G(x)} = Q(x) + \frac{R(x)}{G(x)} \tag{2-39}$$

(3) 将 $M(x) \cdot x^k$ 与余数 $R(x)$ 做模 2 加,得:

$$M(x) \cdot x^k + R(x) = Q(x) \cdot G(x) + R(x) + R(x) = Q(x) \cdot G(x) \tag{2-40}$$

注意,在模 2 加的条件下,$R(x) + R(x) = 0$。

由式(2-40)可知,因为 $M(x) \cdot x^k + R(x)$ 可以被 $G(x)$ 整除,所以可作为循环冗余码。又

因为 $M(x) \cdot x^k$ 可以将 $M(x)$ 左移 k 位得到，$M(x) \cdot x^k$ 中后 k 位为全 0，所以 $M(x) \cdot x^k$ 与 $R(x)$ 的模 2 加可用简单的拼装来实现，即将 k 位的 $R(x)$ 拼接到 $M(x) \cdot x^k$ 的后 k 位，就形成了 $n+k$ 位循环冗余校验码。

例 2-45　设生成多项式为 $G(x)=x^3+x^1+1$，将 4 位有效信息 1101 编成 7 位 CRC 码。

解：$G(x)=x^3+x^1+1=1011$；有效信息 $M(x)=1101=x^3+x^2+1$，将 $M(x)$ 左移 3 位，得：$M(x) \cdot x^3 = 1101000$。

将 $M(x) \cdot x^3$ 模 2 除以 $G(x)$ 得到余数 $R(x)=001$。

把 $R(x)$ 拼接到 $M(x) \cdot x^3$ 的后 3 位，得：$M(x) \cdot x^3 + R(x) = 1101000 + 001 = 1101001$。

因此可得，有效信息 1101 的 7 位 CRC 码为 1101001。

在 CRC 码中，由 n 位有效信息和 k 位校验信息构成的 $n+k$ 位编码称为 $(n+k, n)$ 码。在例 2-45 的 CRC 编码中，由于 $n=4, n+k=7$，故称 $(7,4)$CRC 码。

4. CRC 码的校验

将接收到的 CRC 码用原约定的生成多项式 $G(x)$ 做模 2 除，若得到的余数为 0，则表示正确接收信息；若除得余数不为 0，则表示接收到的信息中某一位出错。因为不同位出错对应的余数不同，所以根据余数值就可以确定出错的位置。如例 2-45 中，对应生成多项式 $G(x)=1011$ 的 $(7,4)$CRC 码的出错模式如表 2-26 所示。

从表 2-26 的出错模式可知，如果接收到的 CRC 码与 $G(x)$ 做模 2 除得到的余数为 001，则表示接收到的信息中 A_1 出错；如果得到的余数为 111，则表示接收到的信息中的 A_6 出错。将相应位取反，即可自动纠正错误。更换不同的待测编码可以发现，对于相同的生成多项式 $G(x)$，余数与出错位的对应关系是不变的。

表 2-26　对应 $G(x)=1011$ 的 $(7,4)$CRC 码的出错模式

	A_7	A_6	A_5	A_4	A_3	A_2	A_1	余　数	出　错　位
正确码	1	1	0	1	0	0	1	0 0 0	无
错误码	1	1	0	1	0	0	**0**	0 0 1	1
	1	1	0	1	0	**1**	1	0 1 0	2
	1	1	0	1	**1**	0	1	1 0 0	3
	1	1	0	**0**	0	0	1	0 1 1	4
	1	1	**1**	1	0	0	1	1 1 0	5
	1	**0**	0	1	0	0	1	1 1 1	6
	0	1	0	1	0	0	1	1 0 1	7

以表 2-26 中的第一行错误码为例，把余数 001 补 0 再除以 $G(x)=1011$，得到的第二次余数为 010，再补 0 除以 1011，得到余数为 100，按此继续除下去，我们会发现，得到的余数依次为 011、110、111、101，最后又回到 001，即各次余数会按表 2-26 给出的模式反复循环，这就是循环码的来历。根据循环码的这一特点，当接收到的 CRC 码与 $G(x)$ 做模 2 除得到的余数不为 0 时，我们可以一边对余数补 0 继续做模 2 除，同时使被检测的 CRC 码循环左移，当出现余数 101 时，原来出错的位已移到 A_7 的位置，通过异或门把它纠错（取反）后在下次移位时送回 A_1，将编码继续循环左移，移满一个循环（对 $(7,4)$ 码共移 7 次）后，就可以得到一个纠错后的 CRC 码。当位数增加时，循环冗余校验能有效地降低硬件成本，故得到广泛应用。

例如,设生成多项式为 $G(x)=1011$,若接收端收到的码字为 1010111,用 $G(x)$ 做模 2 除,得到的余数为 100,则说明传输有错。将此余数继续补 0 用 $G(x)=1011$ 做模 2 除,同时让编码循环左移。做了 4 次后,得到余数为 101,这时编码也循环左移了 4 位,变成 1111010。说明出错位已移到最高位 A_7,将最高位 1 取反后变成 0111010。再将它循环左移 3 位,补足 7 次,出错位回到 A_3 位,就成为一个正确的码字 1010011。

5. 循环冗余校验的生成多项式

在循环冗余码的形成和校验中,生成多项式是一个非常重要的因素。生成多项式不同,得到的 CRC 码的码距就不同,CRC 码的出错模式也不同,而且检错和纠错能力不同。并非任何一个 $k+1$ 位的多项式都可作为生成多项式使用。生成多项式应满足下列要求:

(1) 任何一位发生错误都应使余数不为 0。
(2) 不同位发生错误应当使余数不同。
(3) 对余数做模 2 除法,应能使余数循环。

表 2-27 列出了常用的生成多项式。其他不同码长的生成多项式可查阅有关资料。

表 2-27 常用的生成多项式

CRC 码长	有效信息位	码距	$G(x)$ 多项式	$G(x)$ 二进制
7	4	3	x^3+x+1	1011
7	4	3	x^3+x^2+1	1101
7	3	4	$x^4+x^3+x^2+1$	11101
7	3	4	x^4+x^2+x+1	10111
15	11	3	x^4+x+1	10011
15	7	5	$x^8+x^7+x^6+x^4+1$	111010001
15	5	7	$x^{10}+x^8+x^5+x^4+x^2+x+1$	10100110111
31	26	3	x^5+x^2+1	100101
31	21	5	$x^{10}+x^9+x^8+x^6+x^5+x^3+1$	11101101001
63	57	3	x^6+x+1	1000011
63	51	5	$x^{12}+x^{10}+x^5+x^4+x^2+1$	1010000110101

在数据通信与网络中,通常 n 相当大,由一千甚至数千个二进制数据位构成一帧,为检测信息传输的正确与否,广泛采用 CRC 码进行校验。这时所使用的生成多项式的次数比较高,常用的 $k=16$ 和 $k=32$ 的生成多项式有:

CRC-16 = $x^{16}+x^{15}+x^2+1$

CRC-CCITT = $x^{16}+x^{12}+x^5+1$

CRC-32 = $x^{32}+x^{26}+x^{22}+x^{16}+x^{12}+x^{11}+x^{10}+x^8+x^7+x^5+x^4+x^2+x+1$

在网络通信中,通常使用 CRC 码检测错误,而不是纠正错误。通信发送方按约定的生成多项式形成有效信息的 CRC 码进行发送,接收方接收到信息后,用约定的生成多项式进行模 2 除,如果得到的余数不为 0,就认为检测到差错,于是通知发送方没有正确接收到信息。

习题

2.1 简答题。

(1) 一个 7 位二进制正整数 $K=K_7K_6K_5K_4K_3K_2K_1$ 是否为 4 倍数的判断条件是

什么？

(2) 说明定点原码除法和定点补码除法运算的溢出判断方法。

(3) 在进行浮点加减运算时，为什么要进行对阶？说明对阶的方法和理由。

(4) 说明定点补码和浮点补码加减运算的溢出判断方法。

(5) 比较尾数舍入方法中截断法、恒置 1 法和 0 舍 1 入法的优缺点。

(6) 表示一个汉字的内码需要几字节？表示一个 32×32 点阵的汉字字形码需要几字节？在计算机内部如何区分字符信息与汉字信息？

(7) 数据校验码的实现原理是什么？

(8) 什么是"码距"？数据校验与码距有什么关系？

(9) 奇偶校验码的码距是多少？奇偶校验码的校错能力怎样？

2.2 完成下列不同进制数之间的转换。

(1) $(246.625)_D = ( )_B = ( )_Q = ( )_H$

(2) $(AB.D)_H = ( )_B = ( )_Q = ( )_D$

(3) $(1110101)_B = ( )_D = ( )_{8421BCD}$

2.3 分别计算用二进制表示 4 位、5 位、8 位十进制数时所需要的最小二进制位的长度。

2.4 设机器字长为 8 位(含一位符号位)，已知十进制整数 x，分别求出 $[x]_原$、$[x]_反$、$[x]_移$、$[x]_补$、$[-x]_补$、$\left[\frac{1}{2}x\right]_补$。

(1) $x = +79$ (2) $x = -56$ (3) $x = -0$ (4) $x = -1$

2.5 已知 $[x]_补$，求 x 的真值。

(1) $[x]_补 = 0.1110$ (2) $[x]_补 = 1.1110$ (3) $[x]_补 = 0.0001$ (4) $[x]_补 = 1.1111$

2.6 已知 x 的二进制真值，试求 $[x]_补$、$[-x]_补$、$\left[\frac{1}{2}x\right]_补$、$\left[\frac{1}{4}x\right]_补$、$[2x]_补$、$[4x]_补$、$[-2x]_补$、$\left[-\frac{1}{4}x\right]_补$。

(1) $x = +0.0101101$ (2) $x = -0.1001011$

(3) $x = -1.0000000$ (4) $x = -0.0001010$

2.7 根据表 2-28 中给定的机器数(整数)，分别写出把它们看作原码、反码、补码、移码表示形式时所对应的十进制真值。

表 2-28 机器数的原码、反码、补码、移码表示

机 器 数	表示形式			
	原 码 表 示	反 码 表 示	补 码 表 示	移 码 表 示
01011100				
11011001				
10000000				

2.8 已知 $[x]_补$、$[y]_补$，计算 $[x+y]_补$ 和 $[x-y]_补$，并判断溢出情况。

(1) $[x]_补 = 0.11011$ $[y]_补 = 0.00011$

(2) $[x]_补 = 0.10111$ $[y]_补 = 1.00101$

(3) $[x]_补 = 1.01010$ $[y]_补 = 1.10001$

2.9 已知 $[x]_补$、$[y]_补$，计算 $[x+y]_{变形补}$ 和 $[x-y]_{变形补}$，并判断溢出情况。

(1) $[x]_{\text{补}} = 100111$ $[y]_{\text{补}} = 111100$

(2) $[x]_{\text{补}} = 011011$ $[y]_{\text{补}} = 110100$

(3) $[x]_{\text{补}} = 101111$ $[y]_{\text{补}} = 011000$

2.10 分别用原码一位乘法和补码一位乘法计算$[x \times y]_{\text{原}}$和$[x \times y]_{\text{补}}$。

(1) $x = 0.11001$ $y = 0.10001$

(2) $x = 0.01101$ $y = -0.10100$

(3) $x = -0.10111$ $y = 0.11011$

(4) $x = -0.01011$ $y = -0.11010$

2.11 图 2-38 给出了实现补码乘法的部分硬件框图。

(1) 请将图 2-38 中逻辑门 AND_1 和 AND_2 的输入信号填写正确。

(2) 按补码乘法规则将下列乘法运算算式完成,写出 $x \times y$ 的真值。

```
           00.00000  | 1 0 0 1 1 0 0
       →   00.00000  | 0 1 0 0 1 1 0
           00.11001
           ─────────
           00.11001
       →   00.01100  | 1 0 1 0 0 1 1
       →   00.00110  | 0 1 0 1 0 0 1
```

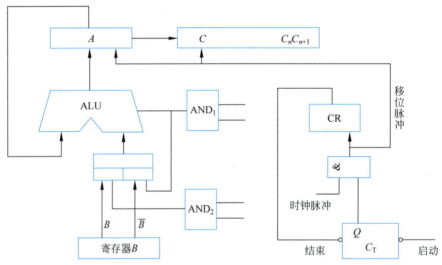

图 2-38 补码乘法的部分硬件框图

(3) 根据(2)的乘法算式,将乘法运算初始和结束时,3 个寄存器中的数据填入表 2-29 中。

表 2-29 3 个寄存器中的数据

寄存器	A	B	C
运算初始			
运算结束			

2.12 分别用原码不恢复余数法和补码不恢复余数法计算$[x/y]_{\text{原}}$和$[x/y]_{\text{补}}$。

(1) $x = 0.01011$ $y = 0.10110$

(2) $x = 0.10011$ $y = -0.11101$

(3) $x = -0.10111$ $y = -0.11011$

(4) $x = +10110$ $y = -00110$

2.13 设十进制数 $x=(+124.625)\times 2^{-10}$。

(1) 写出 x 对应的二进制定点小数表示形式。

(2) 若机器的浮点数表示格式为：

20	19	18　　15	14　　　　　　　　　　0
数符	阶符	阶码	尾　　数

其中阶码和尾数的基数均为2。采用规格化表示，请写出下列浮点机器数的十六进制表示形式。

① 阶码和尾数均采用原码表示时的机器数形式。

② 阶码和尾数均采用补码表示时的机器数形式。

2.14 设某机字长为16位，数据表示格式如下。

定点整数：

15	14　　　　　　　　　　0
数符	尾　　数

浮点数：

15	14	13　　10	9　　　　　　　　　0
数符	阶符	阶码	尾　　数

分别写出该机在下列的数据表示形式中所能表示的最小正数、最大正数、最大负数、最小负数(绝对值最大的负数)和浮点规格化最小正数、最大负数在机器中的表示形式和所对应的十进制真值。

(1) 原码表示的定点整数。

(2) 补码表示的定点整数。

(3) 阶码与尾数均用原码表示的浮点数。

(4) 阶码与尾数均用补码表示的浮点数。

(5) 阶码为移码、尾数用补码表示的浮点数。

2.15 设2.14题的浮点数格式中，阶码与尾数均用补码表示，分别写出下面用十六进制书写的浮点机器数所对应的十进制真值。

(1) FFFFH　　(2) C400H　　(3) C000H

2.16 用十六进制写出下列十进制数的IEEE 754标准32位单精度浮点数的机器数的表示形式。

(1) 0.15625　　(2) -0.15625　　(3) 16　　(4) -5

2.17 用十六进制写出IEEE 754标准32位单精度浮点数所能表示的最小规格化正数和最大规格化负数的机器数表示形式。

2.18 写出下列十六进制的IEEE 754单精度浮点数代码所代表的十进制数值。

(1) 42E48000　　(2) 3F880000　　(3) 00800000　　(4) C7F00000

2.19 设有两个正浮点数：$N_1=S_1\times 2^{e_1}$，$N_2=S_2\times 2^{e_2}$。

(1) 若 $e_1>e_2$，是否有 $N_1>N_2$。

(2) 若 S_1、S_2 均为规格化数，上述结论是否正确？

2.20 设一个六位二进制小数 $x=0.a_1a_2a_3a_4a_5a_6$，$x\geqslant 0$，请回答：

(1) 若要 $x\geqslant\dfrac{1}{8}$，$a_1a_2a_3a_4a_5a_6$ 需要满足什么条件？

(2) 若要 $x > \dfrac{1}{2}$, $a_1 a_2 a_3 a_4 a_5 a_6$ 需要满足什么条件?

(3) 若要 $\dfrac{1}{4} \geqslant x > \dfrac{1}{16}$, $a_1 a_2 a_3 a_4 a_5 a_6$ 需要满足什么条件?

2.21 已知某模型机的浮点数据表示格式如下:

0	1	2　　　　7	8　　　　　　　　15
数符	阶符	阶码	尾数

其中,浮点数尾数和阶码的基值均为 2,均采用补码表示。

(1) 求该模型机所能表示的规格化最小正数和非规格化最大负数的机器数表示及其所对应的十进制真值。

(2) 已知两个浮点数的机器数表示为 EF80H 和 FFFFH,求它们所对应的十进制真值。

(3) 已知浮点数的机器数表示为:
$$[x]_补 = 1\ 1111001\ 00100101$$
$$[y]_补 = 1\ 1110111\ 00110100$$

试按浮点加减运算算法计算 $[x \pm y]_补$。

2.22 已知某机浮点数表示格式如下:

0	1	2　　　　5	6　　　　　　　　11
数符	阶符	阶码	尾数

其中,浮点数尾数和阶码的基值均为 2,阶码和尾数都用补码表示。设:
$$x = 0.110101 \times 2^{-001} \quad y = -0.100101 \times 2^{+001}$$

试用浮点运算规则计算 $x+y$、$x-y$、$x \times y$、x/y(要求写出详细运算步骤,并进行规格化)。

2.23 设有一个 16 位定点补码运算器,数据最低位的序号为 1。运算器可实现下述功能:

(1) $A \pm B \rightarrow A$

(2) $B \times C \rightarrow A$、C(乘积高位在 A 中)

(3) $A \div B \rightarrow C$(商在 C 中)

请设计并画出运算器第 3 位及 A、C 寄存器第 3 位输入逻辑。加法器本身逻辑可以不画,原始操作数输入问题可以不考虑。

2.24 设某小数定点 ALU 有除法运算功能(补码不恢复余数除法),小数有效位是 5 位。ALU 做一次加运算用时 1 微秒,移位一次操作也用时 1 微秒,并采用校正法得到运算结果。

试解答下列问题:

(1) 已知 $x = 0.10101$,$y = -0.11110$,请写出 $[x/y]_补$ 的商和余数。

(2) 请问完成第(1)问的除法共需要多少时间?

2.25 请设计一个浮点数数据格式,用尽量少的位数满足以下要求:

(1) 该浮点数能表示的负数范围为 $-10^{38} \sim -10^{-38}$,正数范围为 $10^{-38} \sim 10^{38}$。

(2) 精度为 7 位十进制数据(相对精度)。

(3) 用全 0 表示数据 0(机器零)。

2.26 图 2-39 为一个可以实现补码加法、减法和补码一位乘法的简单逻辑框图(C 寄存器具有右移功能,门电路可自选,但需标明功能)。

试解答下列问题：

(1) 请指出 A、B、C 寄存器分别在加、减、乘运算中的用途。

(2) 若加、减、乘的控制信号分别为 ADD、SUB、MUL，请写出 $P1$、$P2$ 的逻辑表达式，并设计其形成电路。

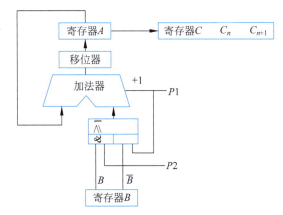

图 2-39　简单运算器逻辑图

2.27　下面是两个字符(ASCII 码)的检一纠一错的海明校验码(偶校验)，请检测它们是否有错？如果有错请加以改正，并写出相应的正确 ASCII 码所代表的字符。

(1) 10111010011　　(2) 10001010110

2.28　试编出 8 位有效信息 01101101 的检二纠一错的海明校验码(偶校验)。

2.29　设准备传送的数据块信息是 1010110010001111，选择生成多项式为 $G(x)=100101$，试求出数据块的 CRC 码。

2.30　某 CRC 码的生成多项式 $G(x)=x^3+x^2+1$，请判断下列 CRC 码是否存在错误。

(1) 1000000　　(2) 1111101　　(3) 1001111　　(4) 1000110

2.31　图 2-40 是一个(7,4)CRC 编码器的原理图，该码的生成多项式是 $G(x)=x^3+x+1$，它由三个延迟电路及两个异或门组成。

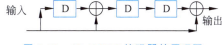

图 2-40　(7,4)CRC 编码器的原理图

如果送入的信息码为 1001，求该电路的编码输出，要求写出编码过程，并用码字多项式进行验证。

2.32　选择题。

(1) 某机字长为 64 位，其中包括 1 位符号位和 63 位尾数。若用定点小数表示，则最大正数为_____。

　　A. $+(1-2^{-64})$　　B. $+(1-2^{-63})$　　C. 2^{-64}　　D. 2^{-63}

(2) 设 $[x]_\text{补}=1.x_1x_2x_3x_4x_5x_6x_7x_8$，当满足_____时，$x>-1/2$ 成立。

　　A. $x_1=1,x_2\sim x_8$ 至少有一个为 1　　B. $x_1=0,x_2\sim x_8$ 至少有一个为 1

　　C. $x_1=1,x_2\sim x_8$ 任意　　D. $x_1=0,x_2\sim x_8$ 任意

(3) 在某 8 位定点机中，寄存器内容为 10000000，若它的数值等于 −128，则它采用的数据表示为_____。

　　A. 原码　　B. 补码　　C. 反码　　D. 移码

(4) 在下列机器数中，_____表示方式下零的表示形式是唯一的。

　　A. 原码　　B. 补码　　C. 反码　　D. 都不是

(5) 下列论述中,正确的是_____。
   A. 已知$[x]_原$求$[x]_补$的方法是:在$[x]_原$的末位加 1
   B. 已知$[x]_补$求$[-x]_补$的方法是:在$[x]_补$的末位加 1
   C. 已知$[x]_原$求$[x]_补$的方法是:将尾数连同符号位一起取反,再在末位加 1
   D. 已知$[x]_补$求$[-x]_补$的方法是:将尾数连同符号位一起取反,再在末位加 1

(6) IEEE 754 标准规定的 32 位浮点数格式中,符号位为 1 位,阶码为 8 位,尾数为 23 位,则它所能表示的最大规格化正数为_____。
   A. $+(2-2^{-23})\times 2^{+127}$ B. $+(1-2^{-23})\times 2^{+127}$
   C. $+(2-2^{-23})\times 2^{+255}$ D. $2^{+127}-2^{-23}$

(7) 浮点数的表示范围取决于_____。
   A. 阶码的位数   B. 尾数的位数
   C. 阶码采用的编码   D. 尾数采用的编码

(8) 在 24×24 点阵的汉字字库中,一个汉字的点阵占用的字节数为_____。
   A. 2   B. 9   C. 24   D. 72

(9) 假定下列字符码中有奇偶校验位,但没有数据错误,采用奇校验的编码是_____。
   A. 10011010   B. 11010000   C. 11010111   D. 10111000

(10) 在循环冗余校验中,生成多项式 $G(x)$ 应满足的条件不包括_____。
   A. 校验码中的任一位发生错误,在与 $G(x)$ 做模 2 除时,都应使余数不为 0
   B. 校验码中的不同位发生错误时,在与 $G(x)$ 做模 2 除时,都应使余数不同
   C. 用 $G(x)$ 对余数做模 2 除,应能使余数循环
   D. 不同的生成多项式所得的 CRC 码的码距相同,因而检错、校错能力相同

(11) 运算器的核心部分是_____。
   A. 数据总线   B. 累加寄存器   C. 算术逻辑部件   D. 多路开关

(12) 在浮点运算中,下面的论述正确的是_____。
   A. 对阶时应采用向左规格化
   B. 对阶时可以使小阶向大阶对齐,也可以使大阶向小阶对齐
   C. 尾数相加后可能会出现溢出,但可采用向右规格化的方法得出正确结论
   D. 尾数相加后不可能得出规格化的数

(13) 当采用双符号位进行数据运算时,若运算结果的双符号位为 01,则表明运算_____。
   A. 无溢出   B. 正溢出
   C. 负溢出   D. 不能判别是否溢出

(14) 补码加法运算的规则是_____。
   A. 操作数用补码表示,符号位单独处理
   B. 操作数用补码表示,连同符号位一起相加
   C. 操作数用补码表示,将加数变补,然后相加
   D. 操作数用补码表示,将被加数变补,然后相加

(15) 原码乘除法运算要求_____。
   A. 操作数必须都是正数   B. 操作数必须具有相同的符号位
   C. 对操作数符号没有限制   D. 以上都不对

(16) 进行补码一位乘法时,被乘数和乘数均用补码表示,运算时_____。

　　A. 首先在乘数最末位 y_n 后增设附加位 y_{n+1},且初始 $y_{n+1}=0$,再依照 $y_n y_{n+1}$ 的值确定下面的运算

　　B. 首先在乘数最末位 y_n 后增设附加位 y_{n+1},且初始 $y_{n+1}=1$,再依照 $y_n y_{n+1}$ 的值确定下面的运算

　　C. 首先观察乘数符号位,然后决定乘数最末位 y_n 后附加位 y_{n+1} 的值,再依照 $y_n y_{n+1}$ 的值确定下面的运算

　　D. 不应在乘数最末位 y_n 后增设附加位 y_{n+1},而应直接观察乘数的末两位 $y_{n-1} y_n$ 确定下面的运算

(17) 下面对浮点运算器的描述中正确的是_____。

　　A. 浮点运算器由阶码部件和尾数部件实现

　　B. 阶码部件可实现加、减、乘、除 4 种运算

　　C. 阶码部件只能进行阶码的移位操作

　　D. 尾数部件只能进行乘法和加法运算

(18) 若浮点数的阶码和尾数都用补码表示,则判断运算结果是否为规格化数的方法是_____。

　　A. 阶符与数符相同为规格化数

　　B. 阶符与数符相异为规格化数

　　C. 数符与尾数小数点后第一位数字相异为规格化数

　　D. 数符与尾数小数点后第一位数字相同为规格化数

(19) 已知 $[x]_{补}=1.01010,[y]_{补}=1.10001$,下列答案正确的是_____。

　　A. $[x]_{补}+[y]_{补}=1.11011$　　　　B. $[x]_{补}+[y]_{补}=0.11011$

　　C. $[x]_{补}-[y]_{补}=0.11011$　　　　D. $[x]_{补}-[y]_{补}=1.11001$

(20) 下列叙述中正确的是_____。

　　A. 定点补码运算时,其符号位不参加运算

　　B. 浮点运算中,尾数部分只进行乘法和除法运算

　　C. 浮点数的正负由阶码的正负符号决定

　　D. 在定点小数一位除法中,为了避免溢出,被除数的绝对值一定要小于除数的绝对值

2.33 填空题。

(1) 设某机字长为 8 位(含一位符号位),若 $[x]_{补}=11001001$,则 x 所表示的十进制数的真值为_____,$\left[\frac{1}{4}x\right]_{补}=$_____;若 $[y]_{移}=11001001$,则 y 所表示的十进制数的真值为_____;y 的原码表示 $[y]_{原}=$_____。

(2) 在带符号数的编码方式中,零的表示是唯一的有_____和_____。

(3) 若 $[x_1]_{补}=10110111,[x_2]_{原}=1.01101$,则数 x_1 的十进制数真值是_____,x_2 的十进制数真值是_____。

(4) 设某浮点数的阶码为 8 位(最左一位为符号位),用移码表示,尾数为 24 位(最左一位为符号位),采用规格化补码表示,则该浮点数能表示的最大正数的阶码为_____,尾数为_____;规格化最大负数的阶码为_____,尾数为_____。(用二进制编码表示)

(5) 设有效信息位的位数为 N,校验位数为 K,则能够检测出一位出错并能自动纠错的海明校验码应满足的关系是_____。

(6) 在补码加减运算中,符号位与数据_____参加运算,符号位产生的进位_____。

(7) 在采用变形补码进行加减运算时,若运算结果中两个符号位_____,则表示发生了溢出;若结果的两个符号位为_____,则表示发生正溢出;若为_____,则表示发生负溢出。

(8) 在原码一位乘法的运算过程中,符号位与数值位_____参加运算,运算结果的符号位等于_____。

(9) 浮点乘除法运算的运算步骤包括:_____、_____、_____、_____和_____。

(10) 在浮点运算过程中,如果运算结果的尾数部分不是_____形式,则需要进行规格化处理。设尾数采用补码表示形式,当运算结果_____时,需要进行右规操作;当运算结果_____时,需要进行左规操作。

(11) 浮点运算器由_____和_____两部分组成,它们本身都是定点运算器,其中,①要求能够进行_____运算;②要求能够进行_____运算。

2.34 判断题。

(1) 设 $[x]_{补} = 0.x_1 x_2 x_3 x_4 x_5 x_6 x_7$,若要求 $x > 1/2$ 成立,则需要满足的条件是 x_1 必须为1,$x_2 \sim x_7$ 至少有一个为1。(   )

(2) 一个正数的补码和它的原码相同,而与它的反码不同。(   )

(3) 浮点数的取值范围取决于阶码的位数,浮点数的精度取决于尾数的位数。(   )

(4) 在规格化浮点表示中,保持其他方面不变,只是将阶码部分由移码表示改为补码表示,则会使该浮点表示的数据表示范围增大。(   )

(5) 在生成 CRC 码时,采用不同的生成多项式,所得到的 CRC 码的校错能力是相同的。(   )

(6) 运算器的主要功能是进行加法运算。(   )

(7) 加法器是构成运算器的主要部件,为了提高运算速度,运算器中通常都采用并行加法器。(   )

(8) 只有定点运算才会发生溢出,浮点运算不会发生溢出。(   )

(9) 在定点整数除法中,为了避免运算结果的溢出,要求 |被除数| < |除数|。(   )

(10) 浮点运算器中的阶码部件可实现加、减、乘、除运算。(   )

(11) 在浮点加减运算中,对阶时既可以使小阶向大阶对齐,也可以使大阶向小阶对齐。(   )

第 3 章 存储层次与系统

存储系统是计算机必不可少的部件之一,是计算机信息存储的核心,用以存放程序和数据。计算机就是按存放在存储器中的程序自动连续地进行工作的。由于存储器系统的速度和容量直接影响着计算机系统的工作速度和效率,因此如何设计容量大、速度快、价格低的存储器,一直是计算机发展的一个重要问题。本章主要讨论的是存储系统的概念和设计与构造原理,包括存储芯片的结构和主存储器的组织方式,以及高速缓冲存储器和虚拟存储器的工作原理。

3.1 存储系统概述

3.1.1 存储器的分类

随着计算机及其器件的发展,存储器也有了很大的发展,存储器的类型日益繁多,因而存储器的分类方法也有多种。

1. 按与 CPU 的连接和功能分类

1) 主存储器

CPU 能够直接访问的存储器为主存储器,用以存放当前运行的程序和数据。由于它设在主机内部,又称内存储器,简称内存或主存。

2) 辅助存储器

辅助存储器是为解决主存容量不足而设置的存储器,用以存放当前不参加运行的程序和数据,当需要运行时,成批调入内存供 CPU 使用,CPU 不能直接访问它。由于它是外部设备的一种,因此又称为外存储器,简称外存。

3) 高速缓冲存储器

高速缓冲存储器是一种介于主存与 CPU 之间用于解决 CPU 与主存间速度匹配问题的高速小容量的存储器。它被用于存放 CPU 立即要运行或刚使用过的程序和数据。

2. 按存取方式分类

1) 随机存取存储器

存储器任何单元的内容均可按其地址随机地读取或写入,而且存取时间与单元的物理位置无关。一般主存储器主要由随机存取存储器(Random Access Memory, RAM)组成。

2) 只读存储器

存储器任何单元的内容只能随机地读出信息,而不能写入新信息,称为只读存储器(Read Only Memory,ROM)。只读存储器可以作为主存储器的一部分,用以存放不变的程序和数据。只读存储器可以用作其他固定存储器,例如存放微程序的控制存储器、存放字符点阵图案的字符发生器等。

3) 顺序存取存储器

存储器所存信息的排列、寻址和读写操作均是按顺序进行的,并且存取时间与信息在存储器中的物理位置有关。这种存储器称为顺序存取存储器(Sequential Access Memory,SAM)。

在这种存储器中,如磁带存储器,信息通常是以文件或数据块形式按顺序存放的。信息在载体上没有唯一对应的地址,完全按顺序存放或读取。

4) 直接存取存储器

这种存储器既不像 RAM 那样能随机地访问任何存储单元,也不像 SAM 那样完全按顺序存取,而是介于 RAM 与 SAM 之间的一种存储器。目前广泛使用的磁盘就属于直接存取存储器(Direct Access Memory,DAM)。当要存取所需的信息时,它要进行两个逻辑动作,第一步为寻道,使磁头指向被选磁道,第二步在被选磁道上顺序存取。

5) 联想存储器

联想存储器也称为关联存储器(Associated Memory,AM),它支持先按照信息的关键词(如学生记录中的学号)并行查找所有的存储器单元,匹配后返回信息所在地址,然后访问所需要的全部信息。关联存储器主要用于快速比较和查找,例如页式虚拟存储器中的快表、高速缓冲存储器中的标识 Cache 都是由关联存储器构成的。

3. 按存储介质分类

凡具有两个稳定物理状态,可用来记忆二进制代码的物质或物理器件均称为存储介质。按存储介质对存储器分类,有下面几种。

1) 半导体存储器

半导体存储器是指用半导体器件组成的存储器,根据工艺不同,可分为双极型和 MOS 型。

2) 磁表面存储器

磁表面存储器利用涂在基体表面上的一层磁性材料存放二进制代码,例如磁盘、磁带等。

3) 光存储器

光存储器是利用光学原理制成的存储器,它通过能量高度集中的激光束照在基体表面引起物理的或化学的变化,记忆二进制信息。

此外还有其他一些分类方法,如按信息的可保存性可分为易失性存储器和非易失性存储器等,在此不再详述。

3.1.2 存储器系统的层次结构

无论主存储器的容量有多大,它总是无法满足人们的期望。其主要原因是,随着技术的进步,人们开始希望存放以前完全属于科学幻想领域的信息,存储器存储能力的扩大永远无法赶上需要它存放的信息的膨胀。

1. 存储系统的结构层次

存储大量数据的传统办法是采用如图 3-1 所示的层次存储结构。最上层是 CPU 中的寄存器,其存取速度可以满足 CPU 的要求。下面一层是高速缓冲存储器(Cache),再往下是主存储器,然后是磁盘存储器,这是当前用于永久存放数据的主要存储介质。最后,还有用于后备存储的磁带、光盘存储器以及基于网络的各种文件系统。

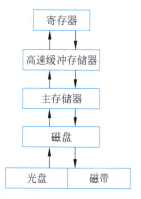

图 3-1 存储器层次结构图

按层次结构自上而下,有 3 个关键参数逐渐增大。第一,访问时间逐渐增长。寄存器的访问时间是几个纳秒,高速缓冲存储器的访问时间是寄存器访问时间的几倍,主存储器的访问时间是几十纳秒。再往后是访问时间的突然增大,磁盘的访问时间最少要 10ms 以上。如果加上介质的取出和插入驱动器的时间,磁带和光盘的访问时间就得以秒来计量了。

第二,存储容量逐渐增大。在现今的个人计算机中,寄存器的容量以字节为单位衡量,而高速缓存达到了几百兆字节(MB)到若干千兆字节(GB),主存储器容量一般为若干千兆字节(GB),磁盘的容量应该是几百千兆字节(GB)到若干太字节(TB)。磁带和光盘一般脱机存放,其容量只受限于用户的预算。

第三,用相同的钱能购买到的存储容量逐渐加大,即存储每位的价格逐渐减小。显然,主存每位的价格要高于磁盘,而磁盘每位的价格要高于磁带或光盘。

存储器系统按照层次结构组织,相应的数据也组织成层次结构。靠近处理器那一层的数据是处理器刚刚使用或即将使用的,是较低层次中数据的副本。而所有的数据被存储在较慢的硬盘中。这意味着除了程序执行过程中的中间结果外,除非数据在第 $i+1$ 层存在,否则绝不可能在第 i 层存在。

若处理器访问的数据在层次结构中的最高层找到(即命中),则能很快被处理。若访问的数据高层没有(即缺失),则需要访问容量大但速度慢的低层存储器,并由低层向高层逐层复制。如果高层的命中率足够高,存储器层次结构就会拥有接近高层次存储器的访问速度和接近低层次存储器的容量。

2. 传统的三级存储结构

依据图 3-1 的存储层次结构图,高速缓冲存储器-主存储器-辅助存储器(硬盘)构成的存储体系是该存储系统的核心结构,即为传统的三级存储结构。这种结构从两个方面解决存储系统的不同用户需求。

1) 高速缓冲存储器-主存储器层次结构

这一级的存储结构主要用于解决 CPU 和主存之间的速度差匹配问题。因为 CPU 的速度远远快于访存的速度,所以在 CPU 和主存之间增加一级容量小但速度很快的缓冲存储器(Cache),以减少 CPU 的等待时间,提高 CPU 的工作效率。

2) 主存储器-辅助存储器层次结构

由于存储于主存的程序和数据是当前正在执行的程序和处理的数据,毕竟数量有限,而大量的程序和数据则保存在某个较大空间的存储器中,以备随时调用,因此这一级的存储结构考虑的是存储空间不足的问题。所以,采用大空间的辅助存储器(磁盘)解决主存储器空间不足的问题,即磁盘是主存储器的后援存储器。

存储器层次结构的概念影响着计算机的许多其他方面,包括操作系统如何管理存储器和I/O,编译器如何产生代码,甚至对应用程序如何使用计算机也产生一定的影响。

3.1.3 主存储器的组成和基本操作

主存储器是整个存储器系统的核心,用来存放处理器当前运行的程序和数据,是 CPU 可直接访问的存储器。本节重点讨论主存储器的组成和基本操作。

1. 主存储器的组成

图 3-2 是主存储器的基本组成框图。其中存储阵列是主存储器的核心部分,它是存储二进制信息的主体,也称为存储体。存储体是由大量存储单元构成的,为了区分各个存储单元,把它们进行统一编号,这个编号称为地址,因为是用二进制进行编码的,所以又称地址码。地址码与存储单元是一一对应的,每个存储单元都有自己唯一的地址,因此要对某一存储单元进行存取操作,必须首先给出被访问的存储单元的地址。

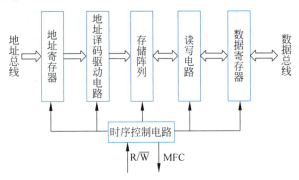

图 3-2 主存储器的基本组成

主存可寻址的最小单位称为编址单位。有些计算机是按字编址的,最小可寻址信息单元是一个机器字,连续的存储器地址对应连续的机器字。目前多数计算机是按字节编址的,最小可寻址单位是 1 字节。一个 32 位字长的按字节寻址的计算机,一个存储器字包含 4 个可单独寻址的字节单元,由地址的低两位来区分。

地址寄存器用于存放所要访问的存储单元的地址。要对某一单元进行存取操作,首先应通过地址总线将被访问单元地址存放到地址寄存器中。

地址译码与驱动电路的作用是对地址寄存器中的地址进行译码,通过对应的地址选择线到存储阵列中找到所要访问的存储单元并驱动其完成指定的存取操作。

读写电路与数据寄存器的作用是根据 CPU 的读写命令,把数据寄存器的内容写入被访问的存储单元,或者从被访问单元中读出信息送入数据寄存器,以供 CPU 或 I/O 系统使用。所以数据寄存器是存储器与计算机其他功能部件联系的桥梁。从存储器中读出的信息是经数据寄存器通过数据总线传送给 CPU 与 I/O 系统的;向存储器中写入信息,也必须先将要写入的信息经数据总线送入数据寄存器,再经读写电路写入被访问的存储单元。

时序控制电路用于接收来自 CPU 的读写控制信号,产生存储器操作所需的各种时序控制信号,控制存储器完成指定的操作。如果存储器采用异步控制方式,当一个存取操作完成后,该控制电路还应给出存储器操作完成(MFC)信号。

主存储器用于存放 CPU 正在运行的程序和数据,它和 CPU 的关系最为密切。主存与 CPU 间的连接是由总线支持的,其连接形式如图 3-3 所示。

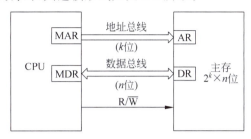

图 3-3　主存与 CPU 的连接

2. 主存储器的基本操作

存储器的基本操作是读(取)和写(存)。当 CPU 要从存储器中读取一个信息字时,CPU 首先把被访单元的地址送到存储器地址寄存器(MAR),经地址总线送给主存,同时发出"读"命令。存储器接到"读"命令,根据地址从被选单元读出信息,经数据总线送入存储器数据寄存器(MDR)。为了存一个字到主存,CPU 把要存入的存储单元地址经 MAR 送入主存,并把要存入的信息字送入 MDR,此时发出"写"命令,在此命令的控制下经数据总线把 MDR 中的内容写入主存。

CPU 与主存之间的数据传送可采用同步控制方式,也可采用异步控制方式。目前多数计算机采用同步方式,即主存储器的操作与处理器保持同步,数据传送在固定的时间间隔内完成,此时间间隔构成了存储器的一个存储周期,异步传送方式允许选用具有不同存取速度的存储器作为主存。

3.1.4　存储器的主要技术指标

衡量一个存储器性能的主要技术指标有以下几方面。

1. 存储容量

存储容量是指半导体存储芯片能够存储的二进制信息的位数。其单位是 K 位(Kilobits)、M 位(Megabits)、G 位(Gigabits)等。需注意的是,要将其与计算机系统的存储容量区分开,当我们讨论存储芯片的容量时,采用的单位是位;当我们讨论计算机存储器的容量时,其单位是字节。因此,当存储芯片资料中提到 4M 存储芯片时,是指 4M 位的存储容量,用 4Mb 表示;若宣传资料中提到计算机存储器有 4G 时,是指 4G 字节的存储器容量,用 4GB 表示。

2. 速度

速度是存储芯片的一项重要技术指标,它影响着 CPU 的工作效率。存储芯片速度通常用访问时间和存取周期表示。

访问时间(Memory Access Time)又称取数时间,是指从启动一次存储器存取操作到完成该操作所经历的时间。对存储器的某一个单元进行一次读操作,例如 CPU 取指令或取数据,从把要访问的存储单元的地址加载到存储器芯片的地址引脚上开始,直到读取的数据或指令在存储器芯片的数据引脚上可以使用为止,两者之间的时间间隔即为访问时间(取数时间),存储器芯片数据手册(Data Sheet)把它记为 t_A。访问时间(t_A)是一个最为常见的参数。对于某些只读存储器(ROM)芯片(如 EEPROM),t_{OE} 是指从 OE(读)信号有效开始,直到读取的数据或指令在存储器芯片的数据引脚上可以使用为止的这段时间间隔。

存取周期(Memory Cycle Time)又称存储周期或读写周期,被记为 T_M。它是指对存储器进行连续两次存取操作所需要的最小时间间隔。由于有些存储器在一次存取操作后需要有一定的恢复时间,因此通常存取周期大于或等于取数时间。

3. 存储器总线带宽

存储器总线宽度除以存取周期就是存储器带宽或频宽,它是指存储器在单位时间内所存取的二进制信息的位数,也称为数据传输率。带宽的单位一般是兆字节每秒(MB/s)。

4. 价格

半导体存储器的价格常用每位价格来衡量。设存储器容量为 S 位,总价格为 C,则每位价格可表示为 $c=C/S$。

半导体存储器的总价格正比于存储容量,而反比于存取时间。容量、速度、价格3个指标是相互矛盾、相互制约的。高速存储器往往价格也高,因而容量不可能很大。

除了上述几个指标外,影响半导体存储器性能的还有功耗、可靠性等因素。

3.2 半导体随机存取存储器

在现代计算机中,半导体存储器已广泛用于实现主存储器。由于主存储器直接为 CPU 提供服务,对主存的要求是能够迅速响应 CPU 的读写请求,半导体存储器在这方面能做得很好,因此半导体存储器是实现主存的首选器件。通常使用的半导体存储器分为随机存取存储器(Random Access Memory,RAM)和只读存储器(Read-Only Memory,ROM)。它们各自又有许多不同的类型。

3.2.1 半导体随机存取存储器的分类

由于大多数随机存取存储器在断电后会丢失其中存储的内容,故这类随机存取存储器又被称为易失性存储器。由于随机存取存储器可读可写,有时它们又被称为可读写存储器。随机存取存储器分为静态 RAM 和动态 RAM。

1. 静态 RAM

静态 RAM(Static RAM,SRAM)中的每个存储单位都由一个触发器构成,因此可用于存储一个二进制位,只要不断电就可以保持其中存储的二进制数据不丢失。使用触发器作为存储单位的问题是,每个存储单位至少需要 6 个 MOS 管来构造一个触发器,所以 SRAM 存储芯片的存储密度较低,即每块芯片的存储容量不会太大。近年来,人们发明了用 4 个 MOS 管构成一个存储单位的 SRAM 技术,利用该技术再加上 CMOS 技术,人们制造出了大容量的 SRAM。尽管如此,SRAM 的容量仍然远远低于同类型的动态 RAM。SRAM 通常当 Cache 使用。

2. 动态 RAM

在 1970 年,Intel 公司推出了世界上第一块动态 RAM(Dynamic RAM,DRAM)芯片,其容量为 1024 位,它使用一个 MOS 管和一个电容来存储一位二进制信息。用电容来存储信息减少了构成一个存储单位所需要的晶体管的数目。但由于电容本身不可避免地会产生漏电,因此 DRAM 存储器芯片需要频繁的刷新操作,但 DRAM 的存储密度大大提高了。

为了进一步优化与处理器的接口,DRAM 增加了时钟,使用时钟使主存储器和处理器同步,因此称为同步 DRAM(Synchronous DRAM,SDRAM)。SDRAM 支持突发(Burst Mode)数据传送方式,又称为连续数据传送,即主存储器接收到第一个数据所在存储单元的地址,就可以读/写连续的多个数据单元。这意味着若 CPU 访问连续的存储单元,则只需要传送第一个数据所在的存储单元地址,主存储器可以自动修改后续访问单元地址,大大提高了数据传输效率。

更快的 SDRAM 称为双数据速率(Dual Data Rate,DDR)SDRAM,即在一个时钟的上升沿和下降沿都可以传送数据,因此可以获得双倍的数据带宽。目前该技术在不断革新中。例如标称为 DDR4-3200 的 SDRM 芯片,其中 4 指的是第 4 代 DDR 技术,而 3200 指每秒可传输 3200 兆次,即其时钟频率是 1600MHz。

主存储器主要是由 DRAM 构成的。

3.2.2 半导体随机存取存储器的单元电路

1. 静态 RAM 单元电路

图 3-4 所示的存储单元电路是一种比较常见的六管静态 MOS 存储单元电路。图中 T_1、T_2 两个 MOS 管构成触发器,用于存储一位二进制信息位。MOS 管 T_3、T_4 是触发器的两个负载管。MOS 管 T_5、T_6 称为门控管,通过连接在这两个 MOS 管栅极上的字线 W,可以控制触发器电路与位线 b 和 b' 的联系。

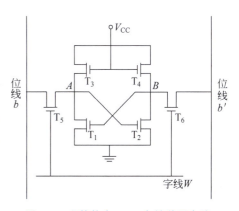

图 3-4 六管静态 MOS 存储单元电路

当加载在字线 W 上的电平为低电平时,T_5、T_6 栅极为低电平,使 T_5、T_6 两个 MOS 管呈现截止状态,从而使触发器电路与位线隔离,表示存储单元未被选中。在这种情况下,触发器的状态不可能发生改变,意味着原来存储的信息不发生变化。

当要向该存储单元写入信息时,首先在字线 W 上加载一个表示选中了这个存储单元的高电平,使 T_5、T_6 两个 MOS 管呈现导通状态,而位线上的电平状态则要由写入的信息控制。假设在图 3-4 所示的电路中,触发器 A 端为高电平状态、B 端为低电平状态,表示存储单元存储的信息是 1;触发器 A 端为低电平状态、B 端为高电平状态,则表示存储的信息是 0。假设要写入的信息是 0,则应在位线 b 上加载低电平,同时在位线 b' 上加载高电平。在位线 b' 上加载的高电平通过 T_6 加到 T_1 管的栅极,致使 T_1 导通,同时在位线 b 上加载的低电平通过 T_5 加载到 T_2 管的栅极,致使 T_2 截止,从而使 A 端为低电平状态,B 端为高电平状态,即写入了信息 0。类似地,若要写入的信息是 1,则在位线 b 上加载高电平,在位线 b' 上加载低电平,从而使 T_2 导通、T_1 截止,使 A 端为高电平状态、B 端为低电平状态,即写入了信息 1。写入操作结束后,字线 W 恢复到低电平状态,使 T_5、T_6 截止,从而保证了写入的信息不会发生变化。

当读出信息时,同样首先在字线 W 上加载一个表示选中了这个存储单元的高电平,使 T_5、T_6 导通。此时若原存储的信息为 0,即原先 T_1 导通、T_2 截止,因而在位线 b 上呈现低电平状态,在位线 b' 上呈现高电平状态,表示输出信息 0。同样,若原存储的信息为 1,则 T_1 截止、T_2 导通,因而在位线 b 上呈现高电平状态,在位线 b' 上呈现低电平状态,表示输出信息 1。

通过上面的分析,我们可以得知静态 MOS 存储器是利用触发器的两个稳定状态来存储二进制信息的,而且通过对读出过程的了解,我们可以看出读出时触发器的状态没有被破坏,原来存储的信息依然存在。因此,从静态 MOS 存储电路中读取其中存放的信息的过程,对原来存放的信息而言,是非破坏性的读出过程。

2. 动态 RAM 单元电路

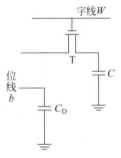

图 3-5　单管动态 MOS 存储单元电路

目前最常用的动态 MOS 存储单元电路是单管动态存储单元电路,如图 3-5 所示。该电路用电容 C 存储二进制信息,若 C 上存有电荷,则表示存储的信息为 1,若 C 上无电荷,则表示存储的信息为 0。当加载在字线 W 上的电平为低电平时,MOS 管 T 截止,表示电路不被选中,保持原存储的信息不变。

当要向存储单元写入信息时,首先要在字线 W 上加载一个表示选中了这个存储单元的高电平,使 MOS 管 T 导通。若要写入的信息为 1,则要在位线 b 上加载高电平,对电容 C 充电,使其中存有电荷,实现写入了信息 1;若要写入的信息为 0,则要在位线 b 上加载低电平,使电容 C 能够通过 T 管和位线 b 放掉其中的电荷,实现写入了信息 0。

当读出信息时,同样首先要在字线 W 加载一个表示选中了这个存储单元的高电平,使 MOS 管 T 导通。若原来存储的信息为 1,即 C 中有电荷存储,在 T 导通后,C 中原来存储的电荷经过 T 管向位线 b 上泄放,致使位线 b 上有微弱电流流动,表示有输出信号,该信号经过读出再生放大器放大后,输出信息 1;若原来存储的信息为 0,即电容 C 中无电荷存储,则在位线上不会产生电流的流动,表示无输出信号,这样读出再生放大器输出信息 0。由于在读取信息 1 时,位线 b 上电流流动很微弱,这就要求读出再生放大器具有较高的灵敏度。

由于单管存储单元电路是靠存储在电容中的电荷泄放检测信息 1 的,原来存放的信息被读出后,存储单元电路的状态被破坏掉(电荷释放),因此从动态 MOS 存储单元电路中读取存放信息的过程,对原来存放的信息而言,是破坏性的读出过程,在信息被读出后,必须采取再生措施,即读出信息后要立即重写该信息。读出再生放大器具有这种再生功能。

因为单管动态 MOS 存储器单元电路中电容电荷的泄放会引起信息的丢失,所以每隔一定时间要对电路进行一次刷新操作,刷新方式将在下一节中讨论。

3.2.3　半导体随机存取存储器的芯片结构及实例

一个存储单元电路存储一位二进制信息。把大量存储单元电路按一定的形式排列起来,即构成存储体。存储体一般都排列成阵列形式,所以又称作存储阵列。把存储体及其外围电路(包括地址译码与驱动电路、读写放大电路及时序控制电路等)集成在一块硅片上,称为存储器组件。存储器组件经过各种形式的封装后,通过引脚引出地址线、数据线、控制线及电源与地线等,就制成了半导体存储器芯片。半导体存储器芯片的内部组织一般有两种结构:字片式结构和位片式结构。

1. 字片式结构的半导体存储器芯片

图 3-6 是 64 字×8 位的字片式结构的存储器芯片的内部组织图。图中每一个小方块表示一个存储单元电路,这里略去了每个单元电路的内部结构及电源部分,仅仅画出了与每个存储单元电路相连的一根字线和两根位线。存储阵列的每一行组成一个存储单元,也是一个编址单位,存放一个 8 位的二进制字。一行中所有存储单元电路的字线连在一起,接到地址译码器对应的输出端。存储器芯片接收到的 6 位存储单元的地址,经地址译码器译码选中某一输出端有效时,与该输出端相连的一行中的每个单元电路同时进行读/写操作,从而实现了对一个存储单元中的所有位同时读/写。这种对接收到的存储单元地址仅进行一个方向译码的方式,称为单译码方式或一维译码方式。在这种结构的存储器芯片中,所有存储单元的相同的位组成一列,一列中所有存储单元电路的两根位线分别连在一起,并使用同一个读/写放大电路。读/写放大电路与双向数据线相连。

图 3-6 所示的芯片有两根控制线,即读/写控制信号线 R/$\overline{W}$ 和片选控制信号线 $\overline{CS}$。当 $\overline{CS}$ 为低电平时,选中芯片工作;而当 $\overline{CS}$ 为高电平时,芯片不被选中。每当存储器芯片接收到某个存储单元的地址并译码后,此时若 $\overline{CS}$ 为低电平,R/$\overline{W}$ 为高电平,则要对选中芯片中的某个存储单元进行读出操作;同样,若 $\overline{CS}$ 为低电平,R/$\overline{W}$ 也为低电平,则要对选中芯片中的某个存储单元进行写入操作。

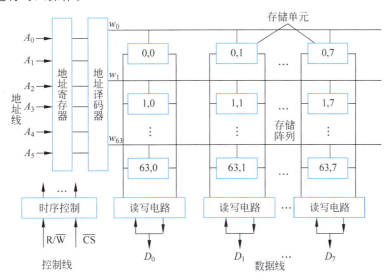

图 3-6 64 字×8 位的字片式结构 RAM 芯片

在上述字片式结构存储器芯片中,由于采用单译码方案,因此有多少个存储单元,就有多少个译码驱动电路,所需译码驱动电路较多。为减少译码驱动电路的数量,多数存储器芯片都采用双译码(也称二维译码)方案,即采用位片式结构。

2. 位片式结构的半导体存储器芯片

图 3-7 展示的是 4K×1 位的位片式结构存储器芯片的内部组织。它共有 4096 个存储单元电路,排列成 64×64 的阵列。对 4096 个存储单元进行寻址,需要 12 位地址,在此将其分为 6 位行地址和 6 位列地址。对于一个给定的访问某个存储单元电路的地址,分别经过行、列地

址译码器的译码后,致使一根行地址选择线和一根列地址选择线有效。行地址选择线选中的某一行中的 64 个存储单元电路可以同时进行读写操作。列地址选择线用于选择控制 64 个多路转接开关中的一个,即表示选中一列,每个多路转接开关由两个 MOS 管组成,分别控制两条位线。选中的那一个多路转接开关的两个 MOS 管呈现"开"状态,使这一列的位线与读/写电路接通;其余 63 个没被选中的多路转接开关的两个 MOS 管则呈现"关"状态,使其余 63 列的位线与读/写电路断开。

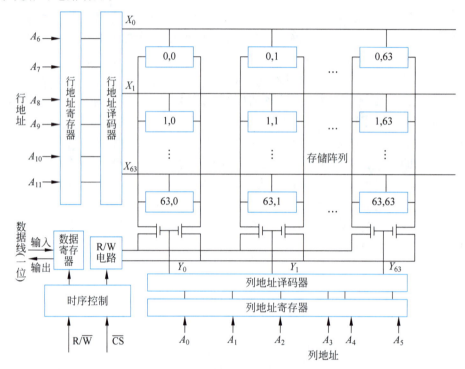

图 3-7 4K×1 位的双译码方式的 RAM 芯片结构

当选中该芯片工作时,首先给定要访问的存储单元的地址,并给出有效的片选信号 $\overline{CS}$ 和读写信号 $R/\overline{W}$,通过对行列地址的译码,找到被选中的行和被选中的列两者交叉处的唯一一个存储单元电路,读出或写入一位二进制信息。

从图 3-7 可以看出,这种双译码方案,对于 4096 个字只需 128 个译码驱动电路(针对行有 64 个,针对列也有 64 个),若采用单译码方案,4096 个字将需要 4096 个译码驱动电路。

3. 半导体 RAM 芯片实例

为了加深对芯片结构的理解,下面以动态 MOS 存储器芯片 TMS 4116 为例,进一步说明 MOS 型存储器的结构及工作原理。

TMS 4116 是由单管动态 MOS 存储单元电路构成的随机存取存储器芯片,其容量为 16K×1 位,图 3-8 所示为 TMS 4116 芯片的逻辑结构框图和引脚分配图,地址码有 14 位,为了节省引脚,该芯片只用了 $A_0 \sim A_6$ 七根地址线,采用分时复用技术,分两次把 14 位地址送入芯片。首先送入低 7 位地址 $A_6 \sim A_0$,由行地址选通信号 $\overline{RAS}$ 把这 7 位地址送到行地址缓冲器锁存,高 7 位地址 $A_{14} \sim A_8$,由列地址选通信号 $\overline{CAS}$ 打入列地址缓冲器锁存。

D_{IN}、D_{OUT} 分别为数据输入线和数据输出线,它们各有自己的数据缓冲寄存器。$\overline{WE}$ 为写允许控制线,$\overline{WE}$ 为高电平时为读出,$\overline{WE}$ 为低电平时为写入。该芯片没有专门设置选片信号,一般用 $\overline{RAS}$ 信号兼做选片控制信号,只有 $\overline{RAS}$ 有效(低电平)时,芯片才工作。

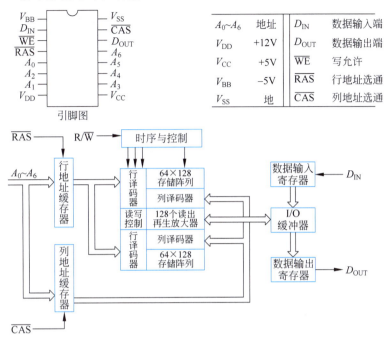

图 3-8　TMS 4116 动态存储器逻辑结构框图与引脚

图 3-9 是 TMS 4116 芯片的存储阵列结构图。16K×1 位共 16 384 个单管 MOS 存储单元电路,排列成 128×128 的阵列,并将其分为两组,每组为 64 行×128 列。每根行选择线控制 128 个存储电路的字线。每根列选择线接到列控制门的栅极,控制读出再生放大器与 I/O 缓冲器的接通,控制数据的读出或写入。每根列选择线控制一个读出再生放大器,128 列共有 128 个读出再生放大器,一列中的 128 个存储电路分为两组,每 64 个存储电路为一组,两组存储电路的位线分别接入读出再生放大器的两端。

读出时,行地址经行地址译码选中某一根行线有效,接通此行上的 128 个存储电路中的 MOS 管,使电容所存储的信息分别送到 128 个读出再生放大器。由于是破坏性读出,经放大后的信息又送回到原电路进行重写,使信息再生。当列地址经列译码选中某根列线有效时,接通相应的列控制门,将该列上读出放大器输出的信息送入 I/O 缓冲器,经数据输出寄存器输出到数据总线上。

写入时,首先将要写入的信息由数据输入寄存器经 I/O 缓冲器送入被选列的读出再生放大器中,然后写入行、列同时被选中的存储单元。

综上可知,当某个存储单元被选中进行读/写操作时,该单元所在行的其余 127 个存储电路也将自动进行一次读出再生操作,这实质上是完成一次刷新操作。故这种存储器的刷新是按行进行的,每次只加行地址,不加列地址,即可实现被选行上的所有存储电路的刷新。

读出再生放大器的结构形式如图 3-10 所示。图中 T_1、T_2、T_3、T_4 组成放大器,位于两侧的行选择线仅画出了行选 64 和行选 65,T_6、T_7 与 C_s 是两个预选单元,由 XW_1 与 XW_2 控制。在读写之前,先使两个预选单元中的电容 C_s 预充电到 0 与 1 电平中间值(预充电路略),并使 $\Phi_1=0$、$\Phi_2=1$,使 T_3、T_4 截止,T_5 导通,使读出放大器两端 W_1、W_2 处于相同电位。

读出时,先使 $\Phi_2=0$,T_5 截止。放大器处于不稳定平衡状态。这时使 $\Phi_1=1$,T_3、T_4 导

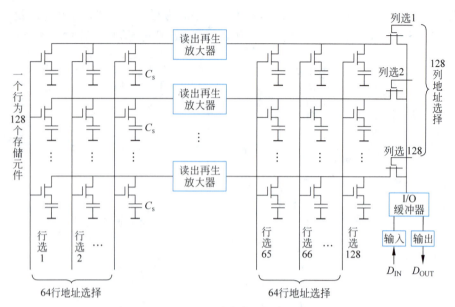

图 3-9 TMS 4116 动态存储器存储阵列图

通，T_1、T_2、T_3、T_4 构成双稳态触发器，其稳定状态取决于 W_1、W_2 两点的电位。设选中的行选择线处于读出放大器右侧（如行 65），同时使另一侧的预选单元选择线有效。这样，在放大器两侧的位线 W_1 和 W_2 上将有不同电位：预选单元侧具有 0 与 1 电平的中间值，被选行侧则具有所存信息的电平值 0 或 1。若选中存储电路原存 1，则 W_2 电位高于 W_1 的电位，使 T_1 导通，T_2 截止，因而 W_2 端输出高电平，经 I/O 缓冲器输出 1 信息，并且 W_2 的高电平使被选存储电路的电容充电，实现信息再生。若被选存储电路原存 0，则 W_2 的电位低于 W_1 的电位，从而使 T_1 截止，T_2 导

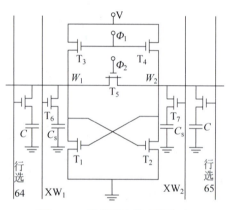

图 3-10 读出再生放大器电路

通，W_2 端输出低电平，经 I/O 缓冲器输出 0 信息，并回送到原电路，使信息再生。

写入时，在 T_3、T_4 开始导通的同时，将待写信息加到 W_2 上。若写 1，则 W_2 加高电平，将被选电路的存储电容充电为有电荷，实现写 1。若写 0，则 W_2 为低电平，使被选电路的存储电容放电为无电荷，实现写 0。

4. 动态 RAM 的刷新方式

目前常用的动态 RAM 存储单元电路是如图 3-5 所示的电路，由于电容电荷的泄放会引起信息的丢失，因此 DRAM 需要定时刷新。隔多少时间进行一次刷新操作，主要根据电容电荷的泄放速度决定。设存储电容为 C，其两端电压为 u，电荷 $Q=C \cdot u$，则泄漏电流为：$I = \dfrac{\Delta Q}{\Delta t} = C \dfrac{\Delta u}{\Delta t}$，因而泄漏时间 $\Delta t = C \dfrac{\Delta u}{I}$，若 $C=0.2\text{pF}$，允许电压变化 $\Delta u = 1\text{V}$，泄漏电流 $I = 0.1\text{nA}$，所以 $\Delta t = 0.2 \times 10^{-12} \times \dfrac{1}{0.1 \times 10^{-9}} = 2\text{ms}$。

由此得出，上面示例的动态 MOS 存储器每隔 2ms 必须刷新一次，称作刷新最大周期。随

着半导体芯片技术的进步,刷新周期可达到 2ms、4ms、8ms,甚至更长。

由于 DRAM 存储电路的读操作是破坏性的,读完操作要立即再生,因此对 DRAM 芯片的刷新实质上是一次读操作。刷新是按行进行的,每次只加行地址,不加列地址,即可实现被选行上的所有存储电路的刷新。控制电路中有专门的刷新地址计数器指明刷新行地址,每刷新一行,刷新地址计数器加 1。动态存储器的刷新方式通常有下面几种。

1) 集中式刷新方式

这种刷新方式是按照存储器芯片容量大小集中安排刷新操作的时间段,在此时间段内对芯片内所有的存储单元电路执行刷新操作,在此期间禁止 CPU 对存储器进行正常的访问,称它为 CPU 的"死区"。例如,某动态存储器芯片的容量为 16K×1 位,存储矩阵为 128×128。一次刷新操作可同时刷新存储阵列中位于同一行的 128 个存储元,因此对芯片内的所有存储单元电路全部刷新一遍需要 128 个存取周期。刷新操作要求在 2ms 内留出 128 个存取周期专门用于刷新,假设该存储器的存取周期为 500ns,则在 2ms 内有 64μs 专门用于刷新操作,其余 1936μs 用于正常的存储器操作,如图 3-11(a)所示。

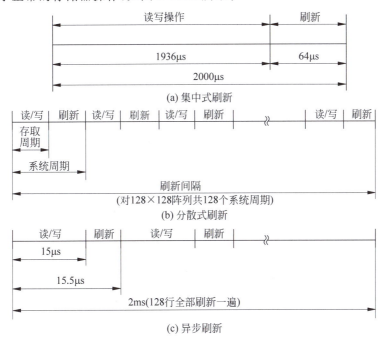

图 3-11 动态存储器的 3 种刷新方式

2) 分散式刷新方式

在这种刷新方式中,定义系统对存储器的存取周期是存储器本身的存取周期的两倍。把系统的存取周期平均分为两个操作阶段,前一个阶段用于对存储器的正常访问,后一个阶段用于刷新操作,每次刷新一行,如图 3-11(b)所示。显然这种刷新方式没有"死区",但由于没有充分利用所允许的最大的刷新时间间隔,导致刷新过于频繁,人为降低了存储器的速度。就上面的例子而言,仅每隔 128μs 就对所有的存储单元电路实施了一遍刷新操作。

3) 异步式刷新方式

异步式刷新方式是上述两种方式的折中。按上述例子,每隔 2ms/128=15.625μs 时间间隔刷新一次(128 个存储单元电路)即可。取存取周期的整数倍,则每隔 15.5μs 时间间隔刷新一次,在 15.5μs 中,前 15μs(30 个存取周期)用于正常的存储器访问,后 0.5μs 用于刷新,时间分配情况如图 3-11(c)所示。异步式刷新方式既充分利用了所允许的最大的刷新时间间隔,保持了存储器的应有速度,又大大缩短了"死区"时间,所以是一种常用的刷新方式。

4) 透明刷新(隐含式刷新)

前 3 种刷新方式均延长了存储器系统周期,占用 CPU 的时间。实际上,CPU 在取指周期后的译码时间内,存储器为空闲阶段,可利用这段时间插入刷新操作,这不占用 CPU 时间,对 CPU 而言是透明的。这时设有单独的刷新控制器,刷新由单独的时钟、行计数与译码独立完成,目前高档微机中大部分采用这种方式。

3.2.4　半导体存储器的组成

CPU 对存储器进行读写操作,首先要由地址总线给出地址信号,然后要发出相应的读/写控制信号,最后才能在数据总线上进行信息交流。所以,存储芯片与 CPU 的连接主要包括地址信号线的连接、数据信号线的连接和控制信号线的连接。

但由于一块存储器芯片的容量总是有限的,因此内存总是由一定数量的存储器芯片构成。要组成一个主存储器,首先要考虑如何选芯片以及如何把许多芯片连接起来,之后按照上述 3 部分将整个存储器与 CPU 连接起来。

存储芯片的选择通常要考虑存取速度、存储容量、电源电压、功耗及成本等多方面的因素。就主存所需芯片的数量而言,可由下面的公式求得:

$$芯片总数 = \frac{主存储器总的单元数 \times 位数/单元}{每片存储芯片的单元数 \times 位数/单元} \tag{3-1}$$

例如用 $64K \times 1$ 位的芯片组成 $256K \times 8$ 位的存储器,则所需的芯片数为:

$$\frac{256K \times 8 位}{64K \times 1 位} = 32(片)$$

通常存储器芯片在单元数和位数方面都与要搭建的存储器有很大差距,所以需要在字方向和位方向两个方面进行扩展,按扩展方向分为下列 3 种情况。

1. 位扩展

如果芯片的单元数(字数)与存储器要求的单元数是一致的,但是存储芯片中单元的位数不能满足存储器的要求,就需要进行位扩展,即位扩展只是进行位数扩展(加大字长),不涉及增加单元数。

位扩展的连接方式是将所有存储器芯片的地址线、片选信号线和读/写控制线一一并联起来,连接到 CPU 地址和控制总线的对应位上。而各芯片的数据线单独列出,分别接到 CPU 数据总线的对应位。

例 3-1　用 $1K \times 4$ 位的芯片构成 $1K \times 8$ 位的存储器。

解: 存储器要求容量为 $1K \times 8$ 位,单元数满足,位数不满足。由式(3-1)可知,需要$(1K \times 8)/(1K \times 4) = 2$ 片芯片来构成存储器。

具体的连接方式如图 3-12 所示。$1K \times 8$ 位的存储器共 8 根数据线 $D_7 \sim D_0$,两片芯片各自的 4 位数据引脚分别连接数据总线的 $D_7 \sim D_4$ 和 $D_3 \sim D_0$。芯片本身有 10 位地址线,称为片内地址线,与存储器要求的 10 根地址线一致,所以只要将它们并接起来即可。电路中 CPU 的读/写控制线 $R/\overline{W}$ 与芯片的读/写控制线 $\overline{WE}$ 信号并接。$\overline{MREQ}$ 为 CPU 的访存请求信号,作为芯片的片选信号连接到 $\overline{CS}$ 上。

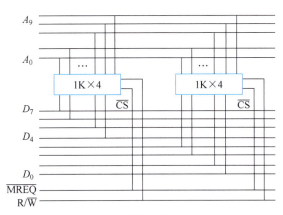

图 3-12 存储器位扩展连接图

2．字扩展

字扩展仅是单元数扩展，也就是在字方向扩展，而位数不变。在进行字扩展时，将所有芯片的地址线、数据线和读/写控制线一一对应地并联在一起，连接到 CPU 的地址、数据、控制总线的对应位上。利用选片信号来区分被选中的芯片，选片信号由高位地址（除去用于芯片内部寻址的地址之后的存储器高位地址部分）经译码进行控制。

例 3-2 用 16K×8 位的存储器芯片构成 64K×8 位的存储器。

解：16K×8 位的芯片可以满足 64K×8 位的存储器数据位的要求，但不满足单元数的要求。由式(3-1)可算出共需要 4 片 16K×8 位的芯片采用字扩展方式来构成存储器。具体的连接方式如图 3-13 所示。

64K×8 位的存储器共 8 根数据线 $D_7 \sim D_0$，分别接 4 块芯片的对应数据引脚。CPU 的读/写控制线（R/$\overline{W}$）与 4 块芯片的 $\overline{WE}$ 信号并接。64K×8 位的存储器需要 16 位地址线 $A_{15} \sim A_0$，而 16K×8 位的芯片的片内地址线为 14 根，所以用 16 位地址线中的低 14 位 $A_{13} \sim A_0$ 进行片内寻址，高两位地址 A_{15}、A_{14} 用于选片寻址，作为片选译码器的输入，译码器的 4 位输出分别接 4 块芯片的 $\overline{CS}$ 引脚。访存请求信号 $\overline{MREQ}$ 接译码器的使能端。若存储器从 0 开始连续编址，则 4 块芯片的地址分配如下。

第一片地址范围为 0000H～3FFFH（高两位地址 A_{15}、A_{14} 为 00 时，选中第一片芯片）。

第二片地址范围为 4000H～7FFFH（高两位地址 A_{15}、A_{14} 为 01 时，选中第二片芯片）。

第三片地址范围为 8000H～BFFFH（高两位地址 A_{15}、A_{14} 为 10 时，选中第三片芯片）。

第四片地址范围为：C000H～FFFFH（高两位地址 A_{15}、A_{14} 为 11 时，选中第四片芯片）。

3．字和位同时扩展

在构建主存储器空间时，往往需要字和位同时扩展，是位扩展与字扩展的组合，可按下面的规则实现。

(1) 确定组成主存储器需要的芯片总数。

(2) 所有芯片对应的地址线接在一起，接到 CPU 引脚的对应位，所有芯片的读写控制线接在一起，接入 CPU 的读写控制信号上。

(3) 所有处于同一地址区域芯片的选片信号接在一起，接到选片译码器对应的输出端。

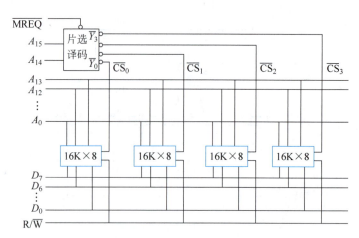

图 3-13　存储器字扩展连接图

(4) 所有处于不同地址区域的同一位芯片的数据输入/输出线对应地接在一起,接到 CPU 数据总线的对应位。

例 3-3　用 $1K \times 4$ 位的芯片组成 $4K \times 8$ 位的存储器。

解：用 $1K \times 4$ 位的芯片构成 $4K \times 8$ 位的存储器,由式(3-1)可知,所需芯片数为 $\dfrac{4K \times 8 \text{位}}{1K \times 4 \text{位}} =$ 8(块)。8 块芯片分成 4 组,每组组内按位扩展方法连接,两组组间按字扩展方法连接。

图 3-14 为该例中芯片的连接图。

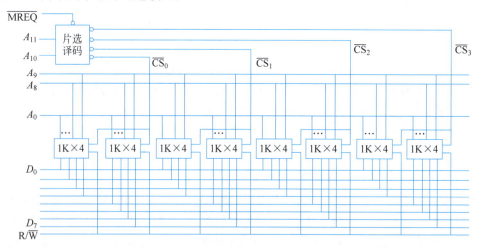

图 3-14　存储器字位扩展连接图

$4K \times 8$ 位的存储器共 8 位数据线 $D_7 \sim D_0$,每组两块芯片各自的 4 位数据引脚 $I/O_3 \sim I/O_0$ 分别连接到数据总线的 $D_7 \sim D_4$ 和 $D_3 \sim D_0$。电路中 CPU 的读/写控制线 $R/\overline{W}$ 与 8 块芯片的读写控制线 $\overline{WE}$ 信号并接。$4K \times 8$ 位的存储器共 12 根地址线 $A_{11} \sim A_0$,而 $1K \times 4$ 位的芯片的片内地址线为 10 根,所以用 12 位地址线中的低 10 位 $A_9 \sim A_0$ 进行片内寻址,高两位地址 A_{11}、A_{10} 用于选片寻址。译码器的每位输出接同一地址区域的两块芯片的 $\overline{CS}$ 引脚。若存储器从 0 开始连续编址,则 4 组芯片的地址分配如下:

第一片地址范围为 0000H~03FFH(地址 A_{11}、A_{10} 为 00 时,选中第一组两块芯片)。

第二片地址范围为 0400H~07FFH(地址 A_{11}、A_{10} 为 01 时,选中第二组两块芯片)。

第三片地址范围为0800H～0BFFH(地址A_{11}、A_{10}为10时,选中第三组两块芯片)。
第四片地址范围为0C00H～0FFFH(地址A_{11}、A_{10}为11时,选中第四组两块芯片)。

4. 多种数据的传输

多种数据的传输是指存储器按照CPU的指令要求,在CPU间传输8位、16位、32位或64位数据的情况。此时,CPU要增加控制信号,控制存储器传输不同位数的数据。

整数边界存储是指当计算机具有多种信息长度(8位、16位、32位等)时,应当按存储周期的最大信息传输量为界存储信息,保证数据都能在一个存储周期内存取完毕。例如,假设计算机字长为64位,一个存储周期内可传输8位、16位、32位、64位等不同长度的信息。那么一个8位、两个16位、两个32位、一个64位等信息如何在主存储器中存放呢?

若信息存储不合理,即不考虑整数边界问题,虽然一个存储周期的最大数据传输量为64位,但也会出现两个周期才能将数据传送完毕的情况。如图3-15(a)所示,图中每个方格代表一个字节的存储空间,则第一个16位、第二个32位和64位都需要两个存储周期才能完成访问。无边界规定有可能造成系统访存速度下降。

图3-15(b)是按整数边界要求的信息存储情况图,图中画"○"的字节单元代表未存放任何有效信息。此时,各种数据的整数边界地址(地址码用二进制表示)安排如下。

8位(1字节)	地址码最低位为任意值	XXXXXB
16位(2字节)	地址码最低1位为0	XXXX0B
32位(4字节)	地址码最低2位为00	XXX00B
64位(8字节)	地址码最低3位为000	XX000B

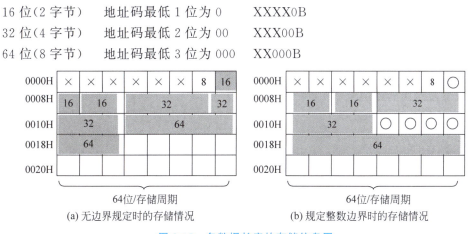

图 3-15 多数据长度的存储信息图

整数边界存储虽然浪费空间,但随着半导体存储器的扩容,以空间换取时间势在必行。

例 3-4 请用2K×8位的SRAM芯片构成一个8K×16位的存储器,要求当CPU给出的控制信号$B=0$时访问16位数据,$B=1$时访问8位数据。存储器以字节为单位编址。

解：由式(3-1)可知,该存储器所需要的芯片总数为$\frac{8K \times 16 位}{2K \times 8 位}=8$(块)。根据前面的讨论可知,8块芯片分成4组,每组两块芯片,用于实现位扩展,4组芯片实现了字扩展。

由于存储器以字节为单位编址,总容量为8K×16位,所以8K×16b=8K×2×8b=2^{14}×8b,所以CPU控制线中有14位地址线$A_{13} \sim A_0$,16位数据线$D_{15} \sim D_0$。

因为存储器需要访问16位数据,但每块芯片数据线只有8位,考虑整数边界的要求,将16位数据分为高8位和低8位,分别用奇存储体和偶存储体存放,即4组芯片中每组的两块芯片,一片位于奇存储体,一片位于偶存储体。选中位于偶存储体的芯片工作时,CPU送来的

最低位地址 A_0 为 0,选中位于奇存储体的芯片时,CPU 送来的地址 A_0 为 1,这也称为交叉编址。访问 8 位数据时可以访问任意主存地址,访问 16 位数据时必须同时访问同组芯片的地址,分别提供高 8 位(存放在奇存储体)和低 8 位(存放在偶存储体)数据,以此保证在一个存储周期中完成 16 位数据的存/取操作。所以用最低位地址 A_0 区分奇存储器、偶存储体。

规定 14 根地址线中,A_0 与 B 组合用于控制 8 位、16 位数据的存取。由于每块 SRAM 芯片容量是 2K,所以 CPU 地址总线中的 $A_{11} \sim A_1$ 用于片内地址,高位地址 A_{13}、A_{12} 用于片选译码,得到 4 位译码输出信号 $\overline{Y_0}$、$\overline{Y_1}$、$\overline{Y_2}$ 和 $\overline{Y_3}$,与 A_0、B 组成每块芯片的片选信号。

设选中偶存储体时,$C=1$,选中奇存储体时,$D=1$,则得出表 3-1 的真值表。

由此真值表得下面的逻辑表达式:
$$C = \overline{A_0}, \quad D = \overline{B \oplus A_0},$$

则 8 块芯片的片选信号的逻辑表达式为:

$\overline{CS_0} = \overline{C \cdot Y_0} \quad \overline{CS_2} = \overline{C \cdot Y_1} \quad \overline{CS_4} = \overline{C \cdot Y_2} \quad \overline{CS_6} = \overline{C \cdot Y_3}$

$\overline{CS_1} = \overline{D \cdot Y_0} \quad \overline{CS_3} = \overline{D \cdot Y_1} \quad \overline{CS_5} = \overline{D \cdot Y_2} \quad \overline{CS_7} = \overline{D \cdot Y_3}$

存储器结构及与 CPU 连接的示意图如图 3-16 所示。

表 3-1 C、D 取值真值表

B	A_0	C	D	说 明
0	0	1	1	访问 16 位数据
0	1	0	0	不访问,地址不满足整数边界要求
1	0	1	0	访问偶存储体,存取 8 位数据
1	1	0	1	访问奇存储体,存取 8 位数据

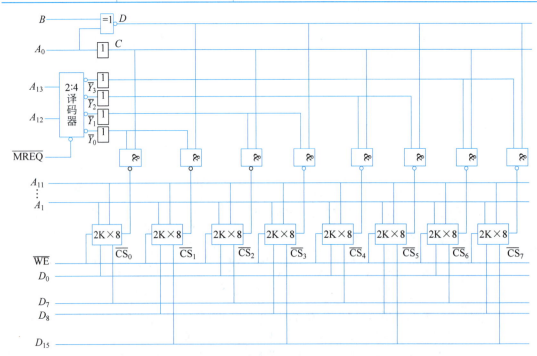

图 3-16 存储器多数据传输举例

3.3 非易失性存储器

非易失性存储器(Non-Volatile Memory,NVM)是指当关机后,存储器中的内容不会随之消失的计算机存储器。在非易失性存储器中,根据存储器中的内容是否能在计算机工作时随时改写为标准,可分为 3 类:只读存储器(Read-Only Memory,ROM)、闪速存储器(Flash Memory)和新型的非易失性存储器。

3.3.1 只读存储器

只读存储器的特点是,在系统断电以后,只读存储器中所存储的内容不会丢失。因此,只读存储器是非易失性存储器。半导体只读存储器常作为主存的一部分,用于存放一些固定的程序,如监控程序、启动程序、磁盘引导程序等。只要一接通电源,这些程序就能自动运行。此外,只读存储器还可以用作控制存储器、函数发生器、代码转换器等。在输入、输出设备中,常用 ROM 存放字符、汉字等的点阵图形信息。

只读存储器的类型多种多样,如掩膜 ROM、可编程 ROM、紫外线擦除可编程 ROM、电擦除可编程 ROM、闪速可擦除可编程 ROM。下面对它们分别做出简要说明。

1. 掩膜 ROM

掩膜 ROM 中的内容是由半导体存储芯片制造厂家在制造该芯片时直接写入 ROM 中的,即掩膜 ROM 不是用户可编程 ROM。掩膜 ROM 的主要优点是比其他类型的 ROM 便宜,但是一旦掩膜 ROM 中的某个代码或数据有错误,整批的掩膜 ROM 都得扔掉。

2. 可编程 ROM

可编程 ROM(Programmable ROM,PROM)是提供给用户,将要写入的信息"烧"入 ROM。PROM 为一次可编程 ROM(One Time Programmable ROM,OTPROM)。对 PROM 写入信息需要用一个叫 ROM 编程器的特殊设备来实现这个过程。

3. 紫外线擦除可编程 ROM

人们发明用紫外线实现擦除的可编程 ROM(Erasable Programmable ROM,EPROM)的目的是使已写入 PROM 中的信息能被修改(与 PROM 有本质的不同),且可被编程、擦除几千次。EPROM 的问题是:需要紫外设备,EPROM 芯片有一个窗口用于接收紫外线,通过紫外线照射擦除其内容。擦除芯片的内容耗时为分钟级。

4. 电擦除可编程 ROM

与 EPROM 比,电擦除可编程 ROM(Electrically Erasable Programmable ROM,EEPROM)有许多优势。其一是用电来擦除原有信息,实现瞬间擦除,而 EPROM 需要 20min 左右的擦除时间。此外,使用者可以有选择地擦除具体字节单元的内容,而 EPROM 擦除的是整个芯片的内容,并且 EEPROM 的使用者可直接在电路板上对其进行擦除和编程,不需要额外的擦除和编程设备。这要求系统设计者在电路板上设置对 EEPROM 进行擦除和编程的电路。EEPROM 的擦除一般使用 12.5V 的电压,即在 V_{pp} 引脚上要加有 12.5V 的电压。

5．闪速可擦除可编程 ROM

闪速可擦除可编程 ROM，又称闪速存储器，简称闪存，起源于 20 世纪 90 年代初，是深受欢迎的用户可编程存储芯片。闪存正在逐渐替代原来个人计算机中的 BIOS ROM。有的设计人员认为闪存将来可能替代硬盘，如此将大大改善计算机的性能，因为闪存的存取时间在 100ns 之内，而磁盘的存取时间为毫秒级。

闪存替代硬盘有两个问题必须解决：一是成本因素，即同等容量的 U 盘价格应与同等容量的硬盘价格相差不大；二是闪存可擦写的次数，必须像硬盘一样在理论上是无限的（这是硬盘的工作原理所决定的），而闪存的可擦写次数是有限的。

3.3.2 闪速存储器

闪速存储是只读存储器的一种，由于其是一种较为常见的只读存储器，下面对其做出详细介绍。

东芝公司的发明人 Fujio Masuoka 于 1984 年首先提出了快速闪存的概念。与传统计算机内存不同，闪存的特点是拥有非易失性。

Intel 是世界上第一个生产闪存并将其投放市场的公司。1988 年，公司推出了一款 256Kb 的闪存芯片。它如同鞋盒一样大小，内嵌于一个录音机里。后来，Intel 发明的这类闪存被统称为 NOR 闪存。它结合了 EPROM 和 EEPROM 两项技术，并拥有一个 SRAM 接口。

第二种闪存是日立公司于 1989 年研制的 NAND 闪存，它被认为是 NOR 闪存的理想替代者。NAND 闪存的写周期是 NOR 闪存的 1/10 倍，保存与删除处理的速度快，存储单元只有 NOR 的一半，但读取速度要慢于 NOR 型闪存。

1．闪速存储器的基本原理

闪存以单晶体管作为二进制信号的存储单元，它的结构与普通的半导体晶体管（场效应管）非常类似，如图 3-17 所示，区别在于闪存的晶体管加入了浮动栅（Floating Gate）和控制栅（Control Gate）。前者用于存储电子，表面被一层硅氧化物绝缘体所包覆，并通过电容与控制栅相耦合。当负电子在控制栅的作用下被注入浮动栅中时，该 NAND 单晶体管的存储状态就由 1 变成 0。反之，当负电子从浮动栅中移走后，存储状态就由 0 变成 1；而包覆在浮动栅表面的绝缘体的作用就是将内部的电子困住，以达到保存数据的目的。如果要写入数据，就必须将浮动栅中的负电子全部移走，令目标存储区域都处于 1 状态，这样只有遇到数据 0 时才发生写入动作。

图 3-17　闪存的基本存储单元结构图

闪存有几种不同的电荷生成与存储方案，应用最广泛的是通道热电子编程（Channel Hot Electron，CHE），该方法通过对控制栅施加高电压，使传导电子在电场的作用下突破绝缘体的屏障进入浮动栅内部,反之亦然,以此来完成写入或者擦除动作;另一种方法被称为隧道效应法(Fowler-Nordheim,FN),该方法直接在绝缘层两侧施加高电压形成高强度电场,帮助电子穿越氧化层通道进出浮动栅。

2. 闪速存储器的特点

固有的非易失性:SRAM 和 DRAM 断电后保存的信息随即丢失,为此 SRAM 需要备用电池来保存数据,而 DRAM 一般需要磁盘作为后援存储器。由于闪存具有可靠的非易失性,因此它是一种理想的存储器。

廉价和高密度:和 SRAM 及 DRAM 相比,相同存储容量的闪存具有更低的成本。

可直接执行:NOR 型闪速存储器中存储的应用程序可以直接在闪存内运行,不必再把代码读到系统 RAM 中,而磁盘中存储的应用程序要先加载到 RAM 中,才能执行。

固态性能:闪速存储器是一种低功耗、高密度且没有机电移动装置的半导体技术,访问速度也快于传统磁盘,因而特别适合便携式微型计算机系统,如固态硬盘(Solid State Disk,SSD)。但固态硬盘要想完全替代磁盘至少要解决两个问题:一是固态硬盘每位存储成本高于磁盘;二是固态硬盘的访问次数是有限的,而磁盘的访问次数在理论上是无限的。

3. 闪速存储器的分类

根据技术架构的不同,闪速存储器可分为如下两类。

1) NOR 型闪存

NOR 型闪存工作时同时使用通道热电子编程和隧道效应法两种方法。通道热电子编程用于数据写入,支持单字节或单字编程;隧道效应法则用于擦除,但 NOR 不能单字节擦除,必须以块为单位或对整片区域执行擦除。由于擦除和编程速度慢,块尺寸也较大,使得 NOR 闪存的擦除和编程花费时间长,无法胜任纯数据存储和文件存储之类的应用。

NOR 型闪存带有 SRAM 接口,有足够的地址引脚来寻址,可以很容易地读取其内部的每一个字节,因此它支持代码本地直接运行,即应用程序可以直接在闪存内运行,不必再把代码读到系统 RAM 中,这是嵌入式应用经常需要的一个功能。但其单位存储价格比较高,容量比较小,比较适合频繁随机读写的场合。

2) NAND 型闪存

NAND 型闪存工作时采用隧道效应法写入和擦除,单晶体管的结构相对简单,使其存储单元只有 NOR 的一半,因而存储密度较高。与 NOR 相比,NAND 型闪存的写和擦除操作的速度快,但其随机存取的速率慢。NAND 型闪存的基本存取单元是页(Page)。每一页的有效容量是 512 字节的倍数,类似于硬盘的扇区,所谓的有效容量是指用于数据存储的部分。例如,每页的有效容量是 2048 字节,外加 64 字节的空闲区,空闲区通常被用于纠错码、损耗均衡(Wear Leveling)等。

与磁盘和 DRAM 不同,类似于 EEPROM 技术,对闪存的写操作会损耗存储位,所以闪存的操作次数是受限的。为了尽量延长其寿命,大多数闪存产品都有一个控制器,用来将写操作从已经写入很多次的块中映射到写入次数较少的块中,从而使写操作尽量分散。这种技术称为损耗均衡。该技术也可以将芯片在制造过程中出错的存储单元屏蔽掉。

根据闪存颗粒中单元存储密度的差异,NAND 型闪存又分为 SLC(Single-Level Cell,单层单元)、MLC(Multi-Level Cell,多层单元)、TLC(Triple-Level Cell,三层单元)、QLC(Quad-

Level Cell,四层单元)等多种类型。SLC 每个单元存储一位二进制数据,这种设计提高了耐久性、准确性和性能。它的价格最高。MLC 每个单元存储两位二进制数据。尽管在存储单元中存储多位能够在相同空间内获得更大容量,但它的代价是使用寿命降低,可靠性降低。TLC 每个单元存储三位二进制数据,通常用于性能和耐久性要求相对较低的消费级电子产品,最适合包含大量读取操作的应用程序。QLC 每个单元存储四位二进制数据,这种产品在大数据等应用中发挥了很大的作用。

NAND 型闪存主要用来存储资料,它常常被应用于诸如数码照相机、数码摄像机、闪存卡、固态硬盘等产品。

3.3.3 新型的非易失性存储器

新型的非易失性存储器通常包括铁电存储器(Ferroelectric Random Access Memory,FRAM)、相变存储器(Phase Change Random Access Memory,PCRAM)、磁性存储器(Magnetic Random Access Memory,MRAM)和阻变存储器(Resistive Random Access Memory,RRAM)等。其中,FRAM 是一种在断电时不会丢失内容的非易失性存储器,具有高速、高密度、低功耗和抗辐射等优点。PCRAM 利用特殊材料在晶态和非晶态之间相互转化时所表现出来的导电性差异来存储数据。MRAM 利用磁性隧道结的隧穿磁电阻效应对数据进行存储。RRAM 是以非导性材料的电阻在外加电场的作用下,在高阻态和低阻态之间可逆转换为基础的非易失性存储器。相比其他非易失性存储技术,RRAM 是高速存储器。下面重点介绍 RRAM 芯片的重要电子元件——忆阻器(Memristor)。

忆阻器是表示磁通与电荷关系的电路器件。其中,忆阻的阻值是由流经它的电荷来确定的。因此,通过测定忆阻的阻值便可知道流经它的电荷量,从而具有记忆电荷的作用。简单来说,忆阻器是一种有记忆功能的非线性电阻,通过控制电流的变化可改变其阻值。例如,把高阻值定义为 1,低阻值定义为 0,这种电阻就可以实现存储数据的功能。

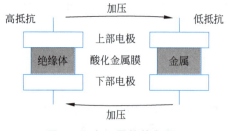

图 3-18 忆阻器的基本原理

在每个忆阻器中,底部和顶部的导线分别与器件的两边接触。忆阻器是由两个金属电极夹着的二氧化钛层构成的双端与双层交叉开关结构的半导体。其中一层二氧化钛掺杂了氧空位,成为一个半导体,而相邻一层不掺任何东西,保持绝缘体的自然属性,通过检测交叉开关两端电极的阻性就能判断 RRAM 的"开"或者"关"状态,如图 3-18 所示。

忆阻器除了其独特的记忆功能外,还有两大特性:一是有更短的访问时间和更快的读写速度,它整合了闪速存储器和 DRAM 的部分特性;二是存储单元小,尺寸可以做到几纳米。由于忆阻器尺寸小、能耗低,因此能很好地存储和处理信息。例如,一个忆阻器的工作量相当于一枚 CPU 芯片中十几个晶体管共同产生的效用,而且其可以与 CMOS 技术相兼容,是下一代非易失性存储技术的发展趋势。

3.4 并行存储器

随着计算机的不断发展,虽然存储器系统速度也在不断提高,但始终跟不上 CPU 速度的提高,因而使之成为限制系统速度的一个瓶颈。为了解决两者的速度匹配问题,通常采用的方法有：一是采用更高速的主存储器，或加长存储器的字长；二是采用并行操作的双端口存储器；三是在每个存储器周期中存取几个字，即采用并行存储器；四是在 CPU 和主存储器之间插入一个高速缓冲存储器(Cache)。

本节先介绍双端口存储器，然后介绍并行主存系统，最后介绍相联存储器，下一节介绍高速缓冲存储器。

3.4.1 双端口存储器

常规的存储器是单端口存储器，每次只接收一个地址，访问一个编址单元，从中读取或存入一个字节或一个字。在执行双操作数指令时，就需要分两次读取操作数，工作速度较低。在高速系统中，主存储器是信息交换的中心。一方面 CPU 频繁地访问主存，从中读取指令、存取数据，另一方面外围设备也需较频繁地与主存交换信息，而单端口存储器每次只能接受一个访存者，要么读要么写，这也影响了工作速度。为此，在某些系统或部件中使用双端口存储器，已有集成芯片可用。

如图 3-19 所示，双端口存储器具有两个彼此独立的读/写口，每个读/写口都有一套独立的地址寄存器和译码电路、数据总线和控制总线，可以并行地独立工作。

当送达两个端口的访存地址不同时，在两个端口上进行读写操作，一定不会发生冲突。每个端口都可以独立对存储器进行读写，就像是两个存储器在同时工作，实现了并行存储操作。

当两个端口地址总线上送来的是存储器同一单元的地址时，便发生读写冲突。为解决此问题，双端口存储器芯片特设置 $\overline{\text{BUSY}}$ 标志。在这种情况下，芯片上的判断逻辑可以决定对哪个端口优先进行读写操作，而对另一个被延迟的端口置 $\overline{\text{BUSY}}$ 标志(使其变为低电平)，即暂时关闭此端口。换句话说，读写操作对 $\overline{\text{BUSY}}$ 变为低电平的端口是不起作用的。优先端口完成了读写操作，才将被延迟端口的 $\overline{\text{BUSY}}$ 复位(使其变为高电平)，开放此端口允许延迟端口进行存取。

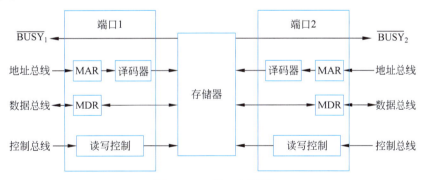

图 3-19 双端口存储器

双端口存储器的常见应用场合有：一种应用是在运算器中采用双端口存储芯片，作为通用寄存器组，能快速提供双操作数，或快速实现寄存器间的传送；另一种应用是让双端口存储器的一个读/写口面向 CPU，通过专门的存储总线(或称局部总线)连接 CPU 与主存，使 CPU 能快速访问主存，另一个读/写口则面向外围设备或输入输出处理机 IOP，通过共享的系统总线连接，这种连接方式具有较大的信息吞吐量。此外，在多机系统中，常采用双端口存储器甚至多端口存储器，作为各 CPU 的共享存储器，以实现多 CPU 之间的通信。

3.4.2 并行主存系统

为解决主存与 CPU 之间的速度差异,在高速的大型计算机中普遍采用并行主存系统,在一个存储周期内可并行存取多个字,从而提高整个存储器系统的吞吐率(数据传送率),以解决 CPU 与主存间的速度匹配问题。通常有两种方式。

1. 单体多字并行主存系统

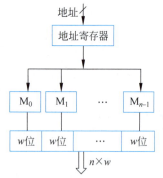

图 3-20 单体多字并行主存系统

如图 3-20 所示,多个并行存储器共用一套地址寄存器,按同一地址码并行地访问各自的对应单元。例如读出沿这 n 个存储器顺序排列的 n 个字,每个字有 w 位。假定送入的地址码为 A,则 n 个存储器同时访问各自的 A 号单元。我们也可以将这 n 个存储器视作一个大存储器,每个编址对应于 n 字×w 位,因而称为单体多字方式。

单体多字并行主存系统适用于向量运算一类的特定环境。在执行向量运算指令时,一个向量型操作数包含 n 个标量操作数,可按同一地址分别存放于 n 个并行主存之中。例如矩阵运算中的 $a_i b_j = a_0 b_0$、$a_0 b_1 \cdots$,就适合采用单体多字并行存取方式。

2. 多体交叉并行主存系统

在大型计算机中使用更多的是多体交叉存储器,如图 3-21 所示,一般使用 n 个容量相同的存储器,或称为 n 个存储体,它们具有自己的地址寄存器、数据线、时序,可以独立编址地同时工作,因而称为多体方式。

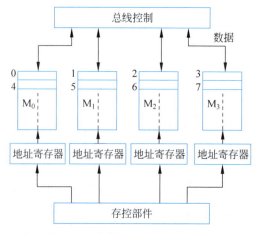

图 3-21 多体交叉并行主存系统

各存储体的编址大多采用交叉编址方式,即将一套统一的编址按序号交叉地分配给各个存储体。以 4 个存储体组成的多体交叉存储器为例:M_0 体的地址编址序列是 $0,4,8,12,\cdots$,M_1 是 $1,5,9,13,\cdots$,M_2 是 $2,6,10,14,\cdots$,M_3 是 $3,7,11,15,\cdots$。换句话说,一段连续的程序或数据,将交叉地存放在几个存储体中,因此整个并行主存是以 n 为模交叉存取的。

相应地,对这些存储体采取分时访问的时序,如图 3-22 所示。仍以 4 个存储体为例,模等于 4,各体分时启动读/写,时间错过四分之一存取周期。启动 M_0 后,经 $T_M/4$ 启动 M_1,在

$T_M/2$ 时启动 M_2,在 $3T_M/4$ 时启动 M_3。各体读出的内容也将分时地送入 CPU 中的指令栈或数据栈,每个存取周期可访存 4 次。

采取多体交叉存取方式,需要一套存储器控制逻辑,简称为存控部件。它由操作系统设置或控制台开关设置,确定主存的模式组合,如所取的模是多大;接收系统中各部件或设备的访存请求,按预定的优先顺序进行排队,响应其访存请求;分时接收各请求源发来的访存地址,转送至相应的存储体;分时收发读写数据;产生各存储体所需的读/写时序;进行校验处理等。显然,多体交叉存取方式的存控逻辑比较复杂。

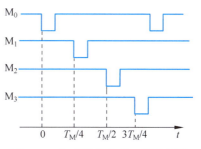

图 3-22 多存储体分时工作示意图

当 CPU 或其他设备发出访存请求时,存控部件按优先排队决定是否响应请求,并按交叉编址关系决定该地址访问哪个存储体,然后查询该存储体的"忙"触发器是否为 1。若为 1,则表示该存储体正在进行读/写操作,需等待;若该存储体已完成一次读/写,则将"忙"触发器置 0,然后可响应新的访存请求。当存储体完成读/写操作时,将发出一个回答信号。

这种多体交叉存取方式很适合支持流水线的处理方式,而流水线处理方式已是 CPU 中的一种典型技术。因此,多体交叉存储结构是高速大型计算机的典型主存结构。

3.4.3 相联存储器

常规存储器是按地址访问的,即送入一个地址编码,选中相应的一个编址单元,然后进行读写操作。在信息检索一类工作中,需要的却是按信息内容选中相应单元,进行读写。例如,从一份学生档案中查找某生的学习成绩,送出的检索依据是该生的姓名(字符串),找到相应的存储区,读出他的成绩。当使用常规存储器进行检索时,就需要采用某种搜索算法,依次按地址选择某个存储单元,读出姓名(字符串),与检索依据进行符合比较。若不符合,则按算法修改地址,再读出另一姓名信息,进行比较。直到二者相符,表示已找到所需寻找的学生姓名,然后从此找到对应的存储区域,读出成绩数据。可见,用常规存储器进行信息检索,需将检索依据的内容设法转化为地址,因此效率往往很低。能否将有关的这些姓名与检索依据同时进行符合比较,一次就找到相符内容所存的单元呢? 于是出现了相联存储器(Associative Memory)。

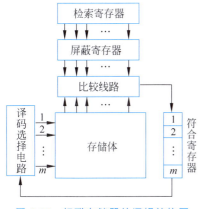

图 3-23 相联存储器的逻辑结构图

相联存储器又称为联想存储器,它是根据所存信息的全部特征或部分特征进行存取的,即一种按内容寻址的存储器。图 3-23 描述了其逻辑结构,它由存储体、检索寄存器、屏蔽寄存器、符合寄存器、比较线路、数据寄存器以及控制线路组成。检索寄存器和屏蔽寄存器的位数与存储体中存储单元的位数(n)相等,符合寄存器的位数则跟存储单元数(m)相等,即符合寄存器的每一位对应存储体中的一个存储单元。

当需要查找某一数据时,先把数据本身或数据特征标志部分(检索项)送入检索寄存器。由于每次检索时一般只用到其中的一部分,例如只输入学号,或只输入姓名,因此屏蔽寄存器中存放着屏蔽字代码。例如本次检索只用到高 8 位,即输入的检索字为高 8 位,则屏蔽字的高 8 位为 1，其余低位均为 0，将本次不用的无效位屏蔽掉。高 8 位的检索信息将与相联存储器中的 m 个字的高 8 位同时进行符合比较，其余被屏蔽掉的无效位将不参与比较。如果输入的检索字是另外的检索项，则修改屏蔽字。屏蔽字中为 1 的诸位像一个窗口，只允许窗口对应的检索项进行比较操作。

比较线路的作用是把检索项同时和相联存储阵列中的每一个存储单元的相应部分进行逻辑比较，若完全相同，则把与该字对应的符合寄存器相应位置 1，表示该字就是所要查找的字，并利用这个符合信号去控制该字单元的读/写操作，实现数据的读出或写入。数据寄存器则存放要读出或写入的数据。

综上所述，存储体中的每个单元都应有一套比较线路，最终产生使符合寄存器相应位置 1 的信号。这样相联存储器的成本高，且容量有限，所以相联存储器一般用来存放检索中可能要查询的关键信息。所以若其他信息存放在另外的常规数据存储器中，则符合寄存器的各位经编码产生地址，据此到数据寄存器中读/写。

在计算机系统中，相联存储器主要用于在虚拟存储器中存放分段表、页表和快表；在高速缓冲存储器中，相联存储器用于存放 Cache 的行地址。在这两种应用中，都需要快速查找。

3.5 高速缓冲存储器

3.5.1 Cache 在存储体系中的地位和作用

由于集成电路技术不断进步，导致生产成本不断降低，CPU 的功能不断增强，运算速度也越来越快；同时，微型计算机的应用领域也不断拓展，使得系统软件和应用软件都变得越来越大，客观上需要大容量的内存支持软件的运行，因此需要计算机配备较大容量的内存。从成本和容量两个因素考虑，现代计算机广为采用 DRAM 构成的内存，因为 DRAM 的功耗和成本低，容量大。但 DRAM 的速度相对较慢，很难满足高性能 CPU 在速度上的要求。那么如何解决这个矛盾呢？

1. 程序的局部性

根据冯·诺伊曼计算机的特点，我们注意到：在较短的时间内，程序的执行仅局限于某个部分，相应地，CPU 所访问的存储器空间也局限于某个区域（至少在一段时间内是这样的），这就是程序的局部性(Locality of Reference)原理。程序的局部性表现为时间局部性和空间局部性。由于程序中存在着大量的循环结构，程序中的某条指令一旦执行，不久以后该指令可能再次执行，如果某数据被访问过，则不久以后该数据可能再次被访问，这就是时间局部性。程序的另一个典型情况就是顺序执行，一旦程序访问了某个存储单元，在不久以后，其附近的存储单元也将被访问，表现为空间局部性。

基于程序的局部性原理，高速缓冲存储器(Cache)的设计理念就是：只将 CPU 最近需要使用的少量指令或数据以及存放它们的内存单元的地址，复制到 Cache 中提供给 CPU 使用，即用少量速度较快的 SRAM 构成 Cache，置于 CPU 和主存之间，以提高 CPU 的工作效率。这种设计思想利用了 SRAM 的速度优势和 DRAM 的高集成度、低功耗及低成本的特点，是多级存储层次的一个重要层级。

例如在 33MHz 80386 构成的系统中，如果 CPU 需要从内存中读取指令或数据，在不需要插入任何等待状态的理想情况(零等待)下,最大的延迟时间为 60ns,即 CPU 发出内存地址和读命令后,最多等待 60ns 就需要在数据总线上取得它需要的指令或数据。换一个角度讲,当内存得到了 CPU 送来的地址和读命令后,只有 60ns 的时间完成地址译码、读出指令或数据并将读出的指令或数据稳定地放到数据总线上。当时在市场上满足成本要求的 DRAM 芯片,在速度上都不能满足要求,只有访问时间为 45ns 的 SRAM 在速度上才能满足 CPU 的要求。因此,在这样的系统中使用 Cache 是完全必要的。

不难想象,随着大规模集成电路技术不断进步,CPU 的工作频率进一步提高,虽然 DRAM 技术和生产工艺也在不断进步,DRAM 的读写周期在不断缩短,即速度也在不断提高,但是仍然达不到同阶段的 CPU 对内存速度的要求。问题依然存在,且变得更加严重,所以在目前的系统中均采用 Cache 和 DRAM 内存的组合结构。

2. 多级 Cache 概念

基于目前的大规模集成电路技术和生产工艺,人们已经可以在 CPU 芯片内部放置一定容量的 Cache。CPU 芯片内部的 Cache 称为一级(L1)Cache,CPU 外部由 SRAM 构成的 Cache 称为二级(L2)Cache。目前最新的 CPU 内部已经可以放置二级甚至三级 Cache。

同时也应该看到,若 CPU 随机地访问存储器,不遵循局部性原理,则 Cache 的设计理念根本无法发挥作用。目前看来,频繁且无规则地在程序中使用 CALL 或 JMP 指令将会严重地影响基于 Cache 的系统性能,但这种情况在实际应用中并不多见,也可以考虑通过加大 Cache 的容量来提高系统性能。

在带有 Cache 的计算机系统中,Cache 对于程序员是透明的。从逻辑上讲,程序员并不会感觉到 Cache 的存在,只会感觉到主存的速度加快了。

3.5.2 Cache 的结构及工作原理

Cache 的总体结构如图 3-24 所示。Cache 存储阵列由高速存储器构成,用于存放主存信息的副本。其容量虽小于主存,但编址方式、物理单元长度均与主存相同。Cache 中用于存放数据的部分称为数据 Cache,存放指令的部分称为指令 Cache,有时二者也统称为内容 Cache。在带有 Cache 的计算机系统中,Cache 和主存均被分割成大小相同的块(也称为行),信息以块为单位调入内容 Cache。Cache 中数据块(行)的大小一般为几到几百字节。

由于 Cache 容量有限,只能复制主存中小部分内容,因此 Cache 中有专门用于记录主存内容存入 Cache 时两者的对应关系的部件,称为标识 Cache,一般由相联存储器组成。在标识 Cache 中,内容 Cache 中的每个块都有一个对应的标识(标记),表明存入 Cache 当前块中主存内容的特征。另外,标识 Cache 中还有一位有效位,用于判定当前 Cache 块中是否包含有效信息。这是因为处理器刚启动时,Cache 中没有有用的数据,所有有效位都为无效的。即使在执行了一些指令后,Cache 中某些块依然是空的。

当 CPU 存取数据或指令时,按数据或指令的内存地址去访问 Cache,与标识 Cache 中的标记相比较,若相等且有效位为有效,说明 Cache 中找到了数据或指令(称为 Cache 命中),则 CPU 无须等待,Cache 就可以将信息传送给它;若标记不相等,说明数据或指令不在 Cache 中(称为未命中),此时存储器控制电路从内存中取出数据或指令传送给 CPU,同时复制一份该信息所在的数据块到 Cache 中。若此时 Cache 已满,则 Cache 中的替换策略实现机构按照某种替换算法调出某一 Cache 块,然后从内存中装入所需的块。之所以这样做,是为了防止

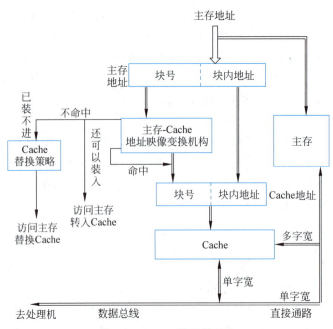

图 3-24　Cache 的总体结构

CPU 以后再访问同一信息时又会出现不命中的情况,以便尽量降低 CPU 访问速度相对较慢的内存的概率。换言之,CPU 访问 Cache 的命中率越高,系统性能就越好。目前,在绝大多数有 Cache 的系统中,Cache 的命中率一般能做到高于 85%。

Cache 的命中率取决于 Cache 的大小、Cache 的组织结构和程序的特性 3 个因素。容量相对较大的 Cache,命中率会相应地提高,但容量太大成本就会变得不合理。遵循局部性原理的程序在运行时,Cache 命中率也会很高。另外,Cache 的组织结构的好坏对命中率也会产生较大的影响。就 Cache 的组织结构而言,有 3 种类型的 Cache:直接映像方式、全相联映像方式和组相联映像方式。

由于 CPU 仍以主存地址访问 Cache,因此先用主存地址中的一部分与标识 Cache 的标记比对,判定是否命中。用访存地址中的哪部分与标记比对,以及与标识 Cache 中所有标记比对,还是只比对某个标记,或是比较某几个标记,这些都取决于 Cache 的组织结构,即主存信息按什么规则装入 Cache。通常将主存与 Cache 的存储空间划分为若干大小相同的块。例如,某机 Cache 容量为 16KB,块大小为 64B,则 Cache 可划分为 256 块;主存容量为 1MB,可划分为 16 384 块。下面以此为例介绍 3 种 Cache 的组织结构,也称为 Cache 映像方式。

1. 直接映像方式

所谓直接映像,是指任何一个主存块只能复制到某一固定的 Cache 块中。它实际是将主存以 Cache 的大小划分为若干区,每一区的第 0 块只能复制到 Cache 的第 0 块,每一区的第 1 块只能复制到 Cache 的第 1 块,……。如图 3-25 所示,在前述实例中,把主存按照 Cache 的大小分为 64 个区,每个区 256 块。当 CPU 访存时,给出 20 位主存地址,其中高 14 位给出主存块号,低 6 位给出块内的字节地址。

为了实现与 Cache 间的地址映像与变换,主存高 14 位地址又分为两部分:高 6 位给出主存区号,选择 64 区中的某一区;低 8 位为区内块号,实际就是 Cache 块号,选择区内 256 块中

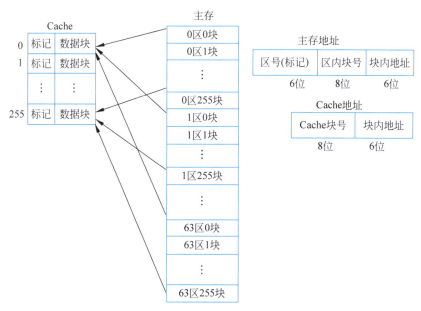

图 3-25 直接映像的 Cache 组织

的某一块。由于主存块在 Cache 中的位置固定,一个主存块只能对应一个 Cache 块,故标识 Cache 中只需存储每一块所对应的主存区号。如图 3-26 所示,访存时,以主存地址中的区内块号为索引定位到标识 Cache 的相应位置,再将主存地址中的区号与标识 Cache 中的相应块的标记比较。如果相等且有效位为有效,表示 Cache 命中,则所需的数据由 Cache 相应单元读出或写入。若不等,表示所需块未装入 Cache,此时需访问主存获取信息,同时将所需内容对应的块从主存复制到 Cache 中并修改对应的标识。

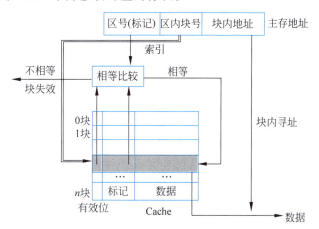

图 3-26 直接映像中 Cache 的工作方式

在直接映像方式下,主存中存储单元的数据只可调入 Cache 中的一个固定位置,如果主存中另一个存储单元的数据也要调入该位置,则将发生冲突。

直接映像方式的硬件实现简单,地址变换速度快。由于主存块在 Cache 中的位置固定,一个主存块只能对应一个 Cache 块,因此没有替换策略问题,但块的冲突率高,Cache 利用率也降低了。若程序连续访问两个相互冲突的块,将会使命中率急剧下降。

2. 全相联映像方式

在全相联映像方式的 Cache 中,任意主存单元的内容可以存放到 Cache 的任意单元中,两者之间的对应关系不存在任何限制,如图 3-27 所示。

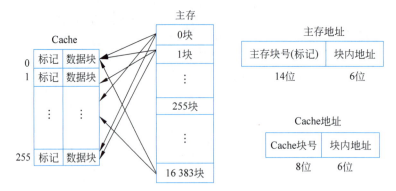

图 3-27 全相联映像的 Cache 组织

在全相联映像方式中,CPU 送到 Cache 的访存地址被分为两部分,如上例中高 14 位为主存块号,低 6 位为块内地址。每块 Cache 的标记也为 14 位,用于指示装入 Cache 对应位置的主存块号。当 CPU 访存时,将主存块号与 Cache 标记全相联比较,若有相符者,则表示被访主存块已装入 Cache,相应块的内容被读出或写入。若没有相符者,则表示被访主存块未复制到 Cache 中,此时若 Cache 中有空块,则从主存调入所需块并建立标记;若 Cache 中无空块,则需淘汰某一 Cache 块,再调入新块,并修改 Cache 标记。

全相联方式 Cache 空间利用率高,只有在 Cache 中的块全部装满后才会出现块冲突,所以块冲突概率小。缺点是需相联比较,因而硬件逻辑复杂,成本高。

3. 组相联映像方式

全相联映像方式灵活性和命中率高,但地址映像电路中的比较器复杂,而直接映像方式正好与之相反。组相联映像是这两种方式的一种折中,它将 Cache 进行分组,每组中的块数固定,同时将主存按照 Cache 的块尺寸分割成若干块。主存中的任何一块只能存放到 Cache 中的某一固定组中,但存放在该组的哪一块是灵活的。

如果 Cache 组的大小为 1,则变成了直接映像。如果组的大小为整个 Cache 的尺寸,则又变成了全相联映像。若组相联映像中每组的块数为 k,则又称为 k 路组相联。

仍使用前面的例子。如图 3-28 所示,假设 Cache 中每组大小为 4 块,则 Cache 共有 64 组。12 位 Cache 地址分为 3 部分:6 位组号、2 位组内块号和 6 位块内地址。1MB 主存共有 16 384 块,20 位主存地址的高 14 位为块号,低 6 位为块内地址。设主存中某一块的块号为 s,则它所在的 Cache 组号 $k = s \bmod 64$,即主存地址中 14 位块号的低 6 位就是 s 块所在的 Cache 组号,而 14 位块号中的高 8 位作为标记存储在标识 Cache 中,用于访问 Cache 时的相联比较。这样主存的 s 块只能存放在 Cache 的 k 组中,但可放于 k 组 4 块中的任意位置。由此可以看出,组的映像是直接映像,而组内是全相联映像。

如图 3-29 所示,按照图 3-28 所示的结构,Cache 按照四路组相联组织,每行是一组,每组由 4 个块构成。当 CPU 以 20 位主存地址访问 Cache 时,其地址被分为 3 部分:8 位标记、6 位 Cache 组号和 6 位块内地址。以主存组号为索引查找标识 Cache,在标识 Cache 中将对应

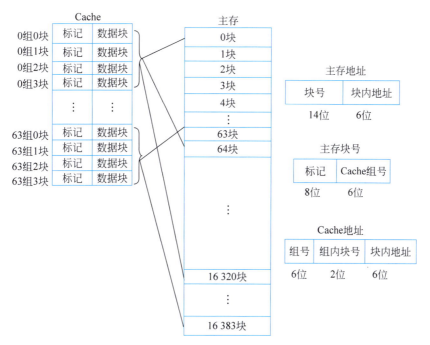

图 3-28　组相联映像的 Cache 组织

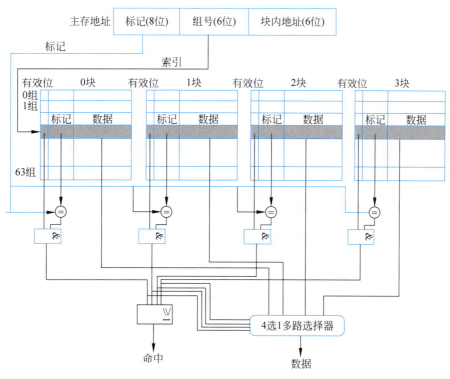

图 3-29　四路组相连 Cache 的工作方式

组的 4 个标记与主存地址中的标记进行相等比较,如果有相等的,且有效位为有效,表示 Cache 命中,由四选一多路选择器选择出匹配的数据块,再根据主存地址中的块内地址找到块内要访问的数据读出送给 CPU。如果没有相等的标记,表示不命中,对主存进行访问并将主存中的块调入 Cache 中,同时将主存地址中的标记写入标识 Cache 中,以改变映像关系。在新的数据块调入时,可能还需确定将组内的哪一个数据块替换出去。

例 3-5 假设某 Cache 有 4096 块,块大小为 4 字,字长为 32 位,主存地址为 32 位,分别计算在直接映像、两路组相连映像、四路组相联映像和全相联映像中,Cache 的组数以及总的标记位数。

解: 由于字长为 32 位,即 4 字节,块大小为 4 字,因此块内地址为 4 位,Cache 有 $4096=2^{12}$ 块,所以 Cache 地址共 16 位。

① 直接映像时,主存地址结构如下:

| 区号(标记 16 位) | 区内块号(12 位) | 块内地址(4 位) |

直接映像时,一组只有一个块,所以 Cache 共 4096 组。标记的总位数 $= 4096 \times 16 = 64\text{Kb}$。

② 两路组相连映像时,主存地址结构如下:

| 标记(17 位) | 组号(11 位) | 块内地址(4 位) |

Cache 地址结构如下:

| 组号(11 位) | 组内块号(1 位) | 块内地址(4 位) |

所以 Cache 组数为 $2^{11}=2048$ 组。标记的总位数 $=4096 \times 17=68\text{Kb}$。

③ 四路组相联映像时,主存地址结构如下:

| 标记(18 位) | 组号(10 位) | 块内地址(4 位) |

Cache 地址结构如下:

| 组号(10 位) | 组内块号(2 位) | 块内地址(4 位) |

所以 Cache 组数为 $2^{10}=1024$ 组。标记的总位数 $=4096 \times 18=72\text{Kb}$。

④ 全相联映像时,主存地址结构如下:

| 块号(标记 28 位) | 块内地址(4 位) |

Cache 地址结构如下:

| 块号(12 位) | 块内地址(4 位) |

全相联映像时 Cache 只有一组。标记的总位数 $=4096 \times 28=112\text{Kb}$。

3.5.3 Cache 的替换算法与写策略

1. Cache 的替换算法

CPU 访问 Cache 在未命中的情况下,需要访问主存找到所需的信息,同时需要把该信息所在的块装入 Cache。若此时在全相联映像结构中,所有 Cache 块都装满了,或在组相联映像结构中,主存地址所对应的组也满了,这时就必须按照某种策略替换 Cache 中的一个块中的数据或指令,以便腾出位置存放新的数据或指令,这个过程称为 Cache 刷新。

根据计算机的设计目的和使用意向,可以采用随机的、顺序的、先进先出(First In First

Out,FIFO)和最近最久未使用(Least Recently Used,LRU)算法,来决定被替换的数据。LRU算法是将最近一段时间内 CPU 最久未使用的数据替换掉。考虑到实现的方便性,一般采用最近最少使用(Least Frequently Used,LFU)算法来决定被替换的数据,这种方法是让 Cache 控制器记录 Cache 中每块数据最近使用的次数,当要为新数据腾出空间时,最近使用次数最少的数据块被替换。

在替换数据时,若内存中已有被替换数据块的副本,则无须将其再写回内存,直接丢弃即可,否则将被替换的 Cache 块写回主存,以保证数据的一致性。

Cache 未命中时,CPU 必须阻塞,等待要访问信息所在的数据块由主存复制到 Cache 中,为了减少阻塞延迟,可采用提前重启(Early Restart)或关键字优先(Critical Word First)技术。提前重启就是当访问主存返回所需字时,处理器马上继续执行,不需要等待整个块都装入 Cache 后再执行。这种技术应用于指令 Cache 可以保证存储器系统每个时钟周期都能传送一个字。这是因为大多数指令访问都是连续的。但应用于数据 Cache 效率要低一些,因为 CPU 对数据的访问可能是不连续的。在当前访问的块从主存传送到 Cache 前,CPU 很可能访问的是另一块的数据,如果此时数据传输正在进行,处理器必然阻塞。关键字优先技术是重新组织存储器,使得被请求的字先从主存传送到 Cache,再传送该块剩余的部分,从所请求字的下一个地址开始传送,再回到块的开始。这种技术也被称为请求字优先(Requested Word First),它比提前重启要快一些,但如果 CPU 连续访问的字不在同一块中,是离散分布的,同样可能会引起处理器阻塞。

2. Cache 的写策略

在具有 Cache 的系统中,由于对应同一地址的数据有两份副本,一份在主存中,另一份在 Cache 中,因此必须确保在操作过程中不丢失任何数据,使 CPU 使用的任何数据都是最新的。这就必须采用一个完美的 Cache 写策略,以确保写入 Cache 中最新的数据也写入了主存。目前有两种 Cache 写策略:写直达法(Write-through)和写回法(Write-back)。

1) 写直达法

采用写直达法,数据被同时写入主存和 Cache。因此,任何时刻内存中都有 Cache 中有效数据的副本。这种策略保证了内存中的数据总是最新的。如果 Cache 中的内容被覆盖,可以从内存中访问到最新数据。但这种做法增加了 CPU 占用系统总线的时间。

2) 写回法

采用写回法,CPU 将最新的数据只写入 Cache 中,但不写入内存。仅当 Cache 要替换数据时,才由 Cache 控制器将 Cache 中被替换的那个数据写入内存。采用此策略的 Cache 中增加了一位状态位,称为修改位(Dirty Bit)。当 Cache 要替换其中的某个块(行)中的数据时,首先查看与该块(行)对应的修改位:若修改位为 0,则表明 Cache 中的数据未被修改过,其内容与内存中对应块的内容是一致的,可以直接丢弃;若修改位为 1,则表明 Cache 中的数据是新数据,只有 Cache 中有,而内存中没有,在替换之前需要将其写入内存。当把 Cache 中的数据复制到内存中后,修改位将被清 0。采用写回法实现了在必要时才更新内存的内容,减少了 CPU 占用系统总线的时间。写回法不像写直达法那样,当 CPU 每次向 Cache 中写入数据时,都要同时向内存中写入数据,而无端占用系统总线。

在多处理器或有 DMA 控制器的系统中,不止一个处理器可以访问内存,此时必须确保 Cache 中总是有最新的数据。当一个处理器或 DMA 控制器改变了内存中的某些单元的数据时，必须通知其他处理器内存的数据已经被修改。如果在其他处理器所使用的 Cache 中存放的是被修改的内存单元修改前的内容，要将 Cache 中的旧数据标记为"旧的"。这样，若处理器要使用旧数据，Cache 会告知它数据已被更改，需要到内存中重取。在多处理器共享内存中的同一组数据时，必须采取策略确保所有处理器用到的都是最新的数据。

3.6 虚拟存储器

根据程序的局部性原理，应用程序在运行之前没有必要全部装入内存，仅将那些当前需要运行的部分代码先装入内存运行，其余部分暂留在磁盘上即可。如果程序所要访问的代码或数据尚未调入内存，此时系统产生中断，由操作系统自动将所缺部分从磁盘调入内存，以使程序能继续执行下去。如果此时内存已满，无法再装入新的代码或数据，则操作系统利用置换功能将内存中暂时不用的内容调至磁盘上，以腾出足够的内存空间装入要访问的内容，使程序继续执行下去。这种存储器管理技术称为虚拟存储器。

所谓虚拟存储器，是指具有请求调入功能和置换功能，能从逻辑上对内存容量加以扩充的一种存储器系统。其逻辑容量由内存容量和外存容量之和决定，其运行速度接近内存速度，而每位的成本又接近外存。利用虚存技术，程序不再受有限的物理内存空间的限制，用户可以在一个巨大的虚拟内存空间上写程序。此时，CPU 执行指令所生成的地址称为逻辑地址或虚地址，由程序所生成的所有逻辑地址的集合称为逻辑地址空间或虚地址空间。而内存单元所看到的地址，即加载到内存地址寄存器中的地址称为物理地址或实地址。程序执行时，从虚地址到物理地址的映射是由内存管理部件 MMU 完成的。

虚拟存储器的管理方式有 3 种：页式、段式和段页式。

3.6.1 页式虚拟存储器

1. 基本原理

在页式虚拟存储系统中，把程序的逻辑地址空间分为若干大小相等的块，称为逻辑页，编号为 0,1,2,…。相应地，把物理地址空间也划分为与逻辑页相同大小的若干存储块，称为物理块或页框，编号为 0,1,2,…。设逻辑地址空间大小为 2^n，页面大小为 2^m，则页式虚拟存储系统中的逻辑地址结构如下：

逻辑页号 p	页内地址 d
$n-m$ 位	m 位

操作系统将程序的部分逻辑页离散地存储在内存中不同的物理页框中，并为每个程序建立一张页表。页表中的每个表项(行)分别记录了相应页在内存中对应的物理块号，该页的存在状态(是否在内存中)，以及对应的外存地址等控制信息。程序执行时，通过查找页表即可找到每个逻辑页在内存中的物理块号，实现由逻辑地址到物理地址的映射。

如图 3-30 所示，当程序执行时产生访存的逻辑地址，页式虚存地址变换机构将逻辑地址分为逻辑页号和页内地址两部分，并以逻辑页号为索引去检索页表(检索操作由硬件自动执行)。地址变换机构根据页表基地址与逻辑页号，找到该逻辑页在页表中的对应表项，得到该页对应的物理块号，装入物理地址寄存器，同时将逻辑地址寄存器中的页内地址送入物理地址寄存器，就得到了该逻辑地址对应的物理地址，完成了地址映射。

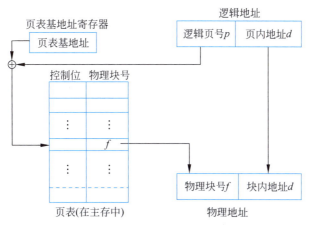

图 3-30　页式虚拟存储器的地址映射

在页式虚拟存储系统中,当地址变换机构根据逻辑页号查找页表时,若该逻辑页不在物理内存中(页表对应表项的存在位为"0"),此时产生缺页中断,请求操作系统将所缺的页调入内存。缺页中断处理程序根据该逻辑页对应页表项指明的外存地址在硬盘上找到所缺页面,若物理内存中有空闲物理块,则直接装入所缺页。否则,缺页中断处理程序转去执行页面置换功能,根据页面置换算法选择一页换出内存,再将所缺页换入内存。常用的页面置换算法有 FIFO、LRU、Clock、LFU 算法等。

2．快表

一般页表存放在内存中,使得 CPU 执行指令时每次访存操作至少要访问两次主存:第一次是访问内存中的页表,从中找到指定页的物理块号,第二次访存才是获得所需的数据或指令。这使计算机的处理速度降低近 1/2。

通常的解决办法是:在地址变换机构增设一组由关联存储器构成的小容量特殊高速缓冲寄存器(通常只存放 16～512 个页表项),又称为联想寄存器(Associative Memory),或称为快表,用以存放当前访问的那些页表项。而内存中的页表则称为慢表。

在具有快表的页式虚拟存储系统中,逻辑地址映射为物理地址的过程如图 3-31 所示。在 CPU 给出访存的逻辑地址后,由地址变换机构自动地将逻辑页号 p 送入快表,并与快表中的所有页号同时并行比较,若其中有与此相匹配的页号,便表示所要访问的页表项在快表中。于是,可直接从快表中读出该逻辑页所对应的物理块号,并送到物理地址寄存器中。若在快表中未找到对应的页表项,则再访问内存中的页表(慢表),找到后,把从页表项中读出的物理块号送入物理地址寄存器,同时还要将此页表项存入快表的一个单元中。若快表此时已满,则操作系统必须按照一定的置换算法从快表中换出一个页表项。

3.6.2　段式虚拟存储器

段式虚拟存储系统把程序按照其逻辑结构划分为若干逻辑段,如主程序段、子程序段、数据段等,逻辑段号为 0,1,2,…。每个段的大小不固定,由各段的逻辑信息长度决定。逻辑段内的地址从 0 开始编址,并采用一段连续的逻辑地址空间。段式虚拟存储系统中的逻辑地址结构如下:

逻辑段号 s	段内地址 d

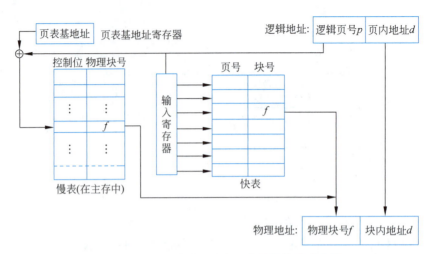

图 3-31 具有快表的页式虚拟存储器的地址映射

操作系统在装入程序时,将程序的若干逻辑段离散地存储在内存不同的区块中,每个逻辑段在物理内存占有一个连续的区块。为了能在内存中找到每个逻辑段,并实现二维逻辑地址到一维物理地址的映射,系统为每个程序建立了一张段表。程序的每个逻辑段都有一个对应的表项,记录该段的长度、在物理内存的起始地址、该段的存在状态(是否在内存中)、对应的外存地址等控制信息。

如图 3-32 所示,若程序执行时产生了访存的二维逻辑地址,段式虚存地址变换机构以逻辑段号为索引检索段表,得到该逻辑段在内存的起始物理地址,将起始物理地址与逻辑地址中的段内地址相加,即可得到一维物理地址,完成地址映射。

与页式虚拟存储系统相似,当地址变换机构查找段表时,若该逻辑段不在物理内存中(段表中对应表项的存在位为 0),此时产生缺段中断,请求操作系统将所缺的段调入内存。缺段中断处理程序根据该逻辑段对应段表项中指明的外存地址在硬盘上找到所缺段,若物理内存中有足够大的空闲区块,则直接装入所缺段。否则,缺段中断处理程序按照一定的置换算法换出内存中的一个或几个段(空出足够大的内存区块),再装入所缺段。

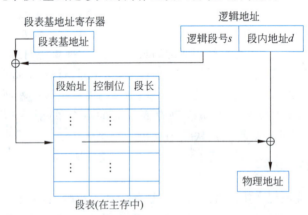

图 3-32 段式虚拟存储器的地址映射

3.6.3 段页式虚拟存储器

段页式虚拟存储器将程序按照其逻辑结构分为若干段,每段再划分为若干大小相等的逻辑页；物理内存被划分为若干同样大小的页框。操作系统以页为单位为每个逻辑段分配内存，这样不仅段与段之间不连续，一个逻辑段内的各逻辑页也离散地分布在物理内存中。

图 3-33 给出了段页式虚拟存储器的地址映射关系。为了实现地址映射，系统为每个程序建立一张段表，为每个逻辑段建立一张页表。段表记录程序各个逻辑段的页表在内存的起始地址、段长、存在状态等控制信息。每个逻辑段对应的页表记录着本段各页对应的物理块号。

CPU 执行指令时产生的访存逻辑地址分为 3 部分：段号、段内页号和页内地址。进行地址映射时，首先利用段号 s 和段表起始地址的和求出该段所对应的段表项在段表中的位置，从中得到该段的页表起始地址，并利用逻辑地址中的段内页号 p 来获得对应页的页表项位置，从中读出该页所在的物理块号 b，再利用块号 b 和页内地址来构成物理地址。

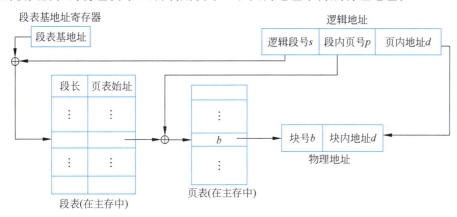

图 3-33 段页式虚拟存储器的地址映射

在段页式虚拟存储系统中，为了从主存中取出一条指令或数据，至少要访存三次。第一次访问的是内存中的段表，从中取得该逻辑段对应的页表起始地址；第二次访问的是内存中的页表，从中取出要访问的页所在的物理块号，并将该块号与页内地址一起形成指令或数据的物理地址；第三次访存才是真正取出指令或数据。为了提高执行速度，可在地址变换机构中增加类似页式虚拟存储器的高速缓冲寄存器，即段页式快表。段页式快表将段表和页表合成一张表，表项如下：

| 段号 | 逻辑页号 | 物理块号 | 其他控制位 |

地址变换时，先查找快表，仅当快表中没有找到时，才去查找慢表，提高了访问效率。

习题

3.1 简答题。

（1）静态 MOS 存储器与动态 MOS 存储器存储信息的原理有何不同？为什么动态 MOS 存储器需要刷新？一般有哪几种刷新方式？

（2）什么是程序的局部性原理？

（3）并行存储和交叉存储的特点是什么？

（4）Cache 的写直达法和写回法指什么？二者各有何优缺点？

（5）虚拟存储解决什么问题？遇到缺页情况如何处理？

3.2 某一 64K×1 位的动态 RAM 芯片，采用地址复用技术，则除了电源和地引脚外，该芯片还应有哪些引脚？各为多少位？

3.3 假设某存储器地址长为 22 位，存储器字长为 16 位，试问：

(1) 该存储器能存储多少字节信息？

(2) 若用 64K×4 位的 DRAM 芯片组织该存储器，则需多少片芯片？

(3) 在该存储器的 22 位地址中，多少位用于选片寻址？多少位用于片内寻址？

3.4 某 8 位计算机采用单总线结构，地址总线 17 根（$A_{16\sim0}$，A_{16} 为高位），数据总线 8 根双向（$D_{7\sim0}$），控制信号 R/$\overline{W}$（高电平为读，低电平为写）。已知该机的 I/O 设备与主存统一编址，若地址空间从 0 连续编址，其地址空间分配如下：最低 16K 为系统程序区，由 ROM 芯片组成；紧接着 48K 为备用区，暂不连接芯片；接着 60K 为用户程序和数据空间，用静态 RAM 芯片组成；最后 4K 为 I/O 设备区。现有芯片如图 3-34 所示。

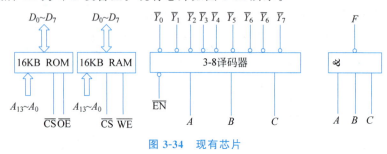

图 3-34 现有芯片

ROM：16K×8 位。其中 $\overline{CS}$ 为片选信号，低电平有效；$\overline{OE}$ 为读出控制，低电平读出有效。

静态 RAM：16K×8 位。其中 $\overline{CS}$ 为片选信号，低电平有效；$\overline{WE}$ 为写控制信号，低电平写，高电平读。

译码器：3-8 译码器。输出低电平有效。$\overline{EN}$ 为使能信号，低电平时译码器功能有效。

与非门：扇入系数不限。

试画出主存芯片连接的逻辑图并写出各芯片地址分配表（设存储器从 0 开始连续编址）。

3.5 某 8 位计算机采用单总线结构，地址总线 17 根（$A_{16\sim0}$，A_{16} 为高位），数据总线 8 根双向（$D_7\sim D_0$），控制信号 R/$\overline{W}$（高电平为读，低电平为写）。已知该机存储器地址空间从 0 连续编址，其地址空间分配如下：最低 8K 为系统程序区，由 ROM 芯片组成；紧接着 40K 为备用区，暂不连接芯片；而后 78K 为用户程序和数据空间，用静态 RAM 芯片组成；最后 2K 用于 I/O 设备（与主存统一编址）。现有芯片如图 3-35 所示。

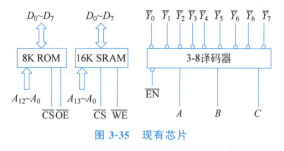

图 3-35 现有芯片

SRAM：16K×8 位。其中 $\overline{CS}$ 为片选信号，低电平有效；$\overline{WE}$ 为写控制信号，低电平写，高电平读。

ROM：8K×8 位。其中 $\overline{CS}$ 为片选信号，低电平有效；$\overline{OE}$ 为读出控制，低电平读出有效。

译码器：3-8 译码器，输出低电平有效。$\overline{EN}$ 为使能信号，低电平时译码器功能有效。

其他与、或等逻辑门电路自选。

(1) 请问该主存需多少 SRAM 芯片？

(2) 试画出主存芯片与 CPU 的连接逻辑图。

(3) 写出各芯片地址分配表。

3.6 已知某 8 位机的主存采用 4K×4 位的 SRAM 芯片构成该机所允许的最大主存空间，并选用模块板结构形式，该机地址总线为 18 位，问：

(1) 若每个模块板为 32K×8 位，共需几个模块板？

(2) 每个模块板内共有多少块 4K×4 位的 RAM 芯片？请画出一个模块板内各芯片连接的逻辑框图。

(3) 该主存共需要多少 4K×4 位的 RAM 芯片？CPU 如何选择各个模块板？

3.7 64K×1 位 DRAM 芯片通常排成 256×256 阵列。若存储器的读/写周期为 0.5μs，则对集中式刷新而言，其"死区"时间是多少？如果是一个 256K×1 位的 DRAM 芯片，希望能与上述 64K×1 位 DRAM 芯片有相同的刷新延时，则它的存储阵列应如何安排？

3.8 请用 2K×8b 的 SRAM 设计一个 8K×32b 的存储器，写出各芯片片选信号的控制逻辑表达式，并画出存储器与 CPU 的连接原理图。要求：

(1) 存储器可分别被控制访问 8、16、32 位数据。控制位数的信号 B_1B_0 由 CPU 提供：

当 B_1B_0＝00 时访问 32 位数据。

当 B_1B_0＝01 时访问 16 位数据。

当 B_1B_0＝10 时访问 8 位数据。

(2) 存储芯片地址按交叉方式编址，即一列为奇地址，一列为偶地址。

(3) 满足整数边界地址的安排。

3.9 某计算机主存容量为 16MB，采用 8 位数据总线；数据 Cache 容量为 32KB，主存与数据 Cache 均按 64B 的大小分块。请回答下列问题：

(1) 设标识 Cache 中每个单元只包含标识位和 1 位有效位。若 Cache 采用直接映像方式，则该计算机中标识 Cache 的容量是多少？

(2) 若 Cache 采用直接映像方式，则主存地址为 123456H 的存储单元有可能装入 Cache 中哪个地址对应的单元中？

(3) 若 Cache 采用组相联映像方式，每组块数为 4 块。写出主存与 Cache 地址的结构格式并标出各个字段的位数。

(4) 若 Cache 采用组相联映像方式，每组块数为 4 块，则主存地址为 123456H 的存储单元有可能装入 Cache 中哪几个地址对应的单元中？

3.10 选择题。

(1) 需要定期刷新的存储芯片是_____。

    A. EPROM   B. DRAM   C. SRAM   D. EEPROM

(2) _____存储芯片是易失性的。

    A. SRAM   B. UV-EPROM   C. NV-RAM   D. EEPROM

(3) 下面叙述不正确的是_____。

    A. 半导体随机存储器可随时存取信息，掉电后信息丢失

    B. 在访问随机存储器时，访问时间与单元的物理位置无关

    C. 内存中存储的信息均是不可改变的

D. 随机存储器和只读存储器可以统一编址

(4) 动态 RAM 与静态 RAM 相比,其优点是_____。

A. 动态 RAM 的存储速度快

B. 动态 RAM 不易丢失数据

C. 在工艺上,比静态 RAM 的存储密度高

D. 控制比静态 RAM 简单

(5) 某 512×8 位 RAM 芯片采用一位读/写线控制读写,该芯片的引脚至少有_____。

A. 17 条　　　　　B. 19 条　　　　　C. 21 条　　　　　D. 522 条

(6) 在下列存储器中,允许随机访问的存储器是_____。

A. 半导体存储器　　B. 磁带　　　　　C. 磁盘　　　　　D. 光盘

(7) 在下列存储器中,不能脱机保存信息的是_____。

A. 磁盘　　　　　B. 磁带　　　　　C. RAM　　　　　D. 光盘

(8) 以下关于主存的叙述中正确的是_____。

A. CPU 可直接访问主存,但不能直接访问辅存

B. CPU 可直接访问主存,也能直接访问辅存

C. CPU 不能直接访问主存,也不能直接访问辅存

D. CPU 不能直接访问主存,但能直接访问辅存

3.11　判断题。

(1) 数据引脚和地址引脚越多,芯片的容量越大。(　　)

(2) 存储芯片的价格取决于芯片的容量和速度。(　　)

(3) SRAM 每个单元的规模大于 DRAM 的规模。(　　)

(4) 当 CPU 要访问数据时,它先访问虚存,之后再访问主存。(　　)

(5) 能够在 CPU 和主存之间增加一级 Cache,是基于程序局部性原理。(　　)

(6) 主存与磁盘均用于存放程序和数据,一般情况下,CPU 从主存取得指令和数据,如果在主存中访问不到,CPU 才到磁盘中取得指令和数据。(　　)

(7) 半导体存储器是一种易失性存储器,电源掉电后所存信息均将丢失。(　　)

(8) Cache 存储器保存 RAM 存储器的信息副本,所以占部分 RAM 地址空间。(　　)

(9) EPROM 只能改写一次,故不能作为随机存储器。(　　)

3.12　填空题。

(1) Cache 使用的是_____存储芯片。

(2) 主存由_____(DRAM、硬盘)构成,虚存由_____(DRAM、硬盘)构成。

(3) SRAM 依据_____存储信息,DRAM 依据_____存储信息。SRAM 与 DRAM 相比,速度高的是_____,集成度高的是_____。

(4) Cache 存储器的主要作用是解决_____。

(5) 存储器的取数时间是衡量主存_____的重要指标,它是从_____到_____的时间。

(6) 某存储器数据总线宽度为 32 位,存取周期为 250ns,则其带宽是_____。

(7) 存储器带宽是指_____,如果存储周期为 T_M,存储字长为 n 位,则存储器带宽为_____,常用的单位是_____和_____。为了加大存储器的带宽,可采用_____和_____。

第4章 指令系统与控制单元

指令是控制计算机执行某种操作(如加、减、传送、转移等)的命令,是一台计算机所能执行的全部指令集合(称为指令系统),反映了机器具有的基本功能,是计算机系统硬件、软件的主要交界面。计算机硬件设计人员根据确定的指令系统及功能研究如何利用硬件电路、芯片、设备等设计硬件系统,而计算机软件设计人员则依据指令系统编制各种程序。指令系统是计算机硬件设计的主要依据和计算机软件设计的基础,指令系统的优劣直接影响计算机系统的性能。

控制单元(Control Unit,CU)是计算机的指挥和控制中心,是指令的执行机构,和运算器一起组成中央处理器(Central Process Unit,CPU)。它根据机器指令适时地发出各种控制命令,控制计算机各部件自动、协调地进行工作。因此,掌握控制器的控制原理,对于理解计算机内部工作过程,建立计算机整机工作概念至关重要。

4.1 机器指令格式与寻址方式

指令用于直接表示对计算机硬件实体的控制信息,是计算机硬件唯一能够直接理解并执行的命令(称为机器指令)。用机器指令设计的编程语言称为机器语言,编制的程序称为机器语言程序。指令系统是面向机器的,不同的计算机系统有不同的指令集,即每一个计算机系统都有自己的指令系统。凡是用其他高级语言编写的程序都必须"翻译"成相应的机器语言程序,才能够在计算机中正确运行。

一个完善的指令系统应该满足以下4方面的要求。

(1) 完备性:指任何运算都可以用指令编程实现。也就是要求指令系统的指令丰富、功能齐全、使用方便,应具有所有基本指令。

(2) 有效性:指用指令系统的指令编写的程序能高效运行,占用的存储空间小,执行速度快。

(3) 规整性:指指令系统应具有对称性、匀齐性,指令与数据格式的一致性。对称性要求指令将寄存器和存储单元同等对待,减少特殊操作和例外情况;匀齐性要求一种操作可支持各种数据类型,如算术运算指令支持字节、字、双字、浮点单双精度数等数据。一致性要求指令长度与机器字长和数据长度有关系,以便于指令和数据的存取和处理。

(4) 兼容性:为了满足软件兼容的要求,系列机的各机种应该具有基本相同的指令集,即指令系统应具有一定的兼容性,至少要做到向后兼容,即先推出的机器上的程序可以在后推出的机器上运行。

4.1.1 两种机器指令设计风格

我们知道,机器指令程序的 CPU 执行时间与程序长度、平均指令周期数和时钟周期 3 个元素有关,如下公式所示。

执行时间 T_{CPU} = 指令数量 I_N × 平均指令周期数 CPI × 时钟周期 T_C

在确定的时钟周期 T_C 下,如何平衡 I_N 和 CPI 的值是计算机系统设计人员必须考虑的问题。因此,出现了复杂指令集计算机(Complex Instruction Set Computer,CISC)和精简指令集计算机(Reduced Instruction Set Computer,RISC)两种不同的机器指令设计风格。

1. 复杂指令集计算机

随着集成电路技术的发展、计算机技术水平的提高和计算机应用领域的扩大,机器功能越来越强,硬件结构越来越复杂,同时对指令系统功能的要求也越来越高。因此,指令的种类和功能不断增加,寻址方式更加灵活多样,指令系统规模不断扩大。例如,为了缩小机器语言与高级语言的语义差异,便于操作系统的优化和减轻编译程序的负担,采用了让机器指令的语义和功能向高级语言的语句靠拢、用一条功能更强的指令代替一段程序的方法,这样可以通过增加复杂的指令及其功能来增加指令系统的功能。这类具备庞大且复杂的指令系统的计算机称为复杂指令集计算机。复杂指令集计算机的思想就是采用复杂的指令系统来达到增强计算机的功能、提高机器速度的目的。例如 Intel 公司的 x86 系列 CPU 采用的就是复杂指令集计算机设计风格。

归纳起来,复杂指令集计算机的指令系统有以下特点。

(1) 指令系统复杂庞大,指令数目一般多达 200～300 条。
(2) 指令格式多,指令字长不固定,可采用多种不同的寻址方式。
(3) 可访存指令不受限制。
(4) 各种指令的执行时间和使用频率相差很大。
(5) 大多数复杂指令集计算机采用微程序控制器。

虽然程序使用的指令数量减少了,但新增的复杂指令意味着大大增加了 CPI 的值,复杂结构并不能有效地提高机器的性能。因为复杂指令系统导致硬件结构复杂,增加了计算机的研制开发周期和成本,难以保证系统的正确性,有时可能降低系统的性能。经过对复杂指令集计算机的各种指令在典型程序中使用频率的测试分析,发现只有占指令系统 20% 的指令是常用的,并且这些指令大多属于算术逻辑运算、数据传送、转移、子程序调用等简单指令,而占 80% 的指令在程序中出现的概率只有 20% 左右,花费了大量代价增加的复杂指令只有 20% 左右的使用率。人们考虑能否用常用的 20% 左右的简单指令组合实现不常用的 80% 的指令功能,由此引发了精简指令集计算机技术。

2. 精简指令集计算机

精简指令集计算机采用一套精简的指令系统取代复杂的指令系统,简化机器结构,达到用简单指令提高机器性能和速度、提高机器的性能价格比的目的。当然,精简指令集计算机不是简单地将复杂指令集计算机的指令系统进行简化,为了用简单的指令来提高机器的性能,精简指令集计算机在硬件高度发展的基础上采用了许多有效的措施。

归纳起来,精简指令集计算机的指令系统有以下特点。

(1) 选取一些使用频率高的简单指令以及很有用又不复杂的指令来构成指令系统。
(2) 指令数目较少,指令长度固定,指令格式少,寻址方式种类少。
(3) 采用流水线技术,指令可在一个时钟周期内完成。
(4) 使用较多的通用寄存器以减少访存。
(5) 多数指令是寄存器-寄存器型指令,只有存数(ST)/取数(LD)指令访问存储器。
(6) 控制器以组合逻辑控制为主,不用或少用微程序控制。
(7) 采用优化编译技术,力求高效率支持高级语言的实现。

表 4-1 给出了一些典型的精简指令集计算机的指令条数。虽然程序使用的指令数量有所增加,但 CPI 值迅速减少,接近 1 个时钟周期,有效地减少了 CPU 的执行时间,提高了程序执行的速度。

表 4-1 典型精简指令集计算机的指令条数

机 器 名	指 令 数	机 器 名	指 令 数
RISC Ⅱ	39	ACORN	44
MIPS	31	INMOS	111
IBM 801	120	IBMRT	118
MIRIS	64	HPPA	140
PYRAMID	128	CLIPPER	101
RIDGE	128	SPARC	89

与复杂指令集计算机相比,精简指令集计算机主要有以下优点。

(1) 充分利用了 VLSI 芯片的面积。

精简指令集计算机的控制器采用组合逻辑控制,其硬布线逻辑通常只占 CPU 芯片面积的 10%,而复杂指令集计算机的控制器大多采用微程序控制,其控制存储器在 CPU 芯片内所占的面积达 50% 以上。因此,精简指令集计算机空出的芯片面积可供其他功能部件使用。例如增加大量的通用寄存器、片内集成存储管理部件等。

(2) 提高了计算机的运算速度。

精简指令集计算机的指令数、寻址方式和指令格式种类比较少,指令的编码很有规律,精简指令集计算机的指令译码比复杂指令集计算机快。精简指令集计算机众多通用寄存器使多数指令是 R 型(寄存器直接访问型)指令,加上采用寄存器窗口重叠技术,程序嵌套调用可以快速地将断点和现场保存到寄存器中,加快了程序的执行速度。并且在流水技术的支持下,精简指令集计算机的大多数指令可以在一个时钟周期内完成。

(3) 便于设计,降低了开发成本,提高了可靠性。

精简指令集计算机指令系统简单、机器设计周期短、设计出错可能性小、易查错、可靠性高。

(4) 有效地支持高级语言。

精简指令集计算机采用的优化编译技术能更有效地支持高级语言。由于精简指令集计算机指令少,寻址方式少,使编译程序容易选择更有效的指令和寻址方式,提高了编译程序的代码优化效率。

复杂指令集计算机和精简指令集计算机技术都在发展,两者都具有各自的特点。目前两种技术已经相互融合、相互渗透,精简指令集计算机系统也开始采用复杂指令集计算机的一些设计思想,使得系统日趋复杂,而复杂指令集计算机也在部分采用精简指令集计算机的先进技术（如指令流水线、分级 Cache 和多通用寄存器等），使其性能得到提高。

4.1.2　机器指令格式设计方法

计算机指令与数据一样都是采用二进制代码表示的，通常称为指令码或指令字。为了说明计算机硬件应完成的操作，一条指令中应指明指令要执行的操作、作为操作对象的操作数的来源以及操作结果的去向。图 4-1 给出了指令的两种基本格式，如 Intel x86 采用的是指令格式一（OP 码放在指令的高位），而 RISC-V 则采用的是指令格式二（OP 码放在指令的低位）。

图 4-1　指令的基本格式

其中，OP 表示指令应执行的操作和具有的功能，是指令中不可缺少的部分，不同的指令操作码不同；地址码 A 是广义的概念，用于表示与操作数据相关的地址信息，既可以表示参与操作的操作数存放地址或操作结果存放地址，也可以表示操作数本身，一条指令可以有多个地址码字段。

指令格式与指令功能、机器字长及存储器容量有关。设计指令格式时，需要指定指令中编码字段的个数、各个字段的位数及编码方式。指令格式的设计内容主要包括确定指令字的长度和划分指令字的字段并对各字段加以定义两方面。

1. 指令字的长度约定

在指令系统中，如果各种指令字的长度均为固定的，则称为定长指令字结构；如果各种指令字的长度随指令功能而异，则称为可变长指令字结构。

定长指令字的指令长度固定，结构简单，指令译码时间短，有利于硬件控制系统的设计，多用于机器字长较长的大、中型及超小型计算机；在精简指令集计算机中也多采用定长指令。但定长指令字存在指令平均长度长、容易出现冗余码点、指令不易扩展的问题。

可变长指令字的指令长度不定，结构灵活，能充分利用指令的每一位，所以指令的码点冗余少，平均指令长度短，易于扩展。但由于可变长指令的指令格式不规整，取指令时可能需要多次访存，从而导致不同指令的执行时间不一致，硬件控制系统复杂。

由于指令与数据都存放在存储器中，为了便于存储，指令长度与机器字长之间具有一定的匹配关系，即和机器字长一样，按照字符（字节）的整数倍设计指令长度。如果指令长度等于机器字长，则称为单字长指令，而长度等于两个机器字长的指令被称为双字长指令。

2. 指令的地址码安排

如前所述，指令字的地址码用于表示与操作数据相关的地址信息。计算机的指令可以直接访问的存储结构主要包括主存储器、CPU 寄存器、I/O 接口寄存器和堆栈，需要在指令中指明相应的地址信息。因此，在设计指令字的地址码格式时，需解决的问题主要有：

（1）一条指令中需要指明几个地址，属于指令的地址结构问题，需根据指令所涉及的操作数的个数和操作规定进行具体分析。

（2）应当如何给出地址，属于地址字段的位数问题，主要取决于存储器的容量、编址单位的大小和编址方式。通常存储器的存储单元数越多，所需地址码就越长。

(3) 地址码应选多长,与数据存储的地址结构、寻址方式及编址单位等内容均有关。

下面主要讨论指令的地址结构问题。对于一般的操作指令,指令中应给出下列地址信息。

(1) 第一操作数的地址。
(2) 第二操作数的地址。
(3) 存放运算结果的地址。
(4) 下一条指令的地址。

地址信息可以在指令中明显给出,称为"显地址",也可以事先约定用隐含方式给出,称为"隐含地址"。由于程序基本上是顺序执行的,"下一条指令的地址"用隐含方式保存在程序计数器(Program Counter,PC)中,其他操作数可根据指令要求给出显地址字段数,形成不同地址结构的指令,如表 4-2 所示。指令字地址结构的确定需要考虑多种因素。从缩短程序长度、编程方便、提高操作并行性等方面看,三地址指令最优;从缩短指令长度、减少访存次数、简化硬件设计等方面看,一地址指令较好。在实际的计算机指令系统中,为了丰富指令系统功能、便于编程,指令字的地址结构往往不是单一的,而是多种格式混合使用的。

表 4-2 不同地址结构的指令格式

地址数量	指令字的格式	操作说明
三地址指令	OP | A_1 | A_2 | A_3 A_1 为第一源操作数地址,A_2 为第二源操作数地址,A_3 为存操作结果的地址,下一条要执行指令的地址隐含在 PC 中	功能为:(A_1) OP $(A_2) \to A_3$,下一条指令地址由 PC 给出。用于字长较长的大、中型计算机中,小、微型机中很少使用
二地址指令	OP | A_1 | A_2 A_1 为源操作数地址(只提供数据),A_2 为目的操作数地址(既提供数据又保存结果)。 A_1 和 A_2 都是存储器单元地址,则是 S-S 型指令。 A_1 和 A_2 都是寄存器地址,则是 R-R 型指令。 A_1 和 A_2 一个是存储器单元地址,另一个是寄存器地址,则是 R-S 型指令(又叫一个半地址指令)	功能为:(A_1) OP $(A_2) \to A_1$ 或 (A_1) OP $(A_2) \to A_2$。 二地址指令的指令长度短,特别是 R-R 型指令,在操作过程中不需要访问存储器,指令执行速度快,因此是最常用的一种指令格式
一地址指令	OP | A ① 单操作数指令:如加 1(INC)、减 1(DEC)等指令。 ② 双操作数指令:另一个操作数通常采用隐含寻址的方法,即约定在操作数累加器(AC)中	功能为:OP(A) $\to$ A 或 (AC)OP(A) $\to$ AC。 一地址指令短,执行速度快,是微型机中常用的指令格式
零地址指令	OP ① 不需操作数的控制型指令,如停机(HALT)、等待(WAIT)、空操作(NOP)等。 ② 运算型零地址指令,指令所需的操作数是隐含指定的	零地址运算指令是靠堆栈支持的,指令操作数隐含在堆栈中,操作结果也写回堆栈,指令中不用指明操作数地址

3. 指令操作码的设计

操作码用于指明指令要完成的操作功能及其特性,指令系统的每一条指令都有一个唯一确定的操作码。指令必须有足够长的操作码字段,以表示指令系统的全部操作。若指令系统中有 m 种操作(m 条指令),则操作码的位数 n 应满足要求:$n \geq \log_2 m$。

不同的指令系统,操作码的编码长度可能不同。若指令中操作码的编码长度是固定的,则称为定长编码,否则称为变长编码。

1) 定长操作码的设计

所有指令字中的操作码长度一致,集中位于指令字的固定字段中,是一种简单规整的编码方法。此时操作码在指令字中所占的位数和位置是固定的,因此指令译码简单,有利于简化硬件设计。大多数精简指令集计算机采用的是定长操作码。

2) 变长操作码的设计

不同指令的操作码长度不完全相同且位数不固定,分散地位于指令字的不同位置上。这种设计能有效压缩指令操作码的平均长度,便于用短指令字长表示更多操作类型,寻址更大存储空间,但增加了指令分析难度,使硬件设计复杂化。例如 Intel 8086、PDP-11 等机器采用的是变长操作码。

变长操作码通常采用扩展操作码技术进行编码,扩展操作码的思想起源于 Huffman 编码技术(高频度事件用短信息位表示,低频度事件用长信息位表示)。当指令字长一定时,设法使操作码的长度随地址数的减少而增加,即地址数不同的指令可以具有不同长度的操作码。

例 4-1 设某机的指令长度为 16 位。其中操作码为 4 位,具有 3 个地址字段,每个地址字段长为 4 位。其指令格式为:

15 12	11 8	7 4	3 0
OP	A_1	A_2	A_3

请问:(1) 如果按照定长操作码的方法,机器指令系统有多少条指令?

(2) 如果要求机器指令系统有 15 条三地址指令、15 条二地址指令、15 条一地址指令和 16 条零地址指令,如何安排指令的操作码?

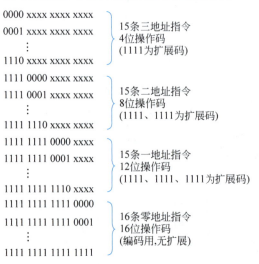

图 4-2 扩展操作码举例

解:(1) 由指令格式可知:4 位定长 OP 长度,共 $2^4 = 16$ 条指令。

(2) 采用扩展编码技术,从高字段到低字段,相应的字段剩余一个编码作为"扩展码标志",联合后面的字段进行扩展编码,如图 4-2 所示。

首先三地址指令操作码占 4 位,用 0000~1110 表示 OP 码,1111 为扩展标志,用于二地址指令。二地址指令操作码利用空地址 A_1,15 条二地址指令 OP 码定义为 11110000 ~ 11111110,11111111 再作为一地址指令扩展标志。一地址指令再利用空地址 A_2,定义 15 条一地址指令的 OP 码为 111111110000 ~ 111111111110,111111111111 用于 16 条零地址指令,OP 码为 1111111111110000 ~

1111111111111111。

例 4-2 设机器指令字长为 16 位,指令中地址字段的长度为 4 位。如果指令系统中已有 11 条三地址指令、72 条二地址指令、64 条零地址指令,请问最多还能规定多少条一地址指令?

解:由题意得出,该机器指令的格式如下:

三地址指令	OP(4 位)	A1(4 位)	A2(4 位)	A3(4 位)
二地址指令	OP(8 位)		A2(4 位)	A3(4 位)
一地址指令	OP(12 位)			A3(4 位)
零地址指令	OP(16 位)			

设指令系统有 X 条三地址指令,Y 条二地址指令,Z 条一地址指令,W 条零地址指令,根据指令编码(含地址)总数和二进制编码总数的关系,得出下列表达式:

$$X \times 2^{12} + Y \times 2^8 + Z \times 2^4 + W \leqslant 2^{16}$$

因此有:

$$11 \times 2^{12} + 72 \times 2^8 + Z \times 2^4 + 64 \leqslant 2^{16}$$

$$Z + 4 \leqslant 2^{12} - 11 \times 2^8 - 72 \times 2^4 \rightarrow Z + 4 \leqslant 5 \times 2^8 - 72 \times 2^4$$

$$Z + 4 \leqslant 8 \times 2^4 \rightarrow Z \leqslant 128 - 4 = 124 (最多有 124 条一地址指令)$$

在操作码扩展的过程中,不同指令的操作码编码一定不能重复。在设计不同长度的操作码时,尽量遵守 Huffman 编码规则,缩短经常使用的指令的译码时间,加快系统整体的运行速度。

在有限的指令字条件下,还可采用将操作码进一步分段的方法。例如可将 OP 进一步分为主操作码和辅助操作码两部分。主操作码表示基本操作,辅助操作码表示各种附加操作,如进位、移位、结果回送、判跳等操作。NOVA 机的算术逻辑类指令就采用这种方式,其指令格式为:

0	1 2	3 4 5	6 7	8 9	10 11	12 13	14 15
1	ACS	ACD	主操作码	移位	进位	回送	跳步测试

ACS 和 ACD 分别用于指示源寄存器和目的寄存器。主操作码为 3 位,各辅助操作码共占用 8 位。虽然主操作码定义 8 种操作,但与辅助操作码组合,可以表示 $2^3 \times 2^8 = 2^{11}$ 种不同的操作。

RISC-V 处理器在扩展指令系统时,采用了变长扩展码方案,且用主操作码和辅助操作码描述指令具备的操作和功能。

4.1.3 指令与操作数的寻址方式

根据冯·诺依曼存储程序的概念,计算机在运行程序之前必须把程序和数据存入主存中。为了保证程序能够连续执行,必须不断地从主存中读取指令,而指令中涉及的操作数可能在主存中,也可能在系统的某个寄存器中,还可能就在指令中。因此,指令必须给出操作数的地址信息以及取下一条指令的指令地址信息。寻址方式是指形成本条指令的操作数地址和下一条要执行的指令地址的方法,是指令系统的一个重要部分,对指令格式和指令功能设计均有很大的影响。寻址实际可分为指令地址的寻址和操作数地址的寻址两部分。寻址方式不仅与计算机硬件结构紧密相关,而且与汇编语言程序设计和高级语言的编译程序设计的关系极为密切。不同的计算机有不同的寻址方式,但无论如何不同,寻址的基本原理都是相同的。

1. 指令的寻址方式

计算机程序大多数是按指令顺序执行的,指令的寻址方式比较简单。计算机的 CPU 通常设置 PC 跟踪程序的执行并指示将要执行的指令地址,当程序启动运行时,由系统程序(操作系统)把程序起始地址置入 PC,执行过程中可采用顺序方式或跳越方式改变 PC 的值。

1) 顺序方式

通过 PC 增量的方式形成下一条指令地址。程序指令在内存中通常是顺序存放的,当程序顺序执行时,将 PC 的内容按一定的规则增量,即形成下一条指令地址,CPU 再按照 PC 的内容从内存中读取指令。

2) 跳越方式

程序发生了转移,由指令的转移目标地址修改 PC 的值。当程序需要转移时,由转移类指令(分支指令)产生转移目标地址并送入 PC,即可实现程序的转移(也称程序跳转)。转移目标地址的形成有各种方法,大多与操作数的寻址方式相似。

2. 操作数的寻址方式

操作数可能在主存、寄存器中,也可能在指令中,因此操作数地址的寻址比较复杂。另外,为提高程序设计质量,也希望能提供多种灵活的寻址方式。在不同的寻址方式中,地址字段给出的操作数地址不一定是操作数所在的实际内存地址(称为形式地址),需要经过一定运算才能得到操作数的实际地址(称为有效地址)。操作数寻址就是确定由形式地址变换为有效地址的算法。

为了优化指令系统,在设计寻址方式时希望尽量满足下列要求。

(1) 指令内包含的地址字段的长度尽可能短,以缩短指令长度。

(2) 指令中给出的地址能访问尽可能大的存储空间。

存储空间大意味着增加地址字段长度,与缩短指令长度矛盾。通常是依据程序局部性原理将存储区域划分为若干小逻辑段存放程序或数据,利用段内地址访问该逻辑段内的存储单元。

(3) 希望地址能隐含在寄存器中。

由于 CPU 中通用寄存器的数目远远少于存储器的存储单元数,因此寄存器地址比较短,而寄存器长度一般与机器字长相同,利用寄存器存放的地址可以访问很大的存储空间。

(4) 能在不改变指令的情况下改变地址的实际值,以支持数组、向量、线性表等数据结构。

(5) 寻址方式应尽可能简单,以简化硬件设计。

由于操作数的寻址方式种类较多,因此指令中必须设置一个字段指明寻址方式,如图 4-3 所示。接下来以此为例介绍常用的基本寻址方式,形式地址 A 按寻址方式计算得到有效地址,记作 EA。

1) 立即寻址

立即寻址方式指令的地址码给出的不是操作数的地址而是操作数本身,如图 4-4 所示。采用立即寻址时,操作数 Data 就是形式地址部分给出的内容 D,D 也称为立即数。

OP	寻址方法MOD	形式地址A

图 4-3　一种一地址指令格式

操作码	寻址方式	形式地址	
OP	立即寻址	D	Data=D

图 4-4　立即寻址方式

立即寻址的优点是取指令的同时取出操作数,不必再次访问存储器,提高了指令的执行速度。但由于指令字长有限,D 所能表示的数据范围不会太大。例如,Intel 8086 含有立即寻址指令:

MOV AX,2000H   # 立即数 2000H→AX,即 AX = 2000H

2) 直接寻址

直接寻址方式指令的地址码给出的形式地址 A 就是操作数的有效地址 EA,如图 4-5 所示。采用直接寻址时,有效地址 EA＝A。

直接寻址简单直观,在指令执行阶段只需访问一次主存,即可得到操作数,便于硬件实现。但形式地址 A 的位数限制了指令的寻址范围。另外,采用直接寻址方式编程时,如果操作数地址发生变化,就必须修改指令中 A 的值,给编程带来不便。例如,Intel 8086 中的直接寻址指令:

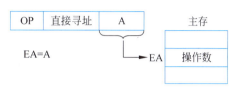

图 4-5 直接寻址方式

MOV AX,[2000H]   # EA = 2000H,连续两个内存单元的内容读入累加器 AX 中

3) 间接寻址

间接寻址的地址码是操作数有效地址 EA 所在存储单元的地址,又叫操作数地址的地址指示字。即有效地址 EA 是由形式地址 A 间接提供的,因而称为间接寻址,如图 4-6 所示。

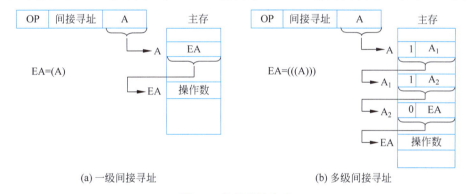

(a) 一级间接寻址   (b) 多级间接寻址

图 4-6 间接寻址方式

间接寻址可分为一级间接寻址和多级间接寻址。一级间接寻址是指指令的形式地址 A 给出的是 EA 所在的存储单元的地址,多级间接寻址是指指令地址码给出的是操作数地址的地址指示字,是指向另一个存储单元的地址或地址指示字。在多级间接寻址中,通常把地址字的高位作为标志位,以指示该字是有效地址,还是地址指示字。例如,某计算机的一级间接寻址指令形式是:

MOV AX,@2000H   # @为间接寻址标志。主存 2000H 单元的内容为 3000H,主存 3000H 单元的内容为
                 # 5000H,则源操作数的有效地址是 EA = (A) = (2000H) = 3000H。执行结果:
                 # AX = 5000H

与直接寻址相比,间接寻址的优点是:

(1) 间接寻址比直接寻址灵活,可用短地址码访问大的存储空间,扩大了操作数的寻址范围。例如,指令与存储器字长均为 16 位,指令中地址码为 10 位,则指令直接寻址仅为 1K 空间;用存储间接寻址的有效地址达 16 位,寻址空间为 64K,比直接寻址扩大了 64 倍。

(2) 便于编制程序。

采用间接寻址,当操作数地址需要改变时,可以不必修改指令,只要修改地址指示字中的

内容(存放有效地址的单元内容)即可。但采用间接寻址需两次(一级间接寻址)或多次(多级间接寻址)访存才能取得操作数,因而降低了指令的执行速度,所以大多数计算机只允许一级间接寻址。

4) 寄存器直接寻址

寄存器直接寻址又称寄存器寻址,由指令地址码给出通用寄存器的编号(寄存器地址),该寄存器的内容即为指令所需的操作数,有效地址 EA 是寄存器的编号,如图 4-7 所示。

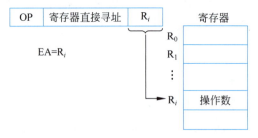

图 4-7 寄存器直接寻址方式

由于操作数在寄存器中,因此指令取操作数时无须访存;另外,由于寄存器寻址的地址短,节省了指令的存储空间,有利于加快指令的执行速度,因此寄存器寻址在计算机中得到了广泛的应用。例如,Intel 8086 的寄存器寻址指令:

```
MOV AL,BL    ♯ 将寄存器 BL 中的内容传送到寄存器 AL 中
```

5) 寄存器间接寻址

寄存器间接寻址方式指令的地址码所指定的寄存器内容是操作数的有效地址。与存储器的间接寻址类似,指令地址码部分给出的寄存器中的内容不是操作数,而是操作数的有效地址 EA,因此称为寄存器间接寻址,如图 4-8 所示。

采用寄存器间接寻址方式时,有效地址存放在寄存器中,因此指令访问操作数只需访问一次存储器,比间接寻址少一次访存,而且由于寄存器可以给出全字长的地址,可寻址较大的存储空间。例如,Intel 8086 的寄存器间接寻址指令:

```
MOV AL,[BX]  ♯ 寄存器 BX = 2000H,主存 2000H 单元的内容为(2000H) = 80H,源操作数的有效地址
             ♯ EA = 2000H,执行结果:80H→AL
```

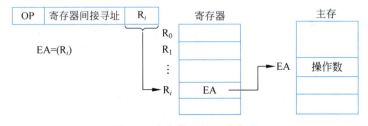

图 4-8 寄存器间接寻址方式

6) 变址寻址

变址寻址方式的有效地址是由指令指定的变址寄存器内容与指令字的形式地址相加形成的,寻址过程如图 4-9 所示。其中变址寄存器 R_x 要么是专用寄存器,要么是通用寄存器中的某一个。

例如,Intel 8086 的变址寻址指令:

```
MOV AL,[SI + 4]  ♯ SI = 2000H,主存 2004H 单元的内容为(2004H) = 82H,有效地址 EA = (SI) + 4 =
                 ♯ 2004H,执行结果:82H→AL
```

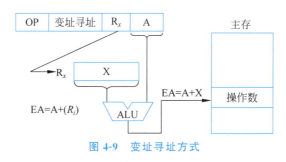

图 4-9 变址寻址方式

变址寄存器还可以自动增量或减量,称为自增型(或自减型)变址寻址。例如,VAX-11 机的变址寻址指令:

① MOV (R₁)+,R₀   ② MOV -(R₁),R₀

① (R₁)+表示自增型变址寻址,其寻址方式是:寄存器 R_1 作为源地址访问存储器,然后 R_1 按操作数长度增量。设每次增量为 1,若 R_1=1000H,则指令执行后,R_1=1001H。

② -(R₁) 表示自减型变址寻址,其寻址方式是:寄存器 R_1 先按操作数长度减量后回送 R_1,同时作为源地址访问存储器。设每次减量为 1,R_1=1000H,则指令执行时,R_1=0FFFH,EA=0FFFH。

变址寻址常用于数组、向量、字符串等数据的处理。例如,有一数组数据存储在以 A 为首地址的连续的主存单元中,可以将首地址 A 作为指令中的形式地址,用变址寄存器指出数据在数组中的序号,这样利用变址寻址便可以访问数组中的任意数据。

变址寻址还可以与间接寻址相结合,形成先间址后变址或先变址后间址等复合型寻址方式。先间址后变址和先变址后间址方式的寻址过程如图 4-10 所示。

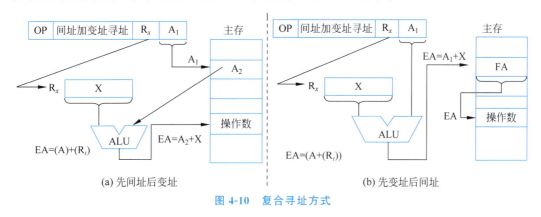

图 4-10 复合寻址方式

7) 相对寻址

相对寻址方式是将程序计数器 PC 的内容与指令的形式地址相加形成操作数的 EA。由于 PC 用于跟踪指令的执行,PC 的当前内容为正在执行指令的下一单元地址,而形式地址是操作数地址相对于 PC 当前内容的一个相对位移量(Disp),Disp 可正可负,一般用补码表示。图 4-11 给出了寻址过程,只要保持数据与指令之间的位移量不变,就能实现指令带着数据在存储器中浮动。

相对寻址方式除了用于访问操作数外,还常用于转移类指令。如果目标指令地址与当前指令的距离为 Disp,则将转移指令的地址码设置为 Disp,这样采用相对寻址方式即可得到转移目标地址为 (PC)+Disp。相对寻址方式的好处是可以相对于当前的指令地址进行浮动转

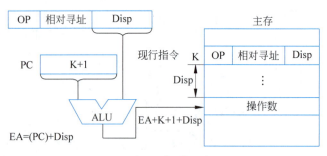

图 4-11 相对寻址

移寻址,无论程序位于主存的任何位置都能够正确运行,有利于实现程序再定位。

例如,Intel 8086 的转移指令 JNC D 的功能为:如果进位 C 为 0,则转移到目标地址为 (PC)+D 处进行执行。该指令为双字节指令。设本条指令的地址为 1000H。

① 转移指令 JNC 03H 的功能:如果 C 为 0,则转移到目标地址为(PC)+03H 处进行执行。

因为本条指令取指后,PC=1002H,所以转移目标地址为:1002H+0003H=1005H。

② 转移指令 JNC 0FDH 的功能:如果进位为 0,则转移到地址为(PC)+FDH 处进行执行。

因为 FDH 是补码表示,实际的位移量为负数,所以扩展符号后,转移指令的目标地址为:1002H+FFFDH=0FFFH。

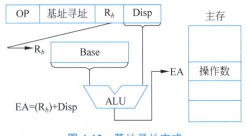

图 4-12 基址寻址方式

8) 基址寻址

基址寻址方式是指操作数的有效地址等于指令中的形式地址与基址寄存器中的内容之和。基址寄存器可以是一个专用的寄存器,也可以是由指令指定的通用寄存器,基址寄存器中的内容称为基地址。基址寻址的寻址过程如图 4-12 所示。

虽然基址寻址与变址寻址的有效地址的形成过程相似,但两者的应用有着本质的区别。

基址寻址是面向系统的,主要用于将用户程序的逻辑地址(用户编程所使用的地址)转换成主存的物理地址(主存中程序的实际地址),以便实现程序的再定位。例如,在多道程序运行时,需要由操作系统将多道程序装入主存。用户编写程序时,不知道自己的程序会放在主存的哪一个实际物理地址中,只能使用逻辑地址编写程序。当用户程序装入主存时,为了实现用户程序的再定位,系统程序给每个用户程序分配一个基准地址,并装入基址寄存器。程序通过基址寻址实现逻辑地址到物理地址的转换。由于系统程序需通过设置基址寄存器为程序或数据分配存储空间,因此基址寄存器的内容通常由操作系统或管理程序通过特权指令设置,对用户是透明的。

变址寻址是面向用户的,主要用于访问数组、向量、字符串等成批数据,用以解决程序的循环控制问题。因此,变址寄存器的内容是由用户设定的。在程序执行过程中,用户通过改变变址寄存器的内容实现指令或操作数的寻址,而指令字中的形式地址 A 是不变的。

9) 堆栈寻址

计算机堆栈是指按先进后出(FILO)或者说后进先出(LIFO)原则进行存取的特定存储区域。在堆栈结构中,第一个存入数据的堆栈单元称为栈底,最近存入数据的堆栈单元称为栈顶。通常栈底固定不变,栈顶随着数据的进栈和出栈不断变化,即栈顶是浮动的。堆栈操作中的数据按顺序存入堆栈称为数据进栈或压入,从堆栈中按与进栈相反的顺序取出数据称为出栈或弹出。目前,计算机普遍采用存储器堆栈,即在主存开辟一个特定区域,并用一个寄存器指出栈顶的地址,这个寄存器称为堆栈指针(Stack Pointer,SP),堆栈的压入和弹出操作总是按地址自动增量和自动减量方式在栈顶进行的。

存储器堆栈有自底向上和自顶向下两种生成方式,我们重点介绍自底向上的存储器堆栈工作过程,如图 4-13 所示。自底向上生成堆栈是一种较常用的存储器堆栈方式,在建栈时使 SP 指向栈底(堆栈中的地址最大单元)的下一个单元,即 SP 的内容为栈底单元地址加 1。

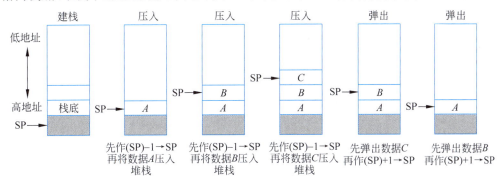

图 4-13　自底向上生成堆栈的工作过程

堆栈入栈操作:(SP)-1→SP,SP 指向栈顶单元,(Data)→SP 所指的栈顶。

堆栈出栈操作:SP 所指栈顶的数据→Data,(SP)+1→SP。

因此,堆栈寻址方式就是按照堆栈指示器 SP 的内容确定操作数的访存地址。例如,在堆栈支持的运算型零地址指令中,操作数隐含指定在堆栈,当 CPU 执行这种指令时,自动按当前 SP 值从堆栈的栈顶和次栈顶弹出数据,进行操作码指示的操作,然后将所得结果自动压入堆栈。

堆栈除了可为零地址指令提供操作数外,还有很多用途,例如子程序调用的返回地址保存、程序中断的断点保护等。RISC-V 的栈是大地址为底,进栈 SP-4,出栈 SP+4。

前面我们重点讨论了计算机常用的几种寻址方式。实际上,不同的机器可采用不同的寻址方式,有的可能只采用其中的几种寻址方式,也有的可能增加一些稍加变化的类型,只要掌握了基本的寻址方式,就不难弄清某一具体机器的寻址方式。

4.1.4　指令的类型与功能

指令系统决定了计算机的基本功能,它不仅影响计算机的硬件结构,而且对操作系统和编译程序的编写也有直接影响。不同类型的计算机,由于其性能、结构、适用范围的不同,指令系统之间的差异很大,风格各异,如复杂指令集计算机机器指令、精简指令集计算机机器指令等。但无论怎样,一台计算机的指令系统中,最基本且必不可少的指令并不多,因为很多复杂指令的功能都可以用最基本的指令组合实现。例如,乘/除法运算指令和浮点运算指令,既可以直接用乘/除法器、浮点运算器等硬件实现,也可以用基本的加/减和移位指令编成子程序来实现。因此,设计一个合理而有效的指令系统,对于提高机器的性能价格比有很大的作用。

不同的计算机所具有的指令系统也不同,但所包含的指令的基本类型和功能是相似的。一般来说,一个完善的指令系统应包括的基本指令有数据传送指令、算术逻辑运算指令、移位操作指令、堆栈操作指令、字符串处理指令、程序控制指令、输入/输出指令及其他指令。一些复杂指令的功能往往是一些基本指令功能的组合。

1. 数据传送指令

数据传送指令是计算机中最基本、最常用的指令,用于实现一个部件与另一个部件之间的数据传送操作,如寄存器与寄存器、寄存器与存储器单元、存储器单元与存储器单元之间的数据传送操作。执行数据传送指令时,数据从源地址传送到目的地址,源地址中的数据不变。有的机器设置了通用的 MOV 指令,有的机器专门用 LOAD、STORE 指令访存,其中 LOAD 为存储器读数指令,STORE 为存储器写数指令。另外,堆栈指令、寄存器/存储单元清 0 指令也属于数据传送指令。

数据传送指令可以以字节、字、双字为单位进行数据传送,甚至可以对成组数据进行传送。例如,在 IBM370 机的指令系统中,成组取数指令的格式为:

成组取数	R_1	R_3	B_2	D_2

其中,R_1、R_3 字段均表示寄存器编号,用于指定 16 个通用寄存器中的某一个。B_2 是指定的基址寄存器的编号,D_2 为形式地址。源操作数的起始地址为:$E_2 = (B_2) + D_2$。成组取数指令的功能为:从主存 E_2 单元开始,顺序地取出多个数据,分别存放到从 R_1 字段到 R_3 字段指定的编号连续的多个寄存器中。例如,设 R_1 指定的寄存器编号为 R_6,R_3 指定的寄存器编号为 R_{11},则从 E_2 单元开始顺序取出 6 个数据,分别存入编号从 R_6 到 R_{11} 的共 6 个寄存器中。又如在 Intel 8086 的指令系统中,有串传送指令 MOVS,再加上重复前缀 REP 后,可以控制一次将最多达 64KB 的数据块从存储器的一个区域传送到另一个区域。

2. 算术逻辑运算指令

算术逻辑运算指令的主要功能是进行各类数据信息的处理,包括各种算术运算及逻辑运算指令。

算术运算指令包括二进制的定点、浮点的加减乘除指令,求反、求补、加 1、减 1、比较指令等。不同计算机对算术运算指令的支持有很大差别。低档机因硬件结构相对简单,只支持二进制定点加减、比较、求补等最简单、最基本的指令。而高档机为了提高机器性能,除了最基本的算术运算指令之外,还设置了乘除运算指令、浮点运算指令等。有些巨型机不仅支持标量运算,还设置了向量运算指令,直接对整个向量或矩阵进行求和、求积运算。例如,下列是 Intel 8086 支持的指令:

```
ADD AL,BL    # AL←AL+BL,寄存器 AL 和 BL 的内容相加,和存入寄存器 AL
MUL BL       # AX←AL×BL,寄存器 AL 和 BL 的内容相乘,积存入寄存器 AX
```

逻辑运算指令包括各类布尔量的逻辑运算指令,如与、或、非、异或、测试等指令。这类指令用于对数据某些位(一位或多位)进行操作,如按位测、按位清、按位置、按位取反等,也可以用于进行数据的相符判断和数据修改。例如,下列是 Intel 8086 支持的逻辑运算指令:

```
AND AL,0FEH  # AL←AL∧FEH,AL 的内容与 11111110 相"与",结果:AL_0 = 0
OR  AL,0F0H  # AL←AL∨F0H,AL 的内容与 11110000 相"或",结果:AL 高 4 位被置 1,其余位不变
TEST AL,01H  # AL∧00000001B,AL 的内容与 00000001 相"与",若结果为全 0,则表示 AL_0 = 0,若结果
             # 不为全 0,则表示 AL_0 = 1
```

3. 移位指令

移位指令分为算术移位、逻辑移位和循环移位3种,可对操作数左移或右移一位或几位。

算术移位和逻辑移位指令分别控制实现带符号数和无符号数的移位。进行算术移位时,必须保持操作数的符号不变,即左移时,空出的最低位补0;右移时,空出的最高位补符号位(操作数以补码表示)。在逻辑移位的过程中,无论左移还是右移,空出位都补0。

循环移位按是否与进位位 C 一起循环分为带进位循环(大循环)和不带进位循环(小循环)。图4-14所示为所有移位指令涉及的操作。

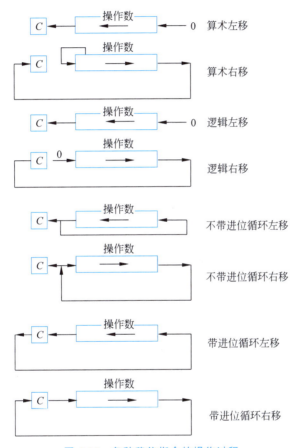

图 4-14　各种移位指令的操作过程

4. 堆栈操作指令

堆栈操作指令是一种特殊的数据传送指令,有堆栈压入或弹出指令。压入指令把指定的操作数送入栈顶;而弹出指令则从栈顶弹出数据,送到指定的目的地址。堆栈指令用于保存和恢复中断、子程序调用时的现场数据和断点指令地址以及在子程序调用时实现参数传递。为了支持这些功能的快速实现,有的机器设有多数据的压入指令和弹出指令,用一条堆栈指令依次把多个数据压入或弹出堆栈。例如,X86 的 PUSH(压栈)和 POP(弹栈)指令,RISC-V 处理器设置了 SP 寄存器,但指令系统没有专门的堆栈操作指令,需要 addi、lw 和 sw 三条指令实施堆栈操作。

5. 字符串处理指令

字符串处理指令是一种非数值处理指令,在指令系统中设置这类指令的目的是便于直接用硬件支持非数值处理,包括字符串传送、字符串比较、字符串查找、字符串抽取、字符串转换等指令。其中字符串传送指令用于将数据块从主存的某一区域传送到另一区域;字符串比较指令用于把一个字符串与另一个字符串逐个字符进行比较;字符串查找指令用于在一个字符串中查找指定的子串或字符;字符串抽取指令用于从字符串中提取某一子串;字符串转换指令用于将字符串从一种数据编码转换为另一种编码。字符串处理指令在需要对大量字符串进行各种处理的文字编辑和排版方面非常有用。

6. 程序控制指令

程序控制指令是指令系统中一组非常重要的指令,用于控制程序运行的顺序和选择运行方向,使程序具有测试、分析与判断的能力。程序控制指令主要包括转移、循环控制及子程序调用与返回等指令。

1) 转移指令

程序执行过程中,若要改变顺序,则在执行完一条指令后,将程序转移到指定的转向地址继续执行。转移指令按其转移特征可分为无条件转移指令和条件转移指令两类。

无条件转移指令又称必转指令。这类转移指令在执行时不受任何条件的约束,直接把控制转移到指令指定的转向地址。例如,Intel 8086 的 JMP X 指令可以将程序无条件转移到 X 处继续执行。

条件转移指令(又称为分支指令)在执行时受一定条件的约束,只有条件满足才会执行转移操作,转移到指令指定的转向地址;若条件不满足,则程序仍按原顺序继续执行。条件转移指令使计算机具有很强的逻辑判断能力,是计算机能高度自动化工作的关键。

为了便于判断转移条件,CPU 设置一个状态标志寄存器(或条件码寄存器),用于记录某些操作的结果标志,如进位标志(C)、溢出标志(V)、零标志(Z)、负标志(N)、奇偶标志(P)等。这些标志组合能产生十几种条件,也就有了结果为零转、负转、正转、溢出转等条件转移指令。

转移指令的转移地址一般采用相对寻址或直接寻址。若采用相对寻址,则转移地址为当前 PC 内容与指令中给出的位移量之和;若采用直接寻址,则转移地址由指令中的地址码直接给出。例如,Intel 8086 的转移指令:

① JMP L1　　# 直接寻址的无条件转移指令。指令执行后,无条件转移到 L1 处
② JNZ 50H　 # 相对寻址的条件转移指令。指令功能为:若前次指令的操作结果不为 0,则转移到当
　　　　　　# 前 PC + 50H 处(可参见相对寻址方式的内容)

2) 循环控制指令

主要支持循环程序的执行,是一种增强型的条件转移指令,其指令功能一般包括对循环控制变量的修改、测试判断以及地址转移等。例如,Intel 8086 的循环控制指令:

LOOP　L1　# 指令的功能是:循环计数器 CX 的值减 1,即 CX←CX − 1,然后判断,如果 CX≠0,则转 L1 继
　　　　　# 续执行;如果 CX = 0,则结束循环

3) 子程序调用与返回指令

在编写程序时,通常把具有特定功能并重复使用的程序段设定为独立且可以公用的子程序。程序执行过程中,需要执行子程序时,在主程序中发出调用子程序的指令,给出子程序的

入口地址(子程序第一条指令的地址),程序执行序列从主程序转入子程序;而当子程序执行完毕后,利用返回主程序的指令使程序重新回到主程序继续顺序执行。

在子程序的调用与返回过程中,用于调用子程序、控制程序的执行从主程序转向子程序的指令称为转子指令(子程序调用指令、过程调用指令)。为了正确调用子程序,必须在转子指令中给出子程序的入口地址,而主程序中转子指令的下一条指令的地址称为断点,也是子程序返回主程序时的返回地址,并在子程序尾部安排返回主程序的指令——返回指令。

为了能够正确地返回主程序,转子指令应具有保护断点的功能。常用的保护断点方法有如下几种。

(1) 将断点存放到子程序第一条指令的前一个字单元。

(2) 将断点保存到某一约定的寄存器中。

(3) 将断点压入堆栈。

其中将断点压入堆栈是保护断点的最好方法,它便于实现多重转子和递归调用,被很多指令系统所采用,如 Intel 8086 采用堆栈保存返回地址,设置了子程序调用指令(CALL)和返回指令(RET)。

虽然转子指令与转移指令的执行结果都是实现程序的转移,但两者的区别在于:转移指令的功能是转移到指令给出的转移地址处去执行指令,用于同一程序内的转移,不需要返回原处,因此不保存返回地址;转子指令的功能是转去执行一段子程序,实现的是不同程序之间的转移,且子程序执行完后必须返回主程序,所以转子指令必须以某种方式保存返回地址。

转子指令和返回指令通常是无条件的,但也有带条件的转子指令和返回指令。条件转子指令和条件返回指令所需要的条件与转移指令的条件类似。

7. 输入/输出指令

输入/输出指令简称 I/O 指令,是用于主机与外部设备之间进行各种信息交换的指令,主要用于主机与外设之间的数据输入/输出、主机向外设发出各种控制命令控制外设的工作、主机读入和测试外设的各种工作状态等。

输入/输出指令通常有 3 种设置方式。

(1) 外设采用单独编码的寻址方式并设置专用的 I/O 指令。由 I/O 指令的地址码部分给出被选设备的设备码(或端口地址),操作码指定所要求的 I/O 操作。这种方式将 I/O 指令与其他指令区别对待,编写程序清晰。

(2) 外设与主存统一编址,用通用的数据传送指令实现 I/O 操作。这种方式不用设置专用 I/O 指令,利用已有的指令对外设信息进行处理。但由于外设与主存统一编址,因此占用了主存的地址空间,而且较难分清程序中的 I/O 操作和访存操作。

(3) 通过 I/O 处理机执行 I/O 操作。在这种方式下,CPU 只需执行几条简单的 I/O 指令,如启动 I/O 设备、停止 I/O 设备、测试 I/O 设备等,而对 I/O 系统的管理等工作都由 I/O 处理机完成。

8. 其他指令

除了上述几种类型的指令外,还有一些完成特定功能的指令,如停机、等待、空操作、开中断、关中断、置条件码以及特权指令等。特权指令用于系统资源的分配与管理,一般用于操作系统或其他系统软件,用户不可使用。在多任务、多用户计算机中,这种特权指令是不可缺少的。

4.2 RISC-V 系统的指令设计

伯克利研究团队自 2011 年 5 月正式发布第一版指令集以来,受到了用户的极大欢迎。该指令集以名为 RV32I 的固定基础指令集为核心,通过扩展指令集的方式构建不同的 RISC-V 指令系统,即简单化和模块化是 RISC-V 系统的最大特点。RISC-V 系统将努力使基础和每个标准扩展随时间保持不变,并将新指令分层为进一步的可选扩展。

同时,伯克利团队做出了两个重大决定:一是将新的指令集命名为 RISC-V,表示为第 5 代 RISC;二是将 RISC-V 指令集彻底开放,使用 BSD License 开源协议设计了开源处理器核 Rocket。RISC-V 指令集作为软硬件接口的一种说明和描述规范,开放给用户免费使用和拓展,于是诞生了全新的开放指令集 RISC-V,可以开发兼容 RISC-V 指令集的 RISC 处理器。

4.2.1 RISC-V 指令的格式设计

RISC-V 的指令系统主要是 32 位定长度的指令,但操作数的信息位长度有 32 位和 64 位两种,构成了 RV32 和 RV64 两个不同的指令集,其中 RV64 是对 RV32 指令操作数空间扩展的补充与延伸。因此,指令格式的设计主要是安排 32 位指令中各字段的功能和操作数寻址模式。

1. 指令操作码的设计

基本的 RISC-V 指令集设置为 32 位固定长度的指令,并以 32 位边界自然对齐。为了支持具有可变长度指令的指令扩展,RISC-V 在安排指令操作码时,允许按 16 位二进制长度扩展指令码,以形成新的扩展指令集。在支持变长扩展时,要求指令长度为 16 位整数倍,16 位地址对齐。

RISC-V 指令系统的操作码 OPCODE 设置在指令低位,按照扩展码技术定义不同长度的指令集,表 4-3 给出了 RISC-V 指令长度编码约定与扩展方案。其中,最低两位编码为 00、01 和 10 是 16 位指令格式(压缩格式)的 OPCODE 的主要特征;剩余 11 编码作为扩展码定义标准的 32 位指令格式,并约定指令最低 5 位 OPCODE 的特征值范围为 00011~11011。然后,最低 5 位 11111 作为其他长度指令的扩展码标志进一步定义指令格式,例如 011111 是 48 位指令,111111 作为扩展码定义 64 位指令(OPCODE 特征码 0111111),1111111 再作为扩展码定义更多位的指令集。

表 4-3 RISC-V 指令操作码 OPCODE 的编码及扩展方案

操作码 OPCODE 格式	OPCODE 特征	扩展码标志	指令集说明
15　　　　　　　　　1 0 xxxxxxxxxxxxxxcc	cc=00,01,10 时,表示 16 位长度指令集	cc=11,扩展成 32 位指令	16 位指令——压缩指令集
15　　　　　　　4 3 2 1 0 xxxxxxxxxxxvvv11	vvv11=00011~11011 时,表示 32 位长度指令集	vvv11=11111,扩展成 48 位指令	32 位指令——基本指令集
15　　　　　　5 4 3 2 1 0 xxxxxxxxxxs11111	s11111=011111 时,表示 48 位长度指令集	s11111=111111,扩展成 64 位指令	48 位指令——扩展指令集

续表

操作码 OPCODE 格式	OPCODE 特征	扩展码标志	指令集说明
15　　　　　6 5 4 3 2 1 0 x x x x x x x x x u 1 1 1 1 1 1	u111111＝0111111 时，表示 64 位长度指令集	u111111＝1111111，扩展成 80 位及以上的指令	64 位指令——扩展指令集
15　　　　　6 5 4 3 2 1 0 x n n n x x x x x 1 1 1 1 1 1 1	nnn＋1111111＝000＋1111111～110＋1111111 时，表示 80＋16×nnn 位指令集	nnn＋1111111＝111＋1111111，扩展成 192 位及以上的指令	80＋16×nnn 指明指令集的指令长度
15　　　　　6 5 4 3 2 1 0 x 1 1 1 x x x x x 1 1 1 1 1 1 1	预留扩展码	预留，待定义	预留，待说明

RISC-V 体系结构按照扩展码技术，以最低位 2 字节作为操作码 OPCODE 的字段域，形成不同指令长度的指令集。如果指令中所有位全 0 或全 1，则为非法指令，前者跳入填满 0 的储存区域，后者意味着总线或储存器损坏。另外，RISC-V 默认用小端储存系统，但非标准变种指令中可以支持大端或者双端储存系统。本书主要介绍 RISC-V 的基本指令集 RV32I 架构。

2. 指令格式的设计方法

RISC-V 指令系统的 RV32I 是 32 位整数指令集，是最基本的指令集架构(ISA)，共有 47 条指令，只需 37 条指令就足以运行任何 C 语言编写的程序。虽然基本指令限制在一个最小的指令集上，但足以为编译器、汇编程序、链接器和操作系统提供一个合理的目标(具有额外的主管级操作)，提供了一个方便的指令集架构和软件工具链框架，以此框架构建更多定制的指令系统。

根据表 4-3 的操作码编写规则，RV32 指令系统可以按照如下格式设计 RISC-V 整数或浮点数指令集(vvv≠111)，该格式是一个(7＋5＋5＋3＋5＋7)共 6 字段的指令格式，形式上是一条 R-R 型操作数运算类指令。根据第 1 章的图 1-6 的约定，读取 RV32 的指令存放在 IR 锁存器中。

	31　　　25	24　　　20	19　　　15	14　　12	11　　　7	6　　　　0
IR	funct7	rs2	rs1	funct3	rd	x x v v v 1 1
	功能码 2	源寄存器 2	源寄存器 1	功能码 1	目标寄存器	OPCODE

OPCODE(主操作码)用于确定 RISC-V 指令类型和操作数长度，数据的长度由处理器的数据宽度确定，如 32 位数据说明处理器是 32 位字长，是 RV32I 操作数的整数集合，而 64 位数据表明是 64 位的处理器，构成了 RV64I 操作数集，但指令长度都是 32 位的。两个功能码 funct7 和 funct3(称为辅助操作码)与 OPCODE 联合使用，指定不同指令类型的操作数形成方法和来源。

表 4-4 列出了 RISC-V 系统结构的 32 位指令系统中 7 位主操作码 OPCODE 的编码规则与相应的指令说明。其中，FMadd/FMsub、FNMadd/FNMsub、-FP 等编码表示(Float)浮点指令扩展模块，OP-32 和 OP-IMM-32 编码是 RV64I 扩充指令，说明硬件实现和操作系统提供 64 位用户级地址空间，而 RV128I 支持 128 位用户地址空间。

表 4-4 RV32 指令 OPCODE 的编码规则

IR₆ IR₅	vvv 编码						
	000	001	010	011	100	101	110
00	Loads	Load-FP	Reserved	Fences	OP-IMM	AUIPC	OP-IMM-32
01	Stores	Store-FP	Reserved	A Ext.	OP	LUI	OP-32
10	FMadd	FMsub	FNMadd	FNMsub	OP-FP	Reserved	RV128I
11	Branches	JALR	Reserved	JAL	System	Reserved	RV128I

3. 模块化的设计思路

RISC-V 的模块化设计思想是：将指令集分为基本部分和扩展部分，所有硬件实现都必须实现基本部分指令集的功能，而扩展部分则是可选的。扩展部分又分为标准扩展和非标准扩展，用户在设计基于 RISC-V 的 CPU 时可以选择使用。

RISC-V 的基本指令集是 32 位的 RV32I 整数指令，包含整数计算、整数加载、整数存储和控制流指令，所有 RISC-V 都必须实现这些指令功能。标准的整数乘法和除法（扩展名为 M）添加了对整数寄存器中的值进行乘法和除法的指令。标准的原子指令（扩展名为 A）添加了用于处理器间同步的原子读、修改和写入内存的指令。标准单精度浮点（扩展名为 F）添加了浮点寄存器、单精度计算及单精度加载和存储指令，而扩展名 D 实现了双精度数的相应功能。整数基加上这 4 个标准扩展（I＋M＋A＋F＋D）的缩写为 G（General-purpose），并提供通用标量指令集，如表 4-5 所示。RV32G 和 RV64G 是编译器工具链的默认目标且在后续 ISA 的版本迭代过程中指令集保持不变。

其中，I 基本整数集（整数基本运算、Load/Store 和控制流）是硬件必须实现的指令集；M 标准整数乘除法扩展集增加了整数寄存器中的乘除法指令；A 准操作原子扩展集增加了对储存器的原子读、写、修改和处理器间的同步；F 标准单精度浮点扩展集增加了浮点寄存器、计算指令、L/S 指令；D 标准双精度扩展集扩展了双精度浮点寄存器、双精度计算指令、L/S 指令。

表 4-5 RISC-V 的基本指令和标准扩展指令

指 令 集	指令数量	指令说明
I	51	基本整数指令系统
M	13	整数乘除法扩展指令
A	22	原子操作扩展指令
F	30	单精度浮点扩展指令
D	32	双精度浮点扩展指令
C	36	16 位的压缩指令系统

本书以 RISC-V 系统的 32 位 ALU 运算类指令为例，重点介绍 I＋M＋F＋D 模块编码规则。

1）RV32I 基本指令编码

根据表 4-4，RV32I 运算类指令有 I 型和 R 型两种格式。I 型指令是带立即数的运算类指令，操作码对应的是 OP-IMM 编码段，其编码格式主要有下列两种：

第一种是移位类指令：

31　　　　25	24　　　20	19　　　15	14　　12	11　　　7	6　　　　　0
0 x 0 0 0 0 0	shamt	rs1	funct3	rd	0 0 1 0 0 1 1
功能码 2	移位值	源寄存器 1	功能码 1	目标寄存器	OPCODE

(IR 标注于左侧)

此时的数据是32位,shamt只需5位二进制。RV32I设置了逻辑左移、逻辑右移和算术右移指令。

第二种是带立即数的运算类指令:

31 25	24 20	19 15	14 12	11 7	6 0
Imm[11:0]		rs1	funct3	rd	0010011
立即数		源寄存器1	功能码1	目标寄存器	OPCODE

R型指令操作码对应的是OP编码段,其编码格式如下:

31 25	24 20	19 15	14 12	11 7	6 0
0x00000	rs2	rs1	funct3	rd	0110011
功能码2	源寄存器2	源寄存器1	功能码1	目标寄存器	OPCODE

功能码2中的x值大多数是0,只有少数的几条指令取值为1。RISC-V处理器的大多数运算类指令都是寄存器型(R型)操作数指令,并设置了32个32位的整数寄存器x0~x31,有的用于保存特殊的值,有的可供程序员编程使用。

2) RV64I指令(RV32I的补充编码)

RV64I指令是对RV32I的扩充,操作数为64位长度,包括ALU的位数等,但指令字的长度仍然是32位。移位指令格式与RV32I的格式一样,只是shamt需要6位二进制,功能码2占用6位,即0x0000编码值。此外,RV64I扩充了如下所示的3条带立即数(移位值)的移位指令和3条R型的移位指令,操作码对应的是OP-IMM-32编码段。

31 25	24 20	19 15	14 12	11 7	6 0
0x00000	shamt	rs1	funct3	rd	0011011
功能码2	移位值	源寄存器1	功能码1	目标寄存器	OPCODE

另一种是R型的移位指令,操作码对应的是OP-32编码段。这一类移位指令的移位次数由rs2寄存器的低6位值指明。

31 25	24 20	19 15	14 12	11 7	6 0
0x00000	rs2	rs1	funct3	rd	0111011
功能码2	源寄存器2	源寄存器1	功能码1	目标寄存器	OPCODE

RV64I指令集中只有ADDW、SUBW两条R型的运算类指令,指令格式如上所述。RV64I指令集的带立即数运算指令也只有一条ADDIW,编码格式如下:

31 25	24 20	19 15	14 12	11 7	6 0
Imm[11:0]		rs1	000	rd	0011011
立即数		源寄存器1	功能码1	目标寄存器	OPCODE

可以看出,RV64I指令集仅仅扩展了RV32I指令集的数据空间,指令长度还是32位,虽然补充了少量指令,仍然是RV32I基本指令系统的延伸或补充子集。

3) RV32M标准扩展编码

在M标准扩展编码中,实现了整数的乘除运算功能,即增加了整数乘除运算指令子集。以下是R型乘除运算类指令的编码格式,能够完成乘法、除法和求余数等运算。

31 25	24 20	19 15	14 12	11 7	6 0
0000001	rs2	rs1	funct3	rd	0110011
功能码2	源寄存器2	源寄存器1	功能码1	目标寄存器	OPCODE

RV32M 也有延伸指令集——RV64M，OPCODE 编码是 0111011 编码字，用来实现对 64 位操作数的乘除和求余数运算。

4）RV32F 和 RV32D 标准扩展编码

RV32F 和 RV32D 两个标准扩展码都是用于浮点数的操作和运算类指令，RV32F 是单精度指令，RV32D 是双精度指令。RISC-V 系统的浮点数表示的格式遵循 IEEE 754-2008 浮点标准(IEEE 标准委员 2008)的格式规范要求。

RISC-V 的 RV32F/RV32D 除了设置标准的浮点运算指令外，还专门设置了用于浮点矩阵之类的运算指令。依据表 4-4 可以看出，FMadd、FMsub、FNMadd、FNMsub 是用于"两个数相乘再做加/减"的运算操作，其中 FNMadd/FNMsub 指令表示在加上或减去第 3 个操作数之前对乘积取反。因此，得出下列 R 型浮点运算指令格式：

	31 27	26 25	24 20	19 15	14 12	11 7	6 0
IR	rs3	00/01	rs2	rs1	rm	rd	10 x x x 1 1
	源寄存器 3	单/双精度	源寄存器 2	源寄存器 1	舍入码	目标寄存器	OPCODE

在这个格式中，xxx＝000，001，010，011 分别对应 FMadd、FMsub、FNMadd、FNMsub 四条运算指令，rm 是舍入模式。

RV32F/RV32D 标准的浮点加减乘除(Fadd，Fsub，Fmul，Fdiv)指令编码对应的是表 4-4 中的 OP-FP 字段，因此指令的编码格式如下：

	31 27	26 25	24 20	19 15	14 12	11 7	6 0
IR	0 0 y y y	00/01	rs2	rs1	rm	rd	101 0 0 1 1
	功能码	单/双精度	源寄存器 2	源寄存器 1	舍入码	目标寄存器	OPCODE

其中，yyy＝000，001，010，011 分别对应 Fadd、Fsub、Fmul、Fdiv 四条标准浮点运算指令。在精度字段中，00 表示 32 位单精度指令，指令格式后缀 s，如 Fadd.s、Fdiv.s 等指令形式，01 表示 64 位双精度指令，指令格式后缀 d，如 Fsub.d、Fmul.d 等指令形式，10 未定义，11 表示 128 位的四精度操作数指令。为了支持单双精度浮点运算，RISC-V 设计了 32 个 32 位浮点寄存器 f0-f31，有些相邻的两个寄存器(f0，f2)构成 64 位浮点寄存器。

4.2.2 RISC-V 指令的寻址方式

RISC-V 处理器的设计风格仍然遵循 RISC 指令设计风格，具有指令少、寄存器多和寻址方式少等特性，其基本指令系统 RV32I 大多数指令的操作数来源于寄存器(寄存器直接寻址)，通过设置比较多的寄存器存放变量(操作数)，以提高处理器性能。

1. 寄存器的设置

RISC-V 设置足够多的寄存器，既能将操作数存放在寄存器中，同时也能减少保存和恢复寄存器的次数。在函数(机器语言中称为子程序)调用的过程中不保留部分寄存器存储的值，称为临时寄存器，另一些寄存器则称为保存寄存器。对于其他寄存器(如回地址寄存器、存储栈指针寄存器等)，调用者需要保证其值在函数调用前后保持不变。表 4-6 列出了寄存器的 RISC-V 应用程序二进制接口(ABI)名称和它们在子程序调用中是否保留的规定。

表 4-6　RISC-V 的寄存器与用途

寄 存 器	ABI 名称	数 据 类 型	用 途 描 述	调用保留情况
x0	zero	整数寄存器	硬编码 0	不适用
x1	ra		返回地址	保留
x2	sp		栈指针	保留
x3	gp		全局指针	保留
x4	tp		线程指针	保留
x5～x7	t0～2		临时	不保留
x8～x9	s0～1		保存	保留
x10～x17	a0～7		参数/结果	不保留
x18～x27	s2～11		保存	保留
x28～x31	t3～6		临时	不保留
f0～f7	ft0～7	浮点寄存器	临时	不保留
f8～f9	fs0～1		保存	保留
f10～f17	fa0～7		参数/结果	不保留
f18～f27	fs2～11		保存	保留
f28～f31	ft8～11		临时	不保留

2．寻址方式的设计

RISC-VRV32 指令系统的寻址方式只有 4 种。

1）立即数寻址方式

RISC-V 的立即数主要用于 I-Type 格式的指令和 U-Type 格式的指令。I-Type 指令包含 12 位立即数；U-Type 指令包含 20 位立即数，且加载到寄存器的高 20 位。大多数情况下，一条 I-Type 指令加上一条 U-Type 指令就可以加载 32 位的常量，包括 32 位的立即数或内存地址。

```
lui   x16, 2021      # x16 的高 20 位赋值
addi  x16, x16, 1229 # x16 的低 12 位加一个值
```

2）寄存器寻址方式

RISC-V 系统的运算类指令（R 类指令）都是寄存器寻址方式（称为 R 寻址）。

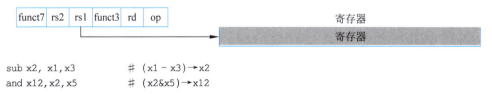

```
sub x2, x1, x3       # (x1 - x3)→x2
and x12, x2, x5      # (x2&x5)→x12
```

3）基址寻址方式

RISC-V 系统的基址寻址（或偏移寻址）方式用于存取操作数指令（Load，I 类指令，Store SB 类指令），即一个半地址的 R-S 型指令。

```
lw x1, 1228(x7)           # 取数指令,M[1228 + x7]→x1,存储地址的偏移值是 4 的倍数
sw x15,2200(x2)           # 存数指令,x15→ M[2200 + x2]
```

4) 相对寻址方式

RISC-V 系统的分支类指令采用相对寻址方式。

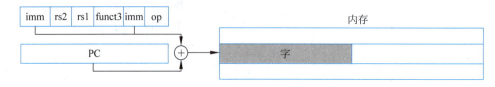

```
beq x12, x0, 1220         # 判断 x12 = 0?若 x12 = 0,则(PC) + 1220 * 2→PC
```

4.2.3 RISC-V 指令的类型与功能

1. 指令类型格式

RISC-V 指令系统是一个 32 位定长的指令系统,主要包括 R-Type、I-Type、S/B-Type 和 U/J-Type 等类型格式的指令,如图 4-15 所示,其中 imm 表示立即数及其所对应的位置。

31:25	24:20	19:15	14:12	11:7	6:0	→IR
funct7	rs2	rs1	funct3	rd	opcode	R-Tyoe
$imm_{11:0}$		rs1	funct3	rd	opcode	I-Tyoe
$imm_{11:5}$	rs2	rs1	funct3	$imm_{4:0}$	opcode	S-Tyoe
$imm_{12,10:5}$	rs2	rs1	funct3	$imm_{4:1,11}$	opcode	B-Tyoe
$imm_{31:12}$				rd	opcode	U-Tyoe
$imm_{20,10:1,11,19:12}$				rd	opcode	J-Tyoe
5位	2位	5位	5位	3位	5位	7位

图 4-15 指令类型及格式

1) R-Type 指令

RISC-V 系统的 R-Type 指令主要指运算类型的指令,该类指令带有 3 个操作数,且操作数存放在寄存器中(称为 R 型操作数)。

	31:25	24:20	19:15	14:12	11:7	6:0	
IR	funct7	rs2	rs1	funct3	rd	OPCODE	R 型格式
	7 位	5 位	5 位	3 位	5 位	7 位	

格式:

```
sub rd, rs1, rs2          # (rs1) - (rs2)→rd
```

2) I-Type 指令

I-Type 指令用途比较广,可以是存储器取数指令(load 指令)的偏移量,也可以给寄存器赋初值或者加减一个常量。

	31:20	19:15	14:12	11:7	6:0	
IR	$imm_{11:0}$	rs1	funct3	rd	OPCODE	I 型格式
	12 位	5 位	3 位	5 位	7 位	

格式：

addi rd, rs1, imm　　　♯ (rs1) + imm→rd

或：

lw rd, imm(rs1)　　　♯ Mem[(rs1) + imm]→rd

3) S-Type 指令

S-Type 指令的主要用途是将寄存器的值存储到内存中，即 store 指令。

31:25	24:20	19:15	14:12	11:7	6:0	
IR	imm$_{11:5}$	rs2	rs1	funct3	imm$_{4:0}$	OPCODE	S 型格式
7 位	5 位	5 位	3 位	5 位	7 位	

格式：

sw rs2, imm(rs1)　　　♯ (rs2)→ Mem[(rs1) + imm]

4) B-Type 指令

B-Type 指令是转移类的指令，采用相对寻址方式，主要用于条件分支转移等程序的跳转。

31:25	24:20	19:15	14:12	11:7	6:0	
IR	imm$_{12,10:5}$	rs2	rs1	funct3	imm$_{4:1,11}$	OPCODE	B 型格式
7 位	5 位	5 位	3 位	5 位	7 位	

格式：

beq rs1, rs2, imm12:1　　♯ (rs1) − (rs2) = 0?,(PC) + 2 ∗ imm12:1 →PC

5) J-Type 指令

RISC-V 系统的 J-Type 指令主要用于跳转链接指令，如 jal 指令。

31:12	11:7	6:0	
IR	imm$_{20,10:1,11,19:12}$	rd	OPCODE	J 型格式
20 位	5 位	7 位	

格式：

jal ra, func1　　　♯ func1 根据具体的指令加载情况，分配一个 20 位的值

2. 各类指令功能

RISC-V 指令系统是模块化的开源指令系统，接下来将从 RV32I、RV32M 和 RV32F/RV32D 等方面介绍各类指令对不同类型的操作数实施的操作和完成的功能。

1) RV32I 指令类及功能

为了便于学习和掌握 RISC-V 指令系统的指令，理解各类指令的功能，本书按照表 4-7 的形式描述 RV32I 基础指令集及助记符模式，旨在对指令给出一个快速深入的概述。每个指令助记符由下划线的字母从左到右连接起来，组成完整的 RV32I 指令集，花括号"{}"表示垂直方向上的每个选项都是指令的不同变体，{}内列举了指令的所有变体，变体用下画线字母或下画线字符"_"表示，{}可组合成功能相近但处理不同数据和状态的指令。

表 4-7 RV32I 基础指令集及助记符表

功能类	指令助记符描述	指令说明与示例
整数计算	add {-, immdiate} subtract {and, or, exclusive or} {-, immdiate} set less than {-, immdiate} {-, unsigned} load upper immediate add upper immediate to pc	add/addi、sub→加减法，and/andi、or/ori、xor/xori→逻辑运算，slt/slti/sltu→设置小于值 如：addi t2, t1, 0 //(t1) + 0→t2 　　xori t4, t3, -1 //t3 按位取反→t4 lui、auipc→lui 将无符号立即数存放目标到寄存器的高 20 位，低 12 位填 0 值。auipc 的 20 位与 jalr 的 12 位组合，转移任何 PC。注意：addi 低 12 位数的符号扩展。 例如给 s8 设置初值 0x0xDEADBEEF，有： lui s8, 0xDEADC //s8 = 0xDEADC000 addi s8, s8, 0xEEF //s8 = 0xDEADBEEF
算逻移位	{shift left logical, shift right arithmetic, shift right logical} {-, immdiate}	sll/slli、srl/srli→逻辑左右移，sra/srai→算术右移。 被移位的是 rs1，移位次数是 rs2 的低 5 位。 如：sll a4, a4, a2 //(a4) * 8→a4, 设 a2 = 0x3 　　slli a5, a5, 0x2 //(a5) * 4→a5

读写存储	{load, store} {byte, halfword, word}	lb/lh/lw、lbu/lhu、sb/sh/sw → 字节、半字、字的加载存储。
		如：lw a6, 60(a3) // Mem[(a3) + 60]→a6
		　　sw a7, 500(a8) //(a7)→Mem[(a8) + 500]

控制转移	branch {equal, not equal} branch {greater than or equal, less than} {-, u} jump and link {-, register}	beq/bne、bge/blt、bgeu/bltu 与其他机器的分支指令功能相同。jal/jalr→跳转链接/跳转链接返回，jal 为 UJ 类格式，J 立即数为 2 倍数的有符值，符号扩展加到 PC，并将其后面指令的 PC+4 保存到 rd 中（约定 rd = x1，无条件跳转 rd = x0）。jalr 为 I 类格式，12 位加到 rs1，结果的最低位设置为 0，其后面指令的 PC+4 保存到 rd 中（若不需要，则 rd = x0）
其他杂项	fence load & store fence.instruction & data environment {break, call} control　　　　　　status reg {read & clear bit, read & set bit, read & write} {-, u}	fence/fence.i、ebreak/ecall →在线程间设有一个放松的存储器模型，不同线程之间的存储器操作，用 fence 来确保顺序，即顺序化其他线程、外部设备或者协处理器看到的设备 I/O 和存储器访问。fence.i 用于同步指令和数据流，该指令之后的取指操作，可以看到之前的数据 store。ecall 用于向支持的运行环境发出请求，ebreak 指令被调试器所使用，用来将控制权传送回调试环境。 csrrc/csrrs/csrrw/csrrci/csrrsi/csrrwi→属于 System instructions，用于特权访问的系统功能

2) RV32M 指令类及功能

RISC-V 系统的 RV32I 指令集中给出了标准整数乘法和除法的指令扩展（被命名为 RV32M），向 RV32I 中添加了整数乘法和除法运算指令，即针对两个整数寄存器中的数值进行乘法或者除法运算。表 4-8 是 RV32M 扩展指令集的描述。

表 4-8 RV32M 乘除指令及助记符表

功能类	指令助记符描述	指令说明与示例
乘法运算	multiply $\text{multiply} \left\{\begin{array}{l}\text{-}\\\text{high}\end{array}\right\}\left\{\begin{array}{l}\text{unsigned}\\\text{signed unsigned}\end{array}\right\}$	mul、mulh/mulhu/mulhsu → mul 得到低 32 位乘积，mulh/mulhu 是高 32 位有符/无符数结果，如果一个有符号，一个无符号，则用 mulhsu 指令。而 64 位积需要两条乘法指令才能得到一个完整的 64 位积。如： mul a4, a7, a6 //(a7) * (a6)→a4 mulh a3, a7, a6 //(a7) * (a6)→a3,a3,a4 构成 64 位
除法运算	$\left\{\begin{array}{l}\text{divide}\\\text{remainder}\end{array}\right\}\left\{\begin{array}{l}\text{-}\\\text{unsigned}\end{array}\right\}$	div/divu、rem/remu→提供商和余数的指令。 div a2, a7, a6 //(a7)/(a6)→a2,a2 寄存器为商 rem a1, a7, a6 //(a7) % (a6)→a1,a1 寄存器为余数

3) RV32F/D 指令类及功能

尽管 RV32F 和 RV32D 是分开的、单独的可选指令集扩展，但它们通常是包括在一起的。为简洁起见，本书将单精度和双精度（32 位和 64 位）浮点指令合在一起介绍 RISC-V 系统的浮点运算类指令及功能。表 4-9 给出了 RV32F 和 RV32D 扩展指令集的助记符描述。

表 4-9 RV32F/D 浮点运算指令及助记符表

功能类	指令助记符描述	指令说明与示例
浮点计算	$\text{float}\left\{\begin{array}{l}\text{add}\\\text{subtract}\\\text{multiply}\\\text{divide}\\\text{square root}\\\text{minimum}\\\text{maximum}\end{array}\right\}\left\{\begin{array}{l}\text{.single}\\\text{.double}\end{array}\right\}$ $\text{float}\left\{\begin{array}{l}\text{-}\\\text{negative}\end{array}\right\}\text{multiply}\left\{\begin{array}{l}\text{add}\\\text{sub}\end{array}\right\}\left\{\begin{array}{l}\text{.single}\\\text{.double}\end{array}\right\}$ float move to .single from .x register float move to .x register from .single	fadd.s/fadd.d、fsub.s/fsub.d、fmul.s/fmul.d、fdiv.s/fdiv.d、fsqrt.s/fsqrt.d、fmin.s/fmin.d、fmax.s/fmax.d→标准的单/双精度浮点四则运算指令，以及求方根、最小值、最大值指令。 fmadd.s/fmadd.d、fmsub.s/fmsub.d→用于先将两个数相乘，然后将乘积加上或减去第 3 个数，再将结果写入目的寄存器（方便矩阵运算）。 fnmadd.s/fnmadd.d、fnmsub.s/fnmsub.d→与上述指令相似，在加减第 3 个数之前对乘积取反。 fmv.s.x、fmv.x.s→将数据从 f（单精度）移动到整数 x 的指令，以及反方向移动的指令。如： fadd.s ft0, ft1, ft2 //(ft1) + (ft2)→ft0 fsub.s ft3, ft4, ft5 //(ft4) - (ft5)→ft3 fmsub.s fa2, fa3, fa4, fa5 //(fa3) * (fa4) - (fa5) fa2 fmv.x.s a8, fa6 //fa6 转成整数存入 a8
	fmadd、fnmad 等需要一条新指令格式指定第 4 个寄存器，称为 R4-Type 指令，格式如下： 		31　　27	26　25	24　　20	19　　15	14　12	11　　7	6　　　0
---	---	---	---	---	---	---	---
IR	rs3	00/01	rs2	rs1	rm	rd	1010011
	源 3	单/比精度	源 2	源 1	舍入码	目标	OPCODE		
浮点访存	$\text{float}\left\{\begin{array}{l}\text{load}\\\text{store}\end{array}\right\}\left\{\begin{array}{l}\text{word}\\\text{double word}\end{array}\right\}$	flw/fld、fsw/fsd→浮点传送指令涉及单双字（单双精度）的取数、单双精度的存数

续表

功能类	指令助记符描述	指令说明与示例
浮点转换	float convert to {.single / .double} from .word {- / .u} float convert to .word {- / .u} from {.single / .double} float convert to .single from .double float convert to .double from .single	fcvt.s.w/fcvt.d.w、fcvt.s.wu/fcvt.d.wu→将32位有/无符号整数转成单/双精度的浮点数。 fcvt.w.s/fcvt.w.d、fcvt.wu.s/fcvt.wu.d→与上述指令反向操作,将浮点数转换成有/无符号整数。 fcvt.s.d、fcvt.d.s→这两条指令完成浮点单双精度数之间的转换
浮点比较	compare float {equals / less than / less than or equals} {.single / .double}	主要有单双精度的相等、小于、小于或等于等比较类指令
其他指令	float sign injection {- / negative / exclusive or} {.single / .double} float classify {.single / .double}	fsgnj.s/fsgnj.d、fsgnjn.s/fsgnjn.d、fsgnjx.s/fsgnjx.d→涉及单双精度的符号位操作,即fsgnj将rs1数值位与rs2符号位合成新值存入rd,fsgnjn将rs1数值位与rs2符号位取反合成新值存入rd,fsgnjx将rs1数值位与rs1符号和rs2符号位异或后存入rd。 fclass.s/fclass.d→检测单双精度浮点数rs1值,并将指示类别的10位掩码写入rd中(rd的对应位被置为1),如表4-10所示

表 4-10 浮点数检测掩码的含义

rd 寄存器位	含 义	rd 寄存器位	含 义
0	rs1 是 $-\infty$	5	rs1 是正的非规格化数
1	rs1 是负的规格化数	6	rs1 是正的规格化数
2	rs1 是负的非规格化数	7	rs1 是 $+\infty$
3	rs1 是 -0	8	rs1 是 signaling NaN
4	rs1 是 $+0$	9	rs1 是 quiet NaN

在重点了解 RISC-V 处理器 32 位指令系统的设计原理与方法后,就可以对 RV32I、RV64I、RV32M 和 RV32F/D 等模块的每条指令,按照上述的指令类型与格式进行编码,构成整个指令系统的指令代码集合(参见附录 A)。

读者在学习本小节的指令格式的基础上,再参考附录 A 的 32 位指令二进制编码,就能够轻易地读懂和理解指令二进制机器代码,并能熟练地编写 RISC-V 系统的汇编程序。

4.3 控制单元初阶——控制器设计

4.3.1 指令执行的基本步骤

计算机的工作过程是运行程序的过程。计算机控制器根据事先编好并存放在存储器中的解题程序,控制各部件有条不紊地工作。计算机运行程序的过程实质上是由控制器根据程序所要求的指令序列执行一条条指令的过程。一般来说，控制器按照下列主要步骤执行一条条指令。

1．取指令

根据指令所处的存储器单元地址（由 PC 提供），从存储器（RAM）中取出所要执行的指令。

2．分析指令

译码分析取出的指令。根据指令操作码的分析，产生相应操作控制电位，去参与形成该指令所需要的全部控制命令（微操作控制信号）；根据寻址方式的分析和指令功能要求，形成操作数有效地址，依此地址取出操作数（运算型指令），或者形成转移地址（转移类指令），以实现程序转移。

3．执行指令

根据指令功能，执行指令所规定的操作，并根据需要保存操作结果。一条指令执行结束，若没有异常情况和特殊请求，则按程序顺序再取出并执行下一条指令。

控制器的功能就是按取指令、分析指令、执行指令等步骤重复控制的过程，直到完成程序所规定的任务并停机为止。图 4-16 描述了指令执行的一般过程；图 4-16(a)为一个简单的 CPU 模型，所执行的指令功能是 $(A)+(R_7) \rightarrow A$，图 4-16(b)描述了指令执行的一般流程。

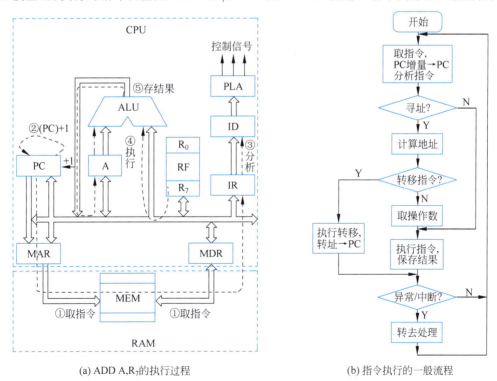

(a) ADD A,R_7 的执行过程 　　　　　　(b) 指令执行的一般流程

图 4-16　指令执行的一般过程

4.3.2　控制器的基本功能

图 4-16 的指令执行过程实质上反映了计算机控制器的基本功能,控制器一般具有如下功能。

1. 控制指令的正确执行

其中包括指令流出的控制,分析指令和执行指令的控制,指令流向的控制。

指令流出的控制就是对取指令的控制。首先给出指令地址,并向存储器发出读命令,而读出的指令经存储器数据寄存器存放到指令寄存器(IR)中,即

(PC)→MAR,Read
(MDR)→IR

IR 中的指令经指令译码器(ID)译码分析,确定操作性质,判明寻址方式并形成操作数的有效地址。控制器根据分析的结果和形成的有效地址产生相应的操作控制信号序列,控制有关的部件完成指令所规定的操作功能。

指令流向的控制即下一条指令地址的形成控制。程序在运行过程中,多数情况都是按指令序列顺序执行的,因此通过 PC 自动增量形成下一条指令的地址。当需要改变指令流向时,只需改变程序计数器(PC)中的内容即可。例如,转移指令的执行把形成的转向地址送入 PC,转子指令的执行把子程序入口地址送入 PC,中断处理是将中断服务程序入口地址送入 PC(第 6 章讨论中断技术)。

2. 控制程序和数据的输入及结果的输出

为完成某项任务而编制的程序及相关数据必须通过某些输入设备预先存放在存储器中,运算结果要用输出设备输出或保存。虽然可以人机对话,但也必须由控制器统一指挥完成。

3. 异常情况和特殊请求的处理

机器在运行程序的过程中,往往会遇到一些异常情况(如电源掉电、除法运算除 0 溢出等)或某些特殊请求(如打印机请求传送打印字符等),这些异常和请求往往是事先无法预测的,随时都有可能发生,因此控制器必须具有检测和处理这些异常情况和特殊请求的功能。

4.3.3　控制器的组成方式

1. 控制器的组成结构

根据对控制器功能的分析,控制器一般由如图 4-17 所示的几个基本部分组成。

1) 指令部件

指令部件的主要功能是完成取指令和分析指令,包括下面几个部件。

(1) 程序计数器(PC):又称指令计数器、指令指针,用以保证程序序列正确运行,并提供将要执行指令的指令地址。PC 指向主存任一单元地址,位数应与主存地址 MAR 的位数相同。CPU 的程序计数器可以单独设置,也可以指定通用寄存器中的某一个作为 PC 使用。

(2) 指令寄存器(IR):用以存放当前正在执行的指令。当指令从主存取出后,经 MDR 传送到指令寄存器中,以便实现对一条指令执行的全部过程的控制。

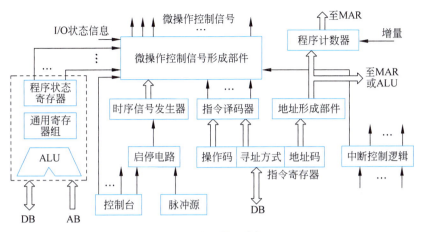

图 4-17 控制器组成框图

(3) 指令译码器(ID)：是指令分析部件，译码分析 IR 的指令操作码，产生相应操作的控制电位，提供给微操作控制信号形成部件。有时还需分析寻址方式字段，控制有效地址的形成。

(4) 地址形成部件：根据机器的各种寻址方式，形成操作数有效地址。在一些微、小型机中，为简化硬件逻辑，通常不设置专门的地址形成部件，而是借用运算器实现有效地址的计算。

2) 时序控制部件

从宏观(程序控制)上看，计算机的解题过程实质上是指令序列(一条条指令)的执行过程；从微观(指令控制)上看，计算机的解题过程又是微操作序列(一个个或一组组微操作)的执行过程。一条指令的执行过程可以分解为若干简单的基本操作，称之为微操作，这些微操作有严格的时间顺序要求，不可随意颠倒。时序控制部件就是用来产生一系列时序信号，为各个微操作定时的，以保证各个微操作的执行顺序。

(1) 脉冲源：脉冲源用于产生一定频率的主时钟脉冲，一般采用石英晶体振荡器作为脉冲源。计算机电源一接通，脉冲源立即按规定频率给出时钟脉冲。

(2) 启停电路：启停电路用来控制整个机器工作的启动与停止，实际上是保证可靠地送出或封锁主时钟脉冲，控制时序信号的发生与停止。

(3) 时序信号发生器：时序信号发生器用以产生机器所需的各种时序信号，以便控制有关部件在不同的时间完成不同的微操作。不同的机器有着不同的时序信号。在同步控制的机器中，一般包括周期、节拍、脉冲等三级时序信号。

3) 微操作控制信号形成部件

不同的指令完成不同的功能，需要不同的微操作控制信号序列。每条指令都有自己对应的微操作序列。控制器必须根据不同的指令，在不同的时间产生并发出不同的微操作控制信号，控制有关部件协调工作，完成指令所规定的任务。

微操作控制信号形成部件的功能是根据指令部件提供的操作控制电位、时序部件所提供的各种时序信号及有关的状态条件产生机器所需要的各种微操作控制信号。

4) 中断控制逻辑

中断控制逻辑也称中断机构，用以实现异常情况和特殊请求的处理。

5) 程序状态寄存器

程序状态寄存器(PSR)用以存放程序的工作状态(如管态、目态等)和指令执行的结果特征(如 ALU 运算的结果为零、结果为负、结果溢出等),PSR 所存放的内容被称为程序状态字(PSW)。

例如,8086 微处理器的程序状态字的结构格式为:

15				11	10	9	8	7	6		4		2		0
				OF	DF	IF	TF	SF	ZF		AF		PF		CF

其中,状态标志有 6 个:进位(CF)、溢出(OF)、辅助进位(AF)、结果零(ZF)、符号(SF)、校验(PF);此外,控制标志有 3 个:方向(DF,用于串操作指令)、中断允许(IF,决定 CPU 是否响应外部可屏蔽中断请求)、陷阱(TF,用于程序的调试,CPU 处于单步方式)。

6) 控制台

控制台用于实现人与机器之间的通信联系,如启动或停止机器的运行、监视程序的运行过程、对程序进行必要的修改或干预等。

2. 控制器的组成类型

控制器的主要任务就是根据不同的指令、不同的状态条件,在不同的时间产生不同的控制信号,控制计算机的各部件协调地进行工作。因此,微操作控制信号形成部件是控制器的核心。根据产生微操作控制信号的方式不同,控制器可分为硬联逻辑型、存储逻辑型、组合逻辑与存储逻辑结合型 3 种,它们的根本区别在于微操作信号发生器的实现方法不同,而控制器中的其他部分基本上大同小异。

1) 硬联逻辑型

又称为组合逻辑控制器,采用硬联组合逻辑实现,其微操作信号发生器由门电路组成的复杂树形网络构成。这种方法以使用最少器件数和取得最高操作速度为设计目标。

硬联逻辑控制器的最大优点是速度快,但微操作信号发生器结构不规整,使得设计、调试、维修较困难,难以实现设计自动化。一旦控制部件构成之后,要想增加新的控制功能是不可能的。它受到微程序控制器的强烈冲击,目前仅有巨型机和精简指令集计算机为了追求高速度仍采用这种控制器。

2) 存储逻辑型

又称为微程序控制器,采用存储逻辑实现,也就是把微操作信号代码化,使每条机器指令转换为一段微程序存入控制存储器中,微操作控制信号由微指令产生。

微程序控制器的设计思想和硬联逻辑控制器的设计思想截然不同。它具有设计规整,调试、维修、更改、扩充指令方便的优点,易于实现自动化设计,已成为当前控制器的主流。但是,由于它增加了一级控制存储器,因此指令的执行速度比硬联逻辑控制器慢。

3) 硬联逻辑和存储逻辑结合型

又称为 PLA 控制器,折中了前两种控制器的设计思想,是上述两种技术结合的产物。PLA 控制器实际上也是一种组合逻辑控制器,与常规的硬联结构不同,它是程序可编的,某一微操作控制信号由 PLA 的某一输出函数产生。PLA 控制器克服了上述两者的缺点,是一种较有前途的方法。

以上几种控制器的设计方法虽然不同,但产生的微操作命令的功能是一样的,并且各个控制条件基本上也是一致的,都是由时序电路、操作码译码信号,以及被控部件的反馈信息有机配合而成。如果用图 4-18 来描述,可以说这几种控制器只是微操作控制信号发生器的结构和原理不同,而外部的输入条件和输出结果几乎完全相同。

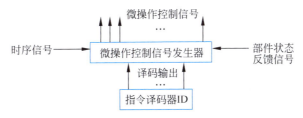

图 4-18 微操作控制信号发生器示意图

4.3.4 控制器的控制方式

在 4.3.3 节中提到,计算机执行指令的过程实际上是执行一系列微操作的过程。每一条指令都对应着一个微操作序列,这些微操作中有些可以同时执行,有些则必须按严格的时间关系执行。如何在时间上对各个微操作加以控制呢?这就是控制方式的问题。常用的控制方式有同步控制、异步控制和联合控制。

1. 同步控制方式

同步控制方式是指任何指令的运行或指令中各个微操作的执行均由确定的具有统一基准时标的时序信号所控制。每个时序信号的结束就意味着安排完成的工作已经完成,随即开始执行后续的微操作或自动转向下一条指令的运行。

由于不同的指令完成不同的功能,所对应的微操作序列的长短以及各个微操作执行的时间也可能不同,因此,典型的同步控制方式是以微操作序列最长的指令和执行时间最长的微操作为标准,把一条指令执行过程划分为若干个相对独立的阶段(称为周期)或若干个时间区间(称为节拍),采用完全统一的周期(或节拍)控制各条指令的执行。这种方法时序关系简单,控制方便,但浪费时间。因为对于比较简单的指令,将有很多节拍是不用的,处于等待状态。所以,在实际应用中都不采用这种典型的同步控制方式,而是采用某些折中的方法。常用的方法如下。

1) 采用中央控制与局部控制相结合的方法

根据大多数指令的微操作序列的情况,设置一个统一的节拍数,使得大多数指令能够在统一的节拍内完成。把统一节拍的控制称为中央控制。对于少数在统一节拍内不能完成的指令,采用延长节拍或增加节拍数的方法,使之在延长节拍内完成,执行完毕再返回中央控制,在延长节拍内的控制称为局部控制。中央节拍与局部节拍的关系如图 4-19 所示,在 W_6 与 W_7 之间插入节拍 W_6^*。

图 4-19 中央节拍与局部节拍的关系

2) 采用不同的机器周期和延长节拍的方法

这种方法可以解决执行不同的指令所需时间不统一的问题。把一条指令执行过程划分为若干机器周期,如取指、取数、执行等周期。根据执行指令的需要,可选取不同的机器周期数。在节拍安排上,每个周期划分为固定的节拍,每个节拍都可以根据需要延长一个节拍。

3) 采用分散节拍的方法

所谓分散节拍,是指运行不同指令时,需要多少节拍,时序部件就发生多少节拍。这种方法可完全避免节拍轮空,是提高指令运行速度的有效方法,但这种方法使得时序部件复杂化,同时还不能解决节拍内那些简单的微操作因等待所浪费的时间。

2. 异步控制方式

异步控制方式不仅要区分不同指令对应的微操作序列的长短,而且要区分其中每个微操作的繁简,每条指令、每个微操作需要多少时间就占用多少时间。这种方式不再有统一的周期、节拍,各个操作之间采用应答方式衔接,前一操作完成后给出回答信号,再启动下一个操作。这种方式没有时间上的浪费,效率高,但设计复杂且费设备。

3. 联合控制方式

联合控制方式是同步控制与异步控制相结合的方式。现代计算机中几乎没有完全采用同步或完全采用异步的控制方式,大多数都采用联合控制方式。通常的设计思想是:在功能部件内部采用同步方式或以同步方式为主的控制方式,在功能部件之间采用异步方式。

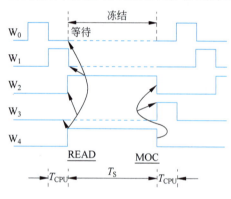

图 4-20 同步与异步时序的衔接

例如,在一般微、小型机中,CPU 内部基本时序采用同步控制方式,当 CPU 通过总线与主存或其他外设交换数据时,转入异步控制。CPU 只需给出起始信号,主存或外部设备即按自己的时序信号去安排操作,一旦操作结束,则向 CPU 发送结束信号,以便 CPU 再安排它的后继工作。图 4-20 示出了 PDP-11 机的同步与异步时序的衔接关系。当 CPU 要访问主存时,在发送读信号 READ 的同时发送等待信号,等待信号使时序由同步转入异步操作并冻结同步时序,使节拍间的相位关系不再发生变化,直到存储器按自己的速度操作结束,并向 CPU 发送回答信号 MOC 才解除对同步时序的冻结,机器回到同步时序,按原时序关系继续运行。

4.3.5 控制器的时序系统

时序系统是控制器的心脏,它为指令的执行提供各种定时信号。时序系统的设计主要是针对同步控制方式的。下面主要讨论同步控制中的时序系统。

1. 指令周期与机器周期

指令周期是指从取指令、分析指令到执行完该指令所需的全部时间。由于各种指令的操作功能不同,繁简程度不同,因此各种指令的指令周期也不尽相同。

机器周期又称 CPU 周期,是指令执行过程中相对独立的阶段。一条指令的执行过程(指令周期)由若干个机器周期组成,每个机器周期完成一个基本操作。机器的 CPU 周期有取指周期、取数周期(可进一步分为取源数周期和取目的数周期)、执行周期、中断周期等。每个机器周期设置一个周期状态触发器标识,机器运行于哪个周期,与其对应的周期状态触发器被置为 1。显然,机器运行的任何时刻都只能建立一个周期状态,即只有一个周期状态触发器被置为1。

由于CPU内部操作速度快,而CPU访存所花的时间较长,因此许多计算机系统通常以主存周期为基础来规定CPU周期,以便二者协调工作。

2. 节拍

在一个机器周期内,要完成若干个微操作,这些微操作不但需要占用一定的时间,而且有一定的先后次序。基本的控制方法是把一个机器周期等分成若干个时间区间,每一个时间区间称为一个节拍,一个节拍对应一个电位信号,控制一个或几个微操作的执行。节拍电位信号的宽度取决于CPU完成一个基本操作的时间,如ALU完成一次正确的运算,一次寄存器间的信息传送等。

3. 脉冲

在一个节拍内,有时需要设置一个或几个工作脉冲,用于寄存器的复位和接收数据等。这样,由周期、节拍、脉冲构成了如图4-21所示的三级时序系统,图中画出了两个机器周期M_1、M_2,每个周期包含4个节拍$W_0 \sim W_3$,每个节拍内有一个脉冲P。

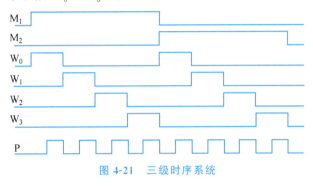

图4-21 三级时序系统

4.4 控制单元进阶——CPU的总体结构

CPU即中央处理器,它包含运算器和控制器两个部分。在早期的计算机中,器件集成度低,运算器与控制器是两个相对独立的部件。随着LSI和VLSI技术的迅速发展,逐渐趋向于将CPU作为一个整体。在微型计算机中,将CPU集成为一块芯片,称为微处理器。在大、巨型机中,由于采用多个运算功能部件,目前尚需多块芯片构成运算器,仍保持相对独立的地位。随着并行处理技术的发展和高档微处理器的不断问世,采用成千上万个微处理器来构成多机系统,实现大、巨型机的功能。

在讨论了ALU、CU的功能和组成后,本节将作为一个整体介绍CPU的基本结构。

4.4.1 寄存器的设置与作用

1. 寄存器的设置

尽管不同计算机的CPU结构存在着这样那样的差别,但在CPU内部一般都设置下列寄存器。

(1)指令寄存器(IR)。

（2）程序计数器(PC)。

（3）累加寄存器(AC)。

（4）程序状态寄存器(PSR)。

（5）地址寄存器(MAR)。

（6）数据缓冲寄存器(MDR 或 MBR)。

此外，CPU 还常设置程序不能直接访问用于暂存操作数据或中间结果的寄存器，称为暂存器。

2．寄存器的作用

IR、PC 及 PSR 的作用前面已介绍过了，在此不再重复。

累加寄存器简称累加器(AC)，用于暂存操作数据和操作结果。例如一个加法操作，AC 的内容作为一个操作数与另一个操作数相加，结果送回 AC。早期只有一个累加器，随着计算机的发展，运算器出现了多累加器，这就是通用寄存器结构。

通用寄存器是一组程序可访问的、具有多种功能的寄存器。指令系统为这些寄存器分配了编号或称寄存器地址，供编程使用。通用寄存器自身的逻辑比较简单且统一，甚至是快速的小规模存储器单元，但通过编程可指定其实现多种功能，如提供操作数、保存中间结果(作为累加器用)，或用作地址指针，或作为基址寄存器、变址寄存器，或作为计数器等，因而称为通用寄存器。有的计算机将这组寄存器设计得基本通用，如 PDP-11 中的通用寄存器组命名为 R_0、R_1、……、R_7，它们可被指定担任各种工作，大部分寄存器没有特定任务上的分工。有的计算机则为这组寄存器分别规定任务，并按各自基本任务命名，如 Intel 8086 有累加器(AX)、基址寄存器(BX)、计数寄存器(CX)、数据寄存器(DX)。

RISC 系统通过设置较多的不同类型的通用寄存器，以缩短指令的运行周期，如 32 个 x 整数寄存器，32 个 f 浮点寄存器，并约定某些寄存器的作用。

地址寄存器(MAR)和数据寄存器(MDR)用作主存接口的寄存器。MAR 用以存放所要访问的主存单元的地址，接受来自 PC 的指令地址，或接受来自地址形成部件的操作数地址。MDR 存放向主存写入的信息或从主存中读出的信息。在外围设备与主存统一编址的机器中，CPU 与外部设备交换信息也使用这两个寄存器。

4.4.2 通路结构及指令流程分析

数据通路结构直接影响着 CPU 内各种信息的传送路径。数据通路不同，指令执行过程的微操作序列的安排也不同，它直接影响着微操作信号形成部件的设计。下面通过两个例子进行分析。

1．单总线结构

图 4-22 是单总线结构的计算机框图。CPU 内部采用单总线 IBUS 将寄存器和算术逻辑运算部件连接起来。CPU、主存、I/O 设备通过一组单总线(系统总线——ABUS、DBUS、CBUS)连接起来。

图中 ○ 为控制门，在相应控制信号的控制下打开相应的控制门，建立相应寄存器与总线间的联系。GR 为通用寄存器组，Y 与 Z 为两个暂存器，分别暂存操作数和中间结果。A、B 为 ALU 的两个输入端，并假定 ALU 具有 A+1、A−1、A+B、A−B 等功能。主存以字编址，每

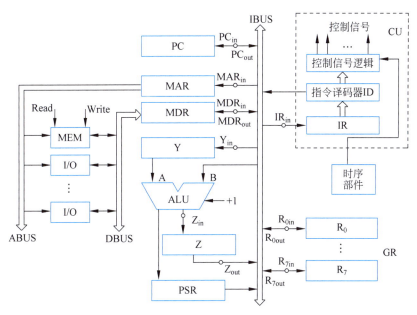

图 4-22 典型的单总线结构计算机框图

条指令和每个数据均占一个主存单元。

例 4-3 现分析执行一条加法指令：ADD (R_1), R_0 的操作流程（前一地址为源，后一地址为目的）。

解：指令流程如下。

① (PC)→MAR, Read, PC→Y;　　　送指令地址,读主存

② (M→MDR)→IR, (Y)+1→Z;　　取指令到 IR, PC+1 暂存 Z

③ (Z)→PC;　　　　　　　　　　PC+1→PC

④ (R_1)→MAR, Read;　　　　　　送源操作数地址

⑤ (M→MDR)→Y;　　　　　　　取出源操作数到 Y 中

⑥ (Y)+(R_0)→Z;　　　　　　　　执行加法运算,结果暂存 Z

⑦ (Z)→R_0;　　　　　　　　　　加法结果送回目标寄存器

在单总线结构中，CPU 内部的任何两个部件间的数据传送都必须经过这组总线，因此控制比较简单，但传送速度受到限制，在一些微、小型机中常采用这种结构。

2. 双总线结构

图 4-23 是一种双总线结构的 CPU 组成框图。CPU 内部通过 B 总线(接收总线)和 F 总线(发送总线)把 CPU 内的各寄存器和 ALU 连接起来。CPU 通过地址总线 ABUS 和数据总线 DBUS 与主存相连。图中○为控制门，控制着相应寄存器的输出(送至 B 总线)，或控制相应寄存器的输入(从 F 总线接收)。B 与 F 总线可通过总线连接器 G 相连，实现总线间的传送：当 $G_{ON}=1$ 时，总线连接器 G 连通，B 的数据传向 F；当 $G_{ON}=0$ 时，总线连接器 G 断开，此时 ALU 输出送到 F 总线。主存以字编址，指令为单字长指令，ALU 具有加 1、减 1、加法、减法等功能，分别实现 A+1、A-1、A+B、A-B 等运算。现分析下面两条指令的操作流程及其所对应的微操作信号序列。

例 4-4 分析执行加法指令：ADD (R_1), R_0 的操作流程和控制信号序列。加法指令完成

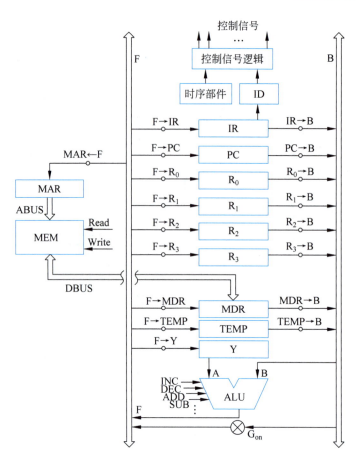

图 4-23 双总线结构的 CPU 组成框图

的功能是：$(R_0)+((R_1))\to R_0$。

解：源操作数 R_1 是间接寻址方式，存放了操作数在内存中的单元地址。目的操作数是寄存器寻址，R_0 存放的是操作数。表 4-11 给出了加法指令的操作流程和控制信号序列。

表 4-11 加法指令的操作流程和控制信号序列

操 作 流 程	控制信号序列
① $(PC)\to MAR$, Read	$PC\to B$, G_{on}, $F\to MAR$, Read, $F\to Y$
② $(M\to MDR)\to IR$	$MDR\to B$, G_{on}, $F\to IR$
③ $(PC)+1\to PC$	INC, $F\to PC$
④ $(R_1)\to MAR$, Read	$R_1\to B$, G_{on}, $F\to MAR$, Read
⑤ $(M\to MDR)\to Y$	$MDR\to B$, G_{on}, $F\to Y$
⑥ $(Y)+(R_0)\to R_0$	$R_0\to B$, ADD, $F\to R_0$

在本条加法指令执行时，访问存储器两次：一次读取（Read）指令，另一次读取（Read）操作数。

例 4-5 分析执行减法指令 SUB X(R_1),(R_2)+ 的操作流程和控制信号序列。

解：指令源操作数寻址为变址寻址，有效地址为：$E_1=X+(R_1)$，X 在本条指令的下一个字单元中，目的操作数寻址为寄存器自增型寻址，有效地址为：$E_2=(R_2)$，然后 $(R_2)+1\to R_2$。

指令完成的功能是：$(E_2)-(E_1)\to E_2$。表 4-12 给出了减法指令的执行流程，共访问存储器 5 次。

表 4-12　减法指令的执行流程

指 令 流 程	控制信号序列
① (PC)→MAR,Read	PC→B、G_{on}、F→MAR、Read、F→Y
② (PC)+1→PC	INC、F→PC
③ (M→MDR)→IR	MDR→B、G_{on}、F→IR
④ (PC)→MAR,Read	PC→B、G_{on}、F→MAR、Read、F→Y
⑤ (PC)+1→PC	INC、F→PC
⑥ (M→MDR)→Y	MDR→B、G_{on}、F→Y
⑦ (Y)+(R_1)→MAR,Read	R_1→B、ADD、F→MAR、Read
⑧ (M→MDR)→TEMP	MDR→B、G_{on}、F→TEMP
⑨ (R_2)→MAR,Read	R_2→B、G_{on}、F→MAR、Read、F→Y
⑩ (R_2)+1→R_2	INC、F→R_2
⑪ (M→MDR)→Y	MDR→B、G_{on}、F→Y
⑫ (Y)−(TEMP)→MDR	TEMP→B、SUB、F→MDR
⑬ (MDR)→M,Write	Write

指令流程和微操作控制信号序列的分析是设计控制信号形成部件的基础,是进一步理解计算机内部工作过程并建立整机工作概念的重要一环,希望读者能很好地掌握指令流程的分析方法。

4.5　控制单元示例——模型机的结构

本节以一个模型机为例讨论控制器的控制原理和设计方法,以便建立计算机的整机概念。为了帮助读者掌握计算机的基本工作原理和基本设计方法,在模型机的结构格式、时序安排及操作流程安排上,都力求简单、规整,指令系统仅以少量常用指令、寻址方式来说明问题。因此,模型机的逻辑结构、时序安排等都不是最优的,而且为了突出重点、说明问题,忽略了很多细节问题,建议读者在学习、掌握了控制器的基本设计方法后,可以自己考虑如何改进模型机的设计方案。

4.5.1　模型机的数据通路结构

1. 数据通路结构

模型机的数据通路结构如图 4-24 所示。设模型机字长为 16 位,指令、数据均为 16 位长。全机采用总线结构,分为内部总线和系统总线。主存按字——16 位进行编址,主存容量为 64K 字。

内部总线为双总线结构,其中 BUS_1 为 ALU 的输入总线,在控制信号的控制下,打开相应门电路(图中○表示控制门),寄存器内容被总线 BUS_1 所接收并作为 ALU 的 A 输入数据使用,BUS_2 为 ALU 的输出总线。系统总线用于连接 CPU、存储器、I/O 设备构成计算机整机,包括地址 ABUS、数据 DBUS 及控制 CBUS。设 I/O 设备与存储器共享总线,用 MREQ 信号控制访存,在 R/$\overline{W}$ 控制下对存储器进行读/写操作,R/$\overline{W}$ 为读/写控制信号,高电平为读,低电平为写。

模型机中有 6 个可编程寄存器:$R_0 \sim R_3$ 为 4 个通用寄存器,其编号分别为 000～011;SP 为堆栈指针,编号为 100;PC 为程序计数器,编号为 111。其他 5 个是 CPU 内部寄存器:

MAR 为地址寄存器；IR 为指令寄存器；MDR 为数据寄存器；TEMP 与 Y 为暂存器，用于暂存操作数据。设所有寄存器均由 D 触发器构成，BUS_2 接入所有寄存器的数据输入端（D 端），在 CP 信号（脉冲信号）作用下，对应寄存器接收总线 BUS_2 上的数据。

模型机中设置了两个状态条件触发器 C_c 与 C_z，用于存放运算型指令的结果特征。C_c 为进位触发器，若运算结果最高位有进位，则将 C_c 置 1；C_z 为结果为零触发器，若运算结果为 0，则将 C_z 置 1。C_c 与 C_z 的状态用作条件转移指令的转移条件。

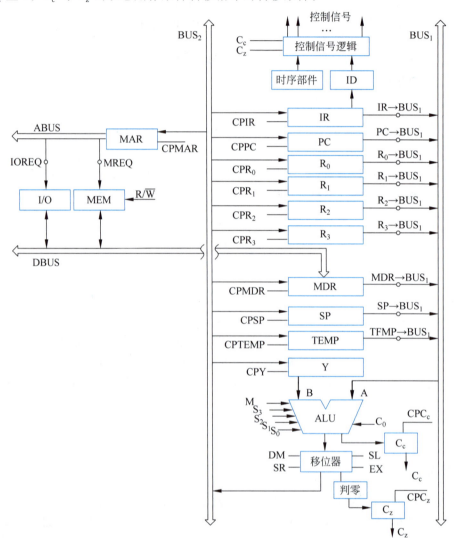

图 4-24 模型机的结构框图

2. 模型机的 ALU 功能

模型机的 ALU 采用 SN74181 中的规模集成电路构成，在表 4-13 中列出了涉及的主要操作，在 M、$S_3 S_2 S_1 S_0$ 信号控制下实现 16 种算术运算和 16 种逻辑运算。ALU 的输出经移位器送入总线 BUS_2，移位器采用直送、斜送的方法实现直接传送（DM）、左移一位（SL）、右移一位（SR）。

表 4-13 模型机所涉及的算术逻辑操作

工作方式选择 $S_3S_2S_1S_0$	F 的输出功能(负逻辑)	
	逻辑运算 $M=1$	算术运算 $M=0,C_0=0$
0000	$\overline{A}$	A 减 1
0101	$\overline{B}$	AB 加 $(A+\overline{B})$
0110	$\overline{A \oplus B}$	A 加 $\overline{B}$
1001	$A \oplus B$	A 加 B
1010	B	$A\overline{B}$ 加 $(A+B)$
1011	$A+B$	$A+B$
1110	AB	$A\overline{B}$ 加 A
1111	A	A

4.5.2 模型机的指令系统格式

1. 模型机的指令格式

模型机共设置 16 条指令,用 4 位操作码表示,指令格式如图 4-25 所示。其中,单操作数指令的第 11~9 位和返回/停机指令的第 11~9 位、第 5~3 位默认值用 000 表示,目的在于和寄存器寻址方式同步,方便操作数周期处理流程的安排。

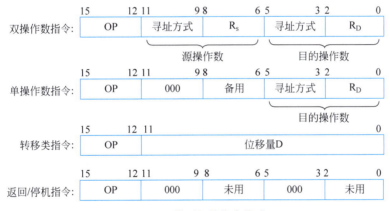

图 4-25 模型机的指令格式

2. 模型机的指令系统

模型机指令的操作功能如表 4-14 所示,其中转子、返回指令含堆栈操作,转子指令需将返回地址压入堆栈,子程序结束通过返回指令从栈中弹出返回地址。

表 4-14 模型机的指令系统

指令名称	操作码	指令功能
传送(MOV)	0000	$(E_S) \rightarrow E_D$
加法(ADD)	0001	$(E_D)+(E_S) \rightarrow E_D$
减法(SUB)	0010	$(E_D)-(E_S) \rightarrow E_D$
逻辑与(AND)	0011	$(E_D) \wedge (E_S) \rightarrow E_D$
逻辑或(OR)	0100	$(E_D) \vee (E_S) \rightarrow E_D$

续表

指令名称	操作码	指令功能
异或（EOR）	0101	$(E_D) \oplus (E_S) \rightarrow E_D$
加1（INC）	0110	$(E_D) + 1 \rightarrow E_D$
取反（COM）	0111	$(\overline{E_D}) \rightarrow E_D$
左移（ROL）	1000	(E_D)左移一位$\rightarrow E_D$，移位方式由指令第8～6位指定
右移（ROR）	1001	(E_D)右移一位$\rightarrow E_D$，移位方式由指令第8～6位指定
无条件转移（JP）	1010	(PC)＋位移量 D$\rightarrow$PC
有进位转移（JC）	1011	若 $C_C = 1$，则(PC)＋D$\rightarrow$PC
结果零转移（JZ）	1100	若 $C_Z = 1$，则(PC)＋D$\rightarrow$PC
转子程序（JSR）	1101	(PC)入栈，(PC)＋D$\rightarrow$PC
返回（RTS）	1110	从栈顶弹出返回地址$\rightarrow$PC
停机（HALT）	1111	停机

转子/返回指令操作如下。

转子指令操作：

$\begin{cases} SP \\ MAR \end{cases} = (SP) - 1$

(SP) $\rightarrow$ MAR, Read

(PC) $\rightarrow$ MDR

Write ((MDR) $\rightarrow$ 存储器)

(PC) + D $\rightarrow$ PC

返回指令操作：

M $\rightarrow$ MDR $\rightarrow$ PC

(SP) + 1 $\rightarrow$ SP

左、右移位指令可以用单操作数指令的第8位到第6位规定移位方式，如算术移位、逻辑移位、循环移位等，在此不再详述，读者可自己考虑设计方案。

3. 模型机的寻址方式

模型机的寻址方式有如下 5 种。

1) 寄存器寻址

寻址方式编码为000，汇编符号为 R_n。n 为寄存器编号。

寄存器寻址是指操作数在指定寄存器 R_n 中。

2) 寄存器间址

寻址方式编码为001，汇编符号为@R_n 或(R_n)。

寄存器间址是指操作数的有效地址在指定寄存器中，即 $E=(R_n)$，E 表示有效地址。

3) 自增型寄存器间址

寻址方式码为010，汇编符号为(R_n)＋。

这种寻址的意义是取指定寄存器中的内容作为操作数有效地址，然后将寄存器的内容加1，即 $E=(R_n)$，且$(R_n)+1 \rightarrow R_n$。

若 $R_n = $ SP，则为弹栈寻址；若 $R_n = $ PC，则为立即寻址，立即数存放在该指令的下一单元中。

4) 自减型寄存器间址

寻址方式码为011，汇编符号为$-(R_n)$。

该寻址方式将指定寄存器内容减1作为操作数有效地址，并将减1结果送回原寄存器，即：

$$\begin{cases} E \\ R_n \end{cases} = (R_n) - 1$$

若 R_n = SP,则为压栈寻址。但 $R_n \neq$ PC,以免程序执行出现混乱,因为 PC 是自增性的移动。

5) 变址型寻址

寻址方式码为 100,汇编符号为 $X(R_n)$。

变址寻址的有效地址等于变址值 X(存在该指令的下一单元)与 R_n 内容之和,即 $E = X + (R_n)$。

寻址操作过程为:

(PC)→MAR,Read;　　送 X 的地址
(PC)+1→PC;　　　　PC 增量
M→MDR→Y;　　　　取 X 值到 Y
(Y)+(R_n)→MAR;　　形成有效地址

4.5.3 模型机的三级时序系统

模型机采用的是同步控制方式,即为三级时序系统。

1. 模型机的机器周期

全机设置 6 个机器周期:取指周期(FT)、取源周期(ST)、取目的周期(DT)、执行周期(ET)、中断周期(IT)和 DMA 周期(DMAT)。为简化问题,本章不考虑 IT 与 DMAT 的操作。

取指周期(FT)主要用于实现取指、分析指令和(PC)+1→PC 的操作。取指周期的操作称为公操作,任何指令的执行都必须首先进入取指周期。

取源周期(ST)用于非寄存器寻址的双操作数指令的源操作数地址的寻址和取源操作数。当源寻址方式为变址寻址时,需连续两次进入 ST。

取目的周期(DT)用于非寄存器寻址的目的操作数地址的寻址和取目标操作数。当目的寻址为变址寻址时,需在 DT 中重复一次。

执行周期(ET)用于完成指令所规定的操作并保存结果。

每个周期设一个周期状态触发器,触发器为 1 表示进入该机器周期,如图 4-26 所示。

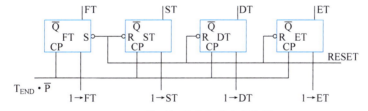

图 4-26　模型机的周期状态触发器

每个机器周期内可以完成主存的一次读、写操作,设置 4 个节拍 T_0、T_1、T_2、T_3。取目的周期(DT)和执行周期(ET)中安排两种节拍。根据微操作需要,可选两个节拍,也可选 4 个节拍,详见图 4-27。

每个节拍内设置一个脉冲,用于寄存器接收代码,图 4-24 数据通路中的所有 CP 信号如 CPIR、CPPC 等均为脉冲信号。寄存器接收数据使用脉冲的前沿。脉冲的后沿还用于周期、节拍的转换。

2. 模型机的节拍与时序

节拍由节拍发生器产生,其电路如图 4-27 所示。

该电路由两位 T 型触发器构成模 4 计数器,经译码产生 4 个节拍电位 T_0、T_1、T_2、T_3。触发器 C_1 的 T 端固定接高电位,每来一个脉冲计一次数。触发器 C_2 的 T 端受或门的输出控制。在 4.6 节分析指令流程以后知道,现行指令的目标寻址为非变址寻址时,DT 周期不进入 T_2 拍,只需 T_0、T_1 两个节拍。对于单操作数指令、MOV 指令、双数指令目标寻址为 R 寻址 (DR＝1) 以及转移类指令、停机指令在 ET 中也只需两拍,不进入 T_2。上述情况应封锁 C_2 计数,图中的或门就是起此作用的。三级时序系统的时序关系如图 4-28 所示。

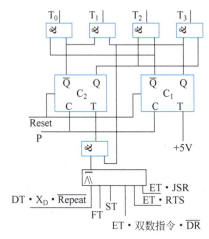

图 4-27 模型机的节拍发生器原理图

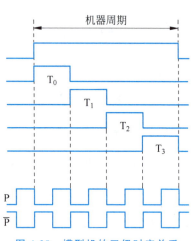

图 4-28 模型机的三级时序关系

4.6 控制单元设计——硬联逻辑控制器

4.6.1 设计的基本步骤

用硬联逻辑(或组合逻辑)设计控制器微操作控制信号形成部件,需要根据每条指令的要求,让节拍电位和脉冲有步骤地去控制机器的有关部件,逐步依次执行指令所规定的微操作序列,从而在指令周期内完成一条指令的全部操作功能。通常,硬联逻辑控制器的设计有如下步骤。

1. 绘制指令操作流程图

拟定指令操作流程是设计的基础,目的是确定指令执行的具体步骤,以决定各步所需的控制命令。根据机器指令结构格式、数据表示方式及各种运算算法,每条指令执行过程分解成若干部件能实现的基本微操作,以图的形式排列成有先后次序、相互衔接的流程,形成指令操作流程图。指令操作流程图有两种绘制思路:一种是以指令为线索,按指令类型分别绘制各指令的流程;另一种是以周期为线索,拟定各类指令在本周期内的操作流程,再以操作时间表形式列出各个节拍内所需的控制信号及它们的条件,以便于微操作控制信号的综合化简和结果优化(模型机采用后一种方法)。

2. 编排指令操作时间表

指令操作时间表是指令流程图的进一步具体化,它把指令流程图的各个微操作具体落实到各个机器周期的相应节拍和脉冲中,以微操作控制信号的形式编排一张表——指令操作时间表。指令操作时间表形象地表明控制器应该在什么时间、根据什么条件发出哪些微操作控制信号。

3. 进行微操作综合

对操作时间表中各个微操作控制信号分别按其条件进行归纳、综合,列出其综合的逻辑表达式,并进行适当的调整、化简,得到比较合理的逻辑表达式。

4. 设计微操作控制信号形成部件

根据各个微操作控制信号的逻辑表达式,用硬联逻辑电路加以实现。可根据逻辑表达式画出逻辑电路图,用硬联逻辑实现;或根据逻辑表达式用 PLD 器件如 PLA、PAL、GAL 等实现。

4.6.2 模型机的设计方法

下面以模型机为例,具体讨论组合逻辑控制器的设计。

1. 指令操作流程图

1) 取指周期(FT)操作流程图

图 4-29 描述了取指公操作流程。假定访存操作安排在 3 个节拍内完成,T_0 时将访存地址送入 MAR,T_1 时发送访存请求信号和读信号,从主存读出信息到 MDR,T_2 时将读出信息从 MDR 传送到有关寄存器。在取指周期(FT)内,T_0 送指令地址,T_1 读指令到 MDR,T_2 将现行指令传送到 IR 并由 ID 进行译码。T_3 根据指令译码进行判断,以确定下面应进入哪个机器周期。判断框内的 JUMP 为转移类指令的特征,其逻辑表达式为

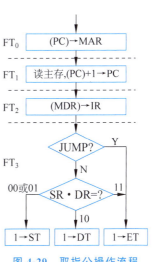

图 4-29 取指公操作流程

$$JUMP = JP\_op + JC\_op + JZ\_op + JSR\_op$$
$$= IR_{15} \cdot \overline{IR_{14}} \cdot IR_{13} \cdot \overline{IR_{12}} + IR_{15} \cdot \overline{IR_{14}} \cdot IR_{13} \cdot IR_{12} +$$
$$IR_{15} \cdot IR_{14} \cdot \overline{IR_{13}} \cdot \overline{IR_{12}} + IR_{15} \cdot IR_{14} \cdot \overline{IR_{13}} \cdot IR_{12}$$
$$= IR_{15} \cdot (IR_{14} \oplus IR_{13})$$

判断框内的 SR、DR 分别为源、目寻址方式为寄存器寻址的特征,其逻辑表达式为

$$SR = \overline{IR_{11}} \cdot \overline{IR_{10}} \cdot \overline{IR_9}$$
$$DR = \overline{IR_5} \cdot \overline{IR_4} \cdot \overline{IR_3}$$

2) 取源周期(ST)操作流程图

双操作数指令的源寻址方式为非寄存器寻址时,需进入取源周期(SFT),完成源操作数寻址并取源操作数,将源操作数存入暂存器 TEMP 中。不同寻址方式有效地址形成方法不同,

操作流程也不同。由于变址寻址的变址值在内存中,需访存取 X,然后形成有效地址取数,有两次访存操作,即源周期重复一次,因此在变址寻址源周期的 T_3 建立 Repeat 和 1→ST 信号,便于再次进入 ST。在重复 ST 的 T_3 时,清除 Repeat 信号,进入下一个周期。图 4-30 是取源周期的指令流程图,图中源寻址方式的判断条件是源寻址方式的译码输出。其中:

$$(R_S) = \overline{IR_{11}} \cdot \overline{IR_{10}} \cdot IR_9$$
$$(R_S)+ = \overline{IR_{11}} \cdot IR_{10} \cdot \overline{IR_9}$$
$$-(R_S) = \overline{IR_{11}} \cdot IR_{10} \cdot IR_9$$
$$X_S = IR_{11} \cdot \overline{IR_{10}} \cdot \overline{IR_9}$$

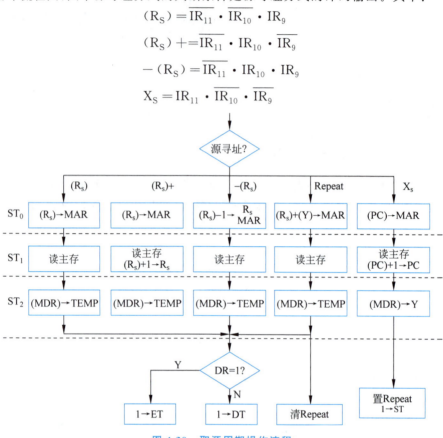

图 4-30 取源周期操作流程

3) 取目的周期(DT)操作流程图

双操作数指令和单操作数指令的目的寻址方式为非寄存器寻址时,进入取目的周期完成目的操作数地址的寻址并读取目的操作数,操作流程见图 4-31。

由于目的操作数在执行周期才送入 ALU 的 A 输入端运算,因此取出的目的操作数暂不传送,而保留在 MDR 中,因此对于非变址寻址的寻址方式只安排两个节拍即可完成操作。MOV 指令的目的寻址为非寄存器寻址时,也需进入目的周期,但因 MOV 指令只需传送目的地址而不需要取目的操作数,因而操作比图 4-31 的流程简单,如图 4-32 所示。

4) 执行周期的操作流程

由于不同的指令具有不同的操作功能,不同的寻址方式,操作数又有不同的来源,因此执行周期的操作流程比较复杂。为了清楚说明问题,我们按不同类型的指令绘制执行周期的操作流程图。

(1) 传送类指令。

只有一条 MOV 指令,如果目标寻址涉及存储器单元,则需要写存储器,因此至少安排两个节拍,如图 4-33 所示。

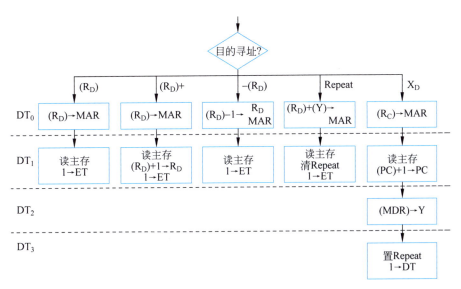

图 4-31　非 MOV 指令取目的周期的操作流程

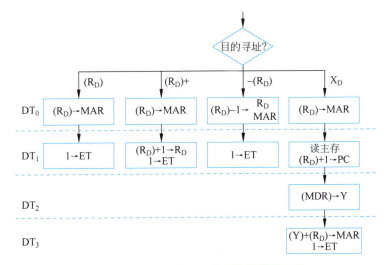

图 4-32　MOV 指令取目的周期的操作流程

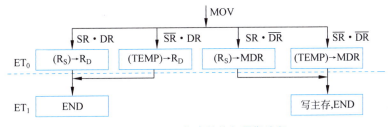

图 4-33　MOV 指令的执行周期流程

(2) 运算类指令。

有双操作数和单操作数指令,完成算术加、算术减、逻辑与、逻辑或、逻辑异或、增1、取反、移位等功能,如图 4-34 和图 4-35 所示。结果影响 C_z、C_c 的值。

在双操作数的指令中,需要将源操作数和目标操作数送至 ALU 的两端,并完成相应的操作,然后根据目标寻址方式将结果保存到寄存器或存储单元中,在往存储单元写结果时,需占

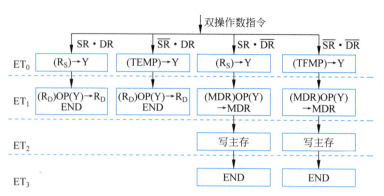

图 4-34 双操作数指令的执行周期流程

用一个节拍。所以双操作数指令的执行周期为 4 个节拍。

单操作数指令只对目标操作数进行操作,结果保存到寄存器或存储单元中,写内存需一个节拍,而在执行周期之前操作数已在 R 或 MDR 中,单操作数指令的 ET 至多两个节拍。

(3) 转移类指令。

只有 C_c 和 C_z 两个,实现无条件转移、有进位转移和结果为零转移,如图 4-36 所示。转移指令执行周期的操作是形成目标地址:

$$(PC) + IR(D) \rightarrow PC$$

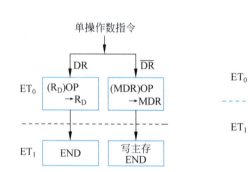

图 4-35 单操作数指令的执行周期流程

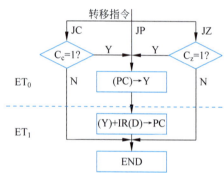

图 4-36 转移指令的执行周期流程

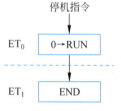

图 4-37 停机指令流程

(4) 停机指令。

本指令只产生一个停机信号,如图 4-37 所示。

(5) 转子/返回指令。

用于逻辑相对独立的程序段之间的调用和被调用关系。为了准确地返回主程序(调用程序),必须保留主程序当前指令的地址(PC 值),并在子程序(被调用程序)的最后安排一条返回指令,恢复被保留的 PC 值。通常采用堆栈保存 PC 值,以利于实现多级程序调用,如图 4-38 所示。

由此可见,多数指令的 ET 周期均在两个节拍内完成,模型机在执行周期内设置两种节拍。为此多数指令只设两个节拍。只有 JSR、RTS 以及双操作数指令的目的寻址为非寄存器寻址(DR=0)时,在 ET 内设 4 个节拍来完成(见图 4-27)。执行周期结束意味着一条指令执行完毕,机器需自动检测有没有意外情况(电源失效)和特殊请求。若有,则需进入相应周期进行处理;若没有,则机器又进入取指周期读取下一条指令。流程图中的 END 框即表示一条指令执行结束后的检测,检测流程如图 4-39 所示,检测操作均在 ET 的最后一个节拍内完成。

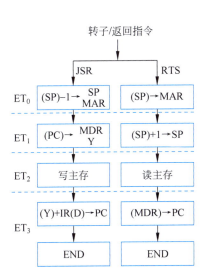

图 4-38 转子/返回指令的执行周期流程

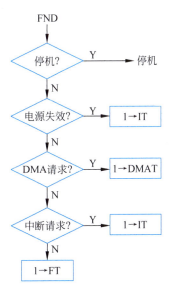

图 4-39 指令周期结束后的检测流程

2. 指令操作时间表

指令流程图反映了指令的执行过程,图中的每一个微操作都由一组控制信号控制完成。每条指令对应着一个微操作序列,该序列又在相应的控制信号序列控制下实现操作。将控制信号序列按其条件和周期、节拍、脉冲排列起来,就构成了如表 4-15~表 4-23 所示的指令操作时间表。

表 4-15 模型机的取指操作时间表

周期	节拍	微操作控制信号	
		电位信号	脉冲信号
FT	T_0	PC→BUS_1 , $S_3 S_2 S_1 S_0$ M DM	CPMAR[P]
	T_1	MREQ, R/$\overline{W}$=1 PC→BUS_1 , $S_3 S_2 S_1 S_0$ $\overline{M}$, C_0=1 DM	CPPC[P]
	T_2	MDR→BUS_1 , $S_3 S_2 S_1 S_0$ M DM	CPIR[P]
	T_3	1→ST[$\overline{JUMP} \cdot \overline{SR}$] 1→DT[$\overline{JUMP} \cdot SR \cdot \overline{DR}$] 1→ET[JUMP+SR·DR]	CPFT[$\overline{P}$] CPST[$\overline{P}$] CPDT[$\overline{P}$] CPET[$\overline{P}$]

表 4-16 取源操作数的操作时间表

周期	节拍	微操作控制信号	
		电位信号	脉冲信号
ST	T_0	$R_0 \to BUS_1 [\overline{IR_8} \cdot \overline{IR_7} \cdot \overline{IR_6} \cdot (\overline{X_s} + \overline{Repeat})]$ $R_1 \to BUS_1 [\overline{IR_8} \cdot \overline{IR_7} \cdot IR_6 \cdot (\overline{X_s} + \overline{Repeat})]$ $R_2 \to BUS_1 [\overline{IR_8} \cdot IR_7 \cdot \overline{IR_6} \cdot (\overline{X_s} + \overline{Repeat})]$ $R_3 \to BUS_1 [\overline{IR_8} \cdot IR_7 \cdot IR_6 \cdot (\overline{X_s} + \overline{Repeat})]$ $S \to BUS_1 [IR_8 \cdot \overline{IR_7} \cdot \overline{IR_6} \cdot (\overline{X_s} + \overline{Repeat})]$ $PC \to BUS_1 [IR_8 \cdot IR_7 \cdot IR_6 + X_s \cdot \overline{Repeat}]$ $S_3 \overline{S_2} S_1 S_0 M [\overline{Repeat} \cdot -(R_s)]$ $S_3 \overline{S_2} \overline{S_1} S_0 \overline{M} [Repeat]$ $\overline{S_3} S_2 \overline{S_1} \overline{S_0} \overline{M} [-(R_s)]$ DM	$CPR_0 [\overline{IR_8} \cdot \overline{IR_7} \cdot \overline{IR_6} \cdot -(R_s) \cdot P]$ $CPR_1 [\overline{IR_8} \cdot \overline{IR_7} \cdot IR_6 \cdot -(R_s) \cdot P]$ $CPR_2 [\overline{IR_8} \cdot IR_7 \cdot \overline{IR_6} \cdot -(R_s) \cdot P]$ $CPR_3 [\overline{IR_8} \cdot IR_7 \cdot IR_6 \cdot -(R_s) \cdot P]$ $CPSP [IR_8 \cdot \overline{IR_7} \cdot \overline{IR_6} \cdot -(R_s) \cdot P]$ CPMAR[P]
	T_1	$MREQ, R/\overline{W} = 1$ $R_0 \to BUS_1 [\overline{IR_8} \cdot \overline{IR_7} \cdot \overline{IR_6} \cdot (R_s)+]$ $R_1 \to BUS_1 [\overline{IR_8} \cdot \overline{IR7} \cdot IR_6 \cdot (R_s)+]$ $R_2 \to BUS_1 [\overline{IR_8} \cdot IR_7 \cdot \overline{IR_6} \cdot (R_s)+]$ $R_3 \to BUS_1 [\overline{IR_8} \cdot IR_7 \cdot IR_6 \cdot (R_s)+]$ $SP \to BUS_1 [IR_8 \cdot \overline{IR_7} \cdot \overline{IR_6} \cdot (R_s)+]$ $PC \to BUS_1 [IR_8 \cdot IR_7 \cdot IR_6 \cdot (R_s)++X_s \cdot \overline{Repeat}]$ $S_3 S_2 S_1 S_0 \overline{M} [(R_s)++X_s \cdot \overline{Repeat}]$ $C_0 = 1 [(R_s)++X_s \cdot \overline{Repeat}]$ DM	$CPR_0 [\overline{IR8} \cdot \overline{IR7} \cdot \overline{IR6} \cdot (R_s)+ \cdot P]$ $CPR_1 [\overline{IR8} \cdot \overline{IR7} \cdot IR_6 \cdot (R_s)+ \cdot P]$ $CPR_2 [\overline{IR8} \cdot IR_7 \cdot \overline{IR6} \cdot (R_s)+ \cdot P]$ $CPR_3 [\overline{IR8} \cdot IR_7 \cdot IR_6 \cdot (R_s)+ \cdot P]$ $CPSP [IR_8 \cdot \overline{IR7} \cdot \overline{IR6} \cdot (R_s)+ \cdot P]$ $CPPC [IR_8 \cdot IR_7 \cdot IR_6 \cdot (R_s)+ \cdot P + X_s \cdot \overline{Repeat}]$ CPMAR[P]
	T_2	$MDR \to BUS_1$ $S_3 S_2 S_1 S_0 M$ DM	$CPTEMP[(\overline{X_s} + Repeat) \cdot P]$ $CPY[X_s \cdot \overline{Repeat} \cdot P]$
	T_3	$1 \to ST[X_s \cdot \overline{Repeat}]$ $1 \to DT[(\overline{X_s} + Repeat) \cdot \overline{DR}]$ $1 \to ET[(\overline{X_s} + Repeat) \cdot DR]$	$CPRepeat[X_s \cdot \overline{P}]$ $CPFT[\overline{P}]$ $CPST[\overline{P}]$ $CPDT[\overline{P}]$ $CPET[\overline{P}]$

表 4-17 取目标操作数的操作时间表

周期	节拍	微操作控制信号	
		电位信号	脉冲信号
DT	T_0	$R \to BUS_1[\overline{IR_2} \cdot \overline{IR_1} \cdot \overline{IR_0} \cdot (\overline{X_D} + \overline{Repeat})]$ $R_1 \to BUS_1[\overline{IR_2} \cdot \overline{IR_1} \cdot IR_0 \cdot (\overline{X_D} + \overline{Repeat})]$ $R \to BUS_1[\overline{IR_2} \cdot IR_1 \cdot \overline{IR_0} \cdot (\overline{X_D} + \overline{Repeat})]$ $R_3 \to BUS_1[\overline{IR_2} \cdot IR_1 \cdot IR_0 \cdot (\overline{X_D} + \overline{Repeat})]$ $SP \to BUS_1[IR_2 \cdot \overline{IR_1} \cdot \overline{IR_0} \cdot (\overline{X_D} + \overline{Repeat})]$ $PC \to BUS_1[IR_2 \cdot IR_1 \cdot IR_0 + X_D \cdot \overline{Repeat}]$ $S_3 S_2 S_1 S_0 M[\overline{Repeat} \cdot -\overline{(R_D)}]$ $S_3 \overline{S_2} \overline{S_1} \overline{S_0} \overline{M}[Repeat]$ $\overline{S_3} \overline{S_2} \overline{S_1} \overline{S_0} \overline{M}[-(R_D)]$ DM	$CPR_0[\overline{IR_2} \cdot \overline{IR_1} \cdot \overline{IR_0} \cdot -(R_D) \cdot P]$ $CPR_1[\overline{IR_2} \cdot \overline{IR_1} \cdot IR_0 \cdot -(R_D) \cdot P]$ $CPR_2[\overline{IR_2} \cdot IR_1 \cdot \overline{IR0} \cdot -(R_D) \cdot P]$ $CPR_3[\overline{IR_2} \cdot IR_1 \cdot IR_0 \cdot -(R_D) \cdot P]$ $CPSP[IR_2 \cdot \overline{IR_1} \cdot \overline{IR_0} \cdot -(R_D) \cdot P]$ $CPMAR[P]$
	T_1	$MREQ[\overline{MOV} + X_D], R/\overline{W} = 1[\overline{MOV} + X_D]$ $R_0 \to BUS_1[\overline{IR_2} \cdot \overline{IR_1} \cdot \overline{IR_0} \cdot (R_D)+]$ $R_1 \to BUS_1[\overline{IR_2} \cdot \overline{IR_1} \cdot IR_0 \cdot (R_D)+]$ $R_2 \to BUS_1[\overline{IR_2} \cdot IR_1 \cdot \overline{IR0} \cdot (R_D)+]$ $R_3 \to BUS_1[\overline{IR_2} \cdot IR_1 \cdot IR_0 \cdot (R_D)+]$ $SP \to BUS_1[IR_2 \cdot \overline{IR_1} \cdot \overline{IR_0} \cdot (R_D)+]$ $PC \to BUS_1[IR_2 \cdot IR_1 \cdot IR_0 \cdot (R_D)++X_D \cdot \overline{Repeat}]$ $S_3 S_2 S_1 S_0 \overline{M}[(R_D)++X_D \cdot \overline{Repeat}]$ $C_0 = 1[(R_D)++X_D \cdot \overline{Repeat}]$ $DM[(R_D)++X_D \cdot \overline{Repeat}]$ $1 \to ET[\overline{X_D} + Repeat]$	$CPR_0[\overline{IR_2} \cdot \overline{IR_1} \cdot \overline{IR_0} \cdot (R_D)+ \cdot P]$ $CPR_1[\overline{IR_2} \cdot \overline{IR_1} \cdot IR_0 \cdot (R_D)+ \cdot P]$ $CPR_2[\overline{IR_2} \cdot IR_1 \cdot \overline{IR_0} \cdot (R_D)+ \cdot P]$ $CPR_3[\overline{IR_2} \cdot IR_1 \cdot IR_0 \cdot (R_D)+ \cdot P]$ $CPSP[IR_2 \cdot \overline{IR_1} \cdot \overline{IR_0} \cdot (R_D)+ \cdot P]$ $CPPC[IR_2 \cdot IR_1 \cdot IR_0 \cdot (R_D)+ \cdot P + X_D \cdot \overline{Repeat} \cdot P]$ $CPFT[(\overline{X_D}+Repeat) \cdot \overline{P}]$ $CPST[(\overline{X_D}+Repeat) \cdot \overline{P}]$ $CPDT[(\overline{X_D}+Repeat) \cdot \overline{P}]$ $CPET[(\overline{X_D}+Repeat) \cdot \overline{P}]$ $CPRepeat[Repeat \cdot \overline{P}]$

续表

周期	节拍	微操作控制信号	
		电位信号	脉冲信号
DT	T_2	$MDR \rightarrow BUS_1[X_D \cdot \overline{Repeat}]$ $S_3 S_2 S_1 S_0 M[X_D \cdot \overline{Repeat}]$ $DM[X_D \cdot \overline{Repeat}]$	$CPY[X_D \cdot \overline{Repeat} \cdot P]$
	T_3	$R_0 \rightarrow BUS_1[\overline{IR_2} \cdot \overline{IR_1} \cdot \overline{IR_0} \cdot MOV]$ $R_1 \rightarrow BUS_1[\overline{IR_2} \cdot \overline{IR_1} \cdot IR_0 \cdot MOV]$ $R_2 \rightarrow BUS_1[\overline{IR_2} \cdot IR_1 \cdot \overline{IR_0} \cdot MOV]$ $R_3 \rightarrow BUS_1[\overline{IR_2} \cdot IR_1 \cdot IR_0 \cdot MOV]$ $SP \rightarrow BUS_1[IR_2 \cdot \overline{IR_1} \cdot \overline{IR_0} \cdot MOV]$ $PC \rightarrow BUS_1[IR_2 \cdot IR_1 \cdot IR_0 \cdot MOV]$ $S_3 S_2 S_1 S_0 \overline{M}[MOV]$ $DM[MOV]$ $1 \rightarrow ET[MOV]$ $1 \rightarrow DT[(\overline{MOV})]$	$CPMAR[MOV \cdot P]$ $CPFT[\overline{P}]$ $CPST[\overline{P}]$ $CPDT[\overline{P}]$ $CPET[\overline{P}]$ $CPRepeat[\overline{MOV} \cdot \overline{P}]$

表 4-18 MOV 指令执行周期的操作时间表

周期	节拍	微操作控制信号	
		电位信号	脉冲信号
ET	T_0	$R_0 \rightarrow BUS_1[\overline{IR_8} \cdot \overline{IR_7} \cdot \overline{IR_6} \cdot SR]$ $R_1 \rightarrow BUS_1[\overline{IR_8} \cdot \overline{IR_7} \cdot IR_6 \cdot SR]$ $R_2 \rightarrow BUS_1[\overline{IR_8} \cdot IR_7 \cdot \overline{IR_6} \cdot SR]$ $R_3 \rightarrow BUS_1[\overline{IR_8} \cdot IR_7 \cdot IR_6 \cdot SR]$ $SP \rightarrow BUS_1[IR_8 \cdot \overline{IR_7} \cdot \overline{IR_6} \cdot SR]$ $PC \rightarrow BUS_1[IR_8 \cdot IR_7 \cdot IR_6 \cdot SR]$ $TEMP \rightarrow BUS_1[\overline{SR}]$ $S_3 S_2 S_1 S_0 M$ DM	$CPR_0[\overline{IR_2} \cdot \overline{IR_1} \cdot \overline{IR_0} \cdot DR \cdot P]$ $CPR_1[\overline{IR_2} \cdot \overline{IR_1} \cdot IR_0 \cdot DR \cdot P]$ $CPR_2[\overline{IR_2} \cdot IR_1 \cdot \overline{IR_0} \cdot DR \cdot P]$ $CPR_3[\overline{IR_2} \cdot IR_1 \cdot IR_0 \cdot DR \cdot P]$ $CPSP[IR_2 \cdot \overline{IR_1} \cdot \overline{IR_0} \cdot DR \cdot P]$ $CPMDR[\overline{DR} \cdot P]$
	T_1	$MREQ[\overline{DR}]$ $R/\overline{W} = 0[\overline{DR}]$ $1 \rightarrow FT[\overline{1 \rightarrow IT} \cdot \overline{1 \rightarrow DMAT}]$	$CPFT[\overline{P}]$ $CPST[\overline{P}]$ $CPDT[\overline{P}]$ $CPET[\overline{P}]$

表 4-19 单操作数指令执行周期的操作时间表

周期	节拍	微操作控制信号	
		电位信号	脉冲信号
ET	T_0	$R_0 \rightarrow BUS_1[\overline{IR_2} \cdot \overline{IR_1} \cdot \overline{IR_0} \cdot DR]$ $R_1 \rightarrow BUS_1[\overline{IR_2} \cdot \overline{IR_1} \cdot IR_0 \cdot DR]$ $R_2 \rightarrow BUS_1[\overline{IR_2} \cdot IR_1 \cdot \overline{IR_0} \cdot DR]$ $R_3 \rightarrow BUS_1[\overline{IR_2} \cdot IR_1 \cdot IR_0 \cdot DR]$ $SP \rightarrow BUS_1[IR_2 \cdot \overline{IR_1} \cdot \overline{IR_0} \cdot DR]$ $MDR \rightarrow BUS_1[\overline{DR}]$ $S_3 S_2 S_1 S_0 M[INC]$ $\overline{S_3} \overline{S_2} \overline{S_1} \overline{S_0} M[COM]$ $S_3 S_2 S_1 S_0 M[ROL+ROR]$ $C_0 = 1[INC]$ $DM[INC+COM]$ $RL[ROL]$ $RR[ROR]$	$CPR_0[\overline{IR_2} \cdot \overline{IR_1} \cdot \overline{IR_0} \cdot DR \cdot P]$ $CPR_1[\overline{IR_2} \cdot \overline{IR_1} \cdot IR_0 \cdot DR \cdot P]$ $CPR_2[\overline{IR_2} \cdot IR_1 \cdot \overline{IR_0} \cdot DR \cdot P]$ $CPR_3[\overline{IR_2} \cdot IR_1 \cdot IR_0 \cdot DR \cdot P]$ $CPSP[IR_2 \cdot \overline{IR_1} \cdot \overline{IR_0} \cdot DR \cdot P]$ $CPMDR[\overline{DR} \cdot P]$ $CPC_c[P]$ $CPC_z[P]$
	T_1	$MREQ[\overline{DR}]$ $R/\overline{W}=0[\overline{DR}]$ $1 \rightarrow FT[\overline{1 \rightarrow IT} \cdot \overline{1 \rightarrow DMAT}]$	$CPFT[\overline{P}]$ $CPST[\overline{P}]$ $CPDT[\overline{P}]$ $CPET[\overline{P}]$

表 4-20 双操作数指令执行周期的操作时间表

周期	节拍	微操作控制信号	
		电位信号	脉冲信号
ET	T_0	$R_0 \rightarrow BUS_1[\overline{IR_8} \cdot \overline{IR_7} \cdot \overline{IR_6} \cdot SR]$ $R_1 \rightarrow BUS_1[\overline{IR_8} \cdot \overline{IR_7} \cdot IR_6 \cdot SR]$ $R_2 \rightarrow BUS_1[\overline{IR_8} \cdot IR_7 \cdot \overline{IR_6} \cdot SR]$ $R_3 \rightarrow BUS_1[\overline{IR_8} \cdot IR_7 \cdot IR_6 \cdot SR]$ $SP \rightarrow BUS_1[IR_8 \cdot \overline{IR_7} \cdot \overline{IR_6} \cdot SR]$ $PC \rightarrow BUS_1[IR_8 \cdot IR_7 \cdot IR_6 \cdot SR]$ $TEMP \rightarrow BUS_1[\overline{SR}]$ $S_3 S_2 S_1 S_0 M$ DM	$CPY[P]$
	T_1	$R_0 \rightarrow BUS_1[\overline{IR_8} \cdot \overline{IR_7} \cdot \overline{IR_6} \cdot DR]$ $R_1 \rightarrow BUS_1[\overline{IR_8} \cdot \overline{IR_7} \cdot IR_6 \cdot DR]$ $R_2 \rightarrow BUS_1[\overline{IR_8} \cdot IR_7 \cdot \overline{IR_6} \cdot DR]$ $R_3 \rightarrow BUS_1[\overline{IR_8} \cdot IR_7 \cdot IR_6 \cdot DR]$ $SP \rightarrow BUS_1[IR_8 \cdot \overline{IR_7} \cdot \overline{IR_6} \cdot DR]$ $MDR \rightarrow BUS_1[\overline{DR}]$ $S_3 \overline{S_2} \overline{S_1} S_0 \overline{M}[ADD]$	$CPR_0[\overline{IR_2} \cdot \overline{IR_1} \cdot \overline{IR_0} \cdot DR \cdot P]$ $CPR_1[\overline{IR_2} \cdot \overline{IR_1} \cdot IR_0 \cdot DR \cdot P]$ $CPR_2[\overline{IR_2} \cdot IR_1 \cdot \overline{IR_0} \cdot DR \cdot P]$ $CPR_3[\overline{IR_2} \cdot IR_1 \cdot IR_0 \cdot DR \cdot P]$ $CPSP[IR_2 \cdot \overline{IR_1} \cdot \overline{IR_0} \cdot DR \cdot P]$ $CPMDR[\overline{DR} \cdot P]$ $CPFT[DR \cdot \overline{P}]$

续表

周期	节拍	微操作控制信号	
		电位信号	脉冲信号
ET	T_1	$\overline{S_3} S_2 S_1 \overline{S_0} \overline{M}[SUB]$ $S_3 S_2 S_1 \overline{S_0} M[AND]$ $S_3 \overline{S_2} S_1 \overline{S_0} M[OR]$ $S_3 \overline{S_2} \overline{S_1} S_0 M[EOR]$ $C_0 = 1[SUB]$ DM $1 \to FT[\overline{1 \to IT} \cdot \overline{1 \to DMAT} \cdot DR]$	$CPST[DR \cdot \overline{P}]$ $CPDT[DR \cdot \overline{P}]$ $CPET[DR \cdot \overline{P}]$ $CPC_c[P]$ $CPC_z[P]$
	T_2	MREQ $R/\overline{W} = 0$	
	T_3	$1 \to FT[\overline{1 \to IT} \cdot \overline{1 \to DMAT}]$	$CPFT[\overline{P}]$ $CPST[\overline{P}]$ $CPDT[\overline{P}]$ $CPET[\overline{P}]$

表 4-21 停机指令执行周期的操作时间表

周期	节拍	微操作控制信号	
		电位信号	脉冲信号
ET	T_0	$0 \to RUN$	
	T_1		

表 4-22 转移类指令执行周期的操作时间表

周期	节拍	微操作控制信号	
		电位信号	脉冲信号
ET	T_0	$PC \to BUS_1[JP + JC \cdot C_c + JZ \cdot C_z]$ $S_3 S_2 S_1 S_0 M$ DM	$CPY[(JP + JC \cdot C_c + JZ \cdot C_z) \cdot P]$
	T_1	$IR(D) \to BUS_1[JP + JC \cdot C_c + JZ \cdot C_z]$ $S_3 \overline{S_2} \overline{S_1} S_0 \overline{M}[JP + JC \cdot C_c + JZ \cdot C_z]$ DM $1 \to FT[\overline{1 \to IT} \cdot \overline{1 \to DMAT}]$	$CPPC[(JP + JC \cdot C_c + JZ \cdot C_z) \cdot P]$ $CPFT[\overline{P}]$ $CPST[\overline{P}]$ $CPDT[\overline{P}]$ $CPET[\overline{P}]$

表 4-23　转子/返回指令执行周期的操作时间表

周期	节拍	微操作控制信号	
		电位信号	脉冲信号
ET	T_0	$SP \rightarrow BUS_1$ $S_3 S_2 S_1 S_0 M[RTS]$ $\bar{S}_3 \bar{S}_2 \bar{S}_1 \bar{S}_0 \bar{M}[JSR]$ DM	$CPSP[P]$ $CPMAR[P]$
	T_1	$PC \rightarrow BUS_1[JSR]$ $SP \rightarrow BUS_1[RTS]$ $S_3 S_2 S_1 S_0 \bar{M}$ $C_0 = 1[RTS]$ DM	$CPMDR[JSR \cdot P]$ $CPY[JSR \cdot P]$ $CPSP[RTS \cdot P]$
	T_2	MREQ $R/\bar{W} = 1[RTS]$ $R/\bar{W} = 0[JSR]$	
	T_3	$IR(D) \rightarrow BUS_1[JSR]$ $MDR \rightarrow BUS_1[RTS]$ $\bar{S}_3 \bar{S}_2 \bar{S}_1 \bar{S}_0 \bar{M}[JSR]$ $S_3 S_2 S_1 S_0 M[RTS]$ DM $1 \rightarrow FT[\overline{1 \rightarrow IT} \cdot \overline{1 \rightarrow DMAT}]$	$CPFT[\bar{P}]$ $CPST[\bar{P}]$ $CPDT[\bar{P}]$ $CPET[\bar{P}]$

指令操作时间表说明：

(1) 表中控制信号后面中括号中的内容为该控制信号的产生条件。

(2) 对于脉冲信号必须有脉冲控制，P 表示脉冲前沿起作用，$\bar{P}$ 表示脉冲后沿起作用。一般周期、节拍的转换用 $\bar{P}$，寄存器接收代码用 P。

(3) 未考虑指令结束时出现电源失效、中断请求和 DMA 请求等情况。若有电源故障、中断请求，则进入中断周期处理，或有 DMA 请求进入 DMA 周期处理；否则进入 FT，取下一条指令。

(4) 未考虑模型机移位指令实现的细节问题，如何实现不同的移位方式读者可自行考虑。

(5) 变址寻址需在相应的取数周期内重复一次，由计数器 Repeat 信号控制实现，用 CPRepeat 信号控制 Repeat 信号的置 1 和清 0，如图 4-40 所示。

启动运行时，由总清信号 Reset 将 FT 置 1，Repeat 清 0。系统由 FT 进入 ST 或 DT 时，Repeat 基本保持 0，若是变址寻址，则在 T_3 拍产生 CPRepeat 信号，第一次时将 Repeat 置 1，重复周期时在 T_3 又产生 CPRepeat 信号，将 Repeat 清 0。

3. 微操作控制信号综合

操作时间表根据指令流程、时序系统和数据通路结构列出了实现整个指令系统全部操作的控制信号。此后需将时间表中的各个控制信号进行归纳、综合，即将所有相同信号按其条件写出综合逻辑表达式。

1) 微操作控制信号

微操作控制信号＝F（周期、节拍、脉冲、指令、状态条件）。

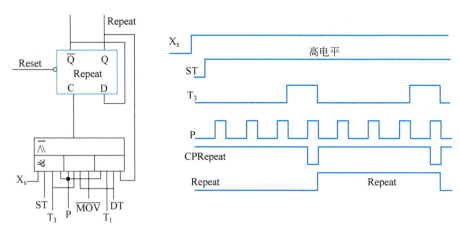

图 4-40　Repeat 信号的产生及部分时间关系

由于模型机的控制信号很多，每个控制信号都是一串复杂的逻辑表达式，在此仅举几个控制信号的例子，不一一介绍所有控制信号的逻辑表达式。读者参照例子很容易列出其他微操作控制信号的逻辑表达式。

$$R/\overline{W} = FT \cdot T_1 + ST \cdot T_1 + DT \cdot T_1 \cdot (\overline{MOV} + X_D) + ET \cdot T_2 \cdot RTS$$

$$IR(D)(\text{指令地址码部分 } IR_{11} \sim IR_0) \rightarrow BUS_1 = ET \cdot T_1 \cdot (JP + JC \cdot C_c + JZ \cdot C_z) + ET \cdot T_3 \cdot JSR$$

式中，JP、JC、JZ、JSR 分别为指令操作码译码产生的操作控制电位。

$$\begin{aligned}
PC \rightarrow BUS_1 = & FT \cdot (T_0 + T_1) + S_T \cdot T_0 \cdot (IR_8 IR_7 IR_6 + X_S \cdot \overline{Repeat}) + ST \cdot T_1 \cdot \\
& (IR_8 IR_7 IR_6 \cdot (R_S) + + X_S \cdot \overline{Repeat}) + DT \cdot T_0 \cdot \\
& (IR_2 IR_1 IR_0 + X_D \cdot \overline{Repeat}) + DT \cdot T_1 \cdot (IR_2 IR_1 IR_0 \cdot \\
& (R_D) + + X_D \cdot \overline{Repeat}) + DT \cdot T_3 \cdot IR_2 IR_1 IR_0 \cdot \\
& MOV + ET \cdot T_0 \cdot IR_8 IR_7 IR_6 \cdot SR \cdot MOV + ET \cdot T_0 \cdot \\
& (JP + JC \cdot C_c + JZ \cdot C_z) + ET \cdot T_0 \cdot IR_8 IR_7 IR_6 \cdot SR \cdot \\
& (ADD + SUB + AND + OR + EOR) + ET \cdot T_1 \cdot JSR
\end{aligned}$$

$$\begin{aligned}
MDR \rightarrow BUS_1 = & FT \cdot T_2 + ST \cdot T_2 + DT \cdot T_2 \cdot X_D \cdot \overline{Repeat} + ET \cdot T_1 \cdot \overline{DR} \cdot \\
& (ADD + SUB + AND + OR + EOR) + ET \cdot T_0 \cdot \overline{DR} \cdot \\
& (INC + COM + ROL + ROR) + ET \cdot T_3 \cdot RTS
\end{aligned}$$

$$\begin{aligned}
CPMAR = & (FT \cdot T_0 + ST \cdot T_0 + DT \cdot T_0 + DT \cdot T_3 \cdot MOV + \\
& ET \cdot T_0 \cdot (JSR + RTS)) \cdot P
\end{aligned}$$

$$CPTEMP = ST \cdot T_2 \cdot (\overline{X_S} + Repeat) \cdot P$$

2) 周期结束信号

$$\begin{aligned}
T_{END} = & T_3 + ET \cdot T_1 \cdot (MOV + INC + COM + ROL + ROR + JP + JC + JZ) + ET \cdot \\
& T_1 \cdot DR \cdot (ADD + SUB + AND + OR + EOR) + DT \cdot T_1 \cdot (\overline{X_D} + Repeat) \\
= & T_3 + ET \cdot T_1 \cdot (IR_{15} \overline{IR_{14}} + \overline{IR_{14}} \ \overline{IR_{13}} \ \overline{IR_{12}} + IR_{15} \overline{IR_{13}} \ \overline{IR_{12}} + \overline{IR_{15}} \ \overline{IR_{14}} \ \overline{IR_{13}}) + \\
& ET \cdot T_1 \cdot DR \cdot (\overline{IR_{15}} \ \overline{IR_{14}} \ \overline{IR_{13}} + \overline{IR_{15}} \ \overline{IR_{14}} IR_{12} +
\end{aligned}$$

$$\overline{IR_{15}}IR_{14}\overline{IR_{13}}) + DT \cdot T_1 \cdot (\overline{X_D} + \text{Repeat})$$

对逻辑表达式需进行适当化简、调整,以便得到比较合理的逻辑表达式。

4. 电路实现

经逻辑综合、化简得到各个微操作控制信号的优化表达式后,便可设计表达式的实现电路。

1) 用组合逻辑电路实现

将各微操作控制信号用组合逻辑电路实现,即构成了组合逻辑控制器的微操作控制信号形成部件。图 4-41 画出了部分微操作控制信号的逻辑电路图。在实际设计中,逻辑电路图用硬件实现时有时受逻辑门的扇入系数限制,需要修改逻辑表达式,此时就可能要增加逻辑电路。如果信号所经过的级数也增加的话,还将增加延迟时间。另外,在实现时还有负载问题。

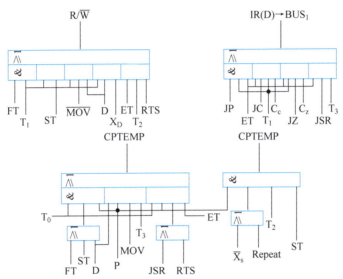

图 4-41 实现微操作控制信号的部分逻辑电路

2) 用 PLA 器件实现

可编程逻辑阵列 PLA 电路是由与阵列和或阵列组成的,电路输出为输入项的与或式。经微操作综合得到的微操作控制信号逻辑表达式都是与或表达式,可以很方便地用 PLA 电路实现。

先看一个简单的例子,用 PLA 器件实现下列逻辑函数,PLA 的编程与实现如图 4-42 所示。

$$F_1 = A\overline{B} + AC$$
$$F_2 = \overline{A}BC + A\overline{B}C + \overline{A}\,\overline{B}\,\overline{C}$$
$$F_3 = \overline{A}\,\overline{B} + AB\overline{C}$$
$$F_4 = \overline{A}B\overline{C} + AB$$

用 PLA 实现模型机控制信号逻辑时,需将指令码、机器周期、节拍、脉冲及某些状态条件作为 PLA 的与阵列输入信号,按微操作信号综合所得的逻辑表达式分别对与阵列、或阵列进行编程,即可由或阵列输出各个控制信号,如图 4-43 所示。

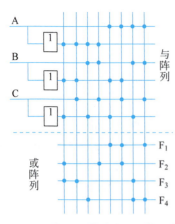

图 4-42 用 PLA 器件实现逻辑函数

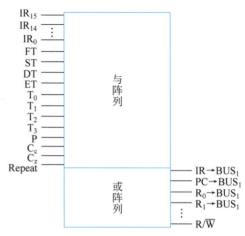

图 4-43 PLA 实现模型机的控制信号逻辑

4.7 控制单元设计——微程序控制器

4.7.1 微程序控制器概述

前面讨论的硬联逻辑控制器采用了大量的门电路产生控制信号,门电路的输入逻辑都是一长串很不规整的逻辑表达式。因此,硬联逻辑控制器的突出缺点就是烦琐、杂乱,缺乏规律性,设计效率低,也不利于检查调试。另一个缺点是不易修改和扩充,缺乏灵活性,设计结果用印刷电路板(硬联逻辑)固定后就很难修改。正因为硬联逻辑控制器存在这些缺点,所以早在1951 年英国剑桥大学的 M. V. Wilkes 教授就提出了另一种设计控制逻辑的方法——微程序设计,其实质是用程序设计的思想方法来组织操作控制逻辑,用规整的存储逻辑代替繁杂的组合逻辑。

根据指令流程分析可以知道,每条指令都对应着自己的微操作序列,指令的执行过程都可以划分为若干基本的微操作。采用程序设计方法是:把各指令的微操作序列以二进制编码字(微指令)的形式编制成程序(微程序),并存放在一个存储器(控制存储器)中,执行指令时,通过读取并执行相应的微程序实现一条指令的功能,这就是微程序控制的基本概念。微程序控制器又称为存储逻辑。

1. 微程序控制器的基本概念

微程序控制机器涉及两个层次:一个层次是机器语言程序员看到的传统机器级——机器指令,机器指令编制的程序存放在主存储器中,由 CPU 读取执行指令功能;另一个层次是硬件设计者看到的微程序级——微指令,微指令编制的微程序存放在控制存储器中,完成的是一条机器指令功能。微指令用于产生一组控制命令,称为微命令,控制一组微操作。下面首先介绍几个基本概念。

1)微命令

微命令是构成控制信号的最小单位,通常指直接作用于部件或控制门电路的控制命令。例如,模型机中的 $PC \rightarrow BUS_1$、$R_0 \rightarrow BUS_1$、$S_3S_2S_1S_0M$、$CPIR$、$R/\overline{W}$ 等控制信号都称为微命令。

2) 微操作

由微命令控制实现的最基本的操作称为微操作。微操作可大可小,如模型机的(PC)→MAR 是一个微操作,由一组微命令:PC→BUS_1、$S_3S_2S_1S_0$ M、DM、CPMAR 控制实现。又如打开 PC 与 BUS_1 之间的控制门也是一个微操作,是在微命令 PC→BUS_1 的控制下实现的。

3) 微指令

产生一组微命令并控制完成一组微操作的二进制编码字称为微指令。微指令存放在控制存储器中。一条微指令通常控制实现数据通路中的一步操作过程。

4) 微程序

一系列微指令的有序集称为微程序。若干有序微指令构成的微程序可以实现一条机器指令的功能。每条机器指令都对应着一段微程序,并通过解释执行完成指令的功能。

5) 微周期

从控制存储器中读取一条微指令并执行相应的微操作所需的时间称为微周期。在微程序控制的机器中,微周期是它的主要时序信号。通常一个时钟周期为一个微周期。

6) 控制存储器

存放微程序的存储器称为控制存储器,也称为微程序存储器。一般计算机指令系统是固定的,因而实现指令系统的微程序也是固定的,所以控制存储器通常用只读存储器实现。

2. 控制器组成与微程序执行

1) 微程序控制器的组成结构

图 4-44 是微程序控制器的组成框图,PC、IR、PSR 等与硬联逻辑控制器无区别,主要区别在于微操作控制信号形成部件的不同,复杂组合逻辑网络被规整的存储逻辑所替代。

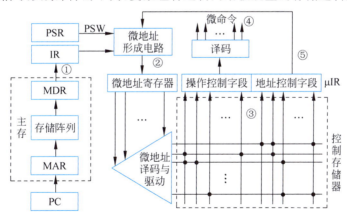

图 4-44 Wilkes 微程序控制器原理图

存储逻辑包括存放微程序的控制存储器及其相关的逻辑,主要有下面几部分:

(1) 控制存储器 CM:控制存储器的每个单元存放一条微指令代码。图中每条横线表示一个单元,其中每个交叉点表示微指令的一位,有"·"表示该位为 1,无"·"表示该位为 0。

(2) 微指令寄存器 μIR:从控制存储器中读取的微指令,存放在微指令寄存器中。微指令通常分为两大字段:操作控制字段与地址控制字段。操作控制字段经译码或直接产生一组微命令,控制有关部件完成微指令所规定的微操作。地址控制字段指示下一条微指令地址的形成方式或直接给出下一条微指令地址。

(3) 微地址形成电路：用以产生起始微地址和后继微地址，以保证微程序的连续执行。

(4) 微地址寄存器 μMAR：用于接收微地址形成电路送来的地址，为读取微指令准备好控制存储器的地址。

(5) 译码与驱动电路：对微地址寄存器中的微地址进行译码，找到被访问的控制存储器（简称控存）单元并驱动其进行读取操作，读取微指令并存放于微指令寄存器中。

2) 微程序的执行过程

图 4-44 所示的序号表示微程序控制器的工作过程。

(1) 启动取指微指令或微程序，根据 PC 提供的指令地址，从主存取出所要执行的机器指令，送入 IR 中，并且完成 PC 增量，为下一条指令准备地址。

(2) 根据 IR 中的指令码，微地址形成电路产生该指令的微程序起始微地址，送入 μMAR 中。

(3) μMAR 中的微地址经译码、驱动，从被选的控存单元中取出一条微指令并送入 μIR。

(4) μIR 中微指令的操作控制字段经译码或直接产生一组微命令并送往有关的功能部件，控制其完成所规定的微操作。

(5) μIR 中微指令的地址控制字段及有关状态条件送往微地址形成电路，产生下一条微指令的地址，再读取并执行下一条微指令。如此循环，直到一条机器指令的微程序全部执行完毕。

(6) 一条指令的微程序执行结束，再启动取指微指令或微程序，读取下一条机器指令。根据该指令码形成的起始微地址，又转入执行它的一段微程序。

微程序定义了计算机的指令系统，只要改变控制存储器的内容就能改变机器的指令系统，为计算机设计者及用户提供了极大的灵活性。然而微程序控制器设计需要解决好几个关键问题：第一，微指令的结构格式及编码方法，即如何用一个二进制编码字表示各个微命令；第二，微程序顺序控制的方法，也就是如何编制微程序，解决不同机器指令所对应微程序的逻辑衔接，保证微程序的连续执行；第三，微指令的执行方式，解决如何提高执行速度的问题。下面分别对这些问题进行讨论。

4.7.2 微指令的编译方法

微指令的编译方法是指如何对微指令的操作控制字段进行编码来表示各个微命令，以及如何把编码译成相应的微命令。微指令的格式考虑的问题是：如何有利于缩短微指令字长；如何有利于缩短微程序，减少存储空间；如何有利于提高微程序的执行速度。微指令的编译方法通常有下列几种。

1. 直接控制法

微指令操作控制字段的每一位都直接表示一个微命令，如图 4-45 所示。当某位为 1 时，表示执行这个微命令，为 0 则表示不执行。由于这种方法不需要译码，因此也称不译法。

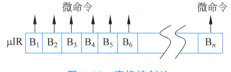

图 4-45　直接控制法

这种方法结构简单，并行性强，操作速度快，缺点是微指令字太长，信息效率低。因为有 N 个微命令，操作控制字段就需要 N 位。实际机器的微命令数达几百个，微指令字太长，令人难以接受。同时，在几百个微命令中有很多是互斥的，不允许同时出现，安排在同一条微指令内只会使信息效率降低。因此,实际机器往往采取与其他方法混合使用,仅部分位采用直接控制法。

2. 最短编码法

最短编码法使微指令最短,它将所有的微命令进行统一编码,每条微指令只定义一个微命令。若微命令总数为 N,则最短编码法中操作控制字段的长度 L,应满足下列关系:

$$L \geq \log_2 N$$

最短编码法的微指令字长最短,但要通过微命令译码器译码才能得到所需的微命令。译码器结构复杂,而且在某一时间只能产生一个微命令,不能充分利用机器硬件所具有的并行性。

3. 字段直接编码法

1) 字段编码方法

这种方法是上述两种方法的折中,如图 4-46 所示。它将微指令操作控制字段划分为若干个子字段,子字段内的所有微命令进行统一编码,不同的子字段有不同的编码,表示不同的微命令。

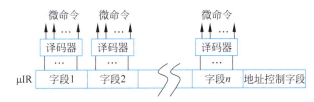

图 4-46 字段直接编码法

2) 字段划分原则

(1) 把互斥(不允许同时出现)的微命令划分在同一字段内,相容(允许同时出现)的微命令划分在不同字段内。

(2) 字段的划分应与数据通路结构相适应。

(3) 一般每个子字段应留出一个状态,表示本字段不发出任何微命令。

(4) 每个子字段所定义的微命令数不宜太多,否则将使微命令译码复杂。

4. 字段间接编码法

字段间接编码法是在字段直接编码法的基础上进一步压缩微指令长度的方法,该方法中的一个字段某一编码的意义由另一字段的编码来定义,即与其他字段的编码联合定义,如图 4-47 所示。

5. 常数源字段的设置

在微指令字中,通常还会设置一个常数源字段,如同指令字中的立即数一样,用来提供一些常数,如给计数器置初值,为某些数据提供修改量,配合形成微程序转移微地址等。

除上述方法外,还有其他方法,如分类编码法。我们将机器指令根据操作类型分为几类,如算术逻辑运算指令、访主存指令、I/O 指令及其他指令,不同的指令可以有不同的微指令格式。

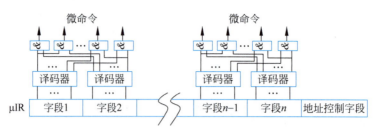

图 4-47　字段间接编码法

4.7.3　微程序的控制设计

在微程序控制器中,机器指令是通过一段微程序解释执行的,通常微程序的第一条微指令所在控制存储器的地址称为初始微地址,正在执行的微指令称为现行微指令,其所在控制存储器的地址称为现行微地址,而下一条要执行的微指令称为后继微指令,其所在控制存储器的地址称为后继微地址。在确定初始、后继微地址的各种形成方法后,就可以设计微指令格式了。

1. 初始微地址的形成

每条机器指令的执行必须先进行取指令操作,需要取指令微程序控制从主存中取出一条机器指令,这段公用微程序一般安排从 0 号单元开始。指令从主存取到 IR 以后,需要操作码转换为该指令所对应的微程序入口地址,即形成初始微地址。初始微地址的形成通常有下列几种方式。

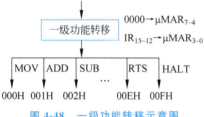

图 4-48　一级功能转移示意图

1）一级功能转移

由指令操作码直接转移到相应微程序的入口,称为一级功能转移。当操作码的位置与位数均固定时,直接使用操作码作为微地址的低位,例如微地址为 $00\cdots 0\text{OP}$,OP 为指令操作码。例如模型机 16 条指令,操作码对应 IR 的 15~12 位,当取出指令后,直接由 $\text{IR}_{15\sim 12}$ 作为微地址的低 4 位,如图 4-48 所示。由于指令操作码是一组连续的代码组合,形成的初始微地址是一段连续的控存单元,因此这些单元被用来存放转移地址,通过它们转移到指令所对应的微程序。

2）二级功能转移

如果机器指令操作码的位数和位置不固定,则需采用二级功能转移。首先按指令类型转移,以区分指令类型,假定每类操作码的位置和位数是固定的,第二级可按操作码区分具体指令,并转到微程序入口。

3）用 PLA 电路实现功能转移

PLA 输入是指令操作码,输出就是相应微程序入口地址。假定有 $I_0, I_1, \cdots, I_7$ 共 8 条指令,其操作码分别为 $000,001,\cdots,111$,对应的微程序入口地址分别为 020H,031H,…,146H,则用 PLA 的实现如图 4-49 所示。这种方法对于变长度、变位置的操作码尤为有效,而且转移速度较快。

2. 后继微地址的形成

由初始微地址执行相应的微程序,每条微指令执行结束都应根据要求形成后继微地址。

后继微地址的形成方法主要有两种基本类型：增量方式和断定方式。

1）增量方式

微地址控制也有顺序执行、转移、转子之分。增量方式是指当微程序按地址增序逐条执行微指令时，后继微地址是现行微地址加增量；当微程序转移或调用微子程序时，由地址控制字段产生转移微地址。因此，需有微程序计数器 μPC，也可将 μMAR 做成具有计数功能的寄存器，替代 μPC。

为解决转移微地址的产生，通常把微指令的地址控制字段分为两个部分，一部分为转移地址字段 BAF，另一部分为转移控制字段 BCF，微指令格式如下：

| 操作控制字段（OCF） | BCF | BAF |

BCF 用以规定地址形成方式，BAF 提供转移地址。假定微地址形成方式规定如表 4-24 所示。

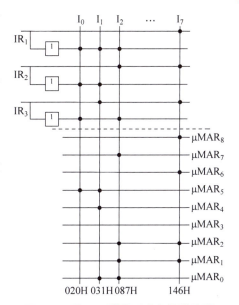

图 4-49 用 PLA 器件形成初始微地址

表 4-24 微地址形成方式规定

BCF 编码	二进制	转移控制方式	硬件条件	后继微地址及有关操作
0	000	顺序执行		$\mu PC + 1 \to \mu PC$
1	001	结果为 0 转移	$C_Z = 0$	$\mu PC + 1 \to \mu PC$
			$C_Z = 1$	$BAF \to \mu PC$
2	010	有进位转移	$C_C = 0$	$\mu PC + 1 \to \mu PC$
			$C_C = 1$	$BAF \to \mu PC$
3	011	无条件转移		$BAF \to \mu PC$
4	100	循环测试	$C_T = 0$	$\mu PC + 1 \to \mu PC$
			$C_T \neq 0$	$BAF \to \mu PC$
5	101	转微子程序		$\mu PC + 1 \to RR, BAF \to \mu PC$
6	110	返回		$RR \to \mu PC$
7	111	操作码形成微地址		由操作码形成

图 4-50 是实现表 4-24 微地址控制方式的原理框图。图中 C_Z 为结果为 0 的标志；C_C 为进位标志；C_T 为循环计数器；RR 为返回地址寄存器，当执行转微子程序的转子微指令时，把现行微指令的下一微地址（$\mu PC+1$）送入返回地址寄存器 RR 中，然后将转移地址字段送入 μPC 中。当执行返回微指令时，将 RR 中的返回地址送入 μPC，返回微主程序。

增量方式简单，易编微程序，但不能实现多路转移。当需多路转移时，通常采用断定方式。

2）断定方式

断定方式是指后继微地址可由设计者指定或由设计者指定的测试判定字段控制产生。后继微地址由两部分组成：非因变分量和因变分量。非因变分量由设计者直接指定，一般是微地址的高位部分；因变分量根据判定条件产生，一般对应微地址的低位部分。例如微指令格式如下：

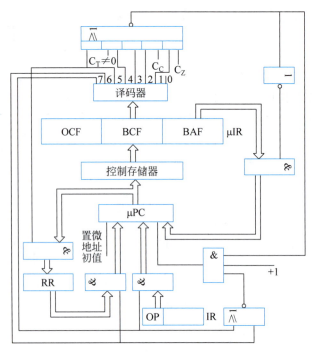

图 4-50　微地址控制原理框图

| μIR: | OCF | 微地址高位 | A | B |

其中，A、B 为两个判定条件，表 4-25 给出了判定条件与后继微地址低位的关系。

$T_1 \sim T_4$ 为 4 个状态标志，表示 CPU 运行程序的某些状态或特征，用作断定微地址的依据。

以上述规定为例，若现行微指令的高位地址为 1011001，A 字段为 10，B 字段为 11，则后继微地址为 $1011001T_1T_4$。根据 T_1、T_4 的状态，可实现四路转移，若 T_1、T_4 分别为 00，则后继微地址为 164H；若 T_1、T_4 分别为 10，则后继微地址为 166H。

采用断定方式可以实现快速多路转移，适用于功能转移。缺点是编制微程序时，地址安排比较复杂，微程序执行顺序不直观。在实际机器中，往往增量方式与断定方式混合使用。

表 4-25　判定条件与后继微地址低位的关系

判定条件 A	断定微地址次低位	判定条件 B	断定微地址低位
00	0	00	0
01	1	01	1
10	T_1	10	T_3
11	T_2	11	T_4

例 4-6　已知某计算机采用微程序控制方式，其控制存储器的容量为 512×32bit。微程序可以在整个控制存储器中实现转移，可控制微程序转移的条件有 6 个，采用直接控制和字段混合编码，后继微指令地址采用断定方式，格式如下：

| 微操作编码 | 测试条件 | 微地址 |

请说明微指令中 3 个字段分别应为多少位。

解： 由已知条件得出：下一条指令的微地址应当为 9 位(可访问 2^9 个单元)，若每个判定条件占 1 位，则测试条件字段共需 6 位，剩下的为操作控制字段可用的位数(32－9－6＝17 位)。

所以 3 段的位数分配是：下一条指令微地址→9 位，转移测试条件→6 位，微操作编码→17 位。

例 4-7 图 4-51 为一个微程序的流程，每个方框为一条微指令，用字母 A~P 分别表示微指令执行的微操作，该微程序流程的两个分支分别是：指令的 OP 最低两位($I_1 I_0$)控制 4 路转移，状态标志 C_Z 的值决定后继微地址的形成。请设计微程序的微指令顺序控制字段，并为微指令分配微地址。

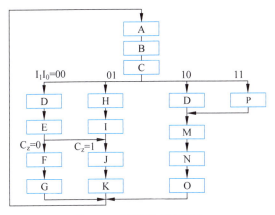

图 4-51　某微程序流程图

解： 由图可知，两个分支是：指令操作码的 $I_1 I_0$(2 位)：指出 4 条微指令(控制转移)，运算结果标志 C_Z 的值决定 2 条微指令的执行次序。

本微程序共有 16 条微指令，下地址需要 4 位。就本微程序而言，测试条件可用 2 位表示，描述后继地址的形成方式。因此，本例的微指令格式由 3 部分内容组成，如下所示：

μOP	测试(2 位)	下地址(4 位)

00→取下地址

01→按指令 OP 转移(控制末 2 位)

10→按 C_Z 转移(控制末 1 位)

地址的分配关键在于分支微指令的安排，此时下地址字段的值具有一定的约束条件，一般取测试条件控制的那几位为全 0，目的在于简化地址修改逻辑。在本题中，微指令 C 按指令 OP($I_1 I_0$)实现 4 路分支，控制在末 2 位，这样下地址的约束条件是末 2 位全为 0，地址为 0100，微指令 C 的后继 4 条微指令的地址分别为 0100、0101、0110、0111，末 2 位实现了按 $I_1 I_0$ 转移；同理，按 C_Z 转移的地址则为 10x0、10x1；余下的微指令地址无约束条件，可任意分配，可根据微程序流程从小地址到大地址(或从上到下、从左到右)顺序，将控制存储器中没有分配的微地址安排到不同的微指令中。

表 4-26 是本例微程序的微指令的地址分配结果，其中，深色部分微指令下地址的形成受测试字段约束条件的控制。在微地址形成电路形成微地址时，可通过图 4-52 的修改电路生成受约束的低位微地址(高位地址指定)。

表 4-26 微程序的地址分配表

微 地 址	微 命 令	测试条件	下 地 址	备 注
0000	A	00	0001	
0001	B	00	0010	
0010	C	01	$01I_1I_0$	按 OP 转移
0011	E	10	$101C_Z$	按 C_Z 转移
0100	D	00	0011	⎫
0101	H	00	1000	⎬ 由指令 OP 控制
0110	L	00	1001	⎬
0111	P	00	1001	⎭
1000	I	00	1011	
1001	M	00	1100	
1010	F	00	1101	⎫ 由 C_Z 控制
1011	J	00	1110	⎭
1100	N	00	1111	
1101	G	00	0000	
1110	K	00	0000	
1111	O	00	0000	

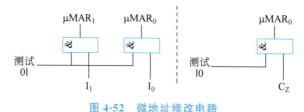

图 4-52 微地址修改电路

3. 微指令的执行方式

由以上讨论可知,执行微指令的过程基本上分为两步:第一步,将微指令从控制存储器中取出,称为取微指令;第二步,执行微指令所规定的各个微操作,称为执行微指令。根据取后继微指令和执行现行微指令之间的时间关系,微指令有两种执行方式:串行执行和并行执行。

1) 串行执行方式

取微指令和执行微指令是顺序、串行执行的,一条微指令取出执行后,再取下一条微指令。微周期的时序安排如图 4-53 所示。在一个微周期内的取微指令阶段,控制存储器工作,数据通路等待;而在执行微指令阶段,数据通路工作,控制存储器空闲。

串行方式的优点是控制简单,在每个微周期中,等到所有微操作结束并建立了运算结果状态之后,才确定后继微指令地址。因此,无论后继微地址是按 μPC 增量方式,还是根据结果特征实现微程序转移,串行方式都容易实现控制。串行方式的缺点是:设备效率低、执行速度慢。

2) 并行执行方式

该方式是将取指令操作和执行微指令操作重叠起来,以提高微指令的执行速度。由于取微指令与执行微指令分别在两个不同部件中执行,因此这种重叠是完全可行的。在执行本条微指令的同时,预取下一条微指令,其微周期时序安排如图 4-54 所示。

虽然并行方式的微程序执行速度比串行方式快,设备效率高,但微指令的预取会带来一些

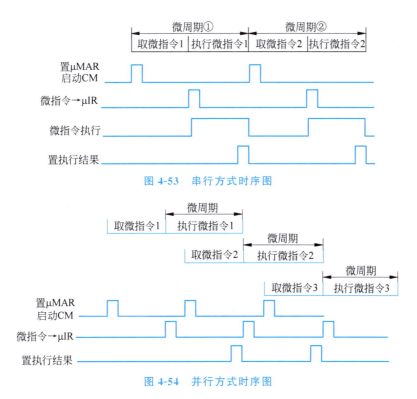

图 4-53 串行方式时序图

图 4-54 并行方式时序图

控制问题。例如,有时需根据运算结果特征实现微程序转移,而结果产生是在微周期的末尾,此时预取的微指令已经取出。若转移成功,则预取的微指令无效。如何处理并行方式中的微程序转移是一个难度较大的问题。通常有延迟周期法、猜测法、预取多条转向微指令等方法。其中最简单的方法是延迟周期法。遇到按现行微指令结果特征转移时,延迟一个微周期再取微指令。

4. 微程序的设计方法

在进行微程序设计时,应尽量缩短微指令字长,减少微程序长度,提高微程序的执行速度。目前主要有 3 种微程序设计方法。

1) 水平型微指令与微程序设计

水平型微指令是指一次能定义并执行多个操作微命令的微指令。水平型微指令一般由控制字段、判别测试字段和下地址字段 3 部分组成,格式如下:

控制字段	判别测试字段	下地址字段

一般水平微指令具有如下几个特点。

(1) 微指令字较长,有几十位到上百位,如 VAX-11/780 为 96 位,ILLAIAC-Ⅳ 达 280 位。

(2) 微指令中微操作的并行能力强,一个微周期中,一次能定义并执行多个并行操作微命令。

(3) 微指令编码简单,一般采用直接控制法和字段直接编码法,微命令与数据通路各控制点之间有比较直接的对应关系。

采用水平型微指令编制微程序称为水平型微程序设计,优点是微指令的并行操作能力强,效率高,编制微程序短,执行速度快,控制存储器的纵向容量小。这种设计方法用于对微处理器的内部逻辑控制进行描述,所以又被称为硬方法。但缺点是微指令字比较长,增长了控制存储器的横向容量,且定义的微命令多,使微程序编制困难、复杂,也不易实现设计自动化。

2)垂直型微指令与微程序设计

在微指令中,设置微操作码字段采用微操作码编译法,由微操作码规定微指令的功能,这类微指令称为垂直型微指令。微指令经微操作码字段译码,一次只能控制信息从源部件到目的部件的一两种信息传送过程。例如,一条垂直型运算操作的微指令格式为:

| μOP | 源寄存器Ⅰ | 源寄存器Ⅱ | 目的寄存器 | 其他 |

μOP 是微操作码,其意义是源寄存器Ⅰ字段指定的寄存器中的内容与源寄存器Ⅱ字段指定的寄存器中的内容进行 μOP 所规定的操作,结果存入目的寄存器字段所指定的寄存器中。

垂直型微指令有如下特点。

(1) 微指令字短,一般为 10~20 位。

(2) 微指令字微操作并行能力弱,一条微指令只能控制数据通路的一两种信息传送。

(3) 采用微操作码规定微指令的基本功能和信息传送路径。

(4) 微指令编码复杂,微操作码字段需经过完全译码产生微命令,微指令的各个二进制位与数据通路的各个控制点之间不存在直接对应关系。

采用垂直型微指令编制微程序称为垂直型微程序设计,优点是直观、规整,易于编制微程序,易于实现设计自动化,微指令字比较短,使控制存储器的横向容量少。垂直型微程序设计主要是面向算法的描述,故又称为软方法。垂直型微程序设计的缺点是微指令并行操作能力弱,编制的微程序长,要求控制存储器的纵向容量大。另外,执行效率较低,执行速度慢。

3)毫微程序设计

该设计综合了上述两种设计方法的优点,是解释微程序的微程序,而组成毫微程序的毫微指令是解释某一微指令的微指令。毫微程序设计就是用水平型的毫微指令来解释垂直型微指令的微程序设计,即采用两级微程序设计方法,第一级采用垂直型微程序设计,用垂直型微指令编制垂直微程序,第二级采用水平型微程序设计,用水平型微指令编制水平微程序。

当执行一条指令时,首先进入第一级微程序,由于它是垂直型微指令,并行操作能力不强,需要时可调用第二级微程序(毫微程序),执行完毕再返回第一级微程序。图 4-55 给出了毫微程序控制器结构框图,涉及两个控制存储器:一个称为微程序控制存储器(μCM),用来存放垂直微程序;另一个称为毫微程序控制存储器(nCM),用于存放毫微程序。

在毫微程序控制的计算机中,垂直型微程序是根据机器指令系统和其他处理过程的需要而编制的,它有严格的顺序结构。由于垂直型微指令很像机器指令,因此很易编制微程序。水平型微程序是由垂直型微指令调用的,具有较强的并行操作能力。若干条垂直微指令可以调用同一条毫微指令,所以在 nCM 中的每条毫微指令都

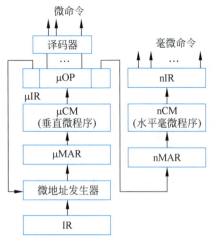

图 4-55 基于毫微程序设计的控制器结构

是不相同的,相互之间也没有顺序关系。当从 μCM 中读出一条微指令时,除了可以完成自己的操作外,还可以给出一个 nCM 地址,以便调用一条毫微指令解释该微指令的操作,实现数

据通路和其他处理过程的控制。

毫微程序设计主要有如下优点。

(1) 通过使用少量的控制存储器空间,就可以达到高度的操作并行性。因为μCM 横向容量小,而 nCM 采用并行性高的水平型微指令,所以使 nCM 纵向容量很小。

(2) 使用垂直微指令容易编微程序,易于实现微程序设计自动化。

(3) 独立性强,毫微程序之间无顺序关系,增、删毫微指令不影响毫微程序的控制结构。

(4) 灵活性好,修改垂直微程序就能改变机器指令的功能,利于修改和扩充指令系统。

毫微程序设计的缺点是在一个微周期内需要访问两次控制存储器,增加了硬件成本。

5. 微程序控制器的设计步骤

微程序控制器设计的主要任务是编写所有机器指令对应的微程序,具体步骤如下。

1) 确定微指令格式和执行方式

根据机器的微命令、微控制信号等具体情况决定是采用水平微指令格式还是垂直微指令格式,微指令是串行方式执行还是并行方式执行等。

2) 确定微命令集、编码方式及微指令排序方式

根据机器指令的所有微控制信号拟定微命令集,确定微命令编码方式和字段的划分,选择微指令排序方法(增量式、断定式等)。

3) 编制微程序

列出机器指令的全部微命令节拍安排,按已定的微指令格式编制微程序,并对所有微程序进行优化和代码化。

4) 写入程序

将二进制表示的全部微程序写入控制存储器。

为了便于读者系统掌握微程序控制器的设计原理,附录 B 给出了模型机的微程序设计方案。

4.8 RISC-V 处理器结构

本节主要介绍 RISC-V 处理器的组成结构与设计方法。RISC-V 处理器的组成结构是连接硬联逻辑和体系结构的桥梁,又称为微结构(Microarchitecture)。而在组成构建与设计过程中,需要将寄存器、ALU、有限状态机、存储器和其他逻辑模块等多种基本单元组合在一起,以实现 RISC-V 微处理器体系结构。同一个 RISC-V 微处理器结构在折中考虑性能、成本和复杂性等要素后,可以设计成单周期处理器、多周期处理器和流水线处理器 3 种不同的微结构实现方法。虽然结构的内部设计有较大的差异,但它们可以运行相同的程序,以得到同样的运行结果。

4.8.1 RISC-V 系统设计技术概述

1. RISC-V 四个设计原则

如前所述,RISC-V 是一个基于 RISC 原则的全新开源指令集架构。为了更好地满足 RISC-V 体系结构的设计目标,David Patterson 和 John Hennessy 两位教授给出了微结构的 4

条设计原则,具体如下。

1) 利于简单设计的规整性原则(regularity supports simplicity)

指令的操作数数量固定,有利于编码和进行硬件处理,更复杂的高级语言代码经过译码可以有多条 RISC-V 指令实现其功能。

2) 利于常用功能的快速执行原则(make the common case fast)

程序尽量安排简单常用的指令,加快常见功能的执行速度。指令种类少利于指令操作和操作数译码的硬件实现简单、精练和快捷,且将更复杂少见的操作由多条简单指令序列执行。

3) 利于空间量少的快速访问原则(smaller is faster)

数据尽量安排在寄存器中,因为从一个数量较少的寄存器堆中读取数据要快于从大的存储器中读取,而且小的寄存器堆通常采用容量小速度快的 SRAM 阵列构造。

4) 利于上佳折中的上品设计原则(good design demands good compromises)

RISC-V 通过定义 4 种定长指令格式(R-Type、I-Type、S/B-Type 和 U/J-Type)达到折中,即通过少量的格式满足指令之间的规整性原则要求,以便于使用更简单的译码器硬件,同时还能兼顾不同的指令需求。

2. RISC-V 微架构技术概述

RISC-V 微架构是计算机多层次结构中的重要一层,在软硬件交界面或功能分配中起着关键作用,因此如何用硬联逻辑器件等硬件技术实现这一架构就显得非常重要,也是计算机组成原理的核心任务。

1) 基本器件的构成

RISC-V 处理器的设计遵循精简指令集的设计要求,其控制单元的控制信号系列以硬联组合逻辑为主,以达到快速运行的目的。主要逻辑器件包括处理数据值单元的组合逻辑电路(AND、ALU 等)和信息存储的有状态变化单元(D 型寄存器、存储器等)。

2) 时钟同步方法

RISC-V 微架构的时钟同步方法采用边沿触发(上升沿)的时钟(Edge-Triggered Clocking),用来确定数据何时稳定或有效,如图 4-56 所示。RISC-V 的功能部件在时钟周期边沿的触发下,组合逻辑器件才能够由状态 1 变化到状态 2。如图 4-57 给出了部件状态变化的过程。

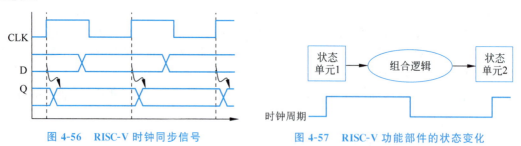

图 4-56　RISC-V 时钟同步信号　　　　图 4-57　RISC-V 功能部件的状态变化

4.8.2　RISC-V 数据通路结构设计

众所周知,硬件设计人员在设计处理器时,关心的是数据通路的功能模块和控制信号,而对于一种体系结构来说,有多种设计实现方法,如单周期处理器的指令可以在一个周期内执行完毕,多周期处理器将指令分解成更短的步骤系列并采用更短的时钟周期,流水线处理器则把指令分解成短步骤系列且多条指令能够重叠同时执行。本节重点讨论 RISC-V 单周期处理器的设计方法。

1. 处理器的逻辑部件

在设计 RISC-V 处理器时,主要考虑 RV32I 指令集,包括 R-Type(add、sub、and、or、slt)、I-Type(lw)、S-Type(sw)和 B-Type(beq)等指令,约定指令为 32 位字长,指令存储与数据存储独立分开,程序计数器 PC 从指令存储器取指令,并设置有 32 个 32 位整数寄存器堆(2 个读口,1 个写口),部件的写操作由 CLK 信号控制。图 4-58 描述了处理器的主要组成逻辑部件。

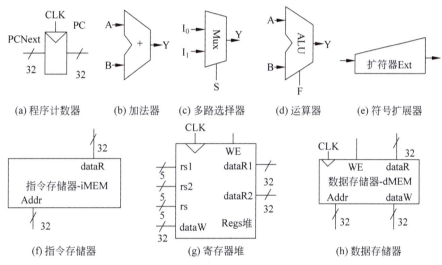

图 4-58　单周期处理器逻辑部件

2. 单周期处理器通路设计

在设计单周期 RISC-V 处理器时,约定每条指令 1 个周期(CPI=1),从 4.2 节中可知,RV32I 指令集中的 lw 指令执行时间最长,所以单周期的长度以 lw 指令来确定。

本节以 lw 指令为例,讨论单周期 RISC-V 处理器的数据通路结构与设计。

1) lw rd, imm(rs1)指令的数据通路

例如:

lw t2, -8(s3)　♯　Mem[(s3)-4*2]→t2

lw 指令的执行步骤如下。

(1) 依据 PC 取指令留在存储器的 iMDR 中(本书命名为 IR)。
(2) 从寄存器堆读取源操作数 rs1。
(3) 立即数 imm 进行扩展符号处理。
(4) 计算数据存储单元地址。
(5) 从数据存储器读取数据并写回到寄存器 rd。
(6) 确定下一条指令的地址。

从机器指令的执行过程来看,第(4)、(5)、(6)步是 lw 指令的重要步骤,需要计算数据的存储地址,读取数据并写回寄存器堆中,然后 PC 值增量处理确定下一条指令的地址。由此得

出,执行 lw 指令的 6 个步骤的基本数据通路如图 4-59 所示,指令的执行涉及取指令-IF、译码/读寄存器-ID、执行/计算-EX(ALU)、访问存储器-MEM、回写结果-WB 5 个部分部件的操作。

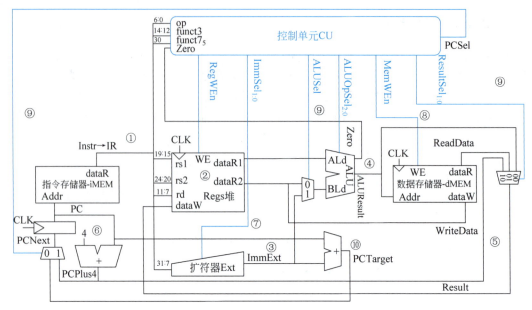

图 4-59 单周期 RISC-V 处理器的数据通路结构

2) 数据通路扩展——sw 指令

sw t2, 0xc(s3)　　　# sw rs2, imm(rs1): t2→Mem[(s3) + 0xc]

sw 指令的取指令、读寄存器堆和下一条指令的操作过程与 lw 指令类似,只是立即数的源头不同,并且要将寄存器的数据写入数据存储器。因此,需要增加如下的两个控制信号:

⑦ ImmSel 控制:立即数{IR[31:25],IR[11:7]}进行符号扩展,以便于正确计算地址。

⑧ MemWEn 控制:RD2(rs2)的值经由 WriteData 数据线写入数据存储器。

所以,sw 指令与 lw 指令存在不同的数据通路,需要通过控制信号(图 4-59 的⑦ImmSel 信号和⑧MemWEn 信号)加以识别和控制,此时 ImmSel 的值区分指令类型,如表 4-27 所示。

表 4-27 ImmSel 的值区分指令类型

ImmSel 信号	立即数符号扩展(ImmExt)	指令类型
0	{{20{IR[31]}}, IR[31:20]}	I-Type
1	{{20{IR[31]}}, IR[31:25], IR[11:7]}	S-Type

其中,{20{IR[31]}}表示符号位扩展 20 位,将后面低 12 位数值扩展成 32 位。

3) R-Type 指令的数据通路

R-Type 指令是 ALU 的运算类(如 add、sub、and、or、slt 等)指令,操作数只与寄存器有关。

例如:

add s1, s2, s3　　　# op rd, rs1, rs2: (s2) + (s3)→s1

加法指令读取源操作数 rs1 和源操作数 rs2(rs2 替代了 imm),add 运算结果写回到寄存器 rd 中。由于 ALU 的 BId 端有多输入源,数据输出或回写也有多个结果保存情况,因此,在数据通路中必须增加多路选择器,如图 4-59 中⑨标志所指示的多路选择器。

4)分支指令的数据通路

beq rs1, rs2, Label #PCTarget = PC + imm,(Beq B-Type)

B-Type 分支指令采用的寻址方式是相对寻址,存在分支条件结果与转移地址计算等内容,主要包括:偏移值(立即数 imm)和 PC 相加,并修改 PC 的值。为了快速形成新的 PC 值,RISC-V 处理器单独设置一个加法器,构成 PC 专用数据通路,如图 4-59 中的⑩标志所示。此时由于要回写到 PC 寄存器,与 PC 自增值存在二选一的情况,需要增加一个多路选择器控制 PC 值的修改。

在分支指令中,立即数 imm 的作用不同,因此控制信号 ImmSel 需要指明是 B-Type 指令的偏移值,如表 4-28 所示。

表 4-28 控制信号 ImmSel 指明是 B-Type 指令的偏移值

ImmSel$_{1:0}$ 信号	立即数符号扩展(ImmExt)	指令类型
00	{{20{IR[31]}},IR[31:20]}	I-Type
01	{{20{IR[31]}}, IR[31:25], IR[11:7]}	S-Type
10	{{19{IR[31]}}, IR[31], IR[7], IR[30:25], IR[11:8], 1'b0}	B-Type
11	{{12{IR[31]}}, IR[19:12], IR[20],IR[30:21], 1'b0}	J-Type

在 B-Type 中,虽然 IR 寄存器中给出了偏移值是 12 位,但必须送入符号扩展器的第 12 位到第 1 位输入端,并将符号扩展器的第 0 输入端置 0,相当于左移了一位,形成 13 位偏移值。同理,jal 的 J-Type 指令立即数也按此方式处理。

至此,RV32I 的(I/S/R/B/J)指令数据通路设计完毕。下面进一步讨论数据通路的控制信号。

3. 控制信号及译码器设计

1)主控制译码器

由 4.2.1 节的指令格式可知,一条 RISC-V 的 RV32 指令由 6 个字段构成,其中 OPCODE、funct7 和 funct3 三个字段用于区分指令类型和指令功能代码,如下所示:

32 指令的标志 IR_1IR_0=11,OPCODE(或 OP)只考虑 IR_6~IR_2 五位值确定指令的类型与格式。功能码 funct3 的作用是区分具体指令的功能码,而功能码 funct7 在 RV32 指令集中,大多数情况下保持 0b0000000,只有少数指令的 IR_{30} 值取 1,并与 funct3 结合区分指令的功能码,只考虑这一位值的变化。在确定三段指令功能码的信息变化规律后,单周期 RISC-V 处理器 32 位指令的类型和 OP 码功能控制信号可用如下信号表示:

$IR_{6:2}$→$OP_{6:2}$

$IR_{14:12}$→$funct3_{2:0}$

IR_{30}→$funct7_5$

在上述的 lw、sw、R-Type 和 beq 指令数据通路中,得知这些指令需要 ALU 实施相应的运算操作,但操作结果的用途不一样,因此设置一个控制信号 ALUOp 加以区分。

此外,对于寄存器堆、数据存储器的写操作要有相应的写控制信号控制,3个多路选择器分别设置相应的选择信号控制。由此得出表 4-29 的 RISC-V 主控制信号序列表。

表 4-29　RV32 主控制信号序列表

op	Instr→IR	RegWEn	ImmSel	ALUSel	MemWEn	ResultSel	Branch	ALUOp	PCUpdate
3	lw	1	00	1	0	10	0	00	0
35	sw	0	01	1	1	XX	0	00	0
51	R-Type	1	XX	0	0	01	0	10	0
99	beq	0	10	0	0	XX	1	01	0
19	addi	1	00	1	0	01	0	10	0
111	jal	0	11	X	0	00	0	XX	1

根据 OPCODE 和表 4-29 的控制信号序列表,可以设计出如图 4-60(a) 所示的 RISC-V 控制单元,有 9 个功能码和 1 个结果零信号作为输入控制,产生 7 类控制信号,整个控制单元包括主控制信号和 ALU 控制信号。其中,主控制译码器(Main Decoder)的控制逻辑为图 4-60(b)所示的上半部分控制信号序列,jal 指令更新 PCSel。指令的主操作码 OP 作为译码输入条件,经译码电路译码产生相应的控制信号。

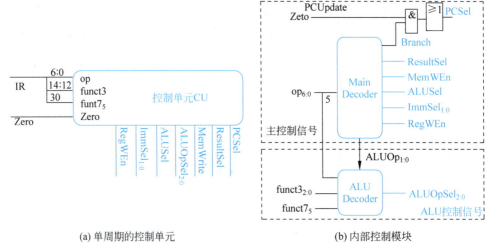

(a) 单周期的控制单元　　　　　　(b) 内部控制模块

图 4-60　单周期 RISC-V 控制信号逻辑模块

2) ALU 控制信号

RISC-V 整数运算单元 ALU 的算术逻辑功能比较简单,主要有加、减、与、或、设置小于 5 个功能,如表 4-30 所示。

表 4-30　整数运算单元 ALU 功能表

$ALUOpSel_{2,0}$ 信号	功　能
000	$ALd \& BLd$
001	$ALd	BLd$
010	$ALd + BLd$
110	$ALd - BLd$
111	SLT

依据此表就可以设计出 RISC-V 整数运算单元 ALU 的逻辑电路图,如图 4-61 所示。三

位 ALU 控制信号控制 ALU 的功能选择。

3) ALU 译码器

由于 RISC-V 处理器中 I/S/R/B 四个类型指令都要用到 ALU 来完成访存地址计算、算术逻辑运算、比较结果等操作,且指令需求不同,ALU 的作用也不同。因此,ALU 的控制信号 ALUOpSel 由指令 OP 码、ALUOp 和辅助功能码等条件决定其值,如表 4-31 所示,图 4-60(b)下半部分(ALU Decoder 部分)描述了 ALU 控制逻辑译码电路。

图 4-59 是单周期 RISC-V 处理器的完整微架构及数据通路结构图,其中,蓝色信号线为控制信号,CLK 为时钟脉冲信号。在了解控制信号后,就可以按照数字电路课程中学习的知识设计多周期 RISC-V 处理器的 Main Decoder 和 ALU Decoder 内部的硬联逻辑电路。

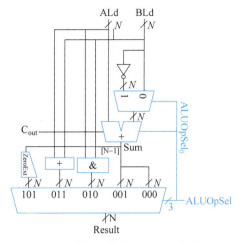

图 4-61 整数运算单元 ALU 逻辑电路

表 4-31 运算单元 ALU 控制信号表

ALUOp	op_5	funct3	$funct7_5$	Instr→IR	$ALUOpSel_{2:0}$
00	X	XXX	X	lw,sw	010(add)
01	X	XXX	X	beq	110(subtract)
10	X	000	0	add	010(add)
10	1	000	1	sub	110(subtract)
10	X	010	0	slt	111(set less than)
10	X	110	0	or	001(or)
10	X	111	0	and	000(and)

4. 单周期处理器的性能

在 1.6 节中,我们知道程序执行所用的时间是:

$$T_{cpu} = I_N \times CPI \times T_C$$

本书约定单周期 RISC-V 处理器的 CPI=1,lw 指令是耗时最长的指令,因为该指令的执行涉及 IF、ID、EX、MEM、WB 五个部分部件的操作。假设各部分功能部件的延时如表 4-32 所示,lw 指令需要 800ps 的时间量。因此,T_C 值可以通过 lw 指令的关键路径(所经过的逻辑部件)所有时间值来度量。图 4-62 描述了 lw 指令数据通路的关键路径。

表 4-32 功能部件时延及指令执行时间(ps)

指令类型	IF=200	ID=100	EX=200	MEM=200	WB=100	执行时间
lw(I-Type)	√	√	√	√	√	800
sw(S-Type)	√	√	√	√		700
add(R-Type)	√	√	√		√	600
beq(B-Type)	√	√	√			500
jal(J-Type)	√	√	√			500

从图中可以得出:

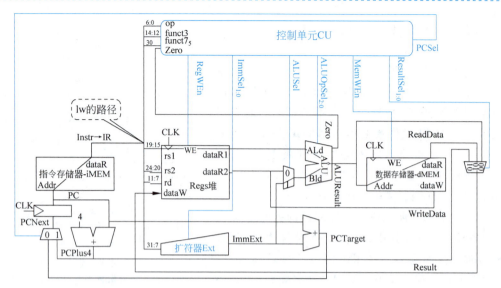

图 4-62 取数指令 lw 的关键路径

$$T_{\text{c-single}} = t_{\text{pcq\_PC}} + t_{\text{mem}} + \max[t_{\text{RFread}}, t_{\text{dec}} + t_{\text{ext}} + t_{\text{mux}}] + t_{\text{ALU}} + t_{\text{mem}} + t_{\text{mux}} + t_{\text{RFsetup}}$$

而在关键路径中,起着重要作用的是 iMem、register file、ALU、dMem 四个部件。

所以,$T_{\text{c-single}} = t_{\text{pcq\_PC}} + 2t_{\text{mem}} + t_{\text{RFread}} + t_{\text{ALU}} + t_{\text{mux}} + t_{\text{RFsetup}}$。

假设单周期 RISC-V 处理器数据通路的各部件时间如表 4-33 所示。

表 4-33 数据通路各部件时间延迟表

逻辑部件	参 数	时延/ps	逻辑部件	参 数	时延/ps
Register clock-to-Q	$t_{\text{pcq\_PC}}$	40	Decoder(Control Unit)	t_{dec}	35
Register setup	t_{setup}	50	Memory read	t_{mem}	200
Multiplexer	t_{mux}	30	Register file read	t_{RFread}	100
ALU	t_{ALU}	120	Register file setup	t_{RFsetup}	60

则有:

$$T_{\text{c-single}} = [40 + 2(200) + 100 + 120 + 30 + 60]\,\text{ps} = 750\,\text{ps}$$

若程序指令数是 100×10^9(条),则单周期处理器的时间是:

$$T_{\text{cpu-single}} = I_N \times \text{CPI} \times T_{\text{c-single}} = (100 \times 10^9)(1)(750 \times 10^{-12}\,\text{s}) = 75\,\text{s}$$

5. 多周期处理器的通路设计

1)多周期处理器设计概述

单周期 RISC-V 处理器虽然设计简单、易于实现,满足规整性原则,但存在时钟周期浪费(以时间长的 lw 定周期)、资源重复(两个存储器、3 个加法器等)等问题。因此,多周期处理器设计可采用以下方法加以改进:

(1)采用更高频率的时钟,时钟时间更快。

(2)采用很少的步骤处理更简单的指令,加快简单指令运行速度。

(3)尽量重复利用昂贵的硬件资源。

2)多周期处理器的数据通路

多周期处理器仍然可以采用上述单周期处理器的步骤设计,先构建多周期处理器的数据通路,然后设计控制信号系列。本书只给出了图 4-63 所示的多周期 RISC-V 处理器的数据通路结构,其中包括一个存储器和一个 ALU 运算处理单元。

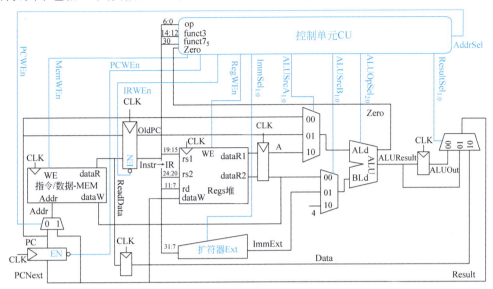

图 4-63　多周期 RISC-V 处理器的数据通路结构

3）控制信号的设计

在设计多周期处理器的控制信号时,通常采用有限状态机(Finite State Machine,FSM)描述控制信号的状态变化,因此先列出各部件相关的控制信号,如下所示：

State	Datapath μOp
Fetch	Instr←Mem[PC]; PC←PC + 4
Decode	ALUOut←PCTarget
MemAdr	ALUOut←rs1 + imm
MemRead	Data←Mem[ALUOut]
MemWB	rd←Data
MemWrite	Mem[ALUOut]←rd
ExecuteR	ALUOut←rs1 op rs2
ExecuteI	ALUOut←rs1 op imm
ALUWB	rd←ALUOut
BEQ	ALUResult = rs1 − rs2; if Zero,PC = ALUOut
JAL	PC = ALUOut,ALUOut = PC + 4

然后,从取指令阶段开始设计 RV32I 指令集中各类指令控制信号系列的状态变化图,最后依据各类指令的功能与状态变化给状态变量编码,如图 4-64 所示,并采用硬联逻辑电路实现上述控制信号等的控制。由此设计出如图 4-63 所示的多周期 RISC-V 处理器微架构,其中 Regs 堆的速度快于访存的速度,写存的速度快于读存的速度。

6．多周期处理器的性能

在多周期 RISC-V 处理器结构中,不同类型的指令占用不同的时钟周期。根据 SPECINT 2000 基准程序测试的统计值,得出如表 4-34 所示的各类指令(I/S/R/B/J 类指令)在程序中所占的比例。

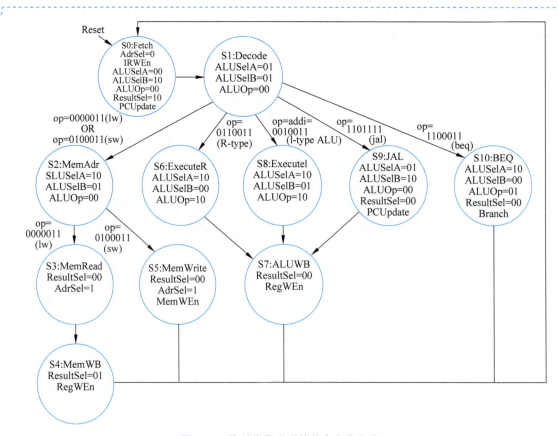

图 4-64 控制信号序列的状态变化及编码

表 4-34 SPECINT 2000 测试值

RV32 指令类型	时钟周期数	测试比例值/%
lw	5	25
sw	4	10
beq	3	11
jal	4	2
R-Type, addi	4	52

由于指令的周期数和使用频率不同，因此 CPI 的平均值可以通过加权求得，即
$$CPI_{avg} = (0.11)(3) + (0.52 + 0.10 + 0.02)(4) + (0.25)(5) = 4.14$$

依照图 4-63 的数据通路结构，多周期处理器的关键路径有两条：读存储器的操作和 PC+4 增量的取指令操作，所以在评价多处理器的性能时，需要考虑两条路径的选择。

路径选择 1：读存储器的操作（MemRead state）。
$$T_{c\text{-multi-1}} = t_{pcq} + t_{mux} + t_{mux} + t_{mem} + t_{setup} = t_{pcq} + 2t_{mux} + t_{mem} + t_{setup}$$

路径选择 2：PC=PC+4 的操作（Fetch state）。
$$T_{c\text{-multi-2}} = t_{pcq} + t_{mux} + t_{ALU} + t_{mux} + t_{setup} = t_{pcq} + 2t_{mux} + t_{ALU} + t_{setup}$$

综合可得多周期处理器的 T_C 为：$T_{c\text{-multi}} = t_{pcq} + 2t_{mux} + \max[t_{ALU}, t_{mem}] + t_{setup}$

若仍然依据表 4-33 给出的各部件延迟时间，则：
$$T_{c\text{-multi}} = t_{pcq} + 2t_{mux} + \max[t_{ALU}, t_{mem}] + t_{setup} = [40 + 2(30) + 200 + 50]\,ps = 350\,ps$$

所以，$T_{cpu\text{-multi}} = I_N \times CPI_{avg} \times T_{c\text{-multi}} = (100 \times 10^9)(4.14)(350 \times 10^{-12}) = 145\,s$。

从计算结果来看，多处理器的处理时间似乎是单处理器的处理时间的 2 倍，此时忽略了机器时钟频率。实际上,多处理器的工作频率远远高于单处理器的工作频率。

4.8.3　RISC-V 典型指令流程分析

为了让读者进一步理解 RISC-V 处理器的工作原理,下面以单周期 RISC-V 微架构为主线,通过一些指令例子分析有关指令的执行流程。

例 4-8　请按图 4-59 的单周期 RISC-V 处理器的数据通路结构,分析下列 R-Type 指令的执行流程。

```
and a5, a5, a2    # and x15, x15, x12: (x15) & (x12)→x15
```

解:and 指令是 R-Type 类型指令的逻辑与操作,根据 RV32I 指令编码,得该指令的二进制代码串格式如下:

IR	0000000	01100	01111	111	01111	0110011
	funct7	rs2:x12(a2)	rs1:x15(a5)	funct3	rd:x15(a5)	OP:and

这样,按照一条指令的执行流程,得出 and 指令的流程与控制信号序列如表 4-35 所示。

表 4-35　and 指令的流程与控制信号序列

指 令 流 程	控 制 信 号 序 列	备　　注
PC→A,dataRInstr→IR	$[IR_{6:0}]OP = 0b0110011$($OP_5 = X$), $[IR_{30}]$ funct$7_5 = 0$,$[IR_{14:12}]$ funct3 $= 0b111$	取指令,分析指令, X 表示可取任意值
$[IR_{19:15} \to A_1]$ dataR$_1 \to$ ALd $[IR_{24:20} \to A_2]$ dataR$_2 \to$ BLd	ALUSel=0	读寄存器
(dataR$_1$) & (dataR$_2$)→ALUResult	ALUOP = 10,ALUOpSel$_{2:0}$ = 0b000	执行 AND
ALUResult→ $[IR_{11:7} \to A_3]$dataW	ResultSel$_{1:0}$ = 0b01,RegWEn = 1 & clk	取 ALU 结果,回写 RF,CLK 上升沿有效
(PC)+4→PCPlus4	PCSel=0,PCPlus4→PCNext, PCNext & clk→PC	PC 增量,CLK 上升沿有效

例 4-9　请按图 4-59 的单周期 RISC-V 处理器的数据通路结构,分析下列 B-Type 指令的执行流程。

```
beq t2, t1, 28    #假设 t2 和 t1 的值都是 422; if (x7) - (x6) = 0, PC = (PC) + 28 * 2
```

解:beq 指令是 B-Type 型指令——有条件转移指令,指令的二进制代码串格式如下:

IR	0　000001	00110	00111	000	1100　0	1100011
	imm12,10:5	rs2:x6(t1)	rs1:x7(t2)	funct3	imm4:1,11	OP:beq

因此,得出分支指令 beq 的执行流程与控制信号序列如表 4-36 所示。

表 4-36　分支指令 beq 的执行流程与控制信号

指 令 流 程	控 制 信 号 序 列	备　　注
PC→A,dataR Instr→IR	$[IR_{6:0}]OP=0b1100011(OP_5=X)$, $[IR_{14:12}]$funct3=0b000	取指令,分析指令, X 表示可取任意值

续表

指令流程	控制信号序列	备注
[$IR_{19:15}$→A_1] $dataR_1$→ALd [$IR_{24:20}$→A_2] $dataR_2$→BLd	ALUSel=0,	读寄存器
($dataR_1$) − ($dataR_2$)→zero	ALUOP = 01, $ALUOpSel_{2:0}$ =0b110, ResultSel=XX	执行 SUB,得到结果 zero=1
(PC)+Imm→PCTarget PCTarget→PC	ImmSel=10 ([0000 0000 0000 0000 000, IR_{31} = 0, IR_7 = 0, $IR_{30:25}$ =000001, $IR_{11:8}$ =1100, 0]→Extend) (zero=1, Branch=1)→PCSel=1, PCTarget→PCNext, PCNext&clk→PC	PC 跳变,符号扩展 19 个 0,后面是 12 位 imm,最后 1 位置 0(立即数左移 1 位),共 32 位数值→加法器完成运算,CLK 上升沿有效

4.9 控制单元高阶——流水线处理技术

4.9.1 流水线概述与分类

1. 指令的 3 种执行方式

一般而言,CPU 执行指令时,是一条执行完毕后再执行另一条指令,是依次顺序(串行)执行的。此外,指令还可以并行执行,即指令的执行可分为顺序、重叠、流水 3 种方式。

1) 顺序方式

顺序方式是指各指令之间按顺序串行执行,即一条指令执行完后,才取下一条指令来执行。如果把一条指令的执行过程划分为取指、取数、执行 3 个步骤,则顺序方式如图 4-65 所示。

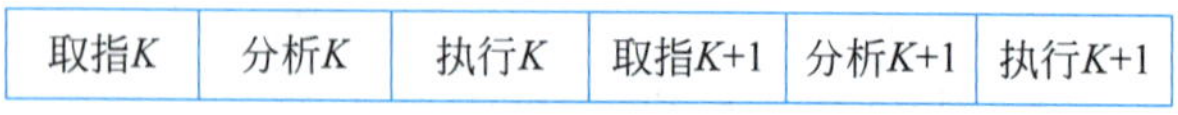

取指K
分析K
执行K
取指K+1
分析K+1
执行K+1

图 4-65 顺序执行方式

顺序方式的优点是控制简单,节省设备,但执行速度慢,机器效率低。

2) 重叠方式

所谓重叠方式,是指前一条指令解释执行完成之前,就开始下一条指令的解释执行,图 4-66(a)和图 4-66(b)分别示出了两种不同的重叠情况。指令重叠执行加快了程序的运行速度,但控制逻辑比顺序方式复杂,要求有高频宽的存储器系统,要求存储器采用多存储体交叉工作,以满足存储器的速度要求;另外,通常采用指令预取部件,利用主存的空闲时间预取后续指令。

取指K
分析K
执行K
取指K+1
分析K+1
执行K+1
(a) 一次重叠
取指K
分析K
执行K
取指K+1
分析K+1
执行K+1
取指K+2
分析K+2
执行K+2
(b) 二次重叠

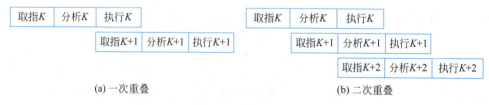

图 4-66 重叠执行方式

3）流水方式

流水方式是重叠方式的进一步发展,采用类似生产流水线的方式解释执行指令,即把处理器划分成若干个复杂程度相当、处理时间大致相等的独立功能部件完成的子过程。由于流水线上各功能部件并行工作,同时对多条指令解释执行,极大地提高了机器速度。

图 4-67(a)是 5 段指令流水线,处理过程如图 4-67(b)所示,说明一个时钟周期内有 5 条指令在不同的功能部件上解释执行。流水线稳定后,每个时钟周期有一条指令的结果从流水线流出。假定各功能段的时间均为一个 Δt,则理想情况下流水线吞吐率为 $1/\Delta t$。如果采用顺序方式,则一条指令的执行时间为 $T=5\Delta t$。显然,流水方式大大提高了机器的吞吐率。

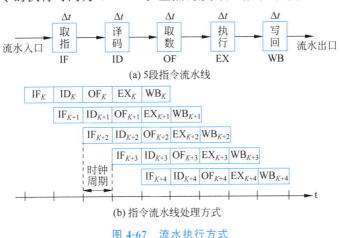

图 4-67 流水执行方式

2. 流水线的分类

站在不同的角度,流水线的分类方法也不同,但总体上可按下列方法进行分类。

1）按处理级别分类

从处理级别看,有操作部件级、指令级和处理机级等流水线。操作部件级是将复杂的运算过程组成流水线工作方式,如浮点加法运算可分成求阶差、对阶、尾数加和规格化处理 4 个子部件;指令级则将指令的执行过程分为若干子过程,如取指令、指令译码、取操作数、执行和存结果 5 个子过程;处理机级是一条宏流水线,如图 4-68 所示。多个处理机通过共享存储器串接起来处理同一数据流,每个处理机 PE 完成自身的指定任务。

图 4-68 处理机级流水线

2）按功能分类

流水线按功能可分为单功能和多功能两种流水线。单功能流水线只完成一种功能,如乘法流水线。多功能流水线可完成两种以上功能,多功能流水线的控制较复杂。例如,美国 TI 公司的 ASC 计算机有一个多功能流水线,该流水线含 8 个功能段(输入、求阶差、对阶移位、相加、规格化、相乘、累加和输出),可完成定点加运算(输入、相加、输出)、定点乘运算(输入、相乘、累加、输出)和浮点加运算(输入、求阶差、对阶移位、相加、规格化和输出)。

3) 按工作方式分类

从工作方式角度,流水线可分为静态和动态两种流水线。静态流水线在同一时间内只能以一种方式工作,它可以是单功能的,也可以是多功能的(必须在一种功能流水完成后,排空流水线,再静态切换到另一种功能)。而动态流水线则允许在同一时间内将不同的功能段组合成具有多种功能的流水子集,以完成不同的功能。自然,动态流水线必须是多功能流水线。

4) 按结构分类

流水线按结构可分为线性和非线性两种流水线。线性流水线规定每个功能段在处理流水任务时,最多只经过一次,没有反馈回路,图 4-67(a)被称为线性指令流水线。非线性流水线则允许流水线的功能段通过反馈回路多次被使用,如图 4-69 所示。

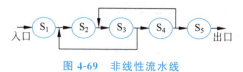

图 4-69 非线性流水线

4.9.2 流水线的性能与障碍

1. 流水线的性能

1) 线性流水线时空图

当采用流水技术时,从流水线输入多个任务,由各功能段加工处理,时间稳定后,在单位时间内从出口输出结果。对于图 4-67 而言,这一过程可用如图 4-70 所示的时空图形描述。

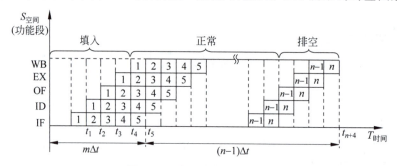

图 4-70 线性流水线时空图

2) 流水线的主要指标

(1) 吞吐率(T_P)

吞吐率是指单位时间内流水线能完成的指令数、任务数和结果数量。对于线性流水线来说,在各功能部件占用时间相同的情况下,T_P 的值可通过式(4-1)计算。

$$T_P = \frac{n}{m\Delta t + (n-1)\Delta t} \tag{4-1}$$

(2) 加速比(S_P)

加速比是指采用流水线后的工作速度与等效的顺序串行方式的工作速度之比。对求解 n 个任务而言,若串行方式工作需要的时间为 T_S,而用 m 段流水线来完成该任务需要时间为 T_C,则加速比可用式(4-2)求出。

$$S_P = \frac{T_S}{T_C} = \frac{nm\Delta t}{m\Delta t + (n-1)\Delta t} = \frac{m}{1+(m-1)/n} \tag{4-2}$$

(3) 效率(η)

效率是指流水线中各功能段的利用率。由于流水线有建立和排空时间,因此各功能段的设备不可能一直处于忙碌状态,总有一段空闲时间。一般用流水线各段处于工作时间的时空区与流水线中各段总的时空区之比来计算效率。即

$$\eta = \frac{n \text{ 个任务占用的时空区}}{m \text{ 段总的时空区}} = \frac{nm\Delta t}{m(m+n-1)\Delta t} = \frac{S_P}{m} = T_P \Delta t \tag{4-3}$$

例 4-10 设有 100 条指令的程序段经过图 4-67 的指令流水线执行,请求出完成该程序段的流水时间、流水线的实际吞吐率、加速比和效率(假定 $\Delta t = 10$ ns)。

解:流水总时间 $T_C = m\Delta t + (n-1)\Delta t = 5 \times 10 + 99 \times 10 = 1040$ ns

$$T_P = 100/T_C = 100/1040$$

$$\eta = T_P \Delta t = 1000/1040 \approx 100\%$$

又因为非流水时间

$$T_S = 100 \times 5 \times 10 = 5000 \text{ns}$$

所以

$$S_P = T_S/T_C = 5000/1040 \approx 5$$

3) 标准流水线

从性能指标来看,流水线中的功能段数是影响流水线性能的重要元素。一般的流水线功能段数限定在 5 段~10 段。

4) 高级流水线

为了加速流水处理器的处理速度,流水线的构造需进一步加以改善。目前主要采取的措施有:超流水线、超字长流水线和超标量流水线。此处简要介绍,更详细的内容可参阅《计算机系统结构》的相关章节。

(1) 超流水技术

超流水(Super Pipelining)技术是在时间上进一步重叠,增加功能段数(10 段以上)。

(2) 超长指令字技术

超长指令字(Very Long Instructure Word,VLIW)技术是指令进一步重叠,通过增加超长指令改善流水性能。VLIW 经编译优化,将多条能并行执行的指令合成一条具有多个操作码的超长指令。

(3) 超标量技术

超标量(Superscalar Processor)技术的主要方法是通过重复设置多条指令流水线进一步加快流水处理速度,如 Pentium 的 U、V 流水线。

2. 流水线的障碍

流水线的障碍(Hazards)又称流水线相关,是指在一段程序的相近指令之间存在某种依赖关系,这种关系将影响指令的并行执行进度。流水线的相关主要有资源相关、数据相关和控制转移相关。采用流水线在理想情况下能取得较高的运行效率,但出现相关时,就会影响流水线的运行速度。

1) 资源相关

资源相关又称为结构相关(属于局部性相关),即有多条指令进入流水线后,在同一机器周期内争用同一功能部件而导致流水不能继续运行的现象。如图 4-67 所示,若 OF_K 涉及访问

存储器,则与 IF_{K+2} 发生访存冲突。解决办法是:相关指令或延迟,或将指令预取到缓冲区,也可设多套同部件。

2) 数据相关

由于多条指令进入流水线后,各条指令的操作重叠进行,使得原来对操作数的访问顺序发生了变化,产生了错误的运行结果,从而导致了数据相关冲突(也属于局部性相关)。如图 4-70 所示的流水线,若 OF_{K+1} 取出的数据是 WB_K 的结果,则出现先取后写的顺序错误,称为 RAW(Read After Write)相关。解决冲突的办法是:后续相关的指令延迟进入流水线(推后法),或者增加快速直接通道(0 延迟量)。

3) 控制转移相关

控制转移相关是指由分支指令、转子指令和中断等引起的相关,属于全局性相关。当转移类指令进入流水线时,引起转移的状态还未形成,无法确定后续指令的进入。如图 4-67 所示,若 EX_K 是执行运算类指令,生成了结果状态标志,而 IF_{K+1} 是条件转移指令,并在 ID_{K+1} 分析条件,则会出现"分析条件在先,条件形成在后"的错误,导致错误的分支指令序列进入流水线。

解决控制相关的常用办法是:

(1) 加快和提前形成条件码

在不影响状态标志的情况下将指令前移若干个位置(表面上改动了指令的执行顺序),条件转移指令进入流水线后,可以按已形成的状态,立即判断后续的分支序列。

(2) 预取转移成功或不成功两个分支序列的指令

基本思路是,在转移条件未形成之前,将判断条件出现概率高的分支指令序列预取到流水线,并完成译码、取操作数等动作,但不进行操作,或有操作不回送结果。一旦条件码生成并表明猜测成功,就立即执行操作或回送结果。若猜测不对,则作废猜测分支路径的所有操作。

(3) 采用延迟转移技术

从条件转移指令进入到获取正确条件码之间,已有若干条指令进入流水线(此时间段被称为转移延迟槽),这些若是某分支上的指令,则随时会被废弃。因此,可在转移延迟槽中安排有效的指令,如将转移指令前面的指令后移到槽中,或将转移指令后面的指令前移到延迟槽中。变动的指令不能影响程序的正确执行。

4.9.3 RISC-V 系统流水线技术

根据解决流水线障碍(或相关问题)的需求,资源相关可以通过冗余技术设置多套相同功能的部件,处理不同类型的信息,以减少资源相关的可能性。因此,RISC-V 处理器的流水线技术是在单周期 RISC-V 处理器的微架构基础上实现指令流水化功能。

1. 五段指令的线性流水线

从图 4-59 的 RISC-V 微架构得知,指令(如 lw 指令)的执行大致要经历取指令-IF(IM)、译码/读寄存器-ID、执行/计算-EX(ALU)、访问存储器-MEM(DM)、回写结果-WB 5 个阶段(5 个功能部件),所以 RISC-V 处理器的流水线是一条五段指令的线性流水线。

1) 单周期指令流水处理

依据表 4-32 的部件时延信息,不同的功能部件处理任务时需要不同的时间,这样在设计指令流水线时,应当考虑延时长的部件处理时间,而且部件之间也会存在一定的空余时段。例如,执行多条 lw 指令时,单周期处理时间和流水线处理的平均时间不同,如图 4-71 所示。

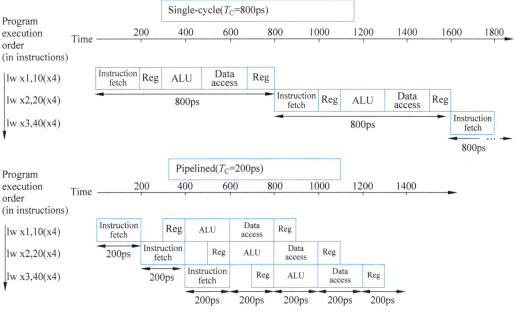

图 4-71　lw 指令流水化的平均处理时间

2) 功能段的任务

为了抽象描述 RISC-V 流水线的结构,将单周期处理器的 5 个处理过程(阶段)描述为下列 5 个功能部件及其承担的任务(设各功能部件的处理时间相同)。

(1) IF

简称 F 段,从 IM 取指令阶段,并保留在 iMDR(IR)中。

(2) ID

简称 D 段,指令译码阶段,读寄存器堆的数据。

(3) EX

简称 X 段,执行运算或计算地址,主要是 ALU 运算。

(4) MEM

简称 M 段,访问 DM 中的操作数,读写 DM。

(5) WB

简称 W 段,需要时,回写结果到寄存器堆。

由此,得出表 4-37 所示的各类指令在 5 个功能部件涉及的操作。

表 4-37　RISC-V 指令流水线功能段表

流水段	指令		
	ALU(R 型)	LOAD/STORE	BRANCH
F	取指令	取指令	取指令
D	译码、读寄存器堆	译码、读寄存器(STORE)	译码、读寄存器堆
X	执行运算操作	计算访存有效地址	计算转移目标地址,置条件码
M	…	LOAD 读/SOTRE 写存储器	条件成立,则目标地址→PC
W	结果写回寄存器堆	数据写入寄存器(LOAD)	…

2. 流水处理抽象结构图

1) 流水线的问题与解决办法

虽然将单周期 RISC-V 处理器的功能划分成由 5 个逻辑相对独立的功能部件来完成,但是从一般性角度考虑,采用流水线方式实现时,应解决下列问题:

(1) 要保证不会在同一时钟周期要求同一个功能段做两件不同的工作。例如,不能要求 ALU 同时做有效地址计算和算术运算。

(2) 避免 F 段的访存——取指令与 M 段的访存——读/写数据发生冲突。例如,采用分离的指令存储器 IM 和数据存储器 DM。这种存放两个不同存储器的存储结构称为哈佛结构。

(3) D 段和 W 段存在访问同一寄存器。解决办法是:D 段后半拍读,W 段前半拍写。

(4) 考虑 PC 目标地址生成的问题。流水线为了能够每周期启动新指令,就必须在每个时钟周期进行 PC 值的累加 4 操作,且在 F 段完成,为取下一条指令做好准备。需设置专门的加法器。但分支指令也可能在 M 段改变 PC 的值,这会导致冲突。

2) RISC-V 流水线结构图

图 4-72 描绘了 RISC-V 流水线的结构图,在处理指令的过程中涉及 5 条指令不同阶段的操作,要求控制单元能够针对每条指令发出相应的控制信号。为此,在流水线功能部件之间增加了流水线寄存器(如 F/D、D/X、X/M、M/W,又叫锁存器),以实现指令功能段的有关控制。

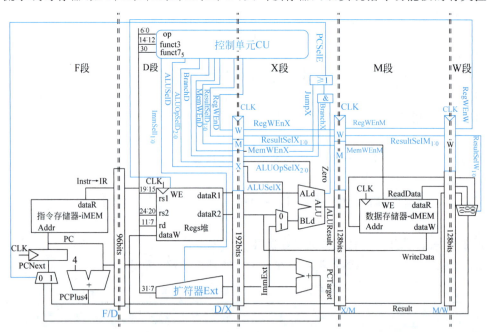

图 4-72 RISC-V 流水线的处理器结构图

此时,控制信号的作用以及传递过程可以由该段的后缀标明,如 RegWEnD、RegWEnE、RegWEnM 和 RegWEnW 都是表示写寄存器操作,lw 指令在 WB 阶段,则 RegWEnW 控制寄存器堆的回写。同理,指令操作数也必须传递,如 RdD、RdE、RdM、RdW 等。图中的锁存器位数是需要传递所涉及的操作数位数,应该还需要考虑传递控制信号的位数。或者在设计流水线处理器的时候,将锁存器分成控制锁存器、数据锁存器上下两段。

3) 流水线的逻辑抽象图

为了理解流水线的工作原理,传统方法是将流水线的各功能段以逻辑框图表示,以图例抽象的形式描述流水线的操作,如图 4-70 是用时空图的形式表示指令流水线的工作过程。

另一种描述方法是:用更接近功能部件性质的抽象框图表示该功能段及具备的逻辑功能,如图 4-73 所示。这种时空图更能体现流水线各部件的"功能":IM-取指,RF-译码/取操作数(在时钟周期的后半周期,由 CLK 上升沿控制),ALU-运算器,DM-lw 取数/sw 存数,RF-回写结果(前半周期由 CLK 下降沿控制)。部件间由锁存器传递信号,延迟忽略不计。

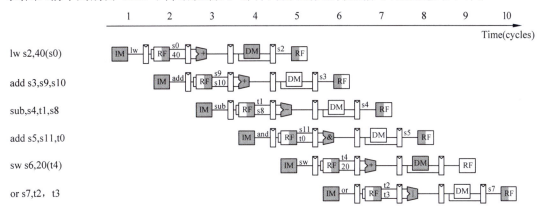

图 4-73 RISC-V 流水线的抽象结构图

3. RISC-V 流水线的性能

1) 流水线处理器的运行时间

由表 4-37 可知,SPECINT 2000 基准测试程序测试的各类指令(I/S/R/B/J 类指令)在程序中所占的比例不同,影响流水线性能的主要障碍是加载指令和分支指令,加载指令所取的操作数主要用于后续运算类指令,而分支指令影响着 PC 取后续的指令进入指令流水线。

通常流水线 CPI=1,如果 40% Load 操作数用于后续指令,则要延迟 1 个时钟周期,Load 的 CPI=2;若 50% Branch 指令转移不成功,则需延迟 2 个时钟周期,Branch 的 CPI=3。

由此得出:

$$CPI_{lw} = 1(0.6) + 2(0.4) = 1.4$$

$$CPI_{beq} = 1(0.5) + 3(0.5) = 2$$

流水线的 CPI 值:

$$CPI_{pipelined} = (0.25)(1.4) + (0.1)(1) + (0.11)(2) + (0.02)(1) + (0.52)(1) = 1.21$$

RISC-V 流水线处理器的关键路径涉及 5 个功能部件的处理时间和延迟,即

$$T_{c\text{-}pipelined} = \max \{ t_{pcq} + t_{mem} + t_{setup}, \quad // \text{ Fetch}$$
$$2(t_{RFread} + t_{setup}), \quad // \text{ Decode}$$
$$t_{pcq} + 4t_{mux} + t_{ALU} + t_{AND\text{-}OR} + t_{setup}, \quad //\text{Execute}$$
$$t_{pcq} + t_{mem} + t_{setup}, \quad //\text{Memory}$$
$$2(t_{pcq} + t_{mux} + t_{RFwrite}) \} \quad // \text{ Writeback}$$

取最大值:

$T_{\text{c-pipelined}} = t_{\text{pcq}} + 4t_{\text{mux}} + t_{\text{ALU}} + t_{\text{AND-OR}} + t_{\text{setup}} = 40 + 4(30) + 120 + 20 + 50 = 350\text{ps}$

因此:

$$T_{\text{c-pipelined}} = I_N \times \text{CPI}_{\text{avg}} \times T_{\text{c-pipeliend}} = (100 \times 10^9)(1.21)(350 \times 10^{-12}) = 42\text{s}$$

2) 3 种处理器结构的性能评估

为加深对 RISC-V 的 3 种结构性能的理解,表 4-38 汇总了基于 SPECINT 2000 的结果。

表 4-38　不同微架构的性能对比表

处理器结构	执行时间/s	加速比(单周期为参考基)
Single-Cycle	75	1.00
Multicycle	145	0.52
Pipelined	42	1.79

不同微结构的 CPI 值、T_C 值不同,单周期是以 lw 指令标定 CPI 值,耗时长且大多数指令存在空闲时间,多周期在许多方面都有提速(加快周期频率、用快速器件等),而流水线技术则使每个功能段时间更短(微周期)。

4. 流水线的障碍与消除

RISC-V 流水线只存在数据障碍(操作数据相关)和指令障碍(转移指令相关)两种情况。

1) 操作数据相关的处理

图 4-74 是一段程序的流水线执行情况,后续 3 条指令 s1 都与 add 结果存在 RAW 相关,也就是说,处于不同阶段的 4 条指令间存在相关,即 add 和 and 存在"译码-执行相关",和 or 存在"译码-访存相关",和 sub 存在"译码-写回相关"。当然,按照"D 段后半拍读,W 段前半拍写"的要求,则可以消除 sub 相关,其他可采用推后延迟、专用旁路等方法消除。

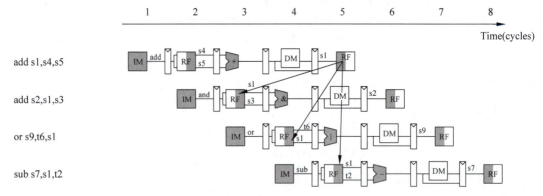

图 4-74　RISC-V 流水线的数据相关情况

(1) 推后延迟法。

流水线运行时插入若干空操作(编译时插入 nop 指令),以确保取出的是最新值(WB 阶段写入的数据),如图 4-75 所示,在 add 指令之后插入 2 条 nop 指令。这种方法虽然是软件方法,但流水线的性能因延迟而下降。当然,也可以在编译时(优化编译)插入 2 条有效指令,但不能影响指令的执行结果。

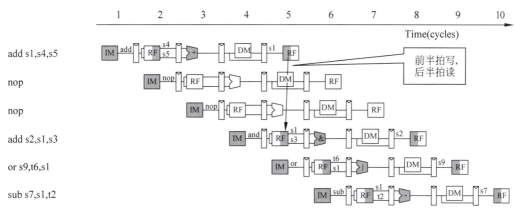

图 4-75　流水线数据相关的延迟消除法

（2）数据旁路法。

因为操作数在执行阶段（ALU 运算阶段）就得到了运算结果，如果后续指令的源操作数与运算结果相关，则通过增设的快速总线——旁路专线（Bypassing 专线）将结果值直接传递给 ALU 的输入端，如图 4-76 所示。这种障碍消除法是硬件方法，改变了流水线的内部结构，采用的是通过增加快速直接通道传递数据结果。

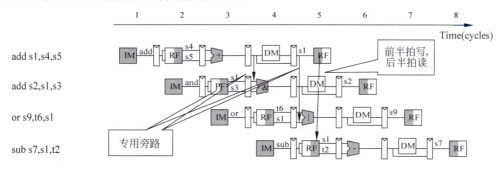

图 4-76　流水线数据相关的快速通路法

因此，运算结果通过旁路专线传送到后续指令的 ALU 输入端，需在图 4-75 流水线 ALU 的 ALdX 和 BLdX 设置多路选择器，控制数据的选择输入。表 4-39 列出了使用递进专线的条件与选择。递进专线法也叫零延迟量法或内部定向法。

表 4-39　递进专线的控制选择表

数据相关的情况与递进处理	递进控制的选择条件
EX 段的 Rs1 与 Mem 段的 Rd 相关，由 EX/MEM 锁存器递进给 ALU	((Rs1X==RdM) & RegWEnM) & (Rs1X!=0)→ByAX=10
EX 段的 Rs1 与 WB 段的 Rd 相关，由 MEM/WB 锁存器递进给 ALU	((Rs1X==RdW) & RegWEnW) & (Rs1X!=0)→ByAX=01
其他从寄存器堆读数相关，按正常处理	ByAX=00

（说明：表中只列出了 Rs1 输入到的 ALdX 的情况，Rs2 输入到 BLdX 进行相应的替换即可。）

（3）Load 指令暂停法。

由于 load 指令必须在 dMem 阶段才能取出操作数，此时后续指令的源操作数是 load 指令取出的值(寄存器相同),因此采用硬件技术插入"暂停-Stalling",如图4-77所示。

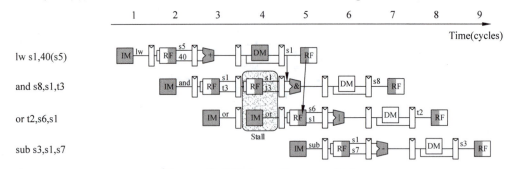

图 4-77　加载指令 load 的 Stalling 技术

例如,流水线执行 lw 指令时,由下列逻辑判断是否出现相关:

$$lwStall = ((Rs1D == RdX) | (Rs2D == RdX)) \& \sim ALUSelD \& ResultSelX_0 \& (RdX != 0) \& (\sim JumpD)$$

若存在相关,则控制流水线指令的流动。对于不同的阶段,用不同的信号控制 PC 寄存器和锁存器,如 StallF、StallD、FlushX 分别控制 PC、F/D、D/X 等,使其暂停工作(注意:此时 StallF＝StallD＝FlushE＝lwStall,表示同一个逻辑)。

2) 转移指令相关的处理

图 4-78 给出的一段程序中含有分支指令 beq,在后续两条指令进入流水线时,beq 的判断条件还没有形成,一旦转移条件成立,则需要重新加载 L1 及其后续的指令,并且废弃掉以前加载的两条指令。这就出现了控制转移指令相关。

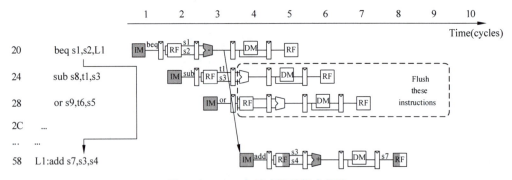

图 4-78　RISC-V 流水线的指令相关

分支相关消除的机制是采用"刷洗-Flushing"(又叫分支误判惩罚机制)硬件逻辑来检测分支是否发生,如果分支转移条件成立,则刷洗掉(废弃)已入流水线的不成功分支的无效指令。例如,当 beq 分支指令进入执行阶段时,必须刷洗掉 F 段和 D 段的指令,即通过 FlushD、FlushE 控制信号停止 F/D、D/X 流水线锁存器的传递工作。

两个刷洗控制的逻辑表达式是:

$$FlushD = PCSelX \quad 和 \quad FlushX = lwStall | PCSelX$$

3) 具有障碍单元的流水线结构图

综合上述讨论的流水线障碍及各种处理机制,就能够设计具有障碍处理功能的 RISC-V 流水线结构图,如图 4-79 所示。

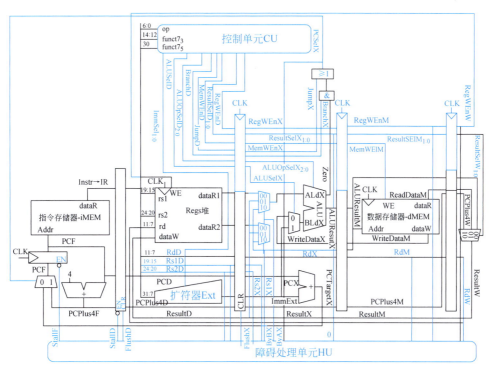

图 4-79 具有障碍单元的 RISC-V 流水线结构图

习题

4.1 简答题。

(1) 什么叫指令？什么叫指令系统？指令通常有哪几种地址格式？
(2) 什么叫寻址方式？有哪些基本的寻址方式？简述其寻址过程。
(3) 请问 RISC-V 处理器有哪些类型的指令？
(4) 基址寻址方式和变址寻址方式各有什么不同？
(5) 什么是指令码扩展技术？RISC-V 的指令扩展是如何安排的？
(6) 什么叫堆栈？堆栈操作的特点是什么？堆栈操作是如何寻址的？
(7) 转子指令与转移指令有哪些异同？
(8) 控制器的基本功能是什么？它由哪些基本部件组成？各部件的作用是什么？
(9) CPU 中有哪几个主要的寄存器？它们的主要作用是什么？
(10) 什么是同步控制？在同步控制方式中，什么是三级时序系统？
(11) 试述指令周期、CPU 周期、节拍周期三者的关系。
(12) 何谓微命令、微操作、微指令、微周期？
(13) 微指令编码有哪几种常用方式？在分段编码方法中，分段的原则是什么？
(14) 什么是流水线障碍？RISC-V 流水线有哪些障碍与消除技术？
(15) 什么是超标量流水线？如何设计 RISC-V 超标量流水线？

4.2 选择题。

(1) 在计算机系统中，硬件能够直接识别的指令是_____。

A. 机器指令　　　　B. 汇编语言指令　　C. 高级语言指令　　D. 特权指令

(2) 指令系统中采用不同的寻址方式的主要目的是_____。
   A. 增加内存的容量
   B. 缩短指令长度,扩大寻址范围
   C. 提高访问内存的速度
   D. 简化指令译码电路

(3) 在相对寻址方式中,若指令中的地址码为 X,则操作数的地址为_____。
   A. X　　　　　　　　　　　　B. (PC)+X
   C. X+段基址　　　　　　　　D. 变址寄存器+X

(4) 在指令的地址字段中直接指出操作数本身的寻址方式,称为_____。
   A. 隐含地址　　B. 立即寻址　　C. 寄存器寻址　　D. 直接寻址

(5) 支持实现程序浮动的寻址方式称为_____。
   A. 变址寻址　　　　　　　　　B. 相对寻址
   C. 间接寻址　　　　　　　　　D. 寄存器间接寻址

(6) 在一地址指令格式中,下面论述正确的是_____。
   A. 只能有一个操作数,它由地址码提供
   B. 一定有两个操作数,另一个是隐含的
   C. 可能有一个操作数,也可能有两个操作数
   D. 如果有两个操作数,另一个操作数一定在堆栈中

(7) 在堆栈中,保持不变的是_____。
   A. 栈顶　　　　B. 堆栈指针　　C. 栈底　　　　D. 栈中的数据

(8) 在变址寄存器寻址方式中,若变址寄存器的内容是 4E3CH,给出的偏移量是 63H,则它对应的有效地址是_____。
   A. 63H　　　　B. 4D9FH　　　C. 4E3CH　　　D. 4E9FH

(9) 设寄存器 R 的值=1000H,内存单元 1000H 的值为 2000H,内存单元 2000H 的值为 3000H,PC 的值为 4000H。若采用相对寻址方式,-2000H (PC)访问的操作数是_____。
   A. 1000H　　　B. 2000H　　　C. 3000H　　　D. 4000H

(10) 程序控制类指令的功能是_____。
   A. 进行算术运算和逻辑运算
   B. 进行主存与 CPU 之间的数据传送
   C. 进行 CPU 和 I/O 设备间的数据传送
   D. 改变程序执行的顺序

(11) 算术右移指令执行的操作是_____。
   A. 符号位填 0,并顺次右移 1 位,最低位移至进位标志位
   B. 符号位不变,并顺次右移 1 位,最低位移至进位标志位
   C. 进位标志位移至符号位,顺次右移 1 位,最低位移至进位标志位
   D. 符号位填 1,并顺次右移 1 位,最低位移至进位标志位

(12) 下列几项中,不符合 RISC 指令系统的特点是_____。
   A. 指令长度固定,指令种类少
   B. 寻址方式种类尽量多,指令功能尽可能强

C. 增加寄存器的数目,以尽量减少访存次数

D. 选取使用频率最高的一些简单指令以及很有用但不复杂的指令

(13) 程序计数器的功能是_____。

A. 存放微指令地址

B. 计算程序长度

C. 存放指令

D. 存放下一条机器指令的地址

(14) CPU 从主存取出一条指令并执行该指令的所有时间称为_____。

A. 时钟周期　　　　B. 节拍　　　　C. 机器周期　　　　D. 指令周期

(15) 主存中的程序被执行时,首先要将从内存中读出的指令存放到_____。

A. 程序计数器　　　　　　　　B. 地址寄存器

C. 指令译码器　　　　　　　　D. 指令寄存器

(16) 在下列部件中,不属于控制器的是_____。

A. 程序计数器　　　　　　　　B. 数据缓冲器

C. 指令译码器　　　　　　　　D. 指令寄存器

(17) 为了确定下一条微指令的地址而采用的断定方式的基本思想是_____。

A. 用程序计数器 PC 来产生后继微指令地址

B. 用微程序计数器 μPC 来产生后继微指令地址

C. 通过顺序控制字段由设计者指定或由指定的判别字段控制产生后继微指令地址

D. 通过在指令中指定一个专门字段来控制产生后继微指令地址

(18) 构成控制信号序列的最小单位是_____。

A. 微程序　　　　B. 微指令　　　　C. 微命令　　　　D. 机器指令

(19) 在微程序控制器中,机器指令与微指令的关系是_____。

A. 每一条机器指令由一条微指令来执行

B. 每一条机器指令由一段用微指令编成的微程序来解释执行

C. 一段机器指令组成的程序可由一条微指令来执行

D. 一条微指令由若干条机器指令组成

4.3 填空题。

(1) 计算机所有机器指令的集合称为该计算机的_____,是计算机与_____之间的接口。

(2) 在指令编码中,操作码用于表示_____,n 位操作码最多可以表示_____条指令。地址码用于表示_____。

(3) 在寄存器寻址方式中,指令的地址码部分给出的是_____,操作数存放在_____。

(4) 采用存储器间接寻址方式的指令中,指令的地址码中的字段给出的是_____所在的存储器单元地址,CPU 需要访问内存_____次才能获得操作数。

(5) 操作数直接出现在指令的地址码字段中的寻址方式称为_____寻址;操作数所在的内存单元地址直接出现在指令的地址码字段中的寻址方式称为_____寻址。

(6) 在相对寻址方式中,操作数的地址是由_____与_____之和产生的。

(7) 控制器主要有_____、_____和_____3 个功能。

(8) 通常,CPU 中至少有_____、_____、_____、_____、_____和_____ 6 个寄存器。

(9) 微指令的编码方式有_____、_____和_____ 3 种。

(10) CPU 周期也称为_____周期,一个 CPU 周期包括若干个_____。

(11) 程序执行时,控制器控制机器的运行总是处于_____、分析指令和_____的循环之中。

(12) 微程序控制器的核心部件是_____,它一般由_____构成。

(13) 在同一微周期中,_____的微命令被称为互斥微命令,而在同一微周期中,_____的微命令被称为相容微命令。显然,_____的微命令不能放在一起译码。

(14) 由于微程序设计的灵活性,简单地改变_____,就可以改变微程序控制的机器指令系统。

4.4 判断下列各题的正误。如果有误,请说明原因。

(1) 利用堆栈进行算术/逻辑运算的指令可以不设置地址码。(　　)

(2) 指令地址码所指定的寄存器中的内容是操作数的有效地址的寻址方式称为寄存器寻址。(　　)

(3) 指令中采用寄存器间接寻址的操作数位于内存中。(　　)

(4) 在变址寻址中,设变址寄存器中的内容为 7000H,指令中的形式地址部分的值为 ABH,采用补码表示,则操作数的有效地址为 70ABH。(　　)

(5) 一条单地址格式的双操作数加法指令,其中一个操作数来自指令中地址字段指定的存储单元,另一个操作数则采用间接寻址方式获得。(　　)

(6) 在计算机的指令系统中,真正必需的指令种类并不多,很多指令都是为了提高机器速度和便于编程而引入的。(　　)

(7) CISC 系统的特征之一是使用了丰富的寻址方式。(　　)

(8) RISC 指令系统的特点是使指令采用的寻址方式的种类尽量多,指令功能尽可能强。(　　)

(9) 在主机中,只有存储器能存放数据。(　　)

(10) 一个指令周期由若干个机器周期组成。(　　)

(11) 决定计算机运算精度的主要技术指标是计算机的字长。(　　)

(12) 微程序的字段直接编译原则是:相容的微命令放在不同的字段,互斥的放在同一字段。(　　)

(13) 由于微程序控制器采用了存储逻辑,结构简单规整,电路延迟小,而组合逻辑控制器结构复杂,电路延迟大,因此微程序控制器比组合逻辑控制器的速度快。(　　)

(14) 在 CPU 中,译码器主要用在运算器中选多路输入数据中的一路数据送到 ALU。(　　)

(15) 控制存储器是用来存放微程序的存储器,它的速度应该比主存储器的速度快。(　　)

(16) 由于转移指令的出现而导致控制相关,因此 CPU 不能采用流水线技术。(　　)

4.5 设某机指令长为 16 位,操作数地址码均为 6 位,指令分为单地址指令、双地址指令和零地址指令。若双地址指令为 K 条,零地址指令为 L 条,问最多可有多少条单地址指令?

4.6 设某机指令长为 16 位,每个地址码长为 4 位,试用扩展操作码方法设计指令格式。其中三地址指令有 10 条,二地址指令为 90 条,单地址指令为 32 条,还有若干零地址指令,问零地址指令最多有多少条？

4.7 设某机字长为32位，CPU有32个32位通用寄存器，8种寻址方式包括直接寻址、间接寻址、立即寻址、变址寻址等，采用R-S单字长指令格式，共有120条指令。试问：

(1) 该机直接寻址的最大存储空间为多少？

(2) 若采用间接寻址，则可寻址的最大存储空间为多少？如果采用变址寻址呢？

(3) 若立即数为带符号的补码整数，试写出立即数范围。

4.8 设某计算机字长为16位，采用单字长指令格式，其双操作数指令的各字段定义如下：

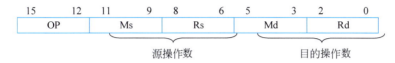

其中，OP为操作码，Ms为源操作数寻址方式，Rs为源寄存器，Md为目的操作数寻址方式，Rd为目的寄存器。

寻址方式定义和部分指令功能如表4-40所示，请回答下列问题：

表4-40 寻址方式和指令功能

寻址方式				
序号	Ms/Md 寻址方式	编码	表示方式	说　　明
1	寄存器寻址	000	Rn	
2	寄存器间接寻址	001	(Rn)	
3	自增型寄存器间址	010	(Rn)+	
4	自减型寄存器间址	011	−(Rn)	
5	变址寻址	100	X(Rn)	变址指令为双字，变址值X存放在变址指令的下一个单元，X采用补码表示
部分指令功能				
指令名称		操作码		指令功能
传送(MOV)		0000		$(E_S) \to E_D$
加法(ADD)		0001		$(E_D)+(E_S) \to E_D$
减法(SUB)		0010		$(E_D)-(E_S) \to E_D$

(1) 该指令系统最多可有多少条指令？该计算机最多可定义多少个通用寄存器？

(2) 写出表4-40中序号为2～5的寻址方式中有效地址E的表达式。

(3) 现有指令SUB(R2)+,X(R3)（前为源操作数，后为目的操作数）。设寄存器R2和R3的编号分别为010和011，X的值为89ABH。请写出该指令对应的机器编码（用H表示）。若R3的内容为6789H，则该指令目的操作数的有效地址是多少？

(4) 设R2的值为3456H，R3的值为6789H。地址3456H中的值为6789H，地址6789H中的值为3456H，则指令ADD R2,(R3)+（逗号前为源操作数，逗号后为目的操作数）执行后，哪些寄存器和存储单元的值会改变？改变后的值是多少？

4.9 设某计算机的CPU字长为16位，存储器带宽为16位（每次读写16位），有8个16位的通用寄存器。现为该CPU设计指令系统，要求指令字长是机器字长的整数倍，最多可支持64种操作功能，每个操作数可支持下列4种寻址方式：

　　　　　　　I 寻址 → 有符号立即数寻址方式

　　　　　　　R 寻址 → 寄存器直接寻址方式

S 寻址 → 寄存器间接寻址方式

X 寻址 → 寄存器变址寻址方式

存储器地址和立即数都是 16 位,且任何寄存器都可以用作变址寄存器。

如果指令系统支持二地址的格式为:RR 型、RI 型、RS 型、RX 型、XI 型、SI 型和 SS 型 7 种格式,请设计该 CPU 指令系统的 7 种指令格式,指出指令长度和各段位数及含义,并说明每种指令格式访问存储器的情况。

4.10 按图 4-23 的 CPU 结构框图,试写出执行下面各条指令的控制信号序列。

(1) ADD　R_0, R_1

(2) ADD　$(R_0), R_1$

(3) ADD　$(R_0)+, R_1$

(注:指令中第一个地址为源地址,第二个地址为目标地址。)

4.11 试分析在模型机中执行下列指令的操作流程。

(1) ADD　$(R_0), R_1$

(2) SUB　$X(R_0), (R_1)$

(3) MOV　$(R_0)+, (R_1)$

4.12 试写出在微程序控制的模型机中执行下列指令的微程序流程。

(1) ADD　$(R_0), R_1$

(2) SUB　$X(R_0), (R_1)$

(3) MOV　$(R_0)+, (R_1)$

4.13 图 4-80 为一个 CPU 的结构框图。

(1) 标明图中 a、b、c、d 四个寄存器的名称。

(2) 简述取指令的操作流程。

(3) 若加法指令的格式与功能如下:

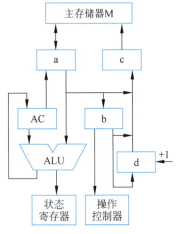

图 4-80　CPU 的结构框图

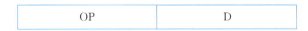

其功能为:(AC)+(D)→AC。

试分析执行加法指令的操作流程。

4.14 某计算机有如下部件:ALU,移位寄存器,指令寄存器 IR,主存储器 M,主存数据寄存器 MDR,主存地址寄存器 MAR,通用寄存器 $R_0 \sim R_3$,暂存器 C 和 D。

试将各逻辑部件组成一个数据通路,并标明数据流动方向。

4.15 设某 16 位机器所使用的指令格式和寻址方式如图 4-81 所示。

图 4-81　某计算机的指令格式

该机有一个 20 位基址寄存器(编号占指令地址码 2 位),16 个 16 位通用寄存器。指令汇编格式中的 S(源)、D(目标)都是通用寄存器,M 是主存中的一个单元。3 种指令的操作码分别是 MOV_OP=001010B、STA_OP=011011B 和 LDA_OP=111100B。MOV 是传送指令,STA 为写数指令,LDA 为读数指令。请解答下列问题:

(1) 分别给出 3 种指令的指令格式与寻址方式特点。
(2) CPU 完成哪一种指令所花的时间最短?哪一种指令所花的时间最长?
(3) 下面给出一段程序,请问程序执行了几条指令?这些指令分别完成什么功能?

主存地址	单元内容
20010H	F0F1H
20011H	3CD2H
20012H	2856H
20013H	6FD6H
20014H	2019H

4.16 某计算机的运算器为三总线(B_1、B_2、B_3)结构,B_1 和 B_3 通过控制信号 G 连通。算术逻辑部件 ALU 具有 ADD、SUB、AND、OR、XOR 五种运算功能,其中 SUB 运算时 ALU 输入端为 B_1-B_2 模式,移位器 SH 可进行直送(DM)、左移一位(SL)、右移一位(SR) 3 种操作。通用寄存器 R_0、R_1、R_2 都有输入输出控制信号,用于控制寄存器的接收与发送,如图 4-82 所示。试分别写出实现下列功能所需的操作序列。

(1) $4(R_0)+(R_1)\to R_1$
(2) $[(R_2)-(R_1)]/2\to R_1$
(3) $(R_0)\to R_2$
(4) $(R_0)\wedge(R_1)\to R_0$
(5) $(R_2)\vee(R_1)\to R_2$
(6) $(R_2)\oplus(R_0)\to R_0$
(7) $0\to R_0$

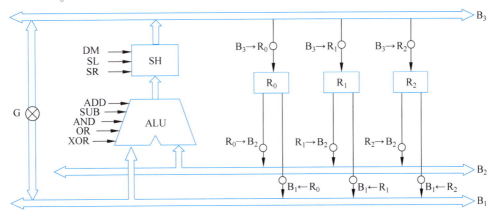

图 4-82 三总线运算

说明: $\wedge$ 为与操作、$\vee$ 为或操作、$\oplus$ 为异或操作。

4.17 图 4-83 为双总线结构处理器的数据通路,信号 G 控制的是一个门电路。试解答:
(1) 请写出 ADD R_2,R_0 指令完成 $(R_0)+(R_2)\to R_0$ 功能操作的指令流程。
(2) 请写出 SUB R_1,R_3 指令完成 $(R_3)-(R_1)\to R_3$ 功能操作的指令流程。

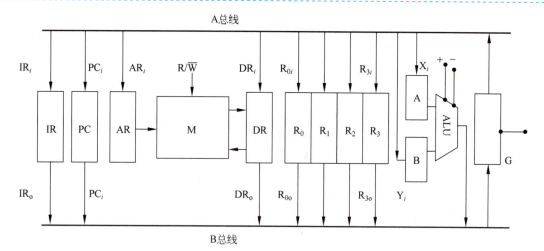

图 4-83 双总线处理器的数据通路

4.18 现给出 8 条微指令 $I_1 \sim I_8$ 及所涉及的微命令,如表 4-41 所示。请设计微指令控制字段格式,要求所使用的控制位最少,并且保持微指令自身内在的并行性。

表 4-41 微指令与微命令表

微 指 令	相关的微命令	微 指 令	相关的微命令
I_1	a, b, c, d, e	I_5	c, e, g, i
I_2	a, d, f, g	I_6	a, h, j
I_3	b, h	I_7	c, d, h
I_4	c	I_8	a, b, i

4.19 假设某计算机的运算器框图如图 4-84 所示,其中 ALU 为 16 位加法器(高电平工作),S_A、S_B 为 16 位锁存器,4 个通用寄存器由 D 触发器组成,Q 端输出。

试解答:(1) 设计微指令控制字段的格式(不考虑后继地址)。

(2) 画出 ADD 微指令程序流程图。

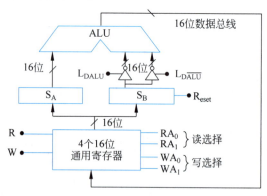

图 4-84 某机器的运算单元框图

其读写控制表如表 4-42 所示。

表 4-42 寄存器读写控制表

读 控 制				写 控 制			
R	RA_0	RA_1	选择	W	WA_0	WA_1	选择
1	0	0	读 R_0	1	0	0	写 R_0

续表

读 控 制				写 控 制			
1	0	1	读 R_1	1	0	1	写 R_1
1	1	0	读 R_2	1	1	0	写 R_2
1	1	1	读 R_3	1	1	1	写 R_3
0	×	×	不读出	0	×	×	不写入

4.20 请按断定方式实现图 4-85 中微程序流程的顺序控制。

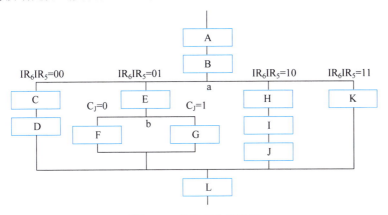

图 4-85 某微程序流程图

要求：
(1) 给出微指令顺序控制字段格式(假定 μMAR 为 6 位)。
(2) 给出各条微指令的二进制地址并编写实现此流程的微程序。
(3) 画出地址修改逻辑电路。

说明：图中方框代表一条微指令，分支 a 由 IR_6IR_5 决定，分支 b 由进位标志 C_J 决定。

4.21 已知某运算器的基本结构如图 4-86 所示，它具有+(加)、-(减)、M(传送)3 种操作。

试解答：(1) 写出图中 1~12 所表示的运算器操作的微命令。
(2) 指出相斥性微操作。
(3) 设计适合此运算器的微指令操作部分的格式。

4.22 在图 4-67 的流水线上处理如下程序段时会出现什么问题？如何解决这些问题？

(1) ADD R_1,R_2
(2) MOV R_3,R_1
(3) ADD R_0,R_4
(4) MOV   (R_4),R_5

说明：前一个操作数为目的数，后一个操作数为源数。

4.23 设某 ALU 运算单元框图如图 4-87 所示，其中 ALU 由通用函数发生器 74181 组成，R_0~R_3 为寄存器，M_1~M_3 为多路开关总线，i 和 j 为两个判别逻辑送到或门的输入端，移位器：L 左移、D 直送、S 交换、N 无操作。若该运算器采用微程序控制，请用微程序字段直接编译方法对该运算器要求的所有控制信号进行微指令编码的格式设计(需要考虑空操作，但不考虑微指令的下地址)。

4.24 四位运算器框图如图 4-88 所示，ALU 为算术逻辑单元，A 和 B 为三选一多路开

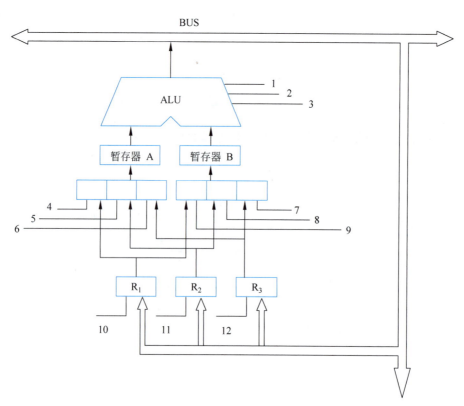

图 4-86 某运算器的基本结构图

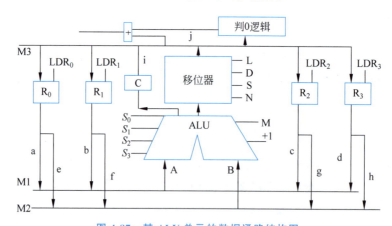

图 4-87 某 ALU 单元的数据通路结构图

关,预先已通过多路开关 A 的 SW 门向寄存器 R_1、R_2 送入数据如下:$R_1 = 0101$,$R_2 = 1010$。寄存器 BR 输出端接 4 个发光二极管进行显示。

其运算过程依次如下:

(1) $R_1(A) + R_2(B) \rightarrow BR(1010)$。

(2) $R_2(A) + R_1(B) \rightarrow BR(1111)$。

(3) $R_1(A) + R_1(B) \rightarrow BR(1010)$。

(4) $R_2(A) + R_2(B) \rightarrow BR(1111)$。

(5) $R_2(A) + BR(B) \rightarrow BR(1111)$。

(6) $R_1(A) + BR(B) \rightarrow BR(1010)$。

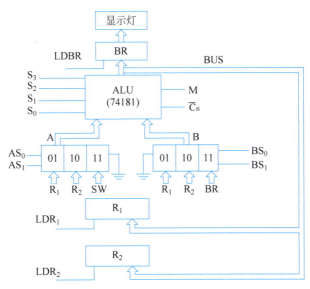

图 4-88 某四位运算器结构图

试分析运算器的故障位置与故障性质(是 1 故障还是 0 故障),说明理由。

4.25 在 RISC-V 单周期处理架构中,假设以下控制信号某一个发生固定 0 故障(stuck-at-0 fault),无论控制信号值怎么变化,这个信号恒定为 0 信号。

(1) RegWrite　　(2) ALUOp1　　(3) MemWrite
(4) ImmSrc0　　(5) PCSrc　　(6) ALUSrc

请参照图 4-59、图 4-60 和表 4-29 的信号,指出哪些指令会产生错误,为什么。

4.26 假设某 RISC 型的计算机中,指令存储器 iMEM 和数据存储器 dMEM 独立分开存放指令与数据,流水线数据通路的 5 个功能段延迟时间不等,执行各类指令的比例也不同,如表 4-43 所示。其中,ALU/Logic 包括非 Load 的 I-Type 指令。

表 4-43 功能部件延迟与指令使用频率

五段功能部件延迟/ps				
IF	ID	EX	MEM	WB
260	240	150	300	200
各类指令的使用频率/%				
ALU/Logic	Branch/Jump	Load	Store	
45	20	20	15	

请回答下列问题:

(1) 在流水化和非流水的处理器中,时钟周期分别是多少?
(2) 在流水化和非流水的处理器中,执行 LW 指令的延迟是什么情况?
(3) 若要对半拆分某功能段提升流水线性能,怎样选择?流水周期又是多少?
(4) 如果忽略任何障碍,dMEM 的利用率是多少?RF 的写口利用率又是多少?

4.27 假设某模型机 mModel 的单周期数据通路如图 4-89 所示。试分别指出下列指令在该数据通路中执行时,各控制信号的取值是什么?请将控制信号的值填入表 4-44 中。

(1) andi \$s1,\$s2,100　　　# \$s1=(\$s2)+100
(2) sub \$s8,\$s4,\$s5　　　# \$s8=(\$s4)−(\$s5)

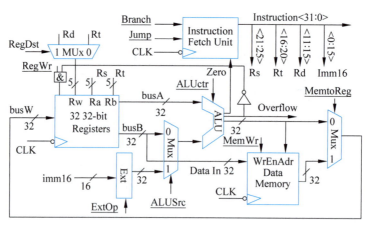

图 4-89 模型机 mModel 的单周期数据通路结构图

(3) lw＄t1,20(＄s2)　　　＃＄t1=dMEM[(＄s2)+20]

(4) beq＄s1,＄t1,200　　　＃if(＄s1)-(＄t1)=0,then PC=(PC)+200≪2

表 4-44 模型机 mModel 的部分指令及控制信号

指　　令	RegDst	ALUSrc	ALUctr	MemWr	ExtOP	RegWr	MemtoReg	Branch	Jump
andi									
sub									
lw									
beq									

说明：有效为 1，无效为 0，ALUctr 可为 add、sub、addu、subu、or、and；无影响为 x。

4.28 从 RISC-V 微架构及数据通路得知，lw 是 CPU 耗时最长的指令，现假如修改 lw 和 sw 两条指令为不带立即数，指令形式为 lw rd,(rs1) 和 sw rs2,(rs1) 格式，这样避免了同时使用 ALU 和 dMEM 部件，压缩了指令的时钟周期。但此时，编写程序需要增加指令数，即分别用 lw/addi、sw/addi 两条指令组合完成原来指令的功能。请问：

(1) 修改后的时钟周期是多少？

(2) 如果按照表 4-44 的参数，执行程序的速度加快了吗？

(3) 此时，RISC-V 流水线(见图 4-72)可否做一些结构调整？

4.29 在 RISC-V 流水线处理器(见图 4-72)中，不同类型的指令在不同阶段完成相应的工作(见表 4-33)，且经 SPECINT 2000 基准程序测试(测试时每条指令占用 1 周期)后，各类指令的使用率为：52% R-Type、25% loads、10% store 和 13% branches。其中，有 40% 的 loads 指令所取数据用于后续其他指令，需要延迟 1 个周期，有 50% 的 branches 指令转移预测不成功，需要延迟 2 个周期。

现给出下列程序段，请回答下列问题：

```
lw  x1, 1229(x7)      # 取数指令,dMEM[1229 + x7]→x1
sub x2, x1,x3         # (x1 - x3)→x2
and x12,x2,x5         # (x2&x5)→x12
or  x13,x6,x2         # (x6|x2)→x13
add x14,x2,x2         # (x2 + x2)→x14
sw  x15,2201(x2)      # 存数指令,x15→dMEM[2201 + x2]
```

(1) 请计算 SPECINT 2000 基准程序测试后的 CPI 值。

(2) 若 6 条指令放到图 4-72 的 RISC-V 五段流水线运行,请问可能会出现哪些障碍?

(3) 只考虑时钟延迟方法,请按五功能段画出 6 条指令流水线的时空图。

(4) 设 RISC-V 流水线平均每条指令执行周期(Tc)需要 200ps,请问采用流水处理 100Billion 条指令,需要多少时间?

4.30 图 4-72 给出了 RISC-V 五级(F/D/X/M/W)线性流水线的逻辑结构图,请回答问题:

(1) 验证上述题分支指令(beq rs1,rs2,Label)的后续指令至少要延迟 2 个周期,并给出相应的控制信号系列。

(2) 如果要求 beq 指令延迟 1 个周期,怎么改进图 4-72 的结构图?

(3) 改进后的流水线执行 100Billion 条指令需要多少时间?

4.31 在 RISC-V 流水处理器中,执行下列程序段的指令,请问:

(1) 程序中每条指令能得到正确运行结果吗?

(2) 若出错,怎样分别从软件、硬件方面消除这些指令的错误?

```
addi x11, x12, 5
add x13, x12, x11
addi x14, x12, 15
add x15, x12, x13
```

第 5 章 I/O 设备

I/O 设备是实现计算机系统与外部世界之间进行信息交换或信息存储的装置。现实世界中,人们常用数字、字符、文字、图形、图像、影像、声音等形式来表示各种信息,而计算机直接处理的却是以信号表示的数字代码,因而需要输入设备将现实世界各种形式表示的信息转换为计算机所能识别、处理的信息形式,并输入计算机;利用输出设备将计算机处理的结果以现实世界所能接受的信息形式输出出来,以便为人或其他系统所用。

本章将介绍目前常用的外部设备并简要叙述这些设备的工作原理。

5.1 I/O 设备概述

按设备在系统中的功能与作用来分,I/O 设备可以大致分为 5 类。

1. 输入设备

输入设备将外部的信息输入主机,通常是将操作者所提供的外部世界的信息转换为计算机所能识别的信息,然后送入主机。目前广泛使用的输入设备主要有键盘、鼠标器、触摸屏、数码相机、摄像头、麦克风等。其中键盘和鼠标是基本的输入设备,其他输入设备又被称作多媒体输入设备。

2. 输出设备

输出设备将计算机处理结果从数字代码形式转换成人或其他系统所能识别的信息形式。常用的输出设备有显示器、打印机、投影仪、耳机、音箱等。其中显示器和打印机是基本的输出设备,其他输出设备又被称作多媒体输出设备。

3. 存储设备

外存储器是指主机之外的一些存储设备,如磁带、磁盘、光盘、U 盘等。存储设备一方面可以存储文件,另一方面也可以广义地看作对于文件输入和文件输出的特殊输入输出设备。

4. 网络设备

网络设备用于连接计算机网络,也可以广义地看作计算机对外部网络的输入输出设备,被称为终端设备。网络设备包括调制解调器、网卡、红外设备、蓝牙设备等。用户通过终端设备在一定距离之外操作计算机,通过终端输入信息或获得结果。利用终端设备可使多个用户同时共享计算机系统资源。

5．其他 I/O 设备

某些特定应用领域需要用到一些特殊的 I/O 设备，如在工业控制应用中的数据采集设备——仪表、传感器、A/D 和 D/A 转换器等。

还有一类所谓的脱机设备，即数据制备设备，如软磁盘/磁带数据站。它是一种数据录入装置，为了不让数据录入占用大、巨型主机的宝贵运行时间，大批数据录入往往采取脱机录入方式，即先在专门的录入装置上人工按键录入，把结果存入磁盘或磁带中，然后将磁盘或磁带联机输入主机。

5.2 输入设备

在计算机中，输入设备主要完成输入程序、数据、操作命令、图形、图像、声音等信息。键盘和鼠标是最常用的输入设备，随着外部设备的发展，尤其是多媒体输入设备的发展又出现了诸如摄像头、摄像机、数码相机、扫描仪、触摸屏等设备。本节将常用于进行操作输入的键盘、鼠标和触摸屏放在一起介绍。对于任何一台计算机系统，这些输入设备必有其一。其他设备放在 5.6 节中介绍。

5.2.1 键盘

键盘是最基本、最常用的输入设备。虽然键盘只能输入字符和代码，但能方便地将人的控制意图告诉计算机，是人机交互的重要输入工具。

1．键盘的分类

键盘的种类很多，但总体可以分为下列几种情况。

1) 按照键盘的工作原理和按键方式分类

可以划分为 4 种：(1)机械(Mechanical)键盘采用类似金属接触式开关，工作原理是使触点导通或断开，具有工艺简单、噪声大的特点；(2)塑料薄膜式(Membrane)键盘，键盘内部共分 4 层，实现了无机械磨损，其特点是低价格、低噪声和低成本，已占领市场绝大部分份额；(3)导电橡胶式(Conductive Rubber)键盘触点的结构是通过导电橡胶相连，键盘内部有一层凸起带电的导电橡胶，每个按键都对应一个凸起，按下时把下面的触点接通，这种类型的键盘是市场由机械键盘向薄膜键盘的过渡产品；(4)无接点静电电容(Capacitives)键盘使用类似电容式开关的原理，通过按键时改变电极间的距离引起电容容量改变从而驱动编码器，特点是无磨损且密封性较好。

2) 按照键盘的按键数量分类

通用计算机系统使用的往往是按标准字符键排列的通用键盘。这种键盘上包含着字符键与一些控制功能键。键盘的按键数曾出现过 83 键、93 键、96 键、101 键、102 键、104 键、107 键等。104 键的键盘是在 101 键键盘的基础上为 WINDOWS 9X 平台提供的，增加了 3 个快捷键(有两个是重复的)，所以也被称为 WINDOWS 9X 键盘。在某些需要大量输入单一数字的系统中还有一种小型数字录入键盘，基本上就是将标准键盘的小键盘独立出来，以达到缩小体积、降低成本的目的。

3) 按照键盘的接口分类

键盘的接口有 AT 接口、PS/2 接口和最新的 USB 接口,现在的台式机多采用 PS/2 接口,且大多数主板都提供 PS/2 键盘接口。AT 接口键盘出现于早期机器,现在已不使用。USB 作为新型的接口,也越来越普及。

2. 键盘扫描原理

根据形成按键编码的基本原理与实现方法,键盘又可分为硬件扫描键盘和软件扫描键盘。

在键盘上,各键的安装位置可根据操作的需要而定;但在电气连接上,可将诸键连接成矩阵,即分成 n 行$\times m$ 列,每个键连接于某个行线与某个列线交叉点之处。通过硬件扫描或软件扫描,识别所按下的键的行列位置,称为位置码或扫描码。

1) 硬件扫描键盘原理

硬件扫描键盘(电子扫描式编码键盘)是由硬件逻辑实现扫描的,所用的硬件逻辑可称为广义上的编码器,如图 5-1 所示。硬件扫描式键盘的逻辑组成如下:键盘矩阵、振荡器、计数器、行译码器、列译码器、符合比较器、ROM、键盘接口、去抖电路等。

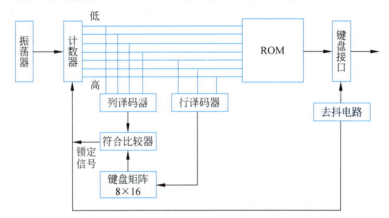

图 5-1 硬件扫描式键盘原理框图

假定键盘矩阵为 8 行×16 列,可安装 128 个键,则位置码需要 7 位,相应地设置一个 7 位计数器。振荡器提供计数脉冲,计数器以 128 为模循环计数。计数器输出 7 位代码,其中高 3 位送给行译码器译码输出,送键盘矩阵行线。计数器输出的低 4 位经列译码器送至符合比较器。键盘矩阵的列线输出也送至符合比较器,二者进行符合比较。

假定按下的键位于第 1 行、第 1 列(序号从 0 开始),则当计数值为 0010001 时,行线 1 被行译码器的输出置为低电平。由于该键闭合,使第 1 行与第 1 列接通,因此列线 1 也为低电平。低 4 位代码 0001 译码输出与列线输出相同,符合比较器输出一个锁定信号,使计数器停止计数,其输出代码维持为 0010001,就是按键的行列位置码,或称为扫描码。

用一个只读存储器 ROM 芯片装入代码转换表,按键的位置码送往 ROM 作为地址输入,从 ROM 中读出对应的按键字符编码或功能编码。由 ROM 输出的按键编码经接口芯片送往 CPU。更换 ROM 中写入的内容,即可重新定义各键的编码与功能的含义。

在实现一个键盘时,要注意一个问题:键在闭合过程中往往存在一些难以避免的机械性抖动,使输出信号也产生抖动,所以图 5-1 中有去抖电路。另一个需要注意的问题是重键,当快速按键时,有可能发生这样一种情况:前一次按键的键码尚未送出,后面按键产生了新键码,造成键码的重叠混乱。在图 5-1 的逻辑中,是依靠锁定信号来防止重键现象的。在扫描找到第一次按键位置时,符合比较器输出锁定信号,使计数器停止计数,只认可第一次按键产生的键码。仅当键码送出之后,才解除对计数器的封锁,允许扫描识别后面按下的键。

硬件扫描键盘的优点是不需要主机担负扫描任务。当键盘产生键码之后,才向主机发出中断请求,CPU 以响应中断方式接收随机按键产生的键码。现已很少用小规模集成电路来构成这种硬件扫描键盘,而是尽可能利用全集成化的键盘接口芯片,如 Intel 8279。

2) 软件扫描键盘原理

软件扫描是指为了识别按键的行列位置,通过执行键盘扫描程序对键盘矩阵进行扫描。若对主机工作速度要求不高(如教学实验单板机),则可由 CPU 执行键盘扫描程序。按键时,键盘向主机提出中断请求,CPU 响应并执行键盘中断处理程序,该程序包含键盘扫描程序、键码转换程序及预处理程序等。若对主机工作速度要求较高,希望少占用 CPU 处理时间,可在键盘中设置一个单片机,负责执行键盘扫描程序、预处理程序,再向 CPU 申请中断并送出扫描码。

现代计算机的通用键盘大多采用第二种方案,如 IBM-PC/XT 机的通用键盘。它采用电容式无触点式键,共 83～110 键,连接为 16 行×8 列,由 Intel 8048 单片机进行控制,以行列扫描法获得按键扫描码。键盘通过电缆与主机板上的键盘接口相连,以串行方式将扫描码送往接口,由移位寄存器组装,然后向 CPU 请求中断。CPU 以并行方式从接口中读取按键扫描码。在图 5-2 中,虚线左边是键盘逻辑,右边是位于主机板上的接口逻辑。

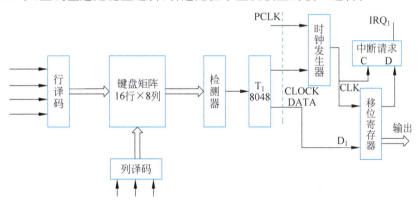

图 5-2 IBM-PC 键盘粗框图与接口

由 8048 输出计数信号控制行、列译码器,先逐列为 1 地步进扫描。当某列为 1 时,若该列线上无键按下,则行线组输出为 0;若该列线上有键按下,则行线组输出为 1。将每次扫描结果串行送入 8048T$_1$ 端,检测当哪一列为 1 时,键盘矩阵行线组输出也为 1,即表明该列有键按下。然后逐行为 1 地步进扫描,由 8048T$_1$ 端判断当哪一行为 1 时,列线组输出也为 1,即判断哪行按了键。8048 根据行、列扫描结果便能确定按键位置,并由按键的行号和列号形成对应的扫描码(位置码)。

键盘向主机键盘接口输送的是扫描码。当键按下时,输出的数据称为接通扫描码,而该键松开时,输出的数据称为断开扫描码。PC 系列中不同机型的键盘接通和断开的扫描码有所不同,如 PC/XT 机键盘与 AT 机键盘扫描码就不一样,因此不能互换使用。在 PC/XT 键盘中,接通的扫描码与键号(键位置)是等值的,用 1 字节(两位十六进制数)表示,如 M 键,键号为 50(十进制),接通码为 32H。断开扫描码也是 1 字节,是接通扫描码加上 80H 所得,如按下

M键后又松开,则先输出32H,再输出B2H。PC/XT键盘的拍发速率是固定的(10次/秒),当按下键0.5秒后仍不松开,将重复输出该键的接通扫描码。

5.2.2 鼠标

鼠标是计算机系统中仅次于键盘的最基本、最常用的输入设备。用户手持鼠标在桌面或专用板上滑动,光标就在显示器屏幕上移动,按下鼠标相关键就可以完成菜单选择、定位拾取等操作。由于按下按键或移动位置可拾取信息和发送信息,故鼠标常被称为定点设备(Pointing Device)。随着GUI(图形化用户接口技术)的普及,鼠标的使用也越来越频繁,在不同的计算机设备中衍生出了滚轴鼠标(轨迹球)、感应鼠标、操作杆等。

1. 鼠标的分类及工作原理

鼠标是由位置采样机构、传感器和专用处理器芯片组成的。如图5-3所示,当鼠标相对桌面移动时,采样机构按X、Y相互垂直的方向将位置信息传递给X、Y方向的传感器,由传感器将它转换为脉冲输入给专用处理器,专用处理器再将位移和SW鼠标按键状态组合成数据格式,传送至主机。

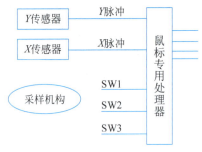

图5-3 鼠标机构组成

根据鼠标外形可分为二键鼠标、三键鼠标、滚轴鼠标和感应鼠标。二键鼠标和三键鼠标的左右按键功能完全一致。对于三键鼠标的中间按键,常常配合一些软件使用,如文本翻页等;滚轴鼠标(又称轨迹球)和感应鼠标在笔记本电脑上用得很普遍,往不同方向转动鼠标中间的小圆球,或在感应板上移动手指,光标就会向相应方向移动,当光标到达预定位置时,按一下鼠标或感应板,就可以执行相应功能。

根据鼠标的接口不同,可将鼠标分为串口鼠标、PS/2鼠标、USB鼠标、无线鼠标4类。早期鼠标通过串行口和计算机连接,由于计算机的串口资源少,很容易产生资源冲突。PS/2接口是20世纪90年代后期出现的,它作为鼠标的固定接口与计算机连接。随着近年USB口的普及和笔记本电脑的广泛使用,USB鼠标也越来越流行。就鼠标本身而言,3种接口的鼠标并没有什么区别,有些鼠标配备了PS/2或USB的转换头,可采用多种方式和计算机进行连接。无线鼠标器是为了适应大屏幕显示器而生产的。所谓无线,即没有电线连接,采用红外线或蓝牙和主机进行通信,接收范围在1.8米以内。无论采用何种接口,其内部结构依然不变。

根据鼠标的采样机构不同可将其分为4类:机械式鼠标、光机式鼠标、光电式鼠标和光学鼠标。现代广泛使用的鼠标基本上都是光学鼠标,下面简要介绍光学鼠标的原理。

光学鼠标的底部没有滚轮,也不需要借助反射板来实现定位,其核心部件是发光二极管、微型摄像头、透镜组件、光学引擎和控制芯片,如图5-4所示。光学鼠标精度高,无机械结构,使用时无须清洁,在诞生之后迅速引起业界瞩目。

发光二极管:光学鼠标通过摄像头在黑漆漆的鼠标底部拍摄画面,必须借助发光二极管来照明。一般来说,光学鼠标多采用红色或者蓝色的发光二极管,但以前者较为常见,原因并非是红色光对拍摄图像有利,而是红光型二极管最早诞生,技术成熟,价格也最为低廉。与第一代光电鼠标不同,光学鼠标不需要摄取反射光来定位,发光二极管的唯一用途就是照明,因

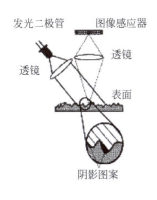
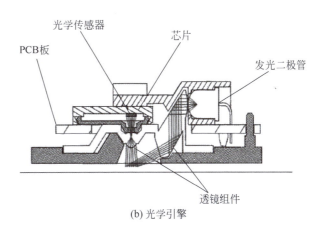

(a) 发光二极管和透镜组件　　　　　(b) 光学引擎

图 5-4　光学鼠标

此其品质如何与鼠标的实际性能并不相关,只是一种常规部件。

透镜组件:透镜组件是成像必不可缺的关键部件。透镜组件位于鼠标的底部位置,它由连接在一起的一个棱光镜和一个圆形透镜共同组成。棱光镜负责将发光二极管发射的光线折射至鼠标底部并将它照亮,为光线输出的必要辅助。而圆形透镜则相当于摄像机的镜头,它负责将反射图像的光线聚焦到光学引擎底部的接收孔中,相当于光线输入的辅助。不难看出,棱光镜与圆形透镜具有同等的重要性,倘若我们将其中任何一个部件拿掉,光学鼠标便无法工作。透镜组件不会直接决定光学鼠标的性能指标,不过与发光二极管一样,它们的品质会影响鼠标的操作灵敏度。一般来说,光学鼠标的透镜可使用玻璃和有机玻璃两种材料,但前者加工难度很大,成本高昂,后者虽然透明度和玻璃有一定差距,但具有可塑性好、容易加工、成本低廉的优点,因此有机玻璃便成为制造光学鼠标透镜组件的主要材料。

光学引擎:光学引擎(Optical Engine)是光学鼠标的核心部件,它的作用就好比是人的眼睛,不断摄取所见到的图像并进行分析。光学引擎由 CMOS 图像感应器和光学定位 DSP(数字信号处理器)组成,前者负责图像的收集并将其同步为二进制的数字图像矩阵,而 DSP 则负责相邻图像矩阵的分析比较,并据此计算出鼠标的位置偏移。光学鼠标主要有分辨率和刷新频率两项指标,二者均是由 CMOS 感应器所决定的,若分辨率、采样频率较高,所生成的数字矩阵信息量也成倍增加,对应的 DSP 必须具备与之相称的硬件计算能力。

控制芯片:控制芯片可以说是光学鼠标的神经中枢,但由于主要的计算工作由光学引擎中的定位 DSP 芯片所承担,控制芯片的任务就集中在负责指挥、协调光学鼠标中各部件的工作,同时也承担与主机连接的 I/O 职能。

2. 轨迹球和操作杆

轨迹球又称为滚轴鼠标。其工作原理与机电式鼠标完全相同,只不过是用手代替了摩擦平板,犹如翻转使用的鼠标,因而是鼠标的一种变形应用,常使用在笔记本电脑上。因其通常比鼠标中的小球大一些,故分辨率较高,更加灵敏和精确。同时,使用轨迹球移动光标只需转动球体,因此可以节省大量桌面空间。

操作杆又称为摇杆。它本身不能产生表示距离的脉冲序列,只能产生运动方向信号,但可以通过软件定时查询方式产生脉冲序列,以达到移动光标的目的。操作杆实际上是一个能在上下左右及 4 个斜向方向移动的操纵开关。该开关允许有 9 个状态,屏幕光标能在 8 个方向的一个方向上以恒定的速率改变,常配合游戏软件一同使用。

5.2.3 触摸屏

触摸屏是一种全新的键盘和显示一体化的人-机交互设备。随着计算机的发展,日渐普及。用户只要用手指轻轻地碰计算机显示屏上的图符或文字就能实现对主机操作,从而使人机交互更为直截了当,这种技术大大方便了那些不懂计算机操作的用户。

触摸屏由触摸检测部件和触摸屏控制器组成,触摸检测部件安装在显示屏幕前面,用于检测用户触摸的位置,并送至触摸屏控制器。触摸屏控制器的作用是从触摸点检测装置上接收触摸信息,并转换成触点坐标,再送给主机,它同时能接收主机发来的命令并加以执行。

1. 触摸屏的分类及工作原理

根据触摸原理不同,触摸屏一般可分为 5 个基本种类:矢量压力传感技术触摸屏、电阻技术触摸屏、电容技术触摸屏、红外线技术触摸屏、表面声波技术触摸屏。本小节简要介绍电阻式和电容式触摸屏的工作原理。

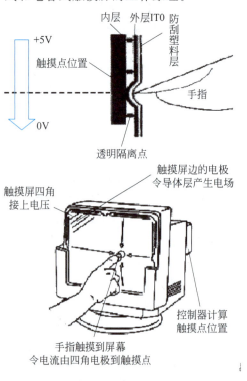

图 5-5 电阻式触摸屏

电阻式触摸屏:如图 5-5 所示,这种触摸屏利用压力感应进行控制。电阻触摸屏的主要部分是一块与显示器表面非常配合的电阻薄膜屏,这是一种多层的复合薄膜,它以一层玻璃或硬塑料平板作为基层,表面涂有一层透明氧化金属(透明的导电电阻)导电层,上面再盖有一层外表面硬化处理、光滑防擦的塑料层,它的内表面也涂有一层涂层,在它们之间有许多细小的(小于 1/1000 英寸)透明隔离点把两层导电层隔开绝缘。当手指触摸屏幕时,两层导电层在触摸点位置就有了接触,电阻发生变化,在 X 和 Y 两个方向上产生信号,然后送至触摸屏控制器。控制器侦测到这一接触并计算出 (X,Y) 的位置,再根据模拟鼠标的方式运作。这就是电阻技术触摸屏的基本原理。常用的透明导电涂层材料有:A、ITO(氧化铟锡)、弱导电体,特性是当厚度降到 1800 埃以下时会突然变得透明,透光率为 80%,再薄下去透光率反而下降,到 300 埃厚度时又上升到 80%。ITO 是所有电阻技术触摸屏及电容技术触摸屏都会用到的主要材料,实际上电阻和电容技术触摸屏的工作面就是 ITO 涂层。B、镍金涂层,镍金涂层延展性好,寿命长,但工艺成本较为高昂。电阻技术触摸屏的定位准确,由于是一种对外界完全隔离的工作环境,不怕灰尘、水汽和油污,因此可以用任何物体来触摸,也可以用来写字画画。但其价格颇高,且怕刮易损。

电容式触摸屏:电容式触摸屏是一块 4 层复合玻璃屏,如图 5-6 所示,玻璃屏的内表面和夹层各涂有一层 ITO,最外层是一薄层矽土玻璃保护层,夹层 ITO 涂层作为工作面,4 个角上引出 4 个电极,内层 ITO 为屏蔽层,以保证良好的工作环境。手指触摸在金属层时,由于人体电场,用户和触摸屏表面形成一个耦合电容,对于高频电流来说,电容是直接导体,于是手指从接触点吸走一个很小的电流,从触摸屏四角的电极中流出(流经这4个电极的电流与手指到4角的距离成正比),控制器通过对这4个电流比例的精确计算得出触摸点的位置。电容屏反光严重,而且电容技术的四层复合触摸屏对各波长光的透光率不均匀,存在色彩失真的问题,由于光线在各层间的反射,还造成图像字符的模糊。当环境温度、湿度改变时,以及环境电场发生改变时,都会引起电容屏的漂移,造成不准确。

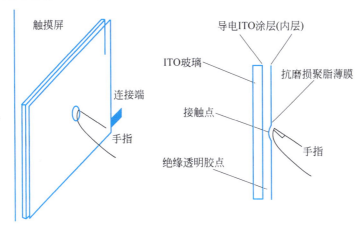

图 5-6 电容触摸屏

2. 手写板和触摸笔

触摸屏技术方便了人们对计算机的操作使用,已经广泛应用于平板电脑、手机等新型计算机设备。除了传统意义上的触摸屏,手写板和触摸笔已经开发出来。

手写板是一种通过手写向计算机输入信息的输入设备。手写板的硬件由两部分组成:一部分是一块与主机相连接的内部装有传感器的光滑基板;另一部分是用来在基板上写字的"笔"。一方面"笔"具有类似鼠标的拾取、交互功能,另一方面,"笔"还具有字符的输入功能。当用户通过"笔"在基板上写字时,它所移动的轨迹被读入计算机,计算机通过手写字符识别软件根据轨迹特征辨别所写的内容。从实现技术来看,手写板和触摸笔是触摸屏的衍生技术,主要分为电阻式手写板、电磁式手写板和电容式手写板等类型。

电阻式手写板由一层可变形的电阻薄膜和一层固定的电阻薄膜构成,中间由空气相隔离。其工作原理是:当用笔或手指接触手写板时,上层电阻受压变形并与下层电阻接触,下层电阻薄膜就能感应出笔的位置。

电磁式手写板通过手写板下方的布线电路通电,在一定空间范围内形成电磁场,来感应带有线圈的笔尖的位置进行工作。这种技术具有良好的性能,可进行流畅的书写和绘图。

电容式手写板主要通过人体的电容来感知笔的位置,笔接触到触控板的瞬间在板的表面产生一个电容。由于触控板表面附着的传感矩阵与一块特殊芯片一起持续不断地跟踪着使用者手指电容的"轨迹",经过内部一系列的处理后,能精确计算位置(X、Y 坐标),同时测量由于笔与板间距离(压力大小)形成的电容值的变化,确定 Z 坐标,最终完成 X、Y、Z 坐标值的确定。电容式触控板的手写笔无须电源供给,特别适合便携式产品。

5.3 输出设备

计算机输出设备的功能是将计算机内部处理的结果,如编辑好的文稿、编写调试后的程序、设计好的工程图、处理过的图像、计算得到的数据等,由计算机二进制编码的形式转换为人类能够接受的各种媒体形式并输出。常用的输出设备有显示设备、打印输出设备两大类。其中,显示器是在屏幕上输出信息,进行人机对话的监视设备。显示器屏幕上的字符、图形不能永久记录下来,一旦关机,屏幕上的信息也就消失了,所以显示器又称为"软拷贝"装置。打印机是按照用户要求的格式,以人能识别的字符、数字、图形和符号等形式输出到纸面上的设备,因为信息能够"永久"保存,又被称为"硬拷贝"装置。

5.3.1 显示器

显示器的功能是在屏幕上迅速显示计算机的信息,并允许人们在利用键盘将数据和指令输入计算机时通过机器的硬件和软件功能,对同时显示出来的内容进行增删和修改。目前显示器主要包括 CRT(Cathode Ray Tube,阴极射线管)显示器、LCD(Liquid Crystal Display,液晶显示器)、PDP(Plasma Display Panel,等离子显示器)。CRT 显示器体积大、功耗大,已渐渐退出历史舞台。LCD 因为体积小、重量轻、功耗小、无辐射、画面柔和,已日渐普及。PDP 也作为新一代的显示设备快速发展起来。

1. CRT 显示器

按屏幕表面曲度来分,CRT 显示器分为球面显像管、平面直角显像管、柱面显像管、纯平显像管 4 种类型。目前市场上还能见到纯平显像管显示器,这种显像管在水平和垂直两个方向上都是笔直的,整个显示器外表面就像一面镜子那样平,而且屏幕图形和文字的失真、反光都降得很低。

CRT 显示器的整体结构如图 5-7 所示,由电子枪、视频放大驱动器及同步扫描电路 3 部分组成。当阴极射线管的灯丝加热后,由视频信号放大驱动电路输出的电流驱动阴极,使之发射电子束(俗称电子枪)。CRT 显示器由红、绿、蓝三基色阴极发射的三色电子束(强度由视频信号的有/无控制),经栅极、加速极(第一阳极)和聚焦极(第二阳极),并在高压极(第三阳极)的作用下,形成有一定能量的电子束向荧光屏冲射。在垂直偏转线圈和水平偏转线圈经相应扫描电流驱动产生的磁场控制下,三色电子束就会聚到荧光屏内侧金属荫罩板上的某一小孔中,并轰击荧光屏的某一位置。此时,涂有荧光粉的屏幕被激励而出现红、绿、蓝三基色之一或由三基色组成的其他各种彩色点。荧光屏的发光亮度随加速极电压的增加而增加。但通常是控制阴极驱动电流(由加亮驱动电路实现)使亮度发生变化。

2. LCD

LCD 是一种采用液晶为材料的显示器。它具有体积小、重量轻、省电、辐射低、易于携带等优点。液晶是介于固态和液态间的有机化合物。将其加热会变成透明液态,冷却后会变成结晶的混浊固态。在电场作用下,液晶分子会发生排列上的变化,从而影响通过其的光线变化,这种光线变化通过偏光片的作用可以表现为明暗的变化。就这样,人们通过对电场的控制最终控制了光线的明暗变化,从而达到显示图像的目的。下面简单介绍几种 LCD 的原理。

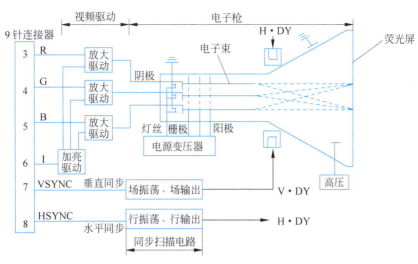

图 5-7 彩色 CRT 结构示意图

1）扭曲型液晶显示器

扭曲型液晶显示器的（Twisted Nematic Liquid Crystal Display，TN 型液晶显示器）主要包括垂直方向与水平方向的偏光片、具有细纹沟槽的配向膜、液晶材料以及导电的玻璃基板等部分，如图 5-8 所示。

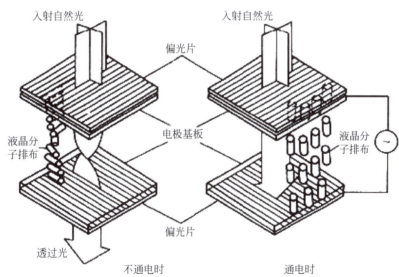

(a) TN型液晶显示器分子排布与透光示意图

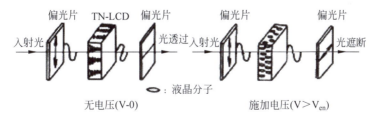

(b) TN型液晶显示器光电效应原理

图 5-8　TN 型液晶显示器显示原理

在不加电场的情况下，入射光经过偏光片后通过液晶层，偏光被分子扭转排列的液晶层旋转 90°，离开液晶层时，其偏光方向恰与另一偏光片的方向一致，光线能顺利通过，并使整个电极面呈光亮；当加入电场时，每个液晶分子的光轴转向与电场方向一致，液晶层因此失去了旋光的能力，结果来自入射偏光片的偏光方向与另一偏光片的偏光方向成垂直的关系，并且无法通过，电极面因此呈现黑暗的状态。其显像原理是将液晶材料置于两片贴附光轴垂直偏光片的透明导向玻璃间，液晶分子会按配向膜的细沟槽方向依序旋转排列，如果电场未形成，光线会顺利地从偏光片射入，依液晶分子旋转其行进方向，然后从另一边射出。如果在两片导电玻璃通电之后，两片玻璃间会造成电场，进而影响其间液晶分子的排列，使其分子棒进行扭转，光线便无法穿透，进而遮住光源。这样所得到的光暗对比的现象叫作扭转式向列场效应 (Twisted Nematic Field Effect, TNFE)。

TN 型液晶显示器件的基本结构原理是：将涂有氧化铟锡(ITO)透明导电层的玻璃光刻上一定的透明电板图形，将这种带有透明导电电极图形的前后两片玻璃基板夹持上一层具有正介电各向异性的向列相液晶材料，四周进行密封，形成一个厚度仅为数微米的扁平液晶盒。由于在玻璃内表面涂有一层定向层膜，并进行定向处理，因此在盒内液晶分子沿玻璃表面平行排列。但由于两片玻璃内表面定向层定向处理的方向互相垂直，液晶分子在两片玻璃之间呈 90°扭曲，这就是扭曲向列液晶显示器件名称的由来。

由于 TN 型液晶显示器件中液晶分子在盒中的扭曲螺距远比可见光波长大得多，当沿一侧玻璃表面的液晶分子排列方向一致或正交的直线偏振光射入后，其偏光方向在通过整个液晶层后会被扭曲 90°由另一侧射出，因此液晶盒具有在平行偏振片间可以遮光，而在正交偏振片间可以透光的作用和功能。如果这时在液晶盒上施加电压并达到一定值，液晶分子长轴将开始沿电场方向倾斜，当电压达到约两个阈值电压后，除电极表面的液晶分子外，所有液晶盒内两个电极之间的液晶分子都变成沿电场方向的再排列。这时，90°旋光的功能消失，在正交偏振片间失去了旋光作用，使器件不能透光。由于面在平行偏振片之间失去了旋光作用，使器件也不再能遮光。因此，如果将液晶盒放置在正交或平行偏振片之间，可通过给液晶盒通电使光改变其透过—遮住状态，从而实现显示。平时我们看见液晶显示器件时隐时现的黑字，不是液晶在变色，而是液晶显示器件使光透过或使光被吸收所致。

2) 薄膜晶体管

薄膜晶体管(Thin Film Transistor, TFT)型液晶显示器的构件包括荧光管、导光板、偏光板、滤光板、玻璃基板、配向膜、液晶材料、晶体管(FET)等。液晶显示器利用背光源(荧光管投射出的光源)，先经过偏光板，再经过液晶，由液晶分子的排列方式改变穿透液晶的光线角度，然后这些光线经过彩色的滤光膜与另一块偏光板。因此，只要改变刺激液晶的电压值就可以控制最后出现的光线的强度与色彩，在液晶面板上变化出不同深浅的颜色组合。TFT 型液晶显示器也采用两夹层间填充液晶分子的设计，左边夹层的电极为 FET，右边夹层的电极为共通电极。在液晶的背部设置了荧光管，光源路径从右向左。光源照射时先通过右偏振片向左透出，借助液晶分子传导光线。在 FET 电极导通时，液晶分子的排列状态发生改变，并通过遮光和透光达到显示的目的。由于 FET 晶体管具有电容效应，能够保持电位状态，直到 FET 电极下一次再加电改变其排列方式为止。

在彩色 LCD 面板中，每个像素都是由 3 个液晶单元格构成的，每个单元格前面设置红色、绿色、蓝色的过滤器，经过不同单元格的光线可在屏幕上显示出不同的颜色。LCD 屏含有固定数量的液晶单元，全屏幕只能使用一种分辨率显示(每个单元就是一个像素)。

相比 CRT，LCD 不存在聚焦问题，因为每个液晶单元单独配置开关。所以一幅图在 LCD 屏幕上显示得更加清晰。LCD 也不必关心刷新频率和闪烁（液晶单元或开或关），所以在 40～60Hz 这样的低刷新频率下显示的图像不会比 75Hz 下显示的图像更闪烁。现在，绝大多数应用于笔记本或桌面系统的 LCD 都使用薄膜晶体管。

3) LED 液晶显示器

LED 液晶显示器用 LED 代替了传统的液晶背光模组，亮度高，可以在寿命范围内实现稳定的亮度和色彩表现。LED 功率易控制，无论在明亮的户外还是黑暗的室内，用户都很容易把显示设备的亮度调整到最悦目的状态。

3. PDP 显示器

PDP 显示器又称电浆显示器。电浆，或称为离子化气体，其成分包括气体原子、阳离子及电子，被称为除了固态、液态、气态外的物质的第四态。从工作原理上讲，等离子体技术与其他显示方式相比存在明显的差别。等离子显示技术的成像原理是在显示屏上排列上千个密封的小低压气体室，通过电流激发使其发出肉眼看不见的紫外光，然后紫外光碰击后面玻璃上的红、绿、蓝 3 色荧光体发出肉眼看到的可见光，以此成像。每个小低压气体室（CELL）的结构如图 5-9 所示。

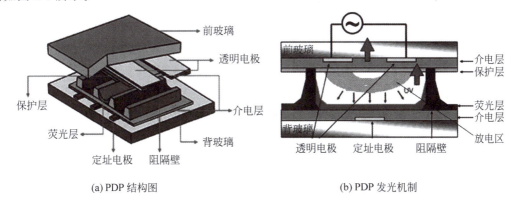

图 5-9　PDP 显示器显示原理

5.3.2　打印机

1. 概述

打印设备是计算机的重要输出设备之一，它能将机器处理的结果以字符、图形等人们所能识别的形式记录在纸上，作为硬拷贝长期保存。为适应计算机飞速发展的需要，打印设备已从传统的机械式打印发展到新型的电子式打印，从逐字顺序打印发展到成行或成页打印，从窄行打印（每行打印几十个字符）发展到宽行打印（每行打印上百个字符），并继续朝着不断提高打印速度、降低噪声、提高印刷清晰度、实现彩色印刷等方向发展。

打印设备品种繁多，根据不同的工作方式、印字方式和字符产生方式，可将打印设备分为如下几种类型，如图 5-10 所示。

按工作方式的不同，打印设备可分为串行打印机和并行打印机两类。

(1) 串行打印时，一行字符按顺序逐字打印，速度慢，衡量打印速度的单位是字符/秒。

(2) 并行打印也称为行式打印，一次同时打印一行或一页，打印速度快，常用行/秒、行/分或页/分作为速度单位。

按印字方法的不同,又可将打印设备分为击打式打印机和非击打式打印机。

(1) 击打式打印机通过字锤或字模的机械运动推动字符击打色带,使色带与纸接触,并在纸上印出字符。当色带与纸接触的瞬间,若字符和纸处于相对静止状态,则称为静印方式。有的打印机(如快速宽行打印机)则采用飞印方式印字,以提高打印速度。字符被字轮带动高速旋转,在击打瞬间,字符和纸之间有微小的相对位移,故称为飞印或飞打。

(2) 非击打式打印机具有打印速度快、噪声小(或者无噪声)、印刷质量高等优点,它们通过电子、化学、激光等非机械方式来印字。例如激光打印机、磁打印机等利用激光或磁场先在字符载体上形成潜像,然后转印在普通纸上形成字符或图形;喷墨打印机不通过中间字符载体,由电荷控制直接在普通纸上印字;静电印刷机以及热敏、电敏式印刷机等则通过静电、热、化学反应等作用在特殊纸上印出图像。

按字符产生方式来划分,打印设备有字模型和点阵型两类。

(1) 字模型是将字模(活字)装在链、球、盘或鼓上,用打印锤击打字模将字符印在纸上(正印),或者打印锤击打纸和色带,使纸和色带压向字模实现印字(反印)。字模型用在击打式打印机中,印出的字迹清晰,但组字不灵活,且不能打印图形、汉字等图像。

(2) 点阵打印机不用字模产生字符,而是将字符以点阵形式存放在字符发生器中。印字时,用取出的点阵代码控制打印头的针在纸上打印出字符的点阵图形。常用的字符点阵为 5×7、7×9、9×9,汉字点阵为 24×24。点阵打印机组字灵活,可以打印各种字符、汉字、图形、表格等,且打印质量越来越高。针式打印机及所有非击打式打印机均采用点阵型。

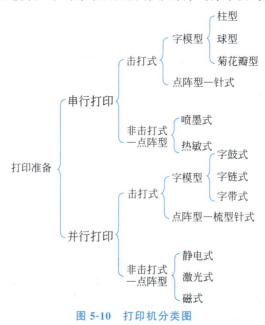

图 5-10 打印机分类图

目前用于各计算机系统的打印设备主要是宽行打印机、点阵打印机、激光印刷机及喷墨打印机等。接下来简单介绍点阵打印机、喷墨打印机和激光打印机的基本原理。

2. 点阵打印机

点阵打印机是一种击打式打印机,靠打印头打击色带,色带与纸接触,在纸上印出字符。大多数点阵打印机的打印纸是连续的,即上千张打印纸头尾连接在一起,打印纸的两边有小孔,以便将打印纸送入打印机。每张纸相连处都有分割线,用户很容易把打印纸分成标准大小(如8.5×11英寸(1英寸=2.54厘米))。许多点阵打印机既支持纵向打印,也支持横向打印。

点阵打印机中的打印头一般有9~24根针。针数越多,表明印出每个字符的点越多,字符质量越高。大多数点阵打印机的速度是300~1100字符/秒(cps),速度与所要求的打印质量有关。点阵打印机一般用于税务、银行、医院等部门的票据打印。

下面简述点阵打印机的结构及工作过程。

1) 基本结构

从一台点阵打印机完成的基本功能而言,其内部结构可分为如下几部分。

(1) 接口控制部件

该部件的功能是接收系统的打印控制命令和打印数据,并返回打印机的操作状态。

(2) 中央控制部件

该部件是打印机的核心,由以微处理器为中心的控制电路组成,主要包括8位微处理器、行缓存RAM和点阵发生器ROM。

① 微处理器完成两个功能,一是按打印控制命令和接收的打印数据完成指定的打印功能,并将打印机状态返回给系统和操作面板;二是控制直流伺服电动机和步进电机的动作,完成辅助打印功能,如回车、走纸等。

② 行缓存RAM用于存放一行待打印的点阵数据,容量通常为几千字节,有的配置几十万字节。若是字符打印,则系统发送的打印数据是字符码,打印机接受后到其内部的ROM点阵发生器检索并取出相应的点阵数据存放于此;若是图形打印,则系统发送的打印数据本身便是点阵数据,即直接存放于此。

③ 点阵发生器ROM用于ANK字符(字母、数字、片假名)的点阵发生器,容量通常为几千字节或几万字节。在打印机处于字符方式下,它的功能是根据系统发送的打印数据,由ROM检索出相应的点阵数据保存在行缓存RAM中。除此之外,打印机内部微处理器执行的所有程序均固化在此。

(3) 打印头及打印驱动部件

该部件接收行缓存RAM中打印的点阵信息。根据信息1或0,打印驱动电路驱使打印头的相应针动作或不动作。

(4) 打印机械控制部件

图5-11给出了该部件的机构组成,包括小车驱动机构、走纸机构、色带旋转机构、编码器和伺服电机与步进电机等。

其中,小车驱动机构中,小车拖着打印头,按直流伺服电机旋转方向进行水平正向或反向运动。走纸机构则由步进电机控制,每旋转一步驱使滚筒顺时针旋转一角度(由行距控制,可变)。同时,通过纸牵引器使打印纸向前移动,某些型号的打印机还可使打印纸向后移动。而色带旋转机构将环形色带装在色带盒内,当小车在伺服电机的作用下运动时,使色带驱动轴也随之进行同一方向的旋转,带动色带在色带盒内周而复始地循环。

编码器的作用是记载小车的当前位置,其检测值供中央控制部件控制直流伺服电机的旋转方向,从而使小车驱动部件驱使打印头到达下一目标位置。

当打印机工作时,伺服电机控制小车的移动,步进电机控制走纸机构的走纸。

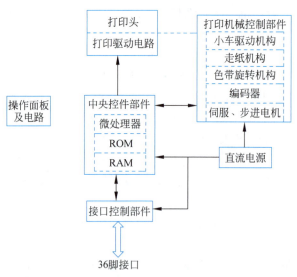

图 5-11　一台点阵打印机的结构框图

（5）操作面板及电路

该面板上的按钮与指示灯随不同的打印机而异，但总的功能包括电源接通、联机或脱机、自检、报警、走纸控制等。

2）工作原理

打印机被初始化后，如无故障，则进入接码阶段，接码工作的任务就是接收主机发来的数据。在读入一个数据后，首先判断是功能码还是字符代码，如果是功能码，则转入相应的功能码处理程序。若是字符代码，则把字符代码送入行缓存 RAM 中，此字符代码经地址译码到字符发生器 ROM 中找到相应打印码的字符点阵，再存入行缓存 RAM 中；若在图形方式下打印，则接收的是图形点阵数据，直接存放在行缓存 RAM 中。当接收到的功能码是打印命令（如 CR、FF、VF、LF 等），或行缓冲打印区已满，则进入打印处理程序。

打印处理程序首先确定第一个连续打印的首、尾指针（查找打印的缓冲区，将第一个和最后一个非空白的打印码地址送入打印码首尾取数指针中）。之后按照行缓存 RAM 中的字符或图形编码驱动打印头，击打色带在打印纸上打出信息。一行打印完毕后，启动走纸电机，驱动打印纸走纸一行。若是自左到右地正向打印，则先进行奇数针打印，再进行偶数针打印。若反向打印，则奇偶针的打印顺序与正向打印相反。为了提高打印速度，在打印处理程序中还要对一定长度的空格码（例如连续 5 个空格码）进行无动作的处理，使字车以较快速度通过此区，以缩短打印的时间。

3．喷墨打印机

喷墨打印机是一类非击打式的串行打印机。它将微小的墨水滴喷射到打印纸上印出字符和图形。喷墨打印机可打印彩色或黑白文件，分辨率一般为 600 点/英寸或更高，可以输出高质量的文本或高分辨率的图像。

喷墨打印机按工作原理分为固态喷墨和液态喷墨两种。固态喷墨是美国泰克（Tektronix）公司的专利技术，它使用的相变墨在常温下为固态，打印时墨被加热液化后喷射到纸张上，并渗透其中，附着性相当好，色彩极为鲜艳。但这种打印机昂贵，适合专业用户选用。通常所说的喷墨打印机指的是采用液态喷墨技术的打印机。液体喷墨打印机技术在原理上又分成两种：一种是连续(Continuous)喷墨方式,另一种是间断(Drop on Demand)喷墨方式。

连续喷墨方式连续不断地喷射墨流,但不需要打印时,由一个专用的腹腔来储存喷射出的墨水,过滤后重新注入墨水盒中,以便重复使用。这种机制比较复杂。而间断喷墨方式比较简化,它仅在打印时喷射墨水,因而不需要过滤器和复杂的墨水循环系统。间断喷墨方式的驱动部分又有两种不同的技术:一种是压电式(Piezoelectric)间断喷墨,另一种是热敏式(Thermal)间断喷墨。

压电式间断喷墨方式采用一种特殊的压电材料,当电压脉冲作用于压电材料时,产生形变并将墨水从喷口挤出,射在纸上。接下来以热敏式间断喷墨为例简述喷墨打印机的工作原理,如图 5-12 所示。

热敏式间断喷墨方式采用一种发热电阻,当电信号作用于其上时,迅速产生热量,使喷嘴底部的一薄层墨水在华氏 $900°$ 以上的温度下保持百万分之几秒后汽化,产生气泡,随着气泡的增大,墨水从喷嘴喷出,并在喷嘴的尖端形成墨滴。喷嘴末端安装的压电晶体高频振荡,使墨滴喷出的速度达每秒 10^5 滴。墨滴的直径只有 0.5mm。小墨滴克服墨水的表面张力喷向纸面,形成打点。当发热电阻冷却时,气泡自行熄灭,气泡破

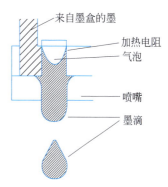

图 5-12　热敏式喷墨打印机的原理图

碎时产生的吸引力就把新的墨从储墨盒中吸到喷头,等待下一次工作。各墨滴之间的距离只有 0.1mm。

喷嘴安装在墨盒里,步进电机带动墨盒沿打印纸的水平方向运动,而打印纸相对于喷嘴纵向前进。从打印机控制器传来的要打印的信息,经过打印机的字符发生器转化为点阵信息,用于控制墨滴的运动轨迹,这样就在打印纸上印出了图像。

彩色喷墨打印机通常有两个墨盒,一个黑色墨盒用于打印黑白图像,彩色墨盒中包括青色、品红和黄色 3 种颜色的墨水,4 种颜色(包括黑色)的墨水按照一定比例组合即可产生多种颜色,印出彩色图像。

4. 激光打印机

激光打印机具有打印质量高、速度快、安静的特点,但与喷墨打印机比其价格高、便携性差,所以通常安装在办公室,几台计算机利用网络共享一台激光打印机。由于彩色激光打印机价位更高,因此大多数激光打印机都是黑白或灰度打印机,用于打印文本或简单的图像。激光打印机的分辨率为 600～1200dpi,每分钟可打印 4～20 张纸。

激光打印机利用激光扫描技术将经过调制的、载有字符点阵信息或图形信息的激光束扫描在光导材料上,并利用电子摄影技术让激光照射过的部分曝光,形成图形的静电潜像。再经过墨粉显影、电场转印和热压定影,便可在纸上印刷出可见的字符或图形。

1) 基本结构

激光打印机主要由打印控制器和打印装置构成。

(1) 打印控制器。

负责接收从主机传来的打印数据,并把这些数据转换为图像。

控制系统对激光打印机的整个打印过程进行控制,包括控制激光器的调制;控制扫描电机驱动多面棱镜匀速转动,进行同步信号检测,控制行扫描定位精度;控制步进电机驱动感光

鼓等速旋转,保证垂直扫描精度,使激光束每扫描一行都与前一行保持相等的间距。此外,还对显影、转印、定影、消电、走纸等操作进行控制。接口控制部分接收和处理主机发来的各种信号,并向主机回送激光打印机的状态信号。

控制电路的简化框图如图 5-13 所示。打印机装有一个激光二极管,它能快速接通或断开,从而在打印机上形成要打印的点或空白。打印开始时,控制电路扫描存储器中的内容,在每一个打印点中,电路确定是打印还是空白。当要打印点时,激光二极管便接通。

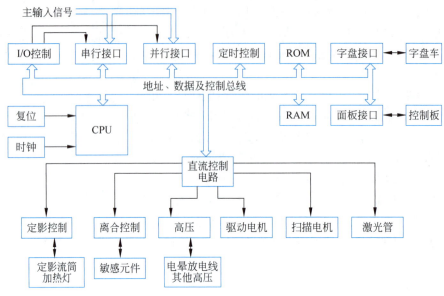

图 5-13　控制电路的简化框图

(2) 打印装置。

图 5-14 描述了其内部结构,是一组电子与机械相结合的系统。它能把打印控制器生成的点阵图形打印出来。打印装置有自己的处理器,用来控制引擎和电路。打印装置由以下部件构成：激光扫描装置、感光鼓、硒鼓、显影装置、静电滚筒、黏合装置、纸张传送装置、清洁刀片、进纸器和出纸托盘。

① 激光扫描装置。

激光扫描装置是激光打印机的核心部件,它是激光写入部件,也称激光打印头。激光扫描装置由光源、光调制器、光学系统和光偏转器等构成。

光源作为光源的激光,除特殊机型外,早年的大型高速设备都用 He-Ne 激光,近年来大力发展的低速机型多用半导体激光。He-Ne 激光之所以是早年应用最多的一种光源,原因就是这种激光器具有长寿命、高可靠性能、低噪音、低成本的优点。寿命可达 1 万小时以上,输出稳定度可达 95％以上,噪音一般都能控制在 1‰rms(root-mean-square)左右。

随着半导体激光器性能的改进,激光式打印机的光源越来越多地采用这种光源。半导体激光器的芯片可做到 0.5mm 以下,包括散热板在内也不超过数厘米,由于可以直接调制激光器的驱动电流,能实现高达吉赫兹频率的高速调制,而且不需要光调制器,因此可以实现小型化,容易降低造价,已成为当前激光打印机的主要光源。

• 光调制器

根据打印信息对激光束的调制方法,有的利用电光效应的 EO 调制器,有的则利用声光效应的 AO 调制器。EO 调制器的调制频带可达到吉赫兹数量级,能进行高速调制,但存在温度

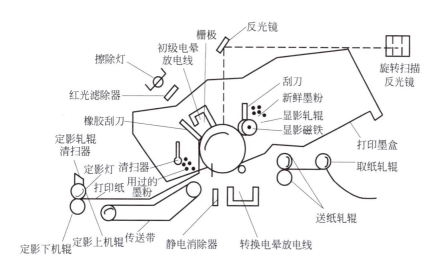

图 5-14 激光打印机的内部构造示意图

特性不稳的问题,为稳定工作需采取温度补偿措施,而且成本高,因而目前的激光式打印机都不采用这种调制器。AO 调制器的调制频率可达 30MHz 左右,特性稳定,价格也较便宜,因此所有采用气体激光的打印机,几乎都利用这种调制器。

• 光学系统

为使激光束在感光体上生成打印点,需要一套复杂的光学系统。这套光学系统的组成,大致有为使散射的光束变细的聚焦透镜,为扩大光束的扩展透镜,以及光束整形透镜等一组透镜群。其中,有对偏转器等角速度扫描的光束,使其在感光体表面上形成等速直线扫描的光束门透镜,有为缓和对偏转器的精度要求的转镜界面校正透镜。采用半导体激光器时,因为发出的是一种椭圆形散射的光束,为提高光束的利用效率,所以需设计相应的耦合透镜。由于半导体激光器发出的光束是不规则的,因此同一种耦合透镜不一定适用于所有的半导体激光器。

• 光偏转器

光偏转器也是为实现激光扫描记录的重要部件之一。作为固体偏转器,有 EO 偏转器和 AO 偏转器,都是比较理想的偏转器。机械偏转器有检测电流的检流偏转镜和高速转动的多面转镜。检流偏转镜的实用扫描频率只能达到几百赫兹,为了实用需提高至数千赫兹,因而多数激光式打印机都采用多面转镜。

② 感光鼓。

感光鼓是成像的核心部件,它一般是用铝合金制成的一个圆筒,鼓面上再涂敷一层感光材料(如硒-碲-砷合金或硒等)。通常情况下,感光涂层是很好的绝缘体,如果在感光鼓的外表面上加负电荷,则这些电荷会停留在上面不动。然而一旦感光鼓某一部分受光照射,该部分就变成导体,它表面上分布的电荷就会通过导体排入地,而未受光照的部分的电荷依然存在。激光打印机工作时,首先将感光鼓在黑暗中均匀地充上负电荷。当激光束投射到鼓的表面的某一个点时,这个点的静电便被释放掉,这样在鼓的表面便产生一个不带电的点,从而形成字符的静电潜像。鼓以一种相对缓慢但又绝对恒定的速度旋转,使激光能够在鼓的表面形成连续的、没有空隙的纵向投射。

③ 硒鼓。

硒鼓是用来盛碳粉的装置。有些打印机的硒鼓与感光鼓装在一起,被称为打印组件。碳粉是从许多特殊的合成塑料炭灰、氧化铁中产生的。碳粉原料被混合、熔化、重新凝固,然后被粉碎成大小一致的极小的颗粒。碳粉越细微、越均匀,所产生的图像就越细致。

④ 显影装置。

实际上就是一条覆盖有磁性微粒的滚轴。这些带有磁性的微粒附着在滚轴的表面,就像一个极为精细的刷子。这条滚轴分别与感应鼓和硒鼓紧靠在一起,当滚轴滚动时,滚轴表面的小颗粒先从硒鼓那里刷来一层均匀的碳粉,然后这些碳粉在经过感应鼓时便被吸附到感应鼓的表面。打印机的显影装置有对碳粉进行充电的功能,因为若想使碳粉只被感应鼓表面不带有静电的那部分(即被激光扫描过的点位)所吸附,则必须使碳粉带有电荷,使鼓的表面吸附碳粉,形成一个极为清晰的图像。

⑤ 纸张传送装置。

纸张传送装置是激光打印机最重要的机械装置。这个装置通过两根由马达驱动的滚轴来实现对纸张的传送。纸张由进纸器开始,经过感光鼓、加热滚轴等部件,最后被送出打印机。激光打印机中的滚动设备,如感光鼓、磁性滚轴和送纸滚轴的转动必须是同步进行的,它们的速度必须保持一致才能确保精确的打印输出。

⑥ 黏合装置。

纸张经过传送装置经过感光鼓时,鼓表面所附着的碳粉又被吸附到纸的表面。为了使碳粉永久地附着在纸张表面,必须对碳粉进行黏合处理。在激光打印机内部有两根紧靠在一起的非常热的滚轴,它们的作用便是对从其间经过的纸张加热,使碳粉熔化从而黏合在纸张的表面。

2) 工作原理

激光打印机的工作原理与静电复印机类似,二者都采用电子照相印刷技术。激光打印机的打印过程分7步进行。

(1) 充电。

预先在暗处由充电电晕靠近感光鼓放电,使鼓面充以均匀的负电荷。

(2) 曝光。

主机输出的字符代码经接口送入激光打印机的缓冲存储器,通过字符发生器转换为字符点阵信息。调制驱动器在同步信号控制下,用字符点阵信息调制半导体激光器,使激光器发出载有字符信息的激光束。这种激光束是发散的,经透镜整形成为准直光束,并照射在多面转镜上,再通过聚焦镜将反射光束聚焦成所需要的光点尺寸,然后光束沿感光鼓轴线方向匀速扫描成一条直线。

当充有电荷的鼓面转到激光束照射处时,便进行曝光。由于激光束已按字符点阵信息调制,使鼓面上显示字符的部分被光照射,而不显示字符的部分不被光照射。光照部分电阻下降,电荷消失,其他部分仍然保持静电荷,于是在鼓面形成一行静电潜像。转镜每转过一面,由同步信号控制重新调制激光束,并在旋转的鼓面上再次扫描,形成下一行静电潜像。

(3) 显影。

当载有静电潜像的感光鼓面转到显影处时,磁刷中带有负电荷的墨粉便按鼓面上静电分布的情况,被吸附在鼓面上的静电潜像上,从而在鼓面显影成可见的字符墨粉图像。

(4) 转印。

墨粉图像随鼓面转到转印处,在纸的背面用转印电晕放电,使纸面带上与墨粉极性相反的静电荷,于是墨粉便靠静电吸引而黏附到纸上,完成图像的转印。

(5) 分离。

在转印过程中,静电引力使纸紧贴鼓面。当感光鼓转至分离电晕处时,用电晕不断地向纸施放正、负电荷,消除纸与鼓面因正、负电荷所产生的相互吸引力,使纸离开鼓面。

(6) 定影。

转印到纸上的墨粉像如不经处理,很容易被抹掉。因此,在墨粉中还加有含高分子的有机树脂成分,并在高温状态下熔化,熔化后的墨粉再凝固,就可以永久地黏在纸张表面。所以与感光鼓脱开的打印纸还要经过一对定影热辊(即黏合装置)。上轧辊装有一个高温灯泡,当打印纸通过这里时,灯泡发出的热量使墨粉中的树脂溶化,两个轧辊之间的压力又迫使溶化后的墨粉进入纸的纤维中,将墨粉紧密地黏合在纸上,形成最终的打印结果,这一过程称作定影。定影轧辊上涂有特氟龙涂料,防止加热后墨粉黏在上面。还有一块涂有硅油的抹布,将黏在轧辊上的多余墨粉和灰尘抹掉。

(7) 消电与清洁。

完成转印后,感光鼓表面还留有残余的电荷和墨粉。当鼓面转到消电电晕处时,利用电晕向鼓面施放相反极性的电荷,使鼓面残留的电荷被中和掉。感光鼓再转到清扫刷处,刷去鼓面的残余墨粉。这样,感光鼓便恢复原来的状态,可开始新的一次打印过程。

由于要将打印的内容转换为位图形式,因此驱动激光打印机的软件较复杂。便宜的激光打印机由相连的计算机完成格式的转换,之后将转换好的位图发送给打印机。而价格高的激光打印机内部嵌入了微处理器,转换过程由打印机中的微处理器完成。较昂贵的打印机可以接收 Adobe 公司的 Postscript 格式文件。

5.3.3 多模态与 3D 打印

1. 多模态

20 世纪以来,多模态这一概念被广泛应用于教育学和认知科学等各个领域。近年来,描述相同或相关对象的多源数据在互联网场景中呈指数级增长,多模态已成为新时期信息资源的主要形式。相较于图像、语音、文本等多媒体数据划分,模态是一个更细粒度的概念,同一媒介下可存在不同的模态。概括来说,多模态可能具有以下 3 种形式。

(1) 描述同一对象的多媒体数据,例如互联网环境下描述某一特定对象的视频、图片、语音、文本等信息。

(2) 来自不同传感器的同一类媒体数据,例如医学影像学中不同的检查设备所产生的图像数据,包括 B 超、计算机断层扫描、核磁共振等;物联网背景下不同传感器所检测到的同一对象数据等。

(3) 具有不同的数据结构特点、表示形式的表意符号与信息,例如描述同一对象的结构化、非结构化的数据单元,描述同一数学概念的公式、逻辑符号、函数图及解释性文本等。

2. 3D 打印技术

3D 打印技术又称增材制造,出现于 20 世纪 90 年代中期,是一种快速成形技术。增材制造是相对于传统机加工等减材制造技术而言的,它基于离散/堆积原理,通过材料的逐渐累积来实现制造。3D 打印技术利用计算机将成形零件的 3D 模型切成一系列一定厚度的薄片,3D

打印设备自下而上地制造出每一层薄片,最后叠加成形制造出三维的实体零件。这种制造技术无须传统的刀具或模具,可以实现传统工艺难以甚至无法加工的复杂结构的制造,并且可以有效减少生产工序,缩短制造周期。

根据3D打印所用材料的状态及成形方法,3D打印技术可以分为以下7种。

1) 熔融沉积成形

熔融沉积成形(Fused Deposition Modeling,FDM)是以丝状的热塑性材料为原料,通过加工头的加热挤压,在计算机控制下逐层堆积,最终得到成形立体零件。这种技术是目前最常见的3D打印技术,技术成熟度高,成本较低,可以进行彩色打印。

2) 光固化立体成形

光固化立体成形(Stereo Lithography Apparatus,SLA)是利用紫外激光逐层扫描液态的光敏聚合物,实现液态材料的固化,逐渐堆积成形的技术。这种技术可以制作结构复杂的零件,零件精度以及材料的利用率高,缺点是能用于成形的材料种类少,工艺成本高。

3) 分层实体制造

分层实体制造(Laminated Object Manufacturing,LOM)以薄片材料为原料,在材料表面涂覆热熔胶,再根据每层截面形状进行切割粘贴,实现零件的立体成形。这种技术速度较快,可以成形大尺寸的零件,但是材料浪费严重,表面质量差。

4) 电子束选区熔化

电子束选区熔化(Electron Beam Melting,EBM)是在真空环境下以电子束为热源,以金属粉末为成形材料,通过不断在粉末床上铺展金属粉末,然后用电子束扫描熔化,使一个个小的熔池相互熔合并凝固,这样不断进行形成一个完整的金属零件实体。这种技术可以成形出结构复杂、性能优良的金属零件,但是成形尺寸受到粉末床和真空室的限制。

5) 激光选区熔化

激光选区熔化(Selective Laser Melting,SLM)的原理与电子束选区熔化相似,也是一种基于粉末床的铺粉成形技术,只是热源由电子束换成了激光束,通过这种技术同样可以成形出结构复杂、性能优异、表面质量良好的金属零件,但目前这种技术无法成形出大尺寸的零件。

6) 金属激光熔融沉积

金属激光熔融沉积(Laser Direct Melting Deposition,LDMD)以激光束为热源,通过自动送粉装置将金属粉末同步、精确地送入激光在成形表面上所形成的熔池中。随着激光斑点的移动,粉末不断地送入熔池中熔化、凝固,最终成形。这种成形工艺可以成形大尺寸的金属零件,但是无法成形结构非常复杂的零件。

7) 电子束熔丝沉积成形

电子束熔丝沉积成形(Electron Beam Freeform Fabrication,EBF)是在真空环境中,以电子束为热源,金属丝材为成形材料,通过送丝装置将金属丝送入熔池并按设定轨迹运动,直到制造出目标零件或毛坯。这种方法效率高,成形零件内部质量好,但是成形精度及表面质量差,且不适用于塑性较差的材料,因此无法加工成丝材。

3D打印技术能够节省材料,有较高的材料利用率;能够实现更高精度和复杂程度的零部件的生产;可以自动、快速、直接和精确地将设计图纸转化为模型;能够有效缩短产品研发周期等。因此,该技术已得到普及与发展,并广泛应用于医学领域、汽车行业等各行各业。

5.4 I/O 存储器

辅助存储器作为主存的后援存储器,用来存放当前 CPU 暂时不用的程序和数据,需要时再成批地调入主存。从它所处的部位和与主机交换信息的方式来看,它属于外部设备的一种。

辅助存储器的特点是容量大、成本低,可以脱机保存信息。目前主要有磁表面存储器和光存储器两类,如磁盘、磁带,光盘等。下面分别介绍它们的基本原理。

5.4.1 磁表面存储器的基本原理

磁表面存储器存储信息的原理与早期的磁芯存储器相似,它是利用磁性材料在不同方向的磁场作用下,具有两个稳定的剩磁状态来记录信息的。磁表面存储器是把某些磁性材料(最常用的为 $\gamma\text{-Fe}_2\text{O}_3$)均匀地涂敷在载体的表面上,形成厚度为 $0.3\sim5\mu m$ 的磁层,信息记录在磁层上。把磁层及其所附着的载体称为记录介质。载体是由非磁性材料制成的,若载体为带状,则称为磁带,一般由聚酯塑料制成,若载体为盘状,则称为磁盘,如果由合金材料制成,则为硬盘,若由塑料制成,则为软盘。

磁表面存储器的读写元件是磁头,它是实现电-磁转换的关键元件。磁头通常由铁氧体或坡莫合金等高磁导率的材料制成,磁头上绕有线圈。磁头铁芯通常呈现圆环或马蹄形,铁芯上有一个缝隙,用玻璃等非磁性材料填充,称为头隙。

磁表面存储器的读/写操作是通过磁头与磁层的相对运动进行的。一般都采用磁头固定,磁层进行匀速平移或高速旋转。由磁头缝隙对准运动的磁层进行读/写操作。

当写入信息时,根据所要写入的信息,按一定的记录方式,在磁头线圈上通以一定方向的电流。若写1,则通以正向电流;若写0,则通以负向电流。写入电流使磁头中产生一定方向的磁场,在此磁场作用下,运动到磁头缝隙下的磁层被磁化一个小的区域,称为一个磁化单元。写入信息不同,写入电流的方向不同,磁化单元被磁化的方向也不同,从而写入不同的信息。一个磁化单元的写入过程如图 5-15 所示。

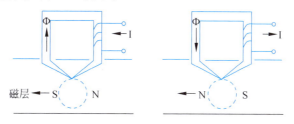

图 5-15 一个磁化单元的写入过程

读出时,被磁化了的磁层相对磁头高速移动,处于剩磁状态的磁化单元经过磁头缝隙,使磁层与磁头交链的磁路中发生磁通变化,此变化的磁通在磁头线圈中产生感应电势,感应电势经读出放大电路放大和整形,在选通脉冲的选通下,读出原写入的信息。

5.4.2 磁记录方式

磁记录方式是一种编码方法,即按照某种规律将一连串的二进制数字信息变换成磁层的磁化翻转形式,并经读写控制电路实现这种转换规律。记录方式的实质是解决在磁头线圈中加入什么样的写入电流波形才能实现所要求的二进制数字信息的写入操作,也就是按何种规律对写入电流进行编码。磁记录方式有多种,我们仅讨论下面几种常见的记录方式。

1. 归零(RZ)制

它的规则是:若记录 1 信息,则加正向写入电流脉冲;若记录 0 信息,则加负向写入电流脉冲,每写入一个信息,电流归零。在这种方式中,相邻两位信息之间,磁头线圈的写电流为 0,相应的这段磁层未被磁化。因此,在写入信息前必须先去磁。由于这种方法有未被磁化的空白区,记录密度低,抗干扰能力差,因此目前已不被使用。

2. 不归零(NRZ)制

在这种方式中,若写 1,则加正向电流脉冲;若写 0,则加负向电流脉冲。与 RZ 制的主要区别在于:在记录信息时,磁头线圈的写入电流不是正向电流脉冲,就是负向电流脉冲,决不会出现电流为 0 的状态。这种方式在连续记录相同的信息时,电流方向不变,只有相邻两位信息不同时,电流才改变方向,因此称它为见变就翻的不归零制。

3. 不归零-1(NRZ-1)制

它是归零制的一种改进,又称见 1 就翻的不归零制。当写 1 时,磁头线圈的写入电流改变一次方向;当写 0 时,磁头线圈的写入电流方向维持不变。本方式用于低速磁带机中。

4. 调相(PM)制

调相制又称相位编码(PE)或曼彻斯特码。它利用磁层的磁化翻转方向的相位差表示 1 或 0。假定记录 0 信息时,规定磁头线圈的写入电流在一个位周期的中间位置从负变正,则记录 1 信息时,写入电流在位周期中间位置从正变负。当连续写多个 0 或多个 1 时,则在两个位周期交界处,写入电流需改变一次方向。这种记录方式常用于磁带机。

5. 调频(FM)制

在这种方式中,若记录 1 信息,则写入电流在一个位周期中间位置改变一次方向(不管原来方向如何),若记录 0 信息,则写入电流在位周期中间不改变方向。不论是写 0 还是写 1,在两个位周期交界处,写入电流总要改变一次方向。这种方式在记录 1 时,磁层磁化翻转频率为记录 0 时的两倍,因此又称为倍频制。调频制记录方式主要用于早期磁盘中。

6. 改进调频(MFM)制

改进调频制是在调频制的基础上加以改进。若记录 1 信息,则在位周期中间写入电流改变一次方向;若记录 0 信息,则在位周期中间写入电流方向不变;若连续写多个 0,则在两个 0 的位周期交界处,写入电流改变一次方向。

图 5-16 示出了上述各种记录方式的写入电流波形。不同的磁记录方式特点不同,性能各异。评价一种记录方式的优劣标准主要是编码效率和自同步能力等。自同步能力是指从读出的脉冲信号序列中提取同步时钟信号的能力。磁表面存储器为了从读出信号中分离出数据信息,必须要有时间基准信号,称为同步信号。同步信号可以从专门设置用来记录同步信号的磁道中取得,这种方法称为外同步。如果直接从读出信号中提取同步信号,则称为内同步。

自同步能力的大小可以用最小磁化翻转间隔与最大磁化翻转间隔的比值 R 来衡量。比值 R 越大,自同步能力越强。NRZ 制与 NRZ-1 制记录方式无自同步能力,PM、FM、MFM 记录方式有自同步能力。FM 记录方式的最小磁化翻转间隔是 T/2,最大磁化翻转间隔是 T,其中 T 为位周期,因此 RFM=0.5。

编码效率又称记录效率,是指每次磁层磁化翻转所存储信息的位数。FM、PM 记录方式中存储一位信息磁层最大磁化翻转次数为 2,因此编码效率为 50%。而 NRZ、NRZ-1、MFM 三种记录方式编码效率为 100%,它们存储一位信息磁层磁化翻转次数最多为一次。

除编码效率和自同步能力外,还有读出信号的分辨能力、频带宽度、抗干扰能力以及编码译码电路的复杂性等。它们都影响记录方式的取舍评价。

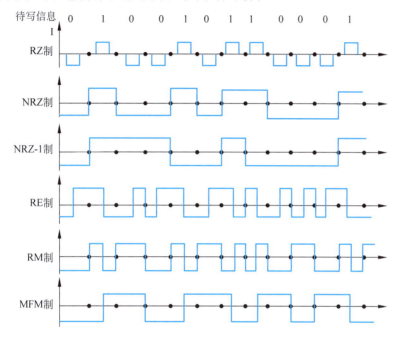

图 5-16　各种磁记录方式

除上述讨论的几种记录方式外,还有改进的改进调频制 M²FM、成组编码法 GCR、游程长度受限码 RLLC 等记录方式,它们已广泛用于高密度磁带和磁盘中。成组编码法是把待写入的信息序列按 4 位长度进行分组,然后按某一确定规则将 4 位信息编码为 5 位码字,再把编码字序列按 NRZ-1 制记录方式记录在磁层中。读出时再把读出的编码字序列进行译码,以读出原来存储的信息,采用这种编码可使磁带机存储密度提高到 6250 位/英寸(bpi)。

RLLC 码已广泛用于高密度磁盘中,它实质上是把原始数据序列变换成 0、1 受限制的记录序列,其编码规则是:把待输入的信息序列变换为 0 游程长度受限码,即任何两位相邻的 1 之间的 0 的最大位数 k 和最小位数 d 均受到限制的新编码,然后用 NRZ-1 进行写入。正确地设计 k、d 值,可以获得优良的编码性能。

5.4.3　磁盘存储器

磁盘存储器是目前计算机系统中应用最普遍的辅助存储器。磁盘存储器按盘片材料分,有硬盘、软盘两种,硬盘容量大、速度快,软盘对环境要求不高,价格低。

温彻斯特(Winchester)磁盘简称温盘,是一种典型的固定式盘片活动头硬盘存储器。所谓温彻斯特磁盘,实际上是一种技术,它是磁盘向高密度、大容量发展的产物,其主要特点是把磁头、盘片、磁头定位机构甚至读写电路等均密封在一个盘盒内,构成密封的头-盘组合体。这个组合体不可随意拆卸,它的防尘性能好,可靠性高,对使用环境要求不高。

磁盘存储器由驱动器、控制器和盘片 3 部分组成。磁盘驱动器又称磁盘机或磁盘子系统,它是独立于主机之外的完整装置。大型磁盘驱动器要占用一个或几个机柜,而微型温盘或软盘驱动器则是比一块砖还小的匣子。驱动器内包含有旋转轴驱动部件、磁头定位部件、读写电路和数据传送电路等。磁盘控制器是主板上的一块专用电路。它的任务是接受主机发送的命令和数据,并转换成驱动器的控制命令和驱动器所要求的数据格式,控制驱动器的读写操作。一个控制器可以控制一台或多台驱动器。盘片是存储信息的介质,硬盘的盘片一般以铝合金为基体,而软盘盘片则是用塑料薄膜制成的。硬盘盘片一般有单片结构和多片组合两种,温盘中一般是多片结构。

1. 硬盘的结构和信息的读写

活动头多盘片硬盘机的主要结构如图 5-17 所示,由盘片组、读写磁头和定位机构组成。

盘片由铝合金圆盘载体两面涂敷磁胶制成,厚度为 1~2mm,片间距为 10~20mm,由同心轴带动旋转。通常,盘片组的最上面和最下面不作记录用,作为保护面。每个记录盘面装有一个读写头,读写头可在步进电机或音圈电机驱动下沿磁盘径向移动。磁头和盘面不直接接触,保持一定的距离。当盘片高速旋转时,磁头保持悬浮状态。

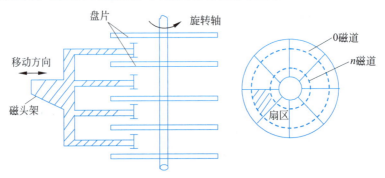

图 5-17 活动头磁盘结构和扇区

在磁盘的记录面上有许多半径不同的同心圆磁道,由外向内给每个磁道编号,最外边的是 0 号磁道。将盘面沿垂直于磁道的方向划分成若干个扇区,并加以编号,可以连续编号,也可以间隔编号。每条磁道在扇区内的部分称为扇段,每个扇段存储等量的信息。扇段是磁盘信息的基本单位,也就是说,磁盘是以扇段为单位编址的。由于各条磁道的半径不同,因此各条磁道的存储密度是不同的。

如果磁盘组有 n 个记录面,则 n 个面上位于同一半径的磁道形成一个圆柱面,圆柱面数等于一个盘面的磁道数。在读/写过程中,各个盘面的磁头总是处于同一个圆柱面上。存取信息时,可按圆柱面的顺序进行,这样在存取连续数据时,磁头的径向移动动作就会减少(相对于按盘面的顺序进行存取而言),有利于提高速度。于是磁盘地址可表示为:

圆柱面号	盘面号	扇区号

该格式表示磁盘信息的地址可由 3 个具有一定意义的二进制数字段拼接而成。例如,若某盘片组有 8 个记录面,每个盘面分成 256 条磁道,8 个扇区,当主机要访问其中第 5 个记录面上,第 65 条磁道,第 7 个扇区的信息时,则主机向磁盘控制器提供的地址信息是:

01000001　101　111

如何根据地址信息把读写头定位到相应位置呢？可以看出，圆柱面和盘面的定位都容易实现，困难在于扇段的定位。确定磁盘的扇段地址有许多方法。一般情况下，可设置盘片缺口或孔，通过光源和光敏元件，使盘片每转一圈产生一个索引脉冲和若干个扇标脉冲(硬分段)，索引脉冲用来标志磁道信息的起点，此后第一个扇区为 0 扇区，第二个为 1 扇区(连续编址)，等等。再利用扇标脉冲作为定时时钟驱动一个计数器，根据计数器的内容，即可确定磁道上的扇段编号。磁道上每一个数据位的同步脉冲可以直接从存储的磁盘信息中分离出来，但对于不包含同步信息的记录方式，则必须由专用磁道来提供定时脉冲。

如果主机配有几台磁盘驱动器，则还应给驱动器编号，用来选择所需的驱动器，此时磁盘信息的地址格式为：

驱动器号	圆柱面号	盘面号	扇区号

在上述地址格式中，当盘片为单片单面结构时，圆柱面号一栏应改为磁道号。

在活动头系统中，当访问磁盘中某一扇段时，必须由磁道定位机构把读写头沿磁盘半径方向移到相应的磁道位置上，这一时间称为定位时间。定位时间取决于磁头的起始位置与所要求磁道间的距离。定位以后，寻找所需扇区的时间称为等待时间，或称旋转延迟，平均值为磁盘旋转半圈的时间，可为几个毫秒。上述两个延时之和称为磁盘的寻址时间。

读/写操作总是从扇区的边界开始的，每次交换一个扇段的信息。如果写入的内容不满一个扇段，则在该扇段的余下部分重复数据的最后一位。

磁盘和主存间的数据交换可通过 DMA 或通道控制完成。为了保证写入时数据的可靠性，通常在写操作以后启动一个读操作，把从磁盘读出的内容与从主存相应的单元读出的内容进行比较，如果不一致，则经中断系统向 CPU 送一个出错信息。

2. 磁盘的信息记录格式

磁盘信息访问的基本单位是一个磁道的扇区部分，即扇段。图 5-18 表示一个扇段的信息记录格式。

图 5-18　扇段的信息记录格式

由磁盘控制器产生的扇标脉冲标志着一个扇区的开始。每个扇区段由头部空白、序标、数据、校验字、尾部空白等字段组成，其中空白段用来作为地址定位缓冲，便于磁盘控制器做好读写准备，序标部分指出本扇区的地址，以及作为磁盘控制器的同步定时信号，之后即为本扇区记录的数据。校验字用来校验读出的数据是否正确，一般采用循环校验码。

3. 磁盘存储器的主要技术指标

1) 存储容量

存储容量(C)指磁盘组所有盘片能记录的二进制信息的最大数量，一般以字节为单位。

若一个磁盘组有 n 个盘面存储信息,每个面有 T 条磁道,每条磁道分成 S 个扇段,每段存放 B 字节,则:

$$C = n \times T \times S \times B \tag{5-1}$$

存储容量有非格式化容量和格式化容量两个指标,格式化容量指按照特定记录格式所存储的用户可以使用的信息总量,非格式化容量指记录面可以利用的磁化单元总数。格式化容量一般为非格式化容量的 60%~70%。

2) 平均寻址时间

平均寻址时间等于平均磁道定位时间和平均旋转等待时间之和。

3) 存储密度

存储密度可用位密度和道密度来衡量。

(1) 位密度:沿磁道方向单位长度所能存储的二进制位数。位密度又称线密度,单位是位/英寸(bpi)。

(2) 道密度:沿磁盘径向单位长度所包含的磁道数,单位是道/英寸(tpi)或道/毫米(tpm)。

4) 数据传输率

单位时间内磁盘存储器所能传送的数据量,以字节/秒(B/s)为单位。

评价磁盘存储器的技术指标还有误码率(出错信息和读出总信息的位数之比)及价格等。

下面举例说明计算磁盘存储器参数的方法。

例 5-1 设某磁盘由 8 片盘组成,其中最上面和最下面两面不记录信息,已知该盘每个记录面共有 1024 个磁道,每个磁道有 64 个扇区。磁盘转速为 6000 转/分,平均寻道时间为 12ms,启动延迟为 1ms。假设磁盘最内圈直径为 5cm,最外圈直径为 10cm。计算磁盘的容量,磁盘地址需要多少位,磁盘的数据传输率,读写一个扇区的数据需要的平均访问时间,该盘的道密度,最小位密度,以及最大位密度。

磁盘的容量(非格式化容量)为:

$$C = 记录面 \times 磁道数/面 \times 扇区数/道 \times 字节数/扇区$$
$$= 14 \times 1024 \times 64 \times 512(字节) = 448MB$$

磁盘的地址格式为:

圆柱面号(1024 个柱面)	盘面号(16 个盘面)	扇区号(64 个扇区/面)

所以,磁盘地址需要 20 位。

数据传输率为:

$Dr = 每一磁道的容量 \times 每秒转数 = 64 \times 512 \times 6000/60s = 3200KB/s$

平均访问时间 = 平均寻道时间 + 平均旋转时间 + 启动延迟 + 传送一个扇区数据所需的时间

$$= 12 + 1 + \frac{60s}{6000 \times 2} + \frac{512B}{3200KB/s} = 18.16ms$$

$$磁道密度 = \frac{1024}{(10-5)/2} = 409.6 \ 道/cm$$

$$最小位密度 = \frac{8 \times 512 \times 64}{\pi \times 10} = 834.9 \ 位/mm$$

$$最大位密度 = \frac{8 \times 512 \times 64}{\pi \times 5} = 1669.7 \ 位/mm$$

4. 硬盘的垂直记录技术

技术人员实现硬盘扩容的方法就是把平铺在磁盘上用于记录数据的磁微粒不断削小(或提高道密度)来扩大硬盘容量。但磁颗粒变小也有极限,当到达极限时就会导致超顺磁(Superparamagnetic)现象,即承载数据的微粒变得非常小,以至于在室温下任何材料的原子随机振动都会引起数据位的磁定向发生自然逆转,从而致使记录数据丢失。

1977年,被誉为现代垂直记录技术之父的日本岩崎俊教授率先开展了这项技术的研究。希捷公司首先将垂直记录技术的革新产品推向市场。这一全新磁盘存储技术冲破了以往水平记录方式发展的瓶颈。水平记录技术是让数据平躺在磁盘表面上,如图5-19的(a)图所示,而垂直记录技术则是让数据位站立在磁盘表面上,如图5-19的(b)图所示。

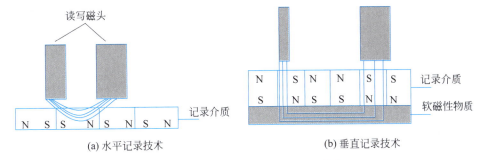

图 5-19　水平记录技术与垂直记录技术

磁微粒垂直排列能使磁盘的位密度更大,提高磁盘总容量,并使得磁头在单位时间内扫描更多的数据位,提高读写能力,减少了读写相等数据量磁盘所转的圈数,降低了能耗,减少了发热。当然,磁头读写数据的工作方式不同。在水平于介质方向上读写数据时,水平记录技术只使用了深层间隙磁场的一部分,没有充分利用磁盘的厚度。而在垂直记录技术中,碟片底下多了一层软磁性物质,该物质会受到周围磁场的作用而带有磁性,并与读写头两个隔开的部分形成磁回路,实现对磁记录单元的读写。

垂直记录技术的硬盘在结构上没有明显变化,依然是由磁盘(超平滑表面、薄磁涂层、保护涂层、表面润滑剂)、传导写入元件(软磁极、铜写入线圈、用于写入磁变换的交流线圈电流)和磁阻读出元件(检测磁变换的GMR传感器或者磁盘新型传感器设计)组成的。但磁盘的构造有了改进,增加了软磁底层(Soft Magnetic Underlayer),磁盘材料可以增厚,让小型磁粒更能抵御超顺磁现象的不利影响;软磁底层让磁头可以提供更强的磁场,让其能够以更高的稳定性将数据写入介质;相邻的垂直比特位可以互相稳定。

垂直记录技术的出现,大大推动了大容量、小尺寸的硬盘面世。例如东芝的1.8英寸垂直记录硬盘,区域密度达到了133Gb/平方英寸;希捷的垂直记录硬盘,区域密度达到了170Gb/平方英寸;日立公司的垂直记录硬盘,区域密度达到了230Gb/平方英寸。这意味20GB的微硬盘和容量为1TB的3.5英寸硬盘已成为现实。

5.4.4　光盘存储器

光存储技术的产品化形式是由光盘驱动器和光盘片组成的光盘驱动系统。驱动器读写头是用半导体激光器和光路系统组成的光头,记录介质采用磁光材料。光存储技术是通过光学的方法读写数据的一种存储技术,其工作原理是改变一个存储单元的性质。使其性质的变化反映出被存储的数据,识别这种性质的变化,就可以读出存储数据。光存储单元的性质,例如反射率、反射光极化方向等均可以改变,它们对应存储的二进制数据 0 和 1,光电检测器能够通过检测出光强和光极性的变化来识别信息。高能量激光束可以聚焦成约 $1\mu m$ 的光斑,因此光存储技术比其他存储技术具有更高的容量。

1. 光盘存储器的类型

根据性能和用途不同,光盘可分为以下几种类型。

1) 只读光盘

只读光盘(Compact Disk Read Only Memory,CD-ROM)是最常用的光盘,直径约 12cm,厚度为 1.2mm,容量大约为 650MB。在盘基上有一层聚酯薄膜和一层金属铝(反射激光),表面刷了一层保护漆。由于价格便宜,便于携带,市场上颇受用户的欢迎。其工作特点是,采用激光调制方式记录信息,将信息以凹坑(pits)和凸区(lands)的形式记录在螺旋形光道上。光盘是由母盘压模制成的,一旦复制成形,永久不变,用户只能读出信息。激光电视唱片(VD)和数字音频盘(Compact Disc Digital Audio,CD-DA)就属于这种类型。

2) 只写一次型光盘

这种光盘可由用户利用只写一次型光盘(Compact Disc Recordable,CD-R)驱动器写入信息(也称为刻盘),写入的信息 CD-ROM 光驱也可以读出。但 CD-R 只能写一次,写入后不能再修改。向 CD-R 盘片上写信息的技术不同于 CD-ROM。CD-R 盘片在铝和聚酯膜间加入了一层染料,这层染料是半透明的,使得激光可透射到铝层。当驱动器向 CD-R 盘上写信息时,根据所写入的信息控制激光烧掉某些区域的染料,使其成为不透明、不反射激光的区域。在读 CD-R 盘片上的信息时,激光照射到盘片上,驱动器只能接收到从有半透明染料处反射过来的激光,而染料被烧掉的区域无反射光,这样就可以转换成数字信息 0 和 1。

为了完成读写任务,CD-R 驱动器中使用两路激光,即读激光和写激光。

3) 可擦写型光盘

可擦写型光盘(Compact Disc Rewritable,CD-RW)类似于磁盘,可以重写信息。

2. 光盘存储器的工作原理

1) 只读光盘的读原理

只读光盘的信息是沿盘面螺旋形状的信息轨道以凹坑和凸区的形式记录的,如图 5-20(a)所示。光道深 $0.12\mu m$,宽 $0.6\mu m$。螺旋形轨迹中一条与下一条的间距为 $1.6\mu m$。

只读光盘既可以记录模拟信息(如 LaserVision),也可以记录数字信号(如 CD-DA)。图 5-20(b)表示记录数字信号的原理。光道上凹坑或凸区的长度是 $0.3\mu m$ 的整数倍。凹凸交界的正负跳变沿均代表数字"1",两个边缘之间代表数字"0","0"的个数是由边缘之间的长度决定的。通过光学探测仪器产生光电检测信号,从而读出"0"、"1"数据。为了提高读出数据的可靠性,减少误读率,存储数据采用 EFM(Eight to Fourteen Modulation)编码,即将 1 字节的 8 位信息编码为 14 位的光轨道位,并在每 14 位之间插入 3 位合并位(Mergingbits)以确保"1"码间至少有 2 个"0",最多有 10 个"0"码。

2) 可擦写光盘 CD-RW 的擦写原理

根据前面所述,光盘写入信息的过程是改变光盘介质的某种性质,以变化和不变两种状态分别表示"1"和"0",从而实现信息的存储。要实现光盘信息的重写,必须恢复光盘介质原来的

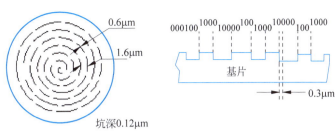

(a) 在螺旋形光道上以凹坑和凸区表示的信息　　(b) 在光盘上记录数字信息

图 5-20　CD-ROM 盘存储信息的原理

性质,擦去已存储的信息,然后重新记录新的信息。

按照这种改变性质来实现信息存储的原理来分,可擦写光盘的记录方式可分为两大类,即磁光式擦写和相变式擦写。

(1) 磁光式擦写原理

当前国际上较流行的是磁光式擦写,该盘普遍采用玻璃盘基上再加 4 层膜结构组成,它是以稀土-过渡金属非晶体垂直磁化膜作为记录介质光学膜和保护膜的多层夹心结构。

有两种磁光写操作方法,即居里点记录(稀土-铁合金膜介质)和补偿点记录(稀土-钴合金膜介质)。过程是用激光照射光盘垂直膜面磁化方向上的磁化物质,并对其垂直磁化。利用磁性物质居里点热磁效应,在某一方向饱和式磁化,用激光向需要存储信息"1"的单元区域加热,使其温度超过居里点,失去磁性。在盘的另一面的电磁线圈上施加一个外磁场,使被照单元反向磁化,这样该单元区域磁化方向与其他未照射单元方向相反,从而产生一个信息存储状态"1",而其他未经照射的单元相当于存储信息"0"。擦去信息的过程与写过程刚好相反,即恢复原来的磁化方向。读出原理是,利用物理学中的电磁感应效应,检测出光盘上各存储单元的磁化方向,从而转换为"0"和"1"。

(2) 相变式擦写原理

相变式擦写的光盘在铝和聚酯膜间有一层相变混合层,该层由特殊的化学物质构成,可以在某个温度下改变物理状态,并可将这个物理状态无限地保持下去。混合层开始时是半透明晶体状态,允许激光透射到反射层铝上。当 CD-RW 驱动器的写激光向盘上烧信息时,由于热效应,某些区域的相变混合层熔化了,成为不透明、不反射激光的区域,迅速冷却,使这些区域一直保持新的物理状态。驱动器的光头中有第三路激光,专用于擦除信息。擦除信息时,激光慢慢加热那些在写信息时被熔化的区域,将相变混合层中的这些区域再转换为半透明的晶体态,以便重写信息。

3. 光盘存储器的技术指标

1) 数据传输率

数据传输率指将数据从光盘驱动器传送到主存的速率,为单位时间内光盘的光道上传送的数据比特数。这与光盘转速、存储密度有关。光盘转得越快,数据从光盘传送到主机内存的速度越快。单倍速光驱的数据传输率是 150KB/s。12 倍速(写为 12×)光驱的数据传输率是 1.8MB/s,其光盘外圈的转速是 2400 转/分钟(rpm),内圈转速是 6360 转/分钟。

CD-R 驱动器的写速度与读速度是不同的,如标示为 24×/40×,指其读信息的速度是 40×,写信息(刻盘)的速度只有 24×。CD-RW 驱动器有 3 个速度,如标示为 24×/12×/40×,

其写速度是 24×,重写的速度是 12×,读的速度是 40×。

2) 存储容量

存储容量指所能读写的光盘盘片的容量。光盘容量又分为格式化容量和用户容量,采用不同的格式和不同驱动器,光盘格式化后的容量不同。例如 650MB 的 CD-ROM 盘片,螺旋线形的光道被划分成一个个扇区,扇区是最小的信息记录单位。每个扇区的信息记录格式如图 5-21 所示,可存放 2048 字节的有效数据。每个扇区的地址被标记为分、秒、扇区,每秒钟的数据需要 75 个扇区存放,一张盘片可存储 74 分钟的数据,所以整张盘片的容量为:

74 分钟×60 秒×75 扇区/秒×2048 字节=681 984 000 字节 ≈ 650MB

12字节同步	4字节头	2048字节用户数据	4字节EDC	8字节空白	276字节ECC	784字节ECC/EDC	98个控制字节

图 5-21 CD-ROM 每个扇区的数据格式

3) 平均存取时间

平均存取时间是在光盘上找到需要读写的信息的位置所需要的时间,即指从计算机向光盘驱动器发出命令,到光盘驱动器可以接受读写命令为止的时间。一般取光头沿半径移动全程 1/3 长度所需要的时间为平均寻道时间,盘片旋转一周的一半时间为平均等待时间,两者加上读写光头的稳定时间就是平均存取时间。

4) 接口规范

CD-ROM 驱动器与主机的接口方式有 IDE 和 SCSI。IDE 接口采用 40 针的通信电缆将光驱与主板连接起来。绝大多数主板上都固化有 IDE 控制器,能自动识别 CD-ROM 驱动器。若采用 SCSI 接口规范,绝大多数情况下需要购买 SCSI 适配器将光驱与主机连接起来。有些主板固化有 SCSI 接口。SCSI 接口的传输速度比 IDE 接口的传输速度快。

4. DVD

DVD(Digital Versatile Disc)盘片的物理规格与 CD 盘片是一样的,直径约为 120mm,厚度为 1.2mm。DVD 播放机能够播放 CD 和 VCD 盘片。不同的是 DVD 盘片上光道之间的间距由原来的 1.6μm 减小到 0.74μm,记录信息的最小凹坑和凸区的长度由原来的 0.83μm 减小到 0.4μm;另外,CD 盘片采用波长为 780~790nm 的红外激光器读取数据,而 DVD 采用波长为 635~650nm 的红外激光器读取数据,这就是单层单面 DVD 盘片存储容量提高到 4.7GB 的原因。而单层双面的 DVD 盘片存储容量为 9.4GB,双层单面的存储容量为 8.5GB,双层双面的存储容量为 17GB。DVD 信号的调制方式和检错纠错方法也做了相应的修正以适合高密度的需要,它采用效率较高的 8 位到 16 位+(EFM PLUS)调制方式,DVD 校验系统采用更可靠的 RS-PC(Reed Solomon Product Code)。

DVD 播放机和驱动器的结构类似于 CD-ROM 驱动器,由盘片旋转驱动装置、读信息激光头、光头定位机械装置和将数据由光驱传送到主机的通信电路构成。由于 DVD 视频盘上的视频信息是按照 MPEG-2 标准编码的,有的 DVD 播放机或驱动器中有 MPEG-2 解码器,有的包括 Dolby AC-3 音频解码器或 DTS 解码器,用于解码音频信号。

DVD 播放机中使用的激光不同于 CD-ROM 驱动器中使用的激光。DVD 播放机中的激光必须能聚焦于盘片上的不同层。单层 DVD 只有一层反射面,双层 DVD 盘片有两层记录面,一层为反射面,其上面一层为半透明的,激光必须能够区别这两层,聚焦在要查找信息所在的层面上。目前,市场上有 5 种 DVD 盘片的信息记录标准。

1) DVD-ROM

DVD-ROM(DVD-Read Only Memory)类似于 CD-ROM 技术,盘片上所存储的信息由生产厂商写好了,用户只能读信息,不能向盘片上写信息。由于存储容量是 CD-ROM 容量的 7 倍,价格便宜,在市场上广为流行。

2) DVD-R

DVD-R 标准由 Pioneer(先锋)公司于 1998 年提出。DVD-R 只能做一次性写入数据的操作。DVD-R 因用途的不同,还分有两种子规格:一种是专业(Authoring)DVD-R,适合商业用途;另一种是通用(General)DVD-R,适合普通用户使用。它们之间的主要区别是在写入和读取时激光波长不同,以及防止拷贝的能力不同。普通用户购买 DVD-R 盘片应注意购买标有 For Data 或 General 的光盘。

由于 DVD-R 盘片的反射率和 DVD-ROM 相似,因此能被大多数计算机上的 DVD 光驱以及多数 DVD 影碟机读取。

3) DVD-RAM

最原始的技术是从 Panasonic 的 PD 演进而来的,所以 DVD-RAM 跟 PD 在技术规格上有许多相近的地方。当初 Panasonic 设计 DVD-RAM 时,有一个很重要的目的,就是资料读取性能要高,所以 DVD-RAM 并未采用传统的光驱索引方式,而是采用非线性的存取方式,数据的格式与硬盘数据相类似。因此,它可以像硬盘一样对数据进行随机读写,在各种情况下的反应速度较快,这是 DVD-RAM 的优势。但正是由于这种类似硬盘的读写模式,DVD-RAM 在使用前需要先快速格式化,并且使用一段时间后,也要做文件重组工作,以提高 DVD-RAM 的利用率。

兼容性差是 DVD-RAM 的最大缺陷,普通 DVD 光驱和 DVD 影碟机无法读取 DVD-RAM 光盘,若要读取 DVD-RAM 光盘,则必须使用 DVD-RAM 驱动器。

4) DVD-RW

该标准由 Pioneer(先锋)公司于 1998 年提出。DVD-RW 的刻录原理和普通 CD-R/RW 刻录类似,采用固定线性速度 CLV 的刻录方式。DVD-RW 采用相变式(Phase Change)的读写技术,可以重复擦写数据。DVD-RW 的兼容性要优于 DVD-RAM,但一些老型号的 DVD 影碟机不能读取。早期 DVD-RW 的速度更只有 1 倍速(刻录一张光盘要花费 1 小时左右),不过目前已经出现高倍速的机种。

5) DVD+RW

DVD+RW 的规格是由 7C(Philips/Sony/Yamaha/Mitsubishi/Chemical-Verbatim/Ricoh/hp/Thomson)主导的,并不属于 DVD 论坛(DVD-Forum)的正式规格。而 DVD+RW 和 DVD-RW 一样,具有重复可写的特点。DVD+RW 采用的是 CAV 刻录方式,并且 DVD+RW 也采取与硬盘类似的数据结构,数据的读写性能要强于 DVD-RW。虽然 DVD+RW 使用也需要格式化(时间需要 1 小时左右),但是由于从中途开始可以在后台进行格式化,因此 1 分钟以后就可以开始刻录数据,是使用速度最快的 DVD 刻录机。

同时,DVD+RW 标准也是目前唯一获得微软公司支持的 DVD 刻录标准。值得一提的是,DVD+RW 联盟加入了无损连接(Lossless Linking)技术。在无损连接状态下,不同数据区块的间隙可以低到 1 微米以下,这样读写头可以在上次停下来的地方继续写入数据。如此一来,这种格式的空间使用率高,数据可以随机写入,非常适合处理视频图像的应用。

不过，DVD-RW 和 DVD＋RW 两种规格并不兼容，造成了用户通常受 DVD 相关软、硬件的设计与兼容性所困扰。因此，包括 SONY、NEC 等在内的厂商便针对 DVD-RW 与 DVD＋RW 不兼容的问题，提出了 DVD Dual 这项新规格，也就是目前称为 DVD±R/RW 的技术。DVD±RW 刻录机可以同时兼容 DVD-R/RW 和 DVD＋R/RW 这两种规格，使用者不用担心 DVD 刻录盘搭配的问题。不过这种 DVD 刻录机也有一个小缺点，需要缴纳两份专利费，生产成本会增加一些，市场价格自然也就不会很便宜了。目前 SONY 新一代的 DVD 刻录机均支持 DVD Dual 规格。

5. 蓝光光盘

蓝光光盘(Blu-Ray Disc)是 DVD 光盘的下一代光盘格式。它所采用的激光波长为 405 纳米(nm)，刚好是光谱之中的蓝光，因而得名(DVD 采用 650nm 波长的红光读写器，CD 采用的是 780nm 波长)。它目前的竞争对手是 HD-DVD，两者各有不同的公司支持。索尼、松下、飞利浦、先锋、日立、三星、LG 等公司支持蓝光光盘，而 NEC/Toshiba 所组成的光盘联盟 AOD(Advanced Optical Disc)则支持 HD-DVD。

读写光盘用的激光是一种十分精确的光。由于红光波长有 700nm，而蓝光只有 400nm，所以蓝激光实际上可以更精确一点，能够读写一个只有 200nm 的点，而相比之下，红色激光只能读写 350nm 的点，所以同样的一张光盘，点多了，记录的信息自然也就多了。

蓝光光盘的直径为 12cm，和普通 CD 光盘及 DVD 光盘的尺寸一样，但容量大得多。单面单层的蓝光光盘可以录制、播放长达 27GB 的视频数据，是单面单层 DVD 光盘容量的 5 倍多，可录制 13 小时的普通电视节目或长达 4 小时的高清晰电影。双层的蓝光光盘容量可以达到 46GB 或 54GB，足够刻录长达 8 小时的高清晰电影。四层或八层的蓝光光盘容量可达 100GB 或 200GB。

NEC/Toshiba 所支持的 HD-DVD 规格改编自目前标准 DVD 规格，与标准 DVD 具有相同的数据层厚度，但采用的是蓝光技术，由于光波长度较短，在光盘上存储的数据密度大，HD-DVD 的单层容量可达 15GB～27GB。

HD-DVD 的主要优势在于它与标准 DVD 共享部分构造设计，DVD 制造商不需要再投入庞大资金，更新生产设备，就可以生产 HD-DVD。而蓝光光盘的制造商一定要添购全新的生产设备才能生产蓝光光盘。

5.4.5　7 种廉价磁盘冗余阵列

迄今为止，辅存性能的提升要远落后于处理器和主存，以至于辅存成为影响计算机总体性能的关键因素。为解决这个问题，技术人员想到将多个磁盘(包括驱动器)组合在一起代替一个大容量的磁盘，即构成磁盘阵列。这使得多个独立的 I/O 请求，只要它们所访问的数据位于不同磁盘上，磁盘阵列就能并行响应；单一 I/O 请求，只要访问的多个数据块位于不同磁盘，也可实现并行处理，从而提高了计算机系统的 I/O 性能。磁盘阵列提供了多种数据组织方式，并可通过增加校验数据(冗余数据)提高磁盘阵列的可靠性。

目前磁盘阵列技术已有了业界公认的标准——廉价磁盘冗余阵列(Redundant Array of Inexpensive Disks，RAID)，也称为独立磁盘冗余阵列(Redundant Array of Independent Disks)。RAID 方案有多个不同级别，分别定义不同的体系结构，但所有级别都有以下 3 个共同特征：

(1) RAID 由一组磁盘驱动器构成,操作系统将其看成是单一的逻辑盘。
(2) 存储的数据遍布在磁盘阵列的各个物理磁盘上。
(3) 冗余的磁盘容量用于存储校验信息,以保证磁盘的故障恢复能力。

不同 RAID 级别的差别在于上述特征(2)和(3)的实现细节不同。但 RAID 0 是不支持特征(3)的。

虽然 RAID 工作时,多个磁盘读写头和传动装置可以同时工作,以达到较高的数据传输率,提高 I/O 效率,但同时使用多个设备也增加了出现故障的概率。为提高系统的可靠性,RAID 系统可以使用所存储的校验数据,在一个磁盘出现故障时将丢失的数据恢复出来。

1. RAID 0

所有的 RAID 级别都是以条带为单位把数据均匀分布到多个磁盘上,RAID 0 也不例外。图 5-22 示范了 RAID 0 中的数据存放方式。所有用户和系统数据被看成存储在一个逻辑盘上。物理上,各磁盘被分为条带。条带大小可以是物理块、扇区,或其他一些单位。数据条带顺序交叉地存放到各个磁盘上。例如,由 n 个磁盘构成的 RAID 0,逻辑上连续排列的第一组 n 个条带的数据在物理上分别存放在每个磁盘的第一个条带位置上;逻辑上排列的第二组 n 个条带的数据分别存放在每个磁盘的第二个条带的位置上,以此类推。这样布局的优势在于,当某个单独的 I/O 请求的数据大于多个连续(逻辑上)的条带数据时,最多可以有 n 个条带数据被并行处理,大大降低了 I/O 传输时间。

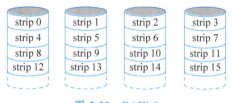

图 5-22 RAID 0

严格地讲,RAID 0 不是真正的 RAID 家族的成员,它不包含用于提升系统可靠性的冗余数据。因此,一旦数据被损坏,将无法恢复。只要其中任何一块磁盘出现故障,整个系统将无法正常工作。

少数在巨型计算机上的应用,如视频处理和剪辑、超级计算等,主要关心的是存储容量和性能,可靠性在次要地位,则会使用 RAID 0 技术。

2. RAID 1

RAID 1 是一种最基本的冗余磁盘阵列,称为镜像(Mirroring)磁盘。它将所有磁盘数据都备份一份,如图 5-23 所示。RAID 1 也采用 RAID 0 中的数据条带,但每个逻辑条带数据被映像到两个不同的物理盘上,所以磁盘阵列中的每个磁盘都有一个镜像盘,使得每个数据都有两份副本。RAID 1 的体系结构使得任何一个读磁盘请求都可由包含请求数据的两个磁盘中的寻道时间和旋转延迟之和最小的磁盘来满足。写磁盘操作要同时更新两个条带,由于位于不同磁盘上,因而可并行完成。写操作的时间取决于两个磁盘中较慢的磁盘操作时间。

RAID 1 不同于 RAID 2～RAID 6,前者冗余数据是有效信息的副本,而后者冗余数据是校验信息。故 RAID 2～RAID 6 在写磁盘时,磁盘管理软件首先要计算并更新校验位,同时还要更新有效数据,而 RAID 1 在完成写操作时,只是把有效信息并行写在两个磁盘上。

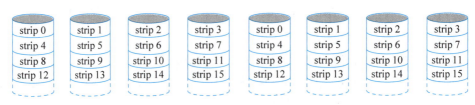

图 5-23　RAID 1

RAID 1 的成本较高,系统在逻辑上支持的存储容量需要两倍容量的物理磁盘来实现。但 RAID 1 可提供实时数据备份,一旦某个磁盘出现故障,系统立即用备份磁盘提供服务,所以 RAID 1 结构主要用于存储系统软件和其他关键性数据。

3. RAID 2

RAID 2 和 RAID 3 使用了并行存取技术,即完成每次 I/O 操作时,磁盘阵列中的所有磁盘都参与其中。一般系统对磁盘阵列中所有驱动器的主轴加以同步,以保证所有磁盘的读写头在任何时刻都在同一位置。

图 5-24 是含 4 个数据盘的 RAID 2 示意图,每个数据盘存放所有数据字的一位(位交叉存放),即 Disk0 存放所有数据字的第 0 位,Disk1 存放第 1 位,以此类推。它需要 3 个磁盘来存放检二纠一错的海明码。图中数据盘的每一行构成一个字,而纠错码盘中的对应行存放着每个字的海明码。RAID 2 在读磁盘时,所有磁盘同时工作,所需的数据和相关的纠错码同时传送到磁盘阵列控制器,若读出的数据中有一位出错,控制器可立即识别并纠正。完成写操作时,所有的数据盘和校验盘都要访问到。

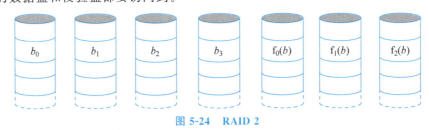

图 5-24　RAID 2

虽然 RAID 2 所需的磁盘数目比 RAID 1 少,但其成本还是较高,因为纠错码盘的数目与数据盘的数目成正比。RAID 2 只适用于磁盘出错概率较高的情况。目前,磁盘驱动器的可靠性较高,所以,在理论上 RAID 的分级有这一级,但实际上并没有商业化的产品。

4. RAID 3

RAID 3 的体系结构类似于 RAID 2,区别在于无论磁盘阵列有多大,RAID 3 只需要一个冗余盘。因为 RAID 3 采用的是奇偶校验码,而不是纠错码,如图 5-25 所示。校验盘专门用于存放数据盘中相应数据的奇偶校验位,例如 P(b) 是数据 $b_0 \sim b_3$ 的奇偶校验位。若某个驱动器发生故障,系统会访问校验盘,故障盘上的有效数据可由其他驱动器上的数据恢复得到。假设由 5 个驱动器构成 RAID 3,其中 X0~X3 是数据盘,X4 是校验盘,则第 i 位的偶校验码由下式得到:

$$X4(i) = X3(i) \oplus X2(i) \oplus X1(i) \oplus X0(i)$$

假设驱动器 X1 出故障了。在上述等式的两边同时异或 X4(i)⊕X1(i) 可得如下等式:

$$X1(i) = X4(i) \oplus X3(i) \oplus X2(i) \oplus X0(i)$$

这样当用一个新磁盘替换掉 X1 后,原 X1 盘上每个条带的数据都可由其他驱动器上的数据计算得到。这个原理也适用于 RAID 4～RAID 6。

RAID 3 是一个细粒度的磁盘阵列,即采用的条带宽度较小,甚至可以是一个字节或一位。由于是细粒度的,因此绝大多数的 I/O 请求都需要磁盘阵列中的所有磁盘为之服务。若每次 I/O 请求的数据量较大,系统性能的改善是很显著的。但 RAID 3 的结构决定它一次只能处理一个 I/O 请求,在面向事务处理的应用环境中,系统性能较差。

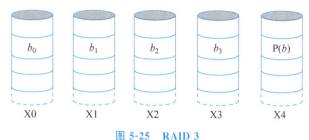

图 5-25　RAID 3

5. RAID 4

RAID 4～RAID 6 使用了独立访问技术,即磁盘阵列中的每个磁盘都可以独立操作,这样可并行处理多个独立 I/O 请求。这种体系结构较适合 I/O 请求频率高的应用,不太适合需要较高 I/O 数据传输率的应用。

如图 5-26 所示,RAID 4 采用粗粒度的磁盘阵列,即采用比较大的条带,以块为单位进行交叉存储和计算奇偶校验。图中 block0～block3 是数据块,P(0-3) 是 block0～block3 的奇偶校验码,其余以此类推。

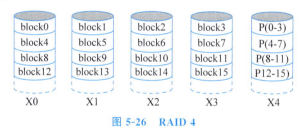

图 5-26　RAID 4

若写 RAID4 时数据量较小,则存在写恶化问题。这是因为每次写信息时,磁盘阵列管理软件不仅要更新有效数据,还要更新对应的校验码。在图 5-26 中,X0～X3 是数据盘,X4 是校验盘。原来校验盘 X4 上的某位奇偶校验码 X4(i) 由下式得到:

$$X4(i) = X3(i) \oplus X2(i) \oplus X1(i) \oplus X0(i)$$

设某次写操作只写磁盘 X1 上的一个条带,则新的校验位信息 X4'(i) 由下式得到:

$$X4'(i) = X3(i) \oplus X2(i) \oplus X1'(i) \oplus X0(i)$$
$$= X3(i) \oplus X2(i) \oplus X1'(i) \oplus X0(i) \oplus X1(i) \oplus X1(i)$$
$$= X4(i) \oplus X1(i) \oplus X1'(i)$$

可见,要计算新的校验码,磁盘阵列管理软件必须读出旧的有效数据 X1(i) 和旧的校验码 X4(i),因此要写一个条带数据,实际的物理操作是需要读两个磁盘再写两个磁盘。但若每次写磁盘的数据量大到能包括所有磁盘上的条带,则只要利用新的写入数据位即可计算出校验码,校验盘可与数据盘并行写入,不会有额外的读或写操作。

不管怎样,每次写磁盘操作都要写校验盘,使校验盘成为瓶颈。

6. RAID 5

RAID 5 的体系结构类似于 RAID 4，但 RAID 5 将校验条带分布在所有磁盘上，解决了 RAID 4 中的校验盘瓶颈问题，且校验带的分布方案采用轮转法。如图 5-27 所示，n 个盘的磁盘阵列中第一组 n 校验带数据依次错开存放到不同的盘中，以达到均匀分布的目的。

RAID 5 的结构不仅能较快处理大规模访问、小规模读操作，还能比 RAID 3～RAID 4 更快地处理小规模操作。但其控制器无疑是上述所有 RAID 级别中最复杂的。

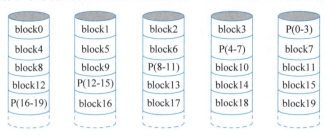

图 5-27　RAID 5

7. RAID 6

RAID 6 方案中采用了两种校验方法，每种方法的校验码存放在不同数据块中，各校验块又存储在不同磁盘上，如图 5-28 所示。图中 P 和 Q 代表两种数据校验方法，一种采用奇偶校验，另一种是独立于奇偶校验的算法，这就保证了即使有两个数据盘同时出现故障，系统仍然可以自动重新生成数据。

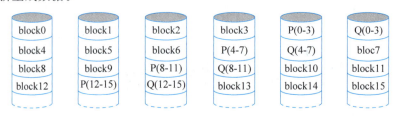

图 5-28　RAID 6

从 RAID 6 的体系结构可以知道，若用户需要 N 个数据盘，物理上则需要 $N+2$ 个磁盘实现，但它的高可靠性使其很适合进行重要数据的保存。

表 5-1 综述了 RAID 0～RAID 6 的主要特点及典型应用。

表 5-1　RAID 的分级及其特征

级别	特征	可容忍的故障数	可校验盘的个数	优点	缺点	典型应用
RAID 0	无冗余，数据采用条带存放	0	0	没有冗余空间开销	没有纠错能力	非重要数据的高性能存储
RAID 1	镜像	1	8	数据恢复快，小规模写较快	冗余空间开销最大	系统驱动器，存放重要数据文件
RAID 2	海明码校验，支持并行访问	1	4	不依靠故障盘进行自诊断	冗余空间开销较大	无

续表

级别	特征	可容忍的故障数	可校验盘的个数	优点	缺点	典型应用
RAID 3	位交叉奇偶校验	1	1	冗余空间开销小,大规模读写速度高	对小规模、随机读写操作无特别支持	大规模I/O请求的应用,如图像操作、CAD
RAID 4	块交叉奇偶校验	1	1	冗余空间开销小,小规模读写操作速度高	小规模写时,校验盘的写为速度瓶颈	无
RAID 5	块交叉分布奇偶校验	1	1	冗余空间开销小,小规模读写操作速度高	小规模写操作时,需要访问磁盘4次	要求高速读写,大量读操作,数据查找应用
RAID 6	P+Q双奇偶校验	2	2	可以容忍2个故障	小规模写需多次访问,冗余开销加倍	保存重要数据

5.5 新型存储访问构件

5.5.1 固态硬盘

固态硬盘(SSD)采用半导体NAND型闪存芯片作为存储介质,不存在硬磁盘的机械结构,没有数据查找时间、延迟时间和寻道时间,数据读取和写入的速度可以达到普通硬盘的50~1000倍。例如一个每分钟15000转的硬盘转一圈需要200ms的时间,而SSD能够在低于1ms的时间内对任意位置的存储单元完成读写操作。

由于固态硬盘的内部不存在任何机械部件,因此工作时非常安静,没有任何噪音产生(无机械马达,发热量小,散热快)。固态硬盘比常规1.8英寸的硬盘重量轻20~30g,因此在笔记本电脑、卫星定位仪等便携产品中有望得以广泛应用。

影响固态硬盘替代普通硬盘的主要因素是其可靠性。由于NAND闪存并不像DRAM内存颗粒一样拥有无限寿命(NAND的写入寿命只有10万个循环),一旦某个存储单元的写入循环达到极限,可能遭遇彻底的物理损坏。针对这个问题,三星公司提出了"损耗平衡"机制,即10万个写循环是针对每一个存储单元而言的,假如针对这个单元连续进行10万次写操作,那么这个单元的确将会失效。但固态硬盘不会只对一个单元进行写入操作,可通过固态硬盘的控制器将写入动作平均分配到其他的单元上。在三星公司的内部测试中,一块容量为64GB的固态硬盘被全部写满数据,然后删除,之后再进行写满-删除的循环;每隔几个时,这个循环就重复一次,几年之后,这块固态硬盘仍然正常运作,并未遇到任何故障。

5.5.2 保护访问模式

随着云计算与大数据技术的快速发展,越来越多的数据被放在云端进行存储和计算,这带来了一系列安全问题。例如,个人用户如果直接将隐私数据以明文形式存储在云端,那么攻击者可以直接获取用户数据,并通过数据挖掘的方式推测用户的其他个人信息。因此,需要对存储在云端的数据进行加密,以实现对用户隐私的保护。但是,即使个人用户对文件进行加密,攻击者也可以从数据访问模式(例如I/O操作访问文件的顺序、访问文件的频率、读写顺序等)推测出敏感信息。因此,对用户访问模式的保护也需要重点关注。

Oblivious RAM(ORAM,不经意随机访问机)是目前保护访问模式的重要手段,最早是由 Goldreich 和 Ostrovsky 在 1996 年为实现软件保护提出来的,是一种可以用来完全隐藏 I/O 操作的数据访问模式的加密方案。它通过混淆每一次访问过程,使其与随机访问不可区分,从而保护真实访问中的访问操作、访问位置等信息。ORAM 保证了在存储器中的任意数据块不会永久驻留在某一个物理地址中,这确保了任意两次访问不会产生关联,同时 ORAM 将每一次读写访问细化成一次读取加一次写回的原子操作,其中读访问转化成读取内容再写回相同内容,写访问转化成读取内容再写回更新后的内容,使得攻击者不能够区分具体的访问方式。因此,ORAM 可以保护以下 4 种属性:访问数据块的位置,数据块请求的顺序,对相同数据块的访问频率,具体的读写访问方式。这使得在访问结束之后,攻击者不能根据访问模式来区分任意两个相同长度的访问序列。

1. ORAM 设计模式的类型

根据服务器存储数据块的数据结构不同,ORAM 的设计模式可以分为以下 5 类。

1)简单模型

服务器以数组的方式连续存储客户端的数据块,为了隐藏客户端访问了哪一个数据块,客户端每一次访问需要遍历所有数据块。

2)平方根模型

服务器划分成排列数组与缓冲区两个部分,排列数组中包含 N 个真实的数据块和 N 个无效数据块,客户端每次访问前先将这些块混洗。在每一次访问中,客户端先查询目标数据块是否在缓冲区内,如果在,就从排列数组中读取一个无效数据块;如果没有在缓冲区内,就在排列数组内读取目标数据块,为了混淆数据块的访问位置,每一次访问周期(N 次访问)都需要重新混洗排列数组。

3)层次模型

将服务器存储分层,第 i 层包含 2^i 个数据块集合,当访问周期结束后,要重新混洗,对于每一层而言,当一个访问周期(2^i 次访问)结束后,需要将当前层的数据块和下一层的数据块合并并且混洗后放入下一层,每一层都会读取一个数据块,哪怕此层没有需要的数据块,也要读取无效区块(伪装),当客户端更新完数据块后,将其写入服务器最顶层,最顶层访问周期短,数据块会频繁地混洗到下一层,不用担心顶层数据块溢出问题。

4)分区模型

将数据存储在 N 个服务器上,每个服务器利用平方根模型或层次模型构建,客户端存储数据块索引到数据块在服务器位置之间的映射表,查找数据块所在的服务器,然后使用 ORAM 模型访问方式读取数据块。

5)树状模型

在层次模型上进行改进,每一个数据块集合分配到树的节点上,客户端本地存储每一个数据对应树的叶子节点的映射关系。以 Tree ORAM 为例,每一次访问先查询数据块所在的叶子节点,将从根节点至叶子节点上所有的数据块集合取回本地,更新完后,将目标数据块写入根节点。

2. ORAM 的优点

ORAM 的主要优点如下。

(1) 安全性：ORAM 提供了保护访问模式的可证明安全性，相比于传统的加密手段，该技术可以很大程度上减少攻击者利用访问模式推断隐私信息的可能性。

(2) 用途广：ORAM 可以广泛地应用于安全存储以及安全计算领域，对于存在数据访问的应用，都可以利用 ORAM 提供访问模式的保护。

ORAM 的缺陷：相比于正常的访问，ORAM 需要执行额外的操作来保护访问模式的隐私性，因此导致昂贵的开销，包括带宽以及本地存储等，这严重地限制了 ORAM 的实用性。

5.5.3 存算一体模式

随着信息技术的高速发展，信息社会正在逐步进入大数据时代。在大数据时代中，数据处理的重心逐渐从以计算为中心转移到以数据为中心，即数据处理任务或应用从计算密集型转移为数据密集型。而由于存储墙和带宽墙等原因，当前采用冯·诺依曼架构设计的计算机系统在数据密集型计算中表现出的性能瓶颈和低能效等缺点日益凸显。因此，为解决这些问题，新的计算机架构，尤其是超越冯·诺依曼(Beyond Von Neumann)架构亟待提出。

近年来，存算一体(In-Memory Computing，IMC)架构引起了研究人员的广泛关注，并被认为是一种有望成为突破冯·诺依曼瓶颈的新计算机架构范式。存算一体的核心思想是使得计算单元和存储单元尽量靠近，甚至融合为一体。将传统冯·诺依曼架构中以计算为中心的设计转变为以数据存储为中心的设计，也就是利用存储器对数据进行运算，从而避免数据搬运产生的存储墙和功耗墙，极大地提高数据的并行度和能量效率。这种架构特别适用于要求大算力、低功耗的终端设备。

1. 存算一体的分类

存算一体系统结构和实现方法在很大程度上取决于底层硬件架构，更准确地说，取决于底层内存架构。根据存算一体所依托硬件架构的不同，可将存算一体分为 3 类。

1) 基于单节点的存算一体

单节点存算一体系统运行于单个物理节点上，节点拥有一个或多个处理器以及共享内存，内存结构可以是集中式共享内存，或者非一致性共享内存(Non-Uniform Memory Access，NUMA)。单节点上的存算一体利用多核 CPU，采用大内存和多线程并行，以充分发挥单机的计算效能，并且采取充分利用内存和 CPU 的 Cache、优化磁盘读取等措施。

2) 基于分布式系统的存算一体

单节点存算一体受硬件资源限制，在处理更大规模数据时面临硬件可扩展的问题。在以 MapReduce 为代表的大规模分布式数据处理技术快速发展的背景下，业界开始在分布式系统上实现存算一体，即利用多台计算机构成的集群构建分布式大内存，通过统一的资源调度，使待处理数据存储于分布式内存中，实现大规模数据的快速访问和处理。

3) 新型混合内存结构的存算一体

近几年，新兴非易失性随机存储介质(Non-Volatile Memory，NVM)得到快速发展，如铁电存储器(Ferroelectric Random Access Memory，FeRAM)、相变存储器(Phase Change Memory，PCM)、电阻存储器(Resistive Random Access Memory，RRAM)等，其性能接近 DRAM，但容量远远大于 DRAM，而能耗和价格远远低于 DRAM。这为新型的内存体系结构提供了良好的硬件保障。因此，基于新型存储器件和传统 DRAM 的新型混合内存体系在大幅提升内存容量与降低成本的同时，其访问速度与 DRAM 相当。

在众多的非易失性随机存储介质中，PCM 凭借其非易失性、非破坏性读、读完无须回写、写操作无须先擦除、存储密度高等特性，逐渐成为大规模内存系统中颇具潜力的 DRAM 替代品。

2．典型存算一体应用

（1）内存数据库：存算一体技术的再次兴起，始于其在内存数据库方面的广泛应用。早在 1994 年内存墙问题提出之后，为了减少内存墙的影响，针对缓存层次结构，出现了大量以缓存为中心的内存数据库系统研究，如 MonetDB、EaseDB、FastDB 等。

（2）图计算：过去 10 年，基于图的应用快速增多。网络的寻找最短路径、计算网页的 PageRank 以及更新社交网络等都需要进行大量的计算存储资源。为此，图计算变得越来越重要，并且随着图数据规模的快速增长，存算一体快速成为当今图计算的热点问题。

（3）机器学习：众多机器学习算法涉及大规模数据的反复迭代运算，因此将反复运算的数据存放在内存中将大幅加快此类计算速度。近年来出现了多种基于存算一体的机器学习框架，例如建立在 Spark 之上的 MLlib 是最为知名的基于存算一体的机器学习算法库，它支持分类、聚类以及矩阵分解等算法。

（4）实时计算：存算一体的另一个典型应用为流数据处理，即实时计算。这类应用常见于大型网站的访问数据处理、搜索引擎的响应处理等，一般涉及海量数据处理，响应时间为秒级。而存算一体将海量数据存于内存，为实时数据处理提供了保障。当今主流的基于内存的流处理系统有 Spark Streaming、Storm 等。

5.6 多媒体 I/O 设备

随着计算机系统的发展，一般计算机都能够处理图像、音频、视频的信息。对于这些信息的输入和输出往往需要特殊的设备。本节将根据处理对象不同，按照音频、图像和视频来介绍多媒体设备。

5.6.1 音频设备

1．声卡

声卡（Sound Card）也叫音频卡，是实现声波/数字信号相互转换的一种硬件。声卡的基本功能是把原始声音信号加以转换，输出到耳机、扬声器、扩音机、录音机等声响设备，或通过音乐设备数字接口（MIDI）使乐器发音。

1）声卡的基本功能

声卡的基本功能包括模拟声音的输入和输出功能、混频压缩功能、语音识别和合成功能、合成音乐功能。

（1）声音的输入和输出功能：声音信号是模拟信号，计算机不能处理模拟信号，声音输入后，应先将其转换为数字信号。转化时首先需要对模拟量进行采样，为了保持较高的采样频率，又不增加存储容量，需对数据进行压缩处理。同样，输出时需要将相应的文件解压缩，然后进行数/模转换，将数字信号文件转化为模拟信号，播放出来。

（2）混频功能：这一工作是将来自不同声源的声音组合在一起再输出。有的声卡还具有数字声音效果处理器的功能,该功能是对数字化的声音信号进行处理以获得所需要的音响效果,即实现数字信号处理的功能。

(3) 语音识别和合成功能:语音识别是人工智能的一种应用。首先要对语音信号实时采样、抽取参数、进行判断,然后运用识别算法快速分析,实现语音输入。在某些场合下,也可以根据需要合成不同的语音信号。一般使用两种技术,一是查取不同语种的发音的编码;二是基于某种算法规则,由语音合成完成。

(4) 合成音乐功能:实现音乐合成的方法有两种:一种是调频(FM)方法,将多个频率简单声音合成复合音模拟各种乐器的声音;另一种是波表合成法,采用数字化处理后的真实乐器的波形数据,经过调制、滤波、再合成等处理,形成立体声发音。通过提供 MIDI(Musical Instruments Digital Interface,电子乐器数字化接口),使计算机控制多台具有 MIDI 的电子乐器。另外,在驱动程序的作用下,声卡可以将 MIDI 格式存放的文件输出到相应的电子乐器中,以发出相应的声音,使电子乐器受声卡的指挥。

2) 声卡的工作原理和基本组成

(1) 声卡的工作原理

录音时,将声音模拟信号输入模/数转换器,模/数转换器将模拟信号转换为数字信号,再送到数字声音处理器进行分析和处理,软件发出指令给控制单元,由控制单元对模/数转换器送来的数据进行处理,控制单元再将处理的数字信号送到 CPU 中。CPU 启动播放程序,播放刚刚形成的波形文件,以检验录音的效果和正确性。音效处理单元将该数字信号送到数/模转换器,有数/模转换器将其转换为模拟信号,再经过滤波和放大,送到声卡的音频输出端口(LINE OUT),通过音箱或其他声音输出设备播放输入的声音。

(2) 声卡的基本组成

声卡承担多路双向的信号转换任务,进出声卡的信号通路包括 4 种:模拟通路、脉宽 PCM 信号、光驱通路和双声道。声卡电路各个部件的构成如图 5-29 所示。

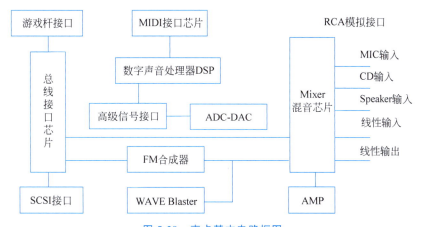

图 5-29 声卡基本电路框图

图中高级信号接口是 DSP 电路的一部分,用于转换 4 种不同的信号通路。第一路模拟信号首先经过采样和 16 位 A/D 转换,照样本速率完成编码,再进入 DSP 数字信号处理单元完成滤波、压缩等运算形成数字样本。第二路属于 PCM 脉冲调制码的数据格式,数字格式样本进入 16 位 DAC 完成译码,并输出模拟信号。第三路进入光驱的信息经过 A/D 转换、数据压缩,再保存到 CD 介质中;从光驱读取的数字格式先经过解压缩,再进行 D/A 转换,最终送到扬声器。第四路对于双声道立体声的处理，分别需要两个 DSP 和 DAC 进行同时双向操作。

① 数字声音处理器：数字声音处理器（Digital Sound Processor，DSP）是声卡的核心电路之一，包括执行 8 位或 16 位数字声音的录音和回放、执行压缩和还原、解释 MPU 和 MIDI 命令、建立主机与高级信号接口的联系通道、装载高级处理器代码、提供 DAC 音符控制和多种模式的 DMA 传输。

② 高级信号接口：高级信号处理器（Advanced Signal Processor）完成声音信号的压缩、解压缩处理，增加特殊声效和传真 MODEM 等。

③ 混音芯片：混音芯片（Mixer Chip）主要用来混合不同声源信号，控制音量。

④ FM 合成器：FM 合成芯片的作用是将低频正弦波合成为声音。

⑤ 波形合成表（ROM）和波表合成器芯片：在波表 ROM 中存放有实际乐音的声音样本，供播放 MIDI 使用。一般的中高档声卡都采用波表方式，可以获得十分逼真的使用效果。波表合成芯片的功能是按照 MIDI 命令读取波表 ROM 中的样本声音合成并转换成实际的乐音。

⑥ 其他辅助元件：声卡上的辅助元件主要有晶体振荡器、电容、运算放大器、功率放大器等。晶体振荡器用来产生声卡数字电路的工作频率。电容起到隔直流通交流的作用，所选用电容的品质对声卡的音质有很大影响。运算放大器用来放大从主音频处理芯片输出的能量较小的标准电平信号，以减少输出时的干扰和衰减。功率放大器则主要接无源音箱，起到放大信号的作用。

2．耳机

耳机也是音频输出设备，大多没有外接电源。耳机根据其换能方式分类，主要有动圈式、等磁式、动铁式和静电式。

1) 动圈式

动圈式耳机的驱动单元是一只小型的动圈扬声器，由处于永磁场中的音圈驱动与之相连的振膜振动。动圈式耳机效率比较高，大多可为音响上的耳机输出驱动，可靠耐用。

2) 等磁式

等磁式耳机的驱动器类似于缩小的平面扬声器，它将平面的音圈嵌入轻薄的振膜里，像印刷电路板一样，使驱动力平均分布。磁体集中在振膜的一侧或两侧，在形成的磁场中振动。

3) 动铁式

动铁式耳机利用电磁铁产生交变磁场，通过一个结构精密的连接棒传导到一个微型振膜的中心点，振动部分是一个铁片悬浮在电磁铁前方，信号经过电磁铁的时候会使磁场变化，从而使铁片振动发声。

4) 静电式

静电式耳机有轻而薄的振膜，振膜悬挂在由两块固定的金属板（定子）形成的静电场中，当音频信号加载到定子上时，静电场发生变化，驱动振膜振动。

5.6.2 视频设备

1．显示适配卡

显示适配卡（简称显卡）是显示器与主机之间的接口电路，负责将主机发送的信号送给显示器。数据从 CPU 到显示屏一般经过 4 个步骤：①从总线进入 GPU（Graphics Processing Unit，图形处理单元），即将 CPU 送来的数据送给 GPU 处理；②从 Video Chipset（显卡芯片组）进入 Video RAM（显存），即将 GPU 处理完的数据送到显存；③从显存进入 RAM Digital Analog Converter（RAM DAC，随机读写存储数模转换器），即从显存读取出数据，再送到 RAM DAC 进行数据转换的工作（数字信号转为模拟信号）；④从 DAC 进入显示器（Monitor），即将转换完的模拟信号送到显示屏。

显卡自身带有处理器、RAM 和输入/输出系统（BIOS）芯片。输入/输出系统芯片用于存储显卡的设置及在启动时对内存、输入和输出执行诊断。

显卡的主要部件有：

（1）图形处理单元（GPU）：是专为执行复杂的数学和几何计算而设计的，用于图形渲染。由于 GPU 会产生大量热量，因此它的上方通常安装散热器或风扇。

（2）显示缓存（简称显存）：显卡 RAM 的用途是存放 GPU 生成的图像，存储有关每个像素的数据、每个像素的颜色及其在屏幕上的位置。部分 RAM 用作帧缓冲器，保存已完成的图像。显卡 RAM 采取双端口设计，系统可以同时对其进行读取和写入操作。

（3）显卡 BIOS：包含显示芯片和驱动程序间的控制程序、产品标识等信息。

（4）数模转换器（DAC）：显存直接连到数模拟转换器，用于将图像转换成监视器模拟信号。有些显卡具有多个数字模拟转换器，以提高性能及支持多台监视器。

（5）总线接口：显卡通过计算机主板供电（有些显卡需要直供电源），并与 CPU 通信。显卡通常有 3 种接口与主板连接：外设部件互连（PCI）、高级图形端口（AGP）和 PCI Express（PCIe）。PCI Express 是最新型的接口，传输速率最快。

（6）输入输出接口：当显卡将显示信号处理完毕之后，必然需要相应的接口将信号传送给显示器，显卡信号输入输出接口担负着显卡输出的任务。显卡接口包括 VGA 接口、DVI 接口、S-Video 接口、HDMI 接口、DisplayPort 接口等。

2. 摄像头

摄像头（CAMERA）又称为电脑相机、电脑眼等，是一种常见的视频输入设备，被广泛地运用于视频会议、远程医疗及实时监控等方面。人也可以彼此通过摄像头在网络进行有影像的交谈和沟通。

摄像头分为数字摄像头和模拟摄像头两大类。模拟摄像头捕捉到的视频信号必须经过特定的视频捕捉卡将模拟信号转换成数字模式，并且加以压缩后才可以转换到计算机上运用。数字摄像头可以直接捕捉影像，然后通过串、并口或者 USB 接口传到计算机里。

摄像头的主要结构和组件包括：

（1）镜头（LENS）：由几片透镜组成，一般有塑胶（plastic）透镜或玻璃（glass）透镜。通常摄像头用的镜头构造有：1P、2P、1G1P、1G2P、2G2P、4G 等。透镜越多，成本越高。

（2）感光器件（SENSOR）：一种是 CCD（Charge Coupled Device，电荷耦合器），一般是用于摄影摄像方面的高端技术元件，应用技术成熟，噪音小，信噪比大，成像效果较好，但是生产工艺复杂，成本高；另一种是 CMOS（Complementary Metal Oxide Semiconductor，互补金属氧化物半导体），它相对于 CCD 来说价格低、功耗小，但是噪音比较大，灵敏度较低，对实物的色彩还原能力偏弱。

（3）A/D 转换器（Analog Digital Converter，ADC）：模拟信号转换为数字信号的器件。

(4) 数字信号处理芯片(DSP)：对图像进行格式变换等处理。

(5) 电源：摄像头内部需要提供3.3V和2.5V两种工作电压，最新工艺芯片只需1.8V电压。

3. 投影机

投影机又称投影仪，发展至今已形成3大系列：CRT(Cathode Ray Tube，阴极射线管)投影机、LCD(Liquid Crystal Display，液晶)投影机、DLP(Digital Lighting Process，数字光处理器)投影机，可以直接连接显卡进行显示。

下面简要介绍DLP和DLV投影机。

1) DLP

DLP投影机是一种光学数字化反射式投射设备。其关键成像器件DMD(Digital Micromirror Device，数字微透镜装置)是一种可通过二位元脉冲控制的半导体元件。该元件具有快速反射式数字开关性能，能够准确控制光源。其基本原理是，光束通过一高速旋转的三色透镜后，再投射在DMD部件上，然后通过光学透镜投射在大屏幕上完成图像投影。DLP投影机实际上是一种基于DMD技术的全数字反射式投影设备。

2) DLV

DLV(Digital Light Valve：数码光路真空管，简称数字光阀)是一种将CRT透射式投影技术与DLP反射式投影技术结合在一起的新技术，它将小管径CRT作为投影机的成像面，并采用氙灯作为光源，将成像面上的图像射向投影面。因此，DLV投影机在充分利用CRT投影机的高分辨率和可调性特点的同时，还利用氙灯光源高亮度和色彩还原好的特点，是一款分辨率、对比度、色彩饱和度、亮度很高的投影机。

5.6.3 图像设备

图像设备是指将现实图像转化为计算机能够存储和处理的设备或将数字图像显示出来的设备。图像设备有扫描仪、数码相机、摄像头等。扫描仪是最常见的数字化输入设备，它可以捕获图像并转换成计算机可以显示、编辑、存储与输出的电子文档形式。

扫描仪对原稿进行光学扫描，然后将光学图像传送到光电转换器中变为模拟电信号，又将模拟电信号变换成数字电信号，最后通过计算机接口送至计算机中。工作时发出的强光照射在稿件上，没有被吸收的光线将被反射到光学感应器上。光学感应器接收到这些信号后，将这些信号传送到模数(A/D)转换器，模数转换器再将其转换成计算机能读取的信号，然后通过驱动程序转换成显示器上能看到的正确图像。光电转换器件和模数(A/D)转换器是扫描仪的核心部件。

本节简要介绍3种扫描仪的工作原理。

1. CCD扫描仪的工作原理

多数平板式扫描仪使用电荷耦合器(CCD)为光电转换元件，其形状像小型的复印机，在上盖板的下面是放置原稿的平板玻璃。如图5-30所示，开始扫描时，机内平行光源发出均匀光线照亮玻璃面板上的原稿，步进电机驱动扫描头在原稿下面移动。产生表示图像特征的反射光(反射稿)或透射光(透射稿)。反射光经过玻璃板和一组镜头，分成红、绿、蓝3种颜色汇聚在CCD感光器件上，CCD将RGB光带转变为模拟电子信号，此信号又被A/D转换器转变为数字电子信号。最后通过 USB 等接口送至计算机。

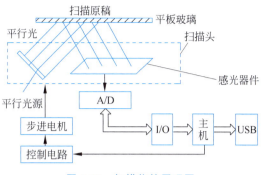

图 5-30 扫描仪的原理图

2. CIS 扫描仪的工作原理

绝大多数手持式扫描仪采用接触式图像传感器(CIS)技术。CIS 感光器件一般使用制造光敏电阻的硫化镉作为感光材料，由于感光单元之间干扰大，严重影响清晰度，因此它不能使用冷阴极灯管，而只能使用 LED 发光二极管阵列作为光源。LIDE(LED In Direct Exposure，二极管直接曝光)技术对二极管装置及引导光线的光导材料进行了改造，使二极管光源可以产生均匀并且亮度足够的光线用于扫描。LIDE 通过接触式图像传感器 CIS 从近距离接触以 1∶1 的比例对原稿进行扫描，不需要复杂的光学系统，这就使扫描仪的尺寸可以做得较小，同时也使扫描仪变得非常轻巧。此外，由于二极管光源及扫描头移动所需要的功耗极小，这类产品能够通过 PC 机的 USB 端口提供所需的电力。笔式扫描仪出现于 2000 年左右，扫描宽度大约只有 4 号汉字大小，使用时，贴在纸上一行一行地扫描，配合相应的文字识别软件，可以用于文字识别。

3. PMT 扫描仪的工作原理

滚筒式扫描仪采用光电倍增管(PMT)为作为光电转换元件。它的主要组成部件有旋转电机、透明滚筒、机械传动机构、控制电路和成像装置等。滚筒式扫描仪扫描图像时，将要扫描的原稿贴附在透明滚筒上，滚筒在步进电机的驱动下，高速旋转形成高速旋转柱面，同时高强度的点光源光线从透明滚筒内部照射出来，投射到原稿上逐点对原稿进行扫描，并将透射和反射光线经由透镜、反射镜、半透明反射镜、红绿蓝滤色片所构成的光路将光线引导到光电倍增管进行放大，然后进行模/数转换进而获得每个扫描像素点的红(R)、绿(G)、蓝(B)三基色的分色值数字信号，并存储在计算机上，完成扫描任务。这类产品信号采集精度高，图像信息还原性好，几乎不受温度的影响，可以在任何环境中工作。而且它的输出信号在相当大范围内保持着高度的线性输出，使输出信号几乎不用做任何修正就可以获得准确的色彩还原。

习题

5.1 简答题。

(1) I/O 设备可分为哪些类型？

(2) 试说明软件扫描键盘是如何给出按下键的键码的？

(3) 简述 CRT 显示器、液晶显示器的成像原理。

(4) 打印机可分为哪些类型？简述激光、喷墨打印机的工作原理。

(5) 光盘存储器有哪几类？各有何特点？

(6) 磁盘记录的格式有哪些？各有什么特点？

(7) 磁盘的访问时间主要指标有哪些？

(8) SSD 的存储原理是什么？

(9) ORAM 的特点是什么？

(10) 简述存算一体模式的核心思想。

5.2 某磁盘组有 16 个数据记录面，每面有 256 个磁道，每个磁道分为 16 个扇区，每个扇区包括 512 字节，已知磁盘内的磁道直径为 10 英寸，外磁道直径为 14 英寸，转速为 3600r/min，磁头平均定位时间为 15ms，求：

(1) 该磁盘组的最大存储容量是多少？

(2) 该磁盘组的最大位密度、磁道密度是多少？

(3) 该磁盘的平均存取时间、数据传输率是多少？

5.3 若某机磁盘子系统共有 4 台驱动器，每台驱动器装有与上述磁盘组相同的磁盘组，请设计该磁盘子系统的地址格式。

5.4 某磁盘存储器的转速为 3000r/min，共有 8 个记录面，每毫米 5 道，每道记录信息为 12288 字节，最小磁道直径为 230mm，共有 1024 道。设主存与磁盘存储器数据传送的宽度为 16 位（每次传送 16 位）。请问：

(1) 磁盘存储器的容量是多少字节？

(2) 最高位密度与最低位密度是多少？

(3) 磁盘数据传输率是多少 bps？

(4) 假设一条指令最长执行时间是 25μs，是否可采用一条指令执行结束时响应 DMA 请求的方案（可参照第 6 章内容，阐明理由和建议方案）？

5.5 设磁盘接口的数据传输速率为 20MB/s，旋转速度为 5400rpm，寻道时间为 10ms，每个磁道容量为 64KB，控制器延迟时间为 0.5ms，磁盘采用一个 Cache 存放数据以提高平均访问速度。试回答下列问题：

(1) 若磁盘 Cache 不命中，磁盘访问一个磁道数据的时间是多少？

(2) 在磁盘 Cache 命中时，磁盘访问一个磁道数据的时间又是多少（假设 Cache 容量足够大，可以忽略 Cache 的访问时间）？

(3) 设磁盘 Cache 的命中率为 0.8，则磁盘的平均访问时间是多少？

5.6 选择题。

(1) 计算机的外围设备是指_____。

    A. 输入/输出设备

    B. 外存储器

    C. 远程通信设备

    D. 除了 CPU 和内存以外的其他设备

(2) CRT 显示器显示图形图像的原理是图形图像_____。

    A. 由点阵组成   B. 由线条组成   C. 由色块组成   D. 由方格组成

(3) 灰度级是指_____。

A. 显示图像像素点的亮度差别
B. 显示器显示的灰度块的多少
C. 显示器显示灰色图形的能力级别
D. 显示器灰色外观的级别

(4) 帧是指_____。
A. 显示器一次光栅扫描完整个屏幕构成的图像
B. 隔行扫描中自左至右水平扫描的一次扫描过程
C. 一幅照片所对应显示的一幅静态图像
D. 一幅固定不变的图像所对应的扫描

(5) 一台可以显示 256 种颜色的彩色显示器,其每个像素对应的显示存储单元的长度(位数)为_____。
A. 16 位　　　　B. 8 位　　　　C. 256 位　　　　D. 9 位

(6) 若显示器的灰度级为 16,则每个像素的显示数据位数至少是_____。
A. 4 位　　　　B. 8 位　　　　C. 16 位　　　　D. 24 位

(7) 显示器的主要参数之一是分辨率,以下描述中含义正确的是_____。
A. 显示器的水平和垂直扫描频率
B. 显示器屏幕上光栅的列数和行数
C. 可显示的不同颜色的总数
D. 同一幅画面允许显示的不同颜色的最大数目

(8) CRT 的分辨率为 1024×768 像素,像素的颜色数为 256,为保证一次刷新所需的数据都存储在显示缓冲存储器中,显示缓冲存储器的容量至少为_____。
A. 512KB　　　　B. 1MB　　　　C. 256KB　　　　D. 2MB

(9) 下面关于计算机图形、图像的叙述中,正确的是_____。
A. 图形比图像更适合表现类似于照片和绘画之类的真实感画面
B. 一般来说图像比图形的数据量要少一些
C. 图形比图像更容易编辑、修改
D. 图像比图形更有用

(10) 由于磁盘上内圈磁道比外圈磁道短,因此_____。
A. 内圈磁道存储的信息比外圈磁道少
B. 无论哪条磁道存储的信息量均相同,但各磁道的存储密度不同
C. 内圈磁道的扇区少使得它存储的信息比外圈磁道少
D. 各磁道扇区数相同,但内圈磁道上每扇区存储的信息少

(11) 激光打印机的打印原理是_____。
A. 激光直接打在纸上　　　　B. 利用静电转印
C. 激光控制墨粉的运动方向　　　　D. 激光照射样稿

(12) 把一种设备的移动距离和方向变为脉冲信息传送给计算机,计算机再把该脉冲信息转换成显示器光标的坐标数据,从而达到指示位置的目的的设备是_____。
A. 键盘　　　　B. 鼠标器　　　　C. 扫描仪　　　　D. 数字化仪

(13) 传递转动采用滚球、转轴的机械结构,但是编码器采用的是光学器件,通过光栅切割红外线的光学方法来判断移动方向的鼠标是_____鼠标。

  A. 光电式   B. 机械式   C. 球鼠   D. 光机式

(14) 组成声卡的下列各部件中,对音质影响最直接、最基础的是_____。

  A. 晶体振荡器   B. 主音频处理芯片

  C. 运算放大器   D. 多媒体数字信号编码器芯片

(15) 计算机通过_____设备,将声音文件的数字音频信号转变为模拟音频信号。

  A. 视频卡   B. 音箱   C. 声卡   D. 麦克风

(16) 音箱除了接口部分和音箱本身外,一般都具有_____。

  A. A/D 转换器   B. D/A 转换器

  C. 压缩解压缩线路   D. 放大器

5.7 填空题。

(1) 计算机的外围设备大致分为输入设备、输出设备、_____、_____、_____和其他辅助设备。

(2) 显示器的刷新存储器(或称显示缓冲存储器)的容量是由_____、_____决定的。

(3) 显示适配器作为 CRT 与 CPU 的接口,由_____存储器、_____控制器和 ROMBIOS 三部分组成。先进的_____控制器具有_____加速能力。

(4) CRT 显示器的光栅扫描方式可分为_____和_____。

(5) 根据打印方式的不同,打印机可以分成_____和_____两种。

(6) 激光打印机的工作过程分为_____阶段、_____阶段、_____阶段和_____阶段。

(7) 鼠标器按与计算机连接的接口方式可以分为_____鼠标、_____鼠标、_____鼠标和_____鼠标 4 类。

(8) 在分辨率相同的情况下,CRT 显示器与 LCD 显示器图像清晰度高的是_____,对人体有害的辐射低的是_____,响应速度_____较快。

(9) 在彩色 LCD 面板中,每一个像素都是_____液晶单元格构成,其中每一个单元格前面都分别有_____、_____或_____的过滤器。这样,通过不同单元格的光线就可以在屏幕上显示出不同的颜色。

(10) 磁盘的技术指标可用平均存取时间衡量,它包括_____和_____两个部分。

(11) 磁盘等磁表面存储器的写入电流波形决定了记录方式,此外还反映了该记录方式是否有_____能力。

第 6 章 总线与 I/O 系统组织

一个现代计算机硬件系统由多种功能部件组成，连接各个功能部件路径的集合称为互连结构。到目前为止，最常见的互连结构是总线互连结构和点对点互连结构。

总线作为计算机功能部件之间传送信息的公共通道，是连接各个功能部件的纽带，其本质作用是完成功能部件之间的数据交换。与总线相关的一个概念是接口，接口定义两个组件之间如何连接，两者是一个有机的整体。例如，我们提及 USB（Universal Serial Bus）时，其含义既包含 USB 总线，也包含 USB 接口。

尽管数十年来，总线结构是中央处理器与其他组件之间互连的标准方法，但是当代计算机系统越来越依赖点对点互连，而不是共享总线互连。推动从总线互连到点对点互连转变的主要原因是，随着计算机硬件特别是中央处理器工作频率的提高而遇到的电气约束。在越来越高的数据传输速率下，实现数据同步等功能变得越来越困难。此外，随着多核处理器（在单个芯片上具有多个处理器和大容量内存）的出现，人们发现如果使用传统共享总线进行互连，增加了提高总线数据传输速率和减少总线等待时间以保持同步的困难。与共享总线互连相比，点对点互连具有更低的时间延迟、更高的数据速率和更好的灵活性。

本章论述当代计算机系统互连和输入输出组织技术，目的是在实现一个计算机系统时，针对不同层次上部件的互连需求，选择合适的互连结构。

6.1 总线的组成与结构

当代计算机系统大多采用模块结构，一个模块是实现具有某个（或某些）特定功能的集成电路芯片或插件电路板，通常称为功能电路、部件、插件、插卡等，例如 CPU 模块、存储器模块、各种 I/O 接口卡等。各模块之间传送信息的通路统称为总线，是一个共享的传输媒介。当多个设备连接到总线上，任何一个设备通过总线传输的信号都能被连接到总线上的其他设备接收。如果两个设备同时向总线发送信号，总线上的信号将会产生叠加和混淆，因此需要限定总线的使用方式，保证在任何时候只能允许一个设备向总线发送信号。

通常一条总线由一条或多条通信线路（或线缆）组成，同一时刻每条通信线路能够传输表示一位二进制的 1 或 0 的信号，而在一个时间段内能够通过一条通信线路传输一系列的二进制数字信号。若一条总线上包含多条通信线路，则可以同时传送多个二进制数字信号，称之为并行传送方式，例如 8 位总线同时传送一个 8 位二进制的信息，反之则为串行方式。

计算机系统设有不同种类的总线,在不同层次上为计算机组件之间提供通信通路。用于连接计算机系统中主要的组件(如 CPU、存储器、I/O 设备等)的总线称为系统总线。目前的计算机系统通常是基于各种总线来构造的,也就是说在一个计算机系统中,在不同层次上会有多种总线同时存在。

6.1.1 总线的特点与分类

1. 总线的特点

总线作为传送信息的公共通路,在计算机系统发展的早期就已经被广泛采用。使用总线实现部件互连的优点有两个:一是可以减少各个部件之间的连线数量,降低成本;二是方便系统构建、扩充系统性能和便于产品更新换代。

众所周知,计算机的工作过程就是信息在计算机各个功能部件(器件)之间不断地有序流动的过程,因此各个功能部件(器件)之间实现互连是必不可少的。假如系统有 n 个部件需要交换信息,即使在这些部件之间仅需要设置一条物理信号线,要实现这 n 个部件之间的两两互连,也需要设置 $n(n-1)/2$ 条物理信号线。这种互连方案的最大缺陷是要实现的物理线路较多,线路数与连接对象的数目成正比。仔细分析该连接方式不难发现,造成线路多的原因是部件(器件)之间的连接是按一对一的方式进行的,即传输线路是独占的,而非共享的。如果采用可被大家共享的总线,就可以大大减少线路的数目。例如使用总线实现 n 个部件之间的互连,仅需要设置一条物理信号线就足够了。

使用标准总线实现系统部件互连后,计算机系统的构建、扩充和更新都变得十分方便。因为计算机系统内各个功能部件的互连都采取连接到标准总线上的方式,所以增加、减少或更新一个功能部件通常不会对整个系统造成什么影响。由此也进一步促使计算机系统的设计、生产走向了标准化,各计算机生产厂家可以按照行业制定的统一标准和规范组织设计和生产计算机的功能部件。由于这些功能部件具有通用性和互换性,因此厂商可以大批量地生产它们,从而降低了成本。对于某个计算机整机生产制造厂商来说,它也不必要设计、生产全套的功能部件,只需生产自己擅长的、有自身特色的且在市场上具有竞争力的部件,甚至可以不生产任何功能部件,因为标准的功能部件可以方便地到市场上采购到,整机制造厂商便可以生产出性价比极佳的主机,以满足不同用户的需求。同样,对于计算机用户来说,有了标准的总线就可以在广泛的计算机生产制造厂商的产品中选择适合自己需要的功能部件,构建具有自身特色的计算机系统。目前的个人计算机产品的设计生产就是这种情况。

2. 总线的分类

对于总线的分类,由于所处的角度不同,有多种分类方法。

(1) 按总线所承担的任务,可分为内部总线和外部总线。

内部总线用于实现主机系统内部各功能模块(部件)之间的互连,外部总线用于实现主机系统与外部设备或其他主机之间的互连。专门用于主机系统与外设之间互连的总线称为设备总线。在现实中,许多设备总线常被叫作某接口,例如 SCSI 接口、USB 接口等,它们实质上是实现一个外部总线的功能。

(2) 按总线所处的物理位置,可分为(芯)片内总线、功能模块(板)内总线、功能模块(板)间总线(通常说的系统总线)和外部总线。

片内总线实现芯片内部功能部件之间的连接,例如微处理器内部使用的总线。功能模块(板)内总线实现该电路板上各个集成电路芯片之间的互连,而功能模块(板)间总线则用于把各个功能模块(如 CPU、主存储器、I/O 接口适配器等)连接到一起,构成主机系统,所以也称它为系统总线。外部总线的功能上面已经提到,在此不再复述。

(3) 按总线一次传送数据的位数又分为串行总线(一次仅传送一位二进制位,仅需设置一根数据信号线)和并行总线(一次同时传送多位二进制位,需要设置多条平行数据信号线)。

并行总线的优点是在工作频率相同时,单位时间内能够传送的二进制位比串行总线要多,即带宽更大。由于采用同一时刻同时传送多位二进制位,需要确保多位二进制位在同一时刻同时到达接收地,因此对并行总线的设计及实现提出了更高的要求,主要体现在总线的宽度和工作频率方面会有很多限制。与此相反,串行总线同一时刻只传送一位二进制位,且将时钟信息通过编码方式附加到发送的数据编码中,因此在设计实现过程中需要考虑的制约因素较少,从而可以大幅度提高工作频率。当代计算机系统以此为基础,使用多条串行总线同时传送数据,使总线工作频率及带宽同时获得大幅度提升,如后叙的 PCI Express 总线即是如此。多条串行总线与并行总线的区别在于,多条串行总线的每一个数据发送通路都是相对独立的,在接收端对发送过来的独立数据位进行组装,从而形成一个完整的数据单位。而在并行总线上发送的所有数据需要使用同一个时钟信号实现数据同步,因此对每位数据的信号延迟有严格的时间要求,因此对物理实现要求更高。

(4) 按总线操作的定时方式,可分为同步总线和异步总线。

(5) 按数据的发送方向有单向总线与双向总线之分。

单向总线指数据只能从一端发送到另一端,反之则无法实现。双向总线对数据的发送方向没有限制。

(6) 按总线所传送的信息类型,可分为地址总线、数据总线和控制总线等。

6.1.2 总线的标准与性能

1. 总线的标准规范

对某个具体的总线而言,在围绕该总线进行设计、生产和使用时,都必须遵守该总线所定义的标准或规范。总线的标准规范主要从以下 5 方面来描述总线的功能和特性。

(1) 逻辑规范:引脚信号的功能描述,包括信号的含义、信号的传送方向(发送、接收或双向)、有效信号所采用的电平极性(高电平/低电平,正脉冲/负脉冲)及是否具有三态能力等。

(2) 时序规范:描述各信号有效/无效的发生时间以及不同信号之间相互配合的时间关系。例如当地址信号有效后,至少需要多长时间的延迟才能使读/写信号有效。

(3) 电器规范:总线上各个信号所采用的电平标准(例如 1.5V 电平、±3V 电平等)和负载能力。负载能力定义了总线理论上最多可以连接模块的数量。

(4) 机械规范:它定义了总线包括插槽/插头或插板的结构、形状、大小方面的物理尺寸,接插件机械强度,总线信号的布局,引脚信号的长度、宽度以及间距等。

(5) 通信协议:定义数据通过总线传输时采用的连接方法、数据格式、发送速度等方面的规定。通信协议通常还要分为若干层次。

总线标准规范的制定通常有两种途径:一是由具有权威性的标准化组织(如国际标准化组织(ISO)、电气电子工程师协会(IEEE)、美国国家标准协会(ANSI)等)制定并推荐使用;

二是由某个或某几个在业界具有影响力的设备制造商提出，且又被业内其他厂家认可并广泛使用的标准，即所谓事实标准。事实标准可能还没有经过正式、严格的定义，也有可能经过一段时间的使用后，被厂商提交给有关组织讨论而最终被确定为正式标准。

2．总线的性能

总线的性能由多方面的因素决定，决定一个总线的性能水平主要有以下几个因素。

（1）总线的带宽：表示单位时间内总线所能传输的最大二进制位数，一般用二进制位/秒（bps）来表示。这里需要考虑到协议等因素，总线带宽不一定是单位时间内有效数据的传输速率，例如通信协议中定义了若干数据校验位，这些信息位不应算作有效数据。总线带宽主要受数据总线宽度、工作频率、协议及物理信号等因素的制约。

（2）总线宽度：笼统地说，一个总线所设置的通信线路（或线缆）的数目称为该总线的宽度。具体来说，在一个总线内设置的用于传送数据的信号线的数目称为数据总线宽度。总线宽度的单位是二进制位，由此有 1 位（串行总线）、8 位、16 位、32 位及 64 位（并行总线）等的总线之分。当描述地址总线宽度时，地址总线用来发送指示当前数据总线上数据的目的地址，因此地址总线的宽度决定了寻址空间的大小。

（3）总线的时钟频率：对于同步总线来说，由于采用统一的时钟脉冲作为定时基准，因此总线的时钟频率越高，总线上的操作就越快。显然，在数据总线宽度相同的情况下，较高的总线时钟频率会带来较大的总线带宽。

（4）总线的负载能力：限定在总线上可以连接模块的最大数目。

一般说来，人们希望总线具有较高的带宽和较强的负载能力。但在实际设计一个总线时，需要根据该总线的使用场合和使用目的，结合当时的技术水平及考虑成本因素，制定适当的技术参数指标和实现方案，并留有在今后技术条件许可的情况下提升总线性能的余地。

6.1.3 总线的组成与结构

1．总线的组成

从逻辑构成上看，总线由两部分构成：一是连接各个功能模块的信号线与接口，二是起管理总线作用的总线控制器。

一般来说，一条系统总线需要由若干条通信线路来构成。每条通信线路都被赋予一种特定的含义或功能。对于并行总线来说，根据其传输信号的含义，通信线路被分成数据、地址和控制等功能组，因而形成了数据总线、地址总线和控制总线。另外，还需要设置电源线和地线，以便用于向连接到总线上的部件提供电能。并行总线的互连机制如图 6-1 所示。

1）数据总线

数据总线为系统部件之间提供传输数据的通路。数据总线的特点如下。

（1）双向传输。例如在 CPU 和内存之间的数据线，既可以传送 CPU 发送到内存的数据，也可以传送内存发送到 CPU 的数据。

（2）数据线的数目一般与计算机字长相同（当然也可以不同）。

（3）采用具有三态能力的电路。

2）地址总线

地址总线的作用是传送地址信号，它不仅用于传送内存地址，也用于计算机系统对 I/O

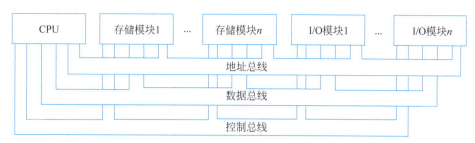

图 6-1 并行总线的互连机制

端口的寻址。例如,当主机需要把数据传送到打印机打印时,若要把数据正确地传送到打印机接口的数据缓冲寄存器中,主机需要预先把该数据缓冲寄存器的地址信息传送到地址总线上,打印机接口收到后,对地址信息进行译码分析,并确认为打印机接口上的数据缓冲寄存器的地址,这样,数据缓冲寄存器就能通过数据总线接收来自主机的数据。

在通常情况下,地址的高位部分用于形成芯片(或模块)的选片信号,而低位部分用于寻址芯片(或模块)内部的存储单元或 I/O 接口寄存器。例如针对某 8 位地址总线,现有一个容量为 128 个字大小的存储模块和一个具有 128 个接口寄存器的 I/O 接口模块,分别称为模块 0 和模块 1,则 8 位地址的最高位用来实现模块的选择,其余 7 位用于模块内的存储单元或 I/O 接口寄存器的定位。例如,在地址总线上现有地址信息 01111111,表示处理机要选择模块 0 的第 128 个存储单元(注意其中最高位为 0,表示要选择模块 0);又如地址信息 10000000,表示处理机要选择模块 1 的第 1 个 I/O 接口寄存器。

地址总线的特点如下。

(1) 单向传输。

(2) 地址线的数目决定寻址空间的大小。

3) 控制总线

控制总线的作用是传送控制信号,以控制系统完成规定的操作功能。例如,利用控制信号在系统的各个功能模块之间指示命令和定时信息。其中,定时信号用于指示数据或地址信号的有效或无效,命令信号告诉功能模块执行什么操作。

控制总线可用于控制数据总线和地址总线如何使用。因为数据、地址总线被系统所有的组件共享,因此必须要制定使用它们的方法。例如,在 CPU 和磁盘控制器之间设有若干条控制信号线,其中有的是用于 CPU 发送控制命令给磁盘控制器的,如寻道、读、写等,也有的是用于磁盘控制器向 CPU 传送忙和完成信号的。

控制总线的特点如下。

(1) 单向传输。

(2) 控制线的类型和数目取决于总线类型。

典型的控制信号线及其作用如表 6-1 所示。

表 6-1 典型的控制信号线及其作用

控制信号线	控制信号作用
存储器写信号	使数据总线上的数据写到指定的存储单元
存储器读信号	从指定的存储单元读出的数据放到数据总线上
I/O 写信号	使数据总线上的数据输出到指定的 I/O 接口数据寄存器
I/O 读信号	将从指定的 I/O 接口数据寄存器输入的数据放到数据总线上

续表

控制信号线	控制信号作用
传输应答信号（ACK）	指示数据已被接收或已经放到数据总线上
总线请求信号	指示一个功能模块需要获得总线的控制权
总线授予信号	指示请求总线的功能模块已经获得了总线的控制权
中断请求信号	指示正在请求一个中断
中断应答信号	指示先前请求的中断已经被响应
时钟信号	用于使总线的各个功能模块上的操作实现时间上的同步
复位信号	使总线上的各个功能模块初始化（复位）

针对总线的所有操作都遵循总线的使用规则。就并行总线而言，如果一个功能模块需要发送数据到另一个功能模块，它必须做两件事：一是获得总线，二是通过总线传送数据。如果一个功能模块需要从另一个功能模块接收数据，它也必须做两件事：先获得总线，再通过向控制总线和地址总线传送适当的控制和地址信号，向其他功能模块发送传送数据的请求，然后等待其他功能模块发送数据。

有关串行总线的工作方式，参见下述 PCI Express 总线。

4）总线控制器

总线控制器负责控制和分配总线的使用，具体包括以下几项功能。

(1) 总线系统的资源分配与管理，负责向使用总线的功能模块分配中断向量号、DMA 通道号以及 I/O 端口地址等资源。

(2) 提供总线定时信号脉冲。

(3) 负责总线使用权的仲裁。当多个模块都要使用总线发送信息时，总线控制器必须确定一个模块为当前总线的控制者，即总线主控设备，简称主设备，这时其他使用总线的设备为从设备。当前的主控设备使用完总线后，再确定下一个主控设备由哪个模块来担当。

(4) 负责实现不同总线协议的转换和不同总线之间传输数据的缓冲。

5）总线上的设备分类

按逻辑功能划分，连接到总线上的设备分为总线主设备和总线从设备。如上所述，总线主设备是总线操作的发起者，负责全面的总线控制；而总线的从设备不能引发总线操作，只能作为总线操作的对象。

按在信息交换的地位划分，可分为总线源设备和总线目的设备。源设备是发送数据的设备，目的设备是接收数据的设备。注意源设备未必是主设备，目的设备也未必是从设备。个中原因请读者考虑。另外，总线上有些设备在某一时段是主设备，而在另一时段又可能变成从设备，例如 SCSI 磁盘控制器。

2. 总线的结构

在物理上，总线实际上由一系列电子导体构成。以典型的并行系统总线为例，这些导体是蚀刻在一块印刷电路版上的金属线。总线向系统的所有组件提供服务，每个系统组件与总线上的全部或部分信号线相连接。典型的物理连接方案如图 6-2 所示。

图中的系统总线安置到一块称为"底板"的印刷电路板上，由三组横向放置的导体构成。在该导体上等间距地设置 4 条内有总线信号接触点的插槽，并以垂直方式插接印刷电路板（计算机的功能模块）。在计算机主机内部，每个主要的系统组件可由一片或多片印刷电路板构

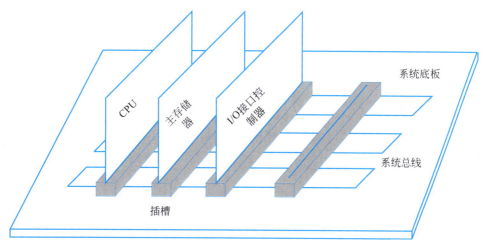

图 6-2 典型的总线结构

成,并且插到系统总线的插槽中。在目前许多计算机系统的主机内部,仍然采用这种典型的方式,利用总线来连接计算机系统的主要组件。然而,现代计算机系统的趋势是将原来采用电路板实现的组件改由集成电路来实现,即将原组件电路板上的所有元件集成到一块(或几块)集成电路芯片中。例如,CPU 由安置在芯片内部的总线来连接处理机和高速缓冲存储器(Cache)等功能部件,而安置在印刷电路板上的总线则用于连接处理机、主存和系统的其他组件。

采用这样的方法使得在构造和扩充计算机系统时非常方便。初始规模较小的计算机系统在后来扩充存储器或 I/O 接口控制器时只需要插入组件电路板即可。另外,如果一块电路板出现故障,该电路板也很容易被替换。

6.1.4 总线的设计与实现

1. 总线的设计要素

尽管可用多种不同的方法来设计、实现一个总线,但是万变不离其宗。在设计总线时,首先需要做决定的是采用并行总线还是串行总线。其次对一些基本的总线要素需要慎重考虑,因为正是这些要素决定了一个总线的特性。一些关键的总线要素如表 6-2 所示。

表 6-2 总线设计要素

设计要素	分 类	设计要素	分 类
信号线类型	专用信号线	总线宽度	地址线宽度
	复用信号线		数据线宽度
总线仲裁的方法	集中仲裁	数据传输类型	读
	分布仲裁		写
总线定时方法	同步		读-修改-写
	异步		写后读
			块传输(连续数据传输)

1) 信号线类型

针对在总线中使用信号线的方式不同,可以将信号线的使用方式分为两类:专用信号线方式和复用信号线方式。专用信号线是指在总线中,该信号线始终被指派实现一个规定功能或指派专门用于一类特定的计算机系统组件。复用信号是指在一根信号线上定义多种意义的信号或者用于多个(多类)总线设备。

例如,在许多熟知的并行总线定义中,将地址线和数据线分开设置,每类信号线负责专门发送地址或数据信号,它们即为专用信号线。然而这样做并不是必需的。实际上,地址和数据信号也可以在同一组信号线上传输,通过设置一条地址有效控制信号线来指示信号线上目前传输的是地址信号还是数据信号,即当地址有效控制信号线发送地址有效信号时,表示目前正在发送地址信号,反之则表示目前发送的是数据信号。

在这种情形下,传送一个数据被分成两个阶段。在数据传送的第一个阶段,首先将地址发送到信号线上,同时地址有效控制信号线发送地址有效信号。此时,连接到总线上的每一个功能模块执行一个特殊的地址获取时段,在该总线时段内各功能模块复制总线上的地址并且判断出该地址是否为本模块的地址,如为本模块的地址,则准备接收数据,否则对将来发送的数据信号不予理睬。在这个总线时段结束后,进入第二个阶段,地址信号从总线上撤销,同时地址有效控制信号线发送地址无效信号,接下来总线被用于数据传输,如图 6-3 所示。实际上,在这种方式中,总线上的信号线分时复用,这是复用信号线的一种方式。

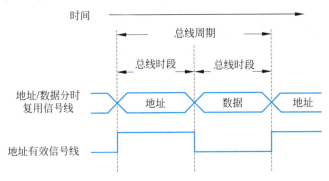

图 6-3 地址/数据分时复用信号

分时复用信号线的优点是总线只需要设置较少的信号线,这样可以节省空间,降低成本。而缺点是总线时序复杂,因此每个功能模块需要实现较为复杂的电路,同时也有潜在的性能下降的危险,因为总线操作只能串行执行,不能并行执行。串行总线将这种思想发挥到了极致,在一根信号线上传送各类信息,由总线协议定义如何区分它们。

物理专用信号线方式是指在系统中使用多条不同种类的总线时,每个功能模块依据其功能的不同被连接到不同的总线上。例如,在系统中分别设置系统总线和 I/O 总线,在通常情况下,仅在 I/O 总线上扩充 I/O 模块。I/O 总线与系统总线之间的信息沟通可以通过 I/O 总线适配模块(也称为总线桥电路,简称总线桥)实现,这样 I/O 总线就可以连接到系统总线上了。使用物理专用信号线方式的优点是系统中的各条总线都具有较高的吞吐量,因为每条总线只有较少的设备连接其上,同时发生总线竞争的概率也较低;缺点是实现难度较大,相对成本也较高。

2) 总线仲裁的方法

对于总线来说,通常会有多于一个的功能模块同时提出需要使用总线的情况。例如,当一个 I/O 模块需要不通过处理机而直接对主存进行读写时,这时就可能会有处理机与 I/O 设备控制器争用总线的情况发生。因为在同一时刻总线只能允许一个功能模块成为总线的主控设备,因此必须要有总线仲裁电路。

所谓总线仲裁,就是根据连接到总线上的各功能模块所承担任务的轻重缓急,预先或动态地赋予它们不同的使用总线的优先级,当有多个模块同时请求使用总线时,总线仲裁电路选出当前优先级最高的那个,赋予总线控制权。

总线仲裁方法通常可以分成集中仲裁和分布仲裁两类;从总线仲裁请求和应答信号的发送方式角度来看,总线仲裁方法可以分为并行仲裁和串行仲裁;从基于优先级的角度,还可分成固定优先级和动态优先级。无论采用哪种总线仲裁方式,其结果都是要确定哪一个总线设备作为当前的主控设备。

所谓集中仲裁,就是在系统中设置一个仲裁电路来集中处理连接到总线上的各个设备所提出的使用总线的请求信号,集中对它们的优先级进行比较,由此确定总线的主控设备;而在采用分布仲裁的系统中,不存在一个专门的仲裁电路来集中进行优先级的比较工作,每一个总线设备中都有较为复杂的总线访问请求控制逻辑,优先级比较电路也是分布在各个总线设备中,由各个已连接到总线上并且目前有总线请求的设备共同来决定下面应该由哪个设备成为总线的主控设备。

所谓并行仲裁,就是连接到总线上的每个设备与总线仲裁电路之间都有独立的总线请求线和总线允许信号线;而串行仲裁是指连接到总线上的设备共用一条总线请求信号线或(和)一条总线允许信号线。

所谓固定优先级,是指总线上的各个设备的优先级一经指定后就不再改变;而动态优先级方案则允许设备使用总线的优先级是随时间变化的。

图 6-4 给出了一个集中总线仲裁方式的示意图。在该方式中,系统设置了一个集中总线仲裁器,连接到总线上的每个设备分别有一条总线请求信号线和一条总线允许信号线连接到总线仲裁器,当设备需要使用总线时,就通过自己的总线请求信号线向总线仲裁器发送总线请求信号,总线仲裁器根据预先设定好的排队原则对总线请求信号进行排队,以便在当前请求总线的设备中选出优先级最高的那个设备,并向其发出总线允许(应答)信号,接收到总线允许信号的那个设备就成为总线的主控设备。待该设备使用完总线后,就撤销总线请求信号,这样优先级低的设备也有机会使用总线,有可能成为下一次使用总线的主控设备。显然图 6-4 所采用的总线仲裁方式也是并行仲裁方式。

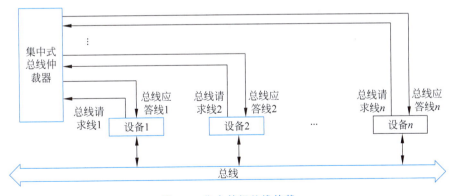

图 6-4　集中并行总线仲裁

图 6-5 给出了一个串行仲裁的示意图。总线仲裁器与设备之间只设置一根总线请求信号线、一根总线应答信号线和一根总线忙信号线,连接到总线上的所有设备共享这 3 根信号线。总线上设备的优先级是由设备在该电路中的位置决定的,越靠近总线仲裁器的设备,优先级越

高。总线上的设备只有在总线忙信号无效时，才能申请使用总线，即通过总线请求信号线向总线仲裁器发出总线请求信号。总线仲裁器接到总线请求信号后，总线仲裁器就发出总线应答信号给离它最近的设备，如果该设备没有使用总线的要求，就把总线应答信号传递给它的下一级设备，就这样总线应答信号可以逐级传递下去。一旦某个设备接收到总线应答信号，且该设备又有使用总线的要求，该设备就不再向它的下一级设备传递总线应答信号，这个设备就成为总线的主控设备，同时通过总线忙信号线发出总线忙信号，通知其他总线上的设备此时不能再申请使用总线，即使已经发出总线请求信号，这时也必须暂时撤销。当然，待总线忙信号撤销后，设备如有使用总线的要求的话，还可以再次发出总线请求信号。

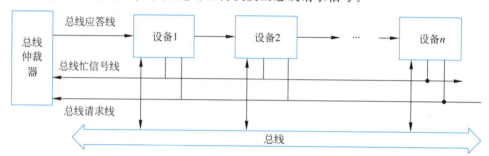

图 6-5 串行总线仲裁

集中仲裁机制的优点是：系统模块化程度高，设备一方电路设计较为简单，但系统可靠性不太高，一旦仲裁电路发生故障，总线就不能使用。而分布仲裁则正好相反。

并行仲裁的优点是总线仲裁速度快，优先级设置灵活，即有可能通过向总线仲裁器发送不同的控制命令，实现不同的优先级策略。缺点是每个设备与总线仲裁器之间都需要设置一条总线请求信号线和一条总线允许信号线。由于总线仲裁器电路在具体实现时，这对信号线的数目是固定的，这意味着可以连接到总线上设备的数量实际上还会受到这对信号线数目的限制。同时也有可靠性不高的缺点。

串行仲裁的优点是用于总线管理的信号线数目较少，且与连接总线的设备数目无关，同时总线仲裁器电路的实现也较为简单。但缺点也是很明显的，主要是一旦设备连接到总线上，设备的优先级随即固定下来，要改变一个设备使用总线的优先级，就必须改变它所处总线的物理位置；而且在该方案中，总线优先级的比较时间较长，因为总线应答信号需要逐级向下传递，如果连接到总线上的设备数量较多，排在后面的设备相比排在前面的设备，从发出总线请求信号到接到总线应答信号，所等待的时间要长一些。

对于采用固定优先级策略的总线系统来说，硬件实现会简单一些，但当设备较多时，优先级低的设备就很难有机会使用总线；而动态优先级策略虽然在硬件实现上比固定优先级策略复杂许多，但能够很好地适应总线上存在较多设备的情形。典型的动态优先级策略是轮转策略，即首先将设备排队，指定一个设备为目前优先级最高的设备，队中的下一个设备次之，就这样先排下去。当目前具有最高优先级的设备使用一次总线后，它就变成优先级最低的设备，即排到队尾，队中下一个设备就变成目前具有最高优先级的设备。这样所有设备都具有平等使用总线的机会。

3）总线定时方法

总线定时方法是指为了协调总线上发生的事件所采用的方法。总线上发生的事件是指那些为了使用总线传输信息，总线所做的各种必要的动作。例如，处理机要求从主存中读出数据,总线所做的动作包括向主存发送存储单元的地址、向主存发出读信号以及将主存发送到数据总线上的数据交给处理机等。总线定时的方法分为同步定时和异步定时,由此总线又可分为同步总线和异步总线。

在同步总线中,总线上所有事件的发生都要由一个时钟脉冲序列来定时。在这种定时方式下,总线应包含一条时钟信号线,该时钟信号线负责传送一个固定频率的方波信号。所谓方波信号,是指高、低电平具有相同持续时间的脉冲信号。从一个高电平有效开始到接下来的低电平结束(一个脉冲周期),在这里称为一个时钟周期,它定义了一个基本的总线操作的时间单位。一个总线时段则由一个或多个时钟周期构成。连接到总线上的所有设备都通过时钟信号线获取用于事件同步的时钟脉冲信号,所有的总线事件都应在一个时钟周期的开始时(高电平有效时)启动动作。

图 6-6 给出了一个在同步方式下具备读和写操作的时序图。虽然这里给出的仅仅是一个简化了的时序图,但它具有非常典型的意义。在该时序状态图中,我们可以看到:总线上的信号都在时钟脉冲前沿开始变化(当然,实际上会有微小的延迟)。大多数总线事件通常会在一个总线时段内完成操作。这个例子向我们展示了总线事件操作是如何与时钟脉冲同步的。首先处理机在第一个总线时段内将主存单元的地址放到地址总线上,同时也可能将某些状态信息发送到状态信号线上。一旦处理机给出的地址/状态信号在地址总线和状态信号线上形成稳定的电平信号,处理机就会通过地址有效信号线发出地址有效信号。从设备在得到地址有效信号后就开始对地址总线上的地址进行译码。对于读操作,处理机在接下来的第二个总线时段通过读信号线发出读有效信号。从设备在接下来的一个总线时段里,在根据前面的地址译码确定了这次要访问的目标单元之后,依据读命令,从该单元中读出数据并将数据放到数据总线上。对于写操作,处理机会在第二个总线时段开始时将数据放到数据总线上,待数据总线上的数据信号稳定之后,处理机会通过写信号线发出写有效信号。从设备同样通过译码确定了这次要写的目标单元后,依据写命令,在接下来的第三个总线时段从数据总线上复制数据并写到目标单元中。

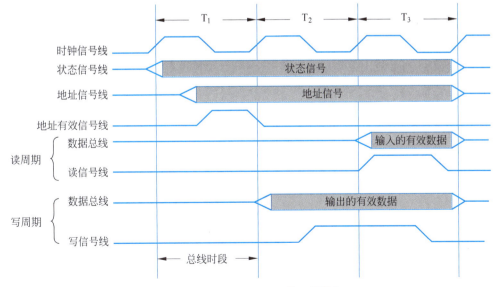

图 6-6　同步定时方式下的总线操作

在采用异步定时的方法中,总线上一个事件的动作发生与否依赖于前一个事件动作的执行情况。从图 6-7 所示的一个简单的异步读操作的例子中可以看到,处理机(目前是作为总线的主控设备)首先将地址和状态信号发送到总线上,经过一个短暂的延时,待这些信号稳定后,处理机接下来发送一个读命令,指示已经送出了有效的地址和控制信号,以此通知主存储器下面需要执行读操作。

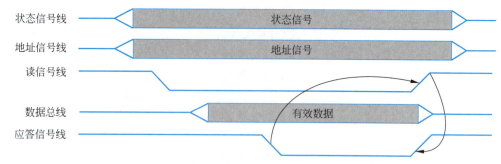

图 6-7 异步方式下的读总线周期

主存储器随即对处理机送来的地址进行译码,由此主存储器控制器可以找到该地址所对应的存储单元,接下来控制从该存储单元中读出数据并将该数据放到数据总线上,待数据信号在数据总线上稳定了之后,主存器通过应答(或确认)信号线向处理机发送应答(或确认)信号,表示数据已经有效、可用。在处理机从数据总线上读取数据之后,处理机这时才会使读信号变为无效。主存储器发现读信号无效后,它才会将应答信号撤销并使存储器的数据线与数据总线隔离(通过三态门)。当处理机发现应答信号无效后,处理机这才撤销地址和状态信号。

图 6-8 给出了一个简单异步写操作的例子。在图 6-8 所示的情形下,总线的主控设备将地址和状态信号发送到总线上时,同时也将数据发送到数据总线上,待地址、状态和数据信号在总线上稳定后,主控设备发出写命令。写命令应一直保持有效,直到主控设备接收到主存储器发回的应答信号为止。也就是说,主控设备在接收到来自主存储器的应答信号之后,才能够撤销写信号。对于主存储器一方,当它接收到这个写命令之后,它应当首先根据地址总线上所提供的地址,经译码分析后找到该地址所对应的存储单元,接下来主存储器再从数据总线上复制数据并写到存储单元中。当主存储器执行完写操作之后,它向主控设备发出应答信号。总线的主控设备在接收到应答信号后,马上撤销写信号。而主存器只有发现写信号撤销后,它才会撤销应答信号。当主控设备发现应答信号无效后,主控设备才撤销地址和状态信号。

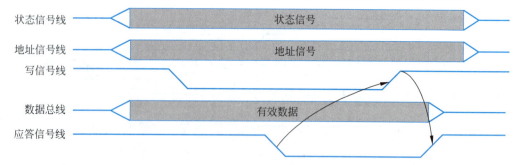

图 6-8 异步方式下的写总线周期

同步定时方式的优点是系统中各个连接到总线的模块,在其控制电路的实现和测试都比较简单,缺点是与异步定时方式相比,操作定时不够灵活。因为连到同步总线上的所有设备都受到固定的时钟频率的约束,这意味着所有设备只能在同一速率下运行,性能较高的高速设备不能发挥其速度优势,从而不能给系统带来性能提升。对于采用异步定时方式,无论是快速还是慢速设备，也无论是新设备还是旧设备，它们都能比较容易地连接到总线上，通过总线实现它们之间的数据交换。但控制电路实现起来较为复杂，代价也比较高。同时，由于每次发送和接收数据都需要在总线的主、从设备之间多次交换信息，因此数据传输效率较低。

4）总线宽度

前面讨论并行和串行总线时，已经讨论了总线宽度的问题，这里不再赘述。

5）数据传输类型

总线的基本功能是传输数据信息。总线上的一次数据传输包括两个阶段：地址、命令阶段和数据传输阶段。由于总线及总线设备的多样性，使得数据传输也存在多种方式。图6-9为通常总线所支持的各种数据传输类型。实际上，所有的总线都会支持两个基本的总线操作：读操作（总线的从设备发送数据到主控设备）和写操作（总线的主控设备发送数据到从设备）。数据传输类型就是指读/写操作在各种类型总线上的各种实现方法。

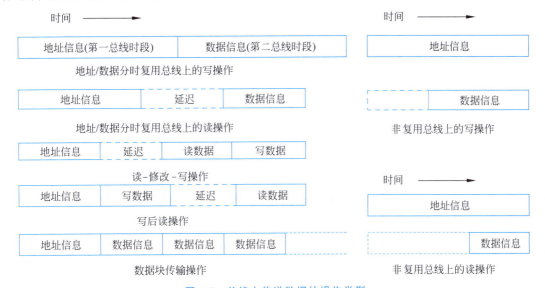

图 6-9　总线上传送数据的操作类型

在地址和数据分时复用总线上，由于地址信息和数据信息分时复用总线上同一组物理信号线，因此总线上这组被复用的信号线需要在不同的时间段发送不同的信息（地址或数据）。在通常情况下，分时复用的信号线首先被用来发送地址信号，然后才会用来传送数据。对于读操作来说，总线的主控设备在发送过地址信号后，在它能够通过总线获得从设备发送来的数据之前，需要有一个短暂的时间延迟，也称为总线转换阶段。设置总线转换阶段的原因是，在地址阶段，分时复用的地址/数据信号线是由总线的主控设备驱动的地址信号，但在数据传输阶段，分时复用的地址/数据信号线是由总线的从设备驱动的数据信号，为了避免多个设备同时驱动同一个信号线而形成的竞争，要求同一个信号线由一个设备驱动转换到由另一个设备驱动之前，需要加入一个短暂的延迟，即加入一个总线转换阶段。对于写操作，由于无论是地址阶段还是数据传输阶段，对于分时复用信号线的驱动都是由总线的主控设备驱动的，因此在地址阶段和数据传输阶段之间不需要插入总线转换阶段。而对于某些总线来说，由于总线仲裁的原因，无论对于读操作还是写操作，在地址、命令阶段和数据传输阶段之间都会有延迟发生。因为首先要申请获得总线以便发出地址信息和读/写请求，然后还要申请获得总线才能够去执行读/写操作。

在采用专用信号线方式时,由于地址总线和数据总线相互独立,在一个总线操作周期内,针对同一个信号线,不会发生驱动设备变更的情形,因此不需要设置总线转换阶段,即减少了延迟。而且发送到地址总线上的地址信号不会受到外界影响,当数据放到数据总线上时,地址信息仍然保留在地址总线上。对于写操作来说,当地址总线上的地址信号稳定之后,总线的主控设备就将数据信息发送到数据总线上。对于读操作来说,当总线的从设备完成地址译码,从而确定了数据存放位置并且读取数据之后,就将数据放到数据总线上。

一些总线还支持某些联合操作。例如读-修改-写操作就是在读操作之后对同一单元立即实施写操作,这样数据单元的地址只需在操作开始时发送一次即可,且整个操作是不间断地连续执行的,这样可以防止其他潜在的总线主控设备(如其他处理机)在操作执行期间对目标数据单元的访问。这样做的主要目的是在多道程序执行的环境下,确保保存在共享存储资源中的数据能够保持一致性。

写后读操作也是一个不可分割的连续操作,它的功能是对某一存储单元的写操作完成后立即实施读操作。这里执行读操作的目的是对刚刚写入的信息进行校验。

以上的数据传输类型共同的特征是在数据传送阶段只有一次数据传送操作。有些总线还支持数据块传输方式(Burst Mode),也称为连续数据传输方式、突发(猝发或迸发)数据传输方式或成组数据传输方式。在这种情形下,在一个地址、命令阶段后,或者说给出了第一个数据所在存储单元的地址之后,可以有多个数据传送操作,即可以读/写连续的多个数据单元。这意味着总线的主控设备只需将要发送或接收的第一个数据项的地址发送给存储器,其余多个数据项的地址相对于第一个数据项的地址来说都是连续地址,主存储器可以自动修改后续访问的数据单元的地址,而不需要主控设备每次都发送地址。这样做能够大大提高数据的传输效率。例如,刷新高速缓冲存储器(Cache)中一行的操作往往要求总线(也包括内存)支持这类数据传输类型。

2. 多层次总线设计

现代计算机系统往往会根据系统功能模块性能上的要求设置不同层次、不同种类的总线,不会完全拘泥于上述 3 种总线结构。这里我们讨论有关多层次总线结构的问题。

引入层次型总线的必要性在于如果大量的组件电路板被连接到总线,系统性能将会变得非常糟糕。这主要有以下几方面的原因。

(1) 如果计算机系统中的所有设备都在使用单一的系统总线的话,就会使得系统总线显得非常拥挤。解决的方法之一就是在处理机子系统中配置专供 CPU 使用的局部总线,在局部总线上连接局部存储器和局部 I/O 接口,而在系统总线上连接主存储器和其他速度较慢的 I/O 设备控制器。

(2) 在通常情况下,要将许多组件电路板连接到总线,势必要增加总线的长度,从而带来传递延迟。造成这种延迟的原因是总线仲裁机构用来协调各个组件对总线使用的有关操作,这种协调工作是需要花费时间的。当总线的使用权频繁地从一个组件传递到另一个组件时,这些延迟明显地影响了总线的性能。

(3) 一些需要连续的且数目较大的数据字的传输的应用几乎耗尽了总线的带宽,比如主存到显示缓冲存储器之间的数据传输就是这样的,这时总线变成了系统的瓶颈。诚然,通过提高总线的带宽的方法,比如增加数据总线的宽度(如将数据总线的宽度由 32 位增加到 64 位)以及提高总线的工作频率,似乎可以解决这个问题,然而由于某些组件(如图形、视频显示适配器,千兆网络接口适配器等)对总线带宽的要求增长得非常快,对于结构单一的总线来说,最终注定难以满足这些要求。

现代多数计算机系统采用分层划分的层次型多总线结构,如图 6-10 所示。这里局部总线用来连接处理机和高速缓冲存储器(Cache)以及其他局部组件(例如显示适配器)。高速缓冲存储器控制器不仅仅只是与局部总线相连,它还与系统总线相连,由此实现局部总线与主存的连接。我们知道使用高速缓冲存储器结构能有效地隔离处理机对主存频繁的访问请求,因此主存不再与局部总线连接,转而连接到系统总线。在这种方式下,I/O 设备与主存之间的数据传输只需要通过系统总线即可完成,从而不会干扰到处理机的操作。

I/O 接口控制器可以直接连接到系统总线,但 I/O 设备的速度差别非常大。因此,更为有效的解决方法是设置一条或多条扩展总线来连接这些 I/O 接口控制器。扩展总线接口在系统总线和连接在扩展总线上的 I/O 接口控制器之间起了一个缓冲数据的作用。这样做带来两方面的好处:其一是计算机系统可以方便地支持速率不同的各种 I/O 设备;其二是使主存与处理机之间的数据传输和主存与 I/O 设备之间的数据传输分隔开来,各行其道,互不干扰。

图 6-10 展示了一些 I/O 设备控制器连接到扩展总线的典型例子。网络接口控制器可以是传输速度为 10Mbps 的局域网适配器(例如以太网适配器)和广域网适配器(例如基于包交换的 ISDN 网络适配器)。小型计算机系统接口(SCSI)是一种用来支持本地磁盘驱动器和其他 SCSI 外设的设备总线。传统的串行接口通常用来连接扫描仪、串口打印机等外设。

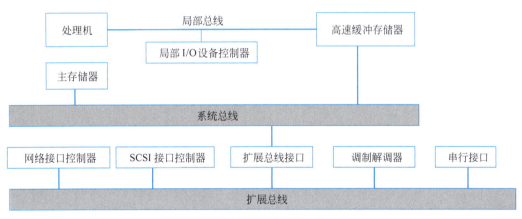

图 6-10　传统的层次型多总线结构

传统的层次型多总线结构无疑提高了系统性能,其性能的提高主要体现在 I/O 设备上。为了应付一些新型设备(例如视频/图形显示接口适配器、千兆以太网卡等)对总线在性能方面不断增长的需求,业界普遍采用的方法是构建一个具有与处理机紧密集成的、用来支撑整个系统且相对独立的高速总线。所谓与处理机紧密集成,是指高速总线充分考虑与它连接的处理机的体系结构,如处理机引脚的信号定义情况以及工作时序,使得处理机与高速总线之间仅需要一个桥接电路(简称总线桥)即可实现处理机与总线的互连,而不需要另外去实现一个复杂的处理机引脚信号与标准的总线信号之间的转换电路,以降低系统实现的难度。

图 6-11 展示了一个典型的采用总线桥的解决方案。图中有一条局部总线将处理机连接到高速缓冲存储器控制器以及总线桥,通过总线桥实现与系统总线的连接,从而实现了处理机对主存的访问。高速缓冲存储器控制器和总线桥是集成在一起的,总线桥也与用于连接高速外设的高速总线互连,实现了与设备交换数据的缓冲。高速总线可以用来支持高速的局域网

适配器,例如 100Mbps 快速以太网适配器或者千兆以太网适配器,也可以用来支持视频/图形工作站的三维图形加速器,当然本地的外设接口总线控制器(如 SCSI、FireWire 等)也连接到高速总线。设置一条高速总线的目的是专门支持那些高性能的 I/O 设备,速度较低的 I/O 设备仍然连接到扩展总线。在高速总线和扩展总线之间设置缓冲电路,以实现匹配不同性能设备的需要。

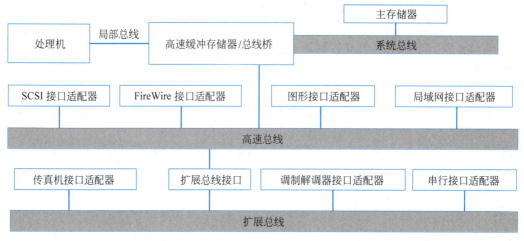

图 6-11　高性能多层次总线结构

这种总线分层方案的优点在于高速总线桥紧密地和处理机集成在一起,但同时又独立于处理机之外。这样,处理机与高速总线在信号线定义上的差别可以方便地予以解决。即使改变处理机的体系结构也不会影响高速总线和扩展总线,反之亦然。

3. 总线的实现

总线是实现源部件传送信息到一个或多个部件的一组传输线。为了能使多个设备共享总线,必须将这些设备的输入/输出物理信号线都连接到总线上,其核心是实现多个设备上的元件的输出,都可以作为总线上的另一元件的输入,因此对于发送的信息必须经过选择,以避免产生多个部件同时发送信息的情形,即要求在任何时刻最多有一个输出被选中。目前广泛采用两种方案用于解决上述问题,即集电极开路与非门(OC 门)电路和三态门电路。

1) 采用集电极开路与非门电路实现总线

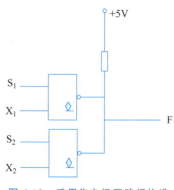

图 6-12　采用集电极开路门构造的总线

将多个集电极开路与非门(OC 门)的输出端连接在一起,并在集成电路外面接一个公用负载电阻,即可构成与或非门。在图 6-12 所示的例子中,两个 OC 门的输出连接到一起形成输出信号 F,它们的逻辑关系为 $F=\overline{S_1 X_1} \cdot \overline{S_2 X_2}$ 或 $F=\overline{S_1 X_1 + S_2 X_2}$。由 F 的逻辑表达式可以看出:当 $S_1=1$(表示 OC 门 1 被选中,可以向总线发送信息)时,$F=\overline{X_1}$;当 $S_2=1$(表示 OC 门 2 被选中,可以向总线发送信息)时,$F=\overline{X_2}$。这实际上就是一个一位的集电极开路总线,OC 门的输入信号 S_i 起着选择器的作用,另一个输入信号 X_i 是数据输入。假定在任何时刻最多只有一个 S_i 信号有效,这个信号就决定了当前的数据来源,因此我们称它为选通信号。推而广之,增加 OC 门个数,即可实现不同宽度的总线。不过由于 OC 门的工作速度较慢,因此在目前的计算机系统中较少采用集电极开路门实现总线。

2) 采用三态门电路实现总线

目前计算机系统在总线的物理实现上,主要采用三态门电路和传输线来进行构造。所谓三态门电路,是指门电路的输出除了有高电平和低电平两种状态之外,还有一个高阻状态,即门电路的输出端呈现高阻抗。门电路的输出端是否呈现高阻抗状态,可以通过电路的三态控制信号加以控制。当三态控制信号控制门电路为正常工作状态时,三态门电路的逻辑功能与普通与非门完全相同;当三态控制信号控制门电路工作在高阻状态时,三态门电路的输出端呈现高阻抗状态。

采用三态门电路可使连接到总线上的设备在不使用总线时对总线呈现高阻状态,此时设备在物理上与总线断开,设备绝不可能向总线发送信息,从而避免了干扰总线正常操作的问题;同时设备也不作为总线的负载,从而为总线可靠地传送信息创造了有利条件。

与 OC 门不同的是,三态门电路的输出端不需外接负载电阻,多个三态门电路的输出端可以连在一起接到总线上,但在同一时刻绝对不能有多于一个门电路被选中而脱离高阻状态向总线发送信息。因为假设两个门电路同时向总线发送信息,其中一个可能向总线发送低电平信号,而另一个则可能向总线发送高电平信号,这将会在两个门电路之间造成短路并形成大电流,这样的话不仅会使总线发送错误的信息,甚至有可能会造成门电路的永久性损坏,因此在设备的电路实现时需要引起特别的注意,防止上述现象的发生。另外,虽然总线上可连接多个部件,但总线的驱动能力是有限制的,因此在设备电路实现时,应限制在 1~2 个负载以内为佳,具体情况应视具体的总线而定。

图 6-13 给出了使用三态门电路实现的 1 位双向总线的逻辑图。图中 s 是三态控制端,当 $s=0$ 时,右边的三态门电路脱离高阻状态,左边的三态门电路呈现高阻抗状态,从而信号线 Y_1 上的信号可以通过右边的三态门电路送到左端非门电路的输入端,经过非门电路反向后,X_1 信号线上呈现与 Y_1 同样的信号状态,即实现了信号从右边发送到左边。同理,当 $s=1$ 时,则实现信号从左边发送到右边。

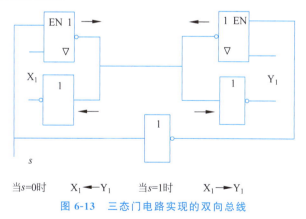

图 6-13 三态门电路实现的双向总线

6.2 PCI 和 PCI Express 总线

PCI(Peripheral Component Interconnect,外围组件互连)总线与它的后代 PCI Express 总线属于设备总线,用于主机与 I/O 设备的连接。但在 PCI Express 总线诞生之前,在很多个人计算机产品中,系统总线也采用 PCI 总线,用于连接 CPU 和内存。

PCI 总线家族的标准由 PCI-SIG(Peripheral Component Interconnect Special Interest Group)负责制定和颁布。成立于 1992 年的 PCI-SIG 是一个非盈利组织性质的电子工业协会,现有会员单位超过 800 家。PCI-SIG 先后颁布了 3 代 PIC 总线,即 PCI 总线(规范名称应该为 PCI Local Bus,即 PCI 局部总线)、PCI-X 总线和 PCI Express 总线(简称 PCIe)。本节主要介绍 PCI 和 PCI Express 总线。

6.2.1 PCI 和 PCI Express 的发展概况

英特尔于 20 世纪 90 年代开始为其基于 Pentium 的系统开发 PCI 总线。为了迅速推广该总线,英特尔迅速将所有专利公开,并促进且主导了 PCI 行业协会 PCI-SIG 的成立,由 PCI-SIG 而不是 Intel 负责制定和颁布 PCI 总线标准规范。结果是 PCI 总线被广泛采用,并且在个人计算机、工作站和服务器系统中得到越来越多的使用。

最初 PCI-SIG 颁布的 PCI 总线标准规范规定数据总线的宽度为 32 位,工作频率为 33MHz,总线带宽为 132MB/s(4Bytes×33MHz=132MB/s)。但是很快就跟不上新设备的带宽需求,因此后来 PCI-SIG 颁布的 PCI 总线标准规范规定数据总线宽度为 32 位或 64 位,工作频率为 33MHz 或 66MHz,总线带宽最大为 528MB/s(8Bytes×66MHz=528MB/s)。

随着千兆以太网的应用日渐成熟,528MB/s 的总线带宽已远不能满足千兆以太网适配器以及智能 I/O 接口控制器(如 SCSI 磁盘阵列控制器)对总线带宽的需求,于是 PCI-SIG 颁布了 PCI-X 总线规范(X 在此意为 eXtend),提升了 64 位总线的工作频率(定义了 66MHz、100MHz、133MHz、266MHz 和 533MHz 四种工作频率),由此 PCI-X 总线的最大带宽可达 4.264GB/s(8Bytes×533MHz=4264MB/s)。

PCI 总线是基于分层多层次并行总线设计思想设计的一种时钟同步型总线。图 6-14 展现了 PCI 局部总线在台式计算机系统中的典型架构,在该方案中,处理器、高速缓冲存储器和主存储器通过 PCI 总线桥电路连接到 PCI 局部总线,总线桥中包含有总线仲裁电路以及一定容量的缓冲存储器。通过该总线桥,处理器可以直接访问连接到 PCI 局部总线上的任何 I/O 接口,总线桥电路为此提供了一个低延迟的访问通道。通常情况下,PCI 局部总线提供 4 个总线设备扩展插槽,以便安装各种适配器或扩展卡。

图 6-15 展示了 PCI 局部总线在服务器系统中的典型架构,在该方案中,PCI 总线允许 1 个或多个桥接电路连接到系统总线上,而系统总线仅连接处理器、高速缓冲存储器(Cache)和内存控制器,由此可方便地实现具有对称多处理机(SMP)结构的多处理器计算机系统。

但是基于并行总线的 PCI 方案还是无法跟上当代 I/O 控制器对带宽的需求,从而开发了称为 PCI Express 的总线。PCI Express 总线,即外围组件互连 Express 总线,其正式缩写为 PCIe 或 PCI-e,是高速串行计算机扩展总线标准,旨在替代 PCI 和 PCI-X 总线。它目前是个人计算机、工作站及服务器上的标准设备总线,是用于连接显卡、硬盘驱动器、SSD、Wi-Fi 和以太网硬件的通用总线。PCI Express 对 PCI 进行了许多改进,包括提供更大的总线带宽、较少的引脚数和更小的物理占用空间、更好的性能扩展、更详细的错误检测和报告机制及本机热插拔功能。目前 PCI Express 标准也为 I/O 虚拟化提供了支持。不像 PCI 采用并行公共总线方案(其中 PCI 主机和所有设备共享一组公共的地址、数据和控制线),PCI Express 采用一种点对点互连方案。

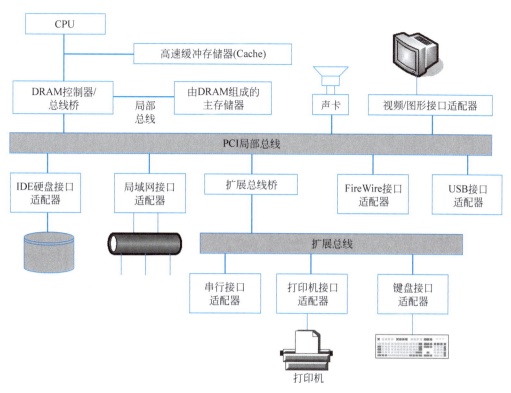

图 6-14 具有 PCI 总线的个人计算机系统

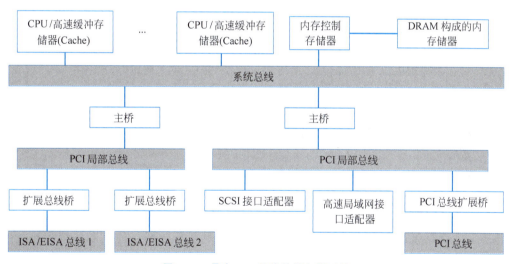

图 6-15 具有 PCI 总线的服务器系统

6.2.2 PCI Express 总线的架构

PCI Express 总线基于点对点拓扑架构,具有独立的串行链路,将每个设备连接到根联合体(主机)。PCI Express 总线链路支持任何两个端点之间的全双工通信,而对跨多个端点的并发访问没有固有的限制。PCI Express 总线架构如图 6-16 所示。

在 PCI Express 标准规范中,将根联合体(通常也称为芯片组或主机桥)定义为将处理器和内存子系统连接到包含一个或多个 PCI Express 和 PCI Express 交换节点的 PCI Express

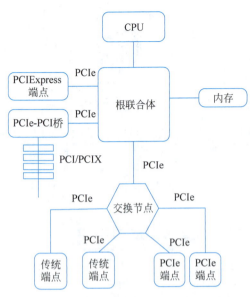

图 6-16 PCI Express 总线架构

交换设备上。根联合体充当缓冲设备,用以处理 I/O 控制器与内存和处理器组件之间的数据交换速率的差异。根联合体还负责 PCI Express 总线与处理器及内存控制器控制信号之间的转换。该芯片组通常支持多个 PCI Express 端口,其中一些直接连接到 PCI Express 设备(PCI Express 端点),也可以连接到管理多个 PC Express 流的交换节点。

在现代计算机中,比如个人计算机,根联合体是 I/O 系统与 CPU 和内存连接的头或根。例如,在当今的个人计算机中,是基于芯片集(组)实现的,芯片(G)MCH(图形和内存控制器中枢,也称北桥芯片)或(G)MCH 和 ICH(I/O 控制器中枢,也称南桥芯片)的组合可以被视为根联合体。

交换节点的作用是负责管理多个 PCI Express 流。PCI Express 端点指 I/O 设备或设备控制器,例如千兆以太网卡、图形或视频控制器(显卡)、磁盘接口或通信控制器等。传统端点指传统上基于 PCI 或 PCI X 标准的设备,使用它可以实现向后兼容。PCI Express-PCI 桥实现将 PCI 或 PCI X 总线连接到基于 PCI Express 的系统中。

6.2.3 PCI Express 总线协议

与其他串行总线一样,PCI Express 总线协议是一个分层协议,由事务层、数据链路层和物理层组成。这些术语源于 IEEE 802 网络协议模型,如图 6-17 所示。

简而言之,物理层包括实际的信号线和支持 1 和 0 发送/接收所需的辅助功能的电路和逻辑。数据链路负责可靠地传输和流量控制,该层生成和使用的数据包集称为数据链路层数据包(Data Link Layer Package, DLLP)。事务层生成和使用用于实现数据传输机制的数据包,并管理流控制。由该层生成和使用的数据包称为事务层包(Transaction Layer Package, TLP)。事务层的上方是软件层,通常为操作系统的设备驱动层,该层生成读取和写入请求,这些请求由事务层使用基于数据包的事务协议传输到 I/O 设备。

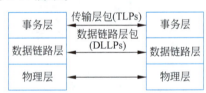

图 6-17 PCI Express 协议层

1. 物理层

该层负责实际发送和接收要通过物理 PCI Express 链路发送的所有数据。物理层与数据链路层和物理 PCI Express 链路(电线、电缆、光纤等)进行交互。该层包含接口所有的硬件电路,如输入和输出缓冲区、串/并转换器、锁相环路(Phase-Locked Loop, PLL)和阻抗匹配电路等。它还包含一些接口初始化和维护所需的逻辑功能。

在数据发送方面,物理层从数据链路层获取信息并将其转换为正确的串行格式。基于 2010 年年底发布的 PCI Express 3.0 规范,在每个物理通道上,数据被一次缓冲和处理 16 字节(128位)。每128位的块被编码为唯一的130位代码字来进行传输,这种方式称为128b/130b编码。物理层还添加了帧字符以指示数据包的开始和结束。然后使用适当的传输速率(例如2.5GHz)以及在若干条不同的物理通道上发送该消息(例如对于x4链路,则使用4条物理通道)。在接收方,物理层从链路上获取传入的位串流,并将其转换回数据块,之后传递到数据链路层。此过程基本上与发送端的操作过程相反。它对数据进行采样,删除帧字符,对其余的数据字符进行解扰,然后将128b/130b数据流转换回并行数据格式。物理层的包结构见图6-20。

1) 通道

PCI Express实现点对点串行通信,通道是用于收发一组位流信道的术语。一个通道包含4个物理信号线,设为两组线,每组实现以差分信号方式传输数据位的通路,一组用于发送数据,另一组用于接收数据,从而实现双向传输。两个设备通过接口互连,每个接口至少设置一个通道(链接宽度为×1),如图6-18所示。

2) 链接

两个PCI Express设备之间的连接称为链接。一条链接可以由一个通道组成,也可以由多个通道组成。如图6-19所示的链接是由2条通道组成的链接(注:此处仅为了示意,目前的标准规范并没有定义2个通道的链接)。依据目前的标准规范,一个PCI Express链接可提供1、4、6、16或32个通道,即链接宽度为分别为×1、×4、×6、×16或×32。在设备上,与一个链路关联的通道集合称为端口(Port)。像链接一样,设备的端口也可以由多个通道组成,并且与相应的链接相对应。

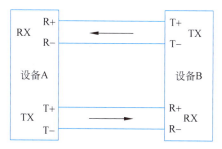

图6-18 PCI Express的通道

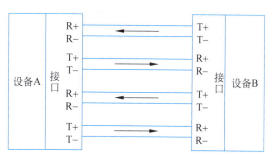

图6-19 PCI Express的链接和设备端口

PCI Express使用多通道分配技术。例如对于一个由4个通道组成的端口,使用简单循环机制将数据一次分配到4个通道上,每个通道一次分配16字节(128位)。

物理层将数据链路层及事务层与物理实现完全隔离,数据如何通过物理层链接传输完全取决于物理层。在物理层,链接的实现可以通过铜走线连接,也可以通过光缆的光路连接。其余各层将不知道这些具体的实现方式,这为PCI Express的实现方式提供了极大的灵活性。

2. 数据链路层

数据链路层与物理层和事务层都相互作用,该层的主要职责是纠错和检测。基本上,它负责确保通过链接发送的每个数据包中的数据完整且正确。数据链路层从事务层的发送端获取事务层数据包(TLP),通过在数据包的开头添加序列号,并在结尾添加LCRC(数据链路层CRC)错误校验码来实现此目的,从而构造出数据链路层数据包(DLLP),之后便将其提交给物理层。数据链路层的包结构见图6-20。

使用包序列号可以确保每个数据包都通过链路得以发送而不会丢失。例如,如果设备 A 成功接收了一个序列号是 6 的数据包,则它期望下一个数据包的序列号是 7。如果接收到的数据包序列号是 8,则它知道丢失了序列号是 7 的数据包,要通知发送方。LCRC 用于确保每个数据包中的数据完且正确。如果接收方设备 A 使用 LCRC 做校验时发现错误且 LCRC 未能纠错,同样需要通知发送方。

数据链路层的接收方从物理层接收传入的数据包,并检查序列号和 LCRC 以确保数据包正确。如果正确,则将其传递到事务层的接收方。如果发生错误(错误的包序列号或错误的数据),则在解决问题之前,它不会将数据包传递到事务层。

如果发生出错,设备 A 在数据链路层创建一个 DLLP,该 DLLP 指出存在错误,要求设备 B 重新发送该数据包。最终,设备 A 接收到该重发的数据包,如果序列号和 LCRC 检查无误,则将该数据包传递到事务层。设备 A 和 B 中的事务层并不知道此数据包是否经过了多次发送与接收,该行为完全取决于其数据链路层。这样,数据链路层的行为与链路的安全防护非常相似,确保仅允许"应该存在"的数据包通过。

此外,数据链路层还负责管理链路,以实现链路的其他功能,例如电源管理等。为此,数据链路层会生成特定的数据链路层数据包,这些 DLLP 并不为事务层所知。

3. 事务层

事务处理是 PCI Express 设备之间信息传输的基础。PCI Express 使用拆分事务协议。这意味着有两个事务阶段,即请求和完成。事务发起方(称为请求方)发出请求数据包。对于需要完成的请求,完成者随后将完成包发送回请求者。

事务层从其上的软件层接收读取和写入请求,并创建请求数据包,以通过链路层传输到目的地。请求数据包由源设备发出,然后等待响应,即等待收到对方发来的完成数据包。每个数据包都有一个唯一的标识符(标头)用于指示源设备,这样完成数据包就可以准确地发送到正确的源设备。事务层数据包格式支持 32 位内存寻址和扩展的 64 位内存寻址。

1)事务地址空间

事务层支持 4 个地址空间:

(1)内存地址空间:该地址空间既包括系统主存地址空间,也包括 I/O 端口地址空间。通过将 I/O 端口地址空间映射到特定内存地址区域来实现。

(2)I/O 端口地址空间:该地址空间用于向后兼容 PCI 或 PCIX 设备,保留的内存地址范围用于寻址老的 I/O 设备。

(3)配置地址空间:该地址空间用于初始化事务层操作。

(4)消息地址空间:该地址空间用于控制与中断、错误处理和电源管理有关的信号。

2)事务类型与作用

PCI Express 体系结构定义了 4 种事务类型:内存、I/O、配置和消息,如表 6-3 所示。

表 6-3 PCI Express 的事务类型

地址空间	事务类型	作用
存储器	读存储器	读、写系统存储器中的数据(包括映射到存储空间的 I/O 端口中的数据)
	加锁读存储器	
	写存储器	

续表

地址空间	事务类型	作用
I/O 端口	读 I/O 端口	读、写映射到存储空间的 I/O 传统设备端口中的数据
	写 I/O 端口	
配置	读配置类型 0	读、写 PCI Express 设备上配置空间中的数据
	写配置类型 0	
	读配置类型 1	
	写配置类型 1	
消息	消息请求	实现消息或事件发送与接收
	带符加数据的消息请求	
存储器、I/O 端口及配置	完成	用于完成事务后的反馈
	带符加数据的完成	
	加锁的完成	
	带符加数据加锁的完成	

(1) 内存事务：该事务是以内存空间为目标的事务。将数据传输到内存或从内存读取数据。内存事务有几种类型：内存读请求、加锁的内存读请求、内存写入请求和内存读写完成等。内存事务使用两种不同的地址格式之一，即 32 位寻址（短地址）或 64 位寻址（长地址）。

设置加锁的内存读请求的原因是由于设备驱动程序可能需要对 PCI Express 设备上的寄存器进行原子访问（读-修改-写操作需要连贯执行，且不能被打断），由此引入了锁操作。例如，设备驱动程序对某个设备寄存器执行读取、修改及写入操作，可能需要处理器执行一组指令。根联合体将这些处理器指令转换为一系列的 PCI Express 事务，这些事务执行单独读取和写入请求。如果必须以原子方式执行这些事务，则根联合体在执行这些事务时会锁定 PCI Express 链接。此锁定可以保证这些事务在执行过程中不被打断，这类事务序列称为锁定操作。可能导致锁定操作发生的特定处理器指令集取决于系统芯片集和处理器架构。

(2) I/O 事务：针对 I/O 空间的事务会将数据传输到 I/O 映射的位置或从 I/O 映射的位置读取数据。PCI Express 支持此 I/O 空间的目的是与使用该空间的传统设备兼容。I/O 事务有几种类型：I/O 读取请求、I/O 读取完成、I/O 写入请求和 I/O 写入完成。I/O 事务仅使用 32 位地址（短地址格式）。

(3) 配置事务：针对配置空间的事务用于设备配置和设置。这些事务访问 PCI Express 设备的配置寄存器。与传统 PCI 相比，PCI Express 允许更多配置寄存器。对于每个设备的每个功能，PCI Express 定义一个配置寄存器，其大小是 PCI 定义大小的 4 倍。配置事务有几种类型：配置读取请求、配置读取完成、配置写入请求和配置写入完成。

为了维持与前代 PCI 总线的兼容性，PCI Express 将配置事务分为类型 0 和类型 1 配置事务。其中类型 0 配置事务为通常的配置事务，而类型 1 配置事务是会向下级总线传播的事务。类型 1 配置事务可以在总线上传播，直到到达承载目标设备所在的总线（链路）的网桥接口为止。通过网桥在目标链接上将类型 1 配置事务转换为类型 0 事务，以保证能够完美地兼容 PCI 或 PCI X 总线操作。

(4) 消息事务：PCI Express 比 PCI 添加了一种新的事务类型，可在 PCI Express 设备之间传递各种消息（非正常的数据传输），用于中断请求、应答信号、错误信号或电源管理之类的事情。该地址空间是 PCI Express 的新增功能。

4. 包结构

PCI Express 总线将交换信息封装在数据包中。对数据和状态消息进行打包和解包的工作由 PCI Express 端口的事务层处理。PCI Express 的包结构如图 6-20 所示。

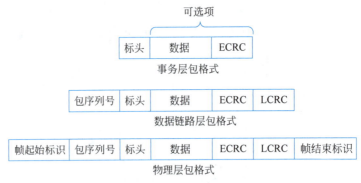

图 6-20　PCI Express 的包结构

1) 事务层包

事务使用事务层包进行传输。事务层包始于发送设备的事务层，终止于接收设备的事务层。事务层之上的软件向事务层发送需要事务层创建事务层包所需的信息，该信息包括以下字段。

（1）标头：描述了数据包的类型，包括接收方处理数据包所需的信息和路由信息。

（2）数据：事务层包中的数据字段最多可包含 4096 字节的数据。某些事务层包不包含数据字段，如完成包。

（3）ECRC：可选的端到端 CRC 字段，使接收方事务层校验标头和数据是否存在错误。

2) 数据链路层包

数据链路层包起源于发送设备的数据链路层，并终止于接收设备的数据链路层。在管理链路时使用了 3 种数据链路层包，即流量控制包、电源管理包以及 ACK 和 NAK 包。流控制包用于调节事务层包或数据链路层包通过链路传输的速率。电源管理数据包用于管理电源。ACK 和 NAK 数据包在事务层包处理中使用。

数据链路层将两个新字段添加到由事务层创建的事务层包上，即包序列号和 LCRC。在事务层创建的核心字段仅在目标事务层使用，而数据链路层添加的两个字段在从源到目标的途中的每个中间节点处都要进行处理。

当事务层包到达目标设备时，数据链路层会剥离序列号和 LCRC 字段，并执行校验操作。结果有如下两种可能性。

（1）如果未检测到错误，则将事务层包的核心部分移交给本地事务层。如果此接收设备是预期的目的地，则事务层处理事务层包。否则，事务层将确定事务层包的路由，并将其向下传递回数据链路层，以便通过下一个链路进行传输，最终到达目的地。

（2）如果检测到错误，则数据链路层生成 NAK 数据链路层包并返回给发送方，即取消了这个事务包。

数据链路层传输事务层包时，会保留事务层包的副本。如果它接收到具有此序列号的事务层包的 NAK，则它将重新发送事务层包。如果接收到的是 ACK 包，表示发送成功，则会将缓冲区中的事务层包丢弃。

3）物理层包

发送方物理层在数据链路层包上增加帧格式信息构造出物理层包,以适应物理层的传输需要。在接收方,物理层对帧进行解码,然后将序列号、报头、数据、ECRC 和 LCRC 传递到其数据链路层。数据链路层检出序列号和 LCRC,然后将标头、数据和 ECRC 传递到事务层。事务层对报头进行解码,并将适当的数据传递给上层软件。

5．流量控制

PCI Express 使用基于信用的流量控制。在该方案中,设备在其事务层中为每个接收端缓冲区通告初始信用额度。链路另一端(发送端)设备发送事务时,会计算每个事务层包消耗的信用额度数量。发送设备只能在不使其消耗的信用额度数量超过其信用额度下限的情况下发送事务层包。接收设备从其缓冲区完成对事务层包的处理时,它将向发送设备发出信用返还的信号,这会使发送方的信用额度增加。此方案与其他方案(例如等待状态或基于握手的传输协议)相比,优点是只要不遇到信用额度不足,信用返还的延迟就不会影响性能。如果每个设备都设计有足够的缓冲区大小,通常就可以满足此假设。

6.3 现代计算机系统总线

在现代计算机系统中,系统总线的作用是将处理器(很可能含有大量的执行核)连接某种总线桥芯片(通常该芯片上包含 I/O 控制器,如前面提到的 PCI Express 总线的根联合体,也可能同时包含内存控制器),同时系统总线也是多处理器之间的连接方式。也可以这样理解,在当代计算机系统中,系统总线是处理器与其他芯片进行信息交换的主要通道,因此系统总线的传输能力(或者说提供的总线带宽)对整个计算机系统的整体性能至关重要。随着计算机系统技术及半导体技术的不断进步,处理器与其他芯片间的数据传输性能成为制约系统性能提升的一个重要因素。为了解决这个问题,英特尔(Intel)公司引入了快速路径互连(Quick Path Interconnect,QPI)技术,在服务器系统上,进一步采用了超级路径互连(Ultra Path Interconnect,UPI)技术。超微设备公司(Advanced Micro Devices,Inc. AMD)则使用 Hyper Transport 总线技术来解决处理器与桥接芯片的互连问题。本节则以 QPI 为例,介绍现代计算机的系统互连问题。

6.3.1 快速路径互连简介

在快速路径互连引入之前,前端总线(Front System Bus,FSB)一直是所有英特尔架构处理器的互连方案。前端总线互连的历史可以追溯到 20 世纪 90 年代中期,旨在在一条总线上最多支持 4 个处理器和一个内存控制器。

目前单个处理器芯片上具有多个执行核,这样的处理器和之前的处理器相比,需要更高的数据和指令带宽。系统中的多个处理器所需的内存带宽要比目前单个内存控制器所能提供的内存带宽要大得多,将内存控制器与处理器内核集成到同一芯片上,从而创建非常模块化的计算单元就显得十分必要。这些模块化处理器单元(带有内存控制器处理器)通过适当的总线连接在一起,就可以创建功能强大的多处理器系统。英特尔考虑到这些需求,设计并实现了快速路径互连,如图 6-21 所示。

快速路径互连是一种高速、分组的点对点互连。高速链路与处理器紧密连接在一起,形成

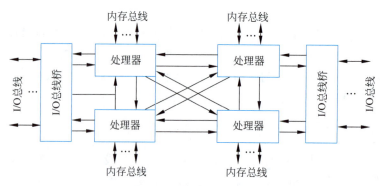

图 6-21 快速路径互连

分布式共享内存风格的平台架构（NUMA 架构）。与前端总线相比,它提供了更高的带宽和较低的延迟。英特尔快速路径互连具有低延迟和高可伸缩性、优化的侦听协议,以及能够快速完成事务的数据包和通道结构,充分考虑了包括可靠性、可用性和可维护性需求,以满足大多数关键任务系统（如服务器）的需求。

1. 快速路径互连概述

英特尔快速路径互连是高速的点对点互连。尽管有时被归类为串行总线,但由于可以通过多个通道并行发送数据,且数据包也被分成多个并行传输部分,因此它实质上是点对点链接。这是一种现代设计,使用了与其他点对点互连类似的技术,例如 PCI Express。当然,这些点对点互连方法之间存在一些显著差异,因为这些互连是为不同的应用场景而设计的,所以会有所不同。

快速路径互连的每个互连链路在物理上由 20 个差分信号组成的链路对加上一个差分转发时钟组成。每个端口（或每个互连）由两个单向链路组成,完成两个组件之间的连接,以实现全双工双向传输。为了提高灵活性和实现长生命周期,QPI 将互连定义为 5 层,即物理层、链路层、路由层、传输层和协议层。

2. 设计目标

（1）高性能和带宽：目的是从根本上改善系统带宽并满足新一代处理器需求。另外,还必须考虑允许增加带宽以满足未来的需求。

（2）软件和处理器的兼容性：必须对操作系统和用户软件完全透明,必须在将来的平台中可用。

（3）低成本：必须经济实惠,并且必须有效利用信号、引脚和走线。

（4）可扩展性：必须在设计时考虑所有合理（可能）的未来系统拓扑,并且必须提供必要的功能来支持这些未来的需求。

（5）电源效率：必须具有高能效,且必须提供基础架构支持不同平台的电源控制和管理功能。

（6）可靠性和可维护性：必须提供必要的功能,即使在存在信号干扰的情况下,也能使系统稳定、无错误地运行。此外,还需要一些功能来支持系统中强大的内存系统功能,例如内存镜像、DIMM 备用、内存迁移等。

（7）新技术支持：接口架构必须提供功能和净空来支持具有不同特征的新流量类型。新流量类型包括具有实时要求的媒体流,用于高级安全性的加密数据流,或与节点控制器进行交互以实现更加可扩展的系统所需的新命令。

6.3.2 快速路径总线互连架构

英特尔快速路径互连可提供微处理器与外部存储器之间以及微处理器与 I/O 总线桥(也称 I/O 集线器)之间的高速连接。与前端总线(FSB)相比,其最大的变化是每个处理器拥有自己的专用内存,而不是通过 FSB 和内存控制器中枢连接到所有处理器的单个共享内存。处理器通过集成的内存控制器直接访问它所拥有的内存,如果一个处理器需要访问另一个处理器的专用内存,则可以通过链接所有处理器的高速 QPI 总线进行访问。图 6-21 描述了快速路径互连的结构图,展示了 QPI 在多处理器(内含多个执行核)计算机上的典型用法。QPI 链接形成点对点交换结构,使数据可以在整个网络中高速移动,可以在每两个处理器之间建立直接 QPI 通路。类似地,可以构建更多处理器的系统。而图 6-22 描述了支持 QPI 总线模块化处理器的概念性结构。

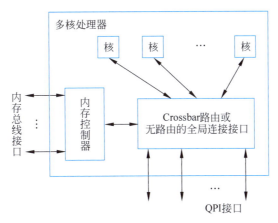

图 6-22 支持 QPI 总线模块化处理器的概念结构

此外,QPI 用于连接到 I/O 总线桥(I/O Hub,IOH)。IOH 充当将信息流定向到 I/O 设备和从 I/O 设备输入信息流的交换节点。在目前的计算机中,通常从 IOH 到 I/O 设备控制器的链接使用 PCI Express 总线。IOH 的作用是实现在 QPI 协议及数据包格式与 PCI Expres 协议及数据包格式之间的转换。处理器还使用专用内存控制链接到归属于该处理器的内存模块。

6.3.3 快速路径总线协议简介

QPI 总线协议定义为 4 层,即物理层、链路层、路由层和协议层,如图 6-23 所示。

物理层由承载信号的实际导线以及支持 1 和 0 的发送和接收所需的辅助功能的电路和逻辑组成。物理层的传输单位(一次传输的数据量)为 20 位二进制位,称为 Phit (Physical Unit,物理单元)。链接层负责可靠的传输和流量控制。链路层的传输单位是 80 位二进制位,称为 Flit(Flow Control Unit,流量控制单元)。路由层负责确保将信息发送到正确的目的地。协议层是用于

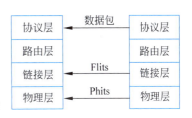

图 6-23 QPI 总线协议

在设备之间交换数据包而定义的规则集合。一个数据包由整数个 Flit 组成。

1. 物理层

物理层负责处理两个设备之间特定链接上的信号操作细节。物理层管理信号线上的数据传输,包括电气水平、时序,并且还管理逻辑问题,这些问题涉及多个并行通道发送和接收信息的每一位。链路对由两个同时运行的单向链路组成。每个完整链路由 20 个 1 位通道组成,这些通道使用差分信号并进行直流耦合。该规范定义了使用全宽度通道(20 位)、半宽度通道(10 位)和四分之一宽度通道(5 位)的操作。操作宽度在初始化期间确定,也可以在操作期间使用特定事件来确定。物理层发送的 Phit 包在单个时钟上升沿和下降沿都传输信息,这意味着数据比特率是时钟频率的两倍。无论链接宽度如何,一个 Flit 始终为 80 位,因此对于使用半宽通道和四分之一宽度的链接,传输 1 个 Flit 所需的 Phit 数量将分别增加两倍或四倍。物理层连接方式如图 6-24 所示。

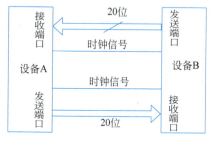

图 6-24 QPI 物理层连接

QPI 端口由 84 个单独的链接组成。每条数据路径由一对导线组成,它们每次传输 1 位数据,这对导线称为一个数据通道。每个方向(发送和接收)有 20 个数据通道,每个方向还有一个时钟通道。因此,QPI 能够在每个方向上并行传输 20 位数据位。

接收端包括数据恢复电路,该电路允许数据通道上发送的数据位信号和转发时钟之间偏移的几个位的时间间隔,偏移行为独立于每个通道。可以容忍的偏移量是基于特定产品的,与使用的物理材料相关。在发送端,使用波形均衡来获得适当的电气特性。需要进行信号完整性仿真来定义用于波形均衡的设置。路由长度也取决于产品和频率。为了缓解布线限制,支持通道和极性反转。极性反转允许交换单个通道的差分对。除了反转通道外,还可以反转整个链路以简化路由。因此,通道 0~19 可以连接到 19~0,并且初始化逻辑将为正确的数据传输进行调整。通过避免信号交叉,有助于电路板布线。接收端在初始化期间会自动发现两种类型的反转。逻辑本身进行了适当的配置以适应反转,而无须另设外部电路。

物理层中的逻辑电路负责链路复位、初始化。像其他高速链路一样,物理层旨在降低由于系统中的随机噪声和抖动而导致的误码率。这些错误由链接层中的功能进行检测和纠正。

每个通道上数据信号的传输形式采用差分信令或平衡传输。在平衡传输的情况下,信号以电流的形式传输,该电流沿一根导线传播,而沿另一根导线返回。二进制值取决于电压差。通常,一条线的电压值为正,另一条线的电压值为零,一条线与二进制 1 相关联,另一条线与二进制 0 相关联。具体来说,QPI 使用的技术称为低压差分信号传输(LVDS)。在典型的实现中,发送根据要发送的逻辑电平将小电流注入一根或多根导线。电流通过接收端的电阻,然后沿另一根导线以相反的方向返回。接收器感应电阻两端的电压极性,以确定逻辑电平。

2. 链路层

QPI 链路层控制跨链路的信息流,并确保可靠地传输信息。它还将物理层抽象为上层所需的独立消息类和虚拟网络。链路层主要承担三项职责:一是确保两个实体之间的可靠数据传输,二是负责流量控制,三是在抽象物理层为高层提供服务。

链路层的最小传输单位是流量控制单元,即 Flit。每个 Flit 包含 72 位消息有效负载和 8

位错误纠错码,即循环冗余校验码(CRC)。

Flit 有效载荷可以包括数据或消息信息。数据碎片(Flit)在处理器之间或处理器与 IOH 之间传输数据。消息用于实现诸如流控制、错误控制和缓存一致性等功能。

流量控制的作用是确保发送的信息实体不会出现发送方发送数据的速度快于接收方处理数据的速度。为了控制数据流,QPI 使用信用方案(与 PCI Express 类似)。在初始化过程中,将为发送方设置一定数量的信用,并通知接收方。无论何时向接收方发送 1 个 Flit,发送方都会将其信用计数器减 1。每当接收方处理完 1 个 Flit,就会将发送方的信用加 1。可见,是接收方控制通过 QPI 链路传输数据的速度。

有时,由于可能存在噪声或其他某种干扰,在传输过程中,物理层传输的位会发生错误。链路层的错误控制功能可以检测到此类误码并从中恢复,因此可以使更高层免受误码的影响。对于从部件 A 发送到部件 B 的数据流,该过程的工作方式如下。

(1) 如前所述,每个 80 位 Flit 都包含一个 8 位 CRC 字段。CRC 是其余 72 位的校验码。在传输时,发送方计算每一个 CRC 值,并将其放入 Flit 中。

(2) 当接收方收到一个 Flit 时,计算 72 位有效信息的 CRC 值,并将该值与 Flit 中的 CRC 值进行比较。如果两个 CRC 值不匹配,则检测到错误。

(3) 当接收方检测到错误后,它将向发送方发送一个请求,要求重新传输出错的 Flit。但是,由于发送方可能有足够的信用来发送 Flit 流,因此在一个 Flit 发送错误之后且发送方接收到重传请求之前,已经传输了其他 Flit。因此,要求发送方备份并重新传输损坏的 Flit 和所有后续的 Flit。

链接层将 QPI 的物理链接抽象为一组消息类,并且每个类独立运行。6 个消息类分别是归属(Home,HOM)、数据响应(DRS)、非数据响应(NDR)、监听(SNP)、非一致性标准(NCS)和非一致性旁路(NCB)。6 个消息类别的集合称为虚拟网络。QPI 在系统中最多支持 3 个独立的虚拟网络。这些标记为 VN0、VN1 和 VNA。在一个单一处理器或两处理器的系统中,可以仅通过两个网络来实现,通常使用 VN0 和 VNA。所有这 3 个网络通常都在多处理器系统中使用,并且一起用于防止协议死锁。具体请查阅 QPI 协议。

3. 路由层

路由层将消息定向到其正确的目的地。QPI 链接上的每个数据包都包含一个说明其预期目标的标识符。路由层逻辑包含几个路由表,这些表指示处理器的哪个物理链路是到达特定目标的最佳路由。这些表反映了系统的物理拓扑。每当链路层将消息传递给路由层时,路由层都会在路由表中查找目标地址并相应地转发消息。

首次启动系统时,固件会设置路由表。小型系统通常在这些值不变的情况下运行。多处理器系统通常具有更详尽的路由表,其中包含有关到达相同目的地的替代路径的信息。这些可用于帮助重定向负载较重的链接到负载较轻的链接。具有容错能力的多处理器系统也可以使用此信息来解决一个或多个链接中的故障。

路由层还可以帮助将多处理器系统分区并重新配置成几个较小的系统,这些系统在逻辑上彼此独立运行,同时共享一些相同的物理资源。

4. 协议层

协议层是 QPI 层次结构中的最高层。该层的主要功能是通过协调所有缓存和本地代理的操作来管理整个系统中数据的一致性。协议层还具有另一组处理非一致性流量的功能。QPI 使用 MESI 协议(已修改/独占/共享/无效协议)来实现缓存一致性。

QPI 提供了在典型系统中管理缓存一致性的灵活方式。适当的缓存一致性管理是分配给系统中所有本地代理和缓存代理,每个都有自己的角色,可以做出操作选择。缓存一致性侦听可由请求数据的缓存代理启动。此机制称为源侦听,最适合要求最低延迟访问系统内存中数据的小型系统,可以将更大的系统设计为更多地依赖归属代理来发出监听。这就是所谓的本地监听一致性机制。通过在 HOME 代理中添加过滤器或目录可以进一步增强此功能,该过滤器或目录有助于减少跨链接的缓存一致性流量。

该系统在所有分布式缓存和集成内存控制器之间的缓存一致性由参与该一致性内存空间事务的所有分布式代理维护,但要遵守该层定义的规则。QPI 互连一致性协议优化了本机侦听行为以实现更大的可伸缩性,而优化了源侦听行为以降低延迟。后者主要用于规模较小的系统,在该系统中,较少数量的代理会创建相对较少的侦听流量。具有更多侦听代理的较大系统可能会产生大量侦听流量。

在此层中,将数据包定义为传输单位。分组内容定义是标准化的,具有一定的灵活性,可以满足不同的细分市场需求。数据包分为 6 个不同的类别,即归属、监听、数据响应、非数据响应、非一致性标准和非一致性旁路。请求和响应即可用于一致性事务(如访问系统内存),也用于非一致性事务(如配置、内存映射的 I/O、中断和代理之间的消息)。可以看出该层协议主要解决各层存储系统的数据一致性问题。

6.3.4 英特尔超级路径互连总线简介

近年来服务器具有 8 个、16 个、32 个或更多处理器,处理器内部集成了多达 64 甚至 128 个核,而且允许将可重新编程的 FPGA 模块加入系统中,以实现加速特定应用的目的,如财务分析、图像处理以及油气回收等领域,这需要与处理器紧密耦合,并要求超低延迟和高速缓存一致性。因此,英特尔引入了 QPI 的后继产品——超级路径互连(Ultra Path Interconnect,UPI)。UPI 适用于在单个共享地址空间中包含多个处理器的可扩展系统。UPI 使用基于目录的 Home Snoop 一致性协议,提供高达 10.4GT/s 的运行速度,通过使用 L0p 状态(低功耗状态)提高电源效率,使用新的打包格式提高链路上的数据传输效率,并通过不需要资源预分配的协议层提高了可伸缩性。UPI 能够实现无缝访问数据,无论其位于何处(执行核缓存、FPGA 缓存或内存)。因此,无须冗余数据存储和直接的内存访问传输。与 QPI 相比,它以新的低功耗状态提高了功率效率。英特尔给出了如图 6-25 所示的 8 个至强(XEON)处理器通过 UPI 互连的方案。

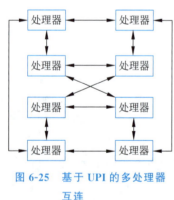

图 6-25 基于 UPI 的多处理器互连

6.4 通用串行总线

通用串行总线(Universal Serial Bus,USB)是实现个人计算机主机与机箱外的外部设备之间的连接而定义的基于电缆连接的串行外部总线。装有 USB 控制器的主机与操作系统的 USB 总线使用调度协议软件模块控制 USB 的外设共享 USB 带宽。在电器层面,USB 总线允许带电向总线上添加设备或从总线上断开设备。USB 还可通过添加 USB 集线器方式扩充 USB 接口数量,也可以外设供电。

USB 基于通用连接技术,采用简单方式将外设快速、方便地连接到计算机主机上,解决了个人计算机存在的外部设备接口繁多且接口标准不统一等问题。

1994 年,Compaq、DEC、IBM、Microsoft、NEC 等多家世界著名的计算机和通信公司与英特尔公司一起成立了 USB 开发者论坛(USB Implementers Forum,USB-IF),负责 USB 标准规范的制订工作。1996 年 1 月颁布了 USB 规范 1.0 版本,定义数据传输速率为 12Mb/s (1.43MB/s)。1998 年 11 月正式颁布了 USB 规范 1.1 版本,规定了两种数据传输速率,即高速率 12Mb/s(1.43MB/s)和低速率 1.5Mb/s(0.183MB/s)。2000 年 4 月颁布的 USB 2.0 版本引入了最高可达 480Mb/s(57MB/s)的数据传输速率。在 USB 2.0 版本中,10Kb/s～100Kb/s 的数据传输速率称为低速(Low-Speed),用于连接键盘、鼠标和游戏操纵杆等交互式设备,500Kb/s～10MB/s 的数据传输速率称为全速(Full-Speed),用于连接声卡、手机及处理压缩影像等设备,25Mb/s～400Mb/s 数据传输速率称为高速(High-Speed),用于连接摄像头和移动存储等设备。2008 年 12 月颁布的 USB 3.0 版本将数据传输率提高到最高 5Gb/s (625MB/s),称为超高速(Super-Speed)。

USB 是影响力最为广泛的总线之一,其主要特点是:即插即用,带电插拔,可向设备供电,系统扩展方便,成本低。USB 连接器(接口)将各种外设 I/O 接口合而为一,用户只需简单地将外设插入 USB 接口上,计算机就能自动识别和配置这个 USB 设备。

6.4.1 USB 的架构

USB 采用非对称设计思想,由一个总线主控制器、连接到主控制器的多个 USB 端口和多个连接在 USB 端口上的设备组成,呈现一个多层次树形拓扑结构,如图 6-26 所示。

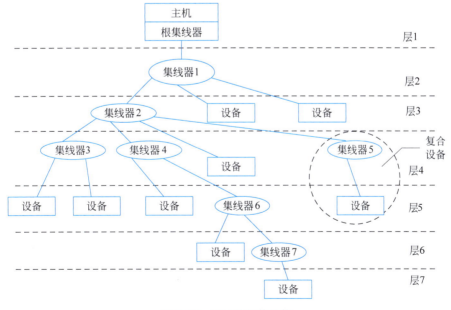

图 6-26 USB 的拓扑结构

1. USB 系统的硬件组成

USB 的硬件由 USB 主控制器(USB Host Controller)、USB 互连装置(USB Interconnect)和

USB 设备组成。

1）USB 主控制器

USB 主控制器是 USB 上唯一的总线主控设备,负责控制 USB 上所有数据通信的过程,因此 USB 规范限定只有 USB 主控制器可以和连接到总线的设备之间发生数据传输,且在一条 USB 上只允许有一个 USB 主控制器。含有 USB 主控制器的设备称为 USB 主机(Host),如个人计算机。此外,USB 主控制器还负责实现串行/并行数据转换和实现协议层层次上的设备互连。USB 主控制器的实现需要综合考虑硬件、固件及软件层面的因素。下列是 USB 主控制器的主要功能:

(1)检测 USB 上设备的插拔动作(需要集线器配合)。

(2)管理主机和 USB 设备之间的控制信息(命令、状态信息)的发送和接收。

(3)管理主机和 USB 设备之间的数据信息的发送和接收。

(4)收集各种状态信息和设备动作的统计信息(如总线带宽的使用情况)。

(5)通过集线器向总线上的设备提供电源。

2）USB 互连装置

USB 互连装置通常称为 USB 集线器(USB Hub),其作用是连接 USB 主控制器和 USB 设备。USB 设备与 USB 集线器的连接点称作端口(Port),且一个 USB 集线器可以将一个连接点扩展成多个连接点。USB 的物理拓扑结构采用层次树型总线拓扑结构(参见图 6-26),每个集线器上都有一个上行端口(用于连接到上一层某个集线器的一个下行端口)和若干个下行端口(用于连接下一层次的某个集线器或 USB 设备)。图 6-27 给出了一个典型的 USB 集线器,图中除了有一个上行端口外,还有 7 个下行端口,即端口#1～端口#7。

USB 系统有一个特殊的集线器——根集线器(Root Hub),一般与 USB 主控制器集成在一起,它没有上行端口,只有下行端口,可提供一个或多个下行端口。USB 主控制器上的根集线器主要负责 USB 主控制器与 USB 设备(包括 USB 集线器)之间的电气互连。

图 6-27 USB 集线器示意图

除根集线器之外,USB 上还可以连接附加的集线器,以扩展 USB 层次及总线上的端口数目。USB 允许最多连接 7 层 USB 设备(包括根集线器),因此附加集线器的层数最多是 5 层。由于集线器具有多路转换的功能,因此不论有多少台外设连到集线器上,在同一时刻只有一台外设可以通过集线器与 USB 主控制器交换数据。

USB 集线器由集线控制器(Hub Controller)、集线转发器(Hub Repeater)和事物处理转换器(Transaction Translator)组成,其主要工作是监测现行端口上 USB 外设的连接和断开,执行主控制器发出的传输请求并在设备和主控制器之间传递数据,激活和禁止下行端口,设置或报告下行端口状态及控制下行端口的电源。

3) USB 设备

USB 设备是指通过 USB 总线与 USB 主机相连的实体，受 USB 主机控制，并以从属方式与 USB 主机通信（遵循 USB 主机的要求接收或发送数据）。USB 设备大体上可分为两大类：集线器设备和功能设备。例如集线器设备、人机接口设备、音频设备、打印机、成像设备和大容量存储设备等，除集线器是设备外，其他设备属于功能设备类型。

功能设备是连接到 USB 集线器下行端口的外设，和 USB 主控制器进行数据和控制信息的交互传输，实现某些硬件设备的具体功能。在一个物理 USB 设备上，可以有若干个功能设备，即逻辑子设备，每个功能设备具有独立的属性信息和设备地址。功能设备可以是实现单一功能的独立的外围设备（如 U 盘，称为单功能设备），也可以是实现两个及两个以上功能的独立的外围设备（如带有扩音器、麦克风和键盘的传真机，称为合成设备）。有些物理上外观单一的 USB 设备，通过其内部的 USB 集线器连接不同功能的外设（如集成了麦克风的网络摄像头，即该设备是由一个麦克风和一个摄像头通过 USB 集线器集成到一起的、外观单一的设备），称之为复合设备。

复合设备和合成设备的区别是，复合设备是始终连接着一个或多个设备的 USB 设备，是由集线器设备和功能设备集成在一起的 USB 设备，具有多个设备类型描述（如集线器设备类型描述和一个或多个功能设备类型描述），且每个逻辑设备由 USB 主机分配不同的设备地址，但物理上这些设备是不能分开的；而合成设备是一台连接到 USB 总线上包含有多个功能（或接口）的外设，这些接口公用部分配置信息，具有一个 USB 地址、一个功能设备类型描述符和配置描述符，但有不同的接口描述符和端点描述符。

USB 设备上含有与设备功能相符的标识设备类型、设备行为及配置有关的信息。设备在连接到总线上之后，USB 主机上运行的协议软件（隶属操作系统），通过与 USB 设备通信获得设备属性信息，对其进行正确的识别和配置，然后才能使用该设备。设备内部都包含有描述其功能和资源需求的属性信息，如设备类型、需要的总线带宽等。为了保证 USB 设备的通用性，USB 规范为 USB 设备定义了如下属性：描述符（Descriptor）、类（Class）、功能（Function）/接口（Interface）、端点（Endpoint）、管道（Pipe）和设备地址（Device Address）。

(1) 描述符：提供描述属性和特点的信息，USB 主机通过设备提供的描述符来区分不同类型的设备。

(2) 类：用于描述功能相近的设备，以便简化 USB 主机上运行的驱动程序，主机端只要提供 USB 设备类驱动程序就可以驱动大多数 USB 设备。设备类包括音频（Audio）类、人机接口（HID）类（包括键盘、鼠标等）、打印机类和大容量存储（Mass-Storage）类等。

(3) 功能/接口：功能指具有某种能力的设备，如键盘。一般情况下，一个具有单一功能的 USB 设备只对应一个接口，例如键盘对应键盘接口。但有些 USB 设备物理上具有几种不同的功能，因此一个物理上的 USB 设备可能对应多个接口，例如对于 CD-ROM 驱动器来说，当用于文件传输时，使用大容量存储接口；当播放 CD 时，使用音频接口。

(4) 端点：端点指 USB 设备中与主机进行通信的基本单元，即 USB 设备通过端点完成和主机端的数据交换。一个 USB 设备允许有多个端点，即一个接口可包含多个端点，但每个端点只支持一种 USB 传输方式。

(5) 管道：管道是 USB 设备和 USB 主机之间数据通信的逻辑通道，管道的物理介质就是 USB 系统中的数据线。在设备端，管道的主体就是端点，每个端点占据各自的管道与主机通信。

(6) 设备地址：设备地址是 USB 主机控制器用来区分不同 USB 设备的地址。USB 主机负责为已连接到 USB 总线上的设备分配设备地址。在数据通信时，USB 主机除了要指明设备地址外,还要指明端点号。

2. USB 系统的软件

USB 系统的软件主要分为应用软件和驱动程序两类,应用软件(或客户端软件)是指最终与 USB 设备进行数据交换的 USB 主机上的软件。驱动程序主要分为以下 3 类。

(1) USB 主控制器驱动程序:负责完成 USB 总线上传输信息事物交换的调度,并通过根集线器或其他集线器完成对交换事物的初始化。

(2) USB 驱动程序:负责设备连接到 USB 总线时,读取设备上的配置信息(如设备类),以获取设备的特征,并根据这些特征,在产生数据交换请求时组织数据。

(3) USB 设备驱动程序:使用 I/O 请求包(I/O Request Package,IRP)将 USB 主控制器发出的请求发送给 USB 设备。I/O 请求包内包含请求标示,描述这个传输是 USB 主控制器发送给 USB 设备,还是 USB 设备发送给主控制器。

3. USB 系统的拓扑结构

USB 采用了非对称设计、层次化的星形拓扑结构模型,如图 6-26 所示。该结构以 USB 集线器为 USB 设备提供连接点,USB 主控制器中的根集线器是所有 USB 端口的起点,是一级一级的级联方式,由于 USB 并不采用存储转发技术,因此传输速度不会因级联层次的增多而加大延迟时间,即理论上讲一个 USB 设备无论连接到 USB 总线哪个层次上,传输速度都是相同的。USB 规范规定,在根集线器下面,最多可以级联 5 层集线器。

4. USB 系统的互连通信模型

USB 主机和一个 USB 功能设备之间通过一个称之为管道的逻辑通道实现它们之间的通信,如图 6-28 所示。

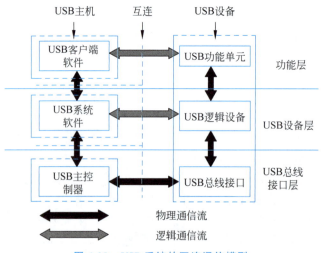

图 6-28 USB 系统的互连通信模型

6.4.2 USB 的事务和传输

1. USB 数据传输模式

USB 的数据传输是一种主-从式传输,由 USB 主机发起,USB 设备仅仅在主机对它提出要求时才进行数据传输。USB 有以下 4 种不同的数据传输模式。

(1) 实时传输：主要用于像网卡、数码相机、扫描仪这样的中等速度的设备。
(2) 中断传输：用于像键盘、鼠标这样的低速设备。
(3) 批量传输：支持像打印机、数字音响等不定期地传送大量数据的中速设备。
(4) 控制传输：专为配置设备参数时使用，为总线管理服务。

2. USB 的事务格式

一次数据传输需要一个或多个 USB 事务（Transaction），每个事务中包括数据的源地址和目的地址，数据量少的传输可能只需要一个事务，如果数据量很大，则需要多个事务。一个事务就是执行一次通信，且必须连续执行，不允许被中断。

每个事务由一个、两个或三个包组成，即令牌包（Token）、数据包和握手包（Handshake），其中令牌包和数据包可以在所有的传输类型中使用。令牌包只能由主机发送，数据包则主机和设备都可以发送，握手包只用在控制、中断或批量传输类型中，主机和设备都可以发送握手包。

USB 包是数据传送的基本单位，首先由主机发出令牌包开始传输，令牌包含有设备地址码、端点号、传输方向和传输类型等信息；其次是数据源向目的地发送数据包或者发送无数据传送的指示信息，数据包可以携带的数据最多为 1023B；最后是数据接收方向数据发送方发回一个握手包，提供数据是否已正常接收的反馈信息，如果有错误，则需要重发。除了同步传输之外，其他传输类型都需要握手包（称为状态段、状态包或交换段）。图 6-29 给出了 USB 包的组成，包括同步字段（SYNC）、包标识符字段（PID）、数据字段、循环冗余校验字段（CRC）和包结尾字段。同步字段用于数据包位同步，由 8 位二进制位（00000001）组成，最后两位既表示同步字段的结束，也标志着包标识符字段（PID 字段）的开始。包标识符字段是 USB 包类型的唯一标识，USB 主机和 USB 设备在接收到包后，必须首先对包标识符解码而了解包的类型，以便执行下一步动作。PID 的低 4 位表示事务的种类，高 4 位用于低 4 位的校验，即由低 4 位取反而得。

| 同步字段
(SYNC) | 包标识符字段
(PID) | 数据字段 | 循环冗余校验
字段(CRC) | 包结尾字段 |

图 6-29　USB 数据包的结构

包标识符的类型如表 6-4 所示。数据字段用来携带主机与设备之间要传递的信息。根据事务的不同，可能是一个目标设备的地址、端点号、帧序列号以及数据。CRC 字段根据包的类型不同而由不同的多项式计算而得。针对数据包，要进行 16 位 CRC 计算，多项式为 $G(X_{16})=x^{16}+x^{15}+x^2+1$。针对令牌包，要进行 5 位 CRC 计算，多项式为 $G(X_5)=x^5+x^2+1$。

表 6-4　USB 包标识符的类型

PID 类型	名　　称	PID 码	描　　述
令牌(Token)	输出(OUT)	0001b	从主机到设备的数据传输
	输入(IN)	1001b	从设备到主机的数据传输
	帧起始(SOF)	0101b	帧开始标识和帧序列号
	设置(SETUP)	1101b	从主机到设备，表示要进行控制传输
数据(Data)	数据 0(DATA0)	0011b	同步切换位为 0 的数据包
	数据 1(DATA1)	1011b	同步切换位为 1 的数据包

续表

PID 类型	名称	PID 码	描述
握手(Handshake)	确认(ACK)	0010b	接收端收到无差错的数据包
	不确认(NAK)	1010b	接收设备不能接收数据,或发送设备不能发送数据
	停止(STALL)	1110b	设备端点挂起,或一个控制传输命令得不到设备的支持
专用(Special)	预同步(PRE)	1100b	由主机发送,表示将进行低速设备的总线通信

6.5 其他设备总线

外部总线(或设备总线)主要用于计算机系统的主机与外部设备之间的互连。外部设备之间的差别很大,外部总线在形式上与系统总线也有很大的差别,且多在机箱外部,其外形多样,差别很大,互不兼容。本节只介绍一些常见的外部总线。

6.5.1 小型计算机系统接口

小型计算机系统接口(Small Computer System Interface,SCSI)最初是一种外部并行总线,是用于小型、微型计算机和外围设备连接的一种接口标准。SCSI 接口可以有 8、16 或 32 位数据线,支持包括磁盘驱动器、磁带机、光盘驱动器以及扫描仪在内的多种外部设备。每个 SCSI 设备有两个连接 SCSI 线缆的接口:一个用于输入,另一个用于输出。SCSI 设备通过 SCSI 标准连接线串接形成一个 SCSI 设备链,链的一端连接到计算机系统主机上,另一端接 SCSI 终接器,如图 6-30 所示。SCSI 接口的设备独立发挥作用,通过 SCSI 接口实现 SCSI 设备之间的数据交换而不需要主机的干预。例如,磁盘驱动器可以直接与磁带机进行数据交换而无须打扰主机中的处理机。

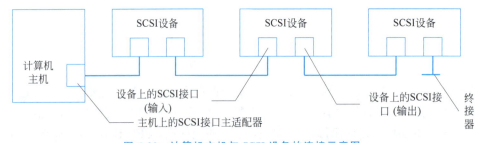

图 6-30 计算机主机与 SCSI 设备的连接示意图

SCSI 接口最早用于 APPLE 公司于 1984 年推出的 Macintosh 个人计算机系统,目前已经广泛使用在 PC 服务器和高性能图形工作站中。1986 年,美国国家标准局(ANSI)在 SASI 接口(Shugart Associates Systems Interface)的基础上经过功能扩充和协议标准化,制定并颁布了 SCSI-1 标准(后被 ISO 确认为国际标准)。SCSI-1 标准定义 SCSI 接口使用 8 位数据总线,工作时钟频率为 5MHz,即数据传输率(带宽)为 5MB/s,允许最多 7 个设备串联地接到 SCSI 接口上。1991 年推出了增强的 SCSI 接口(Enhanced Small Computer System Interface)——SCSI-2 标准。它与原有的 SCSI 标准兼容,数据线由 8 位扩展到 16 位或 32 位,工作时钟频率上升到 10MHz(数据传输率最大可以达到 20MB/s 或 40MB/s),并扩充了总线的功能和设备命令集。从1992年至今,一直都在制定和完善SCSI-3标准,SCSI-3标准将SCSI命令集、数据传输协议和物理接口分成各自的标准分别制定,如1992年公布的Fast-Wide SCSI接口(带宽为20MB/s),1995—2001年公布的Ultra SCSI(带宽40MB/s)、Ultra320 SCSI(带宽为320MB/s),2002年又公布了新串行SCSI总线(Serial Attached SCSI,SAS),它能支持现有的并行SCSI设备和ATA接口设备,以及遵循SAS标准的设备。在SAS-2标准中,规定数据传输速率可达到6Gbps。

SCSI接口由主机系统的SCSI接口主适配器、SCSI设备的设备控制器和SCSI设备(逻辑部件)组成,由SCSI控制器控制数据的传输,结构如图6-31所示。SCSI控制器相当于专用的小型CPU,有自己的命令集和缓存。由于SCSI设备含有SCSI控制器,因此也称为智能外设。SCSI接口主适配器也称SCSI接口板,插在主机系统内的系统总线或高速总线(例如PCI总线)的扩展槽中,也可以直接安置在主机底板(主板或母板)上。

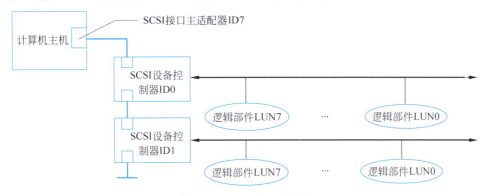

图6-31 SCSI接口的结构

连接到SCSI总线的SCSI设备控制器(包括主机的SCSI接口主适配器)都有一个标识号(称为ID号),SCSI-2及以前的SCSI标准规定ID号为0,1,…,7,总共8个设备,SCSI-3标准则规定为0,1,…,31,总共32个设备,一般SCSI主控制器占用最大的ID号。ID号用来标识设备,同时也表示设备使用SCSI总线的优先级,ID号越大,优先级就越高。SCSI总线标准同时规定每个SCSI设备控制器可连8个子设备(称为逻辑部件),用逻辑部件号(简称LUN号)标识,取值范围是0~7。

SCSI总线标准将设备分成发出命令的启动器(主设备)和接收并执行命令的目标器(从设备)两类,启动器向目标器发送数据,设备根据使用总线的身份不同而充当不同的角色,其中SCSI接口主适配器充当启动器的角色。数据传输时有两种物理方式:单端传输方式和差分传输方式。单端传输方式把全部信号线集中在一根50芯的扁平电缆上,其中的大部分是地线,以保证信号屏蔽良好,设置的信号线总共18根,包括9根数据线(8位数据加1位奇偶校验位)和9根控制线,总长度限制为6m。差分传输方式把单端传输方式中的一部分地线改成数据线和控制信号线的对称差分信号线,类似于PCI Express总线所采用的方式,以提高所传输的数据信号的抗干扰能力,因此线缆总长度可延伸到25m。

6.5.2 SATA接口

SATA(Serial AT Attachment,串行ATA)接口是一种计算机总线接口,用于将大容量存储设备,如硬盘驱动器、光驱和固态盘驱动器连接到主机。SATA是取代早期的并行ATA(PATA)标准成为目前存储设备的主要接口。目前SATA已经取代了消费类台式机和笔记本电脑中的并行 ATA。

SATA 行业兼容性规范源自 SATA 国际组织（Serial ATA International Organization，SATA-IO），然后由 INCITS 技术委员会 T13 颁布。SATA-IO 工作组负责起草、审查、批准和发布互操作性规范、测试用例和插件测试。

SATA 最早于 2000 年发布。与早期的 PATA 接口相比具备多项优势，例如减少电缆尺寸和成本（7 根导体，而不是 40 或 80 根导体）、原生热插拔、通过更高的信号速率实现更快的数据传输，以及通过（可选的）I/O 排队协议进行更有效的传输。该规范的修订版 1.0 于 2003 年 1 月发布。在 SATA 推出之前，PATA 简称为 ATA。ATA 是 AT Attachment（AT 附属）的缩写，名称起源于 1984 年发布的 IBM 个人计算机 AT 计算机（AT 是 Advanced Technology 的缩写），通常称为 IBM PC AT。IBM PC AT 上连接硬盘的接口成为事实上的工业标准。

SATA 控制器和设备之间通过两对导体上的高速串行电缆通信。而 PATA 使用 16 位宽的数据总线和许多额外的支持和控制信号，工作频率比 SATA 低。为确保与传统 ATA 软件和应用保持向后兼容性，SATA 使用与传统 ATA 设备相同的基本 ATA 和 ATAPI 命令集。在应用程序级别，可以指定 SATA 设备的外观和行为类似于 PATA 设备。

SATA 与 PATA 相比的显著优势是支持热插拔，规范要求 SATA 设备提供热插拔，以满足规范的设备能够将设备插入或移出已通电的背板连接器（组合信号和电源）。设备插入后先初始化，再正常运行。根据操作系统的不同，主机也可能会进行初始化。带电的主机和设备随时就可以安全插入和移除，尽管在移除设备时未写入的数据可能会丢失。

SATA 标准定义了一条数据电缆（最长可达 1m），该电缆具有 7 根导体（3 根接地和 4 根两对有源数据线），可将主板插槽连接到一个硬盘驱动器。虽然 PATA 带状电缆有 40 或 80 根电线，可在主板插接一、两个硬盘驱动器，但 PATA 规范限制电缆的长度为 45cm（实际最长为 90cm）。因此，SATA 连接器和电缆更容易安装在封闭空间中并减少对空气冷却的阻碍。

与通过电连接高速传输数据相关的问题之一是噪声干扰，这是由于数据电路和其他电路之间的电耦合造成的。因此，数据电路既可以影响其他电路，也可能受到其他电路的影响。SATA 使用差分信号来传输数据，这与前面提到的 PCI Express 及 QPI 使用的技术路线基本相同。在每对差分信号线之间，左右都设置一根地线，即总共 3 根地线，这样可改善通道之间的隔离并减少丢失数据的可能性。

SATA 使用点对点架构。控制器和存储设备之间的物理连接不会在其他控制器和存储设备之间共享。SATA 引入了多路复用技术，它允许单个 SATA 控制器端口可以驱动多达 15 个存储设备。多路复用部件执行集线器的功能，控制器和每个存储设备都连接到该部件。

SATA 规范定义了 3 个协议层，即物理层、链路层和传输层，如图 6-32 所示。

1. 物理层

物理层定义了 SATA 的电气和物理特性（例如电缆尺寸、驱动器电压电平和接收器工作范围），以及物理编码子系统（位级编码、线路上的设备检测和链路初始化）。

物理传输使用差分信号，包含一个发送对和一个接收对。单独的点对点交流耦合低压差分信号（LVDS）链路用于主机和驱动器之间的物理传输。当 SATA 链路未使用时（例如未连接设备），发送器允许发送引脚浮空至其共模电压电平。当 SATA 链路处于活动状态或处于链路初始化阶段时，发送器以指定的差分电压（如 1.5V）驱动发送引脚。

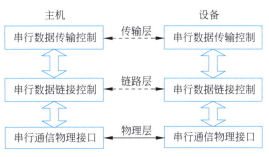

图 6-32　SATA 接口分层模型

SATA 物理层编码使用称为 8b/10b 的编码系统。该方案提供维持差分串行链路所需的多种功能。首先，流包含必要的同步信息，允许 SATA 主机控制器以及设备分离时钟信号。8b/10b 编码序列嵌入了周期性边沿转换，以允许接收器实现位对齐，而无须使用单独传输的参考时钟波形。该序列还保持一个中性（直流平衡）比特流，这让传输驱动器和接收器输入交流耦合。通常，实际的 SATA 信号是半双工的，这意味着它一次只能在一个方向上读取或写入数据。

物理层负责检测电缆的 SATA 设备，以及链路初始化工作。在链路初始化过程中，物理层负责协商相互支持的信令速率（1.5、3.0 或 6.0Gbps），此时链路层不发送任何数据。一旦链路初始化完成后，链路层接管数据传输，物理层仅在位传输之前提供 8b/10b 转换。

2. 链路层

物理层建立链路后，链路层负责通过 SATA 链路传输和接收帧信息结构（Frame Information Structure，FIS）。FIS 是包含控制信息或有效载荷数据的数据包，该数据包包括一个标头（标识类型）和有效载荷，其内容取决于类型。链路层还管理链路上的流量控制。

3. 传输层

该层负责处理帧并以适当的顺序发送/接收包。传输层处理 FIS 结构的组装和拆卸，例如将寄存器 FIS 中的内容提取到任务文件中并通知命令层。传输层负责创建和编码命令层请求的 FIS 结构，并在收到帧时删除这些结构。

当要传输 DMA 数据并从更高的命令层接收到命令时，传输层将 FIS 控制头附加到有效载荷中，并通知链路层准备传输。接收数据时执行相同的过程，但顺序相反。链路层通知传输层有可用的传入数据。一旦数据被链路层处理，传输层会检查 FIS 头并在将数据转发到命令层之前将其删除。

6.6　I/O 系统组织概述

I/O 系统是一个计算机系统中实现主机与外界数据交换的软、硬件系统。在早期的计算机系统中，人们集中精力研究如何提高 CPU 执行指令的速度、扩大主存储器的容量、提高主存储器的读写速度和可靠性等，而对输入/输出设备、输入/输出方法与接口技术没能给予足够的重视，导致 I/O 系统落后于主机技术。随着计算机硬件系统和软件系统的发展，人们逐渐认识到要充分发挥主机的性能，高效率、高可靠地处理信息，必须要有合理的输入/输出系统与接口部件,要配备先进的输入/输出设备。

现代计算机系统的外围设备种类繁多,各类设备都有各自不同的组成结构和工作原理,与系统的连接方式也各有所异,外设的工作速度差别也很大。因此,计算机的 I/O 系统就成为整个计算机系统中具有多样性和复杂性的部分。本节主要讨论 I/O 系统的组织问题,以便对 I/O 系统的设计与实现提供一些有益的思路。

6.6.1 I/O 系统需要解决的主要问题

计算机系统中的 I/O 系统主要解决主机与外部设备间的数据交换问题,使外围设备与主机能够协调一致地工作。这里所谓"协调一致",有两层含义:一是实现处理机与外部设备在数据处理的速度上能够相互匹配;二是实现处理机与外部设备并行工作,以提高整个计算机系统的工作效率。以上两点就是在计算机系统的硬件组织和实现角度上需要 I/O 系统解决的主要问题。我们知道许多外部设备功能的实现与处理机有很大不同,它不仅依靠微电子技术,还广泛涉及电、光、声、机械以及化学乃至生物等多学科的技术,例如打印机就是这样的。因此,外部设备的工作速度一般要比处理机的工作速度慢很多,那么如何实现它们之间的速度匹配呢? 主要是靠缓冲技术。那么又如何实现处理机与外部设备并行工作呢? 关键是减少处理机对外部设备的直接控制,甚至处理机干脆不再干预外部设备的控制,而交由专门的硬件装置去实现对外部设备的管理与监督。为了减少处理机对外部设备的控制干预,在计算机发展的过程中人们先后发明了中断技术、直接存储器访问(Direct Memory Access,DMA)技术、I/O 通道技术和 I/O 处理机技术。上述各项技术在实现原理与手段以及各自所适应的工作场合都有所不同。

6.6.2 I/O 系统的组成

在现代计算机系统中的 I/O 系统由 4 部分组成:扩展总线、I/O 设备接口控制器、I/O 设备及相关控制软件。计算机 I/O 系统典型结构如图 6-33 所示。

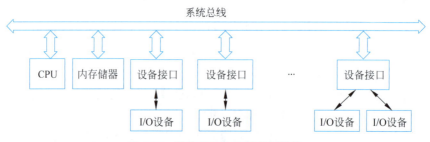

图 6-33　计算机 I/O 系统典型结构

虽然系统总线作为公共信息通路起到连接处理机、主存储器和外围设备的作用,但实际上外围设备并不能直接连接到系统总线上,需要通过扩展总线以及 I/O 接口控制器来实现 I/O 设备与主机两者之间的连接。这样做的理由有两个:其一是现代计算机系统的主机与外设工作速度相差很大,需要分流 CPU 和内存之间以及外设和内存之间的数据流,因此需要引入扩展总线;其二是系统总线(也包括扩展总线)中的控制总线所定义的控制信号往往被定义成通用的或标准的信号,也就是说并非专门为某一个(或某类)I/O 设备的控制而定义,而就一台具体的 I/O 设备而言,它会根据自己的控制需要设置专用的控制信号,例如 CRT 显示器需要 R、G、B 和亮度控制信号,而键盘仅仅需要主机送来的选通信号等。因此,I/O 接口控制器的功能之一就是负责利用适当的手段,译码处理机送来的用于控制外设的命令字,进而向它所控制的外设提供所需要的控制信号,除此之外,接口控制器也需要接收外设返回的状态,并以此为依据进一步将其组织成设备状态字提供给处理机查询;同时 I/O 接口还要在一定程度上负责数据的缓冲,从而实现处理机与外设之间的速度匹配。要说明一点,在某些机器中,通常会将一些通用的公共接口逻辑电路(如中断控制逻辑、DMA 控制逻辑)从各个设备的接口控制器中抽取出来,集中安置在系统底板上,为所有的接口控制器服务,这样就可以大大简化接口控制器的设计,也便于系统实现标准化、模块化。

在现代计算机系统中,基于成熟的大规模集成电路技术,在许多 I/O 设备的控制器(比如磁盘控制器、激光打印机)中往往会采用专用的微处理器(一种由大规模集成电路技术实现的 CPU)用于有关 I/O 设备的控制,这样就会有相应的设备控制程序的存在,即由传统的单纯由硬件电路实现的 I/O 设备控制接口演变为由软、硬件相互配合的 I/O 设备控制接口。

6.6.3 主机与外设间的连接与组织管理

在现代计算机中,主机与外围设备的连接方式有:总线型连接方式、通道控制连接方式和 I/O 处理机(I/O Processor,IOP)控制连接方式。

1. 总线型连接方式

总线型连接方式中,CPU 通过系统总线与内存储器、I/O 接口控制器相连接,通过 I/O 接口控制器实现对外围设备的控制。

总线型连接方式是目前大多数中、小型计算机,包括微型计算机所采用的连接方式,其优点在于系统模块化程度较高,I/O 接口扩充方便;缺点在于系统中部件之间的信息交换均依赖于总线,总线容易成为系统中的瓶颈,因而不适于系统需要配备大量外围设备的场合。另外,实际上一个 I/O 接口控制器未必仅仅控制一台 I/O 设备,有些种类的 I/O 接口控制器可以控制多台 I/O 设备,如多用户卡以及图形工作站上的可以支持两台显示器的显卡都属于这类情况,一块多用户卡通常可以控制 4 台以上终端的工作。

2. 通道控制连接方式

通道控制连接方式如图 6-34 所示,主要用于大型主机(Mainframe)系统,一般用在所连接外设数量多、类型多以及速度差异大的系统中。最早被 IBM 360 系列机采用。

通道控制器是一种负责 I/O 操作控制的控制器,通过执行由专门的通道指令编制的并存放在内存中的通道程序实现对外设的控制。在这种 I/O 控制方式下,由通道控制器控制实现主存储器与外部设备之间的直接数据交换,CPU 不再负责具体的 I/O 控制,实现了处理机与通道控制器和外设的并行工作。

从连接角度看,通道控制器的一端与系统总线相连,另一端则控制一条 I/O 总线,设备控制器及其所控制的设备则连接到 I/O 总线上,构成了主机、通道、I/O 接口(设备控制器)和外设的四级连接方式。

通道的功能及实现方法具有较大弹性,在逻辑功能划分上亦可有很多变化,有的将通道控制器置于 CPU 之中,称为结合型通道;有的则置于 CPU 之外,称为独立型通道。通道程序可放在主存储器中,也可放在各自带有的局部存储器中。

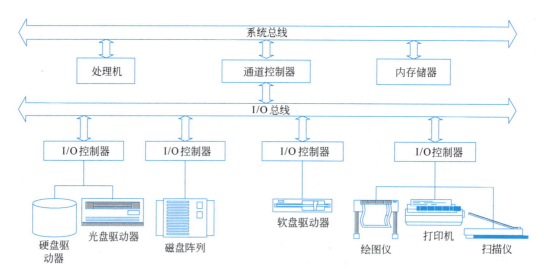

图 6-34　通道控制连接方式

3. I/O 处理机控制连接方式

I/O 处理机(I/O Processor, IOP)与通道相比,有更强的独立性,它与主机中 CPU 所采用的体系结构无关,可视为一种专用的 CPU。I/O 处理机一般都有自己的指令系统,可以通过编制程序实现对 I/O 设备的控制,因而适应性强,通用性好。其程序的执行可与 CPU 并行,可使 CPU 彻底摆脱对 I/O 的控制任务。

I/O 处理机可大可小,大的如在巨型机系统中,外围处理机可以是一台通用小型或中型计算机,也称为前端处理机;小的则为一块大规模集成电路芯片,如 Intel 公司的微处理器 8089。主机与 I/O 处理机之间可以通过高带宽总线或高速专用互联网络实现互联。

6.6.4　I/O 数据传送的控制方式

I/O 数据传送的控制方式也称为信息交换方式,它与主机和外围设备之间的连接方式有很大的关系,各种方式也有其不同的适用对象和应用场合,也需要相应的硬件来支撑。

按 I/O 控制的组织方式及处理机干预数据传送控制的程度,I/O 控制分为如下两类。

(1) 由程序控制的数据传送。这种控制方式是指在主机和设备之间的 I/O 数据传送,需要通过处理机执行具体的 I/O 指令来完成,即由处理机执行 I/O 程序,实现对整个 I/O 数据传送过程的全程监督与管理,一般在总线型连接方式中采用。由程序控制的数据传送可进一步分为直接程序控制(Programmed Direct Control)方式和程序中断传送(Program Interrupt Transfer)方式。

(2) 由专有硬件控制的数据传送。采用这类 I/O 控制方式都会在系统中设置专门用于控制 I/O 数据传输的硬件装置,处理机只要启动这些装置,就会在这些装置的控制下完成 I/O 数据传输,而具体的 I/O 数据传输过程无须处理机控制。由专有硬件控制的数据传送可具体分为直接存储器存取(DMA)方式、通道控制方式和 I/O 处理机控制方式。

6.6.5　I/O 接口的功能与分类

接口通常指设备(硬件)之间的界面。主机与外部设备或其他外部系统之间的接口逻辑,称为 I/O 接口。I/O 接口能完成主机与外部设备间相互通信所需要的某些控制,如数据缓冲(实现速度匹配)、命令转换、状态传输以及数据格式转换等。

由于 I/O 设备与主机在技术特性上有很大差异,它们都有各自的时钟及独立的时序控制逻辑和状态标志,I/O 设备与主机在工作速度上也相差很大,因此两者之间操作定时往往采用异步方式;另外,主机与外部设备在数据格式上也可能会有所不同,主机采用二进制编码表示信息,而外设大多采用 ASCII 编码。从这些差异来看,当主机与外设相连时,必须要有相应的逻辑部件来解决两者之间的操作同步与协调、工作速度匹配以及数据格式的转换等问题,这些问题需要通过设置相应的接口逻辑来解决。

在现代计算机中,为实现设备间通信,不仅需要由硬件逻辑构成接口部件,还需要相应的软件,即形成意义更为广泛的接口概念,即接口技术。软件之间交接的部分称为软件接口。硬件与软件相互作用,所涉及的硬件逻辑与软件又称为软硬接口。I/O 接口也称为输入输出控制器或 I/O 模块。

1. I/O 接口的基本功能

I/O 接口处于系统总线与外围设备之间,其主要目的是解决总线的标准控制信号与外设要求的个性化控制信号之间的矛盾。具体包括以下几方面:①数据缓冲,即实现速度匹配;②数据格式转换;③电平匹配与时序协调;④交换控制/状态信息。一个 I/O 接口的典型结构如图 6-35 所示。

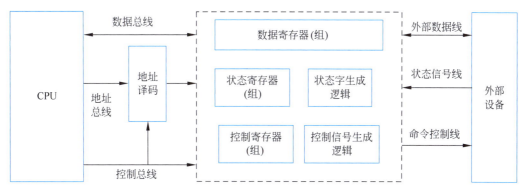

图 6-35　I/O 接口的典型结构

通常 I/O 接口的基本功能可概括为以下几方面。

1) 数据传送与数据缓冲、隔离和锁存

在接口电路中,一般设置一个或几个数据缓冲寄存器(数据锁存器),每个寄存器都分配有 I/O 地址。在数据传送过程中,先将数据送入数据缓冲寄存器,然后再送到目的地,如外设(输出)或主机(输入)。这一部分控制逻辑提供主机与设备之间的数据通路,以及数据的缓冲装置,实现速度上的匹配。

由于外设的工作速度慢,而处理机和总线又十分繁忙,所以在输出接口中,一般要对输出的数据实施锁存(采用锁存器电路),以便工作速度相对较慢的外设有足够的时间处理主机送给它的数据;在输入接口中,即使不安排数据锁存,也至少要实施数据隔离(如采用三态门电路),只有当处理机选通某 I/O 接口时,才允许选定的输入设备将数据发送到数据总线上,其他的输入输出设备此时应该与数据总线隔离。如果安排数据锁存的话,同样要实施数据隔离,只不过输入的数据将被锁存到输入数据缓冲寄存器中。有时接口中设置的数据锁存器既可用于输入操作也可用于输出操作,可以通过设置读/写控制信号来区分数据的流向;有时也可以分别设置数据输入缓冲寄存器和数据输出缓冲寄存器,但两者使用同一个 I/O 端口地址,也可以通过设置读/写控制信号来区分它们。

2) 实现数据格式转换、电平转换及数字量与模拟量的转换

计算机主机系统采用二进制数字编码来表示信息,而 I/O 设备有时采用模拟量来表示信息,如电流、电压等。这就需要将模拟信号转换成数字信号(输入),或将数字信号转换为模拟信号(输出)。再有,外设有时采用 ASCII 编码来表示信息,接口就要负责实现 ASCII 编码与二进制编码之间的转换。另外,还可能有串行数据格式与并行数据格式之间的转换。因为主机一般采用并行格式处理、存储数据,而主机在与某些接口设备(如 USB、RS232 这类串行通信接口设备)交换信息时需要使用串行数据格式,因此接口也要负责实现数据的并行格式与串行格式之间的转换。再者,I/O 设备使用的电源与主机所使用的电源往往不同,电平信号有可能不同,例如,RS232 接口采用了±12V 电平,而主机内的总线采用±5V 的电平,因此电平转换也是必须的。

3) 主机与外设之间的通信联络控制

主机与外设之间的通信联络控制一般包括命令译码、状态字的生成、同步控制、设备选择以及中断控制等。

主机发给外设的命令通常采用命令编码字的格式,而实现对外设控制的物理信号有时需要采用电流、电压等模拟量的形式,因此接口电路需要对主机送来的命令字译码并形成外设所需的信号形式。同样的道理,外设回送给接口的状态也可能采用模拟形式的信号,接口也需要对这些信号进行编码形成状态字,以便主机通过读取状态字来了解命令的执行情况。接口为此要设置控制(命令)寄存器和状态寄存器。

当主机或外设将数据发送到接口后,接口需要给出数据已经"就绪"的信号来通知对方可以取走数据进行处理,即由该信号实现同步控制。

设备选择信号用来指示选中的设备,它通常作为数据选通信号被送到三态门电路的控制端上使三态门电路脱离高阻状态,以便选中的设备可以参与数据交换。因此,每个设备接口中都有一个专门的设备用来选择电路。

如果系统中采用中断方式控制主机与外设之间的信息交换,接口中则应有中断控制逻辑。该逻辑负责实现中断请求信号的产生与记录、中断的屏蔽、中断优先级的排队以及生成、发送中断向量码(用来标识中断源及中断类型)等。

如果系统中采用的 DMA 方式控制主机与外设之间的信息交换,则接口中就应有 DMA 控制逻辑。该逻辑负责发送 DMA 请求、实现 DMA 优先级的比较、系统总线的申请以及系统总线的接管与释放等。

4) 寻址

计算机通常会连接多个外设,为了选择 I/O 设备,必须给众多的外围设备编址,也就是给每个设备分配一个或多个地址码,也称为设备号或设备码。然而外设是接在相应的 I/O 接口上的,因此处理机对设备的寻址实质上就是对 I/O 接口中寄存器的寻址,设备号或设备码实际上就是该设备控制器上某个寄存器的地址,也称为端口地址。地址总线上的地址信号经有关译码器译码后产生设备号,进而选择相应的外设寄存器。对 I/O 端口编址的方法有两种:一种是单独编址方式,也称独立编址方式;另一种是存储器映射方式,也称存储器统一编址方式。

独立编址方式指存储单元与 I/O 接口寄存器的地址分别编址,各自有自己的译码部件。在 CPU 设计上要实现专门的 I/O 指令及相应的总线控制时序,以此区分地址总线上的地址是存储器地址还是 I/O 端口地址。IBM PC 系统中就采用了此种方式,如图 6-36 所示。在 IBM PC 系统中,内存单元的地址最多有 1 兆个,I/O 端口地址有 1024 个,各自独立编址。IBM PC 中部分 I/O 端口的地址分配如表 6-5 所示。这种编址方法的优点是:I/O 端口与存储器单元都有各自独立的地址空间,各自的地址译码与控制电路会相对简单一些,同时由于设置了 I/O 指令,使机器语言或汇编语言源程序中的 I/O 部分较为明显,程序的结构比较清晰,便于阅读、修改程序。其缺点是通常为 I/O 指令设计的寻址方式比存储单元访问指令中的寻址方式要单调一些,但一般不会给程序的编制带来不便。

图 6-36 I/O 设备独立编址方式

表 6-5 IBM PC 系统中部分 I/O 端口的地址分配

输入输出设备	占用地址数	地址(十六进制)
硬盘控制器	16	320～32F
软盘控制器	8	3F0～3F7
彩色图形显示适配器	16	3D0～3DF
异步通信控制器	8	3F8～3FF

图 6-37 存储器映射的 I/O 设备编址方式

存储器映射方式是从主存储器地址空间中分出一部分地址作为 I/O 端口地址,即存储单元与 I/O 端口寄存器处在一个统一的地址空间中,如图 6-37 所示。由于访存指令都能够访问到 I/O 端口,所以不需要在 CPU 中设置专门的 I/O 指令及相应的总线控制时序,简化了 CPU 控制器的设计、实现。当访存指令中出现被 I/O 映射的地址码时,表示当前访问的对象不是存储单元而是 I/O 端口。

通常,对访存指令会设计较多的寻址方式,因而 I/O 程序编制较为方便灵活。但这种方式的缺点也很明显,其一是存储器的空间被占用;二是机器语言或汇编语言源程序中的 I/O 部分难于阅读、修改及维护。

2. I/O 接口的分类

I/O 接口的类型取决于 I/O 设备特性、I/O 设备对接口的特殊要求、CPU 与接口(或 I/O 设备)之间的信息交换方式等因素。早期 I/O 接口电路的各个部分分散在 CPU 和 I/O 设备中,采用大规模集成电路技术后,接口部件向着标准化、通用化、系列化的方向发展。

归纳起来,I/O 接口大致可分为以下几种。

1) 并行接口和串行接口

按照数据传送格式可将接口分为并行接口和串行接口两类。

在并行接口中,主机与接口、接口与 I/O 设备之间都是以并行方式传送信息的,即每次传送 1 字节(或 1 个字)的全部代码。因此并行接口的数据通路宽度是字或字节宽度的数倍。当外部设备与主机系统的距离较近时,通常选用并行接口。

在串行接口中,I/O 设备与接口之间是逐位串行传送数据的,但接口和主机之间按并行方式交换数据。因此串行接口必须设置具有移位功能的数据缓冲寄存器,以实现数据串-并转换,此外还需要有同步定时脉冲信号来控制信息传送的速率,以及根据字符编码格式在连续的串行信号中识别出所传输数据的措施。串行方式主要用于扫描仪、绘图仪等中低速 I/O 设备,网络的远程终端设备、大型主机的终端设备以及通信的终端设备通常也会采用串行数据传送方式。串行数据传输方式的优点是需要的物理线路少,成本低,有利于实现远距离的数据传输;缺点是数据传输速度相对较慢,控制较为复杂。

2) 同步接口和异步接口

按时序的控制方式可将接口分为同步接口和异步接口。同步接口一般与同步总线相连,接口与总线的数据传送由统一的时钟信号来同步。这种接口的控制逻辑较为简单,但要求 I/O 设备与 CPU、主存在速度上必须匹配,这在某种程度上限制了所使用 I/O 设备的种类与型号。因此在实际应用中,考虑到系统的灵活性,一般允许 I/O 操作总线周期的时钟脉冲个数可以在一定范围内变化,即总线时段的长短可以不统一划分。

异步接口与异步总线相连,接口与系统总线之间采用异步应答方式。通常把交换信息的两个设备分成主设备和从设备。如把处理机作为主设备,而某一 I/O 设备作为从设备。主设备提出要求交换信息的"请求"信号,经总线和接口传递到从设备,从设备完成主设备指定的操作后,又通过接口和总线向主设备发出"回答"信号。整个信息交换过程总是"请求""回答"地进行着。而从"请求"到"回答"的间隔时间是由操作的实际时间决定,而非系统定时节拍的硬性规定。DEC 公司的 PDP-11 系列机就是采用这样接口的机器。

无论同步接口还是异步接口,接口与 I/O 设备交换信息一般都采用异步方式,但第 5 章提到的具有总线特性的接口有时也可采用同步方式,如 ATA 接口就是这样。

3) 直接程序控制、程序中断和直接存储器存取 I/O 接口

按数据传送交换的控制方式可将接口分为直接程序控制 I/O 接口、程序中断 I/O 接口及直接存储器存取(DMA)I/O 接口等。这里提到的几种数据传送的控制方式,下面将会给出详细的讨论。

在实际应用中,I/O 接口体现为多样性,即并非严格按上述情况划分,例如,在程序中断 I/O 接口中也包含一般的接口模块,可以按直接程序控制 I/O 接口的方式工作;有一些接口,如磁盘,既有中断 I/O 方式接口也有 DMA 方式接口,两者协同工作实现磁盘的 I/O 控制。

6.7 程序控制方式

前面已经提到程序控制下的数据传送,可以分成直接程序控制方式和程序中断传送方式两类。这两种数据传输方式的共同特点是数据传输操作需要在处理机上执行的 I/O 指令来实现。此时数据传输的大致过程如下:输入数据时,CPU 首先执行输入指令,即启动输入操作总线周期,将 I/O 接口数据缓冲寄存器中的数据取到 CPU 中的累加寄存器中,接下来 CPU 再执行一条写存储单元的指令,即启动写存储器总线周期,将累加寄存器中存放的输入数据写到内存的某个单元中;输出数据时,CPU 首先执行一条读存储单元的指令,即启动读存储器的总线周期,将内存某个单元中存放的待输出数据取到 CPU 的累加寄存器中,接下来 CPU 执行一条输出指令,即启动输出操作总线周期,将累加寄存器中存放的待输出数据写到设备接口的数据缓冲寄存器中。从上面的工作过程可以看出,内存与外设交换一个数据需要使用两次总线,即总线要执行一个访问存储单元的总线周期和一个 I/O 总线周期。

下面分别详细介绍这两种工作方式。

6.7.1 直接程序控制方式

直接程序控制方式是 I/O 数据传送控制最为简单的一种,通过 CPU 执行 I/O 指令实现 I/O 数据传送。这种方式是完全通过程序来控制主机与外设之间信息传送的,通常是在用户程序中安排一段由 I/O 指令和其他指令组成的 I/O 程序,通过执行 I/O 程序实现对外设工作的直接控制。直接程序控制方式又分为如下两种情况。

(1) 如果有关设备的 I/O 操作时间固定且已知,可以直接执行 I/O 指令,事先无须查询设备的状态,亦即无须考虑同步问题。例如,从某设备控制接口的缓冲区中读取数据,或向缓冲区输出数据,就属于这种情况,称为直接数据传送方式。在采用这种控制方式进行数据传输的接口中无须设置状态寄存器及相关逻辑。

(2) 如果有关设备 I/O 操作的时间未知或不定,如打印设备的初始化工作,则往往采用先通过查询接口的状态寄存器中的状态字,了解设备状态,如果状态字反映设备并未处理完 I/O 数据或执行完 I/O 命令,称为设备"忙"状态,则处理机通过执行循环程序来等待设备完成处理,在此循环等待期间处理机会不断读取状态字,以了解设备的执行情况,若设备状态字反映设备已经完成处理(设备已"就绪"或设备"准备好"),处理机再往设备发送下一个数据或命令。这个过程实际上是实现处理机与 I/O 设备操作同步的同步控制。通常主机执行 I/O 操作的步骤为:首先向 I/O 设备发送启动命令,然后主机不断通过 I/O 指令查询设备的状态,检查设备是否经过初始化后已具备执行 I/O 数据传送的条件;或者设备是否已经执行完前次数据传送操作,可以进行下一个数据传送操作,这种设备状态称为设备"准备好"或"就绪"状态。若设备处于"忙"状态,处理机将继续循环等待并不断查询设备状态,直到设备"就绪",处理机再通过执行 I/O 指令进行新一次的 I/O 数据传送。这种数据传送控制方式也称为程序查询数据传送控制方式,如图 6-38 所示。

从上面的论述中可以看出,程序查询数据传送控制方式包括两个环节:查询环节和数据传送环节。在查询环节,处理机从接口的状态寄存器读取设备状态字来检查设备是否"就绪",若设备状态字反映设备"忙",CPU 就需要继续查询,不断循环执行读取状态字→检查设备状态的工作;若设备状态字反映设备已"就绪",则进入数据传送环节。在数据传送环节中,如果是输入,处理机可以通过执行输入指令从接口的数据缓冲寄存器中读入数据到累加寄存器中;如果是输出,可以通过执行输出指令将累加寄存器中的数据写到接口的数据缓冲寄存器中。

对于存在多个设备同时进行输入输出的情形,可采用逐个查询设备状态的方法,发现一个设备就绪处理机就与之交换数据,然后再查询下一个设备,此过程循环往复,直到所有设备的 I/O 全部完成为止。

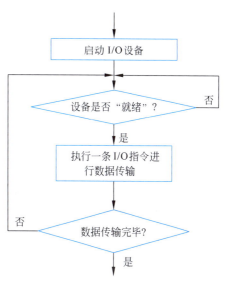

图 6-38 程序查询数据传送控制方式的流程

直接程序控制传送方式的接口设计方案很多,与系统总线的类型、机器的指令系统以及外围设备等因素有关。为了给程序提供查询依据,通常需要在接口中设置状态寄存器,该寄存器需要占用一个(或多个)I/O 端口地址,要安排给数据缓冲寄存器另外一个 I/O 端口地址。当 CPU 访问接口时,地址总线送来 I/O 地址,控制总线送来 I/O 读/写命令,经译码器对地址译码,进而可以选中接口中的某一个寄存器,通过数据总线传送 I/O 数据或 I/O 命令以及读取 I/O 状态字。

直接程序控制方式通常适用于下述场合:①CPU 速度不高(早期计算机系统的情况);②CPU 工作效率问题不是很重要(如个人计算机系统以及简单的控制系统的情况);③调试 I/O 接口及设备或诊断 I/O 接口及设备的场合。

这种 I/O 控制方法的实质是 CPU 成为外设的主要控制部件,控制外设的 I/O 动作,其结果会造成 CPU 与外设、外设与外设之间只能串行工作,大量的 CPU 资源得不到发挥。因此这种方式的缺点在于:①CPU 与外围设备无法并行工作,CPU 的工作效率很低;②无法发现和处理异常情况,以及不适应来自外部设备的随机 I/O 请求,如键盘 I/O 操作。这就需要采用下面所论述的程序中断控制方式与外部设备进行信息交换。

6.7.2 程序中断控制方式

程序中断控制方式简称为中断方式,它是目前绝大多数计算机系统都具备的一种重要的工作机制。中断的概念最早出现于 20 世纪 50 年代中期,即晶体管计算机时代就已提出,发展至今其内涵不断深化。目前,它不仅用在输入输出过程控制中,而且在多道程序、分时操作、实时处理、人机联系、故障处理、程序的监视与跟踪、用户程序和操作系统之间的联系以及多处理机系统中各处理机之间的联系等方面都起着十分重要的作用。

1. 中断的基本概念

1) 中断问题的提出

程序查询数据传送方式实际上是一种异步数据传送定时方式,它能很好地实现处理机与工作速度各不相同的外设之间的操作同步,但这是以牺牲处理机的工作效率为代价的。在程序查询数据传送方式下的数据传送过程中,处理机要不断地依循环的形式多次查询外设接口中的状态字,显然占用了大量的处理机时间,而真正用于数据传送的时间是很少的。在电子管时代的计算机中,由于 CPU、主存和总线的工作速度与外设的工作速度相差不是很大,采用程序查询数据传送控制方式还是可以接受的。但随着实现计算机 CPU 的电子器件改用晶体管,内存采用磁芯存储器,这样就迅速拉大了 CPU、主存与外设工作速度的差距,这使低效率的 I/O 控制方式就不能为人们所容忍。例如,早期纸带输入机输入一个字符的时间约为 150ms,某个采用电子管实现的 CPU 处理这个字符的时间约为 90ms,此时 CPU 的利用率为 $90/(150+90) \times 100\% = 37.5\%$;如果考虑采用晶体管实现 CPU,仍然使用同样的纸带机的话,CPU 处理一个字符的时间约为 9ms(通常晶体管实现 CPU 的工作速度是电子管实现 CPU 工作速度的 10 倍),此时 CPU 的利用率为 $9/(150+9)=5.66\%$,显然是太低了!因此必须采取新的 I/O 控制方式以提高 CPU 的利用率。

在直接程序控制方式中,在 I/O 设备被启动后,CPU 实际上处于等待 I/O 设备完成其工作的状态。由于设备的工作速度远低于 CPU 的工作速度,致使 CPU 大部分时间因等待 I/O 设备完成工作而被浪费掉了,所以 CPU 的工作效率很低。如果设备被启动以后,设备与 CPU

能够并行地工作,当设备要求与主机交换信息并提出请求时,CPU 再把现行工作停下来,转入为设备服务。这样可以使 CPU 绝大部分时间是与被启动的设备并行工作的,从而可大大提高 CPU 的效率。

提高 CPU 利用率的关键是要在主机与 I/O 外设交换数据的过程中,CPU 无须等待也不必去查询 I/O 设备的状态,而去执行其他任务(需要操作系统实现多道程序,即内存中存放有多个待执行的程序,以便大家轮流使用 CPU),即实现 CPU 与外设并行工作。从上面的直接程序控制方式的工作过程可以看出,在 I/O 控制过程中需要 CPU 主动去了解设备的状况,这样就把 CPU 牢牢地拴在那里等 I/O 设备完成数据准备,那么能不能让设备变得主动一些呢?即 CPU 发出 I/O 命令后就不再主动地查询设备状态而去做其他更有意义的工作,让设备在"就绪"后主动通知 CPU"上一次 I/O 操作已经完成",这样 CPU 与 I/O 设备不就并行工作起来了吗!当然可以实现上面的想法,设备通知 CPU 的手段称为"中断(Interrupt)"。为什么叫"中断"而不叫别的什么呢?因为作为 CPU,它不可能知道设备在什么时候会发来"就绪"(即中断)信号,而 CPU 接收到设备送来的"就绪"(中断)信号就表明设备已经完成了上一个命令,正在等待 CPU 给出新的指令,因此在接到设备"就绪"信号后,CPU 应该立刻暂停目前手中的工作转去处理设备请求,或者向 I/O 设备发送新的命令,或者向 I/O 设备发送下一个数据,或从设备中取一个数据,这样就会使设备重新工作起来,之后 CPU 还需要回到刚才被打断工作的地方恢复原来的工作继续执行。所以这实际上是使 CPU 上执行的程序被暂时中止执行,而后又要恢复执行的过程。

由此可见,中断就是指处理机暂时中止执行现行程序而转去执行处理更加紧迫事件的服务程序,待处理完毕后,再自动返回执行原来的程序的过程。

依据上面的定义,在理解中断时应注意以下几个问题:①中断过程实质上是一种程序切换过程,因此必须处理好保存旧现场、建立新现场的问题;②中断具有随机性,因此必须及时检测中断请求信号,以便能及时处理中断;③中断不具备重复性,这是指某个程序的某次执行可能被中断过多次,而同一程序的另一次执行可能一次中断也没有遇到过。这是因为每次运行这个程序的计算环境不可能是百分之百相同,这里计算环境包括在内存中等待运行程序的种类、数量及外部因素(如网络用户的数量和用户种类)等。也就是说,相对在 CPU 上运行的程序来说,中断具有随机性(不可预测性)、异步性和不可再现性。

2) 中断机构的建立

中断机构是指在一个计算机系统中,为解决中断问题而制定的一整套软/硬机制、策略和方法。不同的计算机系统基于其系统规模以及应用目的的不同,在处理中断的机制、策略和方法上会有很大的不同,这里仅就共同涉及的有关问题简要讨论。

设计、实现一个计算机系统的中断机构主要涉及以下一些要素:

(1) 中断源的设置。定义当系统中出现了哪些情形时将会引发中断。

(2) 中断的分类与分级。决定如何对中断源分类,以及对各类中断应该赋予什么级别的优先级。

(3) 中断信号的建立与传送。即如何记录中断请求以及如何将中断请求发送给 CPU。

(4) 实现优先级比较的方式方法。

(5) CPU 响应中断的条件和时机,以及 CPU 在响应中断时要做的工作。

(6) CPU 识别各个中断的方法,以及如何找到处理相应中断的中断处理程序。

(7) 是否允许正在执行的中断处理程序被其他高级别的中断请求打断,即系统是否允许中断嵌套。

3) 中断系统的设计及实现要求

在一个成功的中断系统的设计、实现中,中断系统应满足以下要求:

(1) 保证中断请求信号的建立及保持的准确性,保证中断在未被响应时,中断请求信号不能被随便丢失。

(2) 保证中断响应的及时性,各类中断都能及时得到响应,不应出现某些中断由于某种原因长时间得不到响应。

(3) 必须防止在处理某个中断的过程中,又去响应同样的中断。

(4) 保证中断处理过程的正确性,在中断处理过程结束后能够正确返回被中断的程序,使之继续执行。

(5) 高级中断能打断低级中断的处理过程,允许中断嵌套。

(6) 中断优先级的设置应具备方便性及灵活性,允许动态改变中断的优先级别。

2. 中断源的设置

中断源是指能引起中断事件的原因。如前面提到的由于设备"就绪"所引发的中断,设备"就绪"就是一种引发中断事件的原因。

在一个计算机系统中设置什么样的中断源,取决于这个计算机系统希望利用中断这种手段来解决什么样的问题。系统设置前面提到的设备"就绪"中断,就是为了解决 CPU 与设备并行工作这个问题。除此之外,中断还能帮助我们解决在计算机系统中许多看似难以解决的问题,这些问题归纳如下。

(1) 实现人机联系。在计算机工作的过程中,人要随机地干预机器,如抽查计算的中间结果,了解机器的工作状态,给机器下达临时性的命令等。在没有中断系统的机器里这些功能几乎是无法实现的。利用中断系统实现人机通信是很方便、有效的。

(2) 单步调试程序。在调试机器语言或汇编程序时,常常需要每执行一条机器指令,就要查看中间结果;或者在执行一段指令后,需要查看中间结果(相当于在高级语言调试环境下调试一条语句或一段程序)。为了实现上述功能,需要在程序中的某条指令处设置"断点"。"断点"的设置和对"断点"的处理如果没有中断技术的帮助几乎不可能实现。

(3) 实时处理。实时处理是指在某个事件或现象出现时需要 CPU 及时做出反应,对事件及时进行处理,而不是集中起来再进行批处理。例如,在某个计算机过程控制系统中,当随机出现压力过大、温度过高等情况时,计算机必须及时进行处理。这些事件出现的时刻是随机的,而不是程序本身所能预见的,因此要求中断目前计算机正在执行的程序,转而去执行中断处理(服务)程序。

(4) 提高机器的可靠性。在计算机工作时,当运行的程序发生程序错误时或者硬设备出现某些故障时,机器中断系统可以自动进行处理,避免某些偶然故障引起的计算错误或停机,提高了机器的可靠性。

(5) 应用程序和操作系统的联系。在现代计算机中,出于系统保护的原因,CPU 有两种工作状态:用户态(也称目态)和系统态(也称管态或核心态)。在这两种 CPU 工作状态下运行的程序所具有的权限是不同的。在系统态下执行的程序有全部的访问权限,即有不加任何限制地访问所有主存单元和 I/O 接口寄存器的权利,显然这种权利只能给操作系统,也就是说,只有操作系统的程序代码是在系统态下运行的;而普通用户的应用程序只能运行在用户态下,即普通用户的应用程序只具有访问操作系统分配给它的主存单元的权限。那么如果应用程序有输入/输出要求又当如何处理呢?方法是把这个要求交给操作系统去处理,即应用程序交出 CPU 给操作系统,让 CPU 执行操作系统的有关代码去实现 I/O,这也需要将 CPU 的工作状态由用户态转换成系统态。如何实现应用程序和操作系统之间的联系呢?需要在 CPU 的指令系统中设置一条"自陷"(trap)指令或"软中断"(int)指令,统称为"访管"指令。这样用户程序通过安排一条"访管"指令来调用操作系统提供的服务,这种调用是通过中断来实现的,通过中断可以实现"目态"与"管态"之间的变换。

(6) 实现多道程序。在计算机系统中实现多道程序并发运行是提高机器效率的有效手段。多道程序的切换运行需借助中断。在程序的运行过程中,通过 I/O 中断实现从一道程序切换到另外一道程序运行。例如,通过分配给每道程序一个固定的使用 CPU 的时间(称为时间片),利用时钟定时器发中断进行程序切换。

(7) 实现多处理机系统中各处理机之间的联系。在多处理机系统中,处理机和处理机之间的信息交流和任务切换都是通过中断来实现的。

中断源可以在硬件装置上,如 I/O 设备接口控制器。此时中断由在硬件装置上发生的事件引起。中断源可以隐藏在指令中,如自陷指令或中断指令。中断源可以是 CPU 内部某个状态寄存器,如浮点数计算溢出标志寄存器。对于后两类中断源所引发的中断,都是在 CPU 执行某条指令时由某种特殊情况而引起的,此时中断产生在 CPU 内部,而不像设备中断那样产生于 CPU 外部。

中断源数目的多少随计算机系统的实际情况会有所不同,例如,某个 CPU 无浮点运算部件则无浮点数计算溢出中断。而其中的外部中断源(通常指在 CPU 外部的硬件装置上的中断源)的多少则随着应用场合的不同而不同。例如,在某个应用场合中系统有两个时钟中断源,而在另一应用场合中可能连一个时钟中断源都没有设置。

3. 中断源的分类

中断源的分类方法有很多,不同的系统有自己的分类方法,例如,可分为硬件中断(设备中断)和软件中断(trap 或 int 指令中断);也可分为外部中断和内部中断等。

外部中断指中断源在 CPU 外部,如设备中断、存储器故障中断、电源故障中断等。其中设备中断如前所述具有随机性(不可预测性)、异步性和不可再现性;但故障中断则具有可再现性,比如两次分别对内存的故障单元的访问都会引发存储器故障中断。

内部中断指中断的原因由 CPU 当前执行的指令引起,即中断源在 CPU 内部,这类中断具有可预测性和再现性,溢出中断就是这样,只要程序和数据不做任何改动而两次执行同样的程序都会发生溢出中断。实际上内部中断(或软件中断)是广泛意义上的中断,因为这些中断已不具备随机性(不可预测性)、异步性和不可再现性,但是处理这类中段的方法与处理设备中断的方法相同。在有些计算机系统中,为了和传统意义上的中断(Interruption)相区别,称为例外或异常(Exception)。

4. 中断请求信号的建立与传送

1) 中断请求信号的建立与中断屏蔽

中断请求信号的建立是基于中断源有请求中断的要求,如外设已"就绪",可以用这类状态信号作为中断请求信号建立的原始信号,使中断请求触发器置位(置"1");当 CPU 响应这个

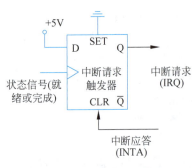

图 6-39 中断请求信号的建立

中断后,应当将中断请求信号撤销,将中断请求触发器复位(置"0")。建立中断请求信号的一种实现方法如图 6-39 所示。

中断请求触发器被置"1",表明已有中断请求,但这个中断请求信号是否能够传送给 CPU,要看当时占有 CPU 执行程序的优先级,如该程序优先级高于或等于这个中断请求,则 CPU 可以不响应这个中断,即可将这个中断屏蔽;如果低于请求中断的优先级,则不应屏蔽这个中断,而使 CPU 能够响应这个中断。

屏蔽一个中断的方法有很多,通常是在 CPU 的外部实现对中断请求信号的屏蔽。这种方法是另设一个中断屏蔽触发器,对中断请求触发器的输出端(Q 端)的中断请求信号(IRQ)进行屏蔽,如图 6-40 所示。如果中断屏蔽触发器置"1",中断请求触发器发出的中断请求信号(IRQ)就被屏蔽,此时这个中断请求信号不能被发送到 CPU。

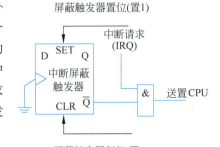

图 6-40 中断请求信号的屏蔽

2) 中断请求信号的传送

一台计算机系统中有多个中断源,有可能同时产生多个中断请求信号,它们如何传送给 CPU 呢?通常有四种传送模式,如图 6-41 所示。

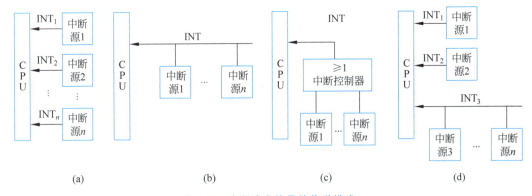

图 6-41 中断请求信号的传送模式

① 各中断源单独设置自己的中断请求线,每条中断请求线都直接送往 CPU,即 CPU 一端需要设置多条中断请求信号线,如图 6-41(a)所示。这样做的好处是当 CPU 接到中断请求信号后,立即就可以知道请求源是谁,这有利于实现对中断的快速响应,因为可以通过编码电路形成中断服务程序的入口地址。缺点是 CPU 所能连接的中断请求线数目有限,特别是由于集成电路芯片的引脚数目有限,不可能给中断请求信号线分配多个引脚,因此中断源难于扩充。

② 各中断源的中断请求信号通过三态门电路汇集到一根公共中断请求线,如图 6-41(b)所示。只要负载能力允许,挂在公共请求线上的中断请求信号线可以任意扩充,而对于 CPU 来说只需设置一根中断请求信号线就足够了。采用这种连接逻辑时,也可在 CPU 外部设置一个中断控制电路,该电路负责将所有中断源所发出的中断请求汇集起来,通过或门向 CPU

请求中断,如图 6-41(c)所示。该中断控制电路中也可设置优先级比较电路进行优先级的比较。比如 Intel 公司为其 x86 芯片配套的可编程中断控制器 8259 就属于这样的中断控制电路。

③ 另一种方案是兼有公共请求线与独立请求线,如图 6-41(d)所示。对要求快速响应的 1~2 个中断请求,采取独立请求线方式,以便快速识别。将其余响应速度允许相对低的中断请求汇集为一根公共请求线。

5. 中断判优

当一个中断源提出中断请求时,CPU 是否响应这个中断,取决于是 CPU 现行执行的程序重要还是发出中断请求的事件重要。请求中断事件的优先级高于处理机当前执行程序的优先级时,CPU 就暂停目前执行的程序,转去执行中断处理程序,并将处理机的优先级改变成中断请求事件的优先级。当中断处理程序执行完之后,则处理机便返回到被中断的程序,恢复它的状态(包括优先级)继续执行程序。若要 CPU 处理的中断请求事件的优先级不高于处理机当前的优先级,CPU 就保留该中断请求,直到它变为最高优先级中断请求时才为它服务。由此看出,中断是分级别的,级别高的可以较早得到响应。再者,级别高的中断可以打断级别低的中断处理程序的执行,这也就是中断嵌套了。

当有两个以上的中断源都中断提出了请求时,CPU 首先响应哪个中断请求?这就要求中断系统应该具有相应的中断排队逻辑,同时具有动态调整中断优先级的手段。

1) CPU 目前执行程序的优先级与中断请求优先级间的判优

CPU 的状态就是现行程序的执行状态,而外部中断请求则是外部事件的服务请求。一般有两种手段可用于处理它们之间的优先权比较问题。

首先,可在 CPU 内部设置了一个允许中断触发器,如图 6-42 所示,指令系统提供具有"开中断"与"关中断"功能的指令。执行开中断指令会使"允许中断"触发器置"1";执行关中断指令会使"允许中断"触发器置"0"。如果"允许中断"触发器处于关中断状态,则 CPU 不响应外部中断请求。换句话说,所有外部中断请求所要求的服务都没有现行程序的任务重要。如果开中断,则 CPU 可响应外部请求,发出中断应答(INTA)信号。在早期的微型计算机系统中,只安排了这一级控制。

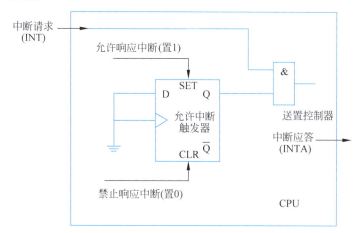

图 6-42　CPU 内部的允许中断触发器

性能更强的计算机,除了设置"允许中断"触发器与开、关中断的指令外,还可在程序状态字(PSW)中记录现行程序的优先级,以进一步细分程序任务的重要程度。CPU 通常设置多条中断请求输入线,据此将中断请求划分为不同的优先级。CPU 内部有一个优先级比较逻辑,对 PSW 中给定的优先级与中断请求的优先级进行比较,根据比较结果决定是否需要暂停现行程序的执行而去响应中断请求。操作系统可以根据实际情况动态地对 PSW 中的优先级进行调整。

2)中断请求之间的判优

首先按中断请求性质来划分优先级。一般来说,CPU 内部引发的中断优先级最高,然后才是外部中断。对外部中断而言,不可屏蔽中断的优先级要高于可屏蔽中断,前者往往要求 CPU 处理故障,后者要求 CPU 处理一般的 I/O 中断。对于一般的 I/O 中断,按中断请求要求的数据传送方向,通常的原则是让输入操作的请求优于输出操作的请求。因为如果不及时响应输入操作请求,有可能丢失输入信息。而输出信息一般存于主存中,暂时延缓一些,信息不至于丢失。当然,上述原则也不是绝对的,在设计时还必须具体分析。

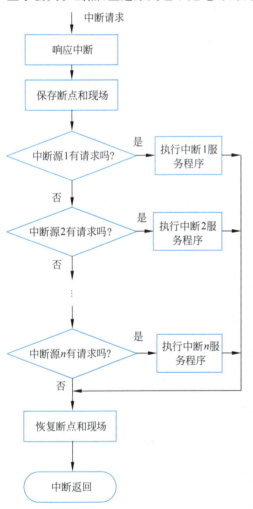

图 6-43 软件查询中断的中断请求逻辑和查询流程

在多数计算机中,一方面用硬件逻辑实现优先级排队(简称为"判优逻辑");另一方面,计算机又可以用软件查询方式体现优先级判别。在硬件优先级排队逻辑中,各中断源的优先级可以是固定的,也可以通过软件控制的方法动态调整各中断源的中断请求优先级。在采用通过软件查询来确定响应中断次序的方式中,改变查询次序就意味着改变了中断请求优先级。此外,采用屏蔽技术也可在一定程度上动态调整优先顺序。下面就介绍几种优先级排队方法。

(1)软件查询。

响应中断请求后,先转入查询程序,查询程序按优先顺序依次询问各个中断源是否已经提出了中断请求。如果是,则转入相应的服务处理程序;如果否,则继续往下查询。查询的顺序体现了优先级别的高低,改变查询顺序也就改变了优先级,如图 6-43 所示。

(2)并行优先级排队逻辑。

如果各中断源都能提供独立的中断请求信号线送往 CPU,则可以采取并行优先级排队逻辑,也称具有独立请求线的硬件优先级排队逻辑,如图 6-44 所示。各中断源的中断请求触发器向优先级排队逻辑电路送出自己的请求信号:$INTR_0'$、$INTR_1'$ 等。经过优先级排队逻辑电路向 CPU 送出中断请求信号 $INTR_0$,$INTR_1$ 等。这种优先级排队逻辑的工作原理是:$INTR_0'$ 的优先权最高,$INTR_1'$ 次之,以此类推。如果优先级较高的中断源此时有中断请求,就会自动封锁比它优先级低的所有中断请求。而当高级别的中断源没有中断请求时,才允许低级别的中断请求有效。

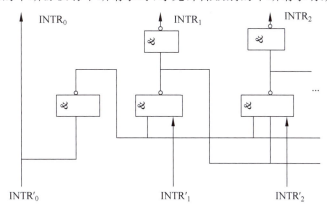

图 6-44 具有独立请求线的并行优先级排队电路

因此,如果同时有几个 $INTR'_i$ 提出中断请求,则只有其中具有最高优先级的中断源可以向 CPU 送出有效的 $INTR_i$ 中断请求信号,其余的则均被封锁。在这种优先级排队逻辑中,优先级排队结果表现为请求信号是否有效,即是否允许发出中断请求信号 INTR。采用并行优先级排队逻辑排队速度快,但硬件代价较高。

(3) 链式优先级排队逻辑。

如果中断请求信号的传递模式采用公共请求线方式,则优先级排队结果可以用形成的设备编码或中断识别编码来表示,相应地可采用链式优先级排队逻辑(也称为优先链逻辑)。各个中断源提出的中断请求都送到公共中断请求信号线上,形成公用的中断请求信号 INT 送往 CPU。响应请求时,CPU 向 I/O 设备发出一个公用的中断批准(INTA)信号,也称中断应答信号,如图 6-45 所示。

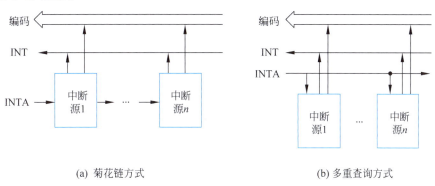

(a) 菊花链方式　　　　　　　　　(b) 多重查询方式

图 6-45 链式优先排队逻辑

在图 6-45(a)的结构中,CPU 发出的中断批准信号(INTA)先送给中断请求优先级最高的设备,如果该设备提出了中断请求,则在接到该批准信号后,通过系统总线向 CPU 送出自己的中断识别编码(或设备编码,或中断类型编码,或向量地址编码,也可以是一条 CPU 指令的编码),批准信号传送结束,不再往下传送。如果该设备没有提出请求,则将批准信号传递到下一级设备,以此类推。在采取这种连接方式中,所有可能作为中断源的设备被连接成一条链,其连接顺序体现了优先级顺序,在逻辑上离 CPU 最近的设备,其优先级最高。这种优先链结构在许多文献中也被称为菊花链,是应用很广泛的一种逻辑结构。

在图 6-45(b)所示的结构中,批准信号同时送往所有接口;但中断优先级排队电路保证只有在申请者中优先级最高的一个中断源可以通过系统总线向 CPU 送出自己的识别编码。根据编码,CPU 可以识别出中断源,从而转向对应的中断服务程序。限于篇幅,略去了具体的编码电路、控制发送编码的优先级排队电路。此时批准信号(INTA)起到查询中断源的作用,由于它同时发给所有中断源,所以被称为多重查询方式。

串行链式优先级排队逻辑是由硬件实现的采用公共请求线的优先级排队方式,其逻辑线路如图 6-46 所示。图中的下半部分是一个串行优先级排队链,由门电路 1～门电路 6 组成该优先级排队链。$INTR_i$ 是从各设备送来的中断请求信号,优先顺序从高到低依次是:$INTR_1$、$INTR_2$、$INTR_3$。若要扩充中断源,可根据其优先级的高低以串联的形式接到优先链中即可。图的上半部分是一个编码电路,它将产生在请求中断的设备中,优先级最高的那个设备的标识编码经数据总线送往 CPU。

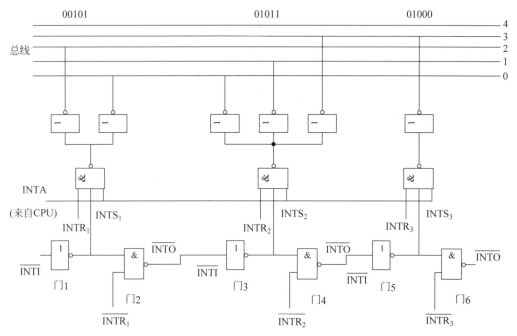

图 6-46 串行优先级排队电路

图 6-46 中的 INS_1、INS_2、INS_3 分别为 $INTR_1$、$INTR_2$、$INTR_3$ 所对应的中断排队选中信号。INTA 是由 CPU 送来的中断应答信号。INTI 为中断排队输入信号,INTO 为中断排队输出信号。若没有更高优先级的请求中断时,INTI=0,门$_1$ 的输出为高电平,即 $INTS_1$=1,若此时中断请求信号 $INTR_1$ 为高(即有中断请求),且 INTA 为高电平(有中断批准信号),则 $INTR_1$ 被选中,使得 $INTS_2$、$INTS_3$ 均为低电平,$INTR_2$、$INTR_3$ 中断请求被封锁。这时 $INTR_1$ 向 CPU 发出中断请求,并由译码电路将中断识别编码 $(00101)_2$ 送到数据总线。CPU 从数据总线取走该识别编码,并以此查找中断服务程序。

此时若 $INTR_1$ 无中断请求,则 $INTR_1$ 为低电平,经过门$_2$ 和门$_3$,使 $INTS_2$ 为高电平。若此时 $INTR_2$ 为高电平,则可以向 CPU 发出中断请求信号;否则,将继续顺序选择。

上述中断排队方式可以配合用于多种转向中断服务程序入口的方法。其中一种是在中断响应过程中执行一条专门的中断指令,如在 Z80 微处理器设置的 RST n 指令。通常由中断源提供 RST n 指令的机器码作为中断排队的结果,其功能是通过查询主存中存放的"程序转移表"而转到中断服务程序的入口。

另一种目前应用更广泛的方法叫作向量中断法。中断向量包括该中断源的中断服务程序入口地址和执行这个中断服务程序所需的 PSW。将所有的中断向量集中到一起存放则形成一张中断向量表。中断向量表一般存放在内存中。向量中断方式是为每一个中断源事先安排一个唯一的中断向量号。作为中断排队结果,由被选中的设备硬件直接产生中断向量号,并将其发送到数据总线上,CPU 可在数据总线上获取,接下来 CPU 依据刚得到的中断向量号,采用某种算法计算出该中断源对应的中断向量在中断向量表中的位置,由此可以得到其中断服务程序的入口地址。

(4) 二维结构的优先排队。

如果中断请求信号的传送采用二维结构,则优先级排队逻辑结构如图 6-47 所示。在此结构中,CPU 可以接收通过多条中断请求信号线送来的中断请求信号,中断请求信号线的优先级称为主优先级,在 CPU 内部有一个相应的优先级排队电路,保证首先响应优先级最高的那条中断请求信号线上的中断请求。如果程序状态字中有 CPU 现行程序的优先级编码,这个优先级排队电路同时担负 CPU 目前执行程序的优先级与中断请求优先级之间的比较问题。

将外部中断源分成多组,每组的中断请求汇集到同一根中断请求信号线上,拥有同一个主优先级。在一个小组内,各中断源又作进一步的优先级划分,称为次优先级。通常在组内采取菊花链式的优先链结构。

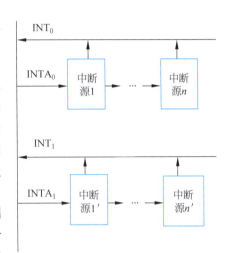

图 6-47 采用二维结构的优先级排队逻辑结构

(5) 采用中断控制器集成芯片的优先逻辑。

在微型计算机中,广泛使用中断控制器集成芯片来管理外部中断,如 Intel 的 8259A。它将中断请求信号的寄存、汇集、屏蔽、优先级比较、中断向量号编码等逻辑集成在一块芯片中,方便中断系统的设计。因为设计者不必了解芯片内部究竟使用何种具体的优先级排队逻辑,就能方便地管理系统中的各个中断。图 6-48 所示为 Intel 8259A 芯片内部的逻辑结构。Intel 8259A 芯片主要包含下述组件。

① 中断请求寄存器。它是 8 位寄存器,可存 8 个中断请求信号,作为向 CPU 申请中断、中断优先级排队以及中断向量号码编码的依据。

② 优先级分析电路。即优先级排队逻辑,选择优先级别最高的中断申请者。

③ 中断屏蔽寄存器。内容可由 CPU 预置,记录在中断请求寄存器的各个中断请求信号,若在中断屏蔽寄存器中对应的屏蔽位为 1,则该中断请求被屏蔽,不能参与中断优先级的排队。

④ 中断服务寄存器。记录目前 CPU 正在为之服务的中断。

⑤ 中断控制逻辑。负责发送中断请求信号、接收中断应答信号、编码中断向量码以及发送中断向量码。在对 Intel 8259A 进行初始化时,CPU 会为每个中断源分配一个唯一的中断类型码,即给每个中断请求输入端(IR_i)分配它所对应的中断向量号。当 CPU 响应中断请求时,Intel 8259A 送出被批准中断的中断源所对应的中断向量号作为 CPU 寻找中断服务程序入口地址的依据。

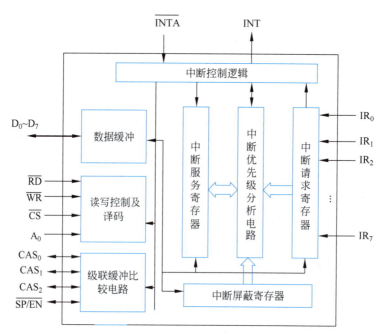

图 6-48 可编程中断控制器 Intel 8259A

⑥ 中断控制器。Intel 8259A 作为公共接口逻辑一般位于主机板上,它接收各路中断源发出的中断请求信号($IR_0 \sim IR_7$),存放于中断请求寄存器中,并将各中断请求汇集为一个公共的中断请求信号 INT 送往 CPU。当 CPU 响应中断请求时,发出批准信号 INTA 送给 Intel 8259A。优先级分析电路确定首先批准哪个中断请求,将它的中断向量号编码经数据总线送往 CPU。在 CPU 内部对该中断向量号编码经过简单变换形成向量地址码,据此访问中断向量表取出服务程序的入口地址。Intel 8259A 也可以多级串联,将一片 Intel 8259A 的 INT 作为上一级的 IR_i 上的中断请求信号来使用,以达到扩展中断请求数量的目的。

以上,我们围绕中断优先级的排队问题讨论了多种方法,有些方法可以综合运用,在实际应用中派生出许多具体方式,如中断控制器 Intel 8259A 可编程指定多种优先级排队方法,如固定优先级方式、循环优先级方式、特殊屏蔽方式等。有关细节将在后续课程中详细介绍。

6. 中断响应和中断处理(中断服务)

1) 中断响应

CPU 接收到中断请求信号后,如果满足响应中断的条件,CPU 就会暂停现行程序的执行,而转入中断处理,这一过程称为中断响应。

CPU 响应外部中断一般应具备如下条件。

(1) 有中断源请求中断。

(2) CPU 允许响应中断,即处于开中断状态。

(3) 一条指令执行结束。

CPU 对内部中断的响应不受上述条件的限制,有内部中断请求发生,就会立即响应。

一般情况下,CPU 响应外部中断的时间是在一条指令执行结束时。但某些内部中断,例如在指令执行过程中,取操作数时发现所需的数据不在主存(采用虚存时会发生这种情形),这时如不及时处理,指令就无法执行下去,这就要求在指令执行过程中响应中断。

2) 中断周期

CPU 响应中断后进入中断响应周期，IT 周期的操作如下。

(1) 关中断。以便在保存现场的过程中不允许响应新的中断请求，确保现场保存的正确性。

(2) 保存断点地址(即返回地址)和程序状态字。一般将它们压入堆栈中。

(3) 转入中断服务程序入口。以便执行相应的中断服务程序，完成中断处理任务。

图 6-49 给出了简化的中断响应周期的操作流程。这些操作不是在程序中安排的，而是直接由硬件完成的，因此通常把这些操作的执行视为 CPU 执行了一条中断响应隐指令，其中的"隐"是指程序员在 CPU 的指令系统中找不到这条指令。

3) 中断处理(中断服务)

经过中断响应取得了中断服务程序的入口地址后(具体的中断服务程序入口地址的获取方法在下面论述)，CPU 开始执行中断服务程序，完成规定的中断处理任务。

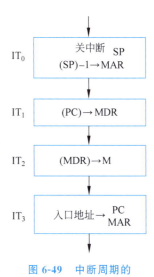

图 6-49 中断周期的流程

中断服务程序一般由三部分组成，即起始部分、主体部分、结尾部分。

中断服务程序的起始部分的主要功能按执行次序如下。

(1) 判明中断原因，识别中断源，对于不同中断源转入不同的服务程序。

对于向量中断，直接由硬件查明中断源并给出中断向量地址，转入相应中断服务程序。对于非向量中断，需要执行一段查询程序，由该程序查明中断源后转入相应的中断服务程序。

(2) 设置屏蔽字，封锁同级中断与低级中断。

(3) 保存中断现场。除了程序计数器(PC)和程序状态字(PSW)外，还有一些 CPU 内部寄存器的内容需要保护。因为在执行中断服务程序的过程中，如果需要用到 CPU 内部的某些寄存器的话，则需要事先将它们现有的内容保存起来。通常是将它们压入内存中的堆栈中，以此实现内容的保存。

(4) 开中断，以便在本次中断处理过程中能够响应更高级的中断请求。

中断服务程序的主体部分是执行处理具体中断的程序。如控制设备进行输入/输出操作。

4) 中断结束

中断服务程序的结尾部分按执行次序主要完成下列功能。

(1) 关中断。以便在恢复现场的过程中不允许响应新的中断。

(2) 恢复中断现场，将起始部分保存的寄存器内容送回到原寄存器中。

(3) 清中断请求或中断服务信号，表示本次中断处理结束。

(4) 清屏蔽字，开放同级中断和低级中断。

(5) 开中断，以便响应新的中断请求。

(6) 恢复 PSW、PC，返回被中断的程序。

7. 中断服务程序入口地址的获取方法

为了执行中断服务程序，关键是获得该中断服务程序的入口地址。入口地址的获取有两种方式,即向量中断和非向量中断。

1) 向量中断

首先,先阐明 3 个有关的概念。

中断向量:通常将中断服务程序的入口地址及其程序状态字合称为中断向量。有些计算机系统(如早期的微型计算机)没有完整的程序状态字,此时中断向量仅指中断服务程序的入口地址。

中断向量表:用于存放中断向量的表格。通常,系统将所有的中断向量连续地存放在内存的一个特定区域中,形成一个一维的表格,称中断向量表,如图 6-50 所示。

向量地址:表示中断向量表中的一个表项的地址码,即读取中断向量所需的内存地址,也称为中断指针。

中断类型码:表示中断源提供的标识中断类型的编码,CPU 一般据此编码计算得到向量地址。

向量中断的响应方式是:先将各个中断服务程序的中断向量组织成中断向量表;响应中断时,由中断源提供中断类型编码,据此 CPU 计算得到对应于该中断的向量地址,再根据向量地址访问中断向量表,从中读取相应的中断服务程序的入口地址及 PSW 编码字,将入口地址装到程序计数器(PC)中,将 PSW 编码字装入程序状态字寄存器中,由此 CPU 就转向执行中断服务程序。上述工作一般安排在中断响应周期中,由 CPU 执行中断响应隐指令实现。

| PSW_n |
| PC_n |
| ⋮ |
| PSW_2 |
| PC_2 |
| PSW_1 |
| PC_1 |

图 6-50 中断向量表

向量中断的特点是系统可以管理大量中断,并能根据中断类型编码较快地转向对应的中断服务程序。因此现代计算机基本上都具有向量中断功能,但具体实现方法有多种。如在 CPU 具有多条中断请求信号线的系统中,可根据请求信号线的状态编码产生各中断源的向量地址。又如,在菊花链形式的中断优先级排队结构中,经硬件链式查询找到被批准的中断源,该中断源通过总线向 CPU 发出其中断向量号。也可由中断源送出一种中断指令(如 RST n)及其编码,CPU 通过执行该指令而获取中断向量。在 Intel 8086 中,中断源产生的是偏移量,与 CPU 提供的中断向量表的基址相加,形成向量地址。在有些系统中,CPU 内有一个中断向量寄存器,存放向量地址的高位部分,中断源产生向量地址的低位部分,二者拼接形成完整的向量地址。

2) 非向量中断

非向量中断的响应方式是:CPU 响应中断时只产生一个固定地址作为中断查询程序的入口地址,CPU 通过执行查询程序确定被优先批准的中断源,然后执行相应的中断服务程序。

例如,在 DJS-130 计算机中,CPU 响应中断时,在中断响应周期中让 PC 与 MAR 的内容均为 1,即从 1 号存储单元读出查询程序的入口地址,然后转去执行查询程序,若中断源提出了中断请求,则执行相应的中断服务程序,若中断源没有提出中断请求,则继续往下询问。

查询程序是为所有中断请求服务的,又称为中断总服务程序。它的任务仅仅是判定提出中断请求的中断源,进而转去执行处理中断的服务程序。查询程序本身可以存放在主存的任何位置,但它的入口地址被写入一个实现约定好的内存单元中,这个特定地址在硬件上是固定的,软件无法改变;而各个中断服务程序的入口地址则被写进查询程序之中。

查询方式可以是软件轮询,即按某个次序逐个查询有关设备的状态标志;也可以先通过硬件取回被批准中断源的设备码(作为优先级排队电路对中断请求排队的结果),再通过查询软件依据设备码查询中断向量表以获取中断向量。

非向量中断方式采用软件方式确定入口地址,能简化硬件逻辑,方便修改优先顺序,但中断的响应速度较慢。现代计算机大多具备向量中断功能,非向量中断可作为补充手段。

8. 多重中断与中断屏蔽

如果 CPU 在处理某级中断的过程中又遇到了新的中断请求,CPU 将暂停原中断的处理,而转去处理新的中断,待处理完毕,再恢复原来中断的处理,把这种中断行为称为多重中断,也称中断嵌套,其示意如图 6-51 所示。

是否在中断处理中断过程中出现任何新的中断请求,CPU 都要予以响应呢? 显然不是这样的。多重中断的处理是有一定的原则的,这个原则就是:若目前请求中断的优先级高于正在处理中的中断的优先级,则 CPU 要响应这个中断请求;若目前请求中断的中断优先级等同或低于正在处理中的中断的优先级,则 CPU 不予响应,必须等待目前的中断处理完成后,再响应中断。

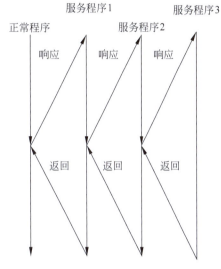

图 6-51 中断嵌套示意图

例如,某计算机中断系统分为五级中断,中断响应的优先次序从高到低为 1→2→3→4→5,如果 CPU 在执行某一正常程序时出现了 1、2、4 级的中断请求,CPU 将首先转去执行处理 1 级中断的中断处理程序,待处理完成后返回正常程序。但此时还有 2、4 级的中断请求未被处理,所以在正常程序执行了一条指令后,CPU 又转去执行处理 2 级中断的中断处理程序,待 2 级中断处理完成后返回正常程序。因为此时还有 4 级的中断请求未被处理,所以在正常程序执行了一条指令后,CPU 马上又转去执行处理 4 级中断的中断处理程序。如果在执行 4 级中断的中断处理程序的过程中又出现了 3 级中断请求,因为 3 级中断的优先级高于 4 级中断,所以 CPU 必须转去执行处理 3 级中断的中断处理程序。若在执行处理 3 级中断的中断处理程序的过程中又出现了 1、5 级中断请求,因为 1 级中断的优先级高于 3 级中断,所以 CPU 将中断 3 级中断处理程序,而转去执行处理 1 级中断的中断处理程序,但因为 5 级中断的优先级最低,所以不能中断其他高级别的中断处理程序。待 1 级中断处理完成后,CPU 返回 3 级中断的中断处理程序继续执行;3 级中断处理完成后,返回 4 级中断的中断处理程序继续执行;当 4 级中断处理完成后,CPU 返回正常程序。但此时还有 5 级的中断请求未被处理,所以在正常程序执行了一条指令后,CPU 又转去执行处理 5 级中断的中断处理程序,完成后返回正常程序继续执行。CPU 处理上述中断的过程举例如图 6-52 所示。

实现多重中断处理的方法之一是利用中断屏蔽有选择地封锁部分中断,而允许其余未被屏蔽的中断提出中断请求。通常给每个可屏蔽的中断源设置一个中断屏蔽触发器,用来决定是否屏蔽该中断源提出的中断请求。当 CPU 响应某个中断源的中断请求后,由相应的中断服务程序送出一个新的中断屏蔽字,对同级和低级中断实施屏蔽,只允许 CPU 响应优先级更高的中断,从而实现多重中断处理。中断屏蔽还有一个用处就是中断升级。有些设备的优先级较低,因此申请的中断有可能长时间得不到响应,这就需要让它升级,利用屏蔽技术可以将

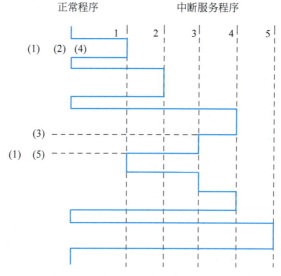

图 6-52 CPU 处理中断的过程举例

原来优先级较高的设备的中断请求暂时屏蔽,而由于优先级低的设备的中断请求未被屏蔽,优先级就相对提高了,这就是中断升级。

如前面的中断例子,各中断源的优先级为 1→2→3→4→5,每个中断源对应一个屏蔽码,屏蔽码为"1"表示中断被屏蔽。根据多重中断的处理原则,屏蔽码的设置如表 6-6 所示。

表 6-6 程序级别与屏蔽码

程 序 级 别	屏 蔽 码				
	1 级	2 级	3 级	4 级	5 级
第 1 级	1	1	1	1	1
第 2 级	0	1	1	1	1
第 3 级	0	0	1	1	1
第 4 级	0	0	0	1	1
第 5 级	0	0	0	0	1

如果要采用中断屏蔽技术修改中断处理的次序,例如,将处理次序修改为 1→4→3→2→5,则只需将中断屏蔽码修改成如表 6-7 所示的情况。

表 6-7 修改中断处理次序屏蔽码

程 序 级 别	屏 蔽 码				
	1 级	2 级	3 级	4 级	5 级
第 1 级	1	1	1	1	1
第 2 级	0	1	0	0	1
第 3 级	0	1	1	0	1
第 4 级	0	1	1	1	1
第 5 级	0	0	0	0	1

9. 中断响应的及时性

在某些应用场合(如实时控制),对中断源提出中断申请到中断处理程序的第一条指令开始执行之间的中断延迟时间(Interruption Latency)有严格的要求。延迟时间反映了 CPU 执行中断响应隐指令的开销。影响延迟时间的因素主要有以下 4 点。

(1) 指令的执行时间。一般外部中断是在指令之间响应,如果有执行时间较长的指令(如 x86 的 MOVS 指令),则应提供在指令执行过程中有对外部中断请求予以响应的能力。

(2) 程序执行环境的转换开销。保护断点、现场和恢复断点、现场时 CPU 的开销。某些 RISC CPU(如 SUN Microsystems 公司的 SPARC 芯片)内部采用了多组寄存器"窗口",加快了环境转换。此时不需要将数据传回内存,减少了环境转换的开销。

(3) 中断服务程序入口地址的确定方式。某些处理机(如 Z80 微处理器)采用固定地址方法,即中断服务程序的第一条指令放在固定的内存单元,CPU 响应中断直接转入中断服务程序。而有些系统(如 x86)则采用中断向量表的方法,通常确定入口地址因访问内存而增加了时间开销,可考虑将中断向量表安排在 Cache 中,以加快入口地址的确定时间。

(4) 中断处理程序的运行。最好也安排在 Cache 中,以便加快中断处理。

10. 小结

至此,讨论了从中断源发出中断请求开始,直到中断服务程序执行完毕,返回原来被中断的程序的全过程,即包括①中断请求;②择优响应;③保存现场;④中断服务;⑤恢复现场;⑥中断返回 6 部分。其中,有些工作由硬件完成,有些则由软件完成。因此中断是一种软、硬件结合的技术。在不同的机器中,软、硬件功能分配的比例会有所不同。

6.7.3 RISC-V 的中断处理方式

中断与分支指令类似,它也会引起指令执行控制流的改变。当中断出现后,控制器需要给出正确的控制信号及时序,以便中断能够得到正确的处理。控制器是处理器设计中最富有挑战的部分,验证其正确性也最为困难,同时也最难进行时序优化。原因之一就是因为要处理中断问题。本节将简要介绍 RISC-V 处理中断的思路,内容涉及检测例外类型的控制逻辑的实现,而且和指令系统及微架构的实现也是相关的。

通常,检测和处理例外的控制逻辑会处于处理器的时序关键路径上,这会对处理器的性能产生重要影响。如果对控制逻辑中的例外处理事先不给予充分重视,一旦在设计、实现中加入例外处理,将会明显降低处理器的性能。

1. RISC-V 有关中断的术语

RISC-V 的设计者把能够引起指令执行控制流改变的事件,除了分支、函数调用等指令之外,都称为例外(Exception)。即用例外来指代意外的控制流变化,而这些变化无须区分其产生原因是来自于处理器内部还是外部。RISC-V 的设计者将中断(Interrupt)视为例外的一个类型,特指引起例外的原因来自处理器外部。表 6-8 给出了一些 RISC-V 中的例外示例。

表 6-8　RISC-V 中的例外示例

事 件 类 型	例 外 来 源	RISC-V 的表示
指令重新执行	外部	例外
I/O 设备请求	外部	中断
用户程序进行操作系统调用	内部	例外
未定义的指令操作码	内部	例外
硬件故障	外部、内部皆可	例外、中断皆可

例外处理的许多功能需求来自于引发例外的特定场合。例如，表 6-8 中的"指令重新执行"例外，可能是虚存系统中的指令执行涉及的数据时，其不在内存中，指令无法执行，由此引发了例外。操作系统处理的办法是将数据从磁盘调入内存，之后该指令需要重新执行。

2. RISC-V 对例外处理提供的机制

为了处理例外，RISC-V 设置了系统例外程序计数器（Supervisor Exception Program Counter，SEPC）和系统例外原因（Supervisor Exception Cause，SCAUSE）寄存器。这两个寄存器与机器字长同宽度，是字长为 32 位或 64 位的寄存器。本书约定为 32 位字长。

SEPC 用来保存引起例外的指令的地址，以便在处理完例外后，从 SEPC 恢复由于要处理例外而被打断的程序执行（当然也可能终止执行，比如未定义指令操作码引起的例外）。

SCAUSE 用来记录例外原因，其 32 位的作用是：低 10 位编码 $SCAUSE_{9:0}$ 用于记录不同的例外，如未定义指令的编码为 2，则硬件故障的编码为 12；$SCAUSE_{30:10}$ 共 21 位保留未用；而最高位 $SCAUSE_{31}$ 用于表明是否有例外或中断，1 表示有中断，0 则表示没有。设置 SCAUSE 方便系统对例外事件的处理，因此操作系统必须获得例外发生的原因。此外，需要根据例外产生的原因找到例外处理程序所在内存的位置。

RISC-V 提供了两种确定处理程序所在内存位置的方法：预定义入口地址方式和向量方式。预定义入口地址方式是将处理每个例外程序的入口地址事先确定下来，例如，假设设计者将处理硬件故障例外的处理程序入口地址预先确定为 0x1C090000（该地址可根据具体系统设计需要，由硬件设计人员指定）。当然也会有其他实现方法，例如，有一些 RISC-V 处理器在实现时将例外的入口地址保存在系统陷入向量寄存器（Supervisor Trap Vector，STVEC）中，操作系统在初始化时可以通过它来设置例外的入口地址，这样就可以针对不同的需求，设置不同的入口地址。向量方式是用中断向量表基地址寄存器中的地址加上例外原因编码（即 SCAUSE 寄存器中的数值）作为入口地址。

3. RISC-V 流水线例外的处理技术

在 RISC-V 五级（F/D/X/M/W）流水线实现中，将例外视为另一种控制冒险。例如，假设在执行一条 add 指令时产生了硬件故障，为了处理这个例外，需要在流水线上清除 add 指令之后的指令，并从该例外处理程序的入口开始取指指令，同时将处理器状态设置为系统态。

与处理分支障碍一样，将 F 段的指令变为 nop-空操作，进入 D 段的指令，通过 FlushX 对锁存器 D/X 控制信号清零或锁存。而进入 X 段的指令通过控制信号 FlushM，对锁存器 EX/MEM 控制信号清零或锁存。假设使用预定义入口地址方式，如使用地址 0x1C090000 作为例外处理程序的入口地址，为保证从该入口地址开始取指，在 PC 多路选择器上新增一个控制信号 FlushF，保证能将地址 0x1C090000 送到 PC 寄存器中，如图 6-53 所示。

针对上述例外处理需要注意的是，如果在 add 指令执行完毕后检测例外，将无法获得 x1 寄存器中的原值，因为它已更新为 add 指令的执行结果，这对单步调试不利。如果在 add 指令的执行阶段检测例外，则用 FlushW 锁存 M/W 控制信号（清零），解决该指令在写回阶段更新 x1 寄存器。有一些特定的例外类型，如缺页中断，需要在完成例外处理后将引发例外的指令重新执行。为了实现该功能，简单的方法就是清除该指令，并在例外处理结束后重新取该指令进入流水线，即按 SEPC 寄存器中保存的地址取指令。

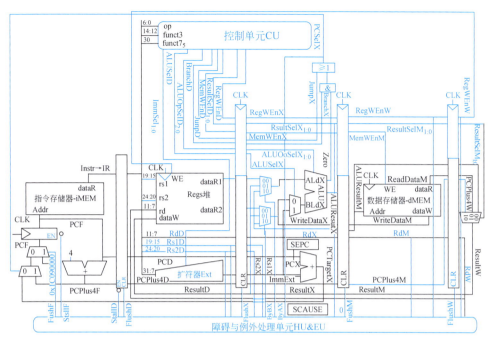

图 6-53　具有例外处理的 RISC-V 流水线数据通路结构

4．RISC-V 流水线例外的控制逻辑

RISC-V 流水线的例外影响着指令的正常流动执行，属于控制障碍或相关的范畴，因此仍然按照第 4 章处理控制相关的模式来处理，但需要扩充相应的控制逻辑表达式。有：

$$FlushF = FlushM = FlushW = SCAUSE_{31}$$

$$FlushD = FlushD \mid SCAUSE_{31}$$

$$FlushX = FlushX \mid SCAUSE_{31}$$

其中，FlushD 和 FlushX 的原逻辑表达式已在第 4 章列出，本节只是扩展了逻辑值。

对于采用流水线微架构实现的处理器，如图 6-53 展示的那样，由于每个时钟周期同时有 5 条指令在流水线中执行，问题在于如何将出现的各种例外与产生例外的指令一一对应。因此就有了精确例外和非精确例外两种实现方法。例如，流水线检测到出现例外时程序计数器 PC 内的地址为 0x1000，而实际引发例外指令的内存地址为 0x0ffc。精确例外会将地址 0x0ffc 记录到 SEPC 寄存器中，而非精确例外则在 SEPC 寄存器中保存 0x1000，进而让操作系统去判断到底是哪条指令引发了例外。考虑到当流水线不断加长时，非精确例外会增加操作系统处理的难度和复杂度，因此 RISC-V 支持精确例外。

此外，当同时钟周期内同时发生多个例外时，采用的方案是对例外进行优先级排序，进而对各种例外处理服务程序的执行顺序排序。在 RISC-V 中，使用硬件实现对例外优先级的排序。如果有多个例外同时发生，SCAUSE 寄存器中记录当前最高优先级的例外编码。

I/O 设备请求和硬件故障引起的例外与流水线中正在执行的指令无关，因此使用上述处理例外的方法也能处理这类例外。

5．小结

总而言之，当意外发生后，控制器应该控制暂停引发例外指令的执行，完成流水线中所有引发例外指令之前指令的执行,而之后的指令则从流水线中清除,并在 SCAUSE 寄存器中记录例外的原因,在 SEPC 寄存器中保存引发例外指令的地址,接着转到例外处理程序的入口处取指令执行。对于未定义指令操作码或硬件故障例外的情况,通常会终止程序的执行并返回例外类型编码给上层软件,如操作系统或应用程序。对于系统调用例外,操作系统应当保存引发例外的程序的运行状态,在完成例外处理后,恢复之前程序的运行状态并恢复执行该程序。针对 I/O 设备请求例外,在暂停引发 I/O 例外的程序执行后,操作系统会调度其他程序执行,直到该 I/O 请求完成后,再在合适的时机调度该程序恢复执行。

要加快例外处理的速度,保存和恢复程序状态是非常关键的,因此在设计、实现时,要尽可能减少这方面的开销。

6.8 直接存储器访问方式

直接存储器访问(Direct Memory Access,DMA)方式是一种直接依靠硬件在主存与 I/O 设备间进行数据传送,且在数据传送过程中不需要 CPU 干预的 I/O 数据传送控制方式。DMA 方式通常用于将高速外设按照连续地址方式访问内存。

DMA 意味着在主存储器与 I/O 设备间有直接的数据传送通路,I/O 设备与内存间交换数据不必再经过 CPU 的累加器转手,即可在内存单元与设备接口数据缓冲器之间直接实现数据直传。即输入设备的数据只需经过系统总线中的数据总线,就可以直接输入主存储器;同样,主存中的数据也可以经数据总线直接输出给输出设备,因此称为直接存储器访问。方式的另一层含义是与直接程序控制方式不同,DMA 对数据传送的控制是由硬件实现的,不依靠 CPU 执行具体的 I/O 指令,所以在 DMA 控制的数据传送期间不需要 CPU 执行程序来控制 I/O 操作。

作为对比,我们再简要回顾一下程序控制方式。在程序查询方式(直接程序传送方式)中,当设备"就绪"时,CPU 要执行 I/O 指令实现数据的输入或输出。而且有些计算机的访问存储单元的指令与 I/O 指令是分别设置的,需要先执行访问存储单元的指令将数据由主存读入CPU,再执行输出指令将数据由 CPU 写入 I/O 设备;或者反过来实现数据输入。在程序中断方式中,首先要切换到中断服务程序,在中断服务程序中同样要通过执行访问存储单元的指令与 I/O 指令实现数据的输入或输出。

6.8.1 DMA 方式的特点与应用场合

DMA 的特点是可以响应设备的随机 I/O 请求,实现主存与 I/O 设备间的快速数据传送,若无访问主存冲突,DMA 方式下的数据传送一般不会影响 CPU 正在执行的程序。换句话说,在 DMA 控制的数据传送期间,CPU 可以继续执行自己的程序,因而提高 CPU 的利用率。但 DMA 方式本身只能处理简单的数据传送,不能实现诸如数据校验、代码转换等功能。

与程序查询方式相比,DMA 方式可以响应随机的 I/O 请求,当传送数据的条件具备时,接口提出 DMA 请求,获得批准后占用系统总线进行数据的输入与输出。CPU 不必为此等待查询,可以继续执行自身的程序。I/O 数据传送的实现是直接由硬件控制的,CPU 不必为此执行指令,其程序也不受影响。

与程序中断方式相比,DMA 方式仅需占用系统总线,不需要切换程序,因此不存在保存断点、保护现场、恢复现场、恢复断点等操作。因而在接到随机 I/O 请求后,可以快速插入

DMA 数据传送总线周期，只要不存在对主存的访问冲突，CPU 也可以与 DMA 控制的数据传送并行地工作。

鉴于以上特点，DMA 方式一般应用于主存与高速 I/O 设备（指磁盘、磁带、光盘等外存储器）间的简单数据传送，以及主存与其他带局部存储器的外围设备、通信设备（如网络接口适配器等）之间的数据传送。

根据磁盘的工作原理，对存放在磁盘上数据的读/写是以数据块为单位进行的，一旦找到数据块的起始位置，就将连续地进行读/写。因为能否找到数据块的起始位置是随机的，所以接口何时能满足数据传送条件也是随机的。由于磁盘的读写速度较快，而且在磁盘接口控制器上安排有较大容量的数据缓冲存储器，所以在数据传输过程中不会长时间占用总线，因此主机与磁盘之间的数据交换一般采用 DMA 方式传送数据。写盘时内存单元的数据直接经数据总线输出到磁盘接口的数据缓冲存储器中，然后由磁头写入盘片；读盘时由磁头从盘片上读出数据放到磁盘接口的数据缓冲存储器中，然后经数据总线写入主存。

当计算机系统通过通信设备与外部通信时，常以数据帧为单位进行批量传送。何时引发一次通信是随机的，但开始通信后常以较快的传输速度连续传送。因此适于采用 DMA 方式。

在大批量数据采集系统中，也可以采用 DMA 方式。

为了提高半导体存储器芯片的单片容量，许多计算机系统选用动态存储器（DRAM）构造主存，并用异步刷新方式安排刷新周期。刷新请求对主机来说是随机的。DRAM 的刷新操作是对原存储内容的读出并重写，可视为存储器内部的数据批量传送。因此，也可以采用 DMA 方式实现，将每次刷新请求当成 DMA 请求，CPU 在刷新周期中让出系统总线。在执行存储器刷新操作时，DMA 控制器提供存储器的行地址（即刷新地址）和读/写信号给主存，这样可以在一个存储周期内实现各个存储芯片的同一行的刷新操作。利用系统的 DMA 机制实现动态存储器的刷新，简化了存储器的动态刷新逻辑。

DMA 方式的最大优势是直接依靠硬件实现数据的快速直传，也正是由于这一点，DMA 方式本身不能处理数据传输过程中的复杂事态。因此，在某些场合需要综合应用 DMA 方式与程序中断方式，二者互为补充。典型的例子是主机对磁盘的读写，磁盘读写采用 DMA 方式进行数据传送，而对于类似磁盘寻道结果是否正确的判别处理、批量传送结束后的善后处理这类操作，则采用程序中断方式由 CPU 执行相应的 I/O 程序来完成。

6.8.2 DMA 的传送方式

DMA 传送方式是指 DMA 控制器获取或使用总线的方法。

DMA 方式使用 DMA 控制器（简称 DMAC）来控制和管理数据的传输。DMA 控制器具有独立访问内存和 I/O 接口寄存器的能力，即 DMA 控制器能够通过地址总线向内存或 I/O 接口提供访问地址，通过控制总线向内存或 I/O 接口发出读/写控制信号，以实现外设与存储器之间的数据交换。通常 DMA 控制器和 CPU 共享系统总线，在 DMA 控制器控制传输数据时，CPU 必须放弃对系统总线的控制而由 DMA 控制器来控制系统总线。不同的计算机系统会采用不同的方法来解决 CPU 与 DMA 控制器共享总线问题。CPU 与 DMA 控制器共享总线大致有 3 种方式，如图 6-54 所示。

1. CPU 暂停方式

CPU 响应 DMA 请求后，让出系统总线给 DMA 控制器使用，直到数据全部传送完毕后，

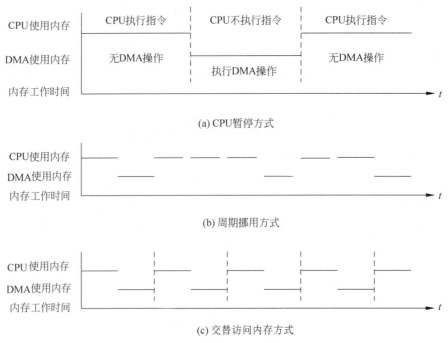

图 6-54　DMA 传送方式

DMA 控制器再把总线交还给 CPU。在此期间，CPU 是不能访问主存的，因此 CPU 需要暂时停止工作。此时 CPU 内部的控制器要在 CPU 内部封锁时钟信号，并使 CPU 与总线之间的信号线呈现高阻状态。DMA 控制器获得总线控制权以后，开始进行数据传送。在一批数据传送完毕后，DMA 控制器通知 CPU 可以使用内存，并把总线控制权交还给 CPU。图 6-54(a) 所示的就是这种传送方式的时间图。采用这种 DMA 工作方式的 I/O 设备，需要在其接口控制器中设置一定容量的存储器作为数据缓冲存储器使用，I/O 设备与数据缓冲存储器交换数据，主存也只与数据缓冲存储器交换数据，由于数据缓冲存储器的存取速度较快，这样可以减少由于执行 DMA 数据传送而占用系统总线的时间，从而减少了 CPU 暂停的时间。这种控制方式比较简单，用于高速 I/O 的成批数据传送是比较合适的。缺点是 CPU 的工作会受到明显的延误，当 I/O 数据传送时间大于主存的周期时，主存的利用不够充分。

2. 周期挪用方式

周期挪用也被称作周期窃取。当 I/O 设备无 DMA 传送请求时，CPU 正常访问主存；当 I/O 设备需要使用总线传送数据时，产生 DMA 请求，DMA 控制器把总线请求发给 CPU，此时若 CPU 本身无使用总线的要求，CPU 就可以把总线交给 DMA 控制器，由 DMA 控制器控制 I/O 设备使用总线，这是最理想的情况；如果此时 CPU 也要使用总线，则 CPU 自身进入一个"空闲总线周期"状态，即 CPU 让出一个总线周期给 DMA 控制器（也称 DMA 控制器"挪用"一个总线周期），DMA 控制器利用此总线周期控制传送一个数据字后，再把总线交还给 CPU，以便 CPU 可以执行总线操作。可见当 I/O 设备与 CPU 同时都要访问主存而出现访问主存冲突时，I/O 设备访问的优先权高于 CPU 访问的优先权，因为 I/O 设备每次占用总线的时间较短（仅一个总线周期）。图 6-54(b) 所示的就是这种传送方式的时间图。

周期挪用方式能够充分发挥 CPU 与 I/O 设备的利用率，是当前普遍采用的方式。其缺点是,每传送一个数据,DMA 都要产生访问请求,待到 CPU 响应后才能传送,因此判优操作及总线切换操作非常频繁,其花费的时间开销较大。这种方式适用于 I/O 设备接口控制器中数据缓冲器容量不大的场合,例如在接口控制器中仅仅设置了一个数据寄存器的情形,不合适有较大容量数据缓冲存储器的高速外设。

3. 交替访问内存方式

图 6-54(c)所示的就是交替访问内存方式的时间图。使用这种方式的前提是 CPU 的工作速度相对较慢,而内存的工作速度较快。如主存的存取周期为 Δt,而 CPU 每隔 $2\Delta t$ 有一次访存请求,因此 CPU 用一个 Δt 访存,另一个 Δt 由 DMA 访存。这种方式比较好地解决了 CPU 与 I/O 设备间的访存冲突以及设备利用不充分的问题,且不需要有请求总线使用权的过程,总线的使用是通过分时控制的,DMA 的传送对 CPU 没有影响。但加大了控制器的设计与实现难度,且对存储器的工作速度要求较高,增加了主存的成本。

6.8.3 DMA 的硬件组织

目前的计算机系统大多设置了 DMA 控制器,且采取 DMA 控制器与 DMA 接口相分离的方式。DMA 控制器只负责申请、接管总线的控制权、发送地址和操作命令以及控制 DMA 传送过程的起始与终止,因而通用于各个设备,独立于具体的 I/O 设备。DMA 接口用于实现与设备的连接和数据缓冲,反映设备的特定要求。

按照这种方式,DMA 控制器中存放着传送命令信息、主存缓冲区地址信息、数据交换量信息等,它的功能是接收接口送来的 DMA 请求,向 CPU 申请掌管总线,向总线发出传送命令与内存地址,控制 DMA 传送。在逻辑划分上,DMA 控制器是输入输出子系统中的公共接口逻辑,为各 DMA 接口所共用,是控制系统总线的设备之一。

DMA 接口的组成与功能相应简化,一般包含数据缓冲寄存器、I/O 设备寻址信息、DMA 请求逻辑。接口根据寻址信息访问 I/O 设备,将数据从设备读入数据缓冲寄存器,或将数据缓冲寄存器中的数据写入设备。当需要 DMA 传送时,接口向 DMA 控制器提出请求,获得批准后,将数据缓冲寄存器的数据经数据总线写入主存单元,或反向操作。

6.8.4 DMA 控制器的组成

DMA 控制器的基本组成如图 6-55 所示。它由各类寄存器组、DMA 控制逻辑、中断控制逻辑,以及数据线、地址线和控制信号线等组成。

1. 寄存器组

通常 DMA 控制器中包含多个寄存器(组),主要有如下寄存器。

(1) 主存地址寄存器(MAR)。该寄存器的初始值为主存缓冲区的首地址。主存缓冲区是由连续地址单元组成的内存区域。在 DMA 操作过程中,主存地址寄存器负责提供交换数据的内存单元的地址。与设备交换数据时,从首地址指向的内存单元开始,每次数据传送后都修改 MAR 中的地址,直到一批数据传送完毕为止。

(2) 设备地址寄存器(DAR)。该寄存器用于存放 I/O 设备的设备码,或者表示设备接口控制器上数据缓冲器的地址信息。具体内容取决于 I/O 设备接口控制器的设计。

(3) 传输量计数器(WC)。该计数器对传送数据的总字数进行统计,一般采用补码表示要

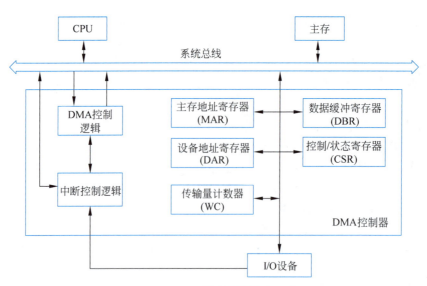

图 6-55　DMA 控制器的基本组成

传送的数据量。每传送一个字(或一字节)计数器自动加 1,当 WC 内容溢出时表示数据已全部传送完毕。

(4) 控制与状态寄存器(CSR)。该寄存器用于存放控制字(命令字)和状态字。有的接口中使用多个寄存器,分别存放控制字和状态字。

(5) 数据缓冲寄存器(DBR)。该寄存器用来暂存 I/O 设备与主存传送的数据。通常,DMA 与主存储器之间是以字为单位传送数据的,而 DMA 与设备之间可能是以字节或位为单位传送数据的,因此 DMA 控制器还可能要有装配和拆卸字信息的硬件,如数据移位缓冲寄存器、字节计数器等。有的系统采用外设控制器上的数据缓冲器与内存单元之间通过数据总线直传的方法,这样就不需要数据缓冲寄存器了。

以上各寄存器均有自己的端口地址,以便 CPU 访问。

2. DMA 控制逻辑

DMA 控制逻辑负责完成 DMA 的预处理(初始化各类寄存器)、接收设备控制器送来的DMA 请求信号、向设备控制器回答 DMA 允许(应答)信号、向系统申请总线以及控制总线实现 DMA 传输控制等工作。

3. 中断控制逻辑

DMA 中断控制逻辑负责在 DMA 操作完成后向 CPU 发出中断请求,申请 CPU 对 DMA操作进行后处理或进行下一次 DMA 传送的预处理。

4. 数据线、地址线和控制信号线

DMA 控制器中设置了与主机和 I/O 设备两个方向的数据线、地址线和控制信号线以及有关收发与驱动电路。

6.8.5　DMA 控制的数据传送过程

DMA 方式下的数据传送过程可分为三个阶段:DMA 传送前预处理阶段、数据传送阶段及 DMA 传送后处理阶段。DMA 方式下的数据传送过程如图 6-56 所示。

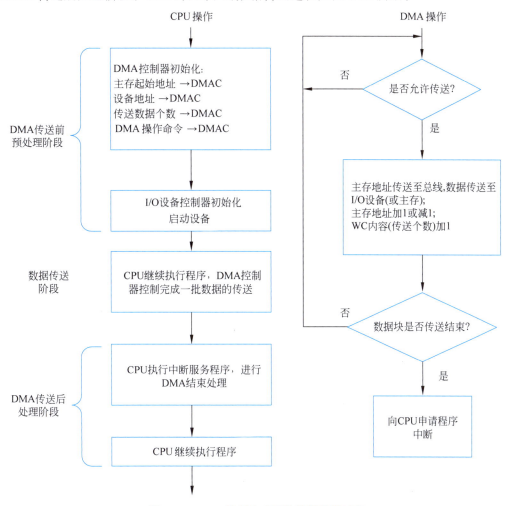

图 6-56　DMA 控制方式下的数据传送过程

1. DMA 传送前预处理阶段

在进行 DMA 数据传送之前需要 CPU 执行一段程序，做一些必要的准备工作。首先 CPU 要测试设备状态，在确认设备完好后 CPU 再向 DMA 控制器的设备地址寄存器送入设备地址并启动设备，将主存起始地址送入主存地址寄存器，将传送数据个数送入传输量计数器，并向控制寄存器写入 DMA 操作命令。在这些工作完成之后，CPU 可以继续执行原来的程序。

当外围设备准备好发送的数据（输入）或上次接收的数据已处理完毕（输出）后，就发出 DMA 请求给 DMA 控制器，由 DMA 控制器发出总线请求，申请使用系统总线。如果此时有几个 I/O 设备同时发出 DMA 请求，DMA 控制器要用硬件排队线路对 DMA 请求进行排队，以确定首先进行 DMA 传输的设备。在 DMA 控制器获得总线使用权后，DMA 控制器向该设备发出 DMA 允许信号（DMA 应答信号），在 DMA 控制器的控制下，I/O 设备开始与内存进行数据交换。

2. 数据传送阶段

DMA 控制器获取总线后，DMA 控制器根据在 DMA 预处理阶段 CPU 送来的 DMA 操作命令字所规定的传送方式进行输入或输出操作，直到将所有的数据传送完毕，DMA 控制器交还总线，发出中断请求。

若为输入数据，则具体操作过程如下。

（1）从输入设备接口控制器的数据缓冲寄存器中读入一个字到 DMA 控制器的数据缓冲寄存器中。如 I/O 设备是面向字符的，也就是一次读入的数据为 1 字节，则需将 2 字节的数据组成一个字。

（2）DMA 控制器将主存地址寄存器中的主存地址送入主存的地址寄存器中。

（3）DMA 控制器将数据缓冲寄存器中的数据送入主存的数据寄存器中，并发出存储器写操作信号，将数据写入主存单元。

（4）将主存地址寄存器中的内容加 1 或减 1，以确定下一次交换数据的内存单元的地址。将传输量计数器内容加 1。

（5）判断传输量计数器是否为"溢出"（高位有进位）状态，若不是，说明还有数据需要传送，准备下一个字的输入。若传输量计数器为"溢出"状态，表明一组数据已传送完毕，置 DMA 操作结束标志并向 CPU 发中断请求。

若为输出数据，则具体操作过程如下。

（1）DMA 控制器将主存地址寄存器的内容送入主存的地址寄存器中。

（2）DMA 控制器发出存储器读操作信号以启动主存的读操作，将对应单元的内容读入主存的数据寄存器中。

（3）将主存数据寄存器的内容送入 DMA 控制器中的数据缓冲寄存器中。

（4）将数据缓冲寄存器的内容送入输出设备控制器的数据缓冲寄存器中，若为字符设备，则需将数据缓冲寄存器内存放的字分解成字符后再输出。

（5）将主存地址寄存器中的内容加 1 或减 1，以确定下一次交换数据的内存单元的地址。将传输量计数器内容加 1。

（6）判断传输量计数器是否为"溢出"（高位有进位）状态，若不是，说明还有数据需要传送，准备下一个字的输出。若传输量计数器为"溢出"状态，表明一组数据已传送完毕，置 DMA 操作结束标志并向 CPU 发中断请求。

3. DMA 传送后处理阶段

接到中断请求后 CPU 响应中断，CPU 停止原程序的执行，转去执行中断服务程序，做一些 DMA 的结束处理工作。这些工作常常包括校验送入主存的数据是否正确；决定是继续用 DMA 方式传送下去，还是结束传送；以及测试在传送过程中是否发生了错误等。若需继续传送数据，则 CPU 又要对 DMA 控制器进行初始化；若不需传送数据，则停止外设；若为出错，则转去执行错误诊断及处理程序。

6.9　I/O 通道方式

对于高速外设的成组数据传送，采用 DMA 方式不仅减少了 CPU 的开销，而且提高了系统 I/O 的执行效率。因此在小型、微型计算机中，由于连接外设的数量和种类有限，因而采用程序中断和 DMA 方式进行系统的 I/O 处理是非常有效的。但对于大、中型计算机系统来说，由于配置外设较多，数据传送频繁，如仍采用 DMA 方式会存在以下问题。

（1）如果为数量众多的外设都配置专用的 DMA 控制器，将大幅度增加硬件的成本。而且难以解决因众多 DMA 控制器同时访问主存所引起的冲突问题，使控制复杂化。

（2）采用 DMA 传送方式的众多外设还要直接由 CPU 管理控制，由 CPU 进行 DMA 操作的预处理和后处理，如果系统中的 DMA 请求很多，势必会占用很多的 CPU 运动时间，而且频繁的周期挪用也会降低 CPU 执行程序的效率。

为避免上述弊病，在大、中型计算机系统中采用 I/O 通道方式进行数据传送。

I/O 通道方式最早应用于 IBM 360 大型机中，近年来，在中、小型及微型计算机中进一步发展了这种技术，形成了各种 I/O 处理器。而在承担高端计算的大型、巨型机系统中，则广泛使用外围处理机。

1. 概述

I/O 通道是计算机系统中代替 CPU 管理控制外设的独立部件，是一种能执行有限的 I/O 通道指令的 I/O 控制器，可使主机与 I/O 设备间达到更高的并行度。由于它的任务是控制、管理输入/输出操作，为 I/O 设备提供一条传送数据的通道，所以这种控制部件称作 I/O 通道。

一台主机可以连接若干条 I/O 通道，每条 I/O 通道可以通过 I/O 总线连接多台 I/O 设备。形成主机-I/O 通道-I/O 设备控制器-I/O 设备四级连接方式。典型的使用方式是：一种类型的通道连接多台慢速设备，它们之间以字节为单位交叉地占用 I/O 扩展总线传送数据；另一种类型的通道连接多台快速设备，如磁盘、磁带，它们之间以数据块为单位占用 I/O 扩展总线连续传送数据。各通道之间可以并行工作，但通道与主存储器之间传送数据时，依照优先级别每次只能接通一条通道。当选中一条通道与主存进行数据传送时，其他通道可以继续保持 I/O 设备之间的数据传送。

具有 I/O 通道的计算机系统除了提供 CPU 机器指令系统外，还设置了供 I/O 通道专用的一组 I/O 通道指令用于编制 I/O 通道程序，并存放到存储器中。当需要进行 I/O 操作时，CPU 只需给出启动 I/O 通道的命令，然后 CPU 就可以继续执行自身的程序，而 I/O 通道则开始执行通道程序，管理 I/O 操作。在 I/O 通道程序中，允许采取多种 I/O 传送方式，使 I/O 设备与主存之间进行数据直传，因此，CPU 与通道之间可以有很高的并行工作程度。为了加深对通道方式特点的认识，下面将它与程序中断方式和 DMA 方式进行对比。

I/O 通道方式与 DMA 方式相比，二者都能在 I/O 设备与主存间建立数据直传通路，使 CPU 从 I/O 操作控制中脱出身来，提高 CPU 与 I/O 之间的并行处理程度。DMA 方式直接依靠纯硬件管理输入/输出，只能实现简单的数据传送；而 I/O 通道方式是基于 I/O 通道硬件依靠执行 I/O 通道程序来管理输入/输出的，因而通道除了承担 DMA 的全部功能外，还承担了诸如对设备控制器初始化的工作，并能处理来自以单个字符传送为主的低速外设的中断请求，因此它分担了计算机系统中全部或大部分的 I/O 控制与管理功能，实现了对数据进行某些预处理，对 I/O 过程进行检测、判别与错误处理等功能，进一步减轻了 CPU 的负担，实现了 CPU 与 I/O 设备之间的并行工作。因此，可以认为 I/O 通道方式是一种在 DMA 方式的基础上发展形成的、功能更强的 I/O 管理方式。

I/O 通道方式与程序中断方式相比，二者都通过执行程序去管理 I/O 操作，因而灵活性较强,可以通过扩展程序的功能来扩展处理能力。由于程序中断方式在数据传输时需要占用 CPU 宝贵的时间,而 I/O 通道在被 CPU 启动后,几乎完全取代了 CPU 去管理 I/O 操作,包括对来自设备的中断请求的处理,除非 CPU 本身需要 I/O 数据,否则 CPU 根本不会关心 I/O 操作。因此,I/O 通道使 CPU 最大限度地从 I/O 管理中解脱出来。

事实上,I/O 通道结构具有很强的弹性,根据需要可以简化或者增强。在早期的一些系统中,采用一种结合型 I/O 通道独立执行 I/O 通道程序,但需借用 CPU 的某些部件来协同实现控制与处理。因而这些通道视为主机的一部分,与 CPU 结合设计和实现。后来,I/O 通道完全独立于 CPU,具有自己的完整逻辑结构,称为独立型 I/O 通道,CPU 在启动 I/O 通道后就由 I/O 通道独立地管理 I/O 操作,需要时,CPU 可对 I/O 通道进行检测,也可以终止 I/O 通道目前正在执行的操作。在 CPU 启动 I/O 通道后,I/O 通道自动地去取出 I/O 通道指令并执行该指令,直到数据传送结束,I/O 通道向 CPU 发出中断请求,进行结束处理工作。

那么 I/O 通道程序存放在哪里呢?在早期的 I/O 通道实现中,I/O 通道程序存放在主机的主存储器中,即 I/O 通道与 CPU 共用主存,如 IBM 370 系统。后来,一些计算机为 I/O 通道配置了局部存储器,这样就减少了 CPU 与 I/O 通道之间的冲突,进一步提高了 CPU 与 I/O 通道工作的并行度。

一般来说,I/O 通道应具有以下具体功能:

(1) 根据 CPU 要求选择某一个指定外设与系统相连,向该外设发出操作命令,并进行初始化。

(2) 指出要求外设读写信息的位置以及与外设交换信息的主存缓冲区地址。

(3) 控制外设与主存之间的数据交换,并完成数据字的分拆与装配。

(4) 指定数据传送结束时的操作内容,并检查外设的状态:正常或故障。

2. 通道的类型

按照所采取的传送方式,通道分为字节多路通道、选择通道和数组多路通道三种。

1) 字节多路通道

字节多路通道是一种简单的共享通道,在时间分割的基础上,服务于多台面向字符的低、中速外围设备。这种通道可以连接与管理多台慢速设备,以字节交叉方式传送数据。其传送方式如图 6-57 所示。

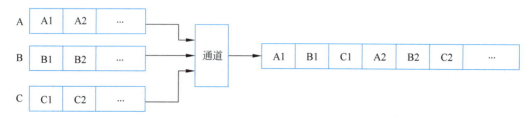

图 6-57 字节多路通道传送方式的示意图

字节多路通道包括多条子通道,每条子通道服务于一个设备控制器,可以独立地执行通道指令。如 IBM 370 系统的多路通道可连接 128 条子通道。图 6-57 中示意连接 3 条子通道,每条子通道都需要有字符缓冲寄存器、I/O 请求标志寄存器、I/O 控制寄存器、主存地址寄存器和字节计数寄存器等。而所有子通道的控制部分是公共的,由所有子通道共享。通常,每条通道的有关指令和参量存放在主存固定单元中或通道自身的存储器中。当通道在逻辑上与某一设备连通时,将这些指令和参量取出来,送入公共控制部分的寄存器中以便使用。

字节多路通道要求每种设备分时占用通道一个很短的时间段,不同的设备在各自分得的时间段内与通道建立传输连接,实现数据的传送。

字节多路通道所连接的都是慢速设备,如键盘终端、打印机等。在多用户分时系统中,所连接的键盘、终端数目可能是大的。慢速设备是指设备为准备一次输入数据,或为接收一次输出数据所需的时间较长,如键盘,两次按键之间至少需要数分之一秒,才能向主机发送 1 字节的键码。又如打印机,在接收一个或一行打印信息后,通过机电部件完成一次打印所需的时间较长,一行数据打印完成后才能接收新的打印信息。如果让一台慢速设备独占通道,其传送效率很低。所以字节多路通道选择以字节为传送单位,由各设备轮流(交叉)地使用通道进行数据传送。在图 6-57 所示的示例中,字节多路通道先选择设备 A,为其传送字节 A1;然后选择设备 B,传送字节 B1;再选择设备 C,传送字节 C1。再交叉地传送 A2、B2、C2 等。所以字节多路通道的功能好比一个多路开关,交叉地接通各台设备。当通道传送某一设备的数据字节时,其他设备可以并行地工作,准备需要传送的数据字节,或处理收到的数据字节。

2)选择通道

选择通道每次只能从所连接的设备中选择一台 I/O 设备,此刻该通道程序独占了整个通道,当该设备与主存传送完数据后,选择通道才能转去执行另一个设备的通道控制程序,为另一台设备服务。因此,连接在选择通道上的若干设备,只能依次使用通道与主存传送数据,并且数据传送是以数据块(成组)方式进行的,每次传送一个数据块,因此传送速率很高。选择通道适用于控制快速设备,如磁盘。

图 6-58 所示是一个选择通道传送方式的示意图。选择通道先选择设备 A,成组连续地传送 A1、A2 等。当设备 A 的数据传送完毕后,选择通道又选择设备 B,成组连续地传送 B1、B2 等。再选择设备 C,成组连续地传送 C1、C2 等。

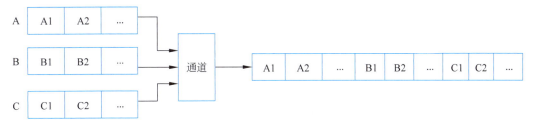

图 6-58 选择通道传送方式的示意图

采用这样的传送方式是为了适应快速设备的连续传送要求;但各设备之间不能并行工作,只有为设备 A 服务的通道程序执行完毕后,才能执行为设备 B 服务的通道程序。连接在选择通道上的若干台设备,只能依次使用选择通道与主存传送数据。所以选择通道在物理上可以连接多台设备,但是逻辑上相当于在每段时间内只连接了一台设备。

3)数组多路通道

数组多路通道把字节多路通道和选择通道的特点结合起来。它有多条子通道,可以执行多路通道程序,就像字节多路通道那样,所有子通道分时共享父通道,又可以用选择通道那样的方式传送数据。

这种通道可以连接多台快速设备,允许设备并行工作,但通道以成组交叉的方式传送数据。快速设备要求成组连续传送,不允许以字节为单位切换设备,不能采用字节多路通道。快速设备也需要有启动后的准备时间,在工作过程中也有可能遇到机电性操作,如磁头移动等;

如果采用选择通道,只有等待,因而会浪费通道的时间。

数组多路通道允许几台设备同时工作,当一台设备使用通道(执行通道程序)进行成组传送时,其他设备仍可执行机电性操作,如寻址等。当一台设备传送完一个数据块或该设备遇到机电性操作时,就将该设备挂起,通道改为另一台设备传送数据。当设备完成机电性操作,准备好传送数据时,就等待通道响应其传送申请。从某种意义上讲,各设备的通道程序是以多道程序运行方式工作的。数组多路通道传送方式的示意如图 6-59 所示。

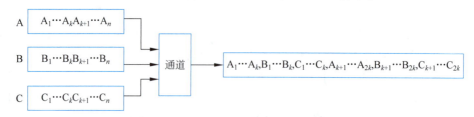

图 6-59　数组多路通道传送方式的示意图

因此,数组多路通道综合了字节多路通道和选择通道的优点,既允许各子通道间并行工作(多路),又以数组为单位成组地连续传送,具有很高的数据传送速率;常用数组多路通道连接管理磁带、磁盘等外存储器。

在一台较大规模的计算机系统中,可同时连接上述三种类型的通道,每种类型的通道再连接若干设备,同一通道所挂接设备的速度属于相近的档次。

3. I/O 指令、I/O 通道指令与 I/O 通道程序

I/O 指令是计算机系统给用户使用的指令系统的一部分。由 CPU 负责解释执行。由于采用了通道控制器,此时 I/O 指令不再直接控制 I/O 数据的具体传送,一般只用来负责启、停 I/O 通道,查询通道及 I/O 设备状态,控制 I/O 通道进行某些操作等。

I/O 通道指令又称为 I/O 通道控制字(CCW),它是用来编制 I/O 通道程序的指令,专供 I/O 通道来解释执行,以实现 I/O 数据传送等 I/O 操作。对于 I/O 设备的具体控制,要用 CCW 编制成有关的 I/O 通道程序,在 CPU 的命令下启动这个程序实现有关 I/O 操作。

4. 通道的组成结构

图 6-60 所示是一种选择类型通道的简化组成模型,多路通道的组成基本与其相似。通道位于主机与设备控制器之间,图中仅示意性地画出了主要信息的传送途径,不是实际的逻辑连接线。

1) 通道地址字寄存器

通道地址字寄存器(CAWR)存放从主存中读出的通道地址字(CAW),CAW 指明通道指令所在单元的地址码。对于 IBM4300,基本字长为 32 位,主存单元按字编址,而通道指令字长为 64 位,因此每条通道指令占用 2 个存储单元。启动通道后,由主存的固定单元读出的 CAW,CAW 给出的是通道程序的首地址,每执行一条通道指令,CAWR 内容+2,指向下一条通道指令。可见,通道中的 CAWR 类似于 CPU 中的程序计数器(PC)。

2) 通道指令寄存器

由主存读出的通道指令存放在通道的通道指令寄存器(CCWR)中,据此向设备控制器发出控制命令。CCWR 的作用类似于 CPU 中的指令寄存器(IR)。由于一条通道指令可以执行

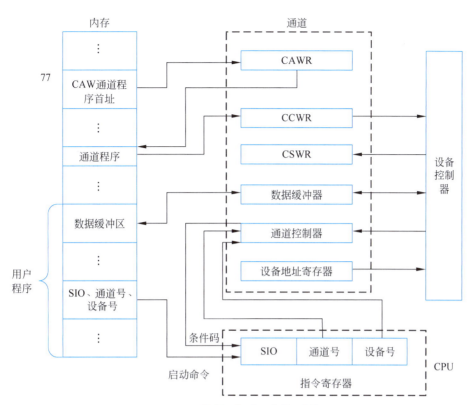

图 6-60 一种选择类型通道的逻辑框图

若干周期,以实现成组传送,所以每传送一次,需对 CCWR 中的数据地址与计数值进行 ±1 修改。

3) 数据缓冲寄存器

当通道申请与主存传送数据时,由于访存冲突的存在,可能等待一段时间才会获得响应,所以通道设有足够大小的数据缓冲寄存器。通道与设备间可能按字节传送,而通道与主存之间则按字(多字节)传送,因此通道的数据缓冲寄存器还应具有数据的组装与拆分的功能。

4) 设备地址寄存器

CPU 启动通道的 I/O 指令中包含设备号,它被送入通道的设备地址寄存器。据此向 I/O 总线送出设备地址,经设备控制器译码产生设备选中信号。

5) 通道状态字寄存器

通道状态字寄存器(CSWR)存放本通道与设备的状态信息,供 CPU 的 TCH 指令查询。

6) 通道控制器(微命令发生器)

通道相当于一个专门执行通道指令的小型的 CPU,为此也需要一个微命令发生器来控制通道的操作。它可以采用组合逻辑或微程序方式实现。

7) 时序系统

时序系统负责 I/O 操作中有关的时序控制。

5. 通道的工作过程

对于图 6-60 所示的通道,其工作过程大致如下。

在编制通道程序时,应根据 I/O 设备的需要在主存中开辟相应的输入/输出缓冲区,一般采取多缓冲区技术。在需要启动某通道与设备时,先将使用者的主存缓冲区首地址及传送字节数填写到通道程序中,并将通道程序的首地址写入某固定单元(IBM4300 约定为 77 号单元)。做好上述准备工作后,可执行启动通道指令 SIO,在该指令中给出通道号及设备号。

被指定的通道接到启动信号后,从主存 77 号单元取出 CAW,送入 CAWR。

通道将 SIO 指令送来的设备号送入设备地址寄存器,然后向 I/O 总线送出所要启动的设备号。被指定的设备向通道送出回答信号,并回送本设备地址,如果回答的设备地址与通道送出的设备号一致,表明启动成功。于是通道根据 CAWR 中的通道程序首地址,从主存取出第一条通道指令,开始执行通道程序。通道指令被送入 CCWR,根据 CCW 的命令字段代码,通道向设备发出控制命令。设备在接到命令之后,向通道送出状态码。

当执行第一条通道指令时,CPU 还需判别这次启动是否成功。如果设备在接到第一条通道指令发出的命令后,回送的状态编码为全 0,表示已接收命令。于是通道向 CPU 送出条件码,表示启动成功。CPU 便可转去执行其他程序,由通道独立地执行通道程序。若设备送回的状态编码不是全 0,表示不能正常执行通道命令,状态编码指示不能成功接收命令的原因,如设备出错。执行完一条通道指令后,CAWR 的内容加 2,以便读取第二条通道指令。

如果执行数据传送指令,则每传送一次数据,相应修改 CCW 中的数据地址与计数值。当计数值为 0 时,表明本次数据传送完毕。

如果所执行的通道指令中数据链标志(CD)与命令链标志(CC)均为 0,表明这是本通道程序中的最后一条。在执行完这条通道指令后,结束通道程序。通道程序执行结束后,通道一方面向设备发出结束命令,一方面向 CPU 申请中断,并将 CSW 写入主存的某指定单元中,供中断处理程序分析,作结束处理。

习题

6.1 问答题。

(1) 什么是总线?总线传送有何特点?
(2) 使用总线的好处是什么?
(3) 简述总线由什么组成。
(4) 并行总线和多位串行总线的区别是什么?
(5) 什么是总线主设备和总线从设备?
(6) 按照总线所处的物理位置划分,总线可分成哪几类?
(7) 总线规范一般包括哪些?分别做简要说明。
(8) 什么是总线控制器?它的主要功能是什么?
(9) 说明下列名称或概念的含义:内部总线、外部总线、设备总线、局部总线、I/O 扩展总线、串行总线、并行总线。
(10) 总线标准和总线产品哪一个先出现?
(11) 什么叫猝发传输?
(12) 哪些总线具有热插拔功能?对适用于哪一类应用场合的总线来说必须具备此功能?
(13) 假设在 4 位数据总线上挂接两台设备,每台设备能收能发,还能从电气上与总线断开,画出逻辑图并作简要说明。
(14) 什么是 USB 主控制器?USB 集线器(Hub)用来做什么?

(15) USB 系统采用什么拓扑结构？简要说明该结构。

(16) USB 总线规范中规定了哪几种传输类型？它们分别用于什么场合？

(17) 两台 PCI 设备之间可直接传送数据吗？两台 USB 设备之间呢？

(18) 一条 SCSI-2 总线可连接多少台设备？一条 SCSI-3 总线可连接多少台设备？

(19) 在 SCSI 总线标准中，ID 有什么作用？LUN 指什么？

(20) 在 SCSI 总线上，只有主适配器才能充当启动器，对吗？

(21) ATAPI 的英文全称是什么？它的主要特点是什么？目前所用的 ATA 标准是否支持 ATAPI？

(22) 到目前为止，ATA 接口支持哪几种数据传送方式？分别做简要说明。

(23) 什么是通道？在具有通道 I/O 的机器中有哪三类通道？

(24) DMA 方式中 CPU 的主要工作是什么？

(25) 主机与外围设备间的连接有哪几种模式？各自的优点、缺点是什么？

(26) 接口的主要功能是什么？

(27) 什么是并行接口、串行接口、同步接口和异步接口？各有什么特点？

(28) 直接程序控制方式如何控制主机与外设之间的数据传送？这种方式有哪些优缺点？

(29) 什么叫中断、向量中断、多重中断和中断屏蔽？

(30) 一个可屏蔽的 I/O 设备，请求中断（产生中断请求信号）的条件是什么？

6.2 一台微机有 5 台 USB 设备，另一台微机有 10 台 USB 设备，各自需用几个 4 端口的 USB 集线器？画出它们的结构图。

6.3 在图 6-47 所示的两维结构中，假定主优先级（中断请求线优先级）有三级，次优先级也有三级，试给出优先级排队电路的逻辑图。

6.4 假设某计算机系统有 5 级中断，其优先顺序由高到低为 P1→P2→P3→P4→P5。试问：

(1) 若 CPU 在执行正常的程序过程中，有 P2、P4 中断请求，CPU 在现行指令中结束响应中断，执行某一中断服务程序，在执行过程中又出现了 P1、P3 中断请求，画出 CPU 处理中断的过程示意图。

(2) 若将中断处理的顺序由高到低改为 P2→P4→P1→P5→P3，试给出中断屏蔽码表（参考表 6-5）。

6.5 某中断系统有 5 级中断，其优先级顺序由高到低为 1→2→3→4→5。通过设置屏蔽的方法可以改变各级中断的处理顺序。设中断屏蔽位为"0"表示屏蔽，现将中断处理的顺序由高到低改为 1→4→2→5→3，将中断屏蔽位的设置情况填入表 6-9 内。

表 6-9 中断屏蔽位的设置情况表

中断处理程序级别	中断屏蔽位				
	1 级	2 级	3 级	4 级	5 级
第 1 级					
第 2 级					
第 3 级					
第 4 级					
第 5 级					

6.6 试述 CPU 处理一个可屏蔽设备的中断请求的处理过程。

6.7 与程序中断方式相比，DMA方式有哪些主要特点？

6.8 DMA控制器由哪些主要部件组成？如果要用DMA方式从硬盘中向主存调入2KiB的信息到以7F0000H为地址的主存缓冲区中，试述其传送信息的过程。

6.9 比较程序中断方式、DMA方式及I/O通道方式进行信息传送控制的主要特点和适用场合。

6.10 说明DMA控制器中以下寄存器或部件的作用。

(1) 数据缓冲寄存器。

(2) 主存地址寄存器。

(3) 中断控制逻辑。

6.11 某计算机系统中的磁盘采用周期挪用方式与主存交换信息，假定现在主存要到磁盘中读取一个扇区的数据，问在这种方式中，什么时候发"DMA请求"信号？什么时候发"中断请求"信号？二者有何区别？

6.12 什么是DMA方式？在用DMA方式进行信息传送的预处理阶段应传送哪些初始参数？

6.13 某计算机中断系统设有5个中断源，分别为P1、P2、P3、P4、P5，它们的优先顺序从高到低为P1→P2→P3→P4→P5，假设来自设备的中断请求信号分别为INTR1、INTR2、INTR3、INTR4、INTR5，经排队后送入向量地址产生电路的信号为INT1、INT2、INT3、INT4、INT5。已知各中断源的向量地址如表6-10所示。

表6-10 各中断源的向量地址

中 断 源	中 断 信 号	中断向量地址
P_1	INT_1	0005H
P_2	INT_2	0007H
P_3	INT_3	0009H
P_4	INT_4	000BH
P_5	INT_5	000DH

设向量地址寄存器为VMAR。当CPU给出中断响应信号INTA时，将目前已申请中断且优先级最高中断源的向量地址送入VMAR。试设计中断排队电路、向量地址形成电路及VMAR的第4~0位的逻辑电路。给定器件如下（扇入系数不限）。

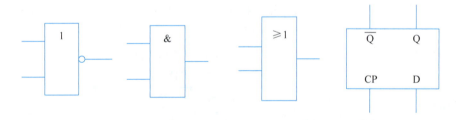

6.14 图6-61给出了一个中断控制逻辑线路。

图中：T_{Mi}为第i级设备的中断屏蔽触发器，$T_{Mi}=1(i=1\sim6)$表示屏蔽该设备的中断请求。T_{Di}为第i级设备的完成（或就绪）触发器，$T_{Di}=1$表示第i级设备工作完成或就绪，可以发出中断请求。IRQ_i为第i级设备的中断请求触发器，$IRQ_i=1$表示第i级设备发出中断请求。INT_i为第i级设备向CPU或中断向量地址编码电路传送的中断请求信号。

表6-11中给出了某时刻各中断源(设备)的状态。

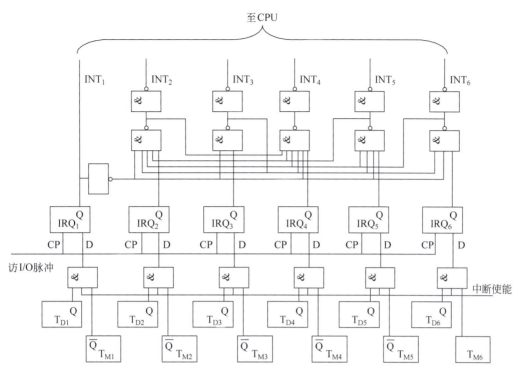

图 6-61 中断控制逻辑线路图

表 6-11 某时刻各中断源(设备)的状态

状态	设备					
	P1	P2	P3	P4	P5	P6
T_{Di}	1	1	1	1	1	1
T_{Mi}	1	0	0	0	0	1

请回答:

(1) 根据表 6-11 提供的信息,哪些设备可能发出中断请求信号使相应的 $IRQ_i = 1$?

(2) 根据表 6-11 提供的信息,CPU 应首先响应哪个设备的中断请求?

(3) 若 CPU 响应了 P6 的中断请求,问应向哪些设备的中断屏蔽触发器 T_{Mi} 发出中断屏蔽信号,使 $T_{Mi}=1$,以便实现多重中断的处理?

(4) 如果在 CPU 执行某用户程序过程中,有了中断源 1、4 的中断请求,CPU 在处理中断源 4 的中断请求过程中,又有了中断源 2、3 的中断请求。请画出 CPU 处理各中断请求的过程。

6.15 假设某个主频为 1GHz 的处理器需要从某个成块传送的 I/O 设备读取 1000 字节的数据到主存缓冲区中,该 I/O 设备一旦启动就按 50kbps 的数据传输率向主机传送 1000 字节的数据,每字节的读、处理及送内存缓冲区共需要 1000 个时钟周期的时间。

请问:在以下四种方式中,在 1000 字节的读取过程中,CPU 花费在该设备 I/O 操作上的时间分别为多少?这部分时间占处理器时间的百分比分别是多少?

(1) 采用独占式查询方式,每次处理 1 字节需要一次状态查询,且状态查询需要 60 个时钟周期。

(2) 采用中断 I/O 方式,外设每准备好 1 字节发送一次中断请求。每次中断请求需要 2

个时钟周期,中断服务程序的执行(其他开销)需要 1200 个时钟周期。

(3) 采用周期挪用的 DMA 方式,每挪用一次主存周期处理 1 字节,一次 DMA 传送完成 1000 字节数据的传送,DMA 初始化和后处理的总时间为 2000 个时钟周期,CPU 和 DMA 没有访存冲突。

(4) 如将外设的速度提高到 5Mbps,则上述三种方式中,哪些不可行,为什么?

6.16 某计算机中断系统中有 5 个中断源 P1、P2、P3、P4、P5,中断源 P1 的优先级最高,P2、P3、P4、P5 优先级依次降低。请回答下列问题:

(1) 在 CPU 执行某用户程序过程中,中断源 P3 发出了中断请求,但在中断源 P3 的中断服务程序中,对各中断源发出了新的屏蔽码,如表 6-12 所示(其中"1"表示屏蔽中断)。在 CPU 执行中断源 P3 的中断服务程序时,能否响应中断源 P1 的中断请求?

表 6-12 对各中断源发出的新的屏蔽码

中断处理程序级别	中断屏蔽位				
	1级	2级	3级	4级	5级
第 3 级	1	1	1	1	1

(2) 如果要求 CPU 执行中断源 P3 的中断服务程序时,能够响应中断源 P4、P5 的中断请求,而不响应其他中断源的中断请求,请给出执行中断源 P3 的中断服务程序时应发出的中断屏蔽码。

地址	中断向量表
1000H	90B0H
1002H	6000H
1004H	30A0H
1006H	A350H
1008H	290AH

图 6-62 中断向量表与地址之间的关系

(3) 设中断源 P1、P2、P3、P4、P5 的编码为 0001~0101,系统中断向量表的起始地址为 1000H,向量表内容按中断源的编号顺序排列。请根据图 6-62 给出的中断向量表写出中断源编号与中断向量地址之间的关系。当 CPU 响应中断源 P3 的中断请求时,其所对应的中断服务程序入口地址是多少?

6.17 某计算机中断系统中有 5 个中断源,分别是 P1、P2、P3、P4、P5,中断源 P1 的优先级最高,中断源 P2、P3、P4、P5 的优先级依次降低。每个中断服务程序的处理时间如表 6-13 所示。

表 6-13 各中断服务程序的处理时间

中断处理程序级别	1级	2级	3级	4级	5级
中断服务时间/μs	10	15	20	25	30

请回答下列问题:

(1) 若 CPU 在执行正常程序时,有以下事件发生。

① 在用户程序执行到 10μs 时,中断源 P1、P2、P4 提出请求。

② 在处理中断源 P4 的过程中,又有中断源 P3 提出请求。

③ 在处理中断源 P3 的过程中,又有中断源 P1、P5 提出请求。

请画出 CPU 对所有事件的处理时序图。

(2) 所有中断服务程序处理结束后,又运行了 20μs 的用户程序,请问 CPU 共用了多长时间执行用户程序(注:忽略中断切换的时间开销)?

① 采用 DMA 方式每秒因数据传送需占用处理器多少时间?

② 如果完全采用中断方式,又需占用处理器多少时间?

6.18 一个 DMA 接口可采用周期窃取方式把字符传送到存储器,它支持的最大批量为

400 字节。若存取周期为 100ns，每处理一次中断需 5μs，现有字符设备的传输率为 9600bps（假设字符之间的传输是无间隙的，每传送一个字符窃取一个周期，并忽略预处理所需的时间）。试回答下列问题：

(1) 采用 DMA 方式每秒因数据传送需占用处理器多少时间？

(2) 如果完全采用中断方式，又需占用处理器多少时间？

6.19 设某计算机中断系统有 4 个中断源，分别是 A、B、C、D（对应的中断请求信号 IRQA、IRQB、IRQC、IRQD 由 D 型触发器锁存），其硬件排队优先顺序由高到低为 A、B、C、D，现要求将中断处理顺序由高到低改为 D、A、C、B。请解答下列问题：

(1) 设 4 个中断源的屏蔽信号为 IMA、IMB、IMC、IMD，并用 D 型触发器保存(0-开放，1-禁止)，写出每个中断源对应的屏蔽字。

(2) 设判优的 4 个输出信号是 INTA、INTB、INTC、INTD，请按"并行判优"方法画出判优逻辑电路(判优输入信号由 IREQ_EN=1 控制允许中断请求，判优的基本逻辑器件自行选择，但要注明逻辑器件的功能)。

(3) 按图 6-63 所示时间轴给出的 4 个中断源的请求时刻画出 CPU 执行程序的轨迹。设每个中断源的中断服务程序时间均为 20μs。

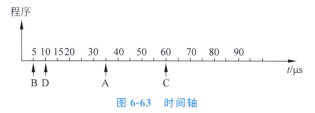

图 6-63 时间轴

6.20 判断题。

(1) 计算机使用总线结构的主要优点是便于实现模块化，同时减少了信息传输线的数目。(　　)

(2) 在计算机的总线中，地址信息、数据信息和控制信息不能同时出现在总线上。(　　)

(3) 计算机系统中的所有与存储器和 I/O 设备有关的控制信号、时序信号，以及来自存储器和 I/O 设备的响应信号都由控制总线来提供信息传送通路。(　　)

(4) 使用三态门电路可以构成数据总线，它的输出电平有逻辑"1"、逻辑"0"和高阻(浮空)三种状态。(　　)

(5) USB 提供的 4 条连线中有 2 条信号线，每条信号线可以连通一台外设，因此在某一时刻，可以同时有 2 台外设获得 USB 总线的控制权。(　　)

(6) 组成总线时不仅要提供传输信息的物理传输线，还应有实现信息传输控制的器件，它们是总线缓冲器和总线控制器。(　　)

(7) 总线技术的发展是和 CPU 技术的发展紧密相连的，CPU 的速度提高后，总线的数据传输率如果不随之提高，势必妨碍整机性能的提高。(　　)

(8) DMA 控制器和 CPU 可以同时使用总线工作。(　　)

(9) 在计算机系统中，所有的数据传送都必须由 CPU 控制实现。(　　)

(10) 一个更高优先级的中断请求可以中断另一个中断处理程序的执行。(　　)

(11) 外围设备一旦申请中断，立刻能得到 CPU 的响应。(　　)

(12) 一个通道可以连接多个外围设备控制器，一个外围设备控制器可以管理一台或多台

外围设备。（　　）

(13) DMA方式既能用于控制主机与高速外设之间的信息传送，也能代替中断传送方式。（　　）

(14) 通道程序是由通道控制字组成的，通道控制字也称通道指令。（　　）

(15) 单级中断与多级中断的区别是单级中断只能实现单中断，而多级中断可以实现多重中断或中断嵌套。（　　）

(16) 在直接程序控制方式下，CPU启动I/O设备的指令开始执行后，直到数据传送完为止，CPU不能执行其他程序。（　　）

(17) DMA方式提高了CPU的效率，同时也提高了数据传送的速度。这是由于DMA方式在传送数据时不需要CPU干预，在一批数据传送完毕时，也完全不需要CPU干预。（　　）

(18) 与中断处理程序相比，CPU目前运行的用户应用程序的级别最高。（　　）

(19) 采用DMA方式进行数据传送的设备比不采用DMA方式进行数据传送的设备优先级要高。（　　）

(20) CPU在执行当前指令的最后阶段，需要检查是否有各类中断请求，其对各类中断的查询次序即为CPU处理各类中断的次序。（　　）

(21) USB 3.0总线的传输速度很快，是因为采用了并行总线模式传送数据。（　　）

(22) 通道有自己的通道程序，所以通道适合慢速外设的数据传送。（　　）

(23) 程序中断会影响处理器流水线的执行，产生全局相关。（　　）

(24) DMA方式和中断方式一样，都必须等一条指令执行结束后才予以响应。（　　）

(25) DMA方式进行外设与主机交换信息时，不需要向CPU发中断请求。（　　）

(26) 主程序运行时何时转向为外设服务的中断处理程序是预先安排好的。（　　）

6.21 选择题。

(1) 现代计算机一般通过总线来组织，下述总线结构的计算机中，_____的操作速度最快，_____的操作速度最慢。

　　A. 单总线结构　　B. 双总线结构　　C. 三总线结构　　D. 多总线结构

(2) 在多总线结构的计算机系统中，采用_____对提高系统的吞吐率最有效。

　　A. 多端口存储器　　　　　　　　B. 提高主存的工作速度

　　C. 交叉编址存储器　　　　　　　D. 高速缓冲存储器

(3) 总线中地址总线的作用是_____。

　　A. 用于选择存储器单元

　　B. 用于选择I/O设备

　　C. 用于指定存储器单元和I/O设备接口寄存器的地址

　　D. 决定数据总线上数据的传送方向

(4) 异步控制常用于_____中，作为其主要的控制方式。

　　A. 单总线结构计算机中、CPU访问主存与外围设备

　　B. 微型机中的CPU控制

　　C. 采用组合逻辑控制方式实现的CPU

　　D. 微程序控制器

(5) 能够直接产生总线请求的总线部件是_____。

　　A. 任何外设　　　　　　　　B. 具有总线主设备接口电路的外设

C. 高速外设 D. 需要与主机批量交换数据的外设

(6) 同步总线之所以比异步总线具有较高的传输速率是因为_____。
　　A. 同步总线不需要应答信号
　　B. 同步总线用一个公共的时钟进行操作同步
　　C. 同步总线方式的总线长度较短
　　D. 同步总线中各部件的存取时间比较接近

(7) 把总线分成数据总线、地址总线、控制总线是根据_____来分的。
　　A. 总线所处的位置　　　　　　　　B. 总线所传送信息的内容
　　C. 总线的传送方式　　　　　　　　D. 总线所传送信息的方向

(8) 为了协调计算机系统中各个部件的工作,需要有一种器件来提供统一的时钟标准,这个器件是_____。
　　A. 总线缓冲器　　　　　　　　　　B. 总线控制器
　　C. 时钟发生器　　　　　　　　　　D. 操作命令产生器

(9) I/O 接口中的数据缓冲器的作用是_____。
　　A. 用来暂存外围设备和 CPU 之间传送的数据
　　B. 用来暂存外围设备的状态
　　C. 用来暂存外围设备的地址
　　D. 以上都不是

(10) 在中断响应过程中,保护程序计数器的作用是_____。
　　A. 使 CPU 能找到中断处理程序的入口地址
　　B. 使中断返回后,能回到断点处继续原程序的执行
　　C. 使 CPU 和外围设备能并行工作
　　D. 为了实现中断嵌套

(11) DMA 方式用来实现_____。
　　A. CPU 和内存之间的数据传送
　　B. 外围设备和外围设备之间的数据传送
　　C. CPU 和外围设备之间的数据传送
　　D. 内存和外围设备之间的数据传送

(12) 如果认为 CPU 查询设备的状态信号处于非有效工作状态,那么,在以下几种主机与设备之间的数据传送方式中,_____的主机与设备是串行工作的,_____的主机与设备是并行工作的,_____的主程序与外围设备是并行运行的。
　　A. 程序查询方式　　B. 中断方式　　C. DMA 方式　　D. 通道方式

(13) 以下情况中会提出中断请求的是_____。
　　A. 产生存储周期窃取　　　　　　　B. 一次 I/O 操作结束
　　C. 两个数相加　　　　　　　　　　D. 上述三种情况都发生

(14) 中断向量地址是_____。
　　A. 子程序的入口地址　　　　　　　B. 中断服务程序的入口地址
　　C. 中断服务程序入口地址的地址　　D. 中断向量表的起始地址

(15) 向量中断与非向量中断的区别在于_____。
　　A. 非向量中断是单一中断源的中断,而向量中断是多中断源的中断

B. 非向量中断只有单一中断处理程序入口,而向量中断有多个中断处理程序入口

C. 非向量中断是单级中断,而向量中断可以实现多级中断

D. 非向量不能作为中断隐指令,而向量可以形成隐指令

(16) 采用 DMA 方式传送数据时,每传送一个数据,就要占用_____的时间。
   A. 一个指令周期　　　　　　　　　　B. 一个 CPU 周期
   C. 一个存储周期　　　　　　　　　　D. 一个总线周期

(17) 周期挪用方式常用于_____中。
   A. 直接存储器存取方式的输入输出
   B. 直接程序控制传送方式的输入输出
   C. CPU 的某寄存器与存储器之间的直接程序控制传送
   D. 程序中断方式的输入输出

(18) 以下有关 DMA 概念的叙述中,正确的是_____。
   A. 当 CPU 执行指令时,CPU 与 DMA 控制器同时提出了对主存访问的要求,这是应首先满足 CPU 的要求,以免指令执行发生错误,而 DMA 传送数据是可等待的
   B. DMA 周期挪用方式是在 CPU 访问存储器总线周期结束时,插入一个 DMA 访问周期。在此期间,CPU 等待或执行不需要访问内存的操作
   C. 因为 DMA 传送是在 DMA 控制器控制下内存与外设直接进行数据传送,因此在这种方式中,始终不需要 CPU 干预
   D. CPU 在接到 DMA 请求后,必须尽快在一条指令执行后予以响应

(19) 在以下描述 PCI 总线的基本概念中,不正确的是_____。
   A. PCI 总线是一个与处理器无关的高速外围总线
   B. PCI 总线的基本传输机制是猝发式传送
   C. PCI 设备有主设备和从设备
   D. 系统中只允许有一条 PCI 总线

(20) 下述 I/O 控制方式中,_____主要由 CPU 运行程序实现。
   A. IOP 方式　　　B. 中断方式　　　C. DMA 方式　　　D. 通道方式

(21) 以下关于 DMA 方式的描述中,错误的是_____。
   A. 在 DMA 的数据传送阶段无须 CPU 介入,完全由 DMAC 控制数据传送
   B. DMA 控制器和 CPU 都可以作为总线的主设备
   C. DMA 方式下要用到中断处理技术
   D. DMA 方式通常用于低速设备的数据输入

(22) 当采用_____对设备进行编址时,需要专门的 I/O 指令组。
   A. 统一编址法　　　　　　　　　　B. 单独编址法
   C. 两者都是　　　　　　　　　　　D. 两者都不是

(23) 三种集中式总线控制中,_____方式对电路故障最敏感。
   A. 链式查询　　　　　　　　　　　B. 中断请求
   C. 独立请求　　　　　　　　　　　D. 计数器定时查询

(24) CPU 与 DMA 同时申请访问存储器,按照优先顺序,应该是_____。
   A. CPU 优先访存　　　　　　　　　B. DMA 优先访存

C. 两者同时访存　　　　　　　　D. 无严格要求

(25) 一般而言,CPU 响应 DMA 请求的条件是＿＿＿＿。
　　A. 当前指令周期结束　　　　　B. 当前机器周期结束
　　C. 相关外设处于空闲　　　　　D. 累加器的内容为零

6.22 填空题。

(1) 在串行仲裁和并行仲裁两种总线控制判优方式中,响应时间较快的是＿＿＿＿方式;对电路故障不太敏感的是＿＿＿＿方式。

(2) 在单总线、双总线、三总线 3 种系统中,从信息流传送效率的角度看,＿＿＿＿的工作效率最低;从吞吐量来看,＿＿＿＿最强。

(3) 在单总线结构的计算机系统中,每个时刻只能有两台设备进行通信,在这两台设备中,获得总线控制权的设备叫＿＿＿＿,由它指定并与之通信的设备叫＿＿＿＿。

(4) 为了减轻总线的负担,总线上的部件大都具有＿＿＿＿。

(5) 在地址和数据线分时复用的总线中,为了使总线或设备能区分地址信号和数据信号,所以必须有＿＿＿＿控制信号。

(6) 标准微机总线中,PC/AT 总线是＿＿＿＿位总线,EISA 总线是＿＿＿＿位总线,PCI 总线是＿＿＿＿位总线。

(7) USB 端口通过使用＿＿＿＿,可以使一台微机连接的外部设备数多达＿＿＿＿台。

(8) CPU 对输入输出设备的访问,采用按地址访问的形式。对 I/O 设备编址的方法,目前采用的方式主要有＿＿＿＿和＿＿＿＿,其中＿＿＿＿需要有专门的 I/O 指令支持。

(9) 主机与外围设备之间的数据交换方式有＿＿＿＿、＿＿＿＿、＿＿＿＿、＿＿＿＿等。

(10) 接口接收到中断响应信号 INTA 后,要将＿＿＿＿传送给 CPU。

(11) 选择型 DMA 控制器在物理上可以连接＿＿＿＿设备,而在逻辑上只允许连接＿＿＿＿设备,它适用于连接＿＿＿＿设备。

(12) DMA 控制器和 CPU 分时使用总线的方式有＿＿＿＿、＿＿＿＿和＿＿＿＿ 3 种。

(13) 通道的种类有＿＿＿＿、＿＿＿＿和＿＿＿＿ 3 种。

(14) 通道的工作过程可分为＿＿＿＿、＿＿＿＿和＿＿＿＿ 3 部分。

(15) 在 I/O 控制方式中,主要由程序实现的控制方式是＿＿＿＿方式。

(16) 中断处理过程可以＿＿＿＿进行,＿＿＿＿的设备可以中断＿＿＿＿的中断服务程序。

(17) I/O 通道是一个特殊功能的＿＿＿＿,它有自己的＿＿＿＿,专门负责数据输入输出的传输控制,CPU 只负责＿＿＿＿功能。

(18) 程序中断 I/O 方式与 DMA 方式除了应用场合及响应时间不同以外,两者的主要区别在于＿＿＿＿。

(19) 在中断系统中,CPU 一旦响应中断,为了防止其他中断源产生另一次中断干扰现场保护工作,CPU 应立即进行＿＿＿＿操作。

(20) 总线仲裁方法按照仲裁控制机构的设置方式可分为＿＿＿＿和＿＿＿＿两种。

(21) I/O 系统中,I/O 设备的寻址方式主要有与主存统一编址和＿＿＿＿两种方式。

附录 A RISC-V 32 位指令系统

A.1 RISC-V 系统的指令格式

RISC-V 处理器的指令系统按照扩展码技术设计指令集和格式字段(参见表 4-3 的扩展码规律),从 16 位的压缩指令系统开始,按 16 位二进制长度扩展指令码,最多可以扩展成 192 位,并形成新的扩展指令集。指令系统的主操作码 OP 也由 2 位逐步扩展到 10 位。然而,目前最常用的是 RISC-V 推出的 32 位指令系统,有 RV32I、RV32M 和 RV32F/RV32D 等指令集。其中,RV32I 基本指令架构是标准的 RISC-V32 位指令集,其常用的指令格式如图 A-1 所示。R、I、S、B 四种类型的整数指令使用频率比较高,所以,读者们应当重点学习和了解这四种类型指令的功能、使用规则和要求。

31:25	24:20	19:15	14:12	11:7	6:0	→IR
funct7	rs2	rs1	funct3	rd	OP	R类型
$imm_{11:0}$		rs1	funct3	rd	OP	I类型
$imm_{11:5}$	rs2	rs1	funct3	$imm_{4:0}$	OP	S类型
$imm_{12,10:5}$	rs2	rs1	funct3	$imm_{4:1,11}$	OP	B类型
$imm_{31:12}$				rd	OP	U类型
$imm_{20,10:1,11,19:12}$				rd	OP	J类型
fs3	funct2	fs2	funct3	fd	OP	R4类型
5位	2位	5位	3位	5位	7位	

图 A-1 RV32I 的指令格式

从单周期微架构和流水线处理的角度,RISC-V 微处理器按照指令存储器和数据存储器分别设置,并安排高速指令存储器部件,以便快速取出存储器中的机器指令。因此,RISC-V 的指令从指令存储器 iMEM 读出后,保留在存储器的 iDBR 中,本书约定指令寄存器 IR 代替 iDBR,即指令保留到 IR 中。其中,主操作码 $OP=IR_{6:0}$,当 $IR_{1:0}=11$ & $IR_{4:2}\neq 111$ 时,表示为 RISC-V 的 32 位指令系统标志。辅助功能码 $funct3=IR_{14:12}$,辅助功能码 $funct7=IR_{31:25}$,联合主操作码指明指令的操作功能。

A.2 RISC-V 系统的寄存器堆

RISC-V 的 32 位处理器分别设置了 32 个 32 位的整数寄存器和 32 个 32 位的浮点寄存器(请参见表 4-6 的内容),不同寄存器的作用不同,尤其是当出现子程序(或者子函数)调用时,有些寄存器的值会保留,有些则会丢失,在使用过程中需要注意寄存器值的变化。

A.3 RISC-V 系统的指令编码

1. 基础指令集的格式与编码

如上所述，RV32I 是 RISC-V 指令系统的基本指令集，实现包括整数计算、移位、访存和转移等功能，表 A-1 列出了用户编程可使用的所有 34 条指令，而一些杂项指令和系统特权指令未在表中体现，表中 IR 的编码数字均为二进制数。

表 A-1 RV32I 整数基础指令及编码

指令功能	指令格式	类型	$IR_{31:25}$	$IR_{14:12}$	$IR_{6:0}$	指令说明
运算和移位指令	add rd,rs1,rs2	R	0000000	000	0110011	rd=rs1 + rs2
	sub rd,rs1,rs2	R	0100000	000	0110011	rd=rs1 − rs2
	sll rd,rs1,rs2	R	0000000	001	0110011	rd=rs1 ≪ $rs2_{4:0}$
	slt rd,rs1,rs2	R	0000000	010	0110011	rd=(rs1 < rs2)
	Sltu rd,rs1,rs2	R	0000000	011	0110011	rd=(rs1 < rs2)
	xor rd,rs1,rs2	R	0000000	100	0110011	rd=rs1 ^ rs2
	srl rd,rs1,rs2	R	0000000	101	0110011	rd=rs1 ≫ $rs2_{4:0}$
	addi rd,rs1,imm	I	—	000	0010011	rd=rs1 + SignExt(imm)
	slli rd,rs1,uimm	I	0000000*	001	0010011	rd=rs1 ≪ uimm
	slti rd,rs1,imm	I	—	010	0010011	rd=(rs1 < SignExt(imm))
	sltiu rd,rs1,imm	I	—	011	0010011	rd=(rs1 < SignExt(imm))
	xori rd,rs1,imm	I	—	100	0010011	rd=rs1 ^ SignExt(imm)
	srli rd,rs1,uimm	I	0000000*	101	0010011	rd=rs1 ≫ uimm
	srai rd,rs1,uimm	I	0100000*	101	0010011	rd=rs1 ⋙ uimm
	ori rd,rs1,imm	I	—	110	0010011	rd=rs1 | SignExt(imm)
	andi rd,rs1,imm	I	—	111	0010011	rd=rs1 & SignExt(imm)
	lui rd,upimm	U	—	—	0110111	rd={upimm,12'b0}
	auipc rd,upimm	U	—	—	0010111	rd={upimm,12'b0} + PC
访问存储器指令	lb rd,imm(rs1)	I	—	000	0000011	rd=SignExt($[Address]_{7:0}$)
	lh rd,imm(rs1)	I	—	001	0000011	rd=SignExt($[Address]_{15:0}$)
	lw rd,imm(rs1)	I	—	010	0000011	rd=$[Address]_{31:0}$
	lbu rd,imm(rs1)	I	—	100	0000011	rd=ZeroExt($[Address]_{7:0}$)
	lhu rd,imm(rs1)	I	—	101	0000011	rd=ZeroExt($[Address]_{15:0}$)
	sb rs2,imm(rs1)	S	—	000	0100011	$[Address]_{7:0}$=$rs2_{7:0}$
	sh rs2,imm(rs1)	S	—	001	0100011	$[Address]_{15:0}$=$rs2_{15:0}$
	sw rs2,imm(rs1)	S	—	010	0100011	$[Address]_{31:0}$=rs2
分支与跳转指令	beq rs1,rs2,label	B	—	000	1100011	if (rs1==rs2) PC=BTA
	bne rs1,rs2,label	B	—	001	1100011	if (rs1≠rs2) PC=BTA
	blt rs1,rs2,label	B	—	100	1100011	if (rs1<rs2) PC=BTA
	bge rs1,rs2,label	B	—	101	1100011	if (rs1≥rs2) PC=BTA
	bltu rs1,rs2,label	B	—	110	1100011	if (rs1<rs2) PC=BTA
	bgeu rs1,rs2,label	B	—	111	1100011	if (rs1≥rs2) PC=BTA
	jalr rd,rs1,imm	I	—	000	1100111	PC=JTA,rd=PC + 4
	jal rd,label	J	—	—	1101111	PC=rs1 + SignExt(imm),rd=PC + 4

（注：*表示立即数高七位所置的值）

2. 整数 64 位的指令格式与编码

为了扩大机器处理数据空间的能力，RISC-V 处理器设置了 RV64I 指令指令集，ALU 运算器、整数寄存器、数据通路结构等都是 64 位字长，但指令的格式和长度是 32 位字长，仍然遵守 RV32I 整数运算指令功能的规范要求，所以称为延展整数指令，如表 A-2 所示。

表 A-2　RV64I 延展整数指令及编码

指令功能	指令与类型和操作功能编码					指令说明
	指令格式	类型	$IR_{31:25}$	$IR_{14:12}$	$IR_{6:0}$	
运算和移位指令	addw rd,rs1,rs2	R	0000000	000	01110 11	rd=SignExt((rs1 + rs2)$_{31:0}$)
	subw rd,rs1,rs2	R	0100000	000	01110 11	rd=SignExt((rs1 − rs2)$_{31:0}$)
	sllw rd,rs1,rs2	R	0000000	001	01110 11	rd=SignExt((rs1$_{31:0}$ << rs2$_{4:0}$)$_{31:0}$)
	srlw rd,rs1,rs2	R	0000000	101	01110 11	rd=SignExt((rs1$_{31:0}$ >> rs2$_{4:0}$)$_{31:0}$)
	sraw rd,rs1,rs2	R	0100000	101	01110 11	rd=SignExt((rs1$_{31:0}$ >>> rs2$_{4:0}$)$_{31:0}$)
	slliw rd,rs1,uimm	I	0000000	001	00110 11	rd=SignExt((rs1$_{31:0}$ << uimm)$_{31:0}$)
	srliw rd,rs1,uimm	I	0000000	101	00110 11	rd=SignExt((rs1$_{31:0}$ >> uimm)$_{31:0}$)
	sraiw rd,rs1,uimm	I	0100000	101	00110 11	rd=SignExt((rs1$_{31:0}$ >>> uimm)$_{31:0}$)
	addiw rd,rs1,imm	I	—	000	00110 11	rd = SignExt ((rs1 + SignExt(imm))$_{31:0}$)
存储访问指令	ld rd,imm(rs1)	I	—	011	00000 11	rd=[Address]$_{63:0}$
	lwu rd,imm(rs1)	I	—	110	00000 11	rd=ZeroExt([Address]$_{31:0}$)
	sd rs2,imm(rs1)	S	—	011	01000 11	[Address]$_{63:0}$=rs2

(注：此时的整数寄存器字长为 64 位，数据存储器的读写也是按 64 位-8 字节的数据操作)

3. 乘除指令格式与编码

乘除法运算指令是 RISC-V 的标准扩展指令（被命名为 RV32M），扩展了 RV32I 指令系统的整数乘法和除法运算功能，即针对两个整数寄存器中的数值进行乘法或者除法运算，表 A-3 列出了用户编程可使用的乘除运算指令。

表 A-3　RV32M 乘除扩展指令及编码

指令功能	指令与类型和操作功能编码					指令说明
	指令格式	类型	$IR_{31:25}$	$IR_{14:12}$	$IR_{6:0}$	
乘法运算指令	mul rd,rs1,rs2	R	0000001	000	01100 11	rd=(rs1 * rs2)$_{31:0}$
	mulh rd,rs1,rs2	R	0000001	001	01100 11	rd=(rs1 * rs2)$_{63:32}$
	mulhsu rd,rs1,rs2	R	0000001	010	01100 11	rd=(rs1 * rs2)$_{63:32}$
	mulhu rd,rs1,rs2	R	0000001	011	01100 11	rd=(rs1 * rs2)$_{63:32}$

续表

指令功能	指令与类型和操作功能编码					指令说明
	指令格式	类型	$IR_{31:25}$	$IR_{14:12}$	$IR_{6:0}$	
除法运算指令	div rd,rs1,rs2	R	0000001	100	0110011	rd=rs1 / rs2
	divu rd,rs1,rs2	R	0000001	101	0110011	rd=rs1 / rs2
	rem rd,rs1,rs2	R	0000001	110	0110011	rd=rs1 % rs2
	remu rd,rs1,rs2	R	0000001	111	0110011	rd=rs1 % rs2

(注：%运算符表示求余数)

4. 浮点指令格式与编码

浮点指令是 RISC-V 的另一个标准扩展指令模块(被命名为 RV32F/D)，扩展了 RV32I 指令系统的浮点运算功能，浮点运算按照 IEEE 754 标准的浮点格式表示和处理，此时需要浮点寄存器支撑，表 4-6 给出了 32 个浮点寄存器及使用规范。有了浮点扩展指令后，编程人员就可以按照表 A-4 列出了的浮点指令编写浮点运算程序。

表 A-4 RV32F/D 浮点扩展指令及编码

指令功能	指令与类型和操作功能编码					指令说明
	指令格式	类型	$IR_{31:25}$	$IR_{14:12}$	$IR_{6:0}$	
浮点运算指令	fadd fd,fs1,fs2	R	00000,fmt	rm	1010011	fd=fs1 + fs2
	fsub fd,fs1,fs2	R	00001,fmt	rm	1010011	fd=fs1 − fs2
	fmul fd,fs1,fs2	R	00010,fmt	rm	1010011	fd=fs1 * fs2
	fdiv fd,fs1,fs2	R	00011,fmt	rm	1010011	fd=fs1 / fs2
	fsqrt fd,fs1	R	01011,fmt	rm	1010011	fd=sqrt(fs1),rs2 字段为 00000
	fmin fd,fs1,fs2	R	00101,fmt	000	1010011	fd=min(fs1,fs2)
	fmax fd,fs1,fs2	R	00101,fmt	001	1010011	fd=max(fs1,fs2)
	fmadd fd,fs1,fs2,fs3	R4	fs3,fmt	rm	1000011	fd=fs1 * fs2 + fs3
	fmsub fd,fs1,fs2,fs3	R4	fs3,fmt	rm	1000111	fd=fs1 * fs2 − fs3
	fnmsub fd,fs1,fs2,fs3	R4	fs3,fmt	rm	1001011	fd=−(fs1 * fs2 + fs3)
	fnmadd fd,fs1,fs2,fs3	R4	fs3,fmt	rm	1001111	fd=−(fs1 * fs2 − fs3)
浮点访存指令	flw fd,imm(rs1)	I	—	010	0000111	fd=[Address]$_{31:0}$
	fld fd,imm(rs1)	I	—	011	0000111	fd=[Address]$_{63:0}$
	fsw fs2,imm(rs1)	S	—	010	0100111	[Address]$_{31:0}$=fd
	fsdfs2,imm(rs1)	S	—	011	0100111	[Address]$_{63:0}$=fd
浮点转换指令	fcvt.w.s rd,fs1	R	1100000	rm	1010011	rd=integer(fs1),rs2 字段为 00000
	fcvt.wu.s rd,fs1	R	1100000	rm	1010011	rd=unsigned(fs1),rs2 字段为 00001
	fcvt.s.w fd,rs1	R	1101000	rm	1010011	fd=float(rs1),rs2 字段为 00000
	fcvt.s.wu fd,rs1	R	1101000	rm	1010011	fd=float(rs1),rs2 字段为 00001

续表

指令功能	指令与类型和操作功能编码					指令说明
	指令格式	类型	$IR_{31:25}$	$IR_{14:12}$	$IR_{6:0}$	
浮点转换指令	fmv.x.w rd,fs1	R	1110000	000	1010011	rd=fs1,rs2 字段为 00000
	fmv.w.x fd,rs1	R	1111000	000	1010011	fd=rs1,rs2 字段为 00000
	fcvt.w.d rd,fs1	R	1100001	rm	1010011	rd=integer(fs1),rs2 字段为 00000
	fcvt.wu.d rd,fs1	R	1100001	rm	1010011	rd=unsigned(fs1),rs2 字段为 00001
	fcvt.d.w fd,rs1	R	1101001	rm	1010011	fd=double(rs1),rs2 字段为 00000
	fcvt.d.wu fd,rs1	R	1101001	rm	1010011	fd=double(rs1),rs2 字段为 00001
	fcvt.s.d fd,rs1	R	0100000	rm	1010011	fd=float(fs1),rs2 字段为 00001
	fcvt.d.s fd,rs1	R	0100001	rm	1010011	fd=double(fs1),rs2 字段为 00000
浮点比较指令	feq rd,fs1,fs2	R	10100,fmt	010	1010011	rd=(fs1==fs2)
	flt rd,fs1,fs2	R	10100,fmt	001	1010011	rd=(fs1<fs2)
	fle rd,fs1,fs2	R	10100,fmt	000	1010011	rd=(fs1≤fs2)
其他杂项指令	fsgnj fd,fs1,fs2	R	00100,fmt	000	1010011	fd=fs1,sign=sign(fs2)
	fsgnjn fd,fs1,fs2	R	00100,fmt	001	1010011	fd=fs1,sign=-sign(fs2)
	fsgnjx fd,fs1,fs2	R	00100,mt	010	1010011	fd=fs1,sign=sign(fs2)^sign(fs1)
	fclass rd,fs1	R	11100,fmt	001	1010011	rd=classification of fs1,rs2 字段为 00000

（注：rs2 字段不需要时，设置相应的值，fmt 表示单/双精度，rm 表示舍入码）

5. 伪指令格式与编码

为了和传统汇编指令系统兼容，方便广大用户的编程习惯和编译系统软件的处理，RISC-V 的汇编程序设置并安排了若干条伪指令，如表 A-5 所示。其中，有些指令需要 2 条 RISC-V 机器指令完成相应的指令功能。

表 A-5 伪指令格式及功能

指令功能	伪指令与机器指令映射关系		指令说明
	伪指令格式	RISC-V 指令格式	
数字赋值指令	nop	addi x0,x0,0	空操作
	li rd,$imm_{11:0}$	addi rd,x0,$imm_{11:0}$	rd=SignExtend($imm_{11:0}$)
	li rd,$imm_{31:0}$	lui rd,$imm_{31:12}$ * addi rd,rd,$imm_{11:0}$	rd=$imm_{31:0}$
	mv rd,rs1	addi rd,rs1,0	rd=rs1
数字运算指令	not rd,rs1	xori rd,rs1,-1	rd=~rs1（反码）
	neg rd,rs1	sub rd,x0,rs1	rd=-rs1（补码）
	seqz rd,rs1	sltiu rd,rs1,1	rd=(rs1==0)
	snez rd,rs1	sltu rd,x0,rs1	rd=(rs1≠0)
	sltz rd,rs1	slt rd,rs1,x0	rd=(rs1<0)
	sgtz rd,rs1	slt rd,x0,rs1	rd=(rs1>0)

续表

指令功能	伪指令与机器指令映射关系		指令说明
	伪指令格式	RISC-V 指令格式	
分支转移指令	beqz rs1,label	beq rs1,x0,label	if(rs1==0)PC=label
	bnez rs1,label	bne rs1,x0,label	if(rs1≠0)PC=label
	blez rs1,label	bge x0,rs1,label	if(rs1≤0)PC=label
	bgez rs1,label	bge rs1,x0,label	if(rs1≥0)PC=label
	bltz rs1,label	blt rs1,x0,label	if(rs1<0)PC=label
	bgtz rs1,label	blt x0,rs1,label	if(rs1>0)PC=label
	ble rs1,rs2,label	bge rs2,rs1,label	if(rs1≤rs2)PC=label
	bgt rs1,rs2,label	blt rs2,rs1,label	if(rs1>rs2)PC=label
	bleu rs1,rs2,label	bgeu rs2,rs1,label	if(rs1≤rs2)PC=label
	bgtu rs1,rs2,label	bltu rs2,rs1,offset	if(rs1>rs2)PC=label
跳转返回指令	j label	jal x0,label	PC=label
	jal label	jal ra,label	PC=label,ra=PC+4
	jr rs1	jalr x0,rs1,0	PC=rs1
	jalr rs1	jalr ra,rs1,0	PC=rs1,ra=PC+4
	ret	jalr x0,ra,0	PC=ra
	call label	jal ra,label	PC=label,ra=PC+4
	call label	auipc ra,offset$_{31:12}$ * jalr ra,ra,offset$_{11:0}$	PC=PC+offset,ra=PC+4
全局变量指令	la rd,symbol	auipc rd,symbol$_{31:12}$ * addi rd,rd,symbol$_{11:0}$	rd=PC+symbol
	l{b|h|w} rd,symbol	auipc rd,symbol$_{31:12}$ * l{b|h|w} rd,symbol$_{11:0}$(rd)	rd=[PC+symbol]
	s{b|h|w} rs2,symbol	auipc rs1,symbol$_{31:12}$ * s{b|h|w} rs2,symbol$_{11:0}$(rs1)	[PC+symbol]=rs2
CSR指令	csrr rd,csr	csrrs rd,csr,x0	rd=csr
	csrw csr,rs1	csrrw x0,csr,rs1	csr=rs1

(注：* 如果 imm/offset/symbol 等参数的第 12 位是 1,表明是负数,注意符号扩位)

A.4 RISC-V 指令功能编码规则

从 RISC-V 处理器的指令格式来看,RISC-V 指令系统的功能约定是由主操作码 OPCODE、辅助功能码 funct3 和辅助功能码 funct7 共同定义的,因此,具有以下的指令系统编码规则：

(1) 由 OPCODE 定义指令所属类型,如 R、I、S、B、U、J 等类型的指令。对于同类数据操作的指令,指令格式及操作类型相同时,则主操作码编码为同一个编码。

如：整数类数据运算的 R 类型格式指令,OPCODE=0110011(51)；
　　浮点类数据运算的 R 类型格式指令,OPCODE=1010011(83)。

(2) 在相同的 OPCODE 指令子集中,对于不同运算功能的指令,通常由辅助功能码 funct3 字段的编码来区分各条指令的功能,以保证编码的唯一性。

如：整数逻辑运算指令 ori 和 andi 都是 I 类型指令，OPCODE=0010011(19)，但是 ori 的 funct3=110，而 andi 的 funct3=111。

(3) 在 OPCODE 和 funct3 字段都相同的情况下，或者 funct3 不是辅助功能码的时候，则通过辅助功能码 funct7 字段的编码来区分有关指令的功能，从而保证编码的唯一性。

如：浮点的乘除运算指令 fmul 和 fdiv 也都是 R-Type 指令，OPCODE=1010011(19)，此时 funct3 表示舍入码，因此由 funct7 区分这两条指令，此时 funct7 的高 5 位是辅助功能码，低 2 位是单双精度标识码。如 fmul 指令的 funct7=00010,00(单精度)，指令助记符用 fmul.s 表示单精度乘法，而 fdiv 指令的 funct7=00011,00(单精度)，指令助记符用 fdiv.s 表示单精度除法。又如 fmul 指令的 funct7=00010,01(双精度)，则用 fmul.d 表示双精度乘法，同样 fdiv 指令的 funct7=00011,01(双精度)则用 fdiv.d 表示双精度除法。

再如：在 RV32I 指令集中，整数加减指令 add 和 sub 都有相同的 OPCODE=0110011(51)，funct3=000，但是 add 的 funct7=0000000，sub 的 funct7=0100000。

按照第 4 章介绍的指令编码唯一性，OPCODE、funct3 和 funct7 三个字段编码的组合应当能够唯一地表示指令的操作功能，且不可能与指令地址码、立即数、偏移量等信息编码相重叠。关于 RISC-V 的 32 位指令主操作码的编码规则已在第 4 章介绍，读者可以参考表 4-4 的内容加深理解。

附录 B 模型机微指令设计方案

B.1 微指令时序系统

模型机采用微程序控制以后,指令的微操作序列不再由周期、节拍、脉冲三级时序信号控制,而由统一规整的微周期控制。为简化问题,模型机采用取微指令与执行微指令顺序串行执行的控制方式并采用三相时钟控制,该微程序的时序关系如图 B-1 所示。CP_1 用来打入微地址并启动控制存储器读取微指令;CP_2 把读取的微指令打入 μIR 中,经译码或直接产生一组微命令,控制完成微操作,CP_3 把结果打入相应的寄存器中。

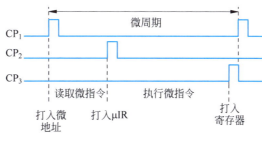

图 B-1 微程序时序关系

B.2 微指令格式设计

1. 微指令控制字段的编码

根据图 4-24 所示的模型机数据通路结构,模型机的微指令字长设计为 31 位,采用直接控制和字段译码混合方式,按微控制信号将微指令设计成 10 个字段,各字段编码及意义如下:

30 28	27　　　　23	22 21	20 19	18 17	15	14	13　　　12	11 8	7　　　　0
BUS_{in}	$S_3 S_2 S_1 S_0 M$	C_0	S	BUS_{o1}	BUS_{o2}	$R/\overline{W}$	MREQ/IOREQ	SCF	下地址

依据上述微指令格式,便可以对 9 个控制字段进行二进制编码,如表 B-1 所示。

表 B-1 模型机微指令控制字段编码

控 制 字 段	微控制信号编码	说　　明
BUS_{in}：BUS_1(3 位)	000：无操作；001：$R_S \to BUS_1$；010：$R_D \to BUS_1$；011：TEMP $\to BUS_1$；100：SP $\to BUS_1$；101：MDR$\to BUS_1$；110：IR(D)$\to BUS_1$；111：PC$\to BUS_1$	$R_S \to BUS_1$、$R_D \to BUS_1$ 分别指 $IR_{8\sim6}$ 和 $IR_{2\sim0}$ 寄存器
ALU(5 位)	$S_3 S_2 S_1 S_0 M \to$ 控制 74LS181 功能	参见 74LS181 芯片
C_0 进位(1 位)	0：$0 \to C_0$　　1：$1 \to C_0$	
S 移位器(2 位)	00：DM(直传)；01：SL(左移 1 位)；10：SR(右移 1 位)；11：未用	
$BUSo1$：BUS_21(2 位)	00：无操作；01：CPIR，10：CPMAR；11：CPC_Z、CPC_C	
$BUSo2$：BUS_22(3 位)	000：无操作；001：CPR_S，010：CPR_D；011：CPY；100：CPSP；101：CPMDR；110：CPTEMP；111：CPPC	CPR_S、CPR_D 分别控制 $IR_{8\sim6}$、$IR_{2\sim0}$ 寄存器
读写 $R/\overline{W}$(1 位)	0：写；1：读	
MREQ/IOREQ(2 位)	00：无操作；01：MREQ--访主存；10：IOREQ--访 I/O 接口	
SCF 顺序控制(4 位)	0000：下地址$\to \mu MAR$；0001：$PLA_1 \to \mu MAR$；0010：$PLA_2 \to \mu MAR$；0011：$PLA_3 \to \mu MAR$；0100：按 C_C 转移（0010110$\to \mu MAR_{7\sim1}$；$C_C \to \mu MAR_0$）；0101：按 C_Z 转移（0001111$\to \mu MAR_{7\sim1}$，$C_Z \to \mu MAR_0$）；0110：高 4 位指定且 OP$\to \mu MAR_{3\sim0}$；0111：高 7 位指定且 DR$\to \mu MAR_0$(DR $= \overline{IR_5}\ \overline{IR_4}\ \overline{IR_3}$)；1000：转微子程序（$\mu MAR+1 \to RR$，下地址$\to \mu MAR$）；1001：返回（$RR \to \mu MAR$）	0001 时；$PLA_1 \to \mu MAR$ 初步实现按指令类型转移；RR 是微子程序返回地址寄存器

2. 下地址字段的设计

模型机的下地址字段为 8 位，为了快速获取微地址的入口，模型机采用 PLA 逻辑阵列实现指令转移、操作数源寻址和目标寻址的逻辑表达式。其中：PLA_1 实现按指令类型的功能转移；PLA_2、PLA_3 分别实现按源寻址方式、目标寻址方式的功能转移。它们的逻辑设计如图 B-2 所示。

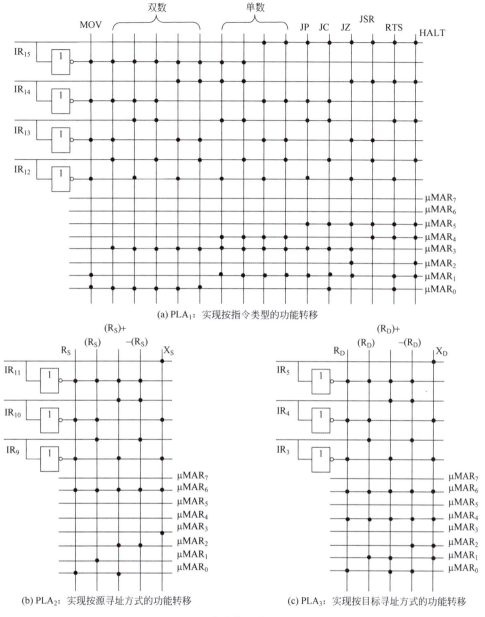

图 B-2　实现功能转移的 PLA 逻辑结构

B.3　微程序流程框图的编制

在设计模型机的微指令格式及指令之间的衔接关系后,则可以按照指令类型、操作数寻址方式等内容,设计若干微程序段的流程框图。

1. 取指令操作的微程序流程

图 B-3 给出了取指令操作的微程序流程,矩形框里的内容表示微指令所要完成的微操作和下条微指令地址;框外左上角标注本条微指令在控存储器中的微地址;右上角标注执行本条微指令的某些条件。

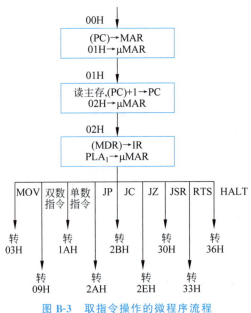

图 B-3　取指令操作的微程序流程

2．MOV 指令的微程序流程

MOV 指令的微程序流程如图 B-4 所示。

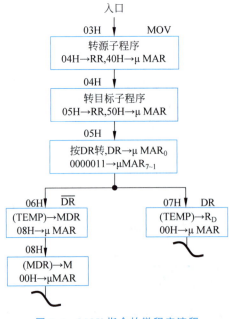

图 B-4　MOV 指令的微程序流程

3．双操作数指令的微程序流程

双操作数指令的微程序流程如图 B-5 所示。

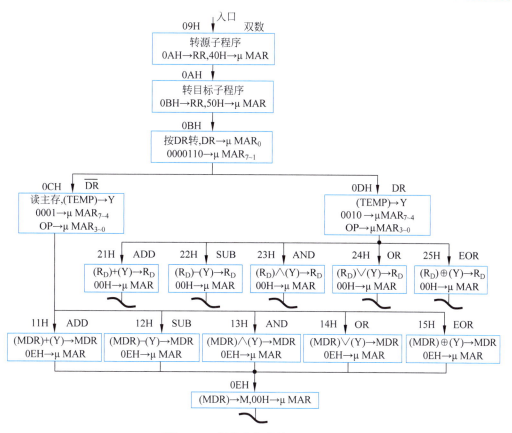

图 B-5 双操作数指令的微程序流程

4. 单操作数指令的微程序流程

单操作数指令的微程序流程如图 B-6 所示。

5. 其他指令的微程序流程

除上述指令以外,转移类指令和停机指令不需调用源子程序和目的子程序,因此取出指令后直接转入执行,如图 B-7 所示。

6. 源微子程序流程

为节省控存空间,模型机采用了微子程序技术获取源操作数。源微子程序的主要功能是根据源寻址方式形成源有效地址并取出源操作数存放在暂存器 TEMP 中。为简化微程序设计,对于寄存器寻址,也安排把寄存器内容存放在 TEMP 中。

源微子程序流程如图 B-8 所示。

7. 目的微子程序流程

目的微子程序的主要功能是根据目的寻址方式形成目的有效地址,由于 MOV 指令不取目的操作数,为使目的微子程序能为 MOV 指令、双操作数指令、单操作数指令所共享,所以在目的微子程序中不安排取数,只形成有效地址并传送到 MAR 中。

目的微子程序流程如图 B-9 所示。

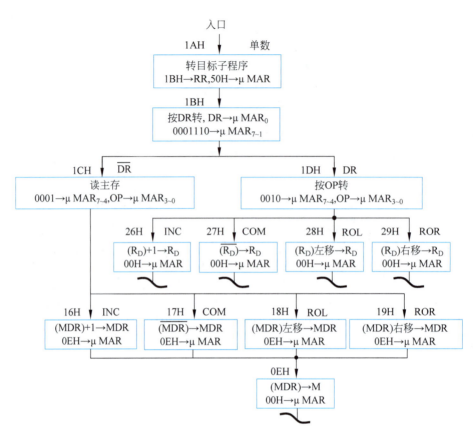

图 B-6 单操作数指令的微程序流程

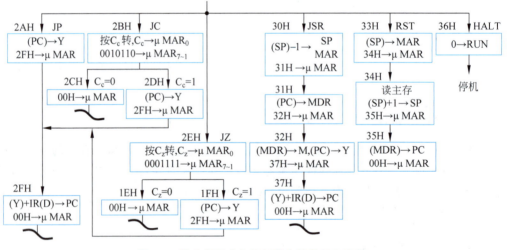

图 B-7 转移类指令与停机指令的微程序流程

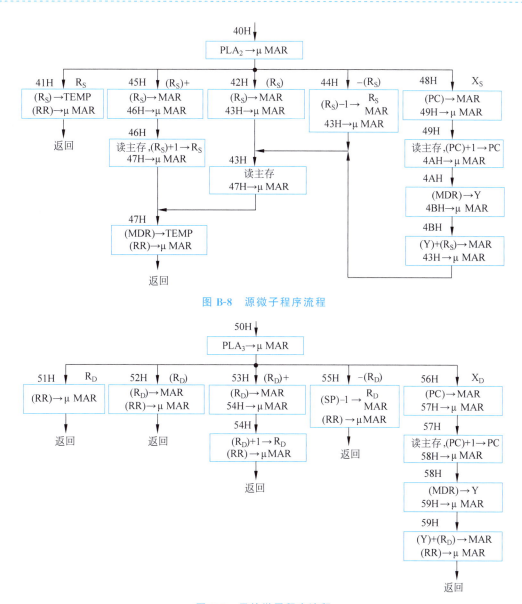

图 B-8 源微子程序流程

图 B-9 目的微子程序流程

B.4 微程序的编写方案

1. 微程序代码设计

按照微程序控制器的设计步骤,在完成微程序流程框图设计之后,就可以编制表 B-2 所示的模型机的所有微程序,完成二进制代码的编制工作。

各微程序段(微子程序)的代码安排如下。

1) 取指令微程序

取指令微程序由 3 条微指令组成,地址是 00H～02H 单元,完成取指阶段的 3 个主要操作。然后,根据指令类型转到相应的微程序段(微子程序)。

表 B-2　模型机微程序的编制与安排

微地址	微操作	微命令	BUS$_{in}$	S$_3$S$_2$S$_1$S$_0$M	C$_0$	S	BUS$_{o1}$	BUS$_{o2}$	R/$\overline{W}$	M/IO	SCF	下地址
00H	(PC)→MAR	PC→BUS$_1$, S$_3$S$_2$S$_1$S$_0$M, DM, CPMAR	111	11111	0	00	10	000	×	00	0000	01H
01H	读主存(PC)+1→PC	PC→BUS$_1$, S$_3$S$_2$S$_1$S$_0$, $\overline{M}$, C$_0$=1, DM, CPPC, R/$\overline{W}$=1, MREQ	111	11110	1	00	00	111	1	01	0000	02H
02H	(MDR)→IR	MDR→BUS$_1$, S$_3$S$_2$S$_1$S$_0$M, DM, CPIR	101	11111	0	00	01	000	×	00	0001	(PLA$_1$)→μMAR
03H	04H→RR	(转源程序)	000	XXXXX	0	00	00	000	×	00	1000	40H
04H	05H→RR	(转目的程序)	000	XXXXX	0	00	00	000	×	00	1000	50H
05H	按DR转	—	000	XXXXX	0	00	00	000	×	00	0111	0000011DR→μMAR
06H	(TEMP)→MDR	TEMP→BUS$_1$, S$_3$S$_2$S$_1$S$_0$M, DM, CPMDR, CPC$_c$, CPC$_z$	011	11111	0	00	11	101	×	00	0000	08H
07H	(TEMP)→R$_D$	TEMP→BUS$_1$, S$_3$S$_2$S$_1$S$_0$M, DM, CPR$_D$, CPC$_c$, CPC$_z$	011	11111	0	00	11	010	×	00	0000	00H
08H	(MDR)→M	R/$\overline{W}$=0, MREQ	000	XXXXX	0	00	00	000	0	01	0000	00H
09H	0AH→RR	(转源程序)	000	XXXXX	0	00	00	000	×	00	1000	40H
0AH	0BH→RR	(转目的程序)	000	XXXXX	0	00	00	000	×	00	1000	50H
0BH	按DR转	—	000	XXXXX	0	00	00	000	×	00	0111	0000110DR→μMAR
0CH	读主存(TEMP)→Y	TEMP→BUS$_1$, S$_3$S$_2$S$_1$S$_0$M, DM, CPY, R/$\overline{W}$=1, MREQ	011	11111	0	00	00	011	1	01	0110	0001OP→μMAR
0DH	(TEMP)→Y	TEMP→BUS$_1$, S$_3$S$_2$S$_1$S$_0$M, DM, CPY	011	11111	0	00	00	011	×	00	0110	0010OP→μMAR
0EH	(MDR)→M	R/$\overline{W}$=0, MREQ	000	XXXXX	0	00	00	000	0	01	0000	00H

续表

微地址	微操作	微命令	BUS$_{in}$	$S_3S_2S_1S_0M$	C_0	S	BUS$_{o1}$	BUS$_{o2}$	R/$\overline{W}$	M/IO	SCF	下地址
11H	(MDR)+(Y)→MDR	MDR→BUS$_1$,$S_3S_2\bar{S_1}S_0M$,DM,CPMDR,CPCc,CPCz	101	10010	0	00	11	101	×	00	0000	0EH
12H	(MDR)-(Y)→MDR	MDR→BUS$_1$,$\bar{S_3}S_2\bar{S_1}S_0\bar{M}$,C$_0$,DM,CPMDR,CPCc,CPCz	101	01100	1	00	11	101	×	00	0000	0EH
13H	(MDR)∧(Y)→MDR	MDR→BUS$_1$,$S_3S_2S_1\bar{S_0}$,DM,CPMDR,CPCc,CPCz	101	11101	0	00	11	101	×	00	0000	0EH
14H	(MDR)∨(Y)→MDR	MDR→BUS$_1$,$S_3S_2\bar{S_1}S_0$,M,DM,CPMDR,CPCc,CPCz	101	10111	0	00	11	101	×	00	0000	0EH
15H	(MDR)⊕(Y)→MDR	MDR→BUS$_1$,$S_3\bar{S_2}\bar{S_1}S_0$,M,DM,CPMDR,CPCc,CPCz	101	10011	1	00	11	101	×	00	0000	0EH
16H	(MDR)+1→MDR	MDR→BUS$_1$,$\bar{S_3}\bar{S_2}\bar{S_1}\bar{S_0}M$,C$_0$,DM,CPMDR,CPCc,CPCz	101	00001	1	00	11	101	×	00	0000	0EH
17H	$\overline{(MDR)}$→MDR	MDR→BUS$_1$,$S_3S_2S_1\bar{S_0}$,M,CPMDR,CPCc,CPCz	101	11111	0	01	11	101	×	00	0000	0EH
18H	(MDR)左移→MDR	MDR→BUS$_1$,$S_3S_2S_1S_0M$,SL,CPMDR,CPCc,CPCz	101	11111	0	10	11	101	×	00	0000	0EH
19H	(MDR)右移→MDR	MDR→BUS$_1$,$S_3S_2S_1S_0M$,SR,CPMDR,CPCc,CPCz	101	11111	0	00	11	101	×	00	0000	0EH
1AH	1BH→RR	(转目的程序)	000	XXXXX	0	00	00	000	×	00	1000	50H
1BH	按DR转	—	000	XXXXX	0	00	00	000	×	00	0111	0001110DR→μMAR
1CH	读主存	R/$\overline{W}$=1,MREQ	000	XXXXX	0	00	00	000	1	01	0110	0001OP→μMAR
1DH	按OP转	—	000	XXXXX	0	00	00	000	×	00	0110	0010OP→μMAR
1EH	—	—	000	XXXXX	0	00	00	000	×	00	0000	00H

续表

微地址	微操作	微命令	BUS$_{in}$	S$_3$S$_2$S$_1$S$_0$M	C$_0$	S	BUS$_{o1}$	BUS$_{o2}$	R/$\overline{\text{W}}$	M/IO	SCF	下地址
1FH	(PC)→Y	PC→BUS$_1$,S$_3$S$_2$S$_1$S$_0$M,CPY	111	11111	0	00	00	011	×	00	0000	2FH
21H	(R$_D$)+(Y)→R$_D$	R$_D$→BUS$_1$,S$_3$$\overline{\text{S}}_2$$\overline{\text{S}}_1S_0M,DM,CPR_D$,CPCc,CPCz	010	10010	0	00	11	010	×	00	0000	00H
22H	(R$_D$)−(Y)→R$_D$	R$_D$→BUS$_1$,C$_0$$\overline{\text{S}}_3S_2$$\overline{\text{S}}_1$$\overline{\text{S}}_0M,DM,CPR_D$,CPCc,CPCz	010	01100	1	00	11	010	×	00	0000	00H
23H	(R$_D$)∧(Y)→R$_D$	R$_D$→BUS$_1$,S$_3$$\overline{\text{S}}_2S_1S_0$,M,DM,CPR$_D$,CPCc,CPCz	010	11101	0	00	11	010	×	00	0000	00H
24H	(R$_D$)∨(Y)→R$_D$	R$_D$→BUS$_1$,S$_3$$\overline{\text{S}}_2$$\overline{\text{S}}_1S_0$,M,DM,CPR$_D$,CPCc,CPCz	010	10111	0	00	11	010	×	00	0000	00H
25H	(R$_D$)⊕(Y)→R$_D$	R$_D$→BUS$_1$,S$_3$$\overline{\text{S}}_2S_1$$\overline{\text{S}}_0$,M,DM,CPR$_D$,CPCc,CPCz	010	10011	0	00	11	010	×	00	0000	00H
26H	(R$_D$)+1→R$_D$	R$_D$→BUS$_1$,C$_0$,S$_3$S$_2$S$_1$S$_0$,M,DM,CPR$_D$,CPCc,CPCz	010	11110	1	00	11	010	×	00	0000	00H
27H	($\overline{\text{R}_D}$)→R$_D$	R$_D$→BUS$_1$,$\overline{\text{S}}_3$S$_2$$\overline{\text{S}}_1S_0M,DM,CPR_D$,CPCc,CPCz	010	00001	0	00	11	010	×	00	0000	00H
28H	(R$_D$)左移→R$_D$	R$_D$→BUS$_1$,S$_3$S$_2$S$_1$S$_0$M,SL,CPR$_D$,CPCc,CPCz	010	11111	0	01	11	010	×	00	0000	00H
29H	(R$_D$)右移→R$_D$	R$_D$→BUS$_1$,S$_3$S$_2$S$_1$S$_0$M,SR,CPR$_D$,CPCc,CPCz	010	11111	0	10	11	010	×	00	0000	00H
2AH	(PC)→Y	PC→BUS$_1$,S$_3$S$_2$S$_1$S$_0$M,DM,CPY	111	11111	0	00	00	011	×	00	0000	2FH
2BH	按Cc转	—	000	XXXXX	0	00	00	000	×	00	0100	0010110Cc→μMAR
2CH	—	—	000	XXXXX	0	00	00	000	×	00	0000	00H
2DH	(PC)→Y	PC → BUS$_1$,S$_3$S$_2$S$_1$S$_0$M,DM,CPY	111	11111	0	00	00	011	×	00	0000	2FH

续表

微地址	微操作	微命令	微指令									下地址
			BUS_{in}	$S_3S_2S_1S_0M$	C_0	S	BUS_{o1}	BUS_{o2}	$R/\overline{W}$	M/IO	SCF	
2EH	按 Cz 转	—	000	XXXXX	0	00	00	000	×	00	0101	000111Cz → μMAR
2FH	(Y)+IR(D)→PC	IR(D) → BUS_1,$S_3\overline{S_2}\overline{S_1}S_0\overline{M}$,DM,CPPC	110	10010	0	00	00	111	×	00	0000	00H
30H	(SP)−1→SPMAR	SP→BUS_1,$\overline{S_3}S_2\overline{S_1}\overline{S_0}\overline{M}$,DM,CPSP,CPMAR	100	00000	0	00	10	100	×	00	0000	31H
31H	(PC)→MDR	PC→BUS_1,$S_3S_2S_1S_0M$,DM,CPMDR	111	11111	0	00	00	101	×	00	0000	32H
32H	(MDR)→M(PC)→Y	PC→BUS_1,$S_3S_2S_1S_0M$,DM,CPY,$R/\overline{W}=0$,MREQ	111	11111	0	00	00	011	0	01	0000	37H
33H	(SP)→MAR	SP→BUS_1,$S_3S_2S_1S_0M$,DM,CPMAR	100	11110	1	00	10	000	×	00	0000	34H
34H	读主存(SP)+1→SP	SP → BUS_1,$S_3S_2S_1S_0M$,C_0,DM,CPSPR/$\overline{W}=1$,MREQ	100	11111	0	00	00	100	1	01	0000	35H
35H	(MDR)→PC	MDR→BUS_1,$S_3S_2S_1S_0M$,DM,CPPC	101	11111	0	00	00	111	×	00	0000	00H
36H	0→RUN	(停机)	000	XXXXX	0	00	00	000	×	00	XXXX	XXH
37H	(Y)+IR(D)→PC	IR(D) → BUS_1,$S_3\overline{S_2}\overline{S_1}S_0\overline{M}$,DM,CPPC	110	10010	0	00	00	111	×	00	0000	00H
40H	按(PLA₂)转	—	000	XXXXX	0	00	00	000	×	00	0010	(PLA_2) → μMAR
41H	(R_S)→TEMP	R_S→BUS_1,$S_3S_2S_1S_0M$,DM,CPTEMP	001	11111	0	00	00	110	×	00	1001	(RR)→μMAR

续表

微地址	微操作	微命令	微指令									下地址
			BUS_{in}	$S_3S_2S_1S_0M$	C_0	S	BUS_{o1}	BUS_{o2}	$R/\overline{W}$	M/IO	SCF	
42H	$(R_S) \to MAR$	$R_S \to BUS_1$, $S_3S_2S_1S_0M$, DM, CPMAR	001	11111	0	00	10	000	×	00	0000	43H
43H	读主存	$R/\overline{W}=1$, MREQ	000	XXXXX	0	00	00	000	1	01	0000	47H
44H	$(R_S)-1 \to R_S MAR$	$R_S \to BUS_1$, $\overline{S_3}\overline{S_2}\overline{S_1}\overline{S_0}\overline{M}$, DM, CPRs, CPMAR	001	00000	0	00	10	001	×	00	0000	43H
45H	$(R_S) \to MAR$	$R_S \to BUS_1$, $S_3S_2S_1S_0M$, DM, CPMAR	001	11111	0	00	10	000	×	00	0000	46H
46H	读主存 $(R_S)+1 \to R_S$	$R_S \to BUS_1$, $S_3S_2S_1S_0\overline{M}$, C_0, DM, CPRsR/$\overline{W}$=1, MREQ	001	11110	1	00	00	001	1	01	0000	47H
47H	$(MDR) \to TEMP$	$MDR \to BUS_1$, $S_3S_2S_1S_0M$, DM, CPTEMP	101	11111	0	00	00	110	×	00	1001	$(RR) \to \mu MAR$
48H	$(PC) \to MAR$	$PC \to BUS_1$, $S_3S_2S_1S_0M$, DM, CPMAR	111	11111	0	00	10	000	×	00	0000	49H
49H	读主存 $(PC)+1 \to PC$	$PC \to BUS_1$, $S_3S_2S_1S_0\overline{M}$, C_0, DM, CPPC R/$\overline{W}$=1, MREQ	111	11110	1	00	00	111	1	01	0000	4AH
4AH	$(MDR) \to Y$	$MDR \to BUS_1$, $S_3S_2S_1S_0\overline{M}$, DM, CPY	101	11111	0	00	00	011	×	00	0000	4BH
4BH	$(Y)+(R_S) \to MAR$	$R_S \to BUS_1$, $S_3\overline{S_2}S_1S_0M$, DM, CPMAR	001	10010	0	00	10	000	×	00	0000	43H
50H	按(PLA_3)转	—	000	XXXXX	0	00	00	000	×	00	0011	$(PLA_3) \to \mu MAR$
51H	返回	—	000	XXXXX	0	00	00	000	×	00	1001	$(RR) \to \mu MAR$
52H	$(R_D) \to MAR$	$R_D \to BUS_1$, $S_3S_2S_1S_0M$, DM, CPMAR	010	11111	0	00	10	000	×	00	1001	$(RR) \to \mu MAR$

续表

微地址	微操作	微命令	微指令									下地址
			BUS$_{in}$	$S_3S_2S_1S_0M$	C_0	S	BUS$_{o1}$	BUS$_{o2}$	R/$\overline{W}$	M/IO	SCF	
53H	(R$_D$)→MAR	R$_D$→BUS$_1$,S$_3$S$_2$S$_1$S$_0$M,DM,CPMAR	010	11111	0	00	10	000	×	00	0000	54H
54H	(R$_D$)+1→R$_D$	R$_D$→BUS$_1$,S$_3$S$_2$S$_1$S$_0$M,C$_0$,DM,CPR$_D$	010	11110	1	00	00	010	×	00	1001	(RR)→μMAR
55H	(R$_D$)−1→R$_D$,MAR	R$_D$→BUS$_1$,M$\overline{S_3}\overline{S_2}\overline{S_1}\overline{S_0}$,DM,CPR$_D$,CPMAR	010	00000	0	00	10	010	×	00	1001	(RR)→μMAR
56H	(PC)→MAR	PC→BUS$_1$,S$_3$S$_2$S$_1$S$_0$M,DM,CPMAR	111	11111	0	00	10	000	×	00	0000	57H
57H	读主存(PC)+1→PC	PC→BUS$_1$,S$_3$S$_2$S$_1$S$_0$$\overline{M}$,C$_0$,DM,CPPCR/$\overline{W}$=1,MREQ	111	11110	1	00	00	111	1	01	0000	58H
58H	(MDR)→Y	MDR→BUS$_1$,MS$_3$S$_2$S$_1$S$_0$,DM,CPY	101	11111	0	00	00	011	×	00	0000	59H
59H	(Y)+(R$_D$)→MAR	R$_D$→BUS$_1$,S$_3$S$_2$$\overline{S_1}S_0$$\overline{M}$,DM,CPMAR	010	10010	0	00	10	000	×	00	1001	(RR)→μMAR

2) MOV 指令微程序

MOV 指令微程序由 6 条微指令组成,包括 03H～08H 地址的微指令,用于实现 MOV 指令的功能。

3) 双操作数微程序

双操作数微程序由 16 条微指令组成,包括 09H～15H 和 21H～25H 两段地址的微指令,用于实现双操作数的算术/逻辑运算功能。

4) 单操作数微程序

单操作数微程序由 12 条微指令组成,包括 16H～1DH 和 26H～29H 两段地址的微指令,用于实现单操作数的算术/逻辑运算功能。

5) 其他指令微程序

其他指令微程序由 16 条微指令组成,包括 2AH～37H 和 1EH～1FH 两段地址的微指令,用于实现分支转移、转子/返回和停机等指令的功能。

6) 源操作数微程序

源操作数微程序由 12 条微指令组成,包括 40H～4B 地址的微指令,用于实现源操作数的取数任务,取出的源操作数保存到 TEMP 暂存器中。

7) 目的操作数微程序

目的操作数微程序由 10 条微指令组成,包括 50H～59 地址的微指令,用于实现目的操作数的取数任务,为了节省时间,取出的目的操作数保留在 MDR 数据寄存器中不动。

2. 控制存储器的编排

所有微程序设计结束后,将其烧制到控制存储器 ROM 中,完成模型机微程序的设计任务。

参 考 文 献

[1] 张功萱,顾一禾,邹建伟,等.计算机组成原理[M].北京:清华大学出版社,2016.

[2] HARRIS S L,HARRIS D. Digital Design and Computer Architecture(RISC-V Edition)[M]. Burlington: Morgan Kaufmann Publishers,2022.

[3] PATTERSON D A,HENNESSY J L.计算机组成原理:硬件/软件接口(RISC-V 版)[M].易江芳,刘先华,译.北京:机械工业出版社,2020.

[4] PATTERSON D,WATERMAN A. The RISC-V Reader: An Open Architecture Atlas [M]. Berkeley: Strawberry Canyon,2017.

[5] WATERMAN A,LEE Y,PATTERSON D,et al. The RISC-V Instruction Set Manual. Volume 1: User-Level ISA,Version 2.0[S]. SiFive Inc.,2017.

[6] Computing Curricula 2020, A Computing Curricula Series Report[R]. New York: Association for Computing Machinery,2021.

[7] 蒋本珊.计算机组成原理[M].3 版.北京:清华大学出版社,2013.

[8] 秦磊华.计算机组成原理[M].北京:清华大学出版社,2010.

[9] 王爱英.计算机组成与结构[M].5 版.北京:清华大学出版社,2013.

[10] 纪禄平,罗克露,刘辉,等.计算机组成原理[M].5 版.北京:电子工业出版社,2020.

[11] 袁春风.计算机组成与系统结构[M].2 版.北京:清华大学出版社,2015.

[12] 魏继增,郭炜.计算机系统设计(上册)[M].北京:电子工业出版社,2019.

[13] 王志英,张春元,沈立,等.计算机体系结构[M].2 版.北京:清华大学出版社,2010.

[14] 罗乐,刘轶,钱德沛.存算一体技术研究综述[J].软件学报,2016,27(8):2147-2167.

[15] 吴鹏飞,沈晴霓,秦嘉,等.不经意随机访问机研究综述[J].软件学报,2018,29(9):2753-2777.

[16] USB-2.0,Universal Serial Bus Specification[S/OL](2000-04-27).[2022-11-03]. https://archive.org/details/USB-2.0/mode/2up.

[17] STALLINGS W. Computer Organization and Architecture Designing for Performance[M]. Tenth Edition. Hoboken: Pearson Education,2016.

[18] PCI-SIG. PCI Express® Base Specification[S]. Revision 3.0,2010.

[19] WILEN A H,SCHADE J P,THORNBURG R. Introduction to PCI Express: A Hardware and Software Developer's Guide[M]. Santa Clara: Intel Press,2003.

[20] Intel Corporation. An Introduction to the Intel QuickPath Interconnect[EB/OL].[2022-11-03]. https://www.intel.com/content/www/us/en/io/quickpath-technology/quick-path-interconnect-introduction-paper.html.

[21] SINGH G,SAFRANEK R,BHAGAT N,et al. The Feeding of High-Performance Processor Cores—Quickpath Interconnects and the New I/O Hubs[J]. Intel Technology Journal,2010,14(3),66-83.

[22] Intel QuickPath Interconnect[EB/OL].(2022-01-14)[2022-11-03]. https://wikimili.com/en/Intel_QuickPath_Interconnect.

[23] Intel,Dell,HP,et al. PCI Express[J/OL].(2022-10-05)[2022-11-03]. https://wikimili.com/en/PCI_Express.

[24] Serial ATA Working Group. Serial ATA[J/OL].(2022-08-08)[2022-11-03]. https://wikimili.com/en/Serial_ATA.

[25] MULNIX D L. Intel® Xeon® Processor Scalable Family Technical Overview[EB/OL].(2019-10-06) [2022-11-03]. https://software.intel.com/content/www/us/en/develop/articles/intel-xeon-processor-scalable-family-technical-overview.html.

图书资源支持

感谢您一直以来对清华版图书的支持和爱护。为了配合本书的使用,本书提供配套的资源,有需求的读者请扫描下方的"书圈"微信公众号二维码,在图书专区下载,也可以拨打电话或发送电子邮件咨询。

如果您在使用本书的过程中遇到了什么问题,或者有相关图书出版计划,也请您发邮件告诉我们,以便我们更好地为您服务。

我们的联系方式:

地　　址: 北京市海淀区双清路学研大厦 A 座 714

邮　　编: 100084

电　　话: 010-83470236　010-83470237

客服邮箱: 2301891038@qq.com

QQ: 2301891038(请写明您的单位和姓名)

资源下载: 关注公众号"书圈"下载配套资源。

书圈

清华计算机学堂

观看课程直播